NOUVEAU COURS

COMPLET

D'AGRICULTURE

THÉORIQUE ET PRATIQUE.

HAB $=$ LIB.

———

TOME SEPTIÈME.

NOMS DES AUTEURS.

Messieurs :

THOUIN, Professeur d'Agriculture au Muséum d'Histoire Naturelle.

PARMENTIER, Inspecteur général du Service de Santé.

TESSIER, Inspecteur des Établissemens ruraux appartenant au Gouvernement.

HUZARD, Inspecteur des Écoles Vétérinaires de France.

SILVESTRE, Chef du Bureau d'Agriculture au Ministère de l'Intérieur.

BOSC, Inspecteur des Pépinières Impériales et de celles du Gouvernement.

} Composant la Section d'Agriculture de l'Institut de France.

CHASSIRON, Président de la Société d'Agriculture de Paris.

CHAPTAL, Membre de la Section de Chimie de l'Institut.

LACROIX, Membre de la Section de Géométrie de l'Institut.

DE PERTHUIS, Membre de la Société d'Agriculture de Paris.

YVART, Professeur d'Agriculture et d'Économie rurale à l'École Impériale d'Alfort; Membre de la Société d'Agriculture; etc.

DECANDOLLE, Professeur de Botanique et Membre de la Société d'Agriculture.

DU TOUR, Propriétaire-Cultivateur à Saint-Domingue, et l'un des auteurs du Nouveau Dictionnaire d'Histoire Naturelle.

Les articles signés (R.) sont de Rozier.

~~~~~~~~~~~~~~~~

DE L'IMPRIMERIE DE MAME FRÈRES.

~~~~~~~~~~~~~~~~

Cet Ouvrage se trouve aussi,

A PARIS, chez Le Normant, libraire, rue des Prêtres Saint-Germain-l'Auxerrois, n° 17.

A BRESLAU, chez G. Théophile Korn, imprimeur-libraire.

A BRUXELLES, chez { Lecharlier, libraire. { P. J. de Mat, libraire.

A LIÉGE, chez Desoer, imprimeur-libraire.

A LYON, chez Yvernault et Cabin, libraires.

A MANHEIM, chez Fontaine, libraire.

NOUVEAU COURS

COMPLET

D'AGRICULTURE

THÉORIQUE ET PRATIQUE,

Contenant la grande et la petite Culture, l'Économie Rurale
et Domestique, la Médecine vétérinaire, etc. ;

OU

DICTIONNAIRE RAISONNÉ

ET UNIVERSEL

D'AGRICULTURE.

Ouvrage rédigé sur le plan de celui de feu l'abbé ROZIER, duquel on a conservé
tous les articles dont la bonté a été prouvée par l'expérience ;

PAR LES MEMBRES DE LA SECTION D'AGRICULTURE
DE L'INSTITUT DE FRANCE, etc.

AVEC DES FIGURES EN TAILLE-DOUCE.

A PARIS,

CHEZ DETERVILLE, LIBRAIRE ET ÉDITEUR,
RUE HAUTEFEUILLE, N° 8.

M. DCCC. IX.

NOUVEAU

COURS COMPLET

D'AGRICULTURE.

H A C

HABILLER LE PLANT. Les jardiniers et les pépiniéristes emploient cette expression d'une manière singulière. En effet, elle signifie, dans leur langage, couper une partie des racines et de la tige du plant, petit et grand, qu'on a levé d'un semis, ou même d'une plantation, pour le placer ailleurs. Je développerai au mot PLANT les motifs de cette non moins singulière opération qui, quelque opposée qu'elle paroisse au but de toute plantation, se pratique cependant généralement dans les jardins et les pépinières.

On habille ordinairement le plant avec une serpette, et pied par pied; mais dans les grandes plantations on procède quelquefois avec la serpe ou la hache et par poignée. Dans ce dernier cas, les inconvéniens du retranchement des racines et des tiges se font plus sentir, et se réunissent à ceux de l'*écrasement* de l'extrémité du restant de ces racines et de ces tiges, pour peu que l'instrument ne soit pas bien coupant ou n'ait pas été convenablement dirigé. C'est sur un billot qu'on coupe le plant lorsqu'on emploie la serpe ou la hache.

Bien habiller le plant est chose qui demande de l'attention et des principes. Il ne faut pas en charger le premier venu. Dans les jardins et les pépinières bien montées c'est toujours le chef ou un de ses premiers garçons qui fait cette opération. (B.)

HACHE. Instrument de fer tranchant, qui a un manche, et dont on se sert pour couper et pour fendre du bois. On distingue la hache de bûcheron, la hache de charbonnier, la hache à main, et la petite hache ou hachette. La première est connue de tout le monde. La seconde a un tranchant fort étendu et qui est courbé en arc jusque vers le milieu du manche. La troisième a un tranchant étroit; elle sert, ainsi que le couperet ordinaire, à couper de grosses branches voisines de quelques autres qu'on veut ménager, et que le bec de la serpe endommageroit. Enfin, la petite hache ou hachette n'est autre chose qu'un marteau plus ou moins gros, et dont un des bouts est plat et tranchant. (D.)

HACHE - PAILLE. Machine destinée à couper la paille promptement, également et économiquement.

Il y a une cinquantaine d'années qu'on s'est imaginé que les chevaux, les bœufs, les moutons, etc., ne devoient pas manger la paille telle qu'elle sort de dessous le fléau, et qu'on a proposé de la couper en petits fragmens avant de la leur donner. Aussitôt les amis des nouveautés ont trouvé qu'il étoit trop long, trop embarrassant et trop imparfait de couper la paille avec un couteau ou avec des ciseaux comme on l'avoit d'abord fait, et ils ont inventé plusieurs sortes d'instrumens plus ou moins ingénieux, plus ou moins compliqués pour arriver au même but. J'ai vu plusieurs de ces instrumens et je les ai admirés; mais je ne crois pas qu'à raison de leur prix ils puissent jamais être à la portée des simples cultivateurs. Je me bornerai en conséquence à décrire ici celui qui m'a paru le moins compliqué.

Cette machine consiste en deux cylindres horizontaux parallèles et très rapprochés, dont l'un, mû par une manivelle ou par une lanterne, fait tourner en sens contraire, par le frottement qu'il occasionne, l'autre cylindre qui porte un grand nombre de lames d'acier circulaires séparées par des rondelles de plomb. Le premier cylindre est de cuivre et entaillé dans toute sa circonférence, de manière que les lames tranchantes du second s'avancent dans les entailles de celui-là; il porte de plus sur sa surface plusieurs rangées de dents qui entrent dans les intervalles des lames d'acier, et qui accrochent les pailles pour les faire porter sur ces lames et les faire couper par la révolution des deux cylindres. On peut presser plus ou moins l'un contre l'autre ces cylindres au moyen de deux vis horizontales. Quatre autre vis verticales servent à serrer de même leurs axes dans les collets où ils tournent, pour éviter le jeu. Les bottes de paille se mettent dans une espèce de trémie de la même longueur, qui est placée au-dessus des deux cylindres, et le poids de ces bottes suffit pour les faire descendre à mesure que la paille est coupée, et que ses brins tombent dans une auge établie sous la machine. Le cylindre de cuivre étant mis en mouvement, le frottement qui en résulte fait tourner en sens contraire l'autre cylindre qui porte les lames. La machine entre en jeu et hache la paille.

Il est des machines qui remplissent le but plus exactement peut-être ; mais celle-ci expédie avec tant de rapidité, qu'elle mérite d'être préférée. Elle ne paroît pas d'ailleurs devoir être un objet de grande dépense. Il se trouve des hache-paille d'un mécanisme simple, commode et peu dispendieux, chez madame Gobet, quincaillière à Paris, quai de la Mégisserie, n° 62.

Au reste, je ne crois pas qu'il soit aussi avantageux qu'on l'a prétendu de hacher la paille avant de la donner aux bestiaux. Le premier acte de la digestion est la mastication ; et toutes les fois qu'il n'a pas lieu, la digestion est plus difficile ou plus incomplète. La nature a donné des dents aux animaux pour s'en servir, et tant qu'ils ne les ont pas perdues il faut les laisser en faire usage. *Voyez* aux mots PAILLE et COUPE-PAILLE. (B.)

HAIE VIVE. Sans clôtures point de parfaitement bonne agriculture, ainsi que je crois l'avoir prouvé à l'article enclos ; et de toutes les clôtures la plus naturelle, la plus économique et la plus utile, sous le point de vue général, est certainement celle faite avec une haie vive.

Elle est la plus naturelle, puisqu'un buisson, sur-tout un buisson d'arbustes épineux, est un obstacle que l'homme et les animaux trouvent fréquemment, et que le premier même ne peut vaincre, à l'aide de ses instrumens, qu'avec beaucoup de fatigue et de temps, tandis qu'il peut très rapidement renverser un mur ou passer par-dessus, combler un fossé ou y faire un pont. Aussi les philantropes ont-ils observé que les pays entrecoupés de beaucoup de haies avoient toujours défendu leur liberté avec presque autant de succès que les pays de montagnes, parceque les armées ne pouvoient pas y développer toute leur masse à la fois, et avoient toujours lieu de craindre d'y être détruites en détail.

Elle est la plus économique, parcequ'elle coûte beaucoup moins à établir et beaucoup moins à entretenir que les murs, que les fossés, ainsi que l'expérience de tous les temps et de tous les lieux le prouve.

Elle est la plus utile sous le point de vue général, car les murs, les fossés, etc., ne rapportent point de revenus propres, tandis que la tonte des haies en donne un plus ou moins fréquent, plus ou moins considérable, et que leur destruction même est un avantage sous ce rapport pour leur propriétaire.

Ainsi donc par-tout où cela est possible les possesseurs de fonds doivent enclore leurs champs de haies vives.

Le droit de clore semble devoir être inhérent à la propriété ou à l'usufruit des terres ; cependant il est des lois particulières à certains cantons qui le gênent ; mais le progrès des lumières, ou le perfectionnement des principes législatifs commencent à les faire disparoître du code rural. D'autres lois, conformes à la justice distributive, et indispensables au maintien de l'harmonie entre les citoyens, fixent par-tout les règles qui doivent être suivies dans la plantation des haies qui limitent les propriétés. Tout cultivateur doit connoître ces lois et s'y soumettre de bonne foi. Elles seront textuellement imprimées à la fin du dernier volume.

Presque toutes les espèces d'arbres et d'arbustes indigènes peuvent servir à former des haies ; mais il en est quelques unes qui doivent être préférées aux autres, soit parcequ'elles défendent mieux, soit parcequ'elles s'accommodent plus facilement des diverses natures de terrain, soit enfin parcequ'elles s'élèvent naturellement à la hauteur convenable. Parmi elles se distingue plus particulièrement l'aubépine, ou épine blanche, *cratægus oxyacantha*, Lin. ; aussi, en France, et sur-tout dans le nord de la France, est-ce celle qu'on y emploie le plus généralement.

On peut considérer une haie vive qu'on est dans l'intention de planter sous deux points de vue particuliers : ou comme uniquement destinée à fermer le champ, et alors les arbustes épineux conviennent le mieux, ou comme devant outre cela produire du bois de chauffage et même du bois de charpente, et alors les arbres non épineux sont préférables. Je dois d'autant plus insister sur ce dernier mode, que par les haies seulement on peut fournir la France de tout le bois nécessaire au chauffage, et par conséquent réserver les forêts aux bois de haut service, ou à l'usage des grandes manufactures à feu. Il est, dit-on, prouvé par l'expérience qu'une haie d'un pied d'épaisseur à sa base et de dix-huit pieds de long peut fournir plus de bois qu'un taillis de même essence qui auroit dix-huit pieds carrés, et en outre, tous les ans, du fourrage pour les bestiaux, plus qu'en donneroit la coupe de 234 pieds carrés de la meilleure prairie naturelle ou artificielle.

Les haies, répète-t-on par-tout où la grande agriculture ne les emploie pas, nuisent aux récoltes qui les avoisinent par leur ombre, par leurs racines ; elles font perdre une grande quantité de terrain, etc. Ces reproches sont fondés ; mais on ne veut pas voir, 1° qu'en les tenant basses, entre quatre et six pieds par exemple, l'ombre n'est plus qu'un bien ; 2 qu'en semant en place, ou plantant avec leur pivot les arbres ou arbustes qui les composent, leurs racines ne s'étendent pas au loin ; que d'ailleurs, lors même que ces désavantages existeroient, ils sont de beaucoup compensés par les résultats de l'abri et des moyens de défense que procurent les haies.

Ainsi la théorie la plus saine et la pratique la plus éclairée concourent à prouver l'utilité des clôtures en général , et de celles faites en haies vives en particulier. Plantez donc des haies, propriétaires jaloux de la prospérité de votre pays ou de votre postérité, et soyez persuadés que par cette opération vous placez vos avances de manière à en retirer cent pour cent dans quelques années.

Lorsqu'on veut former une haie, on emploie ou la voie des semis ou celle des plantations. La première est toujours la meilleure, parceque le plant qui en provient étant pourvu de son pivot, a plus de force et de durée , et nuit moins au sol voisin , comme je l'ai fait remarquer plus haut, et comme je l'ai démontré à l'article Pivot. La seconde est la plus sûre et la plus rapide. Je vais entrer dans quelques détails à l'égard de l'une et de l'autre.

Il est des graines qui demandent à être semées aussitôt qu'elles sont récoltées, sans quoi elles ne lèvent point ; et parmi elles il s'en trouve qui, malgré cette précaution, ne lèvent que la seconde année. Celles des arbres qu'on emploie le plus communément à la formation des haies sont principalement dans ce cas, telles que celles de l'aubépine et du prunelier. Il faut donc préparer la terre destinée à les recevoir dès le milieu de l'été qui précède le semis, ou garder ces graines stratifiées avec du sable dans un lieu clos et garanti des ravages des rats, etc. Comme c'est en automne ou pendant l'hiver que les travaux qui ont des remuemens de terre pour objet se font le mieux, on doit toujours choisir une de ces deux époques.

Un défoncement de deux pieds de profondeur , et de trois ou quatre pieds de large, est toujours avantageux pour le succès d'un semis ou d'une plantation de haie. Il ne faut pas dans ce cas lésiner sur une dépense de quelques francs de plus, parceque l'influence de cette opération se fera sentir pendant toute la durée de la haie, et que cette durée peut, dans un bon fond, s'étendre à plus d'un siècle. On fera faire ce défoncement à la pioche plutôt qu'à la bêche , et on aura soin d'extraire toutes les grosses pierres qui seront aperçues.

Lorsque la haie longe un chemin , il est presque toujours nécessaire de la séparer de ce chemin par un fossé au moins de trois ou quatre pieds de large à son ouverture, sur deux ou trois pieds de profondeur, même de former sur la berge du fossé, du côté intérieur, une haie sèche ou une palissade d'échalas, afin de la garantir de la dent des bestiaux pendant ses premières années, et d'indiquer aux passans l'intention du propriétaire.

Lorsque ces divers travaux seront terminés, et il faut qu'ils le soient avant le 1er mars, on répandra les graines sur deux ou trois rangs dans des rigoles éloignées de huit à dix pouces, et de manière que chaque graine soit à deux ou trois pouces au plus de ses voisines ; le tout sera recouvert d'un pouce de terre ou environ, selon que cette terre sera plus ou moins légère ou compacte, sèche ou humide. *Voyez* au mot SEMIS.

Un été trop sec peut empêcher la plupart de ces graines de lever ; un été trop humide peut faire pourrir le jeune plant : voilà pourquoi j'ai dit que le moyen des semis n'étoit pas très sûr.

A la fin du premier été on devra donner un léger binage à toute la portion de terrain qui aura été défoncée, et à la fin du premier hiver il faudra lui en donner un plus profond. Ce sont les seules opérations que demande cette sorte de semis, car un sarclage à la fin du premier printemps lui est ordinairement plus nuisible qu'utile, en ce qu'il l'expose au soleil et le déchausse.

L'année suivante on lui donnera également deux binages, et de plus un labour d'hiver, et on remplacera les pieds manquans.

La troisième année, outre ces travaux, il sera déjà bon de forcer toutes les branches poussant en avant à prendre une direction latérale, c'est-à-dire de les croiser de manière à boucher les vides, et on pincera pendant la sève la sommité des tiges qui s'élèveroient trop au-dessus des autres.

La quatrième année, si c'est une haie d'aubépine ou d'espèce d'une végétation analogue, et que le terrain ne soit pas très mauvais, le plant aura au moins trois pieds de haut, et on pourra déjà la tondre sur les côtés et en dessus, pour lui faire jeter plus de rameaux et fortifier ceux qui auront une bonne direction.

A la sixième année toute espèce de haie doit être complètement formée, et alors on peut se dispenser de lui donner des labours, quoiqu'il soit toujours utile de le faire, au moins de loin en loin. Alors il ne s'agit plus que de la tondre, ou chaque année pendant l'hiver, ou entre les deux sèves, si c'est une haie de simple défense, ou tous les trois à quatre ans, si c'est une haie destinée à produire du bois de chauffage.

L'aménagement de cette dernière sorte de haie doit varier et varie en effet. Tantôt on en coupe seulement le sommet à la hauteur de deux, trois ou quatre pieds, tantôt on coupe un des rangs une année, et trois ans après l'autre ; tantôt on coupe rez terre ou à la hauteur précitée, et sans s'astreindre à aucune époque, les tiges les plus fortes ; tantôt enfin on coupe rez terre la totalité de la haie. Toutes ces méthodes ont des avantages et des inconvéniens que je n'entreprendrai pas de discuter, parceque cela me mèncroit trop loin, et qu'ils se compensent les uns et les autres.

On voit dans beaucoup de lieux des haies qui ont une, deux, trois toises et plus de large ; on les coupe régulièrement comme des taillis. Je ne les blâme pas, à beaucoup près ; mais je crois qu'il faut leur laisser le nom de *lisière* qu'elles y portent. Je ne considèrerai dans cet article comme haies que celles qui ont au plus trois ou quatre pieds de large à leur base.

Mais il faut parler de la formation des haies par voie de plantation. Ici on trouve deux modes : les plants enracinés et les boutures, et parmi les premiers des plants arrachés dans les bois élevés, et des plants en pépinière.

Nos pères n'employoient pour former leurs haies que du plant crû dans les bois ; mais aujourd'hui on préfère, et avec raison, celui provenant des pépinières. En effet, le premier est mal enraciné, de grandeur et d'âge différens, accoutumé à des sols de diverses natures ; aussi en périt-il beaucoup la première année et même les suivantes, aussi sa végétation est-elle irrégulière, etc. etc. ; tandis que le second, tout à peu près de même force, de même âge, venant du même lieu, meurt rarement, croît uniformément et avec une vigueur remarquable.

Je ne répèterai pas ce que j'ai dit à l'article PÉPINIÈRE sur la manière de semer les graines des arbres et arbustes, et de conduire leur plant pendant les premières années. Il me suffira d'observer que c'est du plant de deux à trois ans qu'on doit employer à la plantation des haies, et de plus, du plant qui n'ait pas été repiqué, tant à cause de l'économie qu'à cause du pivot qu'il est bon de lui conserver.

On peut plus facilement varier la manière de disposer les arbres d'une haie, lorsqu'on emploie du plant ou des boutures, que quand on fait usage du semis, et c'est pourquoi j'ai retardé jusqu'à présent de parler des diverses combinaisons dont elles sont susceptibles. Les plus communes de ces combinaisons sont de planter sans fossé ; perpendiculairement ou obliquement, sur la berge d'un fossé ; des deux côtés d'un fossé ; au milieu d'un fossé ; obliquement sur la pente ou les pentes d'un fossé ; mais en définitif cela revient toujours avec le temps à la première, c'est-à-dire à la plus simple, à la plus naturelle et à la moins coûteuse : cependant je suis loin de blâmer les autres, sur-tout la seconde, ainsi que je l'ai déjà annoncé plus haut ; je crois même qu'il faut toujours, lorsque cela est possible, accompagner une haie d'un fossé extérieur.

La plantation des haies, soit avec des plants enracinés, soit

avec des boutures, doit se faire en hiver, c'est-à-dire, dans le
climat de Paris, depuis le commencement de décembre jusqu'à la fin de mars : plus tôt, la sève n'est pas encore arrêtée,
et le plant périt ou au moins souffre beaucoup; plus tard, elle
a repris son activité, et les suites sont les mêmes. Dans les
climats plus chauds il faut, par la même raison, que cette plantation soit terminée dans le courant de février. Il y a sur cela
quelques variations dépendantes de la nature des arbres, qui
seront indiquées à l'article de chacun de ces arbres.

Généralement on coupe à deux pouces au-dessus du collet
des racines le plant qu'on destine à former des haies, et on
en agit dans ce cas conformément à la raison, puisque par-là
on détermine le développement d'un plus grand nombre de
branches, en même temps qu'on laisse aux racines, lorsqu'elles n'ont pas été mutilées, une force de succion plus considérable.

C'est dans une rigole aussi profonde que la longueur des
racines du plus fort plant qu'il faut mettre ce plant, et non
dans des trous faits au plantoir. Chaque pied sera espacé de
trois, quatre, cinq ou six pouces, et même plus, selon l'espèce et la nature du sol, de manière à ce que ceux d'un rang
soient tous en regard avec l'intervalle de l'autre. Leurs racines
doivent être bien étendues et recouvertes de terre bien meuble.

Ces haies seront ensuite conduites absolument comme celles
provenant de semis, c'est-à-dire qu'on leur donnera les mêmes
binages, qu'on les taillera de même, etc. : je ne répèterai
donc pas ici ce que j'ai dit plus haut à cet égard.

Je n'ai parlé que de la manière la plus commune et la plus
simple de diriger la formation d'une haie pendant ses premières années ; mais il en est d'autres, dont les deux principales sont les suivantes.

A quatre ans on rabat la haie à six pouces; elle donne des
rejetons qu'on coupe l'année suivante à six pouces plus haut,
et qu'on taille deux ou trois années de suite à la même hauteur,
pendant l'hiver ou entre les deux sèves. Ensuite on les coupe
encore six pouces plus haut, avec des intervalles, jusqu'à ce
qu'elle soit arrivée à la hauteur désirée. Il résulte de ces tontes
successives des espèces d'étages de branches qui donnent à la
haie une force dont on ne se fait pas d'idée. Je n'en ai jamais
vu de cette sorte, lorsqu'elles avoient été bien conduites, que
je ne me sois demandé pourquoi toutes n'étoient pas ainsi formées, et j'en ai vu de diverses espèces d'arbres. Cette méthode
a été critiquée ; on a prétendu que les divers centres d'inser-
tion des branches devenoient des têtes de saule qui se carioient
et faisoient périr les pieds. Cela peut être vrai pour une haie

de cent ans : mais suis-je d'avis de laisser les tiges des arbres qui les forment subsister si long-temps? Je dirai plus bas ce que je pense à cet égard; j'en appelle à l'expérience.

Rozier indique une manière de fermer des haies avec les branches d'un petit nombre d'arbres fruitiers qui a été très louée; je dois donc en donner une idée.

Je vais employer ses expressions :

« Placez à six ou huit pieds l'un de l'autre, suivant la qualité du terrain, des poiriers, des pommiers ou des pruniers, mais tous de même espèce, dans la longueur de la haie projetée. Ces arbres ayant repris, coupez l'année suivante leur tronc à une petite distance de terre et de manière qu'ils ne conservent plus que deux branches chacune. Si ces branches sont foibles, ravalez-les et ne laissez de chaque côté qu'un bon œil ou bourgeon sur chacune. Si au contraire elles sont fortes, proportionnées bien nourries, laissez deux bourgeons. Il est certain que dans cette seconde année ils donneront chacun une bonne et forte branche. Je réponds que, suivant la qualité du terrain, ces branches auront sûrement trois à quatre pieds de longueur. Voilà déjà deux années écoulées et employées à préparer l'arbre pour disposer ses branches en haie; c'est à la troisième que commence réellement le travail.

« Suivant le climat, suivant la saison, c'est-à-dire lorsque la sève commence à monter des racines aux bourgeons, prenez les deux branches latérales, et supprimez les autres branches; faites-leur perdre peu à peu et doucement leur position oblique ou presque perpendiculaire, et ramenez-les insensiblement à une position presque horizontale; réunissez leurs extrémités; faites-les croiser l'une sur l'autre, afin de reconnoître où sera leur point de réunion; marquez sur leur écorce, et avec un instrument tranchant, la disposition et l'espace qu'elles doivent occuper dans les points de leur réunion; enlevez ensuite avec cet instrument, sur chacune de ces branches et dans une égale proportion, un tiers de leur diamètre, du côté qui doit correspondre au même côté de l'autre branche; faites que ces deux entailles s'emboîtent et se touchent exactement, et se réunissent dans tous leurs points lorsque vous les croiserez ; mais sur-tout ayez grand soin de ne pas meurtrir les écorces à l'endroit où elles doivent se toucher.

« Tout étant ainsi disposé, prenez de la mousse, de la filasse ou telle autre substance flexible; enveloppez ces branches sur leur point commun de réunion, et, avec un osier, serrez assez fortement la mousse, afin que cette mousse et cette ligature subsistent pendant le reste de l'année sans se déranger; passé ce temps, tous deux deviennent inutiles.

«Cette greffe une fois exécutée, fichez en terre un échalas, de manière qu'il soit solidement planté et ne craigne pas d'être ballotté et agité par les vents : et sans faire perdre aux deux branches leur direction presque horizontale, et sans déranger la greffe, assujettissez-les avec un nouvel osier contre l'échalas: il ne reste plus qu'à couper les deux sommités des branches, et à ne leur laisser qu'un œil ou deux au-dessus du point de leur réunion. La force des branches doit décider le nombre des boutons. » *Voyez* cette greffe *pl. 3 fig. 4*, du sixième volume, où elle est représentée par mon confrère Thouin, qui l'a appelée GREFFE ROZIER.

«Si la vigueur de l'arbre vous a permis de laisser deux branches de chaque côté, vous ajusterez les supérieures comme les inférieures, ce qui donnera autant de greffes par approche. Tout autour de la réunion de ces greffes il se formera, pendant l'été et pendant l'automne, des protubérances ; l'écorce de l'une s'identifiera avec celle de l'autre ; enfin le tout s'unira avec une si grande intensité, que l'année suivante ces branches, tourmentées par des vents ou par d'autres causes, se rompront plutôt ailleurs que dans la greffe.

«Il faut observer que si l'on serroit trop fort l'osier contre les points de réunion, les branches venant à grossir dans le cours de l'année, l'osier imprimeroit des sillons dans leurs substances, et ces sillons nuiroient jusqu'à un certain point à l'ascension de la sève vers le bourgeon supérieur pendant le jour, et à la descente de cette même sève des branches aux racines pendant la nuit.

« Cependant si l'on voit que la branche provenant du bourgeon soit emportée par la sève, et qu'elle pousse trop vigoureusement et aux dépens des bourgeons inférieurs, il convient alors de serrer la ligature : la sève se portera moins rapidement vers l'extrémité, et fortifiera les branches inférieures. On doit les ménager avec soin et ne pas les perdre de vue. Si elles sont trop multipliées, il faut en supprimer quelques unes, afin que les restantes prennent plus de corps et de consistance, et on les laisse croître jusqu'à ce qu'elles puissent être mariées ou greffées par approche avec les branches voisines, par une opération toute semblable à la première.

« On peut pour plus grande sûreté, et pour cette seconde ou troisième fois seulement, donner des tuteurs aux nouvelles greffes, parceque dans la suite les mères branches seront assez fortes et soutiendront leurs rameaux.

«Par cette ingénieuse disposition la haie offrira un véritable contr'espalier que les bestiaux ne pourront franchir et qui fournira une abondance de bons fruits. Cette haie, véritable-

ment d'une seule pièce, sera taillée annuellement et ébour-
geonnée comme les CONTR'ESPALIERS. » *Voyez* ce mot.

Cependant, je dois le dire, cette méthode, si séduisante
en théorie, est fort peu pratiquée. Je n'ai jamais vu de haies
rester ainsi long-temps disposées en losanges; toujours des
gourmands faisoient dessécher les tiges greffées, et il n'y avoit
pas moyen d'en tirer parti pour rétablir le mal; il falloit recéper la haie par le pied, et recommencer à greffer par approche les nouveaux jets qu'elle fournissoit; aussi tous les
essais faits ont-ils été abandonnés, et en ce moment je ne
pourrois pas citer aux environs de Paris une seule haie de
cette sorte. Je crois donc qu'il ne faut employer ce mode que
dans les jardins de luxe, et réserver la greffe en approche,
mais irrégulière, pour boucher des vides dans les haies rustiques; ce à quoi elle peut être employée avec grande utilité,
comme on le voit dans beaucoup de lieux, principalement dans
le nord de la France et en Angleterre; et en cela on ne fait
qu'imiter la nature, car on trouve fréquemment de ces sortes
de greffes dans les haies abandonnées à elles-mêmes.

Un point principal qui doit fixer l'attention de tout propriétaire de haies de simple défense, c'est de les empêcher de
s'étendre latéralement, soit par la prolongation des branches
des arbres qui les composent, soit par les rejets qui naissent de
leur pied, ou les graines qui lèvent dans leur voisinage. Il doit
donc les faire tondre latéralement le plus près possible des
têtes des précédentes, et, au bout d'une certaine révolution
d'années, faire couper ces têtes mêmes. Cette dernière opération peut cependant beaucoup affoiblir une haie, parceque les rameaux restans n'ont ordinairement point de boutons,
et par conséquent ne poussent pas toujours de nouveaux rameaux. Il ne faut donc la faire qu'avec beaucoup de précautions. Peut-être même vaut-il mieux rabattre la haie rez terre
que de l'entreprendre. Quant aux rejets qui naissent du pied
ou aux graines qui lèvent dans le voisinage, il n'y a que l'extirpation à la pioche qui puisse les en débarrasser, encore cela
devient-il souvent fort difficile, sur-tout si la haie a été plantée
avec des arbres sans pivot, et est composée de certaines espèces
naturellement traçantes. Les haies de pruneliers, par exemple,
généralement si bonnes, ont éminemment le défaut de fournir
des rejetons à plusieurs pieds de leur base, rejetons qui se
multiplient d'autant plus qu'on les arrache plus souvent. Il faut
supporter ce mal et y remédier autant que possible par des soins
souvent répétés.

On a beaucoup disputé pour savoir quelle hauteur on devoit
laisser aux haies, comme si cette hauteur ne dépendoit pas du

but qui les fait planter, des espèces d'arbres qui les composent, du terrain et du climat où elles se trouvent.

Les haies destinées à servir d'abris, soit contre les vents, soit contre les ardeurs du soleil, ou le froid glacial, celles qui sont plantées en arbres d'une grande stature, celles qui se trouvent dans un excellent sol, enfin celles qu'on destine à fournir du bois de chauffage doivent être très élevées, et elles ne doivent se tailler qu'au moyen de la serpe rez terre, ou à deux, trois, quatre ou cinq pieds de hauteur, selon les convenances particulières.

Les haies dont l'objet est de défendre les propriétés des pillages des hommes et des ravages des bestiaux peuvent être tenues seulement à deux, trois, quatre ou cinq pieds de hauteur, et être taillées tous les ans aux ciseaux ou au croissant, sur-tout lorsqu'elles sont composées d'aubépine et autres arbustes d'une végétation lente, et qu'elles se trouvent dans un mauvais sol, c'est-à-dire où leurs rejets ne pourroient être que d'un foible produit.

Comme partisan des haies propres à fournir du bois de chauffage, je mets, d'après le principe qu'elles doivent être productives par elles-mêmes, peu d'importance à régler leurs dimensions tant en largeur qu'en hauteur; je veux qu'on les coupe comme les taillis, c'est-à-dire quand leur bois est *fait*, pour me servir de l'expression technique; cependant les taillis doivent être coupés plus tôt dans les terrains maigres que dans les terrains gras (*voyez* au mot TAILLIS), et ici c'est le contraire, parceque les haies sont plus utiles et poussent moins vite dans la première sorte de terrain que dans la dernière. Ainsi le terme de trois ans dans les terrains frais et de cinq dans les terrains secs semble convenable pour la plupart des arbres et arbustes indigènes, quelque différence qu'il y ait dans la rapidité de leur croissance.

Quelques arbres et arbustes conservent des branches à leur pied lors même qu'ils s'élèvent beaucoup; mais la plupart les perdent très promptement. Les haies se dégarnissent donc souvent dans leur partie inférieure, et ne remplissent plus que d'une manière imparfaite leur destination. Pour remédier à ce défaut, il n'y a d'autre moyen que de les couper rez terre, c'est-à-dire de former de nouvelles tiges, qu'on conduit comme une plantation nouvelle.

Il est très commun de voir des haies où il manque plus ou moins de pieds, et qui présentent par conséquent des ouvertures qui diminuent leur utilité au moins comme moyen de défense. On cherche à fermer ces ouvertures en plantant de nouveaux pieds, mais on y réussit rarement; car ces pieds, qui trouvent une terre épuisée et des racines très vigoureuses autour d'elles, périssent presque toujours. Ceci demande une explication et me conduit naturellement à discuter une grande question relative à la plantation des haies.

Toutes les haies que j'ai vues dans mes voyages, et qui étoient composées d'une seule espèce d'arbres d'un certain âge, douze ans par exemple, à un petit nombre près, placées sur d'excellens fonds, m'ont présenté, telles soignées qu'elles fussent, des vides ou passages plus ou moins nombreux, tandis que la plupart de celles qui l'étoient de beaucoup d'espèces différentes, pour peu qu'elles ne fussent point entièrement abandonnées aux dévastateurs ou aux bestiaux, m'en présentoient peu ou point. Il n'est pas difficile de reconnoître dans ce fait, et dans celui cité plus haut, la grande loi de la nature qui veut que les végétaux se substituent continuellement les uns aux autres. *Voyez* au mot Assolement. Je puis donc en conclure, contre l'autorité de célèbres agronomes, que les haies doivent être composées de plusieurs espèces d'arbres et d'arbustes, et que plus leur nombre sera grand et plus elles se conserveront long-temps en bon état, et plus elles fourniront de bois à la consommation.

Mon intention en émettant ce principe n'est pas de proscrire généralement les haies composées d'une seule espèce d'arbres ou d'arbustes. Je veux seulement annoncer qu'elles ne peuvent durer aussi long-temps ni remplir aussi complètement le but qui les fait établir. Elles ont pour elles l'avantage du coup d'œil, et, sous ce rapport seul, elles seront toujours employées de préférence dans les clôtures de luxe. On peut donc en former de cette sorte; mais il faut, à mesure qu'elles vieillissent, les regarnir avec des espèces d'arbres ou d'arbustes les plus éloignés possible de celles qui en font la masse, ne pas craindre de substituer par conséquent des espèces sans épines aux espèces épineuses, etc. Il est des arbres et arbustes qui ne viennent bien qu'au milieu des autres et qui semblent indiquer cet usage. Je citerai le troëne, la clématite viorne, la ronce, le rosier des haies, etc., etc. J'ai vu les haies garnies sur leurs côtés de fragon épineux, d'ajonc, de buis, etc., et par-là devenir impénétrables aux poules et aux lapins. Voici comme je conçois la composition d'une bonne haie rustique :

Un rang de grands arbres tels que chênes, frênes, ormes, bouleaux, poiriers, pommiers, pins, sapins, etc., espacés de quatre, six, huit, dix, douze, quinze et vingt pieds, entremêlés de manière que la même espèce, ou les espèces de chaque genre, soient toujours séparées. Quelques uns de ces arbres, à des distances fort éloignées, c'est-à-dire de cinq à six toises, pourront être abandonnés et devenir des arbres de service ou des têtards.

Deux rangs (un de chaque côté) , d'arbustes épineux et non épineux, écartés de deux pieds au moins, également très mélangés, mais avec une certaine régularité et de manière que les espèces épineuses d'un côté soient opposées aux espèces non épineuses. Au pied de chacun de ces rangs, des sous-arbrisseaux également épineux et non épineux, tels que ceux que j'ai cités plus haut et d'autres encore, à cinq ou six pouces de distance.

Enfin l'intervalle entre les grands arbres, l'intervalle entre les rangs garni de grandes plantes vivaces, telles que les verges d'or, les asters, les angéliques, le persil des haies, l'aristoloche, l'armoise, les roseaux, l'asclépiade, la bryone, le liseron, la conyze, les épilobes, l'eupatoire, le galega, les caille-laits, le topinambour, l'ellébore fétide, le houblon, les millepertuis, les inules, les lamiers, les gesses, le lycope, la lysimachie, la salicaire, les menthes, les fougères, la saponaire, l'yèble, les scabieuses, le taminier, les orties, les valeraines, la verveine, les sauges, les pervenches, les vesces vivaces, etc.

J'affirme qu'une pareille haie seroit impénétrable, d'un grand produit et d'une longue durée. Je n'en ai point fait composer ni vu composer ainsi, mais la nature m'en a si souvent présenté, que je ne doute point de leur parfaite réussite. Certainement si j'étois grand propriétaire, toutes mes terres seroient ainsi encloses, ou partagées en pièces de dix à quinze arpens par des clôtures de cette sorte.

Dans plusieurs parties de la France on est dans l'usage de planter ou de laisser croître de grands arbres dans les haies. Dans d'autres on est dans l'opinion que c'est une très mauvaise méthode. Les écrivains se sont également partagés sur ce point. Ce que je viens de dire annonce que je suis du nombre des partisans des grands arbres, et certes il suffit de voir le parti qu'on en tire, et être ami de la prospérité de son pays, pour penser comme moi. Sans doute les haies qui en sont trop garnies, ainsi que les terrains voisins, en souffrent, car la lumière et l'air sont nécessaires à toute bonne végétation, sur-tout si le terrain est humide et le climat froid ; mais parcequ'on fait abus d'une bonne chose faut-il la proscrire ? Ce sont des grands arbres à trente, quarante, cinquante pieds de distance que je demande dans ces sortes de terrains et de climats, et ainsi espacés nuiront-ils beaucoup par leur ombre ? Dans les terrains secs et chauds, ils peuvent être rapprochés non seulement sans inconvénient, mais même avec avantage pour les cultures voisines.

Pour rendre les haies composées d'arbustes non épineux aussi défensables que les autres, il suffit souvent de lier les principales tiges des arbres qui les composent par un, deux ou trois rangs de perches parallèles au terrain. Ces perches, fixées aux tiges avec du fil de fer, peuvent, si elles sont de chêne ou de châtaignier, servir dix à douze ans. Quelques personnes attachent ces perches en dehors, et l'une à l'autre, avec des liens de bois (harts); d'autres les entrelacent avec les arbres mêmes de la haie. Ces pratiques sont bonnes pour les haies peu épaisses; mais celle que j'ai indiquée me paroît préférable pour celles composées de cinq rangs d'arbres ou arbustes, car elle cache l'obstacle et oblige les mal intentionnés d'employer plus de temps pour le détruire.

J'ai vu une haie où on avoit employé la clématite viorne pour remplir le même objet d'une manière plus durable. Des pieds de cet arbuste grimpant, qui pousse des rameaux longs de plusieurs toises et très difficiles à casser, étoient plantés de distance en distance, et tous les ans on étendoit leurs pousses parallèlement au terrain en les attachant avec de l'osier aux tiges des autres arbres. Une poule même n'auroit pas pu traverser cette haie, tant elle étoit serrée. J'avois entrepris de disposer de même celles de mon habitation dans la forêt de Montmorency; mais mon départ pour l'Amérique a suspendu mon opération, et les haies ont été coupées pendant mon absence. Je recommande ce mode aux agriculteurs. Les haies ainsi constituées ont besoin d'une surveillance continuelle; mais elles remplissent bien leur objet et sont extrêmement agréables à la vue lorsqu'elles sont en fleur ou en fruit.

Quoiqu'à l'article de chaque espèce d'arbre et d'arbuste j'aie considéré cet arbre ou cet arbuste sous le rapport de son utilité dans la formation des haies, je crois devoir présenter ici la nomenclature de ceux qui peuvent y entrer.

Arbres et arbustes épineux.

AUBÉPINE. Le plus employé dans le nord de la France et un des meilleurs. Toute espèce de terrain; ne se multiplie que de graines; pousse lentement; se dégarnit par le bas; se prête extrêmement bien à la taille; on mange ses fruits, malgré leur peu de saveur. L'azerolier, espèce du même genre qu'on cultive principalement dans le midi, lui est supérieur à tous égards.

NÉFLIER. Rarement employé, quoique le plus excellent de tous les arbres indigènes, à raison de la ténacité et de l'entrelacement de ses branches qu'on ne peut rompre; croît très lentement; s'accommode des plus mauvais terrains; peut être taillé sans inconvénient. Ses fruits se mangent. C'est de l'espèce naturelle dont je parle ici et non de la variété sans épines qu'on cultive dans les jardins.

CITRONNIER. Excellent sous tous les rapports, mais seulement propre aux pays chauds. Il jouit de tous les avantages du précédent et de plus de l'excellente odeur de ses feuilles et de la bonté de ses fruits. Se multiplie de graines , de marcottes et de boutures. Toujours vert.

GRENADIER. Même qualité et presque même climat que le précédent. Se multiplie de la même manière. Très employé en Italie. Ses fruits sont un objet de produit annuel.

HOUX. Fait de très bonnes haies , mais ne s'accommode pas d'une taille trop rigoureuse. Il aime une terre fraîche et une exposition ombragée. Toujours vert.

POIRIER SAUVAGE. Excellent , mais peu employé , probablement parcequ'il est trop difficile de le maintenir à une petite hauteur. Lorsqu'on le laisse devenir grand il donne des fruits qu'on emploie à faire de la boisson.

POMMIER SAUVAGE. Même observation que pour le poirier. Il est cependant plus facile de l'empêcher de s'élever; aussi le trouve-t-on plus fréquemment dans les haies.

PRUNELIER. Souvent employé dans les haies rustiques; pousse trop droit , mais se défend bien; se multiplie de graines et de rejetons ; trace excessivement; se prête peu à la taille. Ses fruits servent à faire de la boisson. Il ne mérite pas le cas qu'on en fait, d'après ma manière de voir.

NERPRUN PURGATIF. Propre aux terrains aquatiques ; garnit suffisamment ; s'accommode fort bien de la tonte; se multiplie de graines ou de marcottes. Ses baies sont employées en médecine et dans la teinture.

NERPRUN DES TEINTURIERS. Propre aux terrains les plus secs et les plus chauds. Mêmes observations que pour le précédent. S'emploie fréquemment dans les parties méridionales de la France.

PALIURE. Semble le meilleur de tous les arbustes indigènes à raison du grand nombre de ses épines et de l'entrelacement de ses rameaux ; mais je ne l'ai jamais vu former des haies continues dans les parties méridionales de l'Europe, quoiqu'on l'y emploie fréquemment. Il veut vivre en touffes isolées.

JUJUBIER. Ne peut être employé que dans les pays chauds. Les observations précédentes paroissent pouvoir lui convenir, si j'en juge par les écrits des botanistes, car je ne l'ai jamais vu en haie.

AJONC. Excellent , mais difficile à conduire. Les plus mauvais terrains sont ceux où il se plaît le mieux. Quoique je l'aie vu fréquemment former seul des haies, je le crois plus propre pour être placé sur le bord de celles composées ou pour regarnir le pied des vieilles. Les bestiaux sont très friands de ses jeunes pousses. On le multiplie de graines.

ÉPINE-VINETTE. Croît dans les terrains les plus arides et garnit assez bien. J'en ai vu de belles haies dans la ci-devant Bourgogne ; mais je la regarde comme plus propre à regarnir les vieilles qu'à en former de nouvelles. Se multiplie par graines et par déchirement des vieux pieds. Ses fruits se mangent.

ROSIER DES HAIES. Peut difficilement former de bonnes haies; mais il est extrêmement propre à être mêlé avec d'autres arbustes et à regarnir les vides. C'est bien à tort qu'on l'en proscrit. Il s'accommode de toutes sortes de terrains et se multiplie de semences ou de rejetons.

RONCE DES HAIES. Même observation. Elle perd ses tiges tous les deux ans, et il est bon de ne pas la laisser s'accumuler dans les haies. Ses fruits se mangent sous le nom de *mûres*.

GROSEILLIER ÉPINEUX. Forme seul de fort mauvaises haies à raison de son peu d'élévation et de la foiblesse de ses rameaux qui sont toujours droits; mais il est très propre pour regarnir les clairières et le pied des haies. Ses fruits se mangent. Se multiplie par le déchirement des vieux pieds.

GENÊT ÉPINEUX, qu'il ne faut pas confondre avec l'ajonc, ne s'élève qu'à un ou deux pieds. Il sert à garnir le pied des vieilles haies. Demande un sol sec et argileux. Se multiplie de graines.

BUGRANE ÉPINEUSE. Même emploi. Demande un sol argileux et sec.

FRAGON ÉPINEUX. Même emploi. Demande un terrain léger et ombragé. Toujours vert. Trace beaucoup.

ASPERGE ÉPINEUSE. Je l'ai vu garnir avec avantage, en Italie, le pied des haies placées dans des terrains très arides et sans profondeur. Gèle dans le climat de Paris.

SALSPAREILLE ÉPINEUSE. Même observation que la précédente.

Arbres et arbustes non épineux.

CHÊNE. Forme d'excellentes haies rustiques, mais quelques unes de ses espèces sont préférables à d'autres; telles que le *chêne roure* et le *chêne des haies* pour le climat de Paris. Le *chêne tauzin*, le *chêne des Apennins*, pour les climats plus chauds. J'ai vu des haies de chênes plus impénétrables que les meilleures d'épines. Je les conseillerai par-tout, attendu que cet arbre est un de ceux qui s'accommodent le mieux des diverses natures de terrain et qu'on peut à volonté le tenir bas ou le laisser monter en arbre. On peut indifféremment ou l'exploiter, dans ce dernier cas, pour le service de la charpente et de la marine, ou le tenir en têtard dont on coupe les pousses tous les huit à dix ans pour le chauffage.

Il n'en est pas de même des chênes verts, parcequ'ils ne peuvent souffrir la tonte; cependant le chêne kermès peut servir à garnir le pied de celles qui vieillissent.

Le chêne ne se multiplie que de graines et doit autant que possible être semé en place.

Le HÊTRE fait de fort bonnes haies dans les pays froids, mais il est difficile de le faire réussir dans les plaines sablonneuses ou argileuses. Il ne se multiplie que de graines qui demandent à être semées en place. Ses graines servent à faire de l'huile.

FRÊNE. La disposition toujours montante de sa tige le rend peu propre à faire des haies; cependant j'en ai vu qui remplissoient très bien leur objet, parcequ'on avoit eu soin, dans leurs premières années, de disposer parallèlement au sol les branches latérales en supprimant la flèche. Malgré cela je crois qu'il faut de préférence le laisser croître en liberté au milieu des haies, pour fournir du bois de charronnage, des cercles de cuves, etc., attendu que c'est un des arbres qui jettent le moins d'ombre. Il aime un sol humide et se multiplie de graines.

ERABLE SYCOMORE. Les observations précédentes lui sont en partie applicables. Son bois n'est pas si utile.

ERABLE COMMUN. Forme d'excellentes haies; s'accommode de toutes espèces de terrain. Se multiplie de semences.

ERABLE DE MONTPELLIER. Encore meilleur sous quelques rapports, parcequ'il buissonne mieux, s'élève moins et vient dans les sols les plus secs et les plus chauds. Fort employé dans les parties méridionales de la France et en Italie.

CHARME. Très employé, et avec raison, dans la composition des haies rustiques. Reste toujours garni du pied; entrelace très fortement ses branches; souffre le ciseau au mieux et s'accommode de la plupart des terrains; se multiplie de graines.

ORME. Mêmes observations. Encore moins difficile sur le choix du terrain; mais se dégarnit un peu plus, et buissonne moins.

MICOCOULIER. Encore mêmes observations. Très souvent employé dans les parties méridionales de la France. Ses jeunes branches sont très flexibles et son bois est très tenace. Il mérite d'être plus cultivé qu'il ne l'est.

PLATANE. Doit faire des haies de médiocre qualité. Il vaut mieux le planter en avenue. Se multiplie de marcottes et de boutures.

NOYER. Même observation à son égard.

TILLEUL. Fait des haies assez garnies, mais de foible défense.

Il lui faut un terrain un peu frais. On le multiplie de semences et de marcottes. Peu employé.

Sorbier domestique. Peu propre à former des haies, à raison de la lenteur de sa croissance. Peut être placé utilement, en arbre de ligne, dans leur milieu, parceque son bois est excellent pour les ouvrages de force, et ses fruits bons à manger. Il se multiplie de semences.

Cormier. Les observations relatives au sorbier lui sont complètement applicables. Il en est de même de l'alisier et autres arbres du même genre.

Cognassier. A les rameaux très flexibles, très coriaces et très irrégulièrement disposés. Il forme de bonnes haies, mais peu défendues ; demande un terrain frais. Ses fruits sont bons à manger. On doit toujours en placer quelques pieds dans les haies à cinq rangs. On le multiplie de graines, de marcottes et de boutures.

Cerisier des bois. Forme de mauvaises haies, à raison de sa disposition à monter, et de son opposition à la taille. Il faut le réserver pour arbre de ligne, et le placer au milieu. Son fruit se mange, et sert à faire de l'eau-de-vie.

Cerisier a grappes. A à peu près les mêmes défauts que le précédent, mais s'élève moins.

Cerisier mahaleb ou bois de Sainte-Lucie. Est au contraire propre à faire de bonnes haies, et encore plus à regarnir celles qui dépérissent. Ses branches s'entrelacent, son tronc se déforme par suite de la taille à laquelle il se prête très aisément. Les plus mauvais terrains lui conviennent. Il se multiplie de graines.

Chataignier. N'est pas plus propre que le *cerisier des bois* à former de bonnes haies, et par la même raison ; mais comme il pousse vite, donne beaucoup de bois et de bons fruits, il est bon d'en placer quelques uns dans les haies pour les laisser monter ou les exploiter en têtard. Il veut un sol quartzeux et une température froide. Se multiplie de semences.

Bouleau. Peu utile dans les haies, parceque ses rameaux sont trop flexibles, qu'il tend trop à monter et à se dégarnir du bas. On peut cependant l'y placer pour le laisser monter en arbre. Se multiplie de graines.

Aune. Même observation. On l'emploie cependant souvent pour enclore les étangs, les canaux, les endroits aquatiques. Il peut servir à regarnir les vieilles haies plantées dans les sols humides. Il se multiplie de graines, de rejetons et de marcottes. Il est très facile de disposer ses pousses en palissade.

Peupliers. Même observation. J'ai vu fréquemment des haies formées avec des *peupliers blancs*, des *peupliers gris*, des *peupliers noirs*, et même des *peupliers d'Italie ;* mais on devoit.

plutôt les appeler des palissades, puisque ce n'étoient pas leurs branches, mais leurs tiges qui servoient de défense. Se multiplient de boutures.

Saule blanc. Même observation.

Saule marceau. Forme des haies assez serrées, cependant de peu de défense. Croît dans les terrains les plus secs comme dans les marais les plus fangeux. Peut être employé à regarnir les vieilles haies. Se multiplie de boutures et de marcottes. Pousse avec beaucoup de vigueur.

Saule osier. S'emploie souvent pour clôture; mais c'est moins comme défense que pour tirer parti de ses rejetons; d'un grand usage en agriculture, ainsi que tout le monde le sait. Se multiplie de boutures.

Prunier domestique. Forme d'assez bonnes haies, comme j'ai eu occasion de le voir; mais elles sont de peu de défense. On doit le réserver pour regarnir. Il se multiplie de graines et de rejetons.

Amandier. S'emploie souvent pour haies dans les parties méridionales de la France; mais quoiqu'il soit plus propre à cet usage que le *prunier*, à raison de ses nombreux rameaux, il ne peut être estimé sous ce rapport. Les plus mauvais terrains lui conviennent. Il se multiplie très rapidement de semences, mais dure peu. Ses fruits se mangent et entrent dans le commerce. C'est presque le seul arbre dont on puisse tirer parti en forme de haie sous ce rapport; aussi n'ai-je pas jugé à propos de distinguer les haies en *haies fruitières* et en *haies forestières*, comme quelques auteurs le veulent.

Pêcher. Est moins propre à former des haies que l'amandier, et je ne sache pas que nulle part on l'emploie à cet usage. Se multiplie de semences.

Pistachier. Dans quelques endroits des parties méridionales de l'Europe on voit des *pistachiers térébinthe*, des *pistachiers lentisque* et autres dans les haies, et il paroît qu'ils s'y rendent utiles; mais la lenteur de leur croissance ne permet pas de les y employer souvent.

Cornouiller mâle. Forme des haies de médiocre qualité; se trouve assez communément dans celles qui se sont formées naturellement. On peut principalement l'employer à regarnir. Sa multiplication a lieu par semence, rejetons et boutures. Ses racines ne meurent jamais naturellement en totalité; ce qui le rend précieux pour borner les propriétés.

Cornouiller sanguin. Entre très souvent dans la composition des haies naturelles, et peut très avantageusement servir à regarnir celles qui vieillissent; mais il est de trop peu de défense et de produit pour être employé dans celles qu'on plante. Il se multiplie de graines, de rejetons et de marcottes. Il est des cornouillers d'Amérique qui se rapprochent beaucoup de celui-ci, et qui doivent lui être préférés.

Noisetier. Très commun dans les haies naturelles, mais d'une foible défense. Il vient rapidement, fournit beaucoup de bois, et des fruits fort agréables à manger. On doit toujours en mettre de distance en distance dans les haies rustiques à cinq rangs, et faire en sorte de lier leurs nombreuses tiges par des arbustes grimpans, ou diriger entre elles des branches d'arbustes épineux. Il se multiplie de graines et de rejetons.

Argousier. Garnit fréquemment les haies plantées sur le bord des eaux dans les parties méridionales de la France, et le fait avec avantage. Je crois qu'on ne peut trop le multiplier dans celles qui sont exposées aux efforts des torrents, parceque ses nombreuses racines retiennent la terre avec force. Il se multiplie de semences, de marcottes et de boutures.

Murier. J'en ai vu de très belles haies; mais elles étoient de peu de défense. En conséquence elles ne doivent être établies que pour la nourriture des vers à soie et des troupeaux; cependant des pieds mis dans des haies à cinq rangs, et de distance en distance, ne leur nuiront en aucune manière. On le multiplie de graines et de marcottes. Il craint les hivers rigoureux.

Laurier. J'ai vu en Italie de fort belles haies de cet arbre; mais je puis leur appliquer les observations précédentes, c'est-à-dire qu'elles sont de peu de défense. Il ne peut se conserver en pleine terre dans le climat de Paris sans des soins particuliers.

Figuier. Ne peut faire de bonnes haies; mais dans les pays chauds il peut quelquefois servir à regarnir les vieilles, car il pousse de nombreux rejets.

Laurose. Même observation.

Lilas. Des haies de cet arbuste se voient aux environs de Paris et ailleurs; mais elles sont de peu de défense si ses nombreuses tiges ne sont liées entre elles par des perches ou des plantes grimpantes. La beauté de ses fleurs le feroit placer dans celles à cinq rangs, si le désir de les cueillir ne portoit à dégrader. Il se multiplie de semences et de rejetons.

Troene. Peu de haies naturelles en sont privées, et il doit de préférence être employé à regarnir toutes celles qui commencent à se dégarnir, parcequ'il réussit par-tout, et pousse vite. Ses rameaux sont si longs et si flexibles, que je devrois peut-être le placer au rang des arbustes grimpans. Ses fleurs ont une odeur agréable. Il se multiplie de semences et de marcottes.

Filaria. Croît dans les haies des parties méridionales de l'Europe, et est d'une bonne défense; mais il craint les gelées du climat de Paris. Il se prête fort bien à la taille. On le multiplie de semences. Ses feuilles se conservent vertes toute l'année.

ALATERNE. Croît dans les mêmes lieux, et conserve également ses feuilles; mais est moins propre à se défendre, parceque ses branches sont plus droites et moins nombreuses. Il se multiplie de même.

BOURGÈNE. Totalement impropre à faire des haies, comme poussant trop peu de rameaux. Cependant elle se voit fréquemment dans celles qui sont en terrain humide. Se multiplie de graines.

VIORNE OBIER. L'observation précédente lui est applicable; cependant comme ses rameaux sont gros et très écartés du tronc, elle se rend plus utile.

VIORNE COTONNEUSE. Croît très communément dans les haies, et les fortifie par le grand nombre de rejetons qu'elle pousse; cependant seule elle est une très mauvaise défense. Il faut la placer seulement dans les haies qui se dégradent et dans celles à cinq rangs, de distance en distance.

LYCIET D'EUROPE. Forme seul ou presque seul des haies d'une bonne défense dans les parties méridionales de la France. Il s'accommode des plus mauvais terrains. Ses rameaux sont souvent épineux à leur extrémité. On le multiplie de graines et de marcottes. Il y a d'autres lyciets étrangers qui font des haies de moindre défense, mais plus touffues. On doit les employer pour regarnir, parcequ'ils poussent abondamment des rejets. Le lyciet de la Chine est presque un arbuste grimpant; tant ses rameaux sont longs et grêles. Tous craignent peu les gelées du climat de Paris.

SUMAC DES CORROYEURS. Entre quelquefois dans la composition des haies naturelles des parties chaudes de l'Europe, mais il y est d'une foible utilité. Cependant quand on le conduit convenablement, il peut les fortifier, parceque ses rameaux s'écartent beaucoup du tronc. Il se multiplie de graines et de rejetons.

SUMAC FUSTET. Est dans un cas semblable, même moins important pour l'objet qui m'occupe. Il garnit cependant bien en apparence, parceque ses feuilles sont nombreuses. Je l'ai rarement vu mêlé avec d'autres arbustes.

GROSEILLIERS ROUGES ET NOIRS. Se trouvent quelquefois dans les haies, qu'ils ne défendent en aucune manière. On peut cependant les faire servir à boucher les trous des vieilles haies, parcequ'ils poussent rapidement, et s'accommodent de toutes sortes de terrains.

BAGNAUDIER. Forme seul des haies sans défense, mais il regarnit assez bien celles qui sont vieilles, et tient sa place dans celles à cinq rangs. Il se multiplie de graines.

FUSAIN. Même observation. Il est commun dans les haies naturelles.

CYTISE DES ALPES. Ne doit pas être employé seul à composer des haies, à moins qu'on ne veuille lier ses nombreuses tiges contre des perches transversales, c'est-à-dire en faire une palissade ; mais il garnit fort bien celles à cinq rangs, et on doit l'y employer. Il se multiplie de graines.

Le CYTISE A FEUILLES SESSILES, le CYTISE A FEUILLES VELUES et autres qui croissent naturellement dans les haies des parties méridionales de la France, sont de très petits arbustes qui servent peu à fortifier les haies, mais qu'on doit cependant y placer pour garnir leur pied.

SUREAU. Se trouve très fréquemment dans les haies naturelles, et se plante souvent seul pour en former d'artificielles. Il vient dans tous les terrains, et se multiplie très facilement de boutures et de graines ; ses jeunes pousses ayant peu de rameaux, ont besoin d'être palissadées contre des perches, et son tronc se dégarnissant par en bas, demande à être souvent recépé. Malgré ces inconvéniens, il faut toujours le placer de distance en distance dans les haies à cinq rangs, en ayant soin de l'accompagner d'arbustes épineux ou grimpans propres à être entrelacés avec ses tiges. Il pousse très rapidement. En général l'agriculture ne tire pas de cet arbre tout le parti qu'elle pourroit.

SYRINGA. Forme des haies assez touffues en apparence, parcequ'il pousse beaucoup de rejetons, mais elles ne sont d'aucune défense. On doit l'employer à regarnir les vieilles. Il se multiplie principalement par le déchirement des vieux pieds.

BUIS. Entre fréquemment, en certains cantons, dans la composition des haies naturelles, et doit être employé, soit dans celles à cinq rangs, soit dans celles qui se dégradent. Il est de peu de défense réelle ; mais comme il conserve ses feuilles toute l'année, et qu'il pousse beaucoup de branches, il garnit fort bien. Son aspect d'ailleurs est agréable. On le multiplie de graines et de boutures.

MYRTHE. Les mêmes observations s'appliquent à cet arbuste dont les feuilles ont une odeur, et les fleurs un aspect si agréables; mais il craint les gelées du climat de Paris. Il se multiplie de graines, de marcottes et de boutures.

TAMARIX. J'ai vu, dans les parties méridionales de la France, des haies entièrement composées de cet arbuste, qui se plaît le long des ruisseaux; mais elles étoient palissadées sur des perches, car sans cela elles n'eussent été d'aucune défense. Sa propriété de croître dans les sols salés et de les rendre à la végétation du blé le rend très précieux sur les bords de la mer. On le multiplie de boutures.

ROMARIN. Croît également dans les haies des parties chaudes de la France, et en garnit bien le pied. Il n'est d'aucune défense.

LAVANDE. Même observation. Elle craint cependant plus le voisinage des autres arbustes.

SAUGE. Même observation.

AIRELLE. Ne s'élève qu'à un pied; mais comme elle aime l'ombre et trace beaucoup, elle garnit fort utilement les vides qui se trouvent dans les haies. Se multiplie de graines.

CORIAIRE. Reste verte une partie de l'hiver, pousse immensément de rejetons, et s'élève à deux ou trois pieds. Elle remplit donc bien les vides des haies usées. Je l'ai fréquemment vue entrer dans la composition de celles des parties méridionales de l'Europe. Se multiplie avec la plus grande facilité par déchirement des vieux pieds.

LAURÉOLE. Reste verte toute l'année, et garnira d'autant plus utilement les haies, quoiqu'elle ne soit d'aucune défense, et qu'elle ne s'élève qu'à deux ou trois pieds, qu'elle aime l'ombre. Se multiplie de graines.

BRUYÈRE. Plusieurs espèces pourroient être employées, mais elles sont si difficiles à multiplier, qu'il n'y faut pas penser.

HYSOPE. Est très propre à garnir le pied des haies dans les terrains secs et exposés au midi. Elle ne s'élève pas à plus de deux pieds et n'est d'aucune défense.

Arbrisseaux grimpans.

VIGNE. Concourt souvent à fortifier les haies rustiques. J'en ai vu qu'elle rendoit absolument impénétrables; mais il faut pour cela diriger ses rameaux en longueur et parallèlement au terrain.

CLÉMATITE VIORNE. Même observation. Je l'ai déjà citée plus haut.

MORELLE GRIMPANTE. Même observation, mais ses rameaux sont cassans; elle se trouve souvent dans les haies naturelles, qu'elle ne consolide que médiocrement.

LIERRE. Il n'est presque d'aucune utilité dans les haies, à moins qu'il ne grimpe aux arbres de ligne qui s'y trouvent.

Il ne me reste plus qu'à parler des arbres résineux. Les pins, les sapins, les mélèzes, ne souffrant pas la taille, ne peuvent être mis qu'en ligne dans les haies. Ils y viennent fort bien; et comme leur bois est d'un excellent service, qu'ils donnent peu d'ombre, on doit y en mettre beaucoup en les espaçant convenablement.

On voit, dit-on, des haies entièrement composées d'ifs; mais je ne crois pas qu'il soit utile d'en planter, à raison de la lente végétation de cet arbre. Le genévrier, qui s'y rencontre si communément dans certains cantons, n'a pas cet inconvénient; aussi est-il bon de l'y introduire le plus souvent possible. On le multiplie de graines, qu'il suffit de répandre sur le bord de celles qu'on veut en peupler.

Cet article est long, mais il est important par son but; car, je le repète, la plantation des haies sur le sol entier de la France peut doubler les produits de son agriculture et suppléer en grande partie à la perte de nos forêts.

Il est plusieurs arbres étrangers dont on commence à faire des haies. L'acacia blanc et le févier sont du nombre, et méritent d'être employés à cet usage à raison de leurs épines et de la rapidité de leur croissance, mais ils branchent peu, et leurs jeunes pousses sont très recherchées par les bestiaux. Je citerai encore la ketmie en arbre et le thuya de la Chine, dont j'ai vu de si belles et bonnes haies taillées en Italie.

Les pays situés entre les tropiques forment leurs haies avec des arbres propres à ce climat. A Saint-Domingue, c'est avec le campèche. En Caroline avec le houx cassine. L'arbuste le plus propre à en former que je connoisse est la *bumélie réclinée*. Ses branches sont recourbées vers la terre, de sorte que son pied est aussi et même plus garni que sa tête; elles sont de plus si épineuses, qu'on ne peut les prendre à la main, et si coriaces, qu'il est impossible de les casser sans les tordre à plusieurs sens. Il est malheureux qu'elle craigne les gelées du climat de Paris. (B.)

HAIE SÈCHE. Souvent on a besoin, en agriculture, de clore ou promptement, ou momentanément, ou économiquement un terrain, et alors on emploie la sorte de haie qu'on appelle *sèche*, parceque c'est avec des branches d'arbres qu'on la compose, et que ces branches ne tardent pas à se dessécher.

Toutes espèces de branches d'arbres, pourvu qu'elles aient plus de quatre pieds de long, peuvent servir à la composition des haies sèches; cependant celles de l'aubépine sont les meilleures, parcequ'elles réunissent une meilleure défense à une plus longue durée. Celles de prunelier viennent après. Puis le chêne, le charme, etc. Les bois blancs sont les pires de tous à raison de leur disposition à pourrir promptement. Dans quelques pays où le bois est rare on fabrique ces haies avec de la paille ou des roseaux.

Pour établir une haie sèche, on fait, à la bêche ou à la pioche, une tranchée de six à huit pouces de large et d'autant de profondeur, et, au milieu, à quatre, cinq ou six pieds les uns des autres on fiche, à coups de maillet, des pieux d'au moins deux pouces de diamètre le plus perpendiculairement possible. Ces pieux, pour durer long-temps, doivent être de chêne ou de châtaignier. On attache à ces pieux à la hauteur d'environ trois pieds, au moyen de branches de chêne ou de châtaignier tordues (on les appelle des *harts* aux environs de Paris), ou à leur défaut avec de fort osier, un rang de perches de bois dur parallèle au terrain. C'est contre cette traverse et dans la tranchée qu'on range les branches destinées à former les haies. L'art est de n'en mettre ni trop, ni pas assez, et de les disposer de manière à ce que leurs branches s'entrelacent régulièrement. Lorsqu'il y a une longueur de perche ainsi garnie, on attache une autre perche, de l'autre côté des pieux, parallèlement à la première et à la même hauteur, puis on fait passer autour des deux perches une ou deux harts par chaque distance de pieux, ce qui les lie entre elles, et fixe les branches d'une manière solide et régulière. Il ne s'agit plus alors, pour que la haie soit terminée, que de remplir la tranchée de terre, et d'élever cette terre de six à huit pouces au-dessus du sol, ce qu'on appelle *butter* la haie.

Pour plus de solidité, avant cette dernière opération, on met un second rang de perches à un pied de terre, disposées et liées comme le rang supérieur.

La durée d'une haie sèche dépend, outre l'espèce de l'arbre, de la nature du sol et du climat, le bois, et sur-tout le bois trop jeune pourrissant plus promptement dans les terrains et les climats humides que dans ceux qui sont secs et chauds. Aux environs de Paris une bonne haie sèche d'aubépine, sauf quelques réparations, doit subsister pendant cinq à six ans. Plus au midi elle peut en durer huit à neuf.

Comme les haies sèches sont à claire-voie, elles ne sont pas aussi utiles comme abri que les haies vives, puisque les vents peuvent passer au travers, et qu'elles ne réfléchissent pas les rayons du soleil; mais on peut les rendre égales à ces dernières en semant à leur pied des haricots, des pois, des gesses, des liserons, et autres plantes grimpantes, qui enlacent leurs tiges avec les rameaux des branches qui la composent; mais alors elles durent moins long-temps, à raison de l'humidité que ces plantes apportent avec elles, ou conservent autour d'elles.

Souvent les haies sèches n'ont pour véritable objet que de garantir une haie vive nouvellement plantée des ravages des bestiaux. Alors on peut la faire plus légère et la garnir du côté opposé à la haie de pieds de ronces enlevés dans les bois, pieds qui, repoussant vigoureusement dès la première année, deviennent une excellente défense.

Je ne m'étendrai pas davantage sur les haies sèches, parceque je les regarde comme important bien moins à l'agriculture que les haies vives. Je gémis même lorsque je vois des cantons, où ces dernières réussiroient parfaitement bien, ne faire usage que des premières, qu'on renouvelle sans cesse, au grand détriment des forêts et du temps si précieux en agriculture, et qu'on doit tant ménager. C'est l'effet de l'ignorance ou des lois vicieuses. Un cultivateur auquel je faisois ce reproche me répondit : Mon bail n'est que de trois ans, et le bois que j'emploie en ce moment me servira de chauffage lorsque ce bail sera fini. Dans d'autres endroits on brûle les haies sèches tous les hivers pour les rétablir au printemps. C'est une bonne manière de faire sécher le bois, dit-on ; oui, mais quelle perte de main-d'œuvre ! (B.)

HALE. Il est prouvé par des expériences directes, et par l'observation de tous les temps et de tous les lieux, que les plantes transpirent, c'est-à-dire que pendant le jour, et même quelquefois pendant la nuit, l'eau que leurs feuilles et leur écorce avoient absorbée, ou que les racines avoient pompée dans la terre, rentre dans l'atmosphère sous forme de vapeur invisible. *Voyez* le mot TRANSPIRATION DES PLANTES.

La quantité de cette évaporation varie à chaque moment ; parcequ'elle est toujours en rapport avec l'état plus ou moins sec de l'air, et que cet état ne reste jamais long-temps le même, soit par l'effet de la chaleur du soleil, soit par celui des vents. Lorsqu'elle est très considérable, qu'on s'aperçoit de ses effets, c'est-à-dire que les feuilles et les fleurs se fanent, on l'appelle le hâle.

Les plantes les plus aqueuses, excepté celles qu'on appelle plantes grasses et qui sont dépourvues de pores corticaux, sont celles qui se ressentent le plus des suites du hâle. Les arbres à feuilles coriaces, comme le chêne, le laurier, n'y sont presque pas sensibles, et voilà pourquoi ceux des pays chauds les ont telles presque tous.

Le plus souvent les effets du hâle cessent avec la cause qui l'a fait naître. Il n'est personne qui, dans les jours chauds de l'été, n'ait vu les feuilles, qui sembloient mortes à midi, reprendre toute leur fraîcheur pendant la nuit, ou après une legère pluie.

Un hâle très prolongé fait périr les plantes ; trop souvent répété il nuit à leur accroissement, ainsi que le prouvent les pays secs et découverts, plus exposés que les autres à ses résultats.

Il n'est guère possible d'empêcher les effets du hâle dans la grande culture que par des abris, et cette circonstance doit fortement militer en leur faveur. *Voyez* au mot ABRI et aux mots CLÔTURE, ENCLOS et HAIE. Cependant les irrigations et les arrosemens à la main remplissent aussi cet objet. C'est pourquoi les jardiniers instruits et actifs ne manquent jamais d'arroser, avant ou après le lever du soleil, les légumes qui en craignent le plus les suites, sur-tout leurs semis. Il seroit dangereux de le faire pendant la chaleur même, par les causes indiquées au mot ARROSEMENT.

C'est pour s'opposer au hâle qu'on couvre les jeunes plants, qui y sont plus sensibles que les autres, pendant la grande chaleur du jour, qu'on les couvre sur-tout lorsqu'ils viennent d'être transplantés, et que leurs racines ne peuvent pas encore réparer les pertes qu'ils éprouvent par ses effets, soit avec des pots renversés, soit avec des paillassons, des branches garnies de feuilles, etc.

Le hâle se fait puissamment sentir sur les racines des arbres qu'on vient d'arracher. Il désorganise leurs suçoirs en les des-séchant. Combien de millions de pieds d'arbres périssent cha-que année dans leur transplantation par cette seule cause ! Il est des arbres et des plantes que quelques minutes d'exposition à un air sec suffisent pour frapper de mort. Les arbres rési-neux, tels que pins, sapins, etc., sont principalement dans ce cas. On doit donc en tout temps, principalement quand le hâle existe, c'est-à-dire que l'air est desséchant, mettre le moins d'intervalle possible entre l'arrachage et le plantage des arbres et des plantes, ou lorsque les circonstances s'y opposent, il faut mettre provisoirement le plant en jauge, ou couvrir ses racines d'un peu de terre, de paillassons, ou autres objets.

C'est avec l'hygromètre qu'on peut le mieux mesurer l'in-tensité du hâle ; mais rarement les cultivateurs en font usage. Ses effets sur leur corps et sur les plantes qu'ils ont sous les yeux leur tiennent lieu de cet instrument, et ils ne sont pas sujets à erreur quand on sait les interroger.

Quelques personnes croient que le hâle n'a jamais lieu que dans la chaleur; mais c'est une erreur. Souvent il est très considérable pendant les plus fortes gelées. Il a lieu toutes les fois que l'air est sec, quelle que soit la cause qui l'a rendu tel. Ainsi les vents, qui ont déposé leur eau sur des plaines arides, ou au sommet de hautes chaînes de montagnes, produisent le hâle. Ces vents desséchés et desséchans varient selon les pays. Pour les environs de Paris, ce sont ceux du nord-est qui ont passé sur les plaines sèches de la Champagne, et ceux de l'est, qui ont passé par-dessus les Alpes. Pour les environs de Montpellier, ce sont ceux du nord et de l'ouest.

Rarement le vent du midi est desséchant dans le climat de Paris, même dans la plus grande chaleur de l'été ; mais sur la côte d'Afrique, à Alger, par exemple, mais en Arabie, à Damas, par exemple, il l'est à un tel point, qu'il fait en peu d'instants périr les animaux, et en peu de jours les tiges de la plupart des plantes. C'est qu'il a passé par-dessus des déserts de sables qui ont absorbé toute son humidité. On l'appelle siroco en Italie, où il se fait quelquefois sentir, malgré la mer qu'il traverse.

La terre, sur-tout la terre nouvellement labourée, éprouve aussi les effets du hâle, et lorsqu'on sème pendant qu'il dure, la graine ne lève point ou lève mal ; c'est pourquoi il faut éviter de semer dans ce cas le plus qu'on peut.

Quelquefois le hâle est très désiré par les cultivateurs, par exemple au printemps, lorsqu'après des pluies longues et abondantes, ils sont pressés de faire leurs labours ; en été, lors de la coupe de leurs foins, etc. (B.)

HAMAMELIS, *Hamamelis*. Arbrisseau de l'Amérique septentrionale, qui croît en pleine terre dans le climat de Paris, et que l'on y cultive à raison du développement précoce de ses fleurs, développement qui a lieu au milieu de l'hiver, long-temps avant la pousse de ses feuilles.

Cet arbrisseau, qui forme un genre dans la tétrandrie digynie et dans la famille des berbéridées, a les feuilles alternes, légèrement pétiolées, ovales, irrégulièrement dentées à leur sommet, coriaces, glabres, d'un vert foncé, larges de deux pouces et plus ; ses fleurs sont jaunes et ramassées en petits paquets sessiles le long des rameaux.

J'ai vu en Caroline de grandes quantités d'hamamelis, et j'ai observé que ses fleurs avortoient fréquemment par l'effet des froids. En Europe, il ne porte presque jamais de graines par la même cause. Un terrain humide et ombragé est celui qui lui convient, et il fait mieux dans une plate-bande de terre de bruyère exposée au nord qu'ailleurs. Il se place cependant entre les buissons des jardins paysagers, et s'y soutient fort bien. Les plus fortes gelées ne lui font aucun mal lorsqu'il est parvenu à une certaine hauteur. Rarement il s'élève en Europe à plus de trois à quatre pieds ; mais en Amérique j'en ai vu des pieds de plus du double. Son aspect ressemble à celui du noisetier. On le multiplie de graines tirées d'Amérique, graines qui ne lèvent ordinairement que la seconde et même la troisième année, quoiqu'on les sème dans des terrines placées sur couche et sous châssis. Le plant se rentre dans l'orangerie pendant les deux ou trois premières années, et ensuite se met en pleine terre. On le multiplie aussi par les rejetons qu'il pousse, lorsqu'il est dans un sol favorable, et par marcottes. Ces marcottes s'enracinent dans l'année, et peuvent être levées l'hiver suivant ; mais il est mieux d'attendre un an de plus, parcequ'on y gagne certitude de reprise et plus de grandeur. Une humidité foible, mais con:tante, étant nécessaire à la conservation de cette plante, on fera généralement bien de garnir son pied d'une couche de mousse d'un à deux pouces d'épaisseur. (B.)

HAMPE. Botanique. Toutes les tiges des plantes ne sont pas de la même forme ; les unes portent les feuilles, les fleurs et les fruits, tandis que d'autres ne sont chargées que d'une de ces parties. Lorsque les feuilles sont radicales, c'est-à-dire qu'elles partent immédiatement de la racine ou de son collet, alors on voit ordinairement s'élever de leur centre une tige droite, à l'extrémité de laquelle est attaché un bouton qui s'épanouit et devient une fleur ; cette tige est ordinairement unique, dénuée de feuilles, et presque toujours même de bractées ou feuilles florales. Les botanistes ont donné à cette espèce de support le nom de *hampe*, et c'est de cette forme qu'est la tige du pissenlit. (R.)

HANCHES. Médecine vétérinaire. Les hanches, très mal à propos confondues à la campagne avec les cuisses, sont formées par les os des iles, ou iléon, le plus considérable des os du bassin. Elles doivent être proportionnées avec les autres parties du corps du cheval. Sont-elles courtes, l'arrière-main a toujours peu de jeu ; il est roide, l'animal ne travaille que des jarrets, qui, situés perpendiculairement, relèvent sa croupe et son arrière-main, qu'il lui est comme impossible de plier. Or, nul mouvement n'est liant, s'il n'est produit par l'accord de toutes les parties combinées qui doivent être mues. Sont-elles longues, l'inconvénient qui suit cette défectuosité est très sen-sible : dans tout mouvement de progression de l'animal, on s'aperçoit constamment d'une flexion plus ou moins grande, non seulement de toutes les portions articulées de l'arrière-main, mais encore des vertèbres lombaires : c'est dans la force et la souplesse de ces vertèbres que consiste principalement l'action et la beauté des mouvemens du derrière : le cheval ne peut le baisser et le plier pour amener les pieds sous lui et près de son centre de gravité, que la courbure et la flexion des vertèbres ne soient apparentes. Or, si les hances ont trop de longueur, il est aisé de concevoir que, vu leur étendue et le pli des vertèbres et des autres articulations, ces mêmes pieds de derrière outre-passeront à chaque pas, dans leur por-tée, la piste ou la foulée des pieds de devant ; ils avanceront au-delà du centre de gravité même, et l'animal, relativement à ce défaut, n'étant pas dans son degré de stabilité et de force, se montrera et sera nécessairement foible.

Cette défectuosité est moindre quand le cheval a à monter des montagnes, l'élévation du terrain s'opposant au port de ses pieds trop en avant, et la facilité naturelle qu'il a à s'asseoir

faisant qu'il percute aisément, et que le devant est pour lors
chassé et relevé avec plus de véhémence ; mais il souffre infiniment quand il s'agit de descendre, non par la peine qu'il a
à plier les jarrets, mais parcequ'il est à tout moment prêt à
s'acculer.

Lorsque, dans le cheval gras et en bon état, la saillie des
os des îles est considérable, nous disons que le cheval a les
hanches hautes, qu'il est cornu. Cette difformité est agréable
à la vue.

Nous entendons dire journellement à la campagne qu'un cheval, un bœuf, a pris un effort dans les hanches ; il est aisé de revenir de cette erreur, lorsque l'on considère dans ces animaux
un peu avancés en âge l'union intime des os pairs qui forment
le bassin ; cette union est telle que non seulement elle a lieu
dans les os du même côté, mais encore dans ceux du côté
opposé ; en sorte que ces mêmes os n'en constituent, pour
ainsi dire, qu'un seul ; donc ils ne peuvent point se désunir ;
donc les hanches ne sont pas susceptibles d'effort. *V.* Effort.

Il arrive quelquefois que l'un des os des îles semble plus
bas que l'autre, et que les hanches paroissent inégales ; nous
disons alors que le cheval est épointé, éhanché ; cet évènement ne prouve pas le dérangement des os ; il peut être un
vice de conformation, mais le plus souvent la suite d'un coup,
d'un heurt violent dans le poulain, qui aura occasionné une
dépression et un affaissement dans cette partie. (R.)

HANGAR. *Voyez* Angar.

HANNEBANE. Nom vulgaire de la jusquiame.

HANNETON, *Melolontha.* Genre d'insectes de l'ordre des
coléoptères, qui renferme plus de cent cinquante espèces,
toutes vivant aux dépens des racines des plantes sous l'état
de larves, et aux dépens de leurs feuilles sous celui d'insectes
parfaits, et par conséquent nuisant beaucoup aux cultivateurs,
sur-tout l'espèce vulgaire, dont l'abondance, quelquefois excessive, est un cruel fléau pour l'Europe.

Le hanneton vulgaire, le plus important à connoître pour
les cultivateurs, est couleur de rouille avec le corselet noirâtre, velu. Il a une tache blanche triangulaire de chaque
côté sur les anneaux de l'abdomen. Sa longueur est d'un
pouce et son diamètre de six lignes.

C'est dans la terre, au fond d'un trou d'un demi-pied de
profondeur que les femelles creusent avec leurs pattes antérieures, qu'elles déposent leurs œufs. Il naît de ces œufs des
larves constamment recourbées, molles, blanches, avec la
tête et les pattes écailleuses brunes. Ces larves, connues des

cultivateurs sous les noms de *ver blanc*, *mans turc*, etc., restent quatre ans entiers en terre, c'est-à-dire que ce n'est qu'à la fin de la quatrième année qu'elles se transforment en nymphe. Ainsi pendant quatre ans, les hivers exceptés, et sur-tout pendant les deux dernières années, elles dévorent les racines des arbres et des plantes qui sont à leur portée, et qu'elles savent aller chercher souvent au loin. Dans les arbres, c'est l'écorce seule qu'elles entament ; mais dans les plantes c'est la racine entière. Quoiqu'elles les mangent presque toutes, il en est cependant quelques unes qu'elles préfèrent ; ce sont les plus tendres et les plus succulentes. Ainsi les jardiniers ont remarqué depuis long-temps qu'elles quittoient tout pour se jeter sur les salades, et les pépiniéristes, comme je le dirai plus bas, ont saisi ce moyen pour les éloigner de leurs arbres et même les détruire facilement. Tout jeune arbre, toute petite plante dont les racines sont endommagées par ces larves, languit ou périt. Les grands arbres, les plantes à nombreuses racines, en souffrent plus ou moins, selon le nombre des individus qui les attaquent à la fois, ou le temps qu'ils y restent. Les dommages qui en résultent sont peu sensibles dans les bois, dans les champs, parcequ'ils s'exercent sur un grand nombre d'objets, et qu'on ne les suit point ; mais dans les jardins, mais dans les pépinières, ils font souvent le désespoir des cultivateurs. Telle planche de légume qui promettoit beaucoup est successivement détruite par un petit nombre de ces larves. Telle plantation d'arbres fruitiers manque uniquement par leur fait. Telle pépinière ne produit pas de bénéfices à raison du grand nombre de plants qu'elles font annuellement périr. Il suffit d'avoir mis la main à la bêche, ou d'avoir questionné ceux qui en font habituellement usage, pour être convaincu qu'elles doivent être vouées à la destruction la plus absolue. Mais comment les détruire ? La réponse à cette question est difficile ; je tâcherai cependant d'y satisfaire à la fin de cet article.

C'est au mois de mai, quinze jours plus tôt, quinze jours plus tard, selon le climat et la température de la saison, que les hannetons sortent de terre. Ils sont alors mous et foibles ; mais un jour d'exposition à l'air leur suffit pour consolider toutes leurs parties, et pouvoir commencer leurs ravages sous leur nouvelle forme. Il est très peu d'arbres dont les feuilles ne soient pas de leur goût. Aussi voit-on souvent les forêts et les vergers également dépouillés à la fin du printemps, au grand détriment de la croissance des arbres et de la production du fruit. L'effet de ce dépouillement des feuilles des arbres, à une époque où elles sont si nécessaires, se fait sentir pendant plusieurs années, c'est-à-dire qu'un pommier, par exemple, ne donnera certainement pas encore de pommes l'année d'après, et peu la suivante. Ce fait s'explique par la nécessité où est l'arbre d'employer à la production de nouvelles feuilles la surabondance de sève qui devoit servir à la nourriture du fruit. Chercher à les signaler comme les ennemis des cultivateurs seroit ici chose superflue, car qui n'a pas gémi en voyant certaines années les arbres, au milieu du printemps, aussi nus qu'au cœur de l'hiver! Je dis certaines années, parceque heureusement ce fléau n'est pas toujours redoutable au même degré. On a cru remarquer que sur quatre années il y en avoit une où les hannetons étoient très abondans. Mais l'état de l'atmosphère pendant l'hiver et au printemps doit souvent déranger ces calculs. En effet, des gelées très violentes, qui pénètrent jusqu'à la retraite des larves, doivent les faire périr, encore mieux celles qui sont tardives et qui trouvent les insectes parfaits prêts à sortir de terre. Une sécheresse très prolongée pendant le mois de mai forme sur le sol une croûte que les insectes parfaits ne peuvent rompre, et qui les fait périr de faim. J'ai vu, une certaine année, des pluies froides continues pendant plusieurs jours, leur donner la diarrhée, et les faire mourir avant qu'ils se fussent accouplés. C'étoit une année d'abondance; ainsi cette circonstance, au moins pour le climat de Paris, a dû changer l'ordre de leur retour.

On a remarqué que les hannetons étoient plus rares dans les pays chauds et dans les pays froids. Les climats tempérés, tels que celui de Paris, sont ceux qui leur conviennent.

Chaque hanneton ne vit guère que sept à huit jours, et l'espèce ne se montre que pendant environ un mois. Peu après que l'accouplement est terminé, le mâle meurt, et la femelle en fait de même dès qu'elle a achevé sa ponte.

Les ennemis des hannetons sont très nombreux. Parmi les quadrupèdes les renards, les blaireaux, les hérissons, les fouines, les belettes, les rats et autres congénères. Parmi les volatiles quelques oiseaux de proie diurnes et nocturnes, les pie-grièches, l'engoulevent, les pies, les corbeaux, les dindons, les poules, etc., etc. Parmi les insectes les courtilières, les carabes, les fourmis, etc., etc. Mais ils ne suffisent pas au besoin imminent qu'ont les cultivateurs d'en voir diminuer le nombre. Il faut que l'homme se réunisse à eux pour en augmenter la destruction, au moins autour de sa demeure, c'est-à-dire dans ses jardins et ses vergers. On a proposé de les faire tomber en les enfumant au moment où ils sont en repos sur les feuilles, c'est-à-dire entre neuf heures du matin et trois heures du soir, et de les écraser; mais ce moyen est coûteux, embarrassant, et produit moins d'effet que si on battoit l'arbre avec une perche, ou si on le secouoit vivement. C'est à celui-là qu'il faut s'en tenir. Ainsi, un jardinier jaloux de faire son devoir, un pépiniériste vigilant, consacreront une heure tous les matins, pendant le temps des hannetons, pour les ramasser et brûler, ou donner aux volailles. Les écraser est mal, parceque les œufs des femelles fécondées, ne l'étant pas facilement, peuvent éclore. Par ce massacre on diminue au moins le nombre des larves qui sans lui auroient infesté un terrain donné, et c'est beaucoup.

Quant aux larves, leurs moyens de destruction sont plus nombreux, mais moins certains. Le plus naturel de tous c'est de les tuer toutes les fois que la charrue ou la bêche les amène à la surface du sol ; mais comme les labours se font généralement en hiver, et que ces larves sont alors à plus d'un pied sous terre, il faut souvent dans les jardins, et sur-tout dans les pépinières, faire exprès des labours pendant l'été pour cet objet. Je sais par expérience qu'on se débarrasse de beaucoup d'individus, lorsque ces labours sont faits avec soin.

Les vers blancs restant trois ans et demi en terre, comme je l'ai dit plus haut, il y en a toujours de trois âges qui exercent simultanément leurs ravages. Ceux de deux ans remontent les premiers après l'hiver, et, à raison de leur grosseur, sont les plus à redouter. C'est au moment où tous sont remontés, c'est-à-dire en mai, qu'il est le plus utile de leur faire la chasse par le moyen des labours à la bêche. J'en ai quelquefois ainsi fait tuer plus d'un mille par jour dans les pépinières impériales.

Un autre moyen qui réussit généralement, ainsi que je l'ai déjà annoncé, c'est de planter des laitues ou autres salades dans les planches les plus infestées de ces larves, entre les plants des arbres dans les pépinières. Elles quittent tout pour se jeter sur elles ; et comme, pour peu que les racines de ces plantes soient blessées, leurs feuilles se fanent, un jardinier peut toujours savoir où il y a une de ces larves, la chercher avec la bêche et la tuer.

La suie, la chaux, la cendre qu'on a proposé de répandre au pied des arbres pour éloigner les vers blancs, n'ont que des effets très momentanés, qui ne compensent pas la dépense qu'entraîne l'acquisition et le transport de ces objets, qui au reste sont de bons amendemens.

Quelqu'actif qu'on soit, on éprouve toujours des pertes par le fait des vers blancs ; il faut faire entrer ces pertes comme élémens dans les calculs de la petite agriculture, et savoir s'en consoler. Il n'y a guère que les cultivateurs d'arbres, d'arbustes ou de plantes étrangères qui ne puissent pas toujours réparer les dégâts qu'ils leurs causent, parceque souvent ils n'ont qu'un pied de cette espèce, et que c'est justement à ce pied que ces larves s'attachent de préférence.

Le HANNETON MOYEN est couleur de rouille pâle, avec le corselet velu de couleur plus foncée, et une tache blanche triangulaire de chaque côté des anneaux de l'abdomen. Il est un peu plus petit que le précédent, mais du reste n'en diffère pas beaucoup; aussi la plupart des entomologistes le regardent-ils comme une variété. On le voit souvent fort abondant, et ce généralement les années où l'autre l'est le moins. Sa larve n'est point distinguée. Il n'y a pas de doute qu'elle cause les mêmes dégâts et qu'elle a les mêmes mœurs; ainsi tout ce que j'ai dit plus haut doit lui être appliqué.

Le HANNETON SOLSTICIAL est de moitié plus petit que le premier, et à peu près de la même couleur que le second. Son corselet est beaucoup plus velu. Il paroît deux mois plus tard, c'est-à-dire au milieu de l'été. Quelques personnes disent qu'on en trouve aussi un mois plus tôt. On le voit voler le soir souvent en si immense quantité qu'il fatigue les promeneurs. Sa larve doit causer beaucoup de dégâts, mais elle n'est pas distinguée de celle de la première, probablement parcequ'elle n'en diffère que par la grosseur, et qu'on peut croire qu'elle est son jeune âge.

Le HANNETON ÉQUINOXIAL OU ESTIVAL a le corselet pâle et sans poil; ses élytres colorés, avec la suture noirâtre. Il n'a point de taches sur les côtés de l'abdomen. Il paroît peu après le précédent et est encore plus petit que lui. Les observations faites à l'occasion de ce dernier lui conviennent parfaitement.

Le HANNETON RUFICORNE, fort voisin du précédent, mais plus petit et ayant les antennes d'un rouge de brique. Mêmes observations que ci-dessus.

Le HANNETON DE LA VIGNE est glabre, vert en dessus, cuivreux en dessous, et les bords latéraux de son corselet sont jaunes. Il a six ou sept lignes de long. Il se trouve en été sur la vigne, le chêne et plusieurs autres arbres. Ses ravages aux environs de Paris sont peu considérables; mais il paroît qu'il est très commun dans les parties méridionales de l'Europe, et qu'il y en fait de fort étendus, principalement à la vigne.

Le HANNETON HORTICOLE est d'un noir bronzé; sa tête et son corselet sont d'un noir métallique; ses élytres sont testacés; sa longueur ne surpasse pas quatre à cinq lignes. Il est excessivement commun aux environs de Paris, et doit y faire du dégât, soit sous l'état de larve, soit sous celui d'insecte parfait, mais sa petitesse empêche de le remarquer.

Plusieurs autres espèces, voisines de celle-ci, sont également abondantes , mais il est inutile de les mentionner particulièrement. (B.)

HARAN. Nom des toits à porc dans le département des Ardennes.

HARAS. Le nom de *haras* doit être donné seulement aux établissemens dans lesquels on fait des élèves de chevaux à l'aide d'étalons et de jumens entretenus pour cet objet. On appelle improprement *haras* l'étalon et même quelquefois le baudet qui servent à la monte dans le canton, ou bien la réunion de quelques jumens que le propriétaire destine à la reproduction, en employant à cet effet, soit un étalon du gouvernement, soit un étalon approuvé, soit un de ces chevaux dont on va de ferme en ferme offrir le service dans le temps de la monte.

On a beaucoup débattu la question de savoir si le gouvernement devoit avoir des haras, ou s'il devoit laisser ce genre de travail à l'industrie particulière ; les dépenses considérables affectées jadis à ce service, et qui n'avoient eu presque aucun résultat pour l'amélioration et pour la multiplication de nos chevaux, ont fait pendant plusieurs années abandonner cette branche de l'économie rurale à l'industrie particulière ; un examen plus approfondi des causes qui avoient nui au succès de ce genre de service, l'état misérable dans lequel sont tombées nos races les plus précieuses, et les besoins sans cesse renaissans de la guerre, de l'agriculture et du commerce, ont ramené à d'autres idées. On a reconnu que le peu de succès de nos anciens haras et les énormes dépenses qu'ils occasionnoient tenoient au mauvais emploi de ces fonds, qui pour la plupart étoient affectés à la solde d'un état-major à peu près inutile. Dans le système consacré par le décret du 4 juillet 1806 , l'administration de ces établissemens a été montée de la manière la plus économique , et de façon que l'entretien et la bonne tenue du cheval fût en première ligne. D'ailleurs, une liberté entière a été laissée à tous les particuliers qui veulent se livrer à ce genre de spéculation, nul genre de coaction n'a été exercé ; les éleveurs de chevaux trouvent par-tout assistance et encouragement dans les étalons répartis pour leur usage , dans les primes décernées aux étalons , aux jumens et aux poulains distingués amenés dans les foires, dans les récompenses données aux élèves qu'ils obtiennent de l'accouplement de leurs jumens avec des étalons approuvés, dans les primes destinées à ceux de ces élèves qu'ils conservent jusqu'à l'âge adulte , et qu'ils consacrent à la reproduction ; enfin dans ces prix décernés aux courses solennelles qui ont lieu chaque année sur plusieurs points de l'empire français.

L'expérience a déjà prouvé la bonté de ce système : depuis qu'il est adopté six haras et vingt-quatre dépôts d'étalons ont été.

organisés et approvisionnés d'étalons distingués, achetés soit en France, soit à l'étranger; en ce moment (mai 1809), plus de mille étalons du gouvernement sont répartis dans ces divers établissemens, et ils ont sailli l'année dernière plus de quinze mille jumens appartenant à des particuliers; la race limousine qui étoit presque détruite reprend son ancienne splendeur; nos beaux chevaux normands, objet de l'ambition des nations voisines, et dont on pouvoit à peine retrouver le type, se multiplient aujourd'hui d'une manière sensible; les chevaux auvergnats, les navarrins, les camargues, les chevaux de Deux-Ponts, retrempés par le sang arabe, promettent à nos armées de nombreuses et excellentes ressources. Mais nous avons moins à traiter ici de ce que le gouvernement a fait pour la restauration et la multiplication des chevaux français, que de ce que les propriétaires peuvent faire dans leur intérêt pour seconder ses bonnes intentions.

Un préjugé fondé sur des tentatives faites sans discernement oppose encore des obstacles à la multiplication des chevaux en France; on a souvent répété que les haras y étoient plus onéreux que profitables aux propriétaires; cette opinion, appuyée sur quelques essais peu fructueux en ce genre, tient à ce que ceux qui les ont tentés ont plutôt cherché à faire de ce genre d'industrie un objet de luxe qu'une entreprise économique. Les gens riches qui ont eu cette fantaisie mettoient en dépenses de bâtimens, d'employés et de régie, les fonds qu'ils auroient dû mettre en véritable amélioration; l'élève des chevaux dirigé d'une manière économique et conforme aux bons principes peut être tout aussi fructueux que l'élève des autres animaux domestiques; il peut le devenir davantage même lorsque les circonstances permettent au cultivateur de se livrer à l'élève des chevaux de prix. Cette éducation est sans doute plus coûteuse, elle demande des soins plus particuliers; mais le propriétaire y trouve bien son dédommagement, lorsqu'il vend, comme cela est assez commun en Normandie et dans le Limousin, des poulains de quatre à cinq ans 3,000 fr. et plus; que l'éducation de ses chevaux a été suivie d'après les principes d'une sage économie, et qu'il a cherché sur-tout à établir sur des bases solides la bonne et constante réputation de son établissement. La destruction récente des beaux haras dans presque toutes les parties de l'Europe, la consommation énorme de chevaux qu'une guerre continuelle et presque générale a occasionnée, et le placement d'étalons distingués sur tous les points de la France, donnent les chances les plus favorables en ce moment à tous les cultivateurs français, qui, avec les connoissances requises, voudront se livrer à cette espèce d'industrie : ils ne doivent pas oublier qu'ils ont un sol,

un climat et des types très favorables à la **production** des races
les plus distinguées dans ce genre. Si le système adopté pour la
régénération des races françaises continue, et si les propriétaires
savent profiter des facilités et des encouragemens que le gouvernement leur donne à cet égard, d'ici à une dixaine d'années
nous devons avoir une prééminence assurée dans ce genre ; et
presque tous les états de l'Europe trouveront difficilement ailleurs que chez nous les moyens certains d'amélioration.

Il y a deux sortes de haras, les haras sauvages ou demi-
sauvages, et les haras privés. Pour l'établissement des premiers, il faut de vastes forêts, des montagnes incultes, des
plaines stériles, enfin une immense étendue de terres appartenant au même propriétaire : cette circonstance, qui se rencontre assez fréquemment dans quelques états de l'Europe,
tels que la Hongrie et la Pologne, y rend les haras sauvages et
demi-sauvages assez communs ; ils sont très rares en France ;
quelques contrées du midi, où l'usage de dépiquer les grains
en les faisant fouler aux pieds des chevaux oblige à employer
dans le temps du battage un grand nombre de ces animaux
dont le travail peu productif ne permet pas de les soigner
et de les nourrir convenablement, offrent les seuls exemples
de haras sauvages ; on ne s'y donne pas même le soin de retirer les étalons et de les conserver à l'écurie hors du temps
de la monte, ce qui fourniroit les moyens de les préparer à
la saillie, et de choisir ceux qu'on jugeroit les plus capables
de bien faire la monte : aussi ces races, qui pour la plupart
proviennent de sang arabe, dont elles conservent encore de
légers indices, sont-elles abâtardies, et présentent-elles l'aspect le plus affligeant de dégénération.

L'établissement des haras sauvages ou demi-sauvages étant
rarement praticable en France, nous ne dirons qu'un mot sur
la manière dont ils sont tenus dans les pays où leur organisation est la meilleure.

Dans les haras sauvages les jumens sont disséminées dans de
vastes forêts sans enceinte ; elles ne prennent que la nourriture que la nature peut leur procurer ; les étalons sont lâchés
dans le temps de la monte, et fécondent celles de ces jumens
qu'ils rencontrent ; on fait rentrer les étalons après le temps
de la monte, et les productions livrées à la nature sont exposées à tous les accidens jusqu'à ce que le propriétaire veuille
les préparer à entrer dans le commerce ; alors il s'y prend,
pour les avoir en sa possession, de la manière qui sera indiquée plus bas.

Dans les haras demi-sauvages, de grands terrains montagneux et boisés sont également abandonnés aux jumens, mais

des hangars sont établis de distance en distance pour qu'elles puissent trouver de la nourriture et des abris pendant l'hiver, et des palissades s'étendent au loin pour garantir les poulains de l'attaque des loups.

Les étalons ne vivent pas pêle-mêle avec les jumens; ils sont renfermés à l'écurie; la saillie s'opère, soit à la main, soit en liberté.

Dans le temps de la monte, les jumens se rapprochent d'elles-mêmes du lieu où se trouvent les étalons; alors on les fait toutes entrer dans une enceinte, un homme monte sur un boute-en-train, reconnoît celles qui sont en chaleur, il les introduit dans un autre parc où se trouve l'étalon et où la monte s'opère en liberté. Ou bien encore on fait entrer l'étalon dans l'enceinte où sont les jumens; il saillit celle qui lui convient le mieux; dès que l'opération est terminée, on lâche un second étalon, puis un troisième, et ainsi de suite jusqu'à ce que toutes les jumens aient été couvertes.

Les chevaux des haras sauvages vivent plus long-temps que les autres, et résistent beaucoup mieux à la fatigue: d'après les calculs qui ont été faits des chevaux morts de fatigue et de misère dans les armées autrichiennes, on a trouvé que les chevaux sauvages ne périssoient que dans une proportion de neuf à vingt, comparativement avec ceux qui avoient été élevés dans l'état privé.

Pour attraper les chevaux sauvages, un homme à cheval, armé d'un lacet de crin formant un nœud coulant au moyen d'un anneau de bois, poursuit le cheval sauvage, tandis qu'un autre armé d'un fouet le devance et le force à se retourner ou à ralentir sa marche. Au moment favorable le cavalier armé du lacet le lance par-dessus la tête du cheval, et plusieurs hommes qui se réunissent à lui, en serrant la gorge de l'animal avec le nœud coulant, lui ôtent ses forces et l'abattent; ensuite on l'attache fortement à un vieux cheval monté par un cavalier, et qui, familiarisé avec ce genre d'exercice, contient les mouvemens désordonnés dont le cheval sauvage est agité; on les emmène ainsi accouplés à l'écurie. La méthode de prendre les chevaux au moyen du lacet par un des pieds de derrière est plus facile; mais on sent aisément tout ce qu'elle a de dangereux, et heureusement elle est rarement mise en pratique.

Les haras privés sont plus coûteux à entretenir que les autres, les chevaux en sortent moins vigoureux et durent moins long-temps; mais dans l'état de population nombreuse de la France, le terrain étant trop précieux pour qu'on puisse dans beaucoup d'endroits en consacrer l'étendue qui seroit nécessaire pour l'entretien des haras sauvages, nous devons ici nous attacher particulièrement à donner quelques détails sur les principales considérations qui doivent diriger dans l'établissement des haras privés.

Les bâtimens destinés à loger les chevaux dans les haras privés doivent être simples. Autant qu'il est possible, on doit chercher à placer les écuries sur un sol élevé et sec, les orienter à l'est, les percer d'un assez grand nombre de fenêtres pour que l'air y circule librement; leur longueur doit être proportionnée à la quantité de chevaux qui doivent les habiter; il faut compter communément un mètre et six décimètres pour chaque cheval s'il doit être renfermé entre des stalles, un peu moins si l'on se sert de barres. La stalle doit avoir de profondeur pour chaque cheval entre trois et quatre mètres, suivant la taille de l'animal.

Les écrivains ne sont point d'accord sur la meilleure manière de séparer les étalons; les uns prétendent qu'en les isolant au moyen de planches fixes et exhaussées du côté de la tête ils sont plus tranquilles, d'autres pensent que cette mesure est mauvaise, parcequ'elle ôte au palefrenier les moyens d'empêcher que l'animal, s'il est méchant, ne le serre d'une manière dangereuse contre les côtés de la stalle. D'ailleurs cet isolement complet ennuie les chevaux et les rend souvent tiqueurs; étrangers les uns aux autres, ils sont aussi plus disposés à s'attaquer lorsqu'ils se rencontrent dehors; d'un autre côté, de simples barres les exposent à recevoir mutuellement des coups de pied de leurs voisins, ou à se blesser en se prenant dans les barres : il paroît assez convenable de pratiquer des stalles mobiles en planches fixées par des cordes ou des chaines, d'un côté au mur du râtelier, de l'autre à un poteau placé à cet effet entre chaque cheval.

Les jumens, lorsqu'elles sont prêtes à mettre bas, doivent être placées dans des stalles de deux mètres au moins de large et de trois mètres six décimètres de profondeur, afin qu'elles puissent se retourner facilement avec leur poulain; leur stalle doit être fermée par une porte à hauteur d'appui; il faut que les stalles soient encore plus spacieuses lorsqu'elles sont destinées à servir d'infirmeries, il est à désirer même qu'une petite écurie particulière puisse toujours être consacrée à cet usage. On met un seul ou deux rangs de chevaux dans les mêmes écuries; dans ce dernier cas il faut qu'elles soient d'une largeur telle que les deux chevaux opposés ne puissent ni se donner des coups de pieds entre eux, ni en donner à l'homme qui passe derrière eux; dans l'un et l'autre cas, les murs vis-à-vis desquels sont placées les têtes des chevaux seront garnis d'une auge en bois dans laquelle on met l'avoine et les autres graines, et d'un râtelier dont les fuseaux distans entre eux d'un décimètre environ, tournent dans les trous qui les contiennent, afin que le fourrage qu'ils sont destinés à supporter puisse en être tiré sans peine par les chevaux. Dans les écuries à double rang, on place avec avantage les chevaux tête contre tête, c'est-à-dire qu'on établit une cloison longitudinale en planches ou en maçonnerie, contre laquelle sont fixés l'auge, le râtelier et les cloisons de séparation: cette méthode, qui nuit un peu au coup d'œil, a l'avantage de permettre de pratiquer un plus grand nombre de jours sans fatiguer la vue des chevaux, et de fournir les moyens de ranger à des crochets insérés dans les murs les harnois et autres objets de service.

Les voûtes sont préférables aux plafonds carrés dans les écuries, parcequ'elles entretiennent une température plus égale et que d'ailleurs elles craignent moins le feu. Le sol peut être pavé, carrelé en briques de champ, planchéié ou simplement battu; ce dernier moyen, qui est le moins coûteux, est encore le meilleur lorsqu'on a de bons matériaux à sa disposition, et qu'on a soin de surveiller les réparations; les écuries doivent être aérées, balayées et garnies de litière nouvelle chaque jour; il est bon d'avoir à peu de distance au dehors une ou plusieurs auges de pierre dans lesquelles on puisse faire boire les chevaux et puiser l'eau nécessaire pour les laver, lorsqu'on n'a pas à une très grande proximité une rivière ou un abreuvoir dont on puisse facilement disposer.

Les pâturages gras et aquatiques donnent aux chevaux des jambes grosses, chargées de poils, et disposées aux engorgemens; ils leur donnent des pieds plats et volumineux, une tête grosse, et des dispositions aux maladies des yeux. Les terrains qui conviennent le mieux à l'élève de ces animaux sont les pays secs et montueux, parsemés de vallons, et dans lesquels se trouvent des sources ou une rivière.

Bien que les chevaux puissent vivre sous presque tous les climats, néanmoins ils sont peut-être de tous les animaux domestiques ceux sur lesquels le sol, l'exposition et la température ont le plus d'influence. Les pays chauds paroissent leur convenir le mieux; les chevaux du midi sont en général ceux qui ont le plus de qualités naturelles et de durée; ceux du nord, qui ont plus d'apparence et de taille, ont moins de force et de durée : aussi doit-on attendre en général l'amélioration des chevaux d'un pays de leur croisement avec des chevaux de contrées plus méridionales; ce n'est qu'avec des soins multipliés qu'on peut parvenir à conserver les qualités des animaux qui ont servi à l'amélioration, et quelqu'attention qu'on ait prise à cet égard, il faut encore de temps en temps recourir au type originellement régénérateur.

Le choix des étalons et jumens, et l'art des appareillemens, sont les opérations les plus importantes pour la bonne tenue des haras, et ces opérations sont aussi celles qui présentent le plus de difficultés, et qui exigent les connoissances les plus approfondies dans le propriétaire.

Le premier mérite à rechercher dans les chevaux destinés à la reproduction, c'est leur force et leur courage, c'est la solidité de leurs membres. Si la régularité des formes pouvoit s'allier aux qualités solides qu'il faut d'abord rechercher, ce seroit le dernier degré de la perfection.

Il faut d'abord s'assurer que le cheval est exempt de tares, sur-tout de celles qui sont presque toujours héréditaires, telles que la cécité, les courbes, les jardons, les éparvins, les formes, l'encastelure, le tic, le cornage, etc., etc. (Voyez à ce sujet les articles CHEVAL et CAS RÉDHIBITOIRES.) Il est utile de monter le cheval qu'on destine à faire un étalon, afin de s'assurer qu'il a du courage, de l'adresse ou de la bonne volonté, qualités morales dont on a cru remarquer que la transmission étoit aussi héréditaire.

Après le sang ou l'origine du cheval, qu'il est très nécessaire de bien connoître, on doit examiner si les os sont d'une grosseur convenablement proportionnée, si les muscles sont bien prononcés, les jarrets larges. On doit s'attacher à trouver dans l'étalon un bel œil, les salières pleines, les os de la ganache et les naseaux très ouverts, la crinière peu épaisse, le garrot élevé, l'épaule saillante et les muscles apparens ; les reins doivent être fermes, charnus, et décrire une ligne parallèle à l'horizon, la croupe arrondie, l'avant-bras large et charnu, le boulet lisse. Les poils à cette partie annoncent une nature appauvrie. Le sabot doit être lisse, luisant, d'une couleur approchant de la pierre à fusil. Des connoisseurs distingués attachent une assez grande importance à la considération de la situation des oreilles, et à la manière dont le cheval les porte ; on croit que plus les oreilles sont espacées, et plus on doit compter sur la docilité du cheval ; on se méfie en général d'un cheval qui en marchant porte alternativement la pointe d'une oreille en avant et l'autre en arrière. De toutes les parties du corps, le jarret est la plus essentielle à examiner dans les chevaux destinés à la reproduction ; c'est dans cette partie qu'il ne faut souffrir aucune tare, même accidentelle.

L'appareillement est la partie la plus difficile dans la tenue des haras ; cette opération exige toute l'attention du connoisseur exercé ; il y a de certaines bizarreries dans ce genre d'industrie qui ne sont le partage que de quelques hommes à système, et contre lesquelles il est possible de se tenir facilement en garde, telle que celle de vouloir accoupler des jumens et des étalons de taille et de qualités très disproportionnées, de vouloir faire couvrir des jumens de trait par des étalons fins, de mêler directement le sang arabe avec les jumens francomtoises, poitevines ou belges, mélange dont on n'obtient jamais que des chevaux décousus, et qui n'ont ni figure ni qualités. Mais cet art de faire passer progressivement et successivement l'amélioration, de corriger des défauts de la mère par des qualités qui ne soient pas dans une trop grande disproportion, et de parvenir de génération en génération au dernier degré de l'amélioration par une progression lente, mais sûre, est le talent que doit chercher à posséder tout propriétaire de haras, et tout employé dans la partie active de ce service public.

On ne doit point appareiller un cheval de selle avec une jument de carrosse; ces deux natures de service doivent être distinctes; les qualités essentielles de l'un diffèrent de celles qui conviennent à l'autre; le cheval de selle doit être léger à l'avant-main, fort dans le train de derrière; l'autre a besoin de plus fortes épaules. Le désir que les marchands ont eu de se procurer des chevaux à deux fins pour les vendre plus facilement a contribué à accélérer la détérioration dont on s'est plaint dans ces dernières années, notamment en Normandie.

Quelques auteurs recommandent de multiplier les croisemens, de ne jamais donner le même étalon plusieurs années de suite à la même jument, et de ne pas allier ensemble les individus de la même famille. Ces idées de la nécessité des croisemens perpétuels et des inconvéniens de la consanguinité ne nous paroissent pas appuyés sur des faits assez positifs. La nature, l'expérience et la raison s'accordent pour ne faire considérer dans l'appareillement des chevaux, comme dans ceux des autres animaux, que les qualités des individus, et les croisemens ne sont utiles que dans le cas où l'étalon est supérieur par ses qualités personnelles et par celles de son origine à la jument qu'on veut faire produire; et que d'ailleurs les formes et les qualités de la jument et de l'étalon ont des rapports, et peuvent être améliorées dans leur race par leur rapprochement. On ne doit pas ignorer à ce sujet que les vices et les perfections des ascendans reparoissent même après plusieurs degrés dans leur progéniture.

Les propriétaires de jumens et d'étalons qui se livrent à l'élève des chevaux ne doivent pas négliger de tenir des registres exacts des noms et signalemens des animaux dont ils se servent et de ceux qui leur appartiennent, de la date des saillies, de celle des mise-bas, et des qualités des productions. Ces registres, utiles pour toutes les opérations de l'économie rurale, le sont principalement dans cette branche d'industrie; et c'est avec leur secours seulement qu'on peut marcher régulièrement et sûrement vers une amélioration constamment progressive.

Les étalons et jumens qu'on destine à la reproduction doivent être âgés au moins de quatre ans faits pour les chevaux du nord, et de 5 à 6 ans pour ceux du midi. Le temps de la monte dure environ trois mois; elle doit s'ouvrir vers le milieu d'avril, et durer jusqu'au mois de juillet. On peut la commencer quelques semaines plus tôt dans le midi. On doit s'arranger en général pour que la jument, lorsqu'elle vient à mettre bas, puisse trouver à paître, afin que son lait soit plus abondant et meilleur, et pour que le poulain, à l'époque de sa naissance, ne soit pas exposé aux froids rigoureux ni aux trop grandes chaleurs.

Un étalon bien constitué, si l'on veut qu'il dure long-temps, ne doit pas saillir plus d'une fois par jour, encore est-il utile de lui laisser de temps en temps un jour de repos. On ne peut pas exiger de lui plus de quatre vingts saillies dans la saison, ce qui suppose, à cause des repasses qu'il est obligé de faire jusqu'à trois fois pour les jumens qui n'ont pas retenu, le service complet de 25 à 30 jumens. En général ce nombre doit être proportionné à l'âge et à la race de l'étalon.

Il ne faut présenter la jument à l'étalon que lorsqu'elle est en chaleur, alors elle le reçoit volontiers; si néanmoins elle s'y refusoit avec persistance, on devroit la reconduire à l'écurie, augmenter sa ration d'avoine, y joindre quelques poignées de fèveroles sèches, et ensuite continuer à lui présenter le cheval tous les jours, jusqu'à ce qu'elle l'ait reçu. On représente ordinairement la jument le neuvième jour après la saillie; son refus opiniâtre de le recevoir à cette époque est une grande probabilité qu'elle a conçu : les méthodes de jeter un seau d'eau sur la jument avant ou après la monte, et de la saigner, sont vicieuses; elles ne peuvent que contrarier la nature, qu'il suffit toujours de laisser agir dans cette circonstance.

La monte peut se faire en liberté ou à la main. Dans le premier cas, on lâche l'étalon dans le parc où sont les jumens; il les saillit aussi souvent qu'il veut, et on retire les jumens à mesure qu'elles cessent d'être en chaleur. Cette méthode a l'inconvénient d'épuiser le cheval; et pour la monte en liberté, il vaut mieux mettre l'étalon dans un clos, et lui lâcher une à une les jumens qu'on veut lui faire couvrir. Il faut que les chevaux soient déferrés des quatre pieds pour éviter les accidens.

Dans la monte à la main, on entrave la jument, on l'attache entre deux poteaux, et l'on amène l'étalon tenu par des longes. Ils doivent être déferrés, la première des pieds de derrière, et le second des pieds de devant. Lorsque l'opération est faite et qu'il s'agit de séparer les deux animaux, il faut avoir soin de faire avancer la jument pour la faire sortir de dessous l'étalon, et ne point faire reculer celui-ci, comme cela se pratique

quelquefois. Après la monte, l'étalon doit être bouchonné et
remené à l'écurie. La jument doit aussi être reconduite au
petit pas dans l'écurie, et y être laissée dans l'état de la plus
grande tranquillité.

La cessation de la chaleur, l'amplitude du ventre, l'affaissement des muscles des fesses, qui sont les premiers symptômes de la grossesse, ne sont pas toujours infaillibles; jusqu'au
sixième mois, où les mouvemens du poulain commencent à se
faire apercevoir extérieurement, on ne peut s'assurer de la fécondation qu'en *fouillant la jument*, c'est-à-dire en introduisant le bras bien huilé dans son fondement, à l'effet de reconnoître au tact l'état de la matrice. La jument porte ordinairement un an, et pendant la durée de la gestation on peut continuer à exiger d'elle du travail, qu'on rend d'autant plus
modéré qu'elle approche le plus du terme de la grossesse. Un
travail forcé occasionne quelquefois l'avortement, que des
coups reçus par l'animal, ou bien une boisson trop fraîche
lorsque les jumens ont chaud, occasionnent aussi quelquefois.
Lorsque dans l'avortement la jument jette son poulain sans
paroître incommodée, il suffit pour prévenir les accidens de
lui laisser quelques jours de repos, et de lui donner une bonne
nourriture. Mais lorsque le poulain ou les membranes extérieures qui le revêtent se présentent à l'extérieur sans pouvoir sortir, il faut les tirer doucement, et même les aller
chercher jusqu'à l'orifice de la matrice, qui est quelquefois
resserré. Dans ce cas et dans celui où la mort du poulain dans
la matrice est assez ancienne pour qu'il ait déjà contracté un
commencement de putridité, il faut appeler l'artiste vétérinaire, à moins qu'on ne soit déjà familier avec les opérations
de cet art, et dans ce cas, de plus amples informations données
ici, pour un accident aussi simple, deviendroient superflues.
Lorsque l'avortement a lieu à une époque avancée de la plénitude, et que la suppression trop subite du lait pourroit devenir dangereuse, il faut traire la mère pendant quelque temps.
On peut sans aucun inconvénient donner ce lait aux cochons.

Lorsque la mise bas est naturelle, et c'est toujours le cas
désirable, la jument fait elle-même toutes les opérations ulté-
rieures convenables, il suffit de la bouchonner, de la couvrir,
de lui donner quelques seaux d'eau blanche dégourdie, et
ensuite de la laisser dans la plus parfaite tranquillité. La jument
qui a mis bas doit être bien nourrie; elle peut recommencer
à travailler au bout de huit jours. Assez ordinairement vers
cette époque on la représente à l'étalon : cette méthode, qui
peut être adoptée pour les jumens communes et de peu de
valeur, ne doit pas être suivie pour les jumens de race qui
méritent d'être conservées avec soin. L'obligation de nourrir

à la fois le poulain qu'elles portent et celui qu'elles allaitent les épuise promptement, et leurs productions s'en ressentent. Le propriétaire est dédommagé par la bonté des productions qu'il obtient, lorsqu'il donne aux mères tout le temps nécessaire pour les amener à bien, et qu'il ne les fait saillir que tous les deux ans.

Les poulains après leur naissance exigent quelque attention de la part du propriétaire. Il doit examiner si aucun accident ne s'oppose aux fonctions que la nature indique ordinairement elle-même, et les favoriser s'il y a lieu. Lorsque la jument ne lèche pas son petit pour le débarrasser d'une crasse visqueuse qui l'enveloppe, il peut saupoudrer le poulain avec du son ou un peu de sel; lorsque le poulain ne cherche pas de suite à se lever et à prendre la mamelle de sa mère, il peut l'aider un peu dans ces diverses opérations. C'est par erreur que quelques particuliers croient le premier lait de la mère nuisible au poulain. On peut se borner le plus souvent à examiner si le poulain est convenablement conformé dans toutes ses parties et laisser faire le reste à la nature. Le poulain dès l'âge de neuf jours commence à suivre sa mère; à deux mois il commence à manger quelques alimens solides, soit au pré, soit à l'écurie. Il faut à cet effet, et pour que la poulinière soit bien nourrie à cette époque importante, lui donner du fourrage fin et délicat.

Pour le poulain élevé à l'herbe, il n'est besoin d'aucune précaution particulière : pour celui nourri à l'écurie, il faut avoir soin de concasser l'avoine qui lui est donnée, et ne pas lui laisser manger du son. Les poulains ne doivent pas séjourner sur le fumier, et il est nécessaire de les bouchonner et de les brosser très jeunes tous les deux ou trois jours ; on doit séparer les poulains dès l'époque où ils sentent des désirs ; il faut alors les tenir à part ou les attacher à l'écurie, et les surveiller à l'époque de cette première contrainte, qui souvent leur cause du tourment. On doit les promener souvent, les manier, les caresser, frapper de temps en temps avec un bâton la corne de leurs pieds pour les accoutumer à se laisser ferrer, leur mettre une bride, une selle ou un harnois, suivant le genre de service auquel on les destine. On les accoutume alors au bruit des armes, du tambour, du cor; ils se font promptement à ces divers bruits lorsque les leçons sont immédiatement suivies par la distribution de l'avoine.

On doit couper de très bonne heure les poulains mâles qui ne sont pas jugés propres à l'amélioration, ou bien les éloigner avec grand soin des jumens, lorsque par la nature de leurs travaux futurs ils sont destinés à rester entiers ; aucune négligence n'a été plus nuisible au bon état de nos races de chevaux,

que ces accouplemens prématurés et fortuits qui ne produisent
jamais que des êtres chétifs et dégradés qui sont d'un mauvais
service, et dont les vices se perpétuent ensuite dans leurs propres productions. C'est ordinairement à deux ans ou trente
mois qu'il convient de châtrer les poulains; le printemps et l'automne sont les saisons les plus favorables pour pratiquer cette
opération ; on peut châtrer les chevaux par les billots, par la
ligature, par le fer, en froissant les testicules, ou en les bis-
tournant ; la première manière est la meilleure de toutes : les
deux dernières sont très vicieuses ; mais ces divers procédés
étant bien connus des artistes vétérinaires qu'il, est toujours
nécessaire d'appeler pour de semblables opérations , il est inutile de les détailler ici.

Ordinairement on ferre les poulains lorsqu'ils ont quatre
ans accomplis; la première fois on ne les ferre que des pieds
de devant, et six mois après des pieds de derrière ; la ferrure
est une opération très importante, c'est d'elle pour l'ordinaire que dépendent la bonté ou les défauts des pieds ; et l'on
ne sauroit trop s'assurer que le vétérinaire que l'on emploie
à cet effet y apporte le degré de connoissances et d'attention
requises.

On ne doit pas couper la queue aux étalons, et sur-tout aux
jumens employées à la reproduction : lorsqu'elles sont privées
de cette arme, qui les garantit des insectes dont elles sont cruel-
lement tourmentées au pâturage , elles maigrissent rapidement , avortent quelquefois, et souvent perdent leur lait lorsqu'elles ont mis bas.

La méthode adoptée par divers propriétaires de marquer
leurs chevaux, tant pour distinguer les familles, que pour
empêcher qu'on ne vende sous leur nom des productions dé-
fectueuses , est très bonne. On peut marquer, par une incision,
avec un corrosif ou avec un fer chaud ; la dernière manière
est la plus sûre et la moins douloureuse pour le cheval : dans
ce cas on fait rougir et on applique sur la peau de l'animal
un fer sur lequel sont gravées en relief les lettres et les figures dont la marque doit servir à faire distinguer le cheval.

Il ne suffit pas de choisir les races appropriées et de soigner
les appareillemens , on doit aussi mettre une grande attention
à la nourriture donnée à ces animaux ; nulle considération n'a
plus d'influence sur leurs qualités : nous avons vu des jeunes
chevaux dont les pères et mères étoient parfaitement choisis ,
et qui néanmoins avoient des formes communes et manquoient
de qualités , faute d'avoir reçu dès leur jeunesse une nourriture convenablement appropriée et d'avoir été tenus et exercés
sur un sol favorable à leur développement. C'est sur-tout dans
le jeune âge où toutes les parties se forment et s'accroissent

qu'il convient de s'attacher à faire un bon choix de la nourriture.

Le sevrage du poulain dépend toujours de l'état dans lequel
il se trouve, de celui de la saison et de celui de la poulinière;
c'est ordinairement au commencement de l'hiver que cette
opération se pratique, déjà le poulain a commencé à pâturer
en accompagnant sa mère à la prairie; mais lorsqu'il doit être
tout-à-fait privé de son lait, il faut lui donner alors de l'a-
voine, de l'orge ou du froment concassés, de la paille hachée,
du foin très délicat; l'emploi des féveroles est très salutaire,
celui des carottes coupées en petits morceaux est une excellente nourriture pour le poulain; cette racine convient éminemment aux chevaux de tous les âges. En général, il faut que
dans la jeunesse sur-tout la nourriture soit saine et abondante.

Lorsque le poulain s'est accoutumé à manger seul, on le
sépare de sa mère et on le tient dans une écurie particulière
jusqu'au printemps; alors on met les poulains ensemble dans
de bons pâturages, en leur ménageant le plus possible des
abris contre les intempéries de la saison et contre l'ardeur du
soleil. Au printemps de la troisième année il faut séparer les
mâles d'avec les femelles : quelques uns éprouvent des désirs
plus tôt et obligent à accélérer la séparation. A quatre ans faits
les chevaux communs ne retournent plus au pacage, ils sont
entretenus à l'écurie; les chevaux de race doivent y être retenus une année plus tôt. En général la nourriture à l'écurie
augmente la force des chevaux; un poulain nourri au grain est
à cinq ans ce que le poulain nourri à l'herbe est à peine à six;
mais cette nourriture, étant plus coûteuse, ne peut convenir
qu'aux chevaux d'un très grand prix.

Lorsque la pâture est principalement consacrée à l'élève des
chevaux, ce qui a lieu rarement en France, où les herbagers
mettent ordinairement l'élève des bœufs au premier rang, et
celui des chevaux au second, alors on doit compter communément sur l'emploi d'un hectare d'herbage pour la nourriture,
à la pâture d'un cheval ou d'une jument avec son poulain; il
est utile de faire observer que la nourriture des bêtes à cornes
nécessaires à entretenir l'amélioration du fonds entre dans ce
calcul; dans les fonds maigres on doit mettre deux bœufs ou
trois à quatre vaches par cheval, dans un fonds médiocre un
bœuf ou deux vaches par cheval; on peut entretenir un excellent fonds en y mettant un bœuf pour deux chevaux.

La quantité de nourriture journalière pour un cheval fait, à
l'écurie, varie suivant la taille du cheval et les qualités nutritives du foin et de l'avoine; dans la plupart des haras du gouvernement, la ration est composée de huit litres d'avoine,

cinq kilogrammes de foin et sept kilogrammes de paille, cette quantité peut être diminuée d'un quart de l'avoine pour les chevaux de petite taille ; elle est portée à dix litres d'avoine, sept kilogrammes de foin et dix de paille pour les gros chevaux de trait ; la quantité de la nourriture pour la jument est évaluée à trois quart de celle de l'étalon pour l'avoine seulement ; celle du poulain à demi-ration.

La ration doit être augmentée d'un tiers environ pour la portion d'avoine, dans le temps de la monte et quinze jours avant et après cette époque. Le bouchonnage et le brossage que nous avons conseillé de pratiquer fréquemment sur les jeunes poulains ne suffit plus lorsqu'ils sont entrés à l'écurie ; il faut alors qu'ils soient étrillés, brossés et peignés matin et soir ; on doit leur laver les yeux, la bouche, les naseaux, les parties de la génération, et passer l'éponge humide sur toutes les autres parties du corps ; ils doivent être ensuite essuyés avec une époussette de laine, et couverts d'une couverture qui les garantisse de l'air froid en hiver et des mouches en été. Ces couvertures ne doivent pas être trop chaudes, comme cela se pratique dans quelques pays, les chevaux éprouvent alors d'une part une transpiration continuelle qui les épuise, et de l'autre ils sont exposés à des maladies graves, lorsque sortant de l'écurie couverts d'une simple selle ils sont exposés aux vents froids.

L'exercice modéré est un moyen nécessaire et indispensable même pour maintenir en santé et en bon état les étalons et jumens destinés à la propagation ; le trop long séjour à l'écurie occasionne des maladies, dont les engorgemens aux extrémités, les eaux aux jambes et les maux d'yeux sont les plus communes. Le cheval de selle sortant de l'écurie doit toujours être conduit au pas jusqu'à ce qu'il ait fienté une ou deux fois ; ce n'est qu'en augmentant son train par degrés qu'on peut le mettre au galop. Un cheval en bon état peut faire sans inconvénient quatre à cinq lieues pour terme moyen. Il est inutile de remarquer que la boisson doit lui être donnée modérément lorsqu'il est en course, et qu'il doit être pansé avec d'autant plus de soin qu'il aura été plus échauffé lorsqu'il rentre à l'écurie. Les chevaux de trait doivent être exercés tous les jours au tirage. M. Huzard, dans un chapitre de l'excellente instruction qu'il a publiée en l'an X sur les haras, a démontré la nécessité de faire travailler les chevaux, par les meilleurs raisonnemens et par les expériences les plus concluantes. L'opinion contraire émise par plusieurs écrivains n'avoit pas peu contribué à éloigner les propriétaires de ce genre d'industrie. La certitude que cette entreprise n'interrompt le travail ordinaire des chevaux que pendant le temps de la monte pour les étalons, et pendant

celui de la mise bas pour les jumens, doit déterminer beaucoup de cultivateurs à se livrer à cette occupation, qui n'exige
d'eux alors que des sacrifices très modérés, sacrifices qui sont
récompensés au-delà par le bénéfice qu'ils retirent de leurs
poulains. On ne doit pas négliger d'indiquer ici une méthode
ingénieuse pratiquée par quelques cultivateurs, qui, s'occupant
de faire des élèves de chevaux, ne se servent que de jumens
pour leurs attelages. Ces jumens travaillent toute l'année, excepté à l'époque où elles mettent bas, et où elles commencent
à nourrir. Ces cultivateurs achètent alors des bœufs dont ils
se servent momentanément pour leurs labours d'été et pour
leurs charrois, et ils les revendent ensuite avec avantage après
en avoir tiré ce service, et après les avoir engraissés. (Sti..)

HARICOT , *Phaseolus*. Genre de plantes de la diadelphie
décandrie et de la famille des légumineuses , qui renferme
une trentaine d'espèces naturelles aux climats intertropicaux
et la plupart annuelles, dont les fruits servent presque tous
de nourriture aux hommes et aux animaux , et dont deux se
cultivent généralement dans toute l'Europe tempérée.

Ce genre ne diffère de celui des DOLICS (*voyez* ce mot) que
par la disposition contournée de sa carène; aussi les confond-
on généralement ensemble dans les pays où ils croissent. Toutes les espèces qui les composent ont les feuilles alternes, ternées, stipulées, à folioles articulées, et les fleurs disposées en
épis axillaires, quelquefois munies de bractées. Les unes ont les
tiges grimpantes et les autres les ont droites.

Parmi les espèces à tiges grimpantes se trouvent ,

Le HARICOT COMMUN, *Phaseolus vulgaris*, Lin., dont les
fleurs sont blanches ou violettes , géminées au sommet d'un
pédoncule plus court que les feuilles , les bractées écartées du
calice, les légumes pendans. Il est originaire des Indes orientales, et se cultive de toute ancienneté en Europe, où il fournit de nombreuses variétés, plus intéressantes les unes que les
autres, et parmi lesquelles il est très important de savoir faire
un choix. J'indiquerai plus bas les principales de ces variétés,
leur culture et leurs usages.

Le HARICOT MULTIFLORE, vulgairement le *haricot d'Espagne* ,
le *haricot à fleurs écarlates*, a les grappes solitaires de la longueur
feuilles; les fleurs rouges, geminées; les bractées collées contre
le calice ; les légumes pendans. On le croit originaire de l'A-
mérique méridionale. Il se cultive pour l'ornement et pour
l'utilité, c'est-à-dire qu'on en garnit des treillages, des
tonnelles sur lesquels il produit un bel effet lorsqu'il est
en fleur, et qu'on mange ses graines qui sont très grosses ,
quoique leur enveloppe soit très coriace, et par conséquent
très difficile à digérer.

Le HARICOT A GRANDES FLEURS, *Phaseolus caracalla*, Lin.,
a les fleurs grandes, pourpres, odorantes; la carène et les
ailes contournées en spirale; les légumes plus longs que les
feuilles. Il est vivace et croît naturellement au Brésil. On
le cultive, comme plante d'ornement, dans les parties méridionales de l'Europe seulement, car il fait peu d'effet dans
le climat de Paris, et demande à y être rentré dans l'orangerie pendant l'hiver.

Parmi les haricots à tiges droites se trouvent,

Le HARICOT NAIN, *Phaseolus nanus*, Lin. Il a la tige glabre;
les bractées plus grandes que le calice; les légumes pendans et
légèrement ridés. Il est originaire des Indes et se cultive de
temps immémorial en Europe, en concurrence avec le haricot commun, dont il passe mal à propos pour une variété.
On le connoît sous les noms de *haricot nain*, *haricot en
touffes*, *haricot sans rames*. Il fournit beaucoup de variétés
dont les principales seront mentionnées plus bas.

Le HARICOT EN ZIGZAG, *Phaseolus mungo*, Linn., a la
tige en zigzag, cylindrique, velue; les légumes réunis en tête
et velus. Il est originaire des Indes et se cultive, soit dans ce
pays, soit en Amérique. On réduit ses semences en farine
qu'on met dans le commerce sous le nom de *sagou de Bowen*.
La marine anglaise en approvisionne ses vaisseaux. La plupart
des autres espèces pourroient être traitées de même.

Le HARICOT A FÈVES RONDES, *Phaseolus spherospermus*,
Linn., a les semences rondes avec l'ombilic noir. Il croît
naturellement en Amérique, et s'y cultive ainsi que dans les
parties méridionales de l'Europe. La forme et la saveur de
son fruit le rapprochent du pois commun. C'est une très excellente espèce, ainsi que j'ai pu fréquemment en juger.

Voyez au mot DOLIC pour les autres plantes auxquelles on
donne vulgairement le nom de haricot, et qui sont de quelque usage comme aliment ou comme ornement.

Les haricots, soit grimpans, soit nains, comme toutes les
plantes cultivées depuis long-temps, fournissent une grande
quantité de variétés qui se perpétuent dans les jardins. La
Berriays en cite plus de soixante dans son nouveau La
Quintinie. J'en ai vu chez M. Gavoty de Berthe, qui s'étoit
occupé de les rassembler dans son jardin du faubourg Saint-
Antoine, près de quatre cents, et dans presque tous les pays
où j'ai voyagé on m'en a fait manger que je ne connoissois
pas. Il seroit ici superflu de chercher à fixer les caractères
distinctifs de toutes ces variétés, qui d'ailleurs changent
lorsqu'on les cultive dans le même local par suite de leur
fécondation réciproque. N'ayant pas pris note de ces variétés,

même de quelques unes que j'ai cultivées personnellement, telles que le haricot bleu de la Chine et le petit haricot blanc de Perse, je me contenterai de parler de celles qu'on préfère aux environs de Paris, en observant que la culture de toutes rentre dans la leur.

Les principales variétés du haricot commun ou haricot à rames sont,

Le HARICOT BLANC HATIF est blanc, allongé, à ombilic profond. Il cuit difficilement. On le cultive principalement pour manger ses gousses en vert.

Le PETIT HARICOT DE SOISSONS est blanc, très large et très aplati. On le mange à moitié mûr et sec; sa gousse est fort longue et se mange en vert.

Si elle n'étoit très tardive, cette variété devroit être presque exclusivement préférée à raison de son grand produit, de l'excellence de son goût, et de la promptitude de sa cuisson. Le HARICOT DE PICARDIE ou de LIANCOURT est le même, encore plus large et plus aplati, par suite d'une meilleure culture et d'un meilleur choix dans les semences.

Le HARICOT BLANC COMMUN. Sa gousse est de médiocre grandeur. Son grain court, aplati, d'un blanc sale. C'est celui qu'on cultive le plus dans les départemens méridionaux. Il est connu à Bordeaux sous le nom de *mongette*; nom qu'on applique cependant aussi assez généralement à toutes les espèces comme je m'en suis assuré sur les lieux.

Le HARICOT SANS PARCHEMIN est court et plat. Sa gousse est fort longue et peut se manger en vert jusqu'à ce qu'elle commence à se dessécher, parceque sa membrane intérieure n'est pas coriace comme dans les autres variétés. Il a beaucoup de rapports avec le précédent, et a sur lui l'avantage d'être hâtif. Il mérite d'être davantage cultivé qu'il ne l'est. C'est la variété dont on peut le plus utilement dessécher ou confire les gousses vertes pour l'hiver. L'ignorance de ce fait est la cause, chaque année, de la perte de bien des haricots desséchés en vert, qui se trouvent n'être plus mangeables lorsqu'on les sert sur la table pendant l'hiver.

Le HARICOT JAUNE SANS PARCHEMIN OU PRUDHOMME JAUNE diffère du précédent par la couleur et la qualité. Il est encore plus tendre en vert.

Le HARICOT POIS ROUGE OU HARICOT SANS PARCHEMIN ROUGE, ou HARICOT DE PRAGUE est d'un grand rapport, mais mûrit fort tard. Sa gousse est courbée et fort tendre en vert. Il faut le semer de bonne heure et en bonne exposition, et lui donner de longues rames.

Le HARICOT ROGNON DE COQ ou de CAUX est blanc, cylindrique et recourbé en forme de rognon de coq. Son ombilic est allongé et enfoncé. Il est très bon, soit à demi mûr, soit complètement sec. Ses gousses, longues et peu garnies, se mangent aussi en vert. Cette variété passe pour une des meilleures ; cependant la peau de ses semences est souvent dure, ce qui les empêche de cuire facilement.

Le PETIT HARICOT ROND ou HARICOT POIS BLANC est ovoïde, très blanc et a l'ombilic presque saillant. Quelque petit qu'il soit, il produit beaucoup. On le mange ordinairement sec. Dans quelques endroits on lui applique exclusivement le nom de *mongette*, que dans d'autres on donne généralement à tous les haricots. Il fournit une sous-variété encore plus petite, appelée *haricot riz*, extrêmement délicate.

Le HARICOT ROUGE D'ORLÉANS ou de CHARTRES est d'un rouge plus ou moins foncé, presque cylindrique et aplati à ses deux bouts. Son ombilic est petit, blanc et peu enfoncé. Il n'est jamais gros. Sa fleur est rouge.

Le HARICOT SANS FIL a les semences presque rondes, d'un rouge foncé, à ombilic petit, blanc et saillant. Il est fort bon, mais il colore désagréablement sa sauce. Ses gousses sont dépourvues de ce filament qui règne le long de la suture de presque toutes les autres variétés, et qu'on est obligé d'ôter avant de les faire cuire en vert, ce qui le rend d'autant plus précieux, qu'elles sont un manger très délicat, et qu'on peut s'en procurer jusqu'aux gelées. Sa fleur est purpurine.

Le HARICOT DE PRAGUE est ovale, rougeâtre, à la peau fine. Ses gousses sont sans parchemin et sans filamens, excellentes au goût lorsqu'on les cueille dans leur jeunesse pour les manger en vert. Il est très productif, et peu sensible aux gelées. Il est un de ceux qu'on devroit le plus multiplier, et cependant il n'est pas commun par-tout.

Les variétés les plus remarquables du haricot nain sont,

Le HARICOT NAIN D'ARGENSON s'élève à six ou huit pouces. Ses gousses sont peu nombreuses, mais assez bien fournies de grains. Il est souvent confondu avec le suivant, qu'il précède de huit à dix jours.

Le HARICOT NAIN de HOLLANDE s'élève à huit à dix pouces. Ses gousses sont nombreuses et bien fournies ; ses grains sont ovales, blancs et de fort bon goût. Il doit être cueilli jeune pour être mangé en vert.

Le HARICOT NAIN DE LAON HATIF ou le FLAGEOLET, diffère peu du précédent en hauteur et en époque de maturité. Il charge beaucoup. Ses gousses sont moins larges, mais plus longues et plus tendres en vert. Son grain est allongé, d'un blanc sale, un peu dur, mais de bon goût. C'est la variété la plus cultivée aux environs de Paris, et réellement celle qui mérite le plus de l'être. Il fournit long-temps lorsqu'il vient des pluies au commencement de l'été ou qu'on l'arrose.

Le HARICOT NAIN FLAGELLÉ s'élève plus que les précédens. Ses gousses sont longues, bien garnies, et se conservent long-temps tendres en vert. Ses grains sont gris de lin, et régulièrement tachés d'un brun noirâtre du côté de l'œil. Il est très bon en sec.

Le HARICOT NAIN JAUNE SANS PARCHEMIN. Ses gousses sont nombreuses, courbées et très tendres en vert. Ses grains ovales, petits et très savoureux. Il dégénère facilement.

Le HARICOT NAIN VENTRE DE BICHE OU SUISSE BLANC devient assez haut et est peu sujet à dégénérer. Ses gousses sont nombreuses, bien garnies et fort tendres en vert. Ses grains assez gros, de couleur fauve, et excellens, mais ayant l'inconvénient de prendre une couleur peu agréable à la cuisson.

Le HARICOT SUISSE ROUGE OU BLANC FLAGELLÉ DE ROUGE. Il offre des sous-variétés sans fin, qui toutes sont d'un grand rapport et bonnes en vert et en sec.

Le HARICOT SUISSE GRIS OU SUISSE NOIR varie presque autant que le précédent, et est plus sujet à dégénérer. C'est un des meilleurs pour manger et conserver en vert pendant l'hiver. Il offre une sous-variété, le HARICOT A TOUFFE ou de BAGNOLET, encore plus hâtif et moins sujet à filer.

Le HARICOT NAIN ROUGE charge beaucoup et est plus robuste que les autres. Il est bon en vert et en sec, et surtout fait d'excellentes purées.

Les haricots étant originaires des pays intertropicaux sont très sensibles aux gelées. Il n'y a juste que le temps nécessaire, même dans le climat de Paris, entre les dernières du printemps et les premières de l'automne, pour permettre de les cultiver en pleine terre. Les variétés hâtives sont donc toujours dans le cas d'être préférées, sur-tout plus au nord. Dans les parties méridionales de la France et encore plus en Espagne et en Italie on n'a pas de crainte semblable à avoir; aussi y cultive-t-on des variétés tardives que nous ne connoissons pas à Paris, et qui ont le mérite de rendre davantage.

C'est généralement une culture extrêmement productive que celle des haricots. On calcule que dans les bons sols, et aux bonnes expositions, elle peut quelquefois procurer un revenu net de plus de 600 francs par arpent; mais dans les départemens du nord il est sujet à manquer, par suite de l'intempérie des saisons. Il faut donc avant de s'y livrer en grand étudier son climat, son exposition et son sol. Il faut aussi prendre des renseignemens sur leur prix commun dans le commerce; car quoique leur débit soit assuré, et qu'ils puissent se garder sans altération bien sensible pendant plusieurs années, pourvu qu'ils soient renfermés dans un endroit sec, leur valeur baisse quelquefois au point de rendre leur culture onéreuse.

Une terre fraîche, légère et cependant substantielle, et une exposition chaude, sont ce que demandent les haricots pour prospérer. Ils préfèrent cependant un sol aride à un sol marécageux. La rouille les frappe souvent lorsqu'ils sont placés à l'ombre. Les vents violens leur sont nuisibles, cependant il leur faut beaucoup d'air. Dans les années trop sèches leur production est peu considérable et ils sont petits et durs dans celles qui sont trop pluvieuses; ils fournissent également peu et pourrissent sur pied. Il résulte de ces observations que c'est principalement dans les climats chauds ou au moins tempérés, dans ceux qui sont au midi de Paris, qu'il est seulement avantageux de cultiver en grand les haricots; cependant il est des lieux au nord de cette ville où ils sont l'objet de riches produits agricoles, tels que les environs de Chauny, où on cultive, pour la consommation de la capitale, ceux connus dans le commerce sous le nom de *haricots de Soissons*.

On cultive les haricots de deux manières, en grand, et dans les jardins. Ces deux modes de culture sont assez différens pour qu'ils méritent d'être décrits séparément.

La culture des haricots en grand n'a généralement pour but en France que la production des semences; mais dans tout pays où on est jaloux d'appliquer des principes raisonnables aux travaux agricoles, on la considère aussi comme moyen d'améliorer la terre, de la rendre plus propre à donner des récoltes plus abondantes en blé ou autres céréales. Je veux dire qu'il faut la faire entrer dans l'assolement des terres légères, et ce, 1° parceque leur nature est fort différente de celle de toutes les autres plantes cultivées; 2° parcequ'ils exigent des labours d'été. *Voyez* au mot ASSOLEMENT. Ils doivent précéder immédiatement le blé dans un bon système de ce genre.

Comme, ainsi que je l'ai dit plus haut, les haricots exigent un sol léger et cependant substantiel, et que ces deux circonstances ne sont pas communément réunies, il faut fumer et même fumer fortement les terrains où on les place. Le fumier de vache est souvent dans ce cas préférable à celui de cheval, parcequ'il conserve plus long-temps son humidité, et qu'il faut de la fraîcheur à ce légume. Le blé qu'on doit mettre dans le même lieu l'automne suivant profitera plus de cette opération que si on l'eût exécutée pour lui seul, parceque le fumier sera plus consommé, et que les binages d'été l'auront plus également disséminé.

Dans plusieurs cantons où la jachère est encore en crédit, les propriétaires sont dans l'usage de céder gratuitement peudant l'année de cette jachère une portion de leur terre à de pauvres habitans, sous la seule condition qu'ils la fumeront largement et y cultiveront des haricots. Il seroit à souhaiter que cet usage, qui concourt à prouver l'absurdité des jachères, fût plus général : les propriétaires y gagneroient évidemment, et les pauvres y amélioreroient leur sort. Dans ces cantons on ne laisse perdre aucune parcelle de fumier. Les enfans courent le long des routes ramasser le crottin de cheval, la paille éparpillée, etc. Ils en composent des tas qui deviennent un excellent engrais. La portion de terre abandonnée est toujours labourée à la bêche ou à la houe, et par conséquent mieux préparée.

On donne ordinairement trois labours à la charrue aux terres qu'on destine à recevoir des haricots, parcequ'elles ne peuvent être trop meubles ; mais dans celles qui sont naturellement légères, deux suffisent certainement ; une en automne, l'autre à l'époque des semis.

Il y a deux manières générales de semer ; par raies, ou en échiquier. Si on sème des haricots grimpans, il faut laisser d'espace en espace des sillons vides, afin de pouvoir placer les rames et cueillir les gousses. Si on sème des haricots nains, on n'y est pas obligé. En général, il vaut mieux semer clair que serré, afin de pouvoir donner les binages d'été avec plus de facilité. D'ailleurs les pieds prennent d'autant plus de vigueur et donnent par conséquent plus de gousses qu'ils sont plus écartés.

Le semis en échiquier est presque exclusivement employé aux environs de Paris, sur-tout pour les haricots nains ; il consiste à creuser une petite fosse avec une pioche, et à y mettre au moins six à huit semences.

Le semis en rayons se fait de deux manières : ou on laisse tomber une à une les graines le long des raies pour les recouvrir avec la herse, ou on pratique avec un plantoir des trous sur le côté de l'ados de chaque sillon pour y jeter une semence. Cette dernière méthode est peu pratiquée à raison de sa longueur. Dans beaucoup de lieux on sème les haricots nains à la volée ; mais il y a une si grande inégalité dans l'espacement des pieds, qu'on est obligé d'en arracher beaucoup dans les parties trop épaisses.

La distance à laquelle il convient de mettre les graines dans l'une ou l'autre méthode varie selon les terrains. Elle doit être d'autant plus considérable qu'ils sont plus arides, et que la variété s'élève plus. Un pied doit être le *maximum* pour les semis en échiquier et trois à quatre pouces pour les semis en rayons ; et il faut laisser, de distance en distance, de petits sentiers pour pouvoir sarcler le pourtour des pieds sans les endommager et cueillir facilement les gousses. Ces sentiers ont encore l'avantage de donner plus d'air et de fournir plus de développement aux rameaux.

La profondeur varie également, sans cependant être beaucoup au-dessous d'un pouce, le haricot pourrissant très rapidement en terre, lorsqu'il n'y trouve pas le degré de chaleur nécessaire à sa végétation. Cette dernière considération est de première importance, car j'ai vu plusieurs fois de grands semis manquer uniquement parceque le terrain ou la saison étoit trop humide, ou que la graine avoit été trop enterrée.

On doit préférer la plus belle graine pour semer, les plants sont d'autant plus beaux qu'elle est mieux choisie, et la récolte est d'autant plus considérable que les pieds sont plus vigoureux.

Mais à quelle époque doit-on semer? Il est impossible de répondre à cette question d'une manière positive, non seulement relativement à tous les climats, les sols et les expositions qui se trouvent en France, mais encore relativement à chaque année. En effet, il est toujours avantageux de semer le plus tôt possible, et cependant il faut toujours craindre les dernières gelées du printemps. Je dirai donc semez dès que vous jugerez n'avoir plus de gelées à essuyer, mais gardez de la semence pour réparer la perte du premier semis, si vous vous êtes trompé dans vos calculs. Un adage vulgaire veut qu'on ne fasse cette opération que lorsque le seigle est en fleur, et on peut s'y conformer en tout pays; mais cependant il est bon de hasarder quelques semis auparavant. Le commencement de mai est l'époque convenable pour le climat de Paris. Je ne parle toujours que de la culture dans les champs et en grand.

Une pluie douce est à désirer immédiatement après le semis des haricots pour activer la germination. Il y a presque toujours de l'avantage, sur-tout lorsqu'on sème en juin ou juillet, de faire tremper leur graine pendant vingt-quatre heures dans l'eau avant de la mettre en terre.

Dans les départemens méridionaux, lorsqu'on a la facilité des irrigations, on ne doit pas négliger d'en faire une dans ce cas.

Les haricots levés et hauts de deux à trois pouces, c'est-à-dire dans l'état où on les appelle *fil* ou *filet*, demandent de suite un binage, dans lequel on ramène la terre contre leurs racines. Ils en demandent un second lorsque les premières fleurs paroissent, et un troisième un mois plus tard. Plus on multiplie ces binages et plus la récolte est abondante. C'est ce qui fait que cette culture est une si bonne préparation pour les semis du blé. Les labours doivent être faits avec une large pioche, mais il n'est pas nécessaire qu'ils soient profonds.

L'époque du second labour est celle où on place les rames aux variétés de l'espèce grimpante. Ces rames ont pour objet de donner un appui aux tiges et de leur permettre de jouir de toute l'influence de la lumière. Par économie on leur donne des échalas dont les plus durables sont ceux de chêne et de châtaignier, mais des rameaux garnis de branches leur sont bien plus favorables, parcequ'ils s'y étendent plus à l'aise, et parmi ces rameaux, les pousses de l'année précédente des vieux ormes coupés rez terre ou en tétard sont préférables, parceque leurs branches sortent de deux côtés opposés et forment l'éventail. J'ai vu des semis d'haricots ainsi ramés produire moitié plus que ceux qui l'avoient été avec des rames moins régulièrement disposées, et le double de ceux qui étoient ramés avec des échalas, toutes les autres circonstances étant égales. Je suis persuadé que la culture de l'orme, uniquement pour cet objet, seroit un moyen de fortune pour les agriculteurs des pays où on cultive beaucoup de haricots ramés, pour les environs de Soissons par exemple. Cela tient à ce que les haricots ainsi ramés sont plus également exposés aux influences de la lumière et de l'air, trouvent un plus grand nombre de points d'appui, et s'élèvent plus haut, huit à dix pieds par exemple; au reste ces rames, qui sont d'un bois encore peu consolidé, durent au plus deux ans, tandis que les échalas peuvent servir huit ou dix et plus. Les rames, pour la facilité du travail, s'inclinent toujours du côté de l'intérieur.

Dans beaucoup de lieux on pince, c'est-à-dire qu'on retranche le sommet des haricots grimpans lorsqu'ils sont arrivés à une certaine hauteur. On prétend que cette opération fait grossir les gousses et en augmente la quantité. Il y a dans ce cas confusion de faits et par suite d'idées. En effet, l'expérience prouve bien que lorsqu'en automne on empêche la sève de pousser de nouvelles branches, elle se condense dans la tige et dans les semences; mais elle prouve aussi que lorsqu'on l'arrête dans la force de son activité elle se porte dans les boutons latéraux, donne naissance à beaucoup de nouvelles branches, et fait avorter les fleurs. Il en résulte que dans le climat de Paris, et plus au nord, cette opération nuit réellement aux produits lorsqu'elle est faite de trop bonne heure, et c'est le cas le plus général. Il n'en est pas de même dans les pays chauds, parceque la sève s'y développant avec plus de vigueur, plus il y a de rameaux et plus il y a de gousses.

La maturité des haricots, sur-tout des haricots ramés, se succède pendant deux à trois mois sans interruption, de sorte qu'il y a long-temps sur le même pied des gousses mûres et des boutons prêts à fleurir.

Ce que les haricots qu'on réserve pour la graine ou pour

être mangés en sec ont le plus à craindre, sont les sécheresses excessives et les pluies abondantes. Les premières s'opposent à ce que les pieds parviennent à toute leur grandeur, empêchent les graines de grossir, rendent leur peau dure. Les secondes les déterminent à pousser en herbe, font avorter leurs fleurs, pourrir leurs graines ou au moins affoiblir leur saveur. Des arrosemens peuvent diminuer les inconvéniens de la sécheresse. Il n'y a pas de moyens de s'opposer d'une manière efficace à ceux des pluies. Cette considération est encore une de celles qui s'opposent à ce qu'on les cultive en grand dans les pays froids, parceque les pluies de la fin de l'été et du commencement de l'automne les font souvent pourrir sur pied avant qu'ils soient arrivés au point où ils doivent être pour jouir de toute leur qualité et pouvoir être conservés. Là donc on est obligé de cueillir une à une les gousses à mesure qu'elles se dessèchent, tandis que dans les pays chauds on peut attendre et on attend toujours en effet que la tige soit entièrement morte pour l'arracher. Aussi se plaint-t-on généralement que les haricots de Soissons, par exemple, ont déjà perdu de leur goût au bout de six mois; aussi ne sont-ils pas susceptibles d'être employés à l'approvisionnement des vaisseaux, tandis que ceux qu'on cultive aux environs de Saintes, de Bordeaux, etc., peuvent encore se manger après cinq à six ans. Je ne puis donc trop recommander au cultivateur, jaloux de sa réputation, de laisser le plus long-temps possible ses haricots sur pied, et de ne les écosser qu'au moment de la vente, car ils s'altèrent bien moins dans la gousse et dans la gousse encore attachée à la tige; mais il faut pour cela que le tout soit rentré bien sec et conservé dans un lieu exempt d'humidité et où l'air circule librement. On les suspend le plus généralement dans des greniers, sous des hangars, après une dessiccation préalable et complète au soleil. Ces précautions ne se prennent pas assez souvent ou assez rigoureusement; aussi combien de récoltes de perdues!

Quant aux haricots ramés, comme leurs gousses ne mûrissent pas en même temps, que les premières seroient presque toujours pourries avant l'épanouissement des dernières fleurs, on les cueille, sur place, une à une lorsqu'elles sont complètement sèches, ce qu'on reconnoît à leur couleur et au bruit que font les semences qu'elles renferment.

On écosse les haricots, soit à la main, soit au moyen du fléau. Le premier de ces moyens est le meilleur, parceque les grains ne sont jamais brisés et qu'on peut trier les qualités. Le second, plus expéditif, est le seul applicable aux grandes cultures. On en vanne le résultat comme le blé, ensuite on le trie à la main.

Les tiges sèches des haricots servent à faire de la litière ou à fabriquer de la potasse. Les bestiaux les mangent rarement.

Mais est-t-il plus avantageux de semer en grand des haricots grimpans ou des haricots nains? J'avoue que je ne suis pas en état de répondre à cette question. J'ai vu des lieux où les cultivateurs soutenoient l'affirmative, et d'autres où ils soutenoient la négative. Cependant je crois avoir observé dans mes voyages que les haricots nains l'emportoient par le fait. Cela tenoit-il à la difficulté d'avoir des rames? c'est ce que j'ai lieu de soupçonner. En général leur culture est plus facile et moins coûteuse, et ces avantages compensent leur produit qui, dans les pays tempérés, est incontestablement moindre.

La culture des haricots dans les jardins est bien plus étendue que celle qui a lieu en plein champ. Il n'est point de propriétaire ou d'usufruitier, habitant la campagne, qui n'en cultive pour son usage. Dans plusieurs cantons de la France c'est presque le seul légume, avec les choux, qu'on voie autour des villages. Là, comme on peut sans grands inconvéniens semer plus tôt, soit parceque la perte de quelques poignées de semence n'est pas sensible, soit parcequ'on peut plus facilement se procurer des abris, soit parceque l'abondance des fumiers permet de donner plus d'activité au sol, soit à raison de leur plus grande production, soit enfin parcequ'on veut manger des gousses vertes autant que des semences mûres, on préfère presque généralement les haricots grimpans.

Dans les parties méridionales de la France on sème les haricots dans les jardins, et contre des murs exposés au midi, dès la fin de février, et aux environs de Paris on ne peut penser avant la fin de mars, au plus tôt, à commencer ces semis. Lorsque le plant est levé on le garantit pendant la nuit des gelées tardives par des paillassons, des toiles, etc. Quinze jours plus tard on en sème de nouveau en plein terrain, mais dans une bonne exposition ou contre des ados. Enfin encore quinze jours, et on peut les semer par-tout et ne prendre aucune précaution subséquente contre les gelées. Les amateurs continuent ainsi d'en semer de quinze jours en quinze jours jusqu'à la fin de juillet, afin d'avoir continuellement jusqu'aux gelées de jeunes gousses propres à être mangées en vert.

Le choix des variétés n'est pas ici indifférent, puisqu'ainsi qu'on l'a vu plus haut, il en est, soit parmi les grimpans, soit parmi les nains, qui sont beaucoup plus précoces et meilleurs que les autres.

La terre bien labourée à la bêche et amendée avec du fumier bien consommé, on sème la graine au cordeau et en rayons, soit une à une, soit en touffes de cinq à six, et on laisse un sentier de quatre en quatre ou de cinq en cinq rangs. C'est ce qu'on appelle une planche. Cette précaution de laisser des sentiers est encore ici plus nécessaire que dans la culture en grand, parcequ'on est plus fréquemment obligé de circuler autour des pieds pour cueillir les gousses vertes, dont il se fait par-tout une grande consommation pendant l'été.

Les binages doivent être aussi et même plus fréquens dans cette culture que dans la grande, parcequ'on n'y regarde pas autant aux frais. Ils ont lieu aux mêmes époques. Enfin la conduite générale doit être semblable, mais plus soignée. Des arrosemens pendant les grandes sécheresses de l'été sont extrêmement avantageux.

On cultive aux environs de Paris et des autres grandes villes de l'Europe des haricots dans des serres, sous des châssis, sur les couches. Par ce moyen, on s'en procure toute l'année de propres à être mangés en vert; mais quelle différence de saveur entre ces avortons d'une nature forcée et les résultats de l'ordre naturel ! Peu de légumes sont plus susceptibles de se ressentir de la nature des engrais, et même des matières en putréfaction qui les environnent, que les haricots verts. J'en ai souvent mangé à Paris qui sentoient le fumier, la boue des halles, la gadoue, selon la matière qu'on avoit employée pour engraisser le sol où ils avoient crû, ou pour accélérer leur croissance. Ainsi ce que l'on peut attendre de mieux de ceux produits par l'art, c'est qu'ils n'aient aucun goût. Au reste, leur traitement étant le même que celui des autres primeurs, je crois pouvoir me dispenser de le détailler. *Voyez* aux mots PRIMEUR et POIS.

Les haricots verts et secs sont un aliment recherché de tous les peuples. Les premiers nourrissent peu, mais sont très agréables au goût et se digèrent facilement. On les conserve pour pouvoir en faire usage toute l'année, par le moyen de procédés que je décrirai plus bas. On les mange cuits, en salade, en potage, à la sauce maigre ou grasse. Les seconds nourrissent beaucoup, sont très agréables au goût, sur-tout quand ils n'ont pas été desséchés complètement, mais sont difficilement digérés par les estomacs délicats. C'est aux robustes habitans des campagnes et aux jeunes gens qu'ils conviennent le plus. Ils engraissent avec une prodigieuse rapidité les animaux domestiques à poil ou à plume, et améliorent singulièrement leur chair; mais leur haut prix permet rarement en Europe de les employer à cet usage. On les mange cuits, assaisonnés d'un grand nombre de manières. Comme leur peau ou enveloppe est la partie la plus indigeste, celle qui donne tant de vents, il est bon de les en dépouiller avant de les donner aux enfans, aux femmes des villes, et en général à tous ceux dont l'estomac est foible. On y parvient, soit en les écrassant après leur cuisson complète et en faisant passer la purée qui en résulte par un crible de métal ou de terre, passoire, soit en les mettant renfler dans l'eau tiède, et en l'enlevant à la main lorsqu'elle s'est crevée, soit enfin en les faisant passer entre deux meules de moulin suffisamment écartées. Il est remarquable que ce dernier moyen si simple, si économique, qui est si généralement employé en Angleterre, n'ait pas encore été introduit en France. Quelle économie de temps et de combustible résulteroit cependant de son adoption ! Les haricots ainsi préparés cuisent en un quart d'heure, et peuvent être immédiatement servis sur la table. Tels des nôtres ne sont pas cuits après avoir bouilli deux et trois heures, et demandent une demi-heure de travail, par plat, pour être réduits en purée. Qu'on ne dise pas qu'ils se conservent moins long-temps ainsi préparés, car de tous les légumes embarqués par la marine anglaise c'est celui qui s'altère le plus tard, pourvu qu'il soit entassé bien sain dans des barils bien fermés. On l'y connoît, comme je l'ai déjà dit, sous le nom de *sagou de Bowen*, du nom de celui qui a inventé cette préparation.

On peut introduire jusqu'à moitié de farine de haricots dans le pain de froment ; mais il vaut mieux la manger seule qu'ainsi alliée, le manger qui en résulte étant lourd et très susceptible de se moisir.

La bouillie faite avec la farine de haricots est un bon remède contre les cours de ventre, et s'emploie dans les cataplasmes émolliens et résolutifs.

Aucun insecte n'attaque le haricot, et c'est ce qui lui donne tant d'avantage sur le pois, qui en est rarement exempt.

Lorsqu'on veut conserver des haricots verts pour la consommation de sa table pendant l'hiver, ou on les fait sécher, ou on les confit dans le vinaigre, ou dans du beurre ou de la graisse de porc. Ces trois moyens ne réussissent pas toujours, parcequ'ils sont accompagnés de circonstances qu'il n'est pas facile de saisir. En général, leur succès dépend de la variété de haricot qu'on a employée. Celle sans filet et sans parchemin est la meilleure. Toujours il faut préférer les plus jeunes, leur ôter les deux bouts, et les mettre quelques instans dans une grande quantité d'eau bouillante. Lorsqu'on veut les sécher on les place à l'ombre sur des claies, dans un lieu bien aéré, où on les enfile en chapelet qu'on suspend dans un appartement bien sec. Séchés au soleil ou au four, ils perdent de leurs qualités. Lorsqu'on veut les confire au vinaigre, on les noie dans une saumure.

La moisissure est ce que craignent le plus les haricots verts, de quelque manière qu'ils soient conservés ; ainsi il faut les tenir dans des lieux secs (B.)

HARNOIS. M. Giraut-Montbellet a inventé un nouvel harnois pour les chevaux et les bœufs, qu'il appelle *harnois bretelle*. Deux écharpes croisées sur la poitrine, et aboutissant chacune à un trait, en sont les élémens. Ce harnois, dont on peut lire une description détaillée et voir les figures dans les Mémoires de la société d'agriculture de la Seine, a beaucoup d'avantages sur ceux qui sont communément employés. Je ne sache cependant pas qu'il ait été adopté par aucun cultivateur, tant on tient à la routine. (B.)

HATIF. En agriculture on dit qu'une année est hâtive lorsque la végétation s'est plus tôt développée qu'à l'ordinaire. On dit qu'un terrain est hâtif lorsqu'il donne des productions anticipées, relativement aux terrains voisins. On dit qu'un fruit, qu'un légume sont hâtifs, lorsque, toutes choses égales d'ailleurs, ils mûrissent plus tôt que les autres variétés de leur espèce. Ce mot est donc synonyme de PRÉCOCE. *Voyez* ce mot.

Une année hâtive a pour cause des circonstances atmosphériques sur lesquelles il n'est pas en la puissance de l'homme d'influer. Un terrain hâtif l'est ou par sa nature, ou par son exposition, ou par l'effet de l'art. Par sa nature, car dans le sable les plantes poussent plus tôt que dans l'argile; par son exposition, car la même plante placée au midi pousse plus tôt que celle placée au nord; par l'art, car dans les terrains entourés d'abris factices, profondément labourés, bien garnis de fumiers, convenablement arrosés, les plantes se développent plus tôt que lorsqu'elles sont abandonnées à la nature. Il suffit même de semer du charbon en poudre, du terreau ou toute autre matière noire sur de la neige pour accélérer sa fonte, et par conséquent rendre plus hâtif le terrain qu'elle recouvre, ainsi que le pratiquent annuellement les cultivateurs des Hautes-Alpes. Tous ces faits seront expliqués dans cet ouvrage aux articles qui y ont rapport.

Quant aux variétés hâtives, elles sont toutes dues à la culture combinée avec le hasard. Ainsi un jardinier a observé un arbre dont les fruits mûrissoient naturellement plus tôt que les autres, et il l'a multiplié; il l'a greffé sur un autre également hâtif, trouvé par un de ses confrères dans les forêts ou dans des semis. Le résultat a été une troisième variété encore plus hâtive, qui de même a été multipliée et a produit encore les mêmes effets. Peut-être aussi une variété transportée du midi au nord s'est peu à peu accoutumée à végéter à une température inférieure à celle de son climat natal, et, reportée ensuite au midi, y a paru hâtive; mais ce dernier moyen paroît être le plus rare. Quoi qu'il en soit, on a aujourd'hui des variétés hâtives dans toutes les espèces anciennement cultivées. Les cultivateurs guidés par le goût des gens riches, qui les payent bien, font tous leurs efforts pour anticiper leurs jouissances, et sans doute déterminent une plus grande accélération dans la maturité des fruits et des légumes par le seul effet de ces efforts. En général, les fruits et les légumes hâtifs sont moins savoureux que ceux qui suivent le cours régulier de la nature ; mais je ne crois pas que ce soit un motif suffisant pour les proscrire. Si un raisin de la Madeleine ne vaut pas un pineau de Bourgogne, c'est toujours un raisin. D'ailleurs cette moindre saveur de certains fruits ou de certains légumes tient plus à leur nature qu'à leur qualité hâtive, comme le prouvent le morillon et le muscat du Jura qui sont excellens, et qui cependant mûrissent à Paris avant la Madeleine. (B.)

HAUSSE. On donne ce nom aux parties d'une ruche qui est composée de plusieurs pièces superposées les unes aux autres. *Voyez* ABEILLE.

HAUTAIN. Se dit d'une vigne accolée contre un arbre dont les branches servent à soutenir ses sarmens, et contre lesquels on les attache. Le cerisier, l'érable sycomore, sont les arbres le plus communément destinés à cet usage. On voit de semblables vignes dans le comté de Foix, près de Vienne, dans les environs de Grenoble. La culture et la conduite de cette vigne seront présentées dans le plus grand détail au mot VIGNE. (R.)

HAUTE FUTAIE. *Voyez* FUTAIE.

HAYE. On donne ce nom dans plusieurs lieux à la partie de la charrue qu'on nomme ailleurs l'age ou la flèche. *Voyez* CHARRUE et HAIE.

HELENIE, *Helenium.* Genre de plantes de la syngénésie superflue et de la famille des corymbifères, qui renferme une demi-douzaine de plantes vivaces, dont une se cultive assez souvent pour ornement dans les jardins.

Cette espèce, qu'on appelle l'HÉLENIE D'AUTOMNE parcequ'elle fleurit fort tard, a les tiges hautes de trois ou quatre pieds ; les feuilles alternes, sessiles, lancéolées, dentées, très glabres et longues de trois à quatre pouces ; les fleurs jaunes et disposées en vastes corymbes terminaux sur de longs pédoncules. Elle est originaire de l'Amérique septentrionale et ne craint point les hivers les plus rigoureux du climat de Paris. On la place, soit au milieu des plates-bandes des jardins français, soit entre les buissons des derniers rangs dans les jardins paysagers. Toute espèce de terre lui convient, cependant elle réussit mieux dans les sols un peu argileux et humides. Là on est souvent obligé de lui donner de forts tuteurs. On peut la multiplier de semences ; mais généralement on ne le fait que par séparation ou éclats des vieux pieds, car elle pousse un si grand nombre de rejetons, qu'on est obligé chaque année d'en

enlever une partie pour l'empêcher de couvrir le terrain. Cette
opération se fait dans le courant de l'hiver ou au premier
printemps. (B.)

HÉLIANTHE, *Helianthus*. Genre de plantes de la syngénésie frustranée et de la famille des corymbifères, qui renferme une vingtaine d'espèces, presque toutes propres à la
décoration des parterres et des jardins paysagers par la hauteur de leurs tiges et la grandeur de leurs fleurs, et parmi
lesquelles deux peuvent être et sont généralement cultivées
pour le profit. Ces deux derniers sont l'HÉLIANTHE ANNUEL, ou
hélianthe à grandes fleurs, plus connu sous les noms de *soleil*,
fleur du soleil, tournesol, dont il va être question, et l'HÉ-
LIANTHE TUBÉREUX, autrement le TOPINAMBOUR, dont la culture et l'utilité seront détaillées à ce dernier mot.

L'HÉLIANTHE ANNUEL a la racine fusiforme, annuelle, la
tige cylindrique, hérissée de poils, haute de huit à dix pieds
et plus, remplie de moelle, garnie de quelques rameaux flori-
fères à son sommet; ses feuilles sont alternes, en cœur, trinerves, hérissées de poils, longues souvent de plus d'un pied; ses
fleurs sont jaunes, penchées, portées sur des pédoncules épais
et souvent larges de plus de six pouces; ses graines, d'un pourpre noirâtre et de trois à quatre lignes de long, sont extrêmement nombreuses, car on en a compté jusqu'à dix mille sur un
seul pied.

Cette plante, originaire du Pérou, est fort sensible aux
gelées, et ne se sème au printemps que lorsqu'elles ne sont
plus à craindre. Elle exige un bon fonds, d'abondans engrais,
et une exposition chaude pour prospérer. Plus qu'aucune autre
peut-être elle effrite le terrain, c'est-à-dire l'épuise au point
qu'on ne peut, malgré les engrais, en mettre plusieurs fois de
suite dans le même lieu. Cette circonstance jointe à la fureur
avec laquelle tous les oiseaux granivores et même les quadrupèdes frugivores grimpans, tels que les loirs, les rats, les
écureuils, etc., se jettent sur ses graines, sont sans doute la
cause qui a empêché de la cultiver en grand : car elle présente
des avantages dignes de considération. 1º On tire abondamment de ses graines une huile douce aussi bonne à manger qu'à brûler. 2º Ces mêmes graines, dont l'amande a un
goût de noisette fort agréable qui les font rechercher par les
enfans, sont une excellente nourriture pour les dindes, les
poules, etc. Elles les engraissent même trop lorsqu'on ne
les leur ménage pas; cependant il en est qui les refusent
obstinément. 3º Les feuilles, soit fraîches, soit sèches, sont
fort du goût des vaches, des moutons et même des chevaux,
et leur grandeur, ainsi que leur abondance, permet d'en enlever au moins la moitié sans faire sensiblement tort à la pro-

duction de la graine. 4° Les tiges, quelquefois de la grosseur
du bras, peuvent être employées pour tuteurs, pour ramer
les pois et les haricots, pour entretenir le feu de la cuisine,
pour chauffer le four, et en les brûlant, à demi vertes, dans des
fosses, pour en retirer de la potasse, sel dont elles contiennent une notable quantité. Lorsqu'elles sont sèches et qu'on
met le feu à la moelle par un bout, toute cette moelle se consume lentement sans que l'écorce brûle, en donnant des indices
non équivoques de nitre en nature, c'est-à-dire en fusant fréquemment, ce qui fournit un excellent moyen de transporter
du feu à des distances assez éloignées.

Malgré ces avantages, je le répète, on ne cultive nulle part,
du moins d'une manière permanente, l'*hélianthe annuel* en rase
campagne ; on se contente généralement d'en placer quelques
pieds dans les jardins, où ils figurent très bien lorsqu'ils sont
en fleurs, c'est-à-dire pendant tout l'été et l'automne, car dès
qu'une fleur passe il s'en développe plusieurs nouvelles, graduellement plus petites. Ordinairement, dans le climat de
Paris, les gelées seules arrêtent leur multiplication, et à cette
époque il y a déjà long-temps que la graine des premières est
mûre. Pour empêcher les pillages des oiseaux, on peut couper
les têtes lorsque les graines commencent à noircir et les suspendre au grenier ; l'épaisseur du pédoncule et du réceptacle leur permet d'achever leur maturité ; cependant, dans ce
cas, il faut le dire, il y a diminution notable dans le produit
de l'huile.

C'est généralement en place qu'il faut semer l'*hélianthe
annuel*, car lorsqu'on le transplante, il ne donne que des productions foibles et tardives. On l'appelle vulgairement *fleur du
soleil*, et parceque sa fleur ressemble par sa grandeur, sa
forme et son éclat à cet astre, et parceque cette même fleur
se tourne toujours de son côté, de sorte qu'elle regarde l'orient
le matin et l'occident le soir. Cet effet a été attribué à la dilatation du pédoncule ; mais il est probable qu'il s'y joint une
autre cause que nous ne connoissons pas encore.

Comme l'*hélianthe annuel* vient très grand, ainsi que je l'ai
déjà dit, il faut le semer très clair. Une distance de trois pieds
entre chaque tige n'est pas de trop dans un bon terrain. Dans
un sol maigre et sec il ne donne qu'une, deux ou trois fleurs, et
il peut par conséquent être rapproché. Il est un mode de culture que je ne sache pas qu'on ait essayé et qui doit avoir son
avantage, c'est de le semer épais après la récolte des vesces
d'hiver ou des pois de primeur, et de le faucher pour fourrage au moment où il entreroit en fleur. Comme c'est la production de la graine qui rend principalement les plantes épuis-
santes, on pourroit ainsi multiplier le produit d'un terrain

sans inconvénient pour les récoltes futures, sur-tout si on avoit soin d'alterner avec des plantes de différentes natures. *Voyez* Assolement.

En général, je voudrois que les cultivateurs prissent cette plante en considération un peu plus qu'ils ne l'ont fait jusqu'à présent. Il est des moyens de s'opposer aux ravages des oiseaux qu'ils connoissent aussi bien que moi, et qu'ils peuvent par conséquent employer.

Les autres espèces d'hélianthes dans le cas d'être ici citées sont,

L'hélianthe vosacan, *Helianthus strumosus*, Lin., qui a les racines fusiformes; les tiges très élevées; les feuilles opposées, ovales, lancéolées; et les fleurs jaunes, nombreuses, de deux à trois pouces de diamètre. Il est vivace et originaire de l'Amérique septentrionale, où on mange ses racines, et où on en tire une fécule qui sert à faire de la boulie aux enfans. Ses graines donnent également de l'huile bonne à manger et à brûler.

Cette plante est depuis long-temps dans nos jardins, où on l'emploie à la décoration des parterres; mais on n'a jamais, du moins à ma connoissance, cherché à en tirer parti sous les rapports économiques. Ses tiges sont si nombreuses, elles se multiplient avec tant de facilité, et par ses graines, et par la séparation de ses racines, que je ne mets pas en doute qu'à l'exemple des Canadiens nous ne puissions la cultiver avec avantage, ne fût-ce que comme fourrage. Les hivers les plus rigoureux ne lui nuisent en rien. On pourroit la couper sans inconvénient trois fois par an, et en tirer par conséquent une quantité considérable de fane. Ses racines, lorsqu'on l'arracheroit, seroient données aux moutons, aux cochons, aux vaches, et même aux poules, après qu'on les auroit fait cuire. Je dis lorsqu'on l'arracheroit, parcequ'à côté du topinambour et de la pomme de terre il n'y auroit pas d'économie à la cultiver sous ce rapport.

L'hélianthe multiflore a les feuilles inférieures cordiformes, et les supérieures ovales, toutes rudes au toucher; ses fleurs sont jaunes, nombreuses, et larges de deux pouces. Il est originaire de l'Amérique septentrionale, s'élève de deux à trois pieds, et se cultive très fréquemment dans nos jardins, qu'il embellit pendant l'été et l'automne. Il y forme de vastes touffes dont on est obligé d'arrêter la croissance en largeur, tant ses racines ont de disposition à tracer. Les gelées les plus rigoureuses n'ont aucun effet sur lui. On peut le multiplier de graines, mais rarement on emploie ce moyen; on préfère avec raison de déchirer les vieux pieds, puisque par-là on a des fleurs dès la même année, tandis que par les semis on n'en auroit que la troisième. Ces fleurs doublent fort facilement, aussi en voit-on rarement de simples. Les observations faites à l'occasion de l'espèce précédente s'appliquent à celle-ci, qui, quoique moins haute, peut cependant fournir un fourrage abondant. (B.)

HÉLIANTHÈME. Espèce du genre des CISTES. *Voyez* ce mot.

HÉLICE, *Helix*. Genre de coquillage de la classe des univalves, qui doit être mentionné ici, parceque les espèces qui le composent vivent aux dépens des plantes, et que plusieurs d'entre elles font un tort réel aux cultivateurs, sur-tout aux jardiniers.

Les espèces de ce genre, qu'on connoît vulgairement sous les noms d'*escargot*, de *colimaçon*, de *limaçon à coquille*, sont fort nombreuses en France. Draparnaud, dans son excellent ouvrage sur les mollusques, en compte cinquante-huit comme s'y trouvant ; mais nous ne citerons que les suivantes, qui seules intéressent les cultivateurs.

L'HÉLICE VIGNERON, *Helix pomatia*, Linn. C'est le *grand escargot*, l'*escargot des vignes*. Sa coquille a ordinairement plus d'un pouce de diamètre, est perforée, fauve, avec deux ou trois bandes plus pâles, et des stries. L'animal est gris. On le trouve dans presque toute l'Europe dans les vignes, les jardins et les bois. Il fait souvent de grands dégâts dans les jardins, sur-tout dans les semis. C'est pendant la nuit ou dans les temps pluvieux qu'il exerce le plus ses ravages. Il se tient caché le jour, et sur-tout les jours secs et chauds sous les grandes feuilles, dans les trous des murs, etc. Pendant l'hiver il s'enfonce en terre, ferme son ouverture avec un opercule calcaire, et passe ainsi près de six mois sans manger.

Dans certains cantons, on le recherche avec ardeur, principalement pendant l'hiver, pour le manger ; dans d'autres on l'a en horreur. Le vrai est qu'il est très nourrissant, et qu'on doit d'autant moins le repousser comme moyen de subsistance, que par-là on l'empêche de se multiplier outre mesure.

L'HÉLICE CHAGRINÉ, *Helix adspersa*, Muller, est imperforée, globuleuse, rugueuse, jaunâtre, avec des bandes brunes et le bord de l'ouverture blanc. Son animal est d'un vert pâle. Sa grandeur est d'environ un pouce de diamètre. Il est excessivement commun dans certains jardins, où il cause de grands dégâts ; aussi l'appelle-t-on la *jardinière* dans les environs de Paris. Ses mœurs sont les mêmes que celles du précédent ; mais il s'enfonce moins profondément en terre pendant l'hiver, et son opercule est cartilagineux. On le mange.

L'HÉLICE NÉMORALE, *Helix nemoralis*, Lin., a la coquille

globuleuse, imperforée, unie, jaune, avec des bandes plus ou moins nombreuses et plus ou moins larges, ce qui l'a fait appeler la *livrée* par Geoffroy. Le bord interne de son ouverture est brun. Il est d'environ huit lignes de diamètre. On le trouve très abondamment dans les bois, les champs et les jardins. Quoique petit, il n'en est pas moins nuisible aux cultures. On le mange rarement.

L'hélice des jardins ressemble beaucoup au précédent en grandeur et en couleurs; mais il est plus petit, et a l'intérieur de l'ouverture blanc.

L'hélice rodostome, *Helix pisana*, Muller, est perforé, globuleux, blanc, avec des bandes brunes et des lignes ou des taches jaunes. Le bord intérieur de son ouverture est rose. On le trouve dans les parties méridionales de l'Europe, dans les champs, les jardins, les vignes, etc. Il est quelquefois excessivement commun. Quoiqu'au plus de six lignes de diamètre, on le mange fréquemment. J'en ai vu d'immenses quantités dans les marchés de Venise, où on le vend vivant, assaisonné d'ail, de sel et de poivre.

L'accouplement des hélices a lieu au mois de mai. Il est fort remarquable en ce qu'il est double, c'est-à-dire que tous les individus sont en même temps mâles et femelles, et se fécondent réciproquement sous ces deux rapports. Il a lieu plusieurs fois dans la même saison, et est accompagné de circonstances singulières, mais que je ne détaillerai pas, parceque cela me feroit sortir de l'objet de cet article. Quelques jours après qu'il est terminé, les hélices déposent dans la terre une douzaine d'œufs arrondis d'où sortent des petits couverts de leur test, mais si délicats que leur apparition au soleil pendant quelques minutes suffit pour les faire périr, et qu'il n'est point d'insecte carnassier qui ne puisse s'en nourrir; aussi de cent n'en arrive-t-il pas six à l'état adulte. Il paroît qu'ils vivent un grand nombre d'années. On peut juger de leur âge en ajoutant trois ans à la somme des bourrelets qui se voient au-dessus de leur ouverture. Ordinairement, dans les gros *hélices vignerons*, on en compte six à huit; mais une fois j'en ai compté vingt; aussi l'individu étoit-il un monstre, car son diamètre étoit de plus de deux pouces.

On a indiqué des milliers de moyens pour empêcher les ravages des hélices, mais le seul vraiment bon, c'est de leur faire constamment la chasse le soir, le matin et après la pluie, et de les écraser. Une année de vigilance sous ce rapport doit en débarrasser le plus grand jardin au point de ne plus s'apercevoir de leur présence. Quant aux champs et aux bois, ce moyen devient plus difficile; mais là leurs ennemis agissent en

liberté, et suppléent à l'homme. Ces ennemis sont nombreux ;
et quelques uns, tels que les renards, les blaireaux, les hérissons, les buses en font chaque jour une grande destruction.
Voyez au mot LIMACE. (B.)

HELIOTROPE, *Heliotropium*. Genre de plantes de la pentandrie monogynie et de la famille des boraginées, qui renferme une trentaine d'espèces, dont deux sont dans le cas
d'être citées ici, parceque l'une d'elles est extrêmement commune dans certains cantons, et que l'autre se cultive dans les
jardins à raison de l'agréable odeur de ses fleurs.

L'HÉLIOTROPE D'EUROPE est une plante annuelle ; à racine
pivotante ; à tiges droites, cylindriques, velues, rameuses,
souvent hautes d'un pied ; à feuilles alternes, pétiolées, ovales,
entières, ridées et velues ; à fleurs blanchâtres, petites et disposées unilatéralement sur des épis terminaux, ordinairement
géminés, et toujours recourbés en manière de crosse. On la
trouve dans les champs sablonneux, dans les jachères, sur le
revêtement des fossés, etc., quelquefois en si grande abondance, qu'il seroit avantageux de l'arracher uniquement pour
augmenter la masse des fumiers. Elle fleurit depuis le milieu
de l'été jusqu'à la fin de l'automne, et ses fleurs sont tournées
vers le soleil. Les bestiaux ne paroissent pas y toucher. Ses
feuilles sont amères. Elles ont joui autrefois d'une grande
réputation comme dessiccatives, antiseptiques et détersives,
comme propres sur-tout à faire disparoître les verrues, d'où
le nom d'*herbe aux verrues* qu'elle porte vulgairement. Aujourd'hui on n'en fait plus d'usage.

L'HÉLIOTROPE DU PÉROU est frutescente, a les feuilles alternes,
pétiolées, ovales, très ridées, très velues, plus pâles en dessous ; les fleurs petites, violettes, disposées en épis unilatéraux
et recourbés. Elle est originaire du Pérou, et se cultive très
abondamment dans nos jardins, à cause de l'odeur suave
qu'exhalent ses fleurs, odeur qu'on peut comparer à celle de
la vanille.

Dans les parties méridionales de la France, et sur-tout en
Italie, elle forme des arbrisseaux de trois à quatre pieds de
haut presque perpétuellement chargés de fleurs. Elle demande
une bonne terre substantielle. Dans le climat de Paris, il faut
la conserver en pot, ou risquer de la perdre chaque hiver ;
car elle est extrêmement sensible aux gelées. Je dis risquer,
parceque comme elle donne et plus de fleurs et de plus belles
fleurs ainsi placée, on en met souvent quelques pieds en pleine
terre dans une bonne exposition. Il est utile de renouveler
ses tiges de temps en temps, et par la même raison, c'est-à-
dire parceque les jeunes donnent des fleurs plus nombreuses

et plus be'les. On peut la multiplier de graines qu'on sème dans des terrines sur couches et sous châssis. Mais comme ce moyen est lent, le plant qui en provient ne commençant à fleurir que la troisième et même la quatrième année, on l'emploie peu ; on préfère celui des rejetons, des marcottes et des boutures, qui fournissent des pieds donnant des fleurs dès la même année. C'est au printemps que les rejetons se séparent, que les marcottes et les boutures se font. Ces dernières peuvent être placées en pleine terre, même dans le climat de Paris, pour être relevées et mises en pot à la fin de l'automne ; mais quand on a des couches à châssis, il vaut mieux les mettre dans des terrines qu'on rentre l'hiver dans l'orangerie. Pendant cette saison, les pieds d'héliotrope du Pérou exigent fort peu d'arrosement et de fréquens nettoyages ; car ils sont très sujets à moisir, et par suite à périr. Pendant l'été, au contraire, ils demandent de fréquens et forts arrosemens. Comme ils poussent de nombreuses racines, et qu'ils effritent beaucoup la terre, il faut leur en donner de nouvelles deux fois par an, au printemps et en automne. Lorsqu'on veut en former des tiges, on les met sur un brin, et on rabat tous les ans les rameaux ; mais cette manière de les conduire, qui est plus agréable à la vue, nuit à la production des fleurs, et ne doit être employée que dans un petit nombre de cas, tels que ceux où on veut garnir un amphithéâtre, le dessus d'un mur de terrasse, une rampe d'escalier, des croisées, etc. Dans tout état de cause, il faut placer ces pots à une exposition chaude, ou au moins abritée des vents froids, et les rentrer à l'orangerie dès les premières gelées blanches. On en met quelquefois dans les serres pour avoir des fleurs pendant l'hiver ; mais les plantes s'y étiolent, et y donnent de fort petites fleurs. (B.)

HELLÉBORE, *Helleborus*. Genre de plantes de la polyandrie polygynie et de la famille des renonculacées, qui renferme sept à huit espèces, dont plusieurs servent, ou sont susceptibles de servir à la décoration des jardins, et sont d'un usage fréquent dans la médecine vétérinaire. Il ne faut pas le confondre avec l'*hellébore* ou *ellébore* des anciens, qui est aujourd'hui appelé VÉRATRE. *Voyez* ce mot.

L'HELLÉBORE FÉTIDE, ou *hellébore noir*, ou *pied de griffon*, a une racine charnue, très fibreuse ; une tige d'un à deux pieds de haut, épaisse, rameuse à son sommet ; des feuilles alternes, à sept ou neuf digitations, lancéolées, dentées, coriaces, d'un vert foncé ; les fleurs vertes, rougeâtres en leur bord, nombreuses, accompagnées d'une bractée, et disposées en corymbe penché à l'extrémité des rameaux. Il croît naturellement dans les bois en terrain sec, sur les montagnes élevées, est vivace, reste vert toute l'année, et fleurit pendant l'hiver et une partie du printemps. Son odeur est très fétide, sur-tout quand on le froisse. Sa racine est très âcre et purge violemment par haut et par bas ; on l'emploie rarement pour les hommes ; mais au défaut des suivans, on en fait fréquemment usage pour les animaux.

Cette espèce, par sa propriété de rester verte toute l'année, de fleurir à une époque où les autres plantes ne sont pas encore développées, de former naturellement des touffes élégantes, et de croître à l'ombre des grands arbres, est dans le cas de servir à l'ornement des jardins paysagers ; on la place sur le bord, et même dans le centre des massifs, où elle produit d'agréables effets, sur-tout pendant l'hiver. On ne doit pas cependant l'y trop prodiguer. Elle fait également fort bien sur les rochers, les murs des masures, etc. On la multiplie de ses graines, qu'on sème, aussitôt qu'elles sont mûres, dans un sol préparé et ombragé. Le plant se laisse dans le lieu du semis pendant deux ou trois ans, et se met ensuite directement en place. Il n'est pas facile de faire reprendre les vieux pieds arrachés dans les bois, à moins qu'on ne les enlève avec la motte.

L'HELLÉBORE A FLEURS ROSES, *Helleborus niger*, Lin., qu'on appelle aussi *rose de noël*, a la racine chevelue et charnue ; les feuilles toutes radicales, longuement pétiolées, toutes composées de sept à huit folioles ovales, lancéolées, dentées, d'un vert noir ; les fleurs d'un rose tendre, larges de plus de deux pouces, solitaires ou géminées sur des hampes cylindriques, rougeâtres, hautes de six à huit pouces, et accompagnées de bractées lancéolées. Il est vivace croît naturellement sur les montagnes des parties méridionales de l'Europe, et se cultive depuis long-temps dans les jardins à raison de la grandeur, de la beauté et de l'époque du développement de ses fleurs ; c'est, dit Dumont Courset, un des bienfaits de la nature pour charmer la triste nudité de l'hiver. En effet, il commence à fleurir au milieu de cette saison, et continue jusqu'à la fin. Ses feuilles persistent toute l'année ; cependant les nouvelles ne poussent qu'après la floraison, c'est-à-dire en mars. Il ne craint point les plus rigoureuses gelées, et s'accommode assez de toutes sortes de terrains; mais il réussit mieux dans ceux qui sont frais et ombragés. On le multiplie de graines qu'on sème comme celles du précédent, et dont le plant qui en provient se conduit de même, mais ces graines sont rares, parceque les fleurs avortent presque toutes, du moins dans le climat de Paris, à raison de l'époque de leur floraison. Le déchirement des vieux pieds en donne fort peu de nouveaux, parcequ'ils ne tracent presque point. Aussi cette plante n'est-t-elle pas, autour de cette ville, aussi commune qu'elle mérite de l'être. C'est en automne que cette dernière opération doit être pratiquée.

On place ordinairement l'*hellébore à fleurs roses* dans les plates-bandes nord des parterres, le long des murs des terrasses qui ont la même exposition, entre les arbustes des derniers rangs dans les jardins paysagers, contre les fabriques, les rochers, etc. On le cultive aussi très fréquemment en pot, pour pouvoir l'introduire dans les appartemens, le placer sur les cheminées pendant l'hiver. Une belle touffe est réellement d'un superbe effet, aussi ne doit-on pas trop la dégarnir. Il faut cependant la renouveler de temps en temps, c'est-à-dire tous les trois ou quatre ans, parceque le centre pourrit et fait pourrir souvent le pourtour. On parvient à empêcher la mort du pied en le relevant et le partageant en trois ou quatre autres qu'on change de place.

La racine de cette plante a une odeur virulente et une saveur âcre et amère. C'est un purgatif extrêmement violent. Son infusion déterge les ulcères. Quelques personnes prétendent que c'est le véritable hellébore des anciens, si célèbre contre la folie; mais le plus grand nombre pense, comme je l'ai déjà dit plus haut, que ce dernier est la racine du vératre. On ne l'emploie guère pour les hommes, à cause du danger de son usage, mais on en fait fréquemment usage pour les animaux domestiques. On l'a vend sèche chez les herboristes, et on l'ordonne ordinairement en poudre : lorsqu'on la pulvérise pour cet objet, il faut prendre des précautions; car elle excite des éternuemens qui peuvent avoir des suites funestes.

L'HELLÉBORE A FLEURS VERTES, *Helleborus viridis*, Lin., a la racine vivace, pivotante, et très garnie de fibrilles; les tiges hautes de six à huit pouces, et légèrement rameuses à leur sommet; les feuilles toutes radicales, pétiolées, formées par neuf à dix digitations, lancéolées, pointues, dentées, d'un vert gai; les fleurs peu nombreuses, entièrement vertes, de six à huit lignes de diamètre, accompagnées de bractées, et penchées. Il croît naturellement dans les pays montagneux de l'Europe tempérée, et fleurit à la fin de l'hiver. Ses fleurs sont bien moins agréables que celles du précédent, aussi est-ce moins pour elles qu'à raison de ses propriétés médicinales qu'on le cultive dans les jardins. Ces propriétés sont les mêmes que celles des espèces que je viens de mentionner. On le place cependant quelquefois dans les jardins paysagers uniquement pour l'agrément. Il demande la même terre, la même exposition et les mêmes soins.

L'HELLÉBORE D'HIVER a les racines vivaces, fibreuses, traçantes; les tiges simples, droites, hautes de trois à quatre pouces, portant à leur sommet une seule feuille et une seule fleur. La feuille est arrondie et découpée en lobes simples, bifides ou trifides. La fleur est jaune, droite, sessile et large d'un pouce ; elle ressemble à celle d'une renoncule des prés.

Cette plante croît dans les bois montagneux de la France, et se cultive dans les jardins, à raison de la précocité de sa floraison qui a lieu en février ou en mars. On la place contre les murs des terrasses, entre les buissons, et sous les massifs des jardins paysagers, dont je l'ai vue couvrir la nudité avec beaucoup d'avantages, etc. Dans les parterres, il faut que sa touffe soit bien garnie du soleil pour produire quelque effet. Elle se multiplie de graines, mais plus communément par séparation des vieux pieds. Comme les tiges périssent de bonne heure, il est bon d'indiquer ces touffes par un piquet, afin qu'on ne bouleverse pas les racines dans les labours d'été et d'automne.

L'HELLÉBORE LIVIDE se cultive aussi dans quelques jardins. Il est plus grand et moins coloré que le premier, mais du reste lui ressemble beaucoup. La Corse est sa patrie. Il fait un bel effet dans les jardins paysagers pendant toute l'année par la grosseur de ses touffes, et au printemps par ses nombreuses fleurs. On le multiplie presque exclusivement de graines, ses vieux pieds reprenant difficilement à la transplantation. (B.)

HÉMÉROCALLE, *Hemerocallis.* Genre de plantes de l'hexandrie monogynie, et de la famille des narcissoïdes, qui renferme une demi-douzaine d'espèces, dont deux sont depuis long-temps en possession de servir à l'ornement des jardins, ce à quoi elles sont très propres par la grandeur, la beauté et la longue durée de leurs fleurs. Elles ressemblent beaucoup aux lis ; aussi portent-elles souvent le nom de ces derniers.

La première de ces espèces est l'HÉMÉROCALLE FAUVE, vulgairement le *lis asphodèle*, le lis fauve. Elle a les racines terminées par des tubercules oblongs ; des feuilles toutes radicales, étroites, carénées et longues de deux ou trois pieds, des tiges de la grosseur du doigt, très rameuses et hautes de trois à quatre pieds ; des fleurs d'un rouge cuivreux ou jaunâtre, larges de deux à trois pouces, et disposées trois ou cinq ensemble à l'extrémité des rameaux. Elle est originaire de la Chine, et s'est naturalisée dans les parties méridionales de l'Europe. Chacune de ses fleurs ne dure qu'un jour, mais elles sont si nombreuses, et se succèdent avec tant de régularité dans le fort de l'été, qu'on ne s'en aperçoit pas. Elle réussit dans tous les sols et à toutes les expositions. On la place ordinairement au milieu des plates-bandes des jardins français, ou entre les arbustes des derniers rangs dans les jardins paysagers. Elle se multiplie fort facilement de graines qu'on sème, immédiatement après leur maturité, dans un sol bien labouré et bien fumé; mais comme le plant qui en provient ne fleurit que la troisième ou quatrième année, on préfère généralement arriver au même but par la séparation des vieux pieds, séparation qui s'effectue en automne, et qui donne lieu d'espérer des fleurs dès l'été suivant. Cette séparation est même nécessaire, parceque les racines s'étendent beaucoup, que leur centre est exposé à pourrir, et qu'il faut les changer de place pour obéir à la loi des assolemens.

L'HÉMÉROCALLE JAUNE, ou *lis jaune*, ressemble beaucoup à la précédente; mais elle est plus petite, et ses fleurs sont jaunes et exhalent une odeur fort agréable. Elle est originaire des parties orientales de l'Europe et de la Sibérie. On la cultive et on la multiplie positivement comme il a été dit plus haut. Quelques personnes la tiennent en pot pour pouvoir l'introduire dans les appartemens, la placer sur les fenêtres lorsqu'elle est en fleur, afin de jouir de son odeur.

Ces deux espèces sont très rustiques et ne craignent point les gelées. L'eau seule leur est nuisible, lorsqu'elle séjourne un peu trop long-temps sur leurs racines. (B.)

HÉMINE. Ancienne mesure des grains. *Voyez* au mot MESURE.

HÉMOPTYSIE. MÉDECINE VÉTÉRINAIRE. L'hémoptysie, ou comme d'autres l'écrivent, hémophtysie, ne signifie autre chose dans l'animal qu'une évacuation nasale du sang pulmonaire. Elle attaque plus rarement la brebis que le bœuf, le cheval et le mulet. Un de ces animaux, par exemple, qui fera un effort pour tirer ou soulever un corps pesant, peut déterminer le sang agité avec plus ou moins d'impétuosité à vaincre la résistance des parois, à s'échapper par les bronches, et à sortir hors du corps par les naseaux. On peut encore ajouter à ces causes une dépravation des humeurs qui humectent les bronches, la pléthore des vaisseaux du poumon, etc.

Le sang qui dans cette maladie sort par les naseaux est pour l'ordinaire rouge, clair et écumeux; l'animal tousse avec plus ou moins de force, et à chaque expiration sonore on s'aperçoit qu'il coule du nez une grande quantité de sang; que la difficulté de respirer est considérable, et que les flancs sont agités.

Le danger de cette maladie est toujours relatif à l'activité de ses symptômes: le sang, par exemple, qui s'échappe par les naseaux est-il écumeux, clair et très abondant; la maladie peut se guérir, pourvu toutefois que la suppuration, comme il arrive assez souvent, ne succède pas à cette évacuation. La saignée à la veine jugulaire est le remède le plus prompt et le plus essentiel à mettre en usage. Quoique très nécessaire dans le premier temps, elle ne doit pas être poussée trop loin dans la phthisie pulmonaire. *Voyez* PHTHISIE. Il faut avoir égard à la quantité de sang évacuée par les naseaux, à l'état pléthorique de l'animal, à ses forces vitales. Les rafraîchissans, les astringens, les vulnéraires sont les remèdes dont on doit user après la saignée ; tels sont l'eau blanchie avec la farine de riz, et la décoction de grande consoude aiguisée de deux drachmes d'alun, sur six livres d'eau ; la décoction de plantain, de pimprenelle, de lierre terrestre, de pervenche, etc. On peut aussi faire prendre soir et matin au bœuf et au cheval un bol composé d'une once de cachou, incorporée dans suffisante quantité de miel. L'application de l'eau à la glace sur les parties latérales de la poitrine peut réussir quelquefois; mais ne l'employez qu'après avoir tenté les remèdes ci-dessus. Tenez l'animal malade dans une écurie propre, sèche et bien aérée ; ne lui présentez ni foin, ni luzerne, ni avoine, que l'hémoptysie ne soit parfaitement suspendue, et ne les faites travailler que douze ou quinze jours après la guérison. (R.)

HÉMORRAGIE. MÉDECINE VÉTÉRINAIRE. Perte de sang, qui arrive à la suite d'une opération mal faite, ou de l'ouverture ou rupture de quelque vaisseau.

Les principaux moyens d'arrêter le sang sont au nombre de quatre ; la compression, l'application des astringens ou styptiques, le cautère actuel et la ligature du vaisseau.

Lorsque le sang vient d'une plaie profonde, on doit appliquer le cautère actuel sur l'orifice du vaisseau, et le recouvrir avec la poudre de lycoperdon ou vesse de loup, que l'on contiendra par un bandage convenable.

Quand une artère est superficielle, et qu'elle rampe sur un os, le lycoperdon, l'agaric de chêne, l'amadou, et la simple compression suffisent pour arrêter l'hémorragie. Il n'en est pas de même lorsqu'il s'agit d'arrêter le sang d'une veine. Dans la circonstance d'une varice (*voyez* VARICE), la ligature est le seul moyen à mettre en usage. Pour faire cette opération on se sert d'une aiguille courbe, enfilée d'un fil double en carré et bien ciré, que l'on passe un peu dans la chair, autour du vaisseau, et que l'on ramène à soi pour en nouer les deux extrémités. On doit observer de ne pas comprendre trop des chairs, où de n'en comprendre pas assez ; il faut un juste milieu. On évitera sur-tout de ne pas prendre quelques nerfs principaux, si l'on veut éviter les convulsions et la mort de l'animal.

Le bœuf et le cheval sont encore sujets à une hémorragie du nez occasionnée par un coup ou par quelque substance âcre et caustique, introduite dans les naseaux. Un bouvier, par exemple, qui donnera des coups sur le nez de ses bœufs, pour les faire reculer, ou pour les arrêter; un charretier, impatient et emporté, qui frappera rudement avec le manche du fouet sur la tête de ses mules ou de ses chevaux, fera saigner du nez ses animaux, et les mettra quelquefois dans le cas de perdre la vie. Le sang alors coule des naseaux plus ou moins abondamment, suivant la violence du coup. Il coule plus facilement du nez du bœuf, les vaisseaux qui rampent sur la membrane pituitaire de cet animal étant plus délicats et plus nombreux que ceux de la membrane pituitaire du cheval et des autres solipèdes, et cette membrane étant d'ailleurs plus étendue et plus irritable.

Si l'écoulement ne se fait que goutte à goutte, et s'il est de courte durée, le traitement à faire ne consiste que dans le repos et une nourriture médiocre ; mais si la violence du coup est telle qu'il y ait à craindre une inflammation de la membrane pituitaire, ou un engorgement dans le cerveau, hatez-vous de saigner l'animal à la veine du plat de la cuisse, quand même l'hémorragie seroit suspendue, donnez-lui de l'eau blanche pour boisson, et pour nourriture administrez quelques lavemens mucilagineux; répétez sur-tout la saignée lorsque l'hémorragie sera considérable ; enveloppez la tête et le cou de linges imbibés d'eau froide, et sur-tout d'eau à la glace, s'il est possible de vous en procurer, que vous renouvellerez toutes les quatre minutes. Cette application est-elle sans effet ; injectez dans la narine d'où sort le sang de la décoction de racine de grande consoude et de noix de galle, et continuez ce remède trois ou quatre jours après la suspension de l'hémorragie.

Dans l'hémorragie qui reconnoît pour cause le contact immédiat d'une substance âcre et caustique introduite dans le nez par le maréchal, injectez en quantité de la décoction de fleurs de mauve édulcorées avec du miel.

Mais quant à celle qui est due à un ulcère à la membrane pituitaire, employez l'injection décrite au mot CHANCRE, et consultez l'article MORVE. (R.)

HÉMORRAGIE DE LA SÈVE. On donne ce nom à l'affluence dans les arbres de la sève vers un point, et à sa sortie par une plaie. *Voyez* SÈVE

HÉPATIQUE. Nom spécifique d'une ANEMONE. *Voyez* ce mot.

HÉPATIQUE, *Marchantia* Genre de plantes de la cryptogamie et de la famille des algues, qui renferme une douzaine d'espèces, dont une est dans le cas d'être citée ici, parcequ'elle nuit quelquefois beaucoup aux semis des arbres et arbustes qui exigent l'exposition du nord , la terre de bruyère , et plus d'une année pour leur germination.

Cette espèce est l'HÉPATIQUE ÉTOILÉE , *Marchantia polymorpha*, Lin., plus connue sous le nom d'*hépatique des fontaines*, parcequ'on la trouve fréquemment autour des fontaines. C'est une expansion arrondie, membraneuse, d'un vert foncé, irrégulièrement lobée en ses bords , qui s'applique exactement sur le terrain, et acquiert avec le temps quelquefois plus d'un demi-pied de diamètre.

Cette plante se multiplie avec tant de rapidité , que, lorsque le sol et l'exposition lui conviennent, elle couvre en une année une planche entière de semis, et oppose par la tenacité de ses expansions un obstacle invincible à la levée des graines. Un jardinier soigneux ne doit donc pas souffrir qu'elle se propage sur les planches de semis, et en général dans aucune partie de son jardin, et en conséquence il la fera sarcler deux ou trois fois l'année, sur-tout à la fin de l'hiver, en recommandant à ses ouvriers de n'en laisser aucune portion, quelque petite qu'elle soit; car cette portion suffit pour reproduire le pied, et fournir à la fin de l'été une quantité de graines prodigieuse.

On regarde l'*hépatique étoilée* comme incisive, détersive, vulnéraire, et excellente dans les maladies du foie , d'où lui est venu le nom d'hépatique. Sa saveur est âcre et astringente.

On donne aussi le nom d'hépatique à une espèce d'ANÉMONE. *Voyez* ce mot. (B.)

HÉPIALE, *Hepialus*. Genre d'insectes de l'ordre des lépidoptères , fort voisin des BOMBICES (*voyez* ce mot), qui intéresse les cultivateurs, parceque les chenilles des espèces qui le composent, espèces au nombre d'environ une douzaine, vivent aux dépens des racines des plantes et que l'une d'elles, cause souvent de grands dommages à ceux qui spéculent sur le houblon.

Cette espèce , la seule que je mentionnerai ici , présente une différence remarquable entre le mâle et la femelle. Le premier a les ailes supérieures blanches en dessus , et la seconde les a jaunes ornées de lignes rouges. Tous deux ont le corps jaunâtre et plus de deux pouces de long. Sa chenille a seize pattes , et le corps presque lisse. Elle vit aux dépens des racines du houblon. Elle se transforme en nymphe, dans la terre, au milieu du printemps , et sort sous l'état d'insecte parfait vers la fin de cette saison , à l'effet de quoi la chrysalide sort de terre à moitié et reste ainsi exposée à l'air pendant plusieurs jours.

Ce sont principalement les grosses racines du houblon , celles qui servent de pivot, que les chenilles attaquent, ce qui fait mourir cette plante ou au moins la fait languir. Ces chenilles agissent positivement, comme les larves des hannetons, sur la plupart des plantes et des arbres. On doit donc, dès qu'on s'aperçoit qu'une tige souffre, soit au jaune de ses feuilles, soit à leur fanage, fouiller le pied avec une bêche et rechercher la chenille qui, ayant près de deux pouces de long, est très perceptible. On doit aussi, toutes les fois qu'on laboure la houblonnière, veiller attentivement aux chenilles qu'on amène au jour et les écraser. Un cultivateur vigilant se promènera fréquemment à la fin du printemps dans sa houblonnière pour tâcher de découvrir les nymphes qui sont saillantes sur le sol, ainsi que je l'ai dit plus haut, et les tuer. Quelques jours plus tard ce sera aux insectes parfaits qu'il fera la chasse. Il les trouvera le jour collées aux perches qui servent de support au houblon, et le soir volant pour chercher à s'accoupler. Comme leur vol est lourd, il pourra, ainsi que je l'ai expérimenté, en prendre beaucoup avec un petit sac, attaché sur un cercle de fer de huit à dix pouces de diamètre, lequel cercle sera fixé à un manche de deux ou trois pieds de long. Ces moyens sont minutieux il est vrai, difficiles peut-être à exécuter par un simple laboureur; cependant il faut bien les employer faute d'autres. Ce sont les enfans qu'on en doit charger ; une ou deux leçons et une gratification pour chaque insecte produiront tous les effets désirables. *Voy.* Cossus. (B.)

HEPTANDRIE. C'est le nom que Linnæus a donné à la classe de son système qui renferme les plantes à sept étamines. *Voyez* au mot Botanique, et au mot Plante.

HERBACÉ. On dit qu'un fruit, un légume ont un goût herbacé, lorsque leur saveur peut se comparer à celle des herbes de la famille des graminées.

Une plante herbacée est celle dont la tige n'est pas ligneuse. *Voyez* au mot Plante, où la différence entre les herbes et les arbres sera développée.

HERBAGE. Ce mot s'applique ou à un terrain réservé en prairie pour y faire paître les bestiaux pendant toute l'année, ou à un terrain en friche sur lequel tout propriétaire de bestiaux a droit de les envoyer. En jurisprudence il avoit encore d'autres acceptions que le nouveau Code rural a fait disparoître. Dans quelques endroits il signifie aussi les légumes dont on mange les feuilles, telles que l'oseille, l'épinard, même quelquefois toutes les plantes cultivées pour la nourriture; car on dit : ce jardin produit de bons herbages.

Le mot herbage est principalement employé dans les cantons où on fait de nombreux élèves en bestiaux, où on engraisse les bœufs, où on fabrique beaucoup de fromages.

Dans la ci-devant Normandie, dans la Nord-Hollande, etc., ce sont des prairies extrêmement fertiles qui fournissent une surabondance de nourriture aux chevaux, aux bœufs et aux

vaches auxquels on en abandonne successivement toutes les
parties pour y pâturer jour et nuit en liberté. Presque toujours ils sont enclos de haies ou de larges fossés pleins d'eau.
Aussi quelle grosseur, aussi quel embonpoint dans ces animaux ! Quelle abondance de lait donnent leurs femelles !
Plusieurs de ces herbages restent toujours en prairies.
Seulement on répand de temps en temps sur leur surface du
fumier bien consommé pour relever leur force végétative.
La plupart se mettent en culture réglée de céréales et autres
articles pendant quelques années, intervalle dans lequel on les
fume à outrance, et ensuite sont restitués à leur destination
première. Cette dernière méthode est plus conforme aux principes et doit donner des résultats bien plus avantageux. *Voyez*
aux mots ASSOLEMENT et PRAIRIE.

Les herbages marécageux ne valent rien, mais ceux qui
sont humides ou susceptibles d'être arrosés sont fort estimés.
Comme les bœufs refusent l'herbe inférieure en qualité à mesure qu'ils deviennent plus gras, on la coupe pour en faire
du foin qu'on appelle REBUT ou RELAISSE. *Voyez* ces mots.
On a remarqué que la fiente des bœufs ne nuisoit pas aux
herbages, mais bien celle des chevaux; c'est pourquoi les
propriétaires spécifient dans leurs baux la quantité de ceux
qui y seront mis au pâturage. Tel de ces herbages est loué
200 fr. l'arpent en Normandie.

Heureux sont les pays où il se trouve naturellement de tels
herbages ! Ils ne sont pas fréquens ces pays; mais par-tout,
avec quelques avances, des connoissances et de la persévérance,
on peut jusqu'à un certain point n'avoir rien à leur envier,
en établissant des prairies artificielles appropriées à la nature
du sol, en semant force plantes annuelles à tiges ou à racines
propres à la nourriture des bestiaux, etc., etc. *Voyez* aux
mots PRAIRIE, POIS, VESCE, GESSE, SAINFOIN, LUZERNE,
TRÈFLE, RAVE, CAROTTE, PANAIS, BETTE, POMME DE TERRE,
TOPINAMBOUR, etc.

Dans les Alpes, les Pyrénées, le Cantal, le Jura, les Vosges, etc.. on appelle herbage le sommet des montagnes où
il fait trop froid pour les arbres et pour toute espèce de culture, mais où, pendant les trois ou quatre mois où ces sommets sont sans neige, il pousse, fleurit et graine une incroyable
quantité de plantes qui forment un excellent pâturage. Là donc,
pendant leur court été, on conduit sur ces sommets de nombreux troupeaux de vaches qui fournissent un lait presque
aussi abondant et de bien meilleure qualité que celui des gras
herbages précités. C'est avec ce lait qu'on fabrique ces excellens fromages appelés de Gruyère, du nom de la petite ville
de Suisse, qui les a d'abord mis dans le commerce ; qu'on

fabrique ceux du Cantal et autres qui pourroient être aussi bons si on le vouloit.

Les herbages des hauts sommets ne demandent aucun soin de la part de leur propriétaire. Au plus est-on dans le cas de les débarrasser des pierres qui, au dégel, se sont détachées des rochers supérieurs, et c'est ce que font les gardiens de ces vaches qui passent presque toute la saison dans ces solitudes, uniquement occupés de les surveiller, de les traire et de faire subir à leur lait les préparations qui doivent le transformer en FROMAGE. *Voyez* ce mot.

Quant aux portions de terrain abandonnées aux bestiaux dans les montagnes moins élevées et dans les plaines, on les appelle pâturages. Leurs différentes sortes se distinguent par des épithètes. *Voyez* aux mots PATURAGE, MARAIS, LANDE, etc. (B.)

HERBE. Les agriculteurs donnent ce nom aux plantes annuelles, bisannuelles ou vivaces, dont la tige n'est point ligneuse, et plus particulièrement à celles de ces plantes qui servent à la nourriture des bestiaux, par conséquent encore plus particulièrement aux graminées.

Les herbes qui croissent naturellement dans les champs, les vignes, les jardins, et qui nuisent aux cultures par quelque cause que ce soit, sont généralement appelées *mauvaises herbes*. On cherche à les détruire par des sarclages, des binages, des labours répétés, et on ne réussit pas toujours, parceque plusieurs de ces herbes, telles que le chiendent, se multiplient avec la plus grande facilité par le déchirement de leurs racines; que d'autres, telles que les chardons, envoient leurs graines au loin sur l'aile des vents; que d'autres, telles que la moutarde, ont des graines qui, lorsqu'elles sont profondément enfouies, peuvent se conserver plusieurs années en état de germination, et germent en effet lorsque les labours les ramènent à la surface; que d'autres enfin, telles que le seneçon, fructifient pendant presque toute l'année.

La qualification de mauvaise, donnée à ces herbes, est elle-même mauvaise, lorsqu'on la prend dans une acception générale; car toutes donnent à la terre, par leur décomposition, des principes qui ensuite tournent au profit des objets de la culture; mais malgré cela il est de l'essence de toute bonne culture de les détruire, car elles nuisent aux plantes cultivées au moins par leur ombre, et on sait combien l'influence de la lumière est grande sur la végétation.

Les sarclages dont on fait usage le plus communément en France sont bons pour les jardins, mais ils doivent être évités dans la grande culture, par les causes citées plus haut et par la grande dépense et les grands dégâts qu'ils occasionnent. Les agriculteurs anglais et flamands les pratiquent rarement, et cependant leurs champs sont toujours extrêmement *propres*, c'est le mot technique. Cela tient, 1° au soin qu'ils prennent de ne semer que des graines de choix et bien nettoyées ; 2° à la perfection de leur assolement. En effet, l'expérience prouve que les plantes annuelles les plus communes dans les champs ne peuvent végéter dans les terres qui ne sont pas labourées, et que les plantes vivaces de la même catégorie sont tuées par les binages d'été ou étouffées par des plantes plus grandes ou plus feuillues. Ainsi en transformant un champ en prairie artificielle, on est sûr de faire disparoître la plupart des premières et même quelques unes des secondes, telles que le chardon des champs, l'hyeble, etc. Ainsi en cultivant du maïs, des pommes de terre, des fèves, des haricots, et autres plantes qui demandent plusieurs binages d'été, ou en semant de la vesce, des pois et autres plantes qui étouffent tout ce qui veut croître sous elles, on se débarrasse des secondes et de plusieurs des premières. Le chiendent, cette peste de l'agriculture, disparoît dans ces deux cas, pour plusieurs années. Une bonne luzerne n'en montre pas, et une mauvaise en est presque toujours infestée par la même cause.

Lorsqu'on veut débarrasser un terrain de ses mauvaises herbes par le sarclage, il faut toujours le faire avant leur floraison, afin d'être assuré qu'aucune de ces herbes n'aura donné de graines.

On sarcle aussi les prairies pour les débarrasser des populages, des berces, des salicaires, des renoncules, des plantains et autres plantes que les bestiaux ne mangent point, et qui, par conséquent, nuisent à ces prairies, soit par leur grandeur, soit par leur mauvaise qualité.

Comme chaque espèce d'herbe demande une nature particulière de terre, ce ne sont pas par-tout les mêmes qui infestent les champs. Le roseau des sables ne prospère pas dans un sol argileux, et la jacobée dans un sol sablonneux.

Comme pour les botanistes le mot herbe est un des synonymes de celui de plante, je renverrai à ce dernier toutes les considérations physiologiques et botaniques qui pourroient appartenir à celui-ci. B.

HERBE AUX ANES. C'est l'ONAGRE.

HERBE AUX AULX. *Voyez* au mot ALLIAIRE.

HERBE AUX CHARPENTIERS. C'est l'ACHILLÉE MILLEFEUILLE, et le VÉLAR COMMUN.

HERBE AUX CHATS. *Voyez* CHATAIRE.

HERBE AUX CUILLERS, ou *Cochlearia*. *Voyez* CRANSON

HERBE AUX ÉCUS. C'est la MUMMULAIRE.

HERBE A L'ESQUINANCIE. *Voyez* ASPÉRULE RUBÉOLE.

HERBE A ÉTERNUER. *Voyez* Achillée sternutatoire.

HERBE AUX GUEUX. C'est la clématite.

HERBE AUX HEMORRHOIDES. *Voyez* au mot Ficaire.

HERBE A LA HOUETTE. *Voyez* Asclépiade de Syrie.

HERBE A JAUNIR. C'est la gaude.

HERBE AU PAUVRE HOMME. C'est la gratiole.

HERBE AUX PERLES. C'est le gremil.

HERBE AUX POUX. *Voyez* Dauphinelle staphisaigre.

HERBE AUX PUCES. Espèce de plantain.

HERBE A ROBERT. *Voyez* au mot Géranion.

HERBE ROUGE. *Voyez* Mélampyre des champs.

HERBE DE SAINT - ANTOINE. C'est une espèce d'é-
pilobe.

HERBE DE SAINTE-BARBE. C'est la roquette barbarée.

HERBE DE SAINT-ETIENNE. *Voyez* Circée.

HERBE DE SAINT-JEAN. Espèce d'armoise.

HERBE DU SIÈGE. *Voyez* Scrophulaire.

HERBE AUX VERRUES. *Voyez* Héliotrope.

HERBE AUX VERS. C'est la tanaisie.

HERBE AUX VIPÈRES. C'est la vipérine.

HERBIER. Les botanistes nomment ainsi la collection des plantes qu'ils dessèchent, en les aplatissant entre des feuilles de papier gris.

La formation d'un herbier est nécessaire à tous ceux qui veulent se consacrer à l'étude des plantes, soit indigènes, soit exotiques, soit des unes et des autres en même temps, parceque ces plantes croissant souvent à des distances fort considérables, fleurissant à des époques très différentes, il devient impossible de les comparer vivantes les unes avec les autres au même moment, et que leur comparaison est la principale base de la science qui les a pour objet. *Voyez* Botanique.

Tout cultivateur, pour bien remplir son objet, doit être plus ou moins instruit en botanique. Celui qui dédaigne les connoissances qu'elle donne se met nécessairement dans une situation moins avantageuse que celui qui les possède, soit pour choisir les plantes qu'il doit préférer, soit pour écarter celles qui pourroient lui nuire. Le laboureur peut se contenter d'étudier celles qui croissent dans le canton où il est fixé; mais le jardinier, encore plus le pépiniériste, doit apprendre à connoître toutes celles qu'on cultive ou qu'on peut cultiver dans les jardins, les orangeries, les serres chaudes, c'est-à-dire la presque totalité de celles qui existent, c'est-à-dire plus de trente mille.

Un herbier, outre la facilité de la comparaison et de l'étude à toutes les époques de l'année, a encore l'avantage de suppléer au manque de mémoire. En effet il suffit de l'ouvrir pour trouver le nom (ou les noms) oublié de la plante qu'on a sous les yeux, et pouvoir par conséquent recourir ensuite aux ouvrages qui en ont traité.

Je conseillerai donc à tous les cultivateurs de former un herbier, et c'est pour leur en indiquer les moyens que je vais entrer dans quelques détails sur les précautions à prendre pour y parvenir.

Comme les caractères des plantes sont toujours tirés des fleurs et du fruit, il faut nécessairement cueillir les plantes lorsqu'elles sont pourvues de ces deux parties, ou prendre deux *échantillons* de ces plantes (c'est le nom qu'on donne aux plantes ou portions de plantes destinées à être desséchées ou qui sont desséchées pour l'étude). Le plus souvent il vaut mieux prendre ce dernier parti, parceque plusieurs plantes ne développent tous les caractères tirés de leur fruit qu'au moment de leur maturité, et que la plupart changent d'aspect à cette époque. On les coupe après la chute de la rosée, lorsque toutes les fleurs sont épanouies, en choisissant les pieds ou portion de pied qui sont dans leur état le plus naturel, c'est-à-dire qui ne sont ni trop chétifs, ni trop exubérans, qui n'offrent aucune lésion, ni aucune monstruosité. Lorsque la plante est petite on l'enlève avec ses racines, lorsqu'elle est plus grande on se contente de la tige, et même d'un rameau.

Quand les plantes sont dans un jardin ou à peu de distance de la maison on peut les apprêter sur-le-champ; mais quand on est éloigné, qu'on fait ce qu'on appelle une herborisation, c'est-à-dire une promenade de plusieurs heures consécutives dans l'intention d'en recueillir beaucoup, il faut les mettre provisoirement, sans les entasser, dans des boîtes de fer-blanc d'un pied et demi de long, où elles se conservent fraîches pendant plusieurs jours, et ce parceque dès qu'elles sont fanées elles se préparent plus difficilement et jamais aussi bien.

Les échantillons apportés dans la chambre sont placés chacun entre deux feuilles de papier gris non collé (le plus grand est le meilleur), avec l'attention d'étendre leurs feuilles, et sur-tout leurs fleurs, de manière que, sans trop les éloigner de leur position naturelle, on puisse juger facilement de leur forme lorsqu'elles seront desséchées. On place trois ou quatre feuilles vides sur celles qui contiennent la plante, puis on ajoute une nouvelle plante, de nouvelles feuilles de papier vides et ainsi de suite, jusqu'à ce qu'on ait épuisé toutes les plantes ou qu'on soit arrivé à une hauteur d'environ un pied; alors on place le tout sous une presse, ou mieux, sous une planche chargée d'une cinquantaine de livres de poids. Là les plantes s'aplatissent, transmettent la surabondance de

leur humidité au papier, et se dessèchent lentement, en conservant la plus grande partie des caractères propres à les faire
reconnoître. D'abord on ôte tous les jours les feuilles de papier
vides pour en mettre de nouvelles, c'est-à-dire de sèches ; ensuite, selon les progrès de la dessiccation, tous les deux jours,
tous les trois jours, toutes les semaines, etc.

A chaque plante doit être jointe une étiquette en papier
blanc, contenant son nom, l'indication du lieu où elle a été
trouvée, et toutes les observations qu'on juge convenables.

Il ne faut jamais mettre de plantes fraîches sur une pile
de plantes en parties desséchées, parcequ'elles retardent la
dessiccation complète de ces dernières. On en fait des piles
séparées.

Certaines plantes se dessèchent très rapidement, d'autres
très lentement. Il en est, comme celles appelées grasses, dont
il est nécessaire d'enlever la pulpe, ou qu'on ne peut dessécher que par le moyen du feu

Les plantes desséchées et nommées se rangent ensuite dans
un ordre méthodique et se conservent en paquets dans un lieu
sec. C'est l'herbier. Chaque année on y intercale les espèces
nouvelles qu'on s'est procurées.

Deux espèces d'insectes attaquent et détruisent, sous l'état de
larves, les plantes des herbiers ; ce sont l'*anthrène des cabinets*, et le *ptine voleur*. On ne peut arrêter leurs ravages
qu'en visitant deux ou trois fois l'an les plantes une à une, et
en les tuant un à un. (B.)

HERBOUTEI. C'est celui qui arrache les mauvaises herbes
dans le département des deux Sèvres.

HERMAPHRODITE. C'est-à-dire qui réunit les deux sexes.

La majeure partie des plantes est hermaphrodite. Quelques
animaux de la classe des vers le sont également.

Il n'y a pas encore d'exemples, quoiqu'on en ait cité des
milliers, d'un hermaphroditisme complet dans les autres classes
du règne animal.

Le cultivateur n'a besoin de connoître que l'hermaphroditisme des plantes, et il en sera question aux mots FLEURS et
PLANTES. (B.)

HERMES. Ancien nom des terres vagues ou non cultivées de
mémoire d'homme. Ce mot, que je sache, n'est plus employé.

HERNIE. MÉDECINE VÉTÉRINAIRE. Si les muscles du bas-ventre n'offrent pas, dans toute leur étendue, une résistance assez
forte pour s'opposer aux efforts violens et continuels des intestins du cheval et du bœuf; si l'effort des parties contenues
l'emporte sur la résistance des parties contenantes, il existera
extérieurement une éminence dont les parties contenues ren-

treront dans la capacité de l'abdomen, et à laquelle nous donnons le nom de *hernie* ou de *descente*.

Nous rangeons parmi les principes ordinaires des *hernies* les coups, les blessures qui intéressent les tégumens et les muscles du bas-ventre, un effort violent que le bœuf ou le cheval aura fait pour tirer ou porter un fardeau considérable, etc.

Les hernies ont différens noms, relativement aux lieux qu'elles occupent, ainsi qu'on l'a vu ci-dessus. On sait que le péritoine tapisse toute la face interne des muscles du bas-ventre, et que cette membrane donne des prolongemens composés de ces deux tuniques, ou seulement du tissu cellulaire : c'est dans ces derniers prolongemens que le péritoine plus foible se prête et se prolonge pour laisser passer les parties contenues hors de l'abdomen, et pour former à l'extérieur, sur l'anneau du muscle grand oblique, ou dans les bourses, ou au-dessous de l'arcade crurale, une tumeur plus ou moins considérable, que la mollesse, la chaleur et la situation font distinguer essentiellement de la tuméfaction des glandes inguinales.

Dans la hernie crurale, et dans la hernie spermatique, on ne sent ni chaleur, ni pulsation, ni dureté ; au contraire, la tumeur est unie, flatueuse et élastique : l'épiploon se trouve-t-il engagé avec la portion de l'intestin déplacé, ce qu'on nomme *intéro - épiplocèle*, la tumeur est molle : l'épiploon est-il seul renfermé dans le sac herniaire, ce qu'on appelle *épiplocèle*, la tumeur est également molle, mais sans flatuosité, ni élasticité.

La violente contraction des muscles du bas-ventre et du diaphragme est la cause la plus fréquente de la hernie crurale. Elle est caractérisée par la sortie d'une partie des intestins hors du bassin, par-dessus le ligament de *poupart*, c'est-à-dire par-dessus un ligament formé des fibres tendineuses des muscles du bas-ventre, qui s'étendent depuis les os iléon jusqu'aux os pubis.

Aussitôt que la hernie commence à paroître, faites vos efforts pour faire rentrer dans la capacité de l'abdomen les parties déplacées : pour cela renversez le cheval sur le dos, repoussez doucement avec les doigts l'intestin, pour le déterminer à rentrer dans le sac herniaire. Si vous ne pouvez point réussir de cette manière, ouvrez les tégumens avec le bistouri, afin de faciliter la rentrée de l'intestin, et faites tout de suite un point de suture avec l'gament. M. Lafosse assure avoir vu plusieurs exemples de cette hernie, et avoir pratiqué le moyen que j'indique ; mais il avoue qu'il ne lui a pas toujours réussi. On doit bien comprendre qu'il n'est utile de pratiquer cette opération que dans le cheval ; le bœuf et le mouton doivent être sur-le-champ conduits à la boucherie.

La hernie ventrale, qui affecte assez fréquemment le bœuf et le cheval, provient, pour l'ordinaire, d'un coup donné au ventre par une bête à corne, ou par le bout du bâton du bouvier ; elle se manifeste sur la face extérieure de l'abdomen, par une tumeur élastique, flatueuse, circonscrite, indolente, sans chaleur, et sans pulsation.

Lorsque la hernie n'est accompagnée ni d'inflammation, ni d'étranglement, et qu'elle peut aisément se réduire, soutenez seulement l'intestin par le moyen d'un bandage assez fort, dont vous environnerez le ventre et le dos. M. Vitet a vu l'application de la pelotte, continuée pendant quelques mois, faire disparoître une hernie ventrale commençante.

Mais si l'inflammation gagne l'intestin déplacé, après avoir éprouvé l'insuffisance de tous les remèdes analogues, pratiquez l'opération ci-dessus décrite, pour le cheval seulement, quelque incertain qu'en soit le succès, étant fondé sur ce principe, qu'il vaut mieux tenter un remède douteux que de laisser périr l'animal.

Une tumeur à l'ombilic est ce que nous nommons EXOMPHALE ; il est rare que les chevaux qui en sont atteints puissent être de quelque service.

Les autres espèces de hernies sont rares dans les animaux. (R.)

HERPE. Sorte de crible à trémie et en plan incliné, dont on se sert dans le département des Deux-Sèvres.

HERSE. Espèce de châssis triangulaire ou carré, armé de dents de bois ou de fer assez longues, qu'on dispose horizontalement sur la surface d'un sol, et qu'on fait traîner par des chevaux ou par des bœufs, pour émietter un terrain nouvellement labouré, ou pour enterrer le grain qu'on y a semé. Cet instrument doit être considéré comme un grand râteau qui remplace avec avantage dans les grandes cultures le râteau ordinaire dont on fait usage dans les jardins.

La herse triangulaire est composée de deux bras assemblés à mi-bois vers l'une de leurs extrémités, sous un angle de soixante degrés, et écartés par trois traverses. La première traverse a deux chevilles ou dents ; la seconde, quatre ; la troisième, sept ; et chaque bras en a six, ce qui fait en tout vingt-cinq. C'est la moins compliquée des herses ; et c'est aussi la meilleure. Dans quelques endroits on fixe la corde qui la tire à l'extrémité de l'un des bras ; mais alors si la corde est courte, la tête s'élève, et souvent le premier rang des chevilles touche à peine le sol ; cependant il est essentiel que la herse se promène très horizontalement. Il vaut beaucoup mieux fixer la corde à l'angle inférieur formé par le croisement des bras, et même y placer un anneau de fer. On objectera peut-être que cet anneau et sa boucle seront bientôt usés par leur frottement contre la terre lorsqu'on ira ou qu'on reviendra du hersage, parcequ'alors on est obligé de retourner l'instrument les chevilles en l'air, afin de ne point fatiguer inutilement les animaux de tirage. Pour éviter cet inconvénient, on peut en ce moment attacher la corde sur le milieu de la première traverse, et tenir la corde courte. Par cette disposition, la tête de la herse sera nécessairement relevée de quelques pouces, et ne portera ni sur la boucle ni sur l'anneau. D'ailleurs, touchant le sol par moins de points de contact, il y aura moins de frottement, et les bêtes auront moins de peine à la traîner. Enfin, la partie de l'anneau qui pénètre dans le bois peut être retenue de l'autre côté, ou par un écrou, ou par une broche de fer qui traverse la cheville, et alors toutes les fois qu'on ira aux champs ou qu'on en reviendra, il suffira de retourner sens dessus dessous l'anneau et sa boucle, et de les fixer avec l'écrou ou la goupille. Quelquefois on attache à l'extrémité postérieure d'un des bras de la herse triangulaire une autre herse de la même forme, puis une troisième à l'extrémité de celle-ci. Par ce moyen on herse à la fois une plus grande surface de terrain, ce qui diminue d'autant l'opération, mais aussi fatigue davantage les animaux.

La herse carrée ordinaire est formée de cinq bras à peu près parallèles entre eux, de deux traverses formant avec ses bras des angles droits, et d'une tête parallèle aux traverses. Lorsque cette herse doit être traînée par des chevaux on place une corde et un palonnier à l'extrémité du bras extérieur qui regarde la droite du conducteur. Si ce sont des bœufs qui doivent la tirer, on supprime le palonnier et on prolonge la corde qu'on fixe à leur joug. Cette herse a vingt-cinq dents, cinq sur chaque bras.

Souvent les herses ne sont pas assez lourdes pour écraser les mottes de terre; alors on charge la herse de quelques pierres, ou si le conducteur est assez adroit pour conserver son équilibre au milieu des soubresauts qu'éprouve l'instrument dans sa marche, il monte lui-même dessus et conduit ainsi ses chevaux.

En général toute herse doit avoir une longueur et une largeur telles, qu'elle puisse couvrir au moins une surface de vingt-cinq à trente pieds carrés. Les dents doivent être légèrement courbées, et espacées de cinq pouces, sur autant de longueur en saillie; leur partie antérieure doit être tranchante, et pointue à sa base, et la partie postérieure ronde ou carrée. Les herses dont les dents sont en fer présentent plus de solidité et durent plus long-temps que celles qui ont des dents ou chevilles de bois.

Pour construire solidement une herse on doit choisir du bois très sec, sans aubier, s'il est possible, et qui ait été coupé au moins depuis deux ans. Avant d'employer ce bois on doit le tenir dans un lieu naturellement sec, et qui soit exposé à un grand courant d'air. Quelque forme qu'on donne à la herse, l'assemblage des pièces doit être fait avec la plus grande précision ; autrement elles ballotteront et seront bientôt divisées, séparées et brisées. Si le bois n'est pas bien sec on aura beau faire entrer des chevilles de bois ou de fer dans les trous qui les attendent, chaque pièce prendra de la retraite, les trous s'élargiront, et les chevilles tomberont l'une après l'autre avant la fin de la journée, si la chaleur a été forte. Quand ces chevilles sont en bois, celui qui sert à les faire doit aussi avoir acquis un grand degré de sécheresse. Pour assurer la solidité générale de l'instrument, il est bon d'armer les angles des assemblages avec des bandes de fer, qui s'opposeront à la retraite du bois et à la désunion des parties.

Quelquefois les cultivateurs peu aisés qui ne peuvent pas avoir de herses, ou ceux dont les herses sont momentanément brisées, y suppléent par un assemblage de fagots d'épines attachés à une pièce de bois, et chargés d'une quantité suffisante de pierres pour leur donner une pesanteur convenable. Cette espèce de herse est la plus simple de toutes et la première vraisemblablement qui ait été employée dans l'enfance de l'agriculture ; elle est grossière, mais elle suffit à un terrain bien ameubli et qui a été labouré dans un temps convenable, parcequ'il s'y trouve très peu de mottes ; aucune herse même n'unit aussi parfaitement la superficie de la terre que celle-ci ; mais comme le frottement brise bientôt les rameaux épineux, et qu'il faut sans cesse les renouveler, on a trouvé qu'il étoit moins embarrassant et peut-être aussi plus économique de former des herses solides dont on peut faire usage pendant plusieurs années.

Comme tout ce qui presse sur la terre en brise les mottes, on a imaginé, pour remplacer la véritable herse, soit des rouleaux tout unis, soit des herses roulantes armées de chevilles ou dents. Ces instrumens aplanissent le sol, mais enterrent assez mal le grain, et ne font point l'office du râteau. *Voyez* l'article ROULEAU.

Dans les pays où les charrues à avant-train et à roues sont en usage, il me semble qu'on pourroit, avec succès, faire usage de roues pour les herses, qui, par ce moyen, glisseroient plus facilement sur le terrain et donneroient moins de peine aux animaux. (D.)

HETRE, *Fagus*. Arbre de première grandeur dont on trouve de vastes forêts dans presque toutes les parties de l'Europe, et qu'on ne peut trop multiplier pour l'avantage général de la société. Il présente un tronc droit recouvert d'une écorce épaisse, lisse et grisâtre; une ample tête formée par des rameaux un peu pendans; des feuilles coriaces, alternes, pétiolées, ovales, dentées, luisantes, striées obliquement, d'un vert gai, velues sur leurs nervures dans leur jeunesse, et d'environ deux pouces de long; des fleurs mâles et des fleurs femelles sur le même pied; des fruits hérissés de pointes molles, et renfermant d'une à trois semences triangulaires, à enveloppe coriace et brune, et à amande huileuse et bonne à manger. Cet arbre forme dans la monœcie polyandrie, et dans la famille des amentacées, un genre qui se rapproche tant de celui des CHATAIGNIERS (*voyez* ce mot), que Linnæus et la plupart des autres botanistes l'y ont réuni.

C'est au milieu du printemps, c'est-à-dire au moment où ses feuilles se développent, que fleurit le hêtre. Ses fruits mûrissent et tombent au milieu de l'automne. Il en est quelquefois si chargé que ses branches rompent sous leur poids; mais en général, après une récolte abondante, il est ordinairement deux ou trois ans sans rien ou presque rien produire, soit parcequ'il est épuisé, soit parceque les circonstances atmosphériques qui favorisent sa fécondation se rencontrent rarement.

Le bois du hêtre est cassant et très susceptible d'être dévoré par les insectes; aussi, quoiqu'il puisse fournir des poutres de près de cent pieds de long, l'emploie-t-on rarement à la charpente. Il se retrait beaucoup par la dessiccation, d'un quart et plus, selon Varennes de Feuilles. La conséquence en est qu'il se fend et se tourmente beaucoup; il faut donc ne l'employer que très sec. Il pèse vert 63 livres 4 onces par pied cube, et sec 54 livres 8 onces 3 gros. Sa couleur, lorsqu'il provient d'arbres crus en plaine, tire un peu sur le rouge; mais celui venu sur les montagnes, qui paroissent être le local le plus naturel à cet arbre, est blanchâtre. Ses fibres transverses sont très prononcées et sont indiquées dans les pièces travaillées, tantôt par de petites plaques parallélogrammiques plus denses et plus luisantes, tantôt par des lignes ayant les mêmes caractères.

Un moyen très employé en Angleterre et dans quelques cantons de l'Allemagne, pour empêcher le bois du hêtre de se fendre et d'être vermoulu, c'est de le mettre tremper pendant plusieurs mois dans l'eau, parceque la plus grande partie de la matière muqueuse extractive qu'il contient, et qui par sa tenacité occasionne les fentes, par sa saveur sucrée, attire les insectes, se dissout. L'écorcement sur pied produit aussi les mêmes avantages. *Voyez* au mot AUBIER.

Pourquoi donc n'emploie-t-on pas ces moyens en France dans les cantons à hêtres? C'est tantôt l'effet de l'ignorance, tantôt l'effet de la paresse. O mes concitoyens! pour votre avantage particulier, comme pour la gloire nationale, redoublez donc d'efforts pour faire mieux ce que vous faites; profitez des lumières acquises par l'expérience de nos voisins, et surpassez-les enfin : vous avez tant de moyens de supériorité !

Les usages du hêtre, malgré les désavantages que je viens d'énumérer, sont plus étendus que ceux de toutes les autres espèces de bois. On en consomme immensément pour le feu, quoiqu'il se consume rapidement, parcequ'il brûle bien et chauffe beaucoup. Dans ce cas on préfère le vert au sec. Il fournit beaucoup de cendres abondantes en potasse. Son charbon est excellent pour les forges et autres usages. Les grosses pièces s'emploient dans les constructions navales, les charpentes champêtres, dans les travaux sous l'eau, parcequ'il s'y conserve fort bien. Elles se débitent en madriers, en planches plus ou moins épaisses, avec lesquelles les menuisiers, les ébénistes fabriquent des tables communes, des parquets, des lambris, des armoires et autres meubles. Les tourneurs le recherchent pour en faire des vis, des rouleaux, des pilons, des vases de beaucoup d'espèces, des presses, des soufflets, etc. Divers autres ouvriers en font des sabots, des bâts, des jougs, des ételles pour les colliers des chevaux, des jantes de roues, des socs de charrue, des affûts de canon, des rames, etc., etc. Les layetiers et les boisseliers le réduisent en planches plus ou moins minces pour faire des seaux, des tambours, des tamis, des cribles, des hottes, des fourreaux de sabre, des étuis de diverses sortes, etc. La fabrication seule des sabots est, pour quelques parties de la France, un article de grande importance. Ces sabots sont un peu cassans, mais n'absorbent point l'eau, et il n'y a que ceux faits en noyer qui leur sont préférables. La consommation qu'on en fait dans les pays de montagnes est immense. On les travaille avec du bois coupé depuis peu de mois, c'est-à-dire presque vert, et on les fait sécher rapidement à la fumée des copeaux qui en proviennent. Je puis en parler avec connoissance de cause, car j'ai souvent, dans ma jeunesse, mis la main à ce genre d'ouvrage. Il s'en fend fort peu dans cette opération, soit par l'effet de la dilatation produite par la chaleur, soit par l'action de l'acide pyroligneux que fournissent abondamment les copeaux, car le hêtre est de tous les bois indigènes celui qui contient le plus de cet acide. Les sabots ainsi desséchés prennent une teinte brunâtre, et ne sont plus dans le cas d'être attaqués par les insectes. Ceci me rappelle que j'ai oublié de dire que, pour employer les poutres ou les solives de hêtres dans les constructions, on avoit proposé d'en charbonner la surface, ce qui est en effet un excellent moyen, mais pas toujours facile à mettre en exécution.

À Saint-Étienne on emploie le hêtre pour faire les manches de ces couteaux à 2 sous la pièce, qu'on appelle *Eustache Dubois*, du nom de leur inventeur; mais on lui donne une préparation qui le durcit considérablement, c'est-à-dire qu'on comprime chacun de ces manches dans un moule d'acier presque rouge, qui soude les fibres du bois par une espèce de demi-fusion. *Voyez* au mot Bois.

Toute espèce de terrain, pourvu qu'il ne soit pas aquatique ou trop argileux, et toute espèce d'exposition, conviennent aux hêtres; cependant ils préfèrent les sols calcaires et les coteaux exposés au midi. Ils croissent rapidement dans les bons fonds, et plus lentement dans ceux qui sont secs et graveleux. Leur bois est meilleur dans ces derniers. J'en ai vu de superbes dans des lieux où il n'y avoit pas six pouces de terre, leurs racines s'introduisant dans les fissures des pierres et allant chercher leur nourriture au loin. On dit qu'ils vivent rarement plus de cent ans; cependant il en est d'une telle grosseur qu'on ne peut se refuser à les croire plus vieux. Encore plus que les autres arbres, peut-être, ils sont soumis à la loi des assolemens. Une futaie sous laquelle j'ai passé d'heureux instans dans mon enfance ayant été coupée, son local ne m'a présenté, lorsque je l'ai visité il y a quelques années, qu'un taillis de chênes. On a longuement discuté s'il étoit plus avantageux d'en faire des futaies ou des taillis; j'ai lu les raisons du pour et du contre, et il m'a paru qu'elles étoient basées sur des raisonnemens vagues ou sur des faits peu précisés. Il n'y a pas de doute pour moi que les principes émis par Varennes de Fenilles, dans son excellent ouvrage sur l'administration forestière, lui sont applicables, c'est-à-dire qu'un propriétaire peut laisser croître, avec espérance de bénéfice, une futaie de hêtres en bon fond, mais qu'il doit exploiter en taillis tous les bois de cette essence qui sont sur un mauvais sol.

J'ai habité long-temps un pays à hêtres, et j'y ai toujours entendu dire que ces arbres devoient être conservés en futaie, parcequ'on n'emploie les jeunes brins, c'est-à-dire ceux qui ont moins de six pouces de diamètre, que pour brûler ou faire du charbon; mais d'après la rareté du bois et le taux actuel de l'imposition que supportent les forêts, il est probable que les propriétaires pensent aujourd'hui différemment.

Il est très rare qu'on fasse des plantations de hêtres en grand. On le voit moins souvent dans les jardins paysagers que la beauté de son port devroit le faire supposer. Cela tient à diverses causes, dont la principale est l'incertitude de sa réussite.

D'un côté, la graine du hêtre demande à être semée aussitôt qu'elle est tombée de l'arbre, parcequ'elle se dessèche et rancit avec la plus grande facilité ; de l'autre, elle est recherchée par un si grand nombre d'animaux, que, lorsqu'on la met sur-le-champ en terre, la plus grande partie est mangée pendant l'hiver. Il faut donc la conserver en jauge jusqu'au printemps ; mais combien de propriétaires des pays de montagnes connoissent cette excellente méthode si usitée dans nos pépinières ! Le plant levé craint beaucoup l'action du soleil, et manque, s'il n'est ombragé, sur-tout pendant l'été. Combien de personnes savent que pour le sauver il faut le semer avec des plantes annuelles propres à lui donner de la fraîcheur ! Combien encore moins veulent faire la dépense nécessaire ! Ensuite viennent les bestiaux, si avides de ses jeunes feuilles, et qui, d'un coup de dent, retardent de plusieurs années la croissance d'un pied. Je parle des semis en place, c'est-à-dire des meilleurs pour faire une futaie ; car lorsqu'on sème le hêtre dans une pépinière, on peut toujours lui trouver une exposition favorable et veiller sur lui, etc. Semons donc en pépinière, diront quelques amateurs de plantations. Oui ; mais le plant qui en proviendra sera si difficile à la reprise, qu'à moins de soins qu'on ne peut donner à une forêt on en perdra la moitié. Cependant, comme il n'y a que ce moyen de réussir, il faut le tenter, et c'est pour cela que je vais indiquer la marche à suivre dans la conduite d'une pépinière de hêtres.

La graine, comme je l'ai déjà dit, se met en jauge dans une caisse ou un tonneau défoncé qu'on laisse en plein air ou qu'on renferme sous un hangar hors de la portée des animaux rongeurs. Dans ce dernier cas on entretient la terre légèrement humide en l'arrosant une fois par mois. Au printemps, lorsque les gelées ne sont plus à craindre, car le jeune plant y est fort sensible, on choisit dans la pépinière une place abritée du soleil du midi, soit par un mur, soit par de grands arbres ; on la laboure avec soin ; on y sème la graine, soit en rayons, soit à la volée, et on la recouvre d'un pouce de terre au plus. Il seroit bon, si on le pouvoit facilement, de mettre sur la terre une couche de mousse ou de paille, afin de conserver de l'humidité à sa surface. Le plant lève au bout d'un mois et présente d'abord de larges feuilles séminales, qui bientôt sont suivies d'une petite tige qui porte des feuilles ordinaires. On arrose ce plant, si cela devient nécessaire, dans les grandes chaleurs de l'été, et on le sarcle au besoin. Il est bon, sur-tout lorsqu'on le destine à former une forêt, de le laisser en place pendant deux ans, parcequ'il se fortifie d'autant et qu'on économise des frais. Ce n'est donc que lorsqu'il aura plus d'un pied de hauteur qu'il faudra le transplanter dans une autre partie de la pépinière à quinze ou vingt pouces de distance, ayant attention de lui conserver toutes ses racines et toutes ses branches. Cette opération peut se faire pendant tout l'hiver et le commencement du printemps. Au bout de deux autres années ce plant aura cinq à six pieds de haut et sera bon à être mis en place, soit isolé, soit en avenue, soit en massif dans les jardins, soit enfin pour former des palissades et des haies, articles auxquels il est très propre. Plus tard sa reprise seroit encore plus incertaine et ne devroit même se tenter qu'avec la motte. Quelques personnes pensent qu'il faut couper les branches inférieures des hêtres qu'on destine à devenir de grands arbres, parcequ'ils ne s'en dépouillent jamais naturellement, cela peut être vrai dans certains cas; cependant on ne doit faire cette opération qu'avec lenteur et prudence, car elle nuiroit beaucoup à l'arbre si elle étoit exécutée inconsidérément. D'autres veulent même qu'on leur coupe la tête et qu'on taille toutes les branches en crochets. Ici je dis non, à moins que l'arbre ne soit trop fort et que ses racines n'aient été trop écourtées dans l'opération de l'arrachage, parceque l'expérience prouve que les feuilles sont encore plus nécessaires aux arbres d'une nature sèche, comme le hêtre, qu'à ceux dont le bois et l'écorce sont plus mous. Il faut sur-tout ne pas couper les branches absolument rez du tronc, mais à une ou deux lignes, pour éviter les chancres qui en résulteroient. En général, à toutes les époques de sa vie, le hêtre destiné à devenir grand arbre ne doit point être fatigué par la serpette, et il faut éviter le plus possible de la lui faire sentir. Il n'en est pas de même des palissades et des haies, car elles souffrent fort bien le croissant. Ce sont elles seules qui peuvent fournir leurs dépouilles annuelles ou bisannuelles aux bestiaux. Les dernières, quoique non épineuses, sont d'une bonne défense, parceque leurs branches, arrêtées dans leur croissance directe, se contournent et s'entrelacent à un point dont on ne se fait pas d'idée. Au reste, ces haies sont rares, et par la même raison que le sont les plantations de bois. J'en ai cependant vu plusieurs.

Le hêtre est l'arbre qui brave le mieux les efforts des vents. Il est supérieur même au chêne à cet égard. C'est donc lui qu'on doit préférer pour faire des abris à une contrée qui en manque; c'est ce que savent fort bien les habitans des plaines de la ci-devant Normandie qui le choisissent pour garantir leurs villages des ouragans. Il produit, sur-tout lorsqu'il est isolé au milieu d'un gazon, par sa belle tige, sa vaste cime, la fraîcheur de sa verdure, l'ombre impénétrable qu'il fournit, etc., etc., de forts agréables effets dans les jardins paysagers. Dans les pays qui lui sont particulièrement affectés, c'est-à-dire les hautes montagnes, il y a souvent de ces arbres isolés remarquables par leur grandeur, sous lesquels la jeunesse des villages aime à se réunir pour jouer ou danser. Qui ne se rappelle de la première églogue de Virgile ? Mes paupières s'humectent en pensant à un de ces arbres plantés immédiatement à la source de la Vingeanne, arbre au pied duquel je me suis souvent livré à la rêverie, sur l'écorce duquel j'ai gravé tant de noms qui me sont chers.

On cultive dans quelques pépinières deux monstruosités du hêtre. Dans l'une les feuilles sont sessiles et réunies en paquets très denses sur les rameaux. On l'appelle le *hêtre crête de coq*. Ces feuilles sont quelquefois linéaires, d'autres fois fort larges. Dans l'autre la tige se contourne en divers sens et définitivement se réfléchit vers la terre. Ces monstruosités n'ont rien d'agréable. On les multiplie par la greffe en approche ou en écusson.

Il n'en est pas de même d'une variété, que je crois être une espèce, je veux parler du hêtre pourpre, si remarquable par la couleur rouge brune de son écorce et de son feuillage. Rien de plus brillant que l'effet qu'il produit dans un jardin lorsqu'il est entouré d'arbres à feuillage qui contraste fortement avec lui. Au premier printemps il est d'un rouge clair, et lorsque le vent l'agite il semble tout de feu. Cet effet est réellement magique, et il faut l'avoir vu pour s'en faire une idée. Il commence à se multiplier dans les jardins des environs de Paris ; mais cette multiplication est lente, parcequ'elle ne s'opère que par marcottes qui sont deux ans à s'enraciner, par la greffe par approche, assez difficile à pratiquer, et par celle à écusson à œil dormant qui réussit rarement. Michaux fils m'a dit qu'il y en avoit dans la Belgique des pieds qui portoient graines, et que ces graines le reproduisoient. Il a fourni une variété dont les feuilles sont moins brunes, c'est-à-dire d'un vert cuivreux, et qui est bien moins remarquable. Elle brille d'un grand éclat au soleil, mais se distingue à peine du commun à l'ombre. On la multiplie comme la précédente.

Il y a en Amérique un hêtre que tous les botanistes, excepté Aiton, ont regardé comme une variété du commun. Je l'ai observé en Caroline. Les feuilles plus largement dentées, plus mucronées, ses fruits plus petits et plus ronds, même la saveur de ses amandes, me déterminent à la regarder comme une espèce ; elle est au hêtre d'Europe ce que le châtaignier des montagnes de l'Amérique est au nôtre.

Le fruit du hêtre, qu'on appelle vulgairement *faine*, est, comme je l'ai déjà dit, agréable au goût. Les enfans les aiment ; les cerfs, les vaches et sur-tout les cochons les recherchent avec une espèce de fureur. Ils engraissent très promptement les dindons ; mais c'est sous le rapport de l'huile qu'on en peut retirer, huile aussi bonne à manger qu'à brûler et à employer dans les arts, qu'il est principalement avantageux de le considérer. Le gouvernement a fait publier sur la manière de l'extraire et de la conserver une instruction dont je ne puis mieux faire que de donner ici un extrait.

Quand on considère la quantité de faîne que fournissent certaines années les forêts de hêtres, quantité qui seule suffiroit pour la consommation de la France en huile, on a lieu de se plaindre du peu d'activité qu'on met à en profiter. Il n'y a que quelques endroits où on connoisse toute l'importance qu'elle mérite. Peut-être les règlemens en sont-ils la cause. En effet, dans certains cantons, il étoit permis à tout le monde de ramasser la faîne, dans d'autres cela étoit défendu ou limité, selon les années plus ou moins abondantes ; et la gêne amène toujours le découragement. J'ignore quelle est la jurisprudence actuelle de l'administration forestière, mais je voudrois la convaincre qu'il n'est jamais nuisible à la reproduction des forêts de ramasser les glands ou la faîne, et qu'il est toujours avantageux à la société de ne pas s'y opposer. Ce n'est pas ici le lieu de développer les motifs de mon opinion, et en conséquence je reviens à mon objet. *Voyez* CHÊNE.

La faîne tombe avec sa coque lorsqu'elle est arrivée à son point de maturité. On accélère cette chute en secouant les branches de l'arbre, mais jamais il ne faut la forcer en gaulant avec une perche, parcequ'outre que cela nuit à l'arbre, les faînes tombent souvent avant leur maturité et sont moins bonnes. On les ramasse une à une, ou en balayant le dessous des arbres et en mettant le résultat de ce balayage dans des cribles ou des claies qui d'abord ne laissent passer que les faînes et les corps plus petits qu'elles, et ensuite seulement ces derniers, puis on les vanne comme le blé pour se débarrasser de celles qui n'ont point d'amandes. Le nombre de ces dernières est souvent fort considérable, car les fleurs femelles sont sujettes à avorter. Il est même des cantons, et je puis citer les environs de Paris, où chaque année presque toutes les faînes sont vides. Cela tient sans doute à des circonstances atmosphériques déterminées par le local ou la nature du terrain ; car plus au nord et plus au midi, où j'ai vu et où j'ai aidé à ramasser des faînes, cela arrive bien plus rarement.

Dans quelques endroits on les nettoie en les séparant une à une sur une table. Ce moyen est sur, mais lent et coûteux, sur-tout quand on en a de grandes quantités.

Les faînes, ainsi nettoyées, doivent être déposées et éparpillées dans des greniers ou des hangars bien aérés pour que leur dessiccation puisse se faire très promptement; car l'humidité, les faisant moisir ou germer, leur est très nuisible. Ce n'est que lorsqu'elles sont bien ressuyées qu'on peut les mettre en tas sans inconvénient, et encore ces tas doivent-ils être remués de temps en temps. L'époque la plus favorable pour en extraire l'huile est depuis le commencement de décembre jusqu'à la fin de mars. Plus tôt elle fourniroit moins d'huile et une huile plus chargée de mucilage; plus tard cette huile seroit moins bonne et moins susceptible de se garder, parcequ'elle auroit déjà des principes de rancidité.

En général on extrait l'huile de la faîne sans enlever son écorce, mais cette méthode a l'inconvénient d'en faire perdre environ un septième, qui est absorbé par cette écorce, de donner à celle qui coule une saveur moins douce, et d'en rendre l'épurement plus difficile. Ainsi, on fait sagement de monder cette écorce, soit en prenant les faînes une à une avec la main, soit en les faisant légèrement rôtir au four ou sur des plaques de fer chaudes, et en les frotant entre les mains, soit enfin en les faisant passer entre des meules de moulin convenablement espacées. Cette dernière méthode mérite d'être préférée sous tous les rapports. Les amandes écorcées doivent être employées sur-le-champ, parcequ'elles s'altèrent promptement; mais il est bon, au préalable, de les vanner de nouveau pour en extraire les restes de l'écorce qui auroient pu y rester, et sur-tout une pellicule qui leur est adhérente et qui est très âcre. Les écorces ne sont plus bonnes qu'à brûler, lorsqu'on le fait convenablement on en retire beaucoup de potasse.

Pour obtenir l'huile, il faut réduire l'amande en pâte, soit en la pilant dans des mortiers, soit en l'écrasant sous des meules verticales qui tournent autour d'un axe, soit en la moulant dans des moulins à peu près semblables à ceux à farine. Dans tous ces cas il faut que les instrumens soient exactement nettoyés, car la plus petite portion d'huile rance qui s'y trouveroit suffiroit pour gâter toute une provision. L'eau chaude ne suffit pas toujours pour les laver; on doit employer une lessive caustique et y revenir à diverses reprises. Cette opération faite il s'agit de mettre la pâte en presse, seul moyen pour en extraire l'huile. Une température douce et de l'eau sont nécessaires pour en obtenir une plus grande quantité. Trop de chaleur et trop d'eau l'altèrent. On met la pâte mélangée d'eau chaude dans des sacs de grosse toile ou de crin. Ces derniers sont préférables parcequ'ils ne boivent point d'huile. Il faut ménager l'action de la presse pour donner le temps à l'huile de s'égoutter. Après une première pression, on pulvérise de nouveau le résidu qu'on appelle *tourte* ou *tourteau*, on y ajoute de nouvelle eau chaude, mais en moins grande quantité, et on presse encore. On doit retirer en huile environ un dixième du poids des amandes.

Comme je l'ai déjà dit, l'huile de faîne bien faite est, après l'huile d'olive, la meilleure qu'on connoisse en Europe. J'en parle avec connoissance de cause, en ayant fait usage pendant plusieurs années. Elle a même sur cette dernière un grand avantage, c'est de pouvoir se garder dix ans et plus lorsqu'on la tient dans un lieu frais. Elle acquiert de la qualité en vieillissant, au moins pendant les cinq ou six premières années ; mais pour la faire jouir de ces avantages, il faut la débarrasser de la matière extractive mucilagineuse qu'elle contient en abondance, c'est-à-dire l'ôter de dessus son dépôt deux fois dans les trois premiers mois, une troisième fois cinq à six mois après, et ensuite une fois tous les ans. De plus, il faut la tenir dans des caves bien fraîches, soit dans des vases de bois, soit dans des vases de terre de grès. Il faut repousser les vases de terre vernissés, parceque l'huile en dissout la couverte et devient dangereuse. *Voyez* Plomb. Cette huile, je le répète, peut suppléer presque toutes les autres, soit dans l'économie domestique, soit dans les arts.

Les tourteaux se donnent aux cochons, aux vaches, aux volailles, qu'ils engraissent rapidement. Ceux dans lesquels on a laissé l'écorce contiennent quatre dixièmes de matière indigestible, ce qui fait qu'on ne peut en donner autant à la fois à ces animaux.

Faisons donc des vœux pour que, loin de détruire, comme on ne le fait que trop en ce moment, les forêts de hêtres, on se détermine, malgré les difficultés que cela présente, à en planter de nouvelles dans les sols et les expositions convenables. (B.)

HÉVÉ ou CAOUTCHOUC, *Hevea Guianensis*, Aubl., arbre étranger de la famille des euphorbes, qui croît dans diverses contrées de l'Amérique méridionale, et qui produit un suc résineux, dont la propriété est de devenir élastique en se desséchant. Ce suc durci est la *gomme élastique* du commerce employée à divers usages.

Le caoutchouc est un arbre très droit, qui s'élève jusqu'à cinquante ou soixante pieds. Son tronc a deux pieds ou deux pieds et demi de diamètre par le bas ; il est écailleux comme une pomme de pin, ne porte point de branches dans sa longueur, mais en pousse plusieurs à son sommet qui s'étendent en tout sens. Ce sont principalement les extrémités des rameaux qui se garnissent de feuilles, lesquelles sont éparses, assez rapprochées et composées de trois folioles coriaces, ayant une forme ovale arrondie. Les fleurs naissent à côté des feuilles ; elles sont unisexuelles, monoïques et disposées en panicules, portant chacune un grand nombre de fleurs mâles et une seule fleur femelle. Ces fleurs manquent de corolle, et ont un calice à cinq dents ; dans les mâles on voit cinq étamines dont les filets réunis portent des anthères ovales ; dans les femelles il n'y a point de style, mais seulement un ovaire supérieur, globuleux et conique, surmonté de trois stigmates à deux lobes. Le fruit est une capsule composée de trois coques ligneuses renfermant chacune une ou deux semences blanches et bonnes à manger.

On trouve l'hévé ou caoutchouc dans les forêts de la Guiane et du Brésil, dans celles de la province des Émeraudes au nord de Quito, et dans les plaines qui bordent la rivière des Amazones. Les naturels des pays des Émeraudes l'appellent *hhévé*, que les Espagnols écrivent *iévé*, d'où lui vient le nom qui lui est donné en tête de cet article. Les résines sont toutes inflexibles et inextensibles, ou du moins n'ont d'autre ressort que celui qu'ont presque tous les corps durs. Mais la résine produite par le caoutchouc, quand elle est sèche et préparée, a beaucoup d'élasticité et toute l'extensibilité du cuir. Dans sa fraîcheur, c'est-à-dire lorsqu'on la fait découler de l'arbre par incision, c'est une liqueur blanche comme du lait, qui se durcit peu à peu à l'air. Dans ce premier état de dessiccation, on en fait à Quito des flambeaux sans mèche qui brûlent et éclairent très bien, et on en enduit les toiles pour divers usages auxquels on emploie en Europe la toile cirée.

Le suc résineux du caoutchouc peut en découler en tout temps, mais la saison des pluies est la plus favorable pour le ramasser ; c'est aussi celle que choisissent les Indiens. Ils commencent par laver le pied de l'arbre depuis trois pieds au-dessus de la terre jusqu'à la hauteur de sept à huit ; ils lient ensuite ce tronc à l'endroit où ils ont commencé à le laver par en bas, avec une liane de la grosseur du petit doigt, puis ils établissent sur cette liane, qui sert de support, une couche de terre détrempée avec l'eau, et au bas de laquelle ils placent une feuille de palmier servant de gouttière : alors ils font à l'arbre plusieurs incisions ; le suc coule des plaies dans une rigole ménagée au-dessus de la feuille de palmier, et tombe dans une moitié de calebasse disposée au pied de l'arbre pour le recevoir. Lorsque l'arbre épuisé ne fournit plus de suc, les Indiens donnent à celui qu'ils ont recueilli une préparation particulière dont ils font un secret, et ils le versent ensuite dans des moules de terre destinés à cela, et dans lesquels, en se desséchant, il prend la forme du moule qui le contient.

« Lorsqu'on veut faire avec ce suc résineux, dit M. de Laborde (1), une bouteille ou tout autre vase, on applique sur le moule un enduit du suc préparé et encore liquide; on l'expose à une fumée épaisse, et quand cet enduit a pris une couleur jaune on retire la bouteille. On y met une seconde couche, qu'on traite de même, et on en ajoute jusqu'à ce qu'elle ait l'épaisseur qu'on veut lui donner. Dès que la résine est desséchée, on casse le moule en pressant la bouteille, et on y introduit de l'eau pour délayer ou détacher les morceaux du moule et les faire sortir par le goulot. Mais ce suc ramassé à la façon des sauvages, épaissi par la seule évaporation et sans avoir été préparé à leur manière, ne devient qu'une substance qui, semblable à la cire par quelques unes de ses propriétés, se ramollit comme elle par la chaleur, s'étend sous les doigts qui la pétrissent, et dont les fragmens peuvent être ressoudés en les chauffant. Ce même suc, au contraire, préparé par les sauvages, devient une substance élastique, insoluble à l'eau, sur laquelle une chaleur modérée n'a point d'action. C'est dans cet état qu'elle est appelée *gomme élastique*. L'eau tiède, ou une chaleur de vingt ou trente degrés, ramollit cette matière, la rend souple à raison de son plus ou moins d'épaisseur; mais elle ne l'amène pas au point de pouvoir être pétrie ou moulée de nouveau. Les ouvrages faits de cette résine élastique sont sensibles à la moindre gelée, tandis que l'ardeur du soleil n'y fait aucune impression. Il seroit à désirer qu'on pût dérober aux Indiens le secret de la préparation de cette résine si singulière. »

Dans le pays des Amazones les Indiens font avec cette résine des figures grossières de fruits, d'oiseaux et d'objets de toute espèce; ils en font des balles de paume, et des bottines d'une seule pièce qui ne prennent point l'eau. Cette chaussure est convenable dans un pays très pluvieux et fréquemment coupé de ruisseaux. La nation des omagnas, située au milieu du continent de l'Amérique, en construit des bouteilles en forme de poire, au goulot desquelles ils attachent une canule de bois; en les pressant, on en fait sortir par la canule la liqueur qu'elles contiennent; par ce moyen ces sortes de bouteilles deviennent de véritables seringues. C'est ce qui a fait nommer par les Portugais de la colonie du Para l'arbre qui produit cette racine *pao de xiringa* (*bois de seringue* ou *seringat.*)

Depuis huit ou dix ans M. Martin, botaniste chargé de la

(1) Médecin qui a voyagé par ordre du gouvernement, en 1772, dans l'intérieur des terres de la Guiane.

direction du jardin de la Gabrielle à Cayenne, a fait avec succès des plantations de caoutchouc sur les bords des rivières de cette colonie. (D.)

HIÈBLE. Espèce de Sureau. *Voyez* ce mot.

HIPRÈAU. Espèce de Peuplier. *Voyez* ce mot.

HIRONDELLE, *Hirundo*. Genre d'oiseaux qui renferme un grand nombre d'espèces, dont six sont propres à l'Europe, et quatre assez communes pour être connues de tout le monde.

L'utilité dont sont les hirondelles pour les cultivateurs, en mangeant les insectes qui dévorent les récoltes, les a fait regarder dans beaucoup de lieux comme des oiseaux sacrés qui procuroient indubitablement le bonheur de la maison à laquelle elles s'attachoient. Les tuer est un sacrilège dans plusieurs cantons de la France, dans le nord de l'Europe, dans l'Amérique septentrionale, etc. Je vois avec peine que l'antique respect qu'on a pour elles diminue chaque jour, et cet article n'a d'autre but que d'inviter les cultivateurs à le maintenir par tous les moyens qui sont en leur pouvoir, sur-tout en empêchant leurs enfans d'en détruire les nids.

Toutes les hirondelles prennent leur proie au vol. Rarement elles se posent pendant le jour. Toutes passent l'hiver en Afrique, arrivent et partent chaque année à peu près à la même époque. Toutes pondent ordinairement cinq œufs et élèvent leurs petits de mouches et autres insectes ailés. Les araignées qui se plaisent contre les murs sont aussi leur proie. Rarement elles mangent des chenilles et encore moins des insectes qui rampent sur la surface de la terre.

Les quatre espèces indiquées plus haut sont,

L'HIRONDELLE MARTINET, *Hirundo apus*, Lin. Elle est noire, avec la gorge blanche. C'est la plus grosse espèce; elle fait son nid dans les trous des murailles, vole très rapidement et très haut, arrive la dernière et part la première.

L'HIRONDELLE DE FENÊTRES, *Hirundo urbica*, Lin., est blanche avec le dessus de la tête bleuâtre, les ailes et la queue noires. Elle fait son nid avec de la terre dans les angles des fenêtres, des corniches, etc., et n'y laisse qu'un trou pour y entrer. Ce n'est que quelques jours après la suivante qu'elle arrive en France.

L'HIRONDELLE DE CHEMINÉE, *Hirundo rustica*, Lin., a le dessus du corps d'un noir bleuâtre, la gorge rousse et le ventre blanc. Elle fait son nid dans les cheminées, sous les portes des fermes, les rebords des toits, même dans les chambres peu habitées. Ce nid est de terre et a la forme d'un quart de sphère. Il est entièrement ouvert par le haut. C'est l'espèce la plus abondante, la plus familière, qui arrive la première et qui part la dernière.

L'HIRONDELLE DE RIVAGE, *Hirundo riparia*, Lin., a le dessus d'un brun cendré, et le dessous blanc, avec une bande d'un brun cendré sur la poitrine. C'est la plus petite des quatre. Elle arrive et part presque en même temps que le martinet. Elle fait son nid dans un trou qu'elle se creuse dans les rivages sablonneux coupés à pic, dans les sablières dont les bords ont la même disposition, de sorte qu'elle ne se trouve que dans certaines localités ; mais lorsqu'un endroit leur convient elles s'y voient par milliers. (B.)

HISTOIRE NATURELLE. On donne ce nom à la science qui a pour objet l'étude de tous les animaux, de tous les végétaux et de tous les minéraux qui se trouvent sur le globe. Elle se subdivise en ZOOLOGIE ou science des animaux, en BOTANIQUE ou science des végétaux, et en MINÉRALOGIE ou science des minéraux. *Voyez* ces mots.

Des connoissances étendues en histoire naturelle semblent devoir être indispensables à tous les agriculteurs, et cependant ils en manquent généralement. Les principes sur lesquels repose cette science leur sont sur-tout complètement inconnus. A peine peuvent-ils développer leurs idées sur les objets le plus communément sous leurs yeux, sur ceux même qui sont le but de leurs travaux journaliers. Je gémis toutes les fois que je parcours les campagnes, que je cause avec leurs habitans des absurdes préjugés qui les asservissent, de l'ignorance où ils sont des moyens de prospérité qu'ils ont sous la main. Que de causes concourent à ces tristes résultats ! Je pourrois développer plusieurs de ces causes, mais comme elles tiennent à des circonstances générales, cela ne serviroit à rien. Il est à espérer cependant que le goût pour l'histoire naturelle, qui s'étend de plus en plus, pénètrera enfin dans les chaumières, que l'excellente instruction que reçoivent les jeunes gens dans les écoles vétérinaires accélérera ce moment. J'ai, autant que possible, cherché à concourir à ce but important, en faisant toujours marcher dans cet ouvrage les connoissances d'histoire naturelle avec les connoissances agricoles. Je les ai même fait le plus souvent précéder ; car n'est-il pas absurde de parler d'un objet qu'on ne connoît pas, de s'étendre sur ses propriétés chimiques lorsque sa forme et ses attributs physiques ne peuvent être énoncés. Sans histoire naturelle c'est folie d'écrire sur la science agricole, puisqu'il n'est pas possible de se faire entendre hors de son canton, ni plus long-temps que la langue usitée subsistera ; si les anciens eussent été plus habiles naturalistes, nous profiterions davantage aujourd'hui du fruit de leur expérience, tous les objets dont ils ont parlé nous seroient connus, ou mieux, nous saurions leur appliquer les noms qu'ils portoient alors.

Un cabinet d'histoire naturelle dans chaque département auroit sans doute beaucoup contribué à donner des connoissances à beaucoup de propriétaires aisés qui habitent ou que leurs affaires amènent dans le chef-lieu de chaque département; le bienfait des écoles centrales, qui en supposoit l'établissement, donnoit de grandes espérances à cet égard, mais leur suppression a été prononcée.

Je voudrois que les cultivateurs riches et éclairés qui habitent toute l'année ou la plus grande partie de l'année sur leurs propriétés consacrassent le pourtour d'une pièce de leur maison pour réunir tous les objets d'histoire naturelle qu'offrent leur canton, avec leurs noms scientifiques et leurs noms vulgaires, et que ces objets y fussent rangés dans un ordre systématique propre à fixer les idées sur les avantages des méthodes. Ce seroit la cause d'une bien petite dépense annuelle, dépense qui seroit d'ailleurs compensée par les jouissances qui en seroient la suite, et les avantages qu'en retireroient les enfans de la maison pour leur éducation. (B.)

HIVER. C'est la quatrième et dernière saison de l'année, celle pendant laquelle la neige couvre la terre dans les parties septentrionales de l'Europe, celle que les habitans des campagnes appellent la *morte saison*, la *mauvaise saison*. Elle est composée dans l'almanach des mois d'Octobre, Novembre et Décembre; mais dans la réalité, tantôt elle n'est qu'une prolongation de l'automne, tantôt elle n'est qu'une anticipation du printemps. *Voyez* ces mots et les mots Janvier et Février, mots où se trouve détaillée la série des travaux qui se font ordinairement, dans le climat de Paris, pendant les mois qu'ils indiquent.

C'est l'hiver qui rend à la terre l'excès d'humidité qu'elle a perdu pendant l'été, et la portion d'humus soluble qui a été consommée par les plantes; et c'est en conséquence à lui qu'on doit la végétation du printemps et de l'été suivant. Il renforce et conserve les sources. Tous les pays ont leur hiver. En France il est accompagné des neiges, des glaces, des pluies, des brumes. Entre les tropiques il est indiqué par des pluies continuelles.

Un hiver froid est presque toujours plus avantageux qu'un hiver doux. L'abondance de la Neige (*voyez* ce mot) est un pronostic pour espérer une récolte avantageuse, non parcequ'elle contient des sels, comme on le croyoit autrefois, mais parcequ'elle s'oppose à la dissipation de la chaleur terrestre, des gaz renfermés entre les molécules du sol, et que la végétation continue sous elle.

Tous les labours faits pendant l'hiver, mettant l'humus en

contact avec l'air, favorisent la décomposition de l'humus et l'infiltration des eaux. Ils sont donc avantageux. Plus ils sont profonds et mieux ils remplissent leur objet. C'est tout le contraire pour les labours d'été, c'est-à-dire qu'ils doivent être superficiels.

Dans les parties méridionales et intermédiaires de la France, on peut travailler à la terre pendant presque tout l'hiver. Sur les hautes montagnes et dans les départemens les plus septentrionaux, la neige et la gelée s'y opposent plus ou moins. Là c'est véritablement la morte saison pour les cultivateurs. Ceux qui n'ont pas des métiers restent souvent désœuvrés des mois entiers, ce qui est un grand mal pour eux et pour la société en général. Il est remarquable que certaines localités se distinguent par une grande industrie pendant cette saison, et qu'elles ne trouvent point d'imitateurs dans les localités voisines. Les environs de Genève font des montres. Les environs de Saint-Claude des peignes et autres ouvrages en buis. Les environs de St.-Etienne et d'Abbeville de la quincaillerie. Un grand nombre de lieux des étoffes de laine, des toiles et toileries, etc. Quoique ce mélange des travaux agricoles et des travaux des arts offre quelques inconvéniens, l'aisance dans laquelle il met les cultivateurs doit faire désirer qu'il s'établisse par-tout où les opérations de la culture sont dans le cas d'être suspendues pendant une partie de l'hiver. Mais si les fabriques de ce genre se multiplient, dira-t-on, le prix des objets manufacturés baissera, et par conséquent les gains deviendront extrêmement foibles. Oui, répondrai-je; mais quelque petit que soit un gain, c'est toujours un gain, et les pères de famille ne doivent en repousser aucun. D'ailleurs cette diminution se fait insensiblement, et lorsqu'elle est arrivée à un certain point on peut changer son genre d'industrie. Ce n'est pas de long-temps que la France aura lieu de se plaindre sous ce rapport. N'est-ce pas encore des montagnes de l'Allemagne qu'elle tire la plus forte partie de sa quincaillerie? (B.)

HIVERNAGE. C'est pour quelques lieux le labour des champs ou des vignes avant l'hiver. On donne aussi ce nom à la vesce dans le département du Calvados.

HIVERNAUX. Dans quelques endroits on donne ce nom aux grains qu'on sème avant l'hiver, par opposition à ceux qu'on sème au printemps, et qu'alors on appelle marsais, les mars. (B.)

HIVERNES. Nom appliqué, dans le département de l'Aveyron, à des brebis que les bergers, par un usage très ancien, ont le droit de mettre pour leur compte dans le troupeau qu'ils conduisent, et de nourrir pendant toute l'année aux dépens du propriétaire de ce troupeau.

Il y a déjà long-temps qu'on a remarqué que les hivernes étoient une féconde source d'abus, c'est-à-dire que les bergers fermoient les yeux lorsque pendant l'été elles broutoient les blés et autres productions du propriétaire, et que pendant l'hiver elles avoient la plus forte part dans les distributions journalières des fourrages secs ; mais il n'a pas encore été possible à ces propriétaires de faire disparoître cet usage. Peut-être sera-t-il nécessaire que l'autorité intervienne si elle veut qu'il se forme dans ce département des troupeaux de mérinos. Sans doute la loi doit laisser à tous les cultivateurs et à leurs bergers la faculté de faire tels accords qu'ils jugent à propos ; mais lorsque tel accord est devenu forcé par suite de l'habitude, il n'y a plus égalité, et il faut qu'elle ramène par force aux principes de la justice distributive. Or, dans le département de l'Aveyron on ne peut pas trouver de bergers, quelque cher qu'on les paye en argent, lorsqu'on ne veut pas leur accorder des hivernes.

Je n'entrerai pas ici dans le détail des arrangemens que l'usage a fixés à cet égard, puisqu'ils ne sont pas à citer pour modèle aux autres départemens. (B)

HOCHET. Sorte de bêche dont on fait usage aux environs de Montpellier. Comme on ne peut appuyer le pied dessus son tranchant supérieur, qui est en biseau, on ne doit l'employer que dans les terrains légers que le seul effort du bras peut faire pénétrer à son fer. *Voyez* BÊCHE. (B.)

HOMMÉE. Ancienne mesure de vigne. C'est la quantité qu'un homme peut en labourer en un jour. *Voyez* MESURE.

HONGRER. Nom de la CASTRATION dans les chevaux. *Voyez* ce mot.

HORIZONTAL. On dit qu'une feuille, qu'une branche, qu'un objet quelconque est horizontal lorsqu'il est parallèle à la terre. C'est l'opposé de vertical ou de perpendiculaire.

HORLOGE DE FLORE. Nom que Linnæus a donné au tableau de l'époque de l'épanouissement des fleurs. *Voyez* au mot FLEUR.

HORTENSIA, *Hortensia.* Arbrisseau apporté depuis quelques années de la Chine, qui actuellement orne les jardins de tous les amateurs de Paris et de ses environs, et qui dans peu sera commun dans toute l'Europe, si l'ardeur avec laquelle on le multiplie se soutient.

Cet arbrisseau, dont toutes les fleurs sont avortées positivement comme celles de l'OBIER STÉRILE OU BOULE DE NEIGE (*voy.* au mot OBIER), appartient évidemment, à mon avis, au genre de l'HYDRANGEA (*voyez* ce mot), auquel Wildenow l'a rapporté, puisque l'examen de son ovaire annonce que son fruit est une capsule. Il a les feuilles opposées, pétiolées, ovales, dentées, luisantes, glabres, d'un beau vert; les fleurs plus ou moins rougeâtres, nombreuses, grandes, disposées en têtes terminales. Une de ses variétés les a bleuâtres. La plupart de ces fleurs offrent un long tube terminé par huit ou dix étamines et deux pistils avortés, entourés de cinq ou quatre grands pétales ovoïdes. Quelques unes, ce sont celles du centre, ont un tube plus court et point de ces grands pétales.

Il n'est point rare de voir des têtes d'hortensia de six pouces de diamètre, et chaque tige en porte une; aussi l'effet que produit un pied vigoureux de cet arbuste excite-t-il l'admiration générale.

On multiplie l'hortensia par boutures, par racines, ou par le déchirement des vieux pieds. Ces opérations peuvent se faire en tout temps; mais il est mieux de choisir le commencement du printemps.

Une terre très légère, c'est-à-dire la pure terre de bruyère, une exposition ombragée et des arrosemens abondans sont indispensables aux succès de la culture de l'hortensia. Comme il craint les gelées, il faut, dans le climat de Paris, le tenir en pot pour pouvoir le rentrer dans l'orangerie pendant l'hiver. Cependant beaucoup de pieds ont passé les derniers hivers en pleine terre. Dans les commencemens on ne le multiplioit et on ne le tenoit que sur couche à châssis; mais l'expérience a prouvé que cela n'étoit point nécessaire.

Quoiqu'il soit possible de faire monter l'hortensia à trois ou quatre pieds, peut-être même plus de hauteur, il est rarement bon de le faire, parceque les têtes de fleurs diminuent de grosseur à mesure qu'elles s'élèvent. Sa vraie culture en pot, pour lui donner tout l'éclat dont il est susceptible, c'est de le couper rez terre à l'automne, et de lui laisser un, deux, trois, jusqu'à douze ou quinze rejets, selon la force du pied, à sa pousse du printemps. Moins il en a et plus les têtes sont grosses et fortement colorées.

Pendant l'hiver l'hortensia demande peu d'arrosemens, sans quoi il pourrit. (B.)

HOTTE. Sorte de panier communément fait d'osier, ayant une forme irrégulière, et qu'on met sur le dos avec des bretelles pour porter diverses choses. La partie qui correspond au dos est plate et plus élevée que celle de devant; celle-ci est bombée et arrondie, et son arrondissement diminue toujours de largeur vers le bas. C'est un peu plus de la moitié d'un cône coupé sur sa longueur, et tronqué dans sa partie la plus étroite. On fait un grand usage de la hotte à Paris et aux environs. On s'en sert aussi dans les départemens qui composoient la Lorraine, la Bourgogne et la Champagne, et dans quelques autres. Mais elle est presque inconnue dans la majeure partie de la France. La hotte pleine est propre au transport des terres, des terreaux, des gravois, des légumes, du raisin dans le temps des vendanges, etc.; elle est sur-tout utile dans les lieux où les brouettes ne peuvent pas aller, comme pour remonter de la terre du bas d'une vigne à son sommet. La hotte à claire-voie est bonne pour transporter les fumiers, les feuilles, les litières et autres matières volumineuses et légères. (D.)

HOUAGE. Synonyme de Binage. *Voyez* ce mot.

HOUATTE. Espèce de coton qui entoure les graines de l'Asclépiade de Syrie. *Voyez* ce mot.

HOUBLON, *Humulus*. Plante à racines vivaces, nombreuses, traçantes et très longues; à tiges grimpantes, minces, anguleuses et hérissées d'aspérités; à feuilles opposées, pétiolées, dentées et rudes au toucher, le plus souvent à trois lobes et accompagnées de stipules; à fleurs petites, vertes, disposées en grappes terminales et axillaires, qui forme seule un genre dans la diœcie pentandrie et dans la famille des urticées, et qui est l'objet d'une grande culture dans les pays au nord du climat de Paris, parcequ'on fait entrer une de ses parties dans la composition de la bière.

Le houblon croît naturellement dans les haies, sur le bord des bois, dans les pays montagneux de presque toute l'Europe. Il aime une terre légère, fraîche et substantielle; donne dès les premiers jours du printemps des pousses d'abord droites, et qui en s'élevant s'entortillent autour des branches, se bifurquent et acquièrent une longueur de plusieurs toises. Il fleurit au mois de mai et amène ses fruits en maturité vers le mois de juillet. Dans quelques cantons on mange les jeunes pousses de cette plante dans les potages ou en guise d'asperge. Je leur ai trouvé un goût un peu sauvage, mais cependant supportable. Dans d'autres on le plante dans les haies, sur-tout dans celles qui commencent à vieillir, pour en fermer les vides pendant l'été; on en fait des tonnelles, des cabinets de verdure, on en garnit les murs qu'on désire cacher à la vue, etc. Il fait très bien dans les jardins paysagers, lorsqu'il est placé convenablement, par exemple lorsqu'après l'avoir fait monter sur un arbre isolé, sur un rocher élevé, au-dessus d'une fabrique, on laisse tomber en festons l'extrémité de ses branches chargées de fruits. Il ne craint point les gelées les plus fortes, ni les chaleurs les plus vives, et dure long-temps dans le même lieu. Tous les bestiaux en mangent les feuilles, et j'ai vu des vaches qui les recherchoient plus que la meilleure herbe.

On distingue trois variétés de houblon dans les pays où on cultive en grand cette plante. Savoir, le *houblon à tige rouge*, qui est bon et vient dans des sols médiocres, mais que sa couleur ne fait pas estimer. Le *blanc long* est le plus recherché, mais il exige une terre extrêmement fertile. Le *blanc court* est moins difficile sur le terrain et est aussi bon, mais il produit moins. C'est au cultivateur à faire choix de celle de ces variétés qui convient le mieux à sa localité, soit relativement à la terre, soit relativement à la vente, car il y a parmi les brasseurs des opinions assez discordantes sur les principes qui doivent guider dans le choix du houblon.

Une terre profonde, légère et en même temps substantielle, comme je l'ai dit plus haut, est la seule qui convienne à la culture du houblon ; voilà pourquoi on ne peut le cultiver avec avantage que dans certains cantons favorisés. Ses productions sont foibles dans les sols secs et pierreux. Il ne subsiste pas dans ceux qui sont argileux. Quoiqu'aimant la fraîcheur, il craint les lieux aquatiques et y perd une partie de ses qualités. L'exposition lui est à peu près indifférente ; mais il est bon de lui donner cependant celle du levant et de le garantir des vents dominans, car tout vent permanent le fatigue beaucoup. Un entourage de haies vives élevées lui est toujours avantageux. En Angleterre, le pays de l'Europe où on le cultive aujourd'hui le mieux, on le place indifféremment dans les plaines et sur les coteaux, pourvu que la terre soit convenable ; en France et dans le reste de l'Europe on ne le cultive qu'en plaine.

La portion destinée à une plantation de houblon doit toujours être labourée le plus profondément possible, soit à la charrue, soit à la bêche. Un défoncement de deux pieds et à la pioche vaudroit certainement mieux, mais le besoin d'économiser s'y oppose. On lui donne ordinairement trois façons, et on herse après la dernière.

Comme le houblon étend autant ses racines en profondeur qu'en largeur, qu'il a besoin d'une grande quantité de nourriture, qu'il épuise beaucoup le terrain, et qu'il fournit d'autant plus de cônes qu'il a plus de vigueur, on a été conduit à le cultiver d'une manière différente de la plupart des autres végétaux, et la pratique qu'on suit à son égard est d'accord avec la théorie.

Ainsi, avant de planter le houblon, on forme des buttes d'un pied de hauteur sur deux de largeur, et on les dispose en quinconce, à sept pieds et plus de distance lorsque le terrain est de médiocre qualité, et à cinq pieds seulement lorsqu'il est excellent. En général plus les groupes des pieds sont espacés et plus ces pieds fournissent de fleurs et peuvent être laissés longtemps dans la même place. Cet écartement donne de plus le moyen, comme on le fait fréquemment en Angleterre, au rapport d'Arthur Young, de planter des pommes de terre, des haricots, des fèves, des turneps, des choux, des carottes, etc., dans les intervalles, ce qui suffit pour payer la rente du sol.

C'est au sommet de ces buttes qu'on creuse des trous d'un pied carré de large et de deux pieds de profondeur pour y planter le houblon; un pied à chaque angle du trou.

Je n'ai point suivi la culture du houblon, ainsi je ne puis avoir d'opinion éclairée sur les procédés auxquels elle donne lieu; mais je ne puis me refuser à demander pourquoi on forme une butte pour ensuite la détruire en partie. Il me semble qu'il seroit plus conforme à la raison de planter le houblon dans des trous d'un pied de profondeur et de le butter ensuite, soit immédiatement après l'opération, soit lorsqu'il auroit acquis une certaine grandeur.

Quoi qu'il en soit, on plante le houblon tantôt en automne, tantôt au printemps. L'automne est la meilleure saison dans les terrains médiocres, le printemps pour ceux où on a à craindre les pluies de l'hiver. D'ailleurs on se procure plus facilement du plant dans cette dernière saison.

Du choix du plant dépend principalement le succès d'une plantation. Il faut toujours préférer le plus gros, et, s'il se peut, le prendre sur les souches les plus vigoureuses d'une houblonnière située en terrain plus médiocre que celui qu'on lui destine. Ce plant doit avoir six à huit pouces de long et trois ou quatre boutons au moins. Tout celui qu'on destine à une localité doit être de la même variété, car ces variétés ayant un mode particulier de végétation, c'est-à-dire poussant et mûrissant à des époques différentes, la même culture ne leur convient pas rigoureusement. On pense bien que ce plant ne doit être pris que sur des pieds femelles, puisque c'est pour les graines qu'on le cultive; mais cependant il seroit bon de placer deux ou trois pieds de mâles dans chaque champ, car la fécondation concourt beaucoup à augmenter l'énergie des propriétés des graines. J'ai en effet acquis la preuve que celles du houblon sauvage étoient plus amères et plus grosses que celles du houblon cultivé, quoique le cône de ce dernier eût plus belle apparence.

Quelques cultivateurs placent un cinquième pied au milieu de la fosse, d'autres encore un ou deux de plus; mais le nombre quatre paroît celui qui convient généralement le mieux.

Les racines de tous ces plants doivent être ménagées en les arrachant et en les plantant. Si quelques unes sont mutilées, on coupera leur extrémité avec un instrument bien tranchant, pour éloigner les causes de pourriture.

Lorsque le sol n'est pas de première qualité, il est toujours bon de remplir le trou où on vient de placer les plants avec une terre préparée d'avance, et dans laquelle il entre du fumier bien consommé, et si elle est trop forte, un peu de sable.

Il faut très peu comprimer la terre autour des plants, et l'arroser immédiatement après, si le cas l'exige et qu'on le puisse facilement. Cette précaution est principalement utile dans les plantations du printemps.

Je ne dois pas oublier la recommandation de ne jamais arracher que le plant qu'on peut mettre en terre dans le cours d'une journée, et de le tenir exactement à l'abri du soleil et même des courans d'air, car il se *hâle* facilement, et alors sa reprise est très incertaine.

Si, comme il arrive souvent, quand on plante au printemps, le plant avoit déjà poussé, il ne faudroit pas enterrer l'extrémité des pousses.

Un arpent de terre contient environ mille monticules, qui, si le sol est bon et la saison favorable, fourniront chacune dix livres de cônes par an.

La première année de la plantation, le houblon ne demande que des labours, ou mieux, des binages, par suite desquels on recharge les monticules. Si ses pousses étoient vigoureuses, et qu'elles gênassent dans cette opération, on lieroit toutes celles du même monticule en faisceau, ce qui suffiroit pour les tenir droites. Quelques cultivateurs fument leurs monticules à la fin de cette année avec du terreau bien consommé, des curures d'étangs, etc.; mais ce n'est que dans les mauvaises terres qui ne l'ont pas été au moment même de la plantation qu'on doit le faire.

Vers la fin de février de la seconde année, par un beau temps, on détruit les monticules pour couper les pousses de la première année, ainsi que les rejetons, à un pouce du collet des racines, pour en changer la terre de place et pour pouvoir couper à un pouce du collet des racines toutes les productions qui se sont développées latéralement; car il est beaucoup plus avantageux d'avoir trois ou quatre tiges vigoureuses qu'une douzaine de foibles. On reconnoît ces pousses nouvelles à leur couleur plus pâle. On profite de cette opération, qui se renouvelle tous les ans, pour remplacer les pieds morts, soit au moyen de plant apporté d'ailleurs, soit en couchant les pousses qui sont les moins éloignées. Peu après le houblon sort de terre, et lorsque ses jets ont acquis un pied de haut, c'est-à-dire vers le milieu d'avril, il faut penser à échalasser.

Arthur Young observe qu'on a remarqué en Angleterre que plus ces opérations sont terminées de bonne heure, et plus on est assuré d'une bonne récolte de houblon. Il cite à cet égard des faits convaincans.

Les échalas ou perches sont destinés à servir de soutien aux tiges du houblon. Leur longueur varie à raison de l'âge de la plantation et de la nature du terrain où elle se trouve. La seconde année, qui est celle dont il est question en ce moment, il n'est pas nécessaire qu'ils aient plus de dix à douze pieds, mais les suivantes, vingt ou vingt-cinq ne suffisent pas toujours En général dans un sol riche les perches ne sont jamais assez grandes; mais il ne paroît pas prouvé, quoiqu'on le croie, et que la théorie n'en repousse pas l'idée, que dans un sol pauvre de longues perches nuisent à la production des fleurs, en donnant aux tiges la facilité de s'élever plus qu'il conviendroit à la force de végétation des racines.

On devroit préférer les échalas de frêne, ou de châtaignier, ou de sapin, parceque ce sont ceux qui durent le plus long-temps; mais comme ceux de ces sortes de bois sont rares et très chers, on emploie le plus communément ceux de bouleau, d'aune, de saule et de peuplier, auxquels on laisse des fourches à la partie supérieure. Leur grosseur doit être de six à sept pouces de tour au plus.

Ces perches sont aiguisées par leur gros bout, et enfoncées dans un trou formé avec un plantoir de fer au moyen du maillet. Leur enfoncement dépend de la nature du terrain, mais être plutôt trop considérable que pas assez; car celles qui sont renversées par le vent ou par le poids des tiges qu'elles portent causent ordinairement beaucoup de désordre dans la plantation. Leur position doit toujours être légèrement inclinée en dehors de la monticule, tant pour la suspension des rameaux des tiges, suspension très importante à aider quand on veut avoir d'abondantes et bonnes récoltes, que pour favoriser la circulation de l'air, et ne pas empêcher l'action bienfaisante des rayons du soleil. Pour remplir encore plus complètement le dernier de ces buts, on écarte davantage les perches qui sont du côté du midi. On en fixe trois ou quatre à chaque monticule, rarement moins ou plus. Il convient de placer les plus grandes et les plus grosses sur les premiers rangs, du côté de l'ouest et du sud-ouest, afin de rompre l'effort des vents, si nuisibles, comme je l'ai déjà observé, au succès d'une plantation de ce genre.

Arthur Young rapporte qu'on a commencé, il n'y a pas long-temps, en Angleterre, à cultiver le houblon en palissades, et que le succès a surpassé l'attente des cultivateurs. Pour cela on forme les monticules en rangées, écartées de huit à dix pieds et plus, regardant le sud-est, et les perches de dix à douze pieds de long sont également sur une seule ligne, une à chaque monticule. Ces perches sont liées entre elles par trois rangs d'autres perches beaucoup moins grosses, parallèles au sol. Le premier rang à cinq ou six pieds de ce sol, le second à huit ou neuf, et le troisième tout en haut. Cette méthode est celle de la nature, car le houblon court toujours sur les haies, ne monte pas sur les chênes. Elle offre l'avantage de donner moins de prise aux vents, de présenter plus de surface au soleil, et d'occasionner moins de dépense pour l'acquisition des perches. Il seroit à désirer qu'elle s'introduisît en France.

Ce n'est qu'au moment où le houblon commence à sortir de terre qu'il convient de commencer à ficher les perches, parcequ'avant on risqueroit, d'un côté, de les mal placer, et de l'autre, de blesser les jeunes pousses.

Lorsque les tiges du houblon sont parvenues à trois pieds de hauteur, on les attache lâchement aux échalas, en les tournant avec précaution autour d'eux, suivant le cours du soleil. C'est du jonc, ou mieux, de la laine, qui s'emploie pour cette opération, comme s'y prêtant plus facilement.

Pendant le cours du mois de mai, il est nécessaire de visiter tous les huit jours les houblonnières, pour redresser et diriger convenablement les tiges qui se sont dérangées, ou qui ont poussé irrégulièrement. Lorsque la main ne peut plus atteindre à ces tiges on se sert d'un bâton, et ensuite d'une échelle double.

Dans la culture du houblon en palissades, il faut de plus avoir attention de diriger les jeunes pousses le plus également possible sur les trois rangs de perches horizontales, ce qui est très facile au moyen des liens ci-dessus désignés. Il doit toujours y avoir, dans une houblonnière conduite par cette méthode, une ou plusieurs échelles doubles pour le service.

Au commencement de juin on donne un labour à la terre, soit à la bêche, soit à la charrue (celle appelée cultivateur présente des avantages), et on exhausse les monticules. Chaque mois suivant on donne encore un binage, et on élève de même les monticules. C'est pendant cet intervalle qu'on reconnoît et qu'on arrache les pieds qui ne sont pas francs, ou qui appartiennent à des variétés autres que la dominante; car, je le répète, il est très important que la plantation entière soit de la même. C'est aussi alors qu'on pince l'extrémité des tiges pour les empêcher de s'élever davantage, et forcer la sève à se porter sur le fruit, seul but de la plantation.

Quelques cultivateurs mettent à cette opération du pincement des tiges beaucoup plus de rigueur qu'il ne convient; car si elle produit l'effet ci-dessus, elle diminue aussi la production de la sève, production à cette époque toujours proportionnelle à la quantité des feuilles. Souvent aussi ils enlèvent les feuilles inférieures des tiges pour les donner aux bestiaux.

Le houblon, dans le climat de Lille, qui est presque le seul où on le cultive en France, entre en fleur au milieu de juillet.

C'est alors qu'il seroit souvent utile, pour obtenir d'abondantes récoltes, de l'arroser par irrigation ou autrement, si la terre n'a pas été rafraîchie par des pluies ; mais on le fait rarement, à raison de la dépense. A la fin d'août il est ordinairement mûr. L'important pour les cultivateurs est de veiller attentivement à cette époque sur leurs plantations, car, d'un côté, ses qualités s'affoiblissent par trop de maturité, et de l'autre un seul jour de vent peut faire perdre la plus grande partie du profit attendu, les graines se détachant alors avec la plus grande facilité de l'axe sur lequel elles sont implantées. C'est donc quelques jours avant leur complète maturité qu'il faut cueillir les cônes qui renferment cette graine ; or, ce moment est indiqué par le changement de couleur qu'ils éprouvent, c'est-à-dire par la nuance brune qui se substitue au vert pâle qu'ils avoient offert jusqu'alors. A ce signe il faut rassembler beaucoup de bras, et ne pas perdre de temps pour agir.

Dans quelques endroits, avant de procéder à la récolte, on prépare dans les champs, après en avoir enlevé les perches et le houblon, une, deux ou trois aires, selon sa grandeur, en unissant et battant la terre, afin d'avoir des espaces propres, où on puisse déposer les tiges sans les salir de terre.

Dans d'autres lieux, on a des cadres portés sur quatre pieds et garnis de grosse toile pour le même objet. Ces cadres pouvant se transporter d'une place à l'autre, et durant nombre d'années, sont sans contredit préférables aux aires qui ne remplissent qu'incomplètement leur but, et qu'il faut refaire toutes les années.

Cela étant préparé, des ouvriers parcourent la houblonnière et coupent avec une serpette emmanchée à un long bâton (cet instrument s'appelle un *volant* dans quelques lieux) les sommités qui s'attachent à d'autres perches que celles lesquelles s'entortillent leurs tiges, ensuite ils coupent toutes les tiges à trois ou quatre pieds au-dessus du sol. Si on les coupoit rez terre, la sève qui n'est pas encore arrêtée en feroit pousser de nouvelles, ce qui affoibliroit les racines et diminueroit leurs productions pour l'année suivante. Il seroit même mieux de les couper à six ou huit pieds par la même raison, ou même de ne les pas couper du tout. Alors on enlève successivement tous les échalas avec les tiges qui les entourent, et on les porte auprès des aires ou des cadres, où des hommes et des femmes assises cueillent les cônes en les tirant avec la main.

Lorsque les perches sont trop fortement fixées en terre on a des espèces de leviers pour les arracher au moyen d'une grosse corde à nœuds coulans, ou avec de grandes et fortes tenailles qu'on appuie sur un billot.

On croit qu'il ne faut couper le houblon qu'à mesure qu'on

l'épluche, parceque celui qui reste sur les tiges fanées perd de sa qualité, ce qui est assez difficile à concevoir.

Un beau temps calme est indispensable pour la réussite d'une cueillette de houblon. Lorsqu'il fait de la pluie il est sujet à moisir; lorsqu'il fait du vent on en perd beaucoup. Il ne faut même commencer que lorsqu'il n'y a plus de rosée et finir à la nuit tombante si on veut bien faire.

En l'épluchant on doit avoir la plus grande attention pour qu'il ne s'y mêle pas des feuilles, des portions de tiges, de la terre et autres immondices, car cela lui nuit beaucoup et diminue sa valeur. Celui qui est totalement roux, c'est-à-dire parvenu au dernier degré de maturité, se met à part.

Il seroit avantageux au succès de la récolte du houblon qu'il y eût, dans chaque champ, un hangar où on puisse faire les opérations précédentes à l'abri du soleil, de la pluie, et du vent; mais quoiqu'il puisse être facilement prouvé qu'on y gagneroit beaucoup, il paroîtra toujours difficile d'engager les cultivateurs à en faire la dépense et à en sacrifier le terrain. Une tente établie sur quelques perches rempliroit presque aussi bien cet objet et coûteroit moins.

Les houblons cultivés par la méthode des palissades étant moins élevés que ceux qui grimpent jusqu'au haut des perches, se cueillent en place avec des échelles doubles, comme on cueille les cerises, les pommes, etc., ce qui permet de choisir les cônes exactement au degré de maturité convenable, parceque rien n'oblige à cueillir en même temps, comme dans la méthode ordinaire; tous ceux d'un même pied, mûrs ou non. Cet avantage seul, quand il n'y en auroit pas tant d'autres, devroit engager tous les cultivateurs de houblon d'abandonner le mode de culture généralement adopté.

On n'est pas d'accord sur le point de maturité auquel il convient de cueillir le houblon; cependant il est certain que celui cueilli trop vert a moins d'odeur et de saveur lorsqu'il est desséché, et que celui qui l'est trop est aussi dans le même cas. Le bon houblon doit avoir une odeur suave et une saveur très amère; sa couleur doit être d'un brun clair uniforme, et il doit perdre deux tiers ou même trois quarts de son poids par la dessiccation.

Aussitôt qu'il y a suffisamment de cônes de houblon d'épluchés, ou lorsque la journée est finie, on les porte à la maison dans de grands sacs à ce destinés; mais il faut les laisser le moins long-temps possible dans ces sacs, et, lorsqu'on les ôte, ne les pas entasser en grandes masses, car ils sont sujets à s'échauffer, sur-tout s'ils sont mouillés et qu'il fasse chaud : ils prennent alors une couleur noire et perdent toute leur odeur, ce qui diminue considérablement leur valeur. On doit donc les étendre sur de grandes toiles, ou procéder sur le-champ à leur dessiccation.

Une houblonnière cultivée en palissade donne encore le moyen d'éviter cet inconvénient, en ce que la cueillette des cônes ne se faisant pas en masse, on n'apporte chaque soir que ce qui peut être séché pendant le nuit et le jour suivant. Aussi, je le répète, ceux des cultivateurs de houblon qui adopteront les premiers cette méthode en France en tireront des bénéfices considérables.

Pour être bonne, la dessiccation du houblon doit être prompte et complète. Nulle part en France on n'a de fourneaux parfaitement appropriés à cet objet, et en même temps économiques. Il n'en est pas de même en Angleterre, et c'est probablement à cette circonstance et aux soins qu'on apporte à la cueillette des cônes qu'est due la supériorité actuelle des houblons de ce pays; supériorité telle qu'ils ont toujours, quoique beaucoup plus chers, la préférence sur ceux de Flandre dans les marchés du Nord. (B.)

Dès que le houblon est cueilli, on le fait sécher dans un fourneau construit exprès, parceque si on le laisse en tas il s'échauffe très promptement, perd sa belle couleur, sa bonne odeur, et diminue de prix en conséquence. Si le fourneau est plein et qu'il reste du houblon à sécher, on l'étend clair sur un plancher, dans un lieu où il y ait un courant d'air; il y reste jusqu'à ce qu'il puisse être fournoyé. On doit faire grande attention que la dessiccation dans le four soit égale, et qu'elle n'altère ni la couleur ni l'odeur. Si, en retirant du four, une partie n'est pas sèche, on la sépare rigoureusement. Une livre de ce houblon est susceptible de dégrader la couleur et l'odeur de cinquante livres de houblon sec.

La méthode de la dessiccation n'est pas la même par-tout. En Flandre on bâtit un fourneau de briques, de dix pieds de largeur sur autant de longueur : l'ouverture du fourneau est pratiquée dans un de ses côtés, et le foyer est au centre, qui est de la largeur de quinze pouces sur autant de profondeur; il se termine à la distance de deux pieds et demi de chaque extrémité du fourneau. Le foyer doit être fait sur le pavé du fourneau. Quatre pieds au-dessus de la couverture du toit on fait le lit où l'on étend le houblon que l'on veut sécher; ce lit doit être entouré d'un mur de trois à quatre pieds de hauteur, pour y retenir le houblon.

Il y a une chambre joignante au fourneau, où l'on dépose le houblon quand il est sec : on y pratique une fenêtre qui s'ouvre du côté de l'endroit où est le lit, fenêtre par laquelle on

passe le houblon séché avec une pelle, et on le fait entrer dans
cette chambre, qui doit être de plain-pied avec la fenêtre.

On fait le lit de lattes, très unies, qui ont un pouce en carré,
et on les place à un quart de pouce l'une de l'autre, afin que
la chaleur puisse s'y porter librement et que le houblon ne
puisse point passer à travers les interstices; une solive traverse
le milieu du lit, et on y assujettit les lattes.

On remplit ensuite ce lit de houblon; on l'étend également à un pied et demi de profondeur, sans le presser, et on
passe légèrement sur sa surface un râteau de bois, ensuite on
allume le feu. La coutume de Flandre est de se servir d'un
bois humide qui communique une mauvaise odeur. On continue le feu jusqu'à ce que le tout soit bien sec, article essentiel, ce que l'on connoît si, en passant un bâton sur la surface, les houblons font du bruit: s'ils ne le sont pas également par-tout, il faut les éclaircir dans l'endroit du lit où ils
sont les plus humides, en jetant ceux dont on les décharge
dans les endroits les plus secs. Lorsque toute la fournée est
bien sèche on éteint le feu, et on pousse avec une pelle les
houblons dans la chambre qui est à côté; on balaie ensuite
le fond du lit; on regarnit le lit et on allume le feu, ainsi
qu'il a été dit.

Voici la manière dont on se sert du fourneau à drèche pour
sécher le houblon. On pratique une espèce d'aire sur laquelle
on l'étend à la hauteur de six pouces; on le tient sur un feu
fait ainsi qu'il a été dit, jusqu'à ce qu'il soit à moitié sec: on
renverse alors tout le houblon, c'est-à-dire que ce qui étoit
dessous revient dessus, après quoi on le laisse, en continuant
toujours le feu, jusqu'à ce que le tout soit également sec.
En suivant cette méthode on épargne la dépense d'un fourneau. Lorsque l'on en a un à drèche, et que l'on n'a qu'une
médiocre quantité de houblon à sécher, par la méthode fla-
mande on continue le feu plus long-temps que par les autres,
et on ne retourne pas les houblons; il y a toujours une partie
qui est trop desséchée ou qui ne l'est pas assez. Dans la méthode anglaise, c'est un grand inconvénient d'être obligé de
retourner le houblon, opération pendant laquelle on perd
beaucoup de graines. M. Hall en propose une qui remédie à
ces inconvéniens, et qui est plus économique par la suite: il
n'y a de plus coûteux que la construction du fourneau.

Il faut bâtir le bas d'un fourneau à drèche, et l'on fait un
cadre avec des parties de planches bien unies, d'un pouce
d'épaisseur, de trois pouces de largeur, et d'une longueur
proportionnée au fourneau. On les dispose en échiquier les
unes dans les autres, ayant l'attention de faire la surface
bien unie; on couvre le cadre de plaques de fer-blanc bien

soudées ensemble, et on y ajoute quatre rebords de planches, dont trois y sont fixées ; la quatrième doit être montée sur des gonds pour pouvoir l'ôter quand le houblon est sec, et pour le pousser doucement sans le rompre, avec une pelle, dans la chambre voisine. Le lit étant ainsi fait on prépare son toit ou ciel, qui doit être exactement de la même longueur et largeur, et fait de planches arrangées en cadres, dont la face intérieure doit être revêtue de fer-blanc. Il faut suspendre ce ciel à plat sur une hauteur considérable du lit, mais de façon qu'on puisse le hausser ou le baisser à volonté. On pratique ensuite des échappées aux coins et aux côtés du fourneau, pour donner un libre passage à la fumée. Tous ces soins pris, le fourneau est prêt. On verse par paniers le houblon dans le lit, et une personne l'étend doucement avec un bâton jusqu'à l'épaisseur de huit pouces. On allume ensuite le feu, et on l'entretient égal jusqu'à ce que la grande humidité soit évaporée. On baisse alors le ciel à dix pouces de la surface du houblon, ce qui fait comme le chapiteau d'un fourneau de réverbère, et qui par conséquent réfléchit la chaleur sur le houblon, de sorte que la couche supérieure est aussitôt sèche que l'inférieure. Lorsque toute la fournée est sèche on enlève la planche montée sur des gonds et qui ferme un des côtés du lit ; on la fait pencher par le moyen d'un appui qui la soutient ; on pousse dehors le houblon par le secours d'une planchette fixée au bout d'une perche dont on se sert avec beaucoup de légèreté. On remet ensuite cette planche sur les gonds, et l'on continue de la même manière jusqu'à ce que l'on ait séché toute la récolte.

Il faut que la chambre où l'on met le houblon qui sort du fourneau soit sèche et très aérée. Le houblon qui est net et entier produit un très bon bénéfice ; comme il est toujours très cassant en sortant du fourneau, il faut le laisser dans cette chambre au moins trois semaines : pendant ce temps il devient ferme, pour peu que le temps soit tempéré ; mais si le temps est chaud et humide, il faut le couvrir avec des couvertures. Le houblon est délicat et sensible à la température de l'air.

Nous ferons observer que la chambre où l'on pousse le houblon au sortir du fourneau doit être à peu près de niveau avec le plancher du lit, afin que le houblon ne tombe point de trop haut : sans cette précaution il se casseroit. Il faut aussi qu'il y ait une chambre au-dessous. On fait une ouverture au milieu de la chambre supérieure qui communique avec l'inférieure ; on donne trois pieds et demi de largeur à cette ouverture ; ensuite on prend un sac de quatre pieds de longueur, et l'on attache un cerceau à son embouchure ; on le roule tout autour, et on l'y fixe avec une ficelle. On doit choisir un cer-

ceau assez large pour qu'il ne puisse point entrer dans l'ouverture pratiquée au milieu de la chambre.

Lorsqu'on a ainsi préparé le sac on fait passer l'autre bout
opposé à celui où est le cerceau par l'ouverture; l'autre bout
est soutenu par le cerceau. Ensuite on verse une certaine quantité de houblon qu'une personne placée dans la chambre de
dessous rassemble dans les coins du sac et les y arrête avec une
ficelle. Ces coins ressemblent alors assez bien à des pelottes à
épingles; elles sont d'une très grande commodité dans la suite.

Quand cela est fait on verse le houblon dans le sac : un
homme y entre pour le distribuer également et le fouler aussi
vite qu'on le verse, jusqu'à ce que le sac soit rempli. On dé-
roule alors le cerceau et l'on coud la bouche du sac, observant de faire dans les coins des pelottes, comme celles que l'on
a faites dans les deux coins inférieurs. On peut alors ouvrir la
vente, ou, si l'on aime mieux, attendre une occasion plus
favorable, pourvu qu'on mette les sacs dans une chambre
sèche. (R.)

Le houblon est dans toute sa force dans sa troisième année,
et peut subsister quinze ou vingt ans dans le même lieu, si le
sol est bon et si on a soin de rajeunir de temps en temps les
pieds en enlevant la terre qui les entoure pour la remplacer
par celle qui est dans les intervalles, et en y en apportant de
nouvelle du dehors. Le mieux est cependant de la détruire lorsqu'elle est arrivée à un certain degré de vétusté, et de la re-
planter ailleurs, c'est-à-dire au bout de dix à douze ans. On
a écrit que le sol d'une houblonnière étoit tellement épuisé
qu'on ne pouvoit plus y obtenir de récoltes, qu'il falloit de
toute nécessité y planter des arbres; mais c'est une erreur dé-
mentie par l'expérience. On y met toutes espèces de productions autres que le houblon, après qu'on lui a donné les façons
et les engrais convenables; la garance sur-tout y croît avec
beaucoup de succès, d'après l'observation d'Arthur Young.
Mais ce n'est pas en une seule année qu'on peut extirper toutes
les pousses de houblon d'un terrain qui en portoit : quelques
précautions qu'on apporte à en enlever les racines, il faut des
cultures de plantes qui demandent des binages d'été, telles que
celles des pommes de terre, des haricots, et ensuite des prairies artificielles. On ne doit remettre du houblon dans ce
terrain qu'après cinquante ou soixante ans.

Un grand nombre de personnes croient que le houblon est
une culture très productive. La Feuille du Cultivateur établit
un calcul duquel il résulte que son bénéfice, année moyenne,
est de 480 fr. par arpent; cependant Arthur Young révoque
en doute, dans quelques endroits de ses ouvrages, ses grands
avantages, fondé sur l'incertitude d'une bonne récolte, et sur

l'énorme variation du prix. Je ne suis pas à portée de prendre un parti dans cette circonstance ; mais puisqu'un grand nombre de cultivateurs pratiquent cette culture, il faut croire qu'elle ne leur est pas onéreuse : d'ailleurs tous les hommes aiment à courir des chances, et il ne faut qu'une bonne année pour en faire oublier plusieurs mauvaises. Des faits cités par le même Arthur Young prouvent que cette culture ne peut être fructueuse que lorsqu'elle est faite en grand et par des agriculteurs qui peuvent y verser toutes les avances qu'elle exige.

En Angleterre , beaucoup de propriétaires de houblonnières en mettent les travaux en entreprise et y trouvent leur compte. Je n'aime point cette méthode qui subordonne la nature à un contrat, car les positions dans lesquelles je me suis trouvé m'ont souvent donné la preuve des inconvéniens des entreprises à forfaits en agriculture.

Les tiges de houblon rouies donnent une filasse avec laquelle on fait d'assez bonnes cordes; brûlées d'une manière convenable elles fournissent beaucoup de potasse. On emploie ses feuilles en médecine comme diurétiques et céphaliques. J'ai déjà parlé de leur usage pour la nourriture des bestiaux , et de celui des jeunes pousses pour celle de l'homme.

Le houblon est sujet à des maladies qui nuisent beaucoup au produit de sa culture : les deux principales sont le miélat et la rosée farineuse. La première est une extravasation , par les pores des feuilles et de la tige, d'une matière qui a la saveur et la consistance du miel (*voyez* au mot Miélat); elle nuit parcequ'elle épuise la plante et s'oppose à sa transpiration. La seconde est une plante parasite de la famille des champignons , probablement un Erysiphé ou un Uredo (*voyez* ces mots). Il n'y a pas plus de remède contre elle que contre la *rouille des blés*, qui a la même cause. Il est d'observation constante, parmi les cultivateurs de houblon , comme parmi ceux du blé, que les plantations dans les terres basses ou voisines des bois en sont plus affectées que celles qui sont sur des coteaux exposés au soleil. On peut en diminuer la quantité pour les années suivantes en enlevant les feuilles qui en sont infectées avant la fin du printemps, et en les brûlant.

Les insectes qui nuisent le plus au houblon sont les pucerons , qui épuisent la sève de ses jeunes pousses, et diminuent par conséquent sa force de végétation. On peut difficilement les détruire ; mais on doit le tenter lorsqu'ils sont excessivement multipliés , au moyen des infusions de tabac , de feuilles de noyer, d'hyèble et autres plantes à odeur forte qu'on répand sur eux avec une pompe. Ensuite la larve ou chenille de l'*hépiale* , qui mange ses racines et fait périr les pieds les plus vigoureux au moment où on s'y attend le moins. Ce sont principalement les vieilles houblonnières qui sont sujettes à ce fléau, contre lequel il n'y a d'autre moyen d'action que de fouiller la terre du pied dont on voit les feuilles se faner, et de tuer la chenille, ou de chercher les papillons au mois de juillet, lorsqu'ils s'accouplent, pour les tuer également; mais ces travaux sont souvent sans résultats. *Voyez* PUCERON et HÉPIALE.

Quant à l'emploi du houblon dans la fabrication de la BIÈRE, *voyez* ce mot. (B.)

HOUE. Instrument de fer plus ou moins recourbé, qui sert à remuer la terre et qui varie beaucoup dans sa forme, suivant les lieux et selon les divers usages auxquels on l'applique. Il a une douille, une lame et un tranchant ou une pointe. Vers la douille il est ordinairement plus large et diminue insensiblement jusqu'à l'autre extrémité qui est ou carrée, ou arrondie, ou triangulaire, ou quelquefois fourchue. Il est fixé par sa douille à un manche de bois avec lequel il forme un angle aigu et qui est d'une longueur relative à l'usage de l'instrument. Ce manche, ainsi que la plupart de ceux des autres outils d'agriculture, est fait avec du pommier sauvage, de l'érable ou du frêne.

Il seroit trop long de faire connoître et sur-tout de décrire les nombreuses espèces de houes dont on fait usage en Europe; elles peuvent toutes se réduire à quatre ou cinq principales qui sont, la *houe carrée*, la *houe ronde*, la *houe triangulaire*, la *houe fourchue*, et la *houe trident*.

La première est propre aux labours superficiels des champs, des vignes et des jardins; elle est employée dans la plus grande partie de la France. C'est celle dont on se sert à Saint-Domingue dans les grandes cultures; elle y tient lieu de charrue et de bêche.

On fait usage de la seconde principalement pour semer les graines farineuses et pour planter et butter des pommes de terre, des artichauts ou autres plantes.

La troisième, c'est-à-dire la houe triangulaire, est utile à employer dans les terrains graveleux et pierreux, et la houe fourchue, dans ceux qui abondent en pierres ou en racines traçantes. On enlève aussi les racines traçantes avec la houe trident, sur-tout le chiendent; pour cela on enfonce cet instrument jusqu'à une certaine profondeur dans la terre qui a déjà été labourée à la charrue et à la bêche, et on attire à soi les racines qu'on met en tas pour les brûler.

Il y a des houes dont la forme est propre aux terrains en pente, sur lesquels l'usage d'une houe à long manche seroit impraticable; telle est la houe triangulaire à main. Cette main

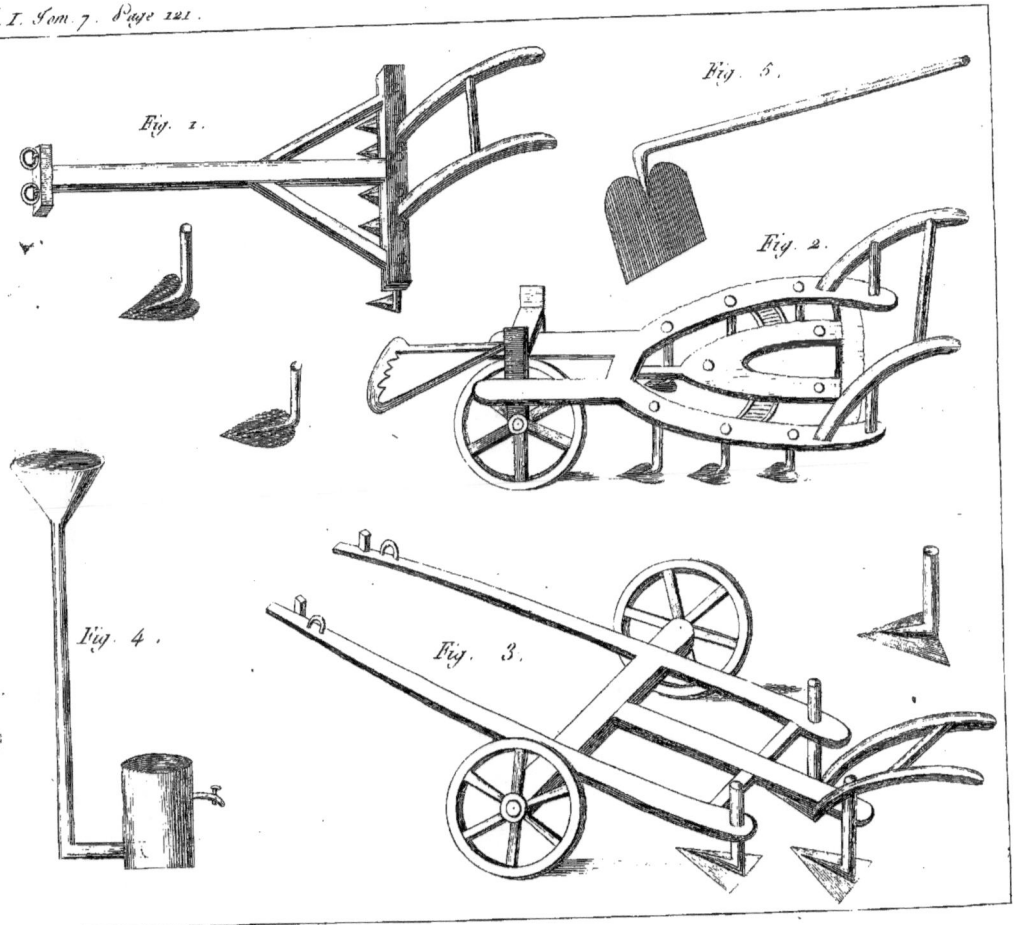

Pl. I. Tom. 7. Page 121.

Fig. 1.

Fig. 5.

Fig. 2.

Fig. 4.

Fig. 3.

Desvee del. et direx.

Filtre à Charbon.

Houes.

n'est autre chose qu'une espèce de crochet en fer que tient l'ouvrier, et au moyen duquel il manie l'instrument.

Enfin il y a une petite houe appelée BINETTE OU PIOCHETTE, dont les jardiniers se servent pour serfouir des fleurs. (D.)

De toutes les houes celle qui est la plus commode et en même temps la plus expéditive pour les petits labours ou binages d'été, est la houe américaine : c'est pourquoi j'ai cru qu'il étoit bon d'en donner la figure. *Voyez pl.* 1, *fig.* 4.

Les Anglais ont donné le nom de houe à cheval (*horse-hoe*) à un instrument qui leur sert à biner les semis ou plantations faites par rangées; mais ce nom ne lui convient qu'imparfaitement, car le caractère principal des houes est d'ouvrir la terre en frappant, tandis qu'il l'ouvre à la manière de la charrue. Le plus souvent il est composé d'un, de deux, de trois et même d'un plus grand nombre de lames de fer de la forme et de la largeur d'une houe plate, parallèles à l'horizon, fixées par le moyen d'un manche également de fer et formant un angle plus ou moins fermé, plus ou moins ouvert, quelquefois droit, à une, deux ou trois traverses liées entre elles et attachées ou non à un avant-train de charrue, à une ou deux roues. On en voit un figuré à l'article succession de culture de cet ouvrage. D'autres, *pl.* 14, *fig.* 2; *pl.* 15, *fig.* 5; *pl.* 16, *fig.* 2 et 4 du Cultivateur Anglais, par Arthur Young. Je pourrois en citer beaucoup d'autres encore.

Cet instrument ne diffère du CULTIVATEUR OU CHARRUE A BINER que parcequ'il est plus aplati, plus foible et qu'il expédie plus d'ouvrage, et du RATISSOIR A CHEVAL que parcequ'il est composé de plusieurs fers.

En général la houe à cheval, soit simple, soit composée, est une invention très utile, en ce qu'elle économise prodigieusement de main-d'œuvre et qu'elle fait du bon ouvrage. Il est de l'intérêt des cultivateurs français d'en adopter l'emploi. Le seul inconvénient qu'elle ait, c'est de ne pouvoir pas facilement servir dans les terrains caillouteux et ceux où il y a beaucoup de racines ou de rejets.

Voyez pl. 1, *fig.* 1, Houe à cheval avec six petites houes triangulaires sur un seul rang et sans roues.

Figure 2. Houe à cheval, à une seule roue et à dix houes plates disposées de manière à ce qu'elles ne laissent pas de terrain sans y passer.

Figure 3. Houe à cheval à deux roues et à trois houes triangulaires et très larges.

On peut varier sans fin et dans toutes les proportions ces sortes de charrues. (B.)

HOUILLE. Substance inflammable d'un noir luisant, d'un tissu compacte, disposée à se diviser en cube, qu'on trouve par bancs ou en filons dans l'intérieur de la terre, et qu'on emploie comme combustible, soit dans les foyers domestiques, soit dans les forges et autres manufactures à feu.

Cette substance, qu'on appelle aussi *charbon de terre*, n'intéresse pas directement l'agriculture; mais la grande rareté du bois doit faire désirer à tout ami de son pays, qu'à l'exemple des Anglais, nous en fassions un plus grand usage que par le passé. D'ailleurs le résidu de sa combustion, qu'on appelle cendre, quoique ses principes soient totalement différens de ceux de la cendre de bois, résidu qui varie depuis un jusqu'à vingt et vingt-cinq pour cent, est un excellent amendement pour certaines terres. Il en est de même de sa suie. *Voyez* CENDRE et SUIE.

Il arrive très fréquemment que la houille contient des pyrites, ce qui rend sa combustion désagréable à l'odorat, et empêche qu'on ne puisse l'employer dans beaucoup de manufactures. C'est pour cela qu'on la fait en partie brûler, qu'on la réduit en ce que les Anglais appellent *coak* et les Français *charbon des œufre*, par une opération analogue à celle en usage dans la fabrication du charbon de bois. Dans cet état, il n'a plus d'odeur; mais il a perdu un quart, et même un tiers de son poids.

Lorsqu'on fait cette opération dans un fourneau disposé à cet effet, on obtient une espèce de bitume liquide fort chargé d'alkali volatil, bitume bien préférable, comme l'a prouvé par l'expérience Faujas de Saint-Fonds et autres, à tout autre matière pour carner les vaisseaux et imprégner les cordes dont on fait usage dans la marine.

On s'en sert aussi beaucoup aujourd'hui en Angleterre pour graisser les roues des voitures, en le mêlant avec un peu d'argile pour diminuer sa fluidité.

La France est extrêmement riche en minés de charbon de terre; mais très peu sont exploitées convenablement. Ce n'est que par des travaux en grand, et qui, par conséquent, exigent des avances considérables, qu'on pourra espérer être en état de le vendre aussi bon marché que nos voisins. Aujourd'hui la loi s'oppose aux améliorations à cet égard, parcequ'elle a déclaré les mines de houille propriété du possesseur de la surface du sol, et que peu de ces possesseurs ont les moyens ou la volonté de faire ce qui convient pour en tirer tout l'avantage possible.

La qualité des houilles varie si fort, qu'il n'y a peut-être pas deux mines qui en fournissent de parfaitement semblable. Il en est, comme je l'ai dit plus haut, qui contiennent beaucoup de pyrites; d'autres paroissent renfermer des matières animales, et exhalent en conséquence une odeur très fétide dans la combustion. Quelques unes sont si pures, qu'elles sont très solides, et peuvent être travaillées comme le jayet, bitume qui en approche beaucoup. D'autres, avec toutes les apparences d'une bonne qualité, sont incombustibles.

Le principal usage de la houille en France est pour travailler le fer dans les forges des serruriers, des taillandiers et des maréchaux, etc., objet auquel elle est plus propre que le charbon de bois, parcequ'elle donne plus de chaleur, et la conserve mieux. En Angleterre, elle remplace le bois et le charbon de bois dans leur emploi domestique et dans les grandes manufactures à feu.

Généralement les mines de houille se trouvent au bas des montagnes de seconde formation, c'est-à-dire entre des schistes, entre des grès ou des pierres calcaires primitives, et dans les angles rentrans, dans les golfes que forment ces montagnes. Leur épaisseur et leur profondeur sont très variabl s. On en connoît qui ont plusieurs toises de puissance, et d'autres qui n'ont que quelques lignes : elles sont ou à la surface du sol, ou si profondes, qu'on ne peut les atteindre. Souvent il y a un grand nombre de couches de différente qualité et épaisseur au-dessus les unes des autres. Enfin il faudroit des volumes pour détailler toutes les circonstans qu'elles présentent ; mais cela n'est pas de mon objet

L'opinion des minéralogistes varie sur l'origine des houilles. Quelques uns supposent qu'elles ont été formées en même temps que les pierres secondaires, et, comme elles, par une précipitation chimique. Patrin imagine qu'elles proviennent des volcans. Je suis de l'avis de ceux qui pensent qu'elles sont des dépôts des bois de l'ancien monde, c'est-à-dire du monde circonscrit aux montagnes primitives et secondaires, dépôts amoncelés dans la mer par les fleuves. Je dis par les fleuves, parcequ'on a comparé mal à propos la houille aux bois enfouis dans la terre, et simplement bituminisés. Il suffit de savoir quelle immense quantité d'arbres sont encore aujourd'hui entraînés à la mer par les grandes rivières de l'Amérique, pour présumer la possibilité de ce fait ; et quand on a vu les nombreuses empreintes de fougères et autres plantes qui existent entre les couches des mines de houilles, on ne peut guère se refuser à le croire certain. Je sais qu'il y a beaucoup d'objections à faire contre cette idée, mais il y en a de bien plus difficiles à proposer aux partisans des deux premières. Ce n'est pas ici le lieu de discuter ce point de théorie. Je me contenterai seulement de dire que j'ai ramassé moi-même au milieu de la dernière couche de la mine de Saint-Beraint un morceau de bambou, morceau bien caractérisé, dont la cavité étoit remplie de boue schisteuse, et la partie ligneuse convertie en charbon parfaitement semblable à celui de la couche même, et ayant laissé son empreinte dans cette couche. Je ne sais pas ce qu'on peut opposer aux conséquences que je tire de cette pièce, que j'ai déposée dans le cabinet de l'École des Mines. *Voyez* TOURBE.

La houille est infertile, c'est-à-dire que, quoi qu'on fasse, on ne peut faire croître des plantes dans celle qui est pure, si finement réduite en poudre qu'elle soit. On est même allé jusqu'à dire qu'elle frappoit de stérilité les terrains sous lesquels elle gît par les émanations qui s'en échappent. Je ne crois pas ce fait fondé en raison ; mais il est très vrai que la houille se trouvant principalement dans des sols schisteux, sols par eux-mêmes très peu propres à la culture, on a dû en tirer la conséquence ci-dessus. Les mines de Mont-Cenis, de Saint-Etienne, et autres plus petites que j'ai visitées, sont toutes dans cette nature de pierre. Je n'ai pas vérifié si la surface du sol de celles qui se trouvent sous des couches calcaires est également peu fertile. Au reste, ces dernières sont rares.

Les cendres de la houille sont très recherchées dans les pays où on en consomme dans les foyers domestiques ou dans les grandes manufactures, pour l'amendement des terres labourables. Ces cendres ne contiennent cependant que de la silice, de la magnésie, de la terre calcaire, un peu de fer, et quelquefois des sels vitrioliques provenant des pyrites qui ont échappé à leur complète décomposition. Aussi est-ce dans les terrains argileux, qu'on appelle froids, qu'elles conviennent le mieux. Elles produisent aussi, comme la cendre de bois et la chaux, d'excellens effets sur les prairies naturelles et artificielles. On en fait un grand usage aux environs de Saint-Étienne et en Angleterre. Il ne faut pas les confondre, comme on le fait souvent, avec les cendres provenant de la décomposition par le feu des tourbes pyriteuses des environs de Soissons et de Laon. *Voyez* au mot TOURBE.

La suie de houille, suie souvent extrêmement abondante, est aussi regardée comme un excellent engrais. Elle a de plus l'avantage de faire périr les insectes par son âcreté. On l'emploie beaucoup dans le pays de Liège, principalement dans les houblonnières, pour les purger des chenilles de l'HÉPIALE. (*Voyez* ce mot.) En Angleterre, on en fait une consommation énorme pour ce seul objet. On la répand au premier printemps. Plus tôt elle seroit entraînée par les pluies ; plus tard elle se dessècheroit, et produiroit peu d'effets. C'est encore sur les terres argileuses et sur les prairies qu'il est le plus avantageux de l'employer ; mais elle fait plus merveilleusement au pied des arbres fruitiers dans les jardins abondans en courtilières, en vers blancs et autres insectes destructeurs ; son abondance est quelquefois momentanément nuisible, comme celle de tous les engrais ; mais une végétation plus vigoureuse ne tarde pas à dédommager de ce léger retard.

Les cendres de houille servent encore à consolider les mortiers, sur-tout pour les bâtisses dans l'eau. Elles remplacent fort bien la pouzzolane. Leur suie peut remplacer le noir de fumée dans toutes les peintures rurales. (B.)

HOULETTE. Ce n'est point de la houlette du berger dont il s'agit ici, mais d'un outil ou instrument de jardinage qui porte le même nom à cause de la ressemblance qu'il a avec elle. Cet outil n'est autre chose qu'une plaque de fer arrondie à son extrémité inférieure, creusée légèrement en gouttière dans sa longueur, et fixée vers le haut à un manche ordinairement très court. C'est la houlette commune du jardinier. Elle sert à labourer la surface de la terre des caisses d'arbres étrangers, et à lever des jeunes plantes en mottes pour les empoter ou les mettre en place en pleine terre.

Il y a d'autres sortes de houlettes ; savoir, celle en truelle avec un manche court et écarté du fer d'environ quatre pouces. Elle est propre à remplir les caisses de moyenne grandeur de terre préparée lors des rencaissages des arbrisseaux étrangers ; celle à oignon, dont le manche est pareillement distant du fer, et qui sert à enlever soit les oignons de fleurs, soit les marcottes enracinées, soit les jeunes plantes mal venantes et dont on veut pourtant tirer parti ; la houlette d'herborisation dont la forme est triangulaire et le manche long de deux à quatre pieds ; avec celle-ci on enlève, avec leurs racines, les plantes herbacées qu'on trouve dans la campagne et qu'on veut mettre tout entières dans son herbier ; enfin la houlette à double branche qui ressemble en quelque sorte à une paire de ciseaux ; elle est composée de deux lames concaves, ayant chacune un manche, et formant, par leur réunion, une espèce de vase ouvert en dessous ; on enfonce les deux parties de la houlette autour de la racine, ou plante, ou oignon qu'on veut enlever, en tenant les deux manches avec les deux mains ; quand on a enfoncé on tourne la houlette pour couper la terre par-tout, et on arrache la plante avec sa motte entière, comme si elle étoit dans un pot. (D.)

HOULQUE ou HOUQUE, *Holcus*. Genre de plantes de la polygamie monœcie et de la famille des graminées, qui renferme plus de vingt espèces, dont quatre à cinq sous les noms de *grand millet d'Inde*, de *grand et petit mil*, de *millet d'Afrique*, sont l'objet d'une culture de première importance dans les pays intertropicaux de l'Asie, de l'Afrique et de l'Amérique, même de quelques lieux des parties méridionales de l'Europe.

et deux autres , naturelles à l'Europe , entrent avec avantage dans la composition des prairies situées en terrain sec et sablonneux.

La HOUQUE A ÉPI a les racines annuelles , les tiges cylindriques , velues , hautes de trois à quatre pieds ; les feuilles de la largeur du pouce , très longues et velues ; l'épi droit, de deux pouces de diamètre sur quatre à cinq de long , et terminé par un bouquet de poils. Elle est originaire des Indes , et se cultive dans toutes les parties chaudes de l'Afrique et de l'Amérique. Je l'ai vue abondante en Caroline. On la connoît à Saint-Domingue sous le nom de *couscou* ou *millet à chandelle*. Les nègres du Sénégal l'estiment plus qu'aucune autre plante cultivée. Sa graine réduite en gruau, et mangée en boulie, m'a paru en effet d'un goût extrêmement délicat. J'en possède en herbier deux variétés. C'est la moins productive de toutes les espèces. Il ne faut pas la confondre avec le PANIS , qu'on appelle comme elle *millet* dans beaucoup d'endroits. *Voyez* PANIS.

La HOUQUE SORCHO a les racines annuelles ; les tiges glabres, hautes de trois à quatre pieds ; les fleurs d'un blanc sale ou rousses , disposées en panicule droite et lâche ; les graines aplaties. Elle est originaire des grandes Indes et se cultive avec la précédente, mais plus généralement. On en voit quelques champs dans les parties méridionales de la France , et elle rivalise avec le maïs dans quelques cantons de l'Espagne et de l'Italie. C'est le *dura* , *duro* , ou *douro* des Egyptiens et autres peuples voisins des côtes africaines de la Méditerranée. Comme la plus connue, les noms *de grand millet d'Inde*, de *petit mil*, de *millet d'Afrique* , lui conviennent plus spécialement. Un tiers du monde peut-être vit de ses graines. Elle offre un grand nombre de variétés encore peu connues , mais dont j'ai observé plusieurs dans mes voyages en Amérique , en Italie et en Espagne.

La HOUQUE BICOLORÉE a les racines annuelles ; les tiges glabres , hautes de six à huit pieds , les feuilles larges de plus d'un pouce ; les fleurs disposées en panicule serrée , un peu recourbée , tantôt toutes d'un blanc sale , tantôt toutes d'un noir de fumée ,tantôt enfin blanches et noires sur le même épi. Elle est originaire de l'Inde et se cultive avec la précédente, dont elle a été long-temps regardée comme une variété, et dont elle en est peut-être réellement une. Toutes ses parties sont plus fortes. Son grain est très blanc, très gros et très bon. C'est le *gros mil* du Sénégal et l'espèce la plus productive.

La HOULQUE SACHARINE a les racines annuelles ; les tiges glabres, hautes de huit à dix pieds ; les feuilles glabres , larges de deux pouces ; les fleurs disposées en épi droit très serré.

Elle est originaire des Indes et se cultive encore comme les précédentes, mais elle demande un degré de chaleur plus considérable. Ses graines sont jaunâtres. C'est dans l'Inde, à ce qu'il paroit, où on la cultive le plus abondamment. Je crois cependant l'avoir vue en Caroline et en Italie. Elle est fréquemment cultivée à Saint-Domingue sous le nom de *petit mil.*

La HOULQUE PENCHÉE a les racines annuelles; les tiges glabres, hautes de six à huit pieds; les feuilles glabres, de deux pouces de diamètre, les fleurs disposées en épi très serré et recourbé, et les graines blanches. Elle est originaire des mêmes pays que les précédentes, et se cultive de même. Il est possible qu'elle ne soit qu'une variété de la dernière, quoique la disposition de son épi et la couleur de sa graine soient différentes. Rarement ses graines parviennent à complète maturité en France.

La HOULQUE D'ALEP a les racines vivaces; les tiges hautes de deux à trois pieds; les feuilles allongées; les fleurs disposées en panicule penchée. Elle est originaire de Syrie et d'Italie. On la cultive, au rapport de Décandolle, dans quelques parties des départemens méridionaux de la France, probablement pour son fourrage. La grosseur de ses touffes, la longueur de ses feuilles, et la précocité de sa végétation, peuvent en effet la rendre précieuse sous ce rapport; mais je n'ai aucune notion particulière sur le parti qu'on en a tiré jusqu'à ce jour. Elle ne craint point les hivers du climat de Paris; sa graine doit être bonne à employer à la nourriture de la volaille et des oiseaux de volière.

Après le maïs, les différentes espèces de houlques que je viens d'énumérer sont les graminées qui fournissent les produits les plus abondans à l'agriculture. En Égypte le sorgho rapporte deux cent quarante pour un. Elles l'emporteroient même sur lui si leur grain étoit d'un volume aussi considérable que le sien. Le grain paroit fade à ceux qui n'y sont pas accoutumés, mais il est très nourrissant et très sain. C'est la principale culture en Afrique. On l'y préfère au blé même dans les cantons où ce dernier croît concurremment avec lui.

Je ne crois pas que les houlques doivent devenir l'objet de la convoitise des agriculteurs français. J'ai entendu dire à des Italiens instruits que, même chez eux, sa culture étoit onéreuse, à raison de l'incertitude de son succès, mais qu'ils ne pouvoient déterminer leurs fermiers à l'abandonner. C'est entre les tropiques, ou au moins dans le voisinage des tropiques, qu'il faut exclusivement s'y livrer.

La culture des houlques diffère peu de celle du maïs. Presque par-tout où elles aiment à croître la charrue est inconnue;

aussi est-ce à la houe qu'on laboure la terre où elles doivent être semées. Un sol gras paroît être celui qui leur convient le mieux ; cependant je les ai fréquemment vues devenir fort belles dans des sables humides. On dit qu'elles effritent considérablement la terre, cependant les fumiers sont inconnus en Afrique et en Amérique ; on y supplée en alternant les cultures et en multipliant les binages d'été.

En Italie, c'est au mois de mai qu'on confie à la terre les graines des houlques, après avoir fumé la terre et donné deux labours ; ordinairement on les répand à la volée, quelquefois en rayons, et toujours de manière qu'il y ait environ deux pieds de distance entre chaque pied. Lorsque le plant a six à huit pouces de haut, on lui donne un premier binage, pendant lequel on arrache les pieds trop rapprochés, pieds qu'on replante dans les endroits où il en manque. Un mois après on donne un second binage, au moyen duquel on rechausse le plus possible les pieds. On répète ce binage lorsque la plante est près d'entrer en fleur. Quelquefois on en donne un quatrième.

En Caroline où on ne cultive qu'à la houe, où on ne fume jamais, on gratte le sable et on le rassemble en ados de deux pieds de large sur un de haut. C'est sur ces ados qu'on place la graine de houlque. Lorsqu'elle est levée, on gratte la surface de la terre des ados pour enlever les mauvaises herbes, ensuite on gratte leurs intervalles, et on en ramène la terre au sommet de ces ados. On répète ce grattage, et de la même manière, une ou deux fois. Je dis gratter, car dans la première opération on n'approfondit pas de plus de deux ou trois pouces, et dans celle-ci, ainsi que dans les suivantes, de plus d'un à deux.

Lorsque la maturité de la graine approche, on arrache souvent les feuilles pour les donner aux bestiaux, qui les aiment beaucoup ; mais la grosseur et la saveur des graines en souffrent nécessairement.

Si les oiseaux n'étoient pas aussi friands des graines des houlques, on laisseroit sans doute les tiges en place jusqu'à ce que toutes fussent mûres ; mais leurs ravages forcent le plus souvent, sur-tout en Caroline, de les couper ou arracher lorsqu'il n'y en a encore que la moitié ou les deux tiers arrivés à cet état. On met ces tiges en tas droits, épis contre épis ; on couvre ces derniers de feuilles ou d'herbes, et la maturité se complète.

Il est probable que la culture des houlques au Sénégal diffère peu de celle de la Caroline. J'ai entendu dire qu'on y faisoit constamment deux récoltes par an de la grande et petite espèce, c'est-à-dire de la houlque bicolorée et de la houlque sorgho ; ce que la grande chaleur du climat permet de croire.

En Egypte on cultive trois des espèces citées plus haut, savoir, 1° le *doura nili* (la houlque à épi) ; elle a besoin d'arrosage et se récolte soixante à quatre-vingts jours après qu'elle a été semée ; 2° le *doura chami*, qui paroît n'être qu'une variété de la précédente, portant plusieurs épis ; 3° le *doura seïfi* (la houlque sorgho), ou peut-être la houlque penchée. Cette espèce est abondante dans la Haute-Egypte et dans les terres éloignées du Nil. Quelquefois on en fait deux récoltes dans la même année.

Lorsque la graine des houlques est complètement sèche on peut la battre et la conserver dans un grenier comme le blé ; mais il vaut toujours mieux la laisser dans sa balle jusqu'au moment où on veut la manger ou la semer. Celle de l'espèce à épi exige sur-tout cette précaution , car elle perd facilement la supériorité de sa saveur par son exposition à l'air.

Le plus souvent on mange les graines des houlques comme le riz, c'est-à-dire cuites à l'eau ou au lait, ou au bouillon, et assaisonnées avec du sel, du piment, des aromates, etc. Quelquefois , comme en Egypte, on les fait entrer dans le pain. Les nègres du Sénégal et ceux d'Amérique les réduisent en gruau sous la meule ou le pilon, et les mangent comme le maïs sous le nom de couscou, ou de moussa.

Toutes les volailles recherchent les graines des houlques ; elles les engraissent rapidement et donnent à leur chair de la fermeté et de la délicatesse. Les animaux domestiques aiment beaucoup leurs feuilles , soit vertes, soit desséchées. Ordinairement, dans les pays où on coupe les tiges, les racines repoussent quelques rejetons qu'on recueille exactement pour eux. Dans quelques endroits on sème même des houlques pour les couper lorsqu'elles ont deux pieds de haut, afin d'employer leur fane au même usage. Par-tout les panicules du sorgho , dépouillées de leurs graines, servent, après avoir été réunies cinq ou six ensemble , de balais pour nettoyer les appartemens.

La HOULQUE MOLLE a les racines vivaces ; les tiges hautes d'un à deux pieds ; les feuilles velues ; des fleurs en panicules rapprochées , chacune avec une arête plus longue que les valves. Elle se trouve dans les prés de presque toute l'Europe. Les bestiaux la recherchent avidement, et en conséquence les agriculteurs doivent tendre à la multiplier le plus possible.

La HOULQUE LAINEUSE a les racines vivaces ; les tiges hautes d'un pied ; les feuilles lanugineuses ; les fleurs réunies en panicule ramassée , chacune ayant une arête plus courte que les valves. Elle croît dans toute l'Europe aux lieux sablonneux et arides , et fleurit dès le commencement du printemps. Les bestiaux et sur-tout les moutons en sont fort avides. Ce seroit une des plantes de sa famille dont la culture seroit la plus avantageuse, si sa nature permettoit de la mettre en prairies. En effet, il suffit de l'avoir observée dans un sol qui lui est propre pour juger que ses pieds, qui forment de grosses trochées, veulent être isolés. C'est pour n'avoir pas fait cette remarque que quelques cultivateurs qui l'ont semée sur parole en ont été pour leurs frais. La manière de tirer de cette plante tout le parti possible, c'est d'en cultiver quelques touffes dans un lieu défendu des bestiaux, pour en récolter la graine et la semer très clair, à la fin de l'automne, sur un simple binage ou ratissage, dans les parties des pâturages où on mène les moutons au printemps qui sont les plus dégarnies d'herbe. La précocité de sa pousse fournira à ces moutons une nourriture abondante. On peut aussi s'en servir utilement pour remplir les places vides des sainfoins et des luzernes qui commencent à se détériorer. Il est surprenant qu'on n'ait pas encore pratiqué ce moyen de conserver les prairies en état constant de produit. J'ai droit d'assurer que cette plante ne subsiste pas plus de trois ou quatre ans dans la même place, parcequ'elle épuise le terrain plus que la plupart des autres graminées de sa taille. (B.)

HOUPPE. Réunion des poils qui partent d'un point, soit sur les feuilles et les tiges, soit au sommet des graines de quelques plantes. Ce mot est peu employé.

HOUX, *Ilex*. Genre de plantes de la tétrandrie tétragynie et de la famille des rhamnoïdes, qui renferme une vingtaine d'espèces, dont une, propre à l'Europe, a plusieurs sortes d'utilité pour les agriculteurs, et doit être connue d'eux.

Le HOUX COMMUN, *Ilex aquifolium*, Lin., est un arbuste très rameux qui s'élève à vingt pieds et plus, dont l'écorce du tronc est grise, et celle des rameaux d'un vert noirâtre, dont les feuilles sont alternes, pétiolées, ovales, coriaces, persistantes, d'un beau vert, très luisantes, sinuées et épineuses aux extrémités des sinuosités, qui sont alternativement relevées et abaissées. Ces sinuosités disparoissent par suite de la vieillesse des pieds. Ses fleurs sont petites, blanchâtres, disposées en bouquets et presque sessiles dans les aisselles des feuilles supérieures; ses fruits sont rouges et de deux à trois lignes de diamètre.

Le houx croît naturellement dans presque toute l'Europe, principalement dans les bois des pays de montagnes. Les très fortes gelées le font quelquefois périr, sur-tout lorsqu'il a été soumis à la taille. Il fleurit au milieu du printemps, et ses fruits subsistent d'une année sur l'autre. Ses feuilles répandent, dans la chaleur, ou quand on les froisse, une odeur désagréable. Ses fruits sont douceâtres, nauséeux et purgatifs. On

doit craindre de les employer. La décoction de sa racine et de
son écorce est regardée comme émolliente et résolutive.

Mais ce n'est pas sous les rapports médicaux que cet arbuste est le plus important à considérer. C'est comme propre
à faire des haies, à orner les jardins, à fournir la glu, si utile
pour la chasse des petits oiseaux, et un bois d'une élasticité
et d'une dureté telle qu'on n'en trouve aucun autre de même
nature en Europe.

Au printemps, lorsque le houx pousse ses nouveaux rameaux, que ses feuilles ne sont pas encore piquantes, les
vaches, les chèvres et les moutons le mangent avec plaisir,
et c'est cette cause qui fait que rarement il monte en arbre.
D'ailleurs il croît avec une grande lenteur lorsque sa flèche
a été coupée. C'est le plus grand reproche qu'on puisse lui
faire lorsqu'on l'emploie à la fabrication des haies; mais on
en est bien dédommagé par la durée. On cite de ces haies qui
ont plus de deux siècles de plantation et qui sont dans le meilleur état. Aucun homme, aucun animal domestique ne peut
les traverser, lorsqu'elles sont construites d'une manière convenable, c'est-à-dire lorsqu'on a semé ou planté les pieds sur
deux rangs alternes, l'un par rapport à l'autre, qu'on a en-
trelacé leurs branches, qu'on a taillé les côtés avec prudence
et arrêté le sommet à cinq à six pieds au moins. Quand ces
haies, qui sont aussi agréables à la vue que solides, se dégarnissent du bas ou perdent quelques uns de leurs pieds, il
ne faut pas penser à les rétablir avec la même espèce d'arbuste, qui ne viendroit pas, mais, dans le premier cas, avec
le fragon, et dans l'autre avec des aubépines, mêlés d'arbres
verts, tels que le buis, le thuya, etc. On les forme, soit par
semis, ce qui vaut mieux, parceque le pivot est toujours entier,
soit de plant, non de plant arraché dans les bois, qui réussit
rarement, mais de celui élevé en pépinière.

La graine du houx demande à être semée aussitôt qu'elle est
cueillie. Si on ne veut pas la mettre en place en automne, et
si on craint que les oiseaux la mangent pendant l'hiver, on
la déposera en jauge, c'est-à-dire en masse, dans un trou
fait en terre, pour l'en retirer au printemps. Avec cette précaution elle lève en plus grande partie la même année, tandis que si on l'avoit laissé se dessécher à l'air il eût fallu attendre le plant deux ou trois ans, ou même perdre l'espérance
de le voir. Quoique chaque baie contienne le plus souvent
quatre graines, on peut se dispenser de les écraser.

Le plant levé se sarcle deux ou trois fois par an, et est laissé
se développer librement pendant les trois ou quatre premières
années. Je suppose qu'il a été garanti de la dent des bestiaux
par une haie provisoire faite avec des branches d'aubépines

ou d'autres arbres. A cinq ans, si le terrain est bon, ce plant doit avoir au moins trois pieds de haut, et on peut déjà arrêter avec la serpette celles de ses pousses latérales qui s'écartent trop du tronc, et même la flèche des pieds qui ne sont pas suffisamment garnis du bas. C'est alors aussi qu'il convient d'entrelacer les branches pour garnir tous les vides. Les années suivantes on continue les mêmes opérations, jusqu'à ce que la haie ait, comme je l'ai déjà dit, cinq à six pieds de haut ; il faut à toutes les époques se dispenser autant que possible d'employer le croissant et les ciseaux. La haie en est moins régulière sans doute, mais elle se conserve mieux et se répare plus aisément.

Lorsque des circonstances ne permettent pas de semer la haie en place, on fait une tranchée d'un pied de large et de six à huit pouces de profondeur, et on place des deux côtés, à six ou huit pouces de distance et alternativement plein contre vide, du plant de deux ou trois ans au plus, pris dans une pépinière, et auquel on ne retranchera ni racines ni branches. Cette plantation souffrira nécessairement ; on sera obligé l'année suivante de remplacer beaucoup de pieds morts, mais petit à petit elle se fortifiera. Du reste on la conduira positivement comme il vient d'être dit.

Soit qu'il forme haie, soit qu'il forme buisson, soit qu'il s'élève en arbre d'une forme naturellement pyramidale, le houx fait un fort bon effet dans les bosquets pendant l'été comme pendant l'hiver. Dans cette dernière saison sur-tout il brille et par le contraste de son vert feuillage avec la nudité des arbres environnans, et par l'éclat de ses fruits qui ressemblent à des boules de corail. Aussi les jardins paysagers s'en sont-ils emparés. Là on le voit fréquemment figurer autour des massifs, sous l'ombre des grands arbres, ou au troisième rang des arbustes. Là on le voit varier dans son feuillage à un point dont ne se peuvent faire d'idée ceux qui n'ont pas étudié la botanique. En effet, il n'est point d'arbre ou d'arbuste sur qui l'art du jardinier se soit exercé avec autant de succès que sur celui-ci, ou mieux, qui se soit mieux prêté à changer de forme et de couleur entre ses mains. On en voit dont les fruits sont jaunes, dont les fruits sont blancs, dont les feuilles sont très étroites et allongées, dont les feuilles sont lancéolées et également dentées, dont les feuilles sont plus ou moins hérissées d'épines sur leur surface (c'est le houx *hérissonné*), dont les feuilles hérissonnées sont panachées de blanc ou de jaune, dont les feuilles non hérissonnées sont panachées de blanc ou de jaune, ou bordées de ces deux couleurs, à épines couleur de pourpre, à feuilles veinées de jaune et de rouge, etc., etc. Duhamel en compte vingt-six, et depuis lui on en a découvert d'autres.

Toutes ces variétés se reproduisent par marcottes et plus fréquemment par la greffe en écusson à œil dormant, greffe qui
réussit assez bien quand on la fait en temps convenable et sur
des sujets de trois à quatre ans au plus.

Pour multiplier le houx dans les jardins, il faut le semer
dans une terre substantielle avec les précautions indiquées
pour les semis de baies. La seconde année on transplante les
plants en pépinière à six ou huit pouces de distance. C'est là
qu'on les greffe. Deux ou trois ans après on les relève pour les
placer autre part à quinze ou dix huit pouces, et on les y
laisse jusqu'à ce qu'on les plante à demeure. Ces plants, comme
je l'ai déjà observé, réussissent presque toujours à la reprise et
à la greffe, tandis qu'il est rare que celui arraché dans les bois
ne meure pas. Cette observation s'applique à plusieurs espèces
d'arbres, mais dans aucun autre aussi positivement qu'à celui-ci.

C'est avec la seconde écorce du houx qu'on fabrique la glu
dont on se sert si avantageusement pour la chasse aux petits
oiseaux ; pour cela on fait à demi pourrir cette écorce dans
un vase enterré dans du fumier, après quoi on la pile et on
la lave à grande eau.

Les jeunes pousses du houx sont si flexibles et si tenaces,
qu'on peut les mettre en cercle avec la certitude de les voir
se redresser naturellement avec élasticité aussitôt que la
compression cesse. Aussi en fait-on un grand usage pour les
manches de fouets, les baguettes de fusils, les houssines à
battre les habits, etc. Le vieux bois est dur, solide, blanchâtre à la circonférence et noirâtre au centre. Il pèse sec,
d'après Varennes de Fenilles, quarante-sept livres dix-sept
onces deux gros par pied cube, c'est-à-dire qu'il reste au
fond de l'eau comme le buis et le gayac. Il prend un beau
poli et reçoit très bien les couleurs qu'on veut lui donner.
Peu de bois sont meilleurs pour les manches des outils d'a-
griculture, parcequ'il ne se casse jamais. Si les gros échantillons étoient plus communs, les ébénistes et les charpentiers en feroient un grand usage, parcequ'il a toutes les
qualités demandées dans ces deux arts.

Tous ces avantages devroient faire multiplier le houx plus
qu'on ne le fait, sur-tout devroient engager à en laisser beaucoup s'élever en arbre. Les causes qui s'opposent le plus à
ce dernier cas sont les gelées, qui font périr les jeunes jets, et
les maraudeurs, qui les recherchent pous les couper. Aussi est-
ce dans les montagnes des parties méridionales de la France,
dans les Cevennes, le Limousin, par exemple, qu'il faut aller
pour voir de nombreuses haies et de gros pieds isolés de cet
arbuste. Autre part ce n'est que dans les jardins ou à de bonnes
expositions qu'il peut se conserver dans toute sa beauté.

Parmi les espèces étrangères, il n'y a que le HOUX DE MAHON qui puisse passer l'hiver en pleine terre dans le climat de Paris. Quelques personnes le regardent comme une variété du précédent; mais ses feuilles, plus grandes, plus ovales, non sinuées inégalement et peu profondément dentées, ses fruits, plus petits et jaunes, doivent le faire regarder comme espèce distincte. On le greffe ordinairement sur le commun, auquel il paroît inférieur sous beaucoup de rapports.

Je dois encore citer le HOUX ÉMÉTIQUE ou le HOUX PARAGUA, *Ilex vomitoria*, Lin., qui a les feuilles ovales, dentées, très-petites; les fleurs dioïques et les fruits rouges. On le trouve en Caroline, où, quoiqu'il ne soit épineux dans aucune de ses parties, on en fait d'excellentes haies. L'eau dans laquelle on a fait infuser ses feuilles fait vomir, et lorsque ces feuilles ont été grillées avant d'être mises dans cette eau, elles la rendent propre à troubler la tête, à produire les mêmes effets que l'opium à moyenne dose. Aussi les sauvages d'Amérique en faisoient-ils usage avant le combat pour se donner du courage ou mieux pour s'étourdir sur le danger. (B.)

HOUX FRELON. *Voyez* FRAGON.

HOYAU. Espèce de pioche dont la lame est aplatie en biseau et le manche recourbé, ce qui facilite le travail de l'ouvrier. On se sert du hoyau aux environs de Paris et dans le nord de la France, pour le défonçage des terrains qui ne sont ni trop compactes ni trop pierreux. (D.)

HUILE. Liqueur grasse, onctueuse qui nage sur l'eau sans s'unir avec elle, qui forme des savons lorsqu'on la mêle avec des alkalis, et qui s'enflamme par le contact d'un corps embrasé.

Il est des huiles concrètes qu'on appelle *beurre*, telles que le beurre proprement dit, le beurre de cacao, etc. Il en est d'autres qu'on appelle SUIF, GRAISSE, CIRE, etc. Il en est de minérales, comme l'asphalte; de végétales, d'animales. Il en est enfin de fixes et de volatiles.

On a lieu de croire que les huiles sont une combinaison d'hydrogène, de carbone et d'oxygène, parcequ'on n'en obtient en définitif, par la distillation, que de l'acide carbonique et de l'eau, cette dernière en plus grande quantité qu'il n'avoit été employé d'huile.

Je ne m'occuperai ici que des huiles fixes et des huiles volatiles qu'on tire du règne végétal comme étant celles qui intéressent le plus particulièrement l'agriculture. *Voyez* pour les autres les mots cités plus haut.

Les huiles fixes, qu'on appelle aussi *huiles grasses*, *huiles douces*, sont celles qui ne peuvent se volatiliser sans se décomposer. Elles n'ont presque pas d'odeur. Leur saveur est douce. Il leur faut une haute température pour s'enflammer.

L'alcohol ne les dissout pas. Leur pureté n'est jamais que relative. On les tire par expression des graines d'une grande quantité de plantes et de la pulpe du fruit de l'olivier. Ce sont elles qui doivent principalement être considérées ici, parce-qu'elles seules sont l'objet d'une grande culture et d'un grand commerce.

Les huiles volatiles sont celles qui se volatilisent à la simple température de l'atmosphère. Elles sont très odorantes, dia-phanes ou colorées. Leur saveur est âcre, piquante, et même corrosive. Elles s'enflamment par le simple contact d'un corps brûlant. L'alcohol les dissout complétement. Leur pureté est souvent absolue. On les retire des racines, des tiges, des feuilles, des fleurs, et de leurs diverses parties, de l'écorce ou de l'en-veloppe des graines, mais non proprement des graines, c'est-à-dire de l'amande. On les obtient généralement par la distilla-tion, et quelquefois par expression.

Toutes les graines huileuses, outre l'huile fixe, contien-nent un mucilage que quelques personnes considèrent, avec raison, comme une huile encore imparfaite, de l'amidon et le parenchyme entre les lames duquel ces diverses parties sont renfermées. Je dis avec raison, parcequ'il est de fait que les amandes des graines qui ne sont pas encore arrivées à leur complète maturité ne contiennent que du mucilage, et qu'on en retire d'autant plus d'huile qu'elles ont été gar-dées plus long-temps après cette époque.

Lorsque les huiles renferment beaucoup de mucilage il se forme souvent de l'acide acéteux qu'on reconnoît à son odeur, et qui se précipite au fond des vases. En général il est tou-jours convenable d'enlever la surabondance de ce mucilage peu de jours après que l'huile est fabriquée, et renouveler plusieurs fois cette opération dans le courant de la première année. Cependant Rozier a observé que plus ce mucilage étoit abondant et moins facilement les huiles rancissoient. Il est d'ailleurs en partie la cause du goût particulier de chaque sorte d'huile. Il ne faut donc pas forcer sa précipitation pour toutes celles de ces huiles qu'on destine à l'apprêt des alimens, mais on ne peut trop en priver celles qu'on veut employer à la lampe, car il est un des plus grands obstacles à leur combustion.

L'huile adhère plus ou moins fortement au parenchyme. Il est des huiles qui l'abandonnent à la moindre pression ; il en est qu'il faut rendre plus fluides par l'élévation de leur tempé-rature. Presque toutes ont besoin d'être réduites en farine avant ces opérations.

La pesanteur des huiles grasses varie selon les espèces. Il en est de même de la faculté qu'ont la plupart de se consolider jusqu'à un certain point (de se figer) par le froid. Aux unes il suffit que la température de l'atmosphère s'abaisse jusqu'à cinq ou six degrés au-dessus de la congellation. Aux autres il faut que cette température descende jusqu'à dix et douze degrés au-dessous. Celles qui se figent facilement se conservent beaucoup mieux.

La plupart des huiles grasses, en absorbant moins ou plus facilement l'oxygène de l'air, acquièrent une consistance solide ou se dessèchent en se rapprochant des résines. Celles qui jouissent de cette faculté à un degré plus élevé, telles que les huiles de lin, de noix, d'œuillette, s'appellent huiles siccatives et s'emploient de préférence dans la peinture à l'huile. On accélère encore leur dessiccation en leur faisant dissoudre, à l'aide de la chaleur, de l'oxide de plomb demi-vitreux, c'est-à-dire de la litharge, substance surchargée d'oxygène.

Il ne faut pas confondre cet épaississement avec celui qu'éprouvent toutes les huiles nouvellement faites, et qui résulte de l'évaporation de l'eau interposée entre leurs molécules, mais non dissoute; c'est principalement à la faveur de leur mucilage que cette eau reste dans leur masse. Souvent elle s'y trouve en assez grande quantité pour qu'elle se sépare par le repos, et se précipite au fond des vases qui renferment l'huile.

Dans presque toutes les huiles grasses il y a une partie qui est plus fluide, plus légère, plus odorante, plus sapide, et qui s'en sépare par le repos pour venir nager à leur surface.

Les huiles nouvellement exprimées sont troubles, parcequ'elles contiennent le mucilage et quelques portions des autres composans de l'amande. La filtration ou le repos les débarrassent de ces matières étrangères qui, quoiqu'on dise, paroissent réellement concourir à accélérer leur décomposition; alors elles sont transparentes.

La principale altération dont sont susceptibles les huiles grasses c'est la *rancidité*. Dans cet état elles jouissent en partie des propriétés des acides, et ont une odeur et une saveur particulières et désagréables. Cet effet a lieu, soit parcequ'elles absorbent l'oxygène de l'atmosphère, soit parcequ'une température élevée fait réagir ses principes les uns sur les autres. On peut donc espérer de les conserver plus long-temps bonnes, en les mettant dans des vases bien fermés, placés constamment à la plus basse température possible. Toutes cependant tôt ou tard deviennent rances, quelques précautions qu'on prenne.

Il est des moyens pour rétablir jusqu'à un certain point les huiles rances, mais je n'en connois pas qui le fassent complètement. Je m'étendrai sur cet objet au mot RANCE.

Lorsqu'on ne s'inquiète pas de la rancidité de l'huile, et elle a quelques emplois dans les arts où il est bon qu'elle le soit, on peut la débarrasser du mucilage et de l'extractif qu'elle contient par plusieurs procédés.

Le premier, qu'on emploie à Gênes pour les huiles d'olives destinées à la consommation des peuples du nord qui aiment le goût de rance, et qui veulent peu de couleur et beaucoup de fluidité, consiste à mettre l'huile avec le double de son volume d'eau dans des vastes bassins en pierre ou en plomb qui n'ont que cinq à six pouces de profondeur. Ces bassins sont exposés à l'air libre et à toute la chaleur du soleil. La masse s'échauffe, le mucilage se précipite, et l'huile se décolore ; mais elle est rance au suprême degré. Cette opération dure quinze jours ou trois semaines. Il est bon d'avertir que l'huile rance dissout le plomb ; il est donc très dangereux dans ce cas d'employer des vases de ce métal.

Un autre procédé plus expéditif consiste à y verser deux centièmes d'acide sulfurique concentré, et d'agiter le tout jusqu'à ce qu'il se charge de flocons ; alors on y ajoute deux parties d'eau, et on agite de nouveau. Au bout de plusieurs jours de repos, l'huile surnage pure et limpide, et toutes les matières étrangères sont réduites à l'état de charbon. On n'a plus qu'à décanter ou filtrer. Ce procédé, qui est dû à Thénard, étant le meilleur de tous ceux qui ont les acides ou les sels avec excès d'acide pour base, je ne parlerai pas des autres du même genre qu'on emploie et dont on fait secret. Cependant il faut que je cite le sel marin comme le plus à la portée des ménagères.

Le troisième produit le même effet à un degré encore plus éminent, relativement du moins à l'odeur et au goût produits par la rancidité. C'est le filtrage à travers la poudre de charbon ; mais ce filtrage n'est pas facile, à raison de la légèreté de l'huile. On a imaginé pour cela un appareil qui consiste en une caisse A de fonte ou de fer-blanc, au bas de laquelle est fixé un tube recourbé B, terminé par un grand entonnoir C. On remplit la caisse de poudre de charbon, et on verse l'huile dans l'entonnoir. Cette huile remonte à travers le charbon, s'y débarrasse de toutes ses impuretés, et sort claire et limpide par le robinet D. Lorsque le charbon est chargé d'impureté, on l'ôte et on en substitue d'autre, ou on le remet après l'avoir fait rougir. *Voyez planche première, figure 4.*

Si on fait bouillir l'huile avec du charbon pulvérisé, elle se colore. Je cite ce fait, parceque des écrivains avoient conseillé cette opération pour la clarifier.

Les huiles combinées avec les oxides métalliques forment les onguents d'un usage si général dans la chirurgie, quoiqu'ils n'aient réellement d'autre utilité que de mettre les plaies à l'abri du contact de l'air, condition importante pour leur plus prompte guérison. Elles forment aussi des mastics.

Combinées avec les alkalis caustiques, elles constituent les savons, dont on fait un si grand usage pour nettoyer les vêtemens de toutes espèces, dégraisser les laines, débouillir les soies, etc., et à des usages médicinaux.

En nature, on en fait une si immense consommation pour aliment, pour médicament, pour éclairer, ramollir les cuirs, peindre, etc., qu'on ne pourroit absolument pas s'en passer.

L'énumération des plantes dont la graine peut fournir de l'huile seroit fastidieuse, puisque les cinq sixièmes d'entre elles sont de ce nombre. Parmi les familles naturelles, il n'y a guère que les deux premières classes, dans lesquelles sont comprises les graminées et une partie des légumineuses, qui n'en donnent pas. Les exceptions dans les autres sont si rares, qu'elles méritent à peine d'être citées. Cependant j'en ai fait mention toutes les fois que l'occasion s'en est présentée. Ici mon objet est seulement de parler des huiles des plantes qu'on cultive spécialement en France pour en obtenir.

Au premier rang il faut placer l'huile d'olive, à raison de son excellence pour l'usage de la table, des fabriques de savon, etc.

Cette huile, la seule en Europe qui soit fournie par la pulpe d'un fruit, existe toute formée dans les interstices du parenchyme de cette pulpe un peu avant sa maturité. La peau offre de plus des utricules qui contiennent une huile essentielle. Quelques personnes pensent que c'est à la réaction de cette huile essentielle sur l'huile grasse qu'est due l'altération de cette dernière; mais leur théorie à cet égard n'est pas suffisamment appuyée par l'expérience.

Quoiqu'il soit probable que les parties mucilagineuses et autres, qui se trouvent dans l'huile d'olive à la sortie du moulin, concourent à sa détérioration d'une manière plus réelle, puisque, comme je l'ai observé plus haut, elles donnent lieu à la formation de l'acide acéteux, et qu'ensuite elles se putrifient en exhalant une odeur très fétide; cependant Rozier a cherché à prouver que leur absence accéléroit la rancidité. Ses raisonnemens rendent ce dernier fait, qu'il applique à toutes les huiles en général, assez probable pour qu'on doive le regarder comme vrai, jusqu'à ce que des observations plus positives aient fixé les idées à cet égard.

J'ai fait remarquer à l'article OLIVIER (*voyez* ce mot) que parmi les diverses variétés de cet arbre il en étoit dont le fruit mûrissoit un mois après celui des autres, toutes circonstances égales d'ailleurs. Il en résulte donc qu'il faudroit les cueillir et les presser séparément; mais c'est ce qu'on ne fait pas, et ce qui cause en partie la mauvaise qualité des huiles d'olives. Changer l'ordre des choses établi n'est pas facile; mais un bon citoyen n'en doit pas moins faire des vœux pour que chaque canton choisisse une, deux ou trois des variétés les plus avantageuses à sa localité, et s'y tienne.

La cause qui, au goût des habitans de Paris, rend les huiles des environs d'Aix si supérieures aux autres, c'est qu'elles sont fabriquées avec des olives qui ne sont pas encore parvenues à leur complète maturité, qu'elles ont été choisies saines, et que la fermentation n'a pas altéré leur qualité. Ces huiles, qu'on appelle *fines*, *vertes*, *qui sentent leur fruit*, ne sont point estimées des Espagnols et des Italiens, à qui il en faut qui soient rances, qui grattent fortement le gosier; leur cherté d'ailleurs doit être plus considérable que celle des huiles qui ont été faites avec des olives parvenues à toute leur maturité, parceque les olives dont elles proviennent ayant été cueillies en décembre, un peu plus tôt, un peu plus tard, selon les années et les localités, leur huile n'est pas encore toute formée, d'après le principe émis plus haut, et que par conséquent elles en fournissent moins.

C'est à l'époque précise de la complète maturité des olives que celui qui veut avoir une récolte abondante, et cependant de bonne qualité, doit faire cueillir ses olives. Quoique la teinte de la couleur varie dans chaque variété, on peut dire en général que cette époque est bien indiquée par celle du rouge noir. A ce caractère on peut joindre celui de la consistance, qui doit être ferme et cependant molle; plus tard elles deviennent plus noires, se rident et s'écrasent facilement. En général cependant, dans l'impossibilité de remplir toutes les conditions, il vaut mieux devancer que dépasser leur maturité.

Une mauvaise opération, qu'il est très important d'éviter, et qu'on pratique cependant presque toujours, c'est de ne pas mêler les olives tombées naturellement, soit par suite de la piqûre du ver, soit par quelques autres causes, avec celle de la récolte; celles de ces dernières qui sont altérées doivent également être séparées. Toutes ces mauvaises olives ne sont pas perdues. Pressées séparément, elles donnent une huile inférieure qui a aussi son prix.

Lorsque les olives sont cueillies, on devroit les étendre sur des planchers dans une épaisseur de cinq à six pouces au plus pour leur faire perdre l'eau de végétation surabondante, et donner au mucilage, non encore converti en huile, le temps de se perfectionner, et les y laisser trois ou quatre jours au plus, en les retournant chaque jour. Au lieu de cela, dans les cantons où on raisonne le plus la pratique de la fabrication de l'huile, comme aux environs d'Aix, on les amoncelle en gros tas dans des greniers, tas où la fermentation s'établit et où la qualité de l'huile s'altère, tas auxquels on ne touche que pour les porter au moulin huit, dix, quinze jours après. C'est bien pis dans les cantons où on ne cherche pas à faire de la bonne huile; on les amoncelle dans des celliers, sous des hangars, dans des lieux fermés, sombres et humides, souvent dans des retranchemens en maçonnerie faits exprès dans une épaisseur de quatre, cinq et six pieds de haut; et on les laisse en cet état aussi et même plus long-temps qu'il a été dit plus haut. Qu'arrive-t-il? Les olives supérieures compriment les inférieures; d'abord il coule par le bas une eau rougeâtre, qui est celle de végétation qui n'a pas pu s'évaporer, ensuite la fermentation s'établit, et la chaleur s'élève, d'après l'expérience de Rozier, jusqu'à trente-six degrés du thermomètre de Réaumur. Les olives s'altèrent, la moisissure s'établit, et l'huile qu'on retire est non seulement détestable, mais en bien moins grande quantité, quoiqu'on prétende le contraire.

Le seul avantage qu'on trouve à cette condamnable pratique, c'est que les olives s'affaissent par suite de leur fermentation, et que par conséquent une mesure qui en est remplie en contient plus que celle dans laquelle on en auroit mis de nouvellement cueillies; or on paye tant la mesure pour la fabrication de l'huile. Quelle misérable économie! Mais, dit-on, la mauvaise huile se vend autant que la bonne. Cela n'est pas vrai. L'huile d'Aix a toujours un prix supérieur à toutes les autres.

Un grand obstacle qui existoit avant la révolution ne permettoit pas alors de faire des huiles fines par-tout. C'étoient les moulins banaux, c'est-à-dire la nécessité de porter à un seul moulin, appartenant au seigneur, toutes les olives du territoire. Là on étoit obligé d'attendre son tour et de se soumettre à la pratique du maître ouvrier. Cet inconvénient n'existe plus. Tout propriétaire peut avoir un moulin pour son usage exclusif ou pour celui de ses voisins. Il est peu de communes à oliviers où il n'y en ait aujourd'hui plusieurs, qui, travaillant en concurrence, font mieux et à meilleur marché, sont disposés à se conformer avec exactitude aux indications particulières qu'on leur donne. On peut donc cueillir ses olives au point de maturité convenable, ne les laisser ressuyer que le temps nécessaire, exiger la propreté, sans laquelle la meilleure huile ne peut être de garde, etc., etc.

La première opération à faire subir aux olives pour en obtenir l'huile, est de les réduire en farine, ou mieux, en pâte dans des moulins analogues à ceux au moyen desquels on mout le blé. On en trouvera la description au mot MOULIN.

J'ai fait voir au mot OLIVIER les inconvéniens qu'il y avoit à mêler l'huile de l'amande de l'olive, et encore plus celle contenue dans le noyau, avec celle de la pulpe. Il seroit donc bon de presser d'abord cette dernière, ou du moins la plus grande partie de cette dernière, avant de faire passer les olives au moulin. Je ne sache pas cependant que cela se fasse nulle part. Je reviens sur cet objet.

Les inconvéniens de mêler l'huile du noyau et l'huile de l'a-

mande avec celle de la pulpe ont été principalement développés par M. Sieuve. On a jeté quelques doutes sur la véracité
de ses expériences, et je ne les ai pas répétées ; mais la théorie
se trouve si complètement d'accord avec elles, que je ne puis
me dispenser de les rapporter et de détailler les conseils de
pratique qu'il a publiés et qui sont dans les principes de la
même théorie.

M. Sieuve fit cueillir cinquante livres d'olives bien saines
et parvenues au point de maturité, et détacha la chair des
noyaux. La chair pesa trente-huit livres une once, et les noyaux
onze livres.

La chair mise en presse fournit dix livres dix onces d'huile
très limpide, de couleur citrine, douce et agréable au goût.

Les noyaux furent cassés et donnèrent trois livres sept onces
d'amandes et sept livres deux onces de bois.

Les amandes rendirent une livre quatorze onces d'huile,
presque aussi claire que celle de la pulpe, mais d'une odeur
plus forte et d'une saveur plus âcre.

Le bois passé sous la meule, réduit en pâte et exposé à
l'action de la presse, rendit trois livres quatorze onces d'huile,
(sans doute appartenant en partie à la pulpe qui y étoit restée
adhérente), laquelle n'étoit pas aussi limpide que les deux premières et étoit d'une odeur peu agréable.

Pour connoître exactement la qualité de chacune de ces huiles
et les comparer avec celle de l'huile ordinaire, M. Sieuve prit
cinq bouteilles. Dans la première il mit de l'huile tirée de la
pulpe ; dans la seconde, de celle provenant des amandes ; dans
la troisième, de celle extraite du bois des noyaux ; dans la quatrième, un mélange de ces trois huiles ; dans la cinquième, de
la bonne huile ordinaire. Il boucha exactement ces cinq bouteilles et les laissa pendant trois ans sur sa fenêtre exposées à
la lumière et à toutes les vicissitudes du chaud et du froid.

Au bout de ce temps M. Sieuve trouva que l'huile de la première bouteille n'avoit changé ni de couleur, ni d'odeur,
qu'elle étoit aussi agréable au goût que lorsqu'il l'avoit renfermée, et qu'elle n'avoit formé aucun dépôt ; que celle de la
seconde n'étoit plus si limpide, avoit acquis une couleur jaune
et un goût piquant et même corrosif; que celle de la troisième étoit entièrement dénaturée, elle étoit devenue noire,
épaisse et extrêmement fétide; que celle de la quatrième étoit
trouble, noirâtre, d'une odeur forte et rance, qu'elle avoit
formé un dépôt considérable; que celle enfin de la cinquième
étoit à peu près dans le même état que celle de la précédente.

Cette expérience prouve que c'est à l'amande et au bois du
noyau que les huiles d'olive doivent en général ce qu'elles ont
de défectueux ; qu'il conviendroit donc d'extraire d'abord l'huile

de la pulpe et ensuite moudre les noyaux par le procédé ordinaire pour obtenir séparément celle qu'ils contiennent. Cette
augmentation de main-d'œuvre seroit un bien petit objet, si
on prend pour point de comparaison l'augmentation de valeur
qu'acquerroient les huiles, et si on employoit le moulin imaginé par M. Sieuve, qui sera décrit à l'article MOULIN.

M. Sieuve a, pendant plusieurs années, fait usage de ses procédés sur le produit de sa récolte. Il a trouvé qu'ils lui donnoient vingt-quatre livres cinq onces par trois cents livres
d'huile d'olives au-delà de ce que la même quantité de fruit
fournissoit par la méthode ordinaire des moulins publics. Il a
fait vendre de son huile pendant le même espace de temps à
Paris, où elle étoit regardée comme douce, agréable au goût
et d'une odeur suave. Rozier qui en a fait usage l'accusoit seulement d'être grasse ; mais cela venoit sans doute de ce que
M. Sieuve cueilloit ses olives trop tard.

J'abandonne toutes les considérations qu'on peut tirer des
expériences de M. Sieuve aux méditations des propriétaires
d'oliviers. On dit qu'ils ont repoussé sa pratique, j'ignore par
quelle raison ; mais je n'en crois pas moins que tout ami de son
pays doit faire des vœux pour son adoption en France.

Après que les olives sont moulues, il s'agit d'en extraire l'huile
par le moyen du pressoir.

La forme des pressoirs varie beaucoup, et il y en a de beaucoup meilleurs que ceux qu'on emploie communément. On
décrira les uns et les autres au mot PRESSOIR.

Pour soumettre la pâte d'olive à la presse, on la met dans des
sacs de grosse toile claire, ou mieux, dans des sacs de SPARTE
(*voyez* ce mot), sacs qu'on appelle cabas dans les parties méridionales de la France. On place ces cabas sous la presse. La
première huile qui coule est appelée *huile vierge*. Elle est reçue
dans des tonneaux aux trois quarts pleins d'eau.

Pour que la pressée soit bonne il faut qu'elle se fasse lentement, afin de donner le temps à l'huile du centre des cabas
de gagner la circonférence, et à celle qui est à la circonférence de s'écouler dans les tonneaux.

Cette pressée finie, on desserre les cabas, on dégrume la pâte
qu'ils contiennent, soit avec la main, soit avec une espèce de
bêche ou de pioche, ensuite on verse sur celle de chaque cabas
une quantité donnée d'eau bouillante, et on remet le cabas en
presse.

Pendant ces opérations on a bouché les robinets qui condui-
soient aux tonneaux, on a enlevé toute l'huile qui avoit coulé dans
ces tonneaux, pour la mettre dans d'autres qui ne contiennent
pas d'eau ; mais comme cela se fait très rapidement, il en reste
toujours beaucoup suspendue dans l'eau ou mêlée avec le mu-

cilage qui s'est précipité au fond. Il dépend d'ailleurs beaucoup de l'ouvrier d'en laisser plus ou moins sans que cela paroisse.

Dès que les cabas commencent à être comprimés, l'eau chaude s'écoule chargée de la plus grande partie de l'huile qui étoit restée dans la pâte, et va tomber dans un des tonneaux. On renouvelle cette pressée avec de la nouvelle eau bouillante, et toute l'huile est censée recueillie.

Aussitôt qu'une pressée est complètement terminée, on fait écouler l'eau qui étoit dans les tonneaux où on a reçu l'huile dans une vaste citerne qu'on appelle l'*enfer*, citerne percée d'un trou dans son milieu. Là l'huile suspendue dans l'eau, celle mêlée dans le mucilage, s'en séparent par l'effet du repos et montent à la surface. Lorsque l'enfer est plein, on fait écouler la plus grande partie de l'eau par le trou du milieu, mais l'huile y reste jusqu'à la fin de la campagne, c'est-à-dire de la saison du pressurage. Dans quelques enfers l'eau y arrive par le fond, au moyen d'un conduit recourbé, ce qui remue chaque fois la lie et favorise le dégagement de l'huile qu'elle contient sans troubler celle qui est déjà montée à la surface.

L'huile qu'on retire de l'enfer est très mauvaise, mais elle trouve son emploi. Autrefois elle suffisoit pour payer l'intérêt de la mise première en bâtimens, ustensiles, pour payer les frais d'entretien annuel et donner un bénéfice; mais aussi à combien d'inconvéniens et même de friponneries cela donnoit lieu ! Aujourd'hui que les propriétaires ne sont plus forcés d'aller presser leurs olives exclusivement à tel moulin, que ceux qui sont assez riches pour en avoir à eux le peuvent, les abus sont réduits à peu de chose, les pertes d'huile tiennent plus à l'ignorance et à la maladresse qu'à la mauvaise intention.

La vicieuse construction des anciens pressoirs à olive faisoit qu'après les trois pressées ci-dessus mentionnées, le marc appelé vulgairement *grignon* contenoit encore de l'huile en assez grande quantité pour mériter d'être pressé de nouveau. En conséquence, des particuliers industrieux avoient établi des moulins destinés à repasser ce marc. On les a appelés *moulins de recense*. Ils donnoient lieu à un bénéfice important. Aujourd'hui que les moulins et les pressoirs se sont perfectionnés, que les opérations du pressurage se font avec plus de soin et de lenteur, ils deviennent moins avantageux.

Tantôt le prix de la mouture et du pressurage se paye en argent, tantôt en huile. Une partie ou la totalité des grignons est aussi quelquefois allouée aux ouvriers. Cela change de pays à pays, d'année à année. Avant la révolution on évaluoit à un seizième la dépense de la fabrication de l'huile en Provence. Aujourd'hui elle est moins considérable malgré la grande augmentation de la main-d'œuvre.

Un des résultats de la suppression des moulins banaux, c'est qu'il sera enfin possible aux propriétaires éclairés de faire de la bonne huile autre part qu'aux environs d'Aix. En effet, avant la révolution, quelque soin qu'on prît pour cueillir ses olives au moment convenable, pour ne pas y mêler celles qui étoient piquées de vers ou altérées par quelque cause que ce fût, il suffisoit qu'on les fît moudre ou exprimer après celles d'un particulier qui avoit fait fermenter les siennes, qui y avoit réuni celles tombées naturellement, pour que son huile, d'abord plus belle que celle de ce dernier, ne tardât pas à rancir par l'effet de son mélange avec la portion restée sur les meules et sur le pressoir. Rien de plus nécessaire qu'une propreté rigoureuse sur les moulins, les pressoirs, les ustensiles employés à la fabrication des huiles en général, et rien de plus commun qu'une dégoûtante malpropreté dans ce cas, principalement dans les fabriques d'huile d'olive. Les habitans des parties méridionales de la France auroient besoin d'aller à l'école de ceux des parties septentrionales, qui, chaque fois qu'ils finissent une pressée, ou seulement l'interrompent, lavent le pressoir et tout ce qui a servi à contenir ou transvaser l'huile à plusieurs eaux bouillantes, les frottent avec des cendres, du sable, etc. Le meilleur de tous les moyens et le plus expéditif est d'employer une lessive légèrement caustique, qui transforme en savon et enlève les plus petites portions d'huile. L'huile rance est un véritable ferment dont une très petite partie détermine la rancidité dans une masse, qui seroit encore, sans cela, restée saine pendant un long espace de temps; et l'huile devient d'autant plus tôt rance qu'elle est exposée, en plus petite quantité, à l'influence du grand air.

L'huile au sortir du pressoir est trouble, d'une couleur peu agréable. Elle doit être débarrassée du mucilage surabondant, non seulement pour la faire devenir limpide, mais pour l'empêcher de se putréfier.

Pour cela on la met dans des barriques ou dans de petites cuves à ce destinées, et bien nettoyées avec une lessive caustique, qu'on place dans un lieu dont la température soit à quinze ou dix-huit degrés, car la fluidité est nécessaire au succès; au bout d'une vingtaine de jours la plus grande partie du mucilage est précipitée, l'huile claire est décantée et mise dans des barriques pour y être gardée ou livrée au commerce.

Les dépôts sont ensuite réunis et portés dans un lieu constamment chaud, par exemple, dans le coin d'une cheminée, sur le cul d'un four fréquemment allumé. Là ils se condensent, lâchant encore de l'huile, qu'on sépare d'abord par la décantation et ensuite par la filtration. Cette huile sert à brûler. Le reste est donné aux cochons mêlé avec d'autres alimens.

C'est dans de bons tonneaux bien pleins et bien bouchés qu'on doit de préférence mettre l'huile purifiée. Ces tonneaux seront placés dans une cave ou autre lieu frais, pour que cette huile se fige promptement ; car elle ne se conserve, soit relativement à sa qualité, soit relativement à sa quantité, que lorsqu'elle est *figée.*

Cet état de l'huile est un commencement de véritable congélation, dans laquelle on voit nager des cristaux, et qui ne s'opère, comme dans l'eau, que par l'augmentation de la masse et la précipitation des corps étrangers. Aussi toutes les fois qu'on défige de l'huile, trouve-t-on un précipité au fond du vase.

Lorsqu'on ne fabrique pas une grande quantité d'huile d'olive ou qu'on n'est pas dans l'intention de la livrer au commerce, on la dépose le plus souvent dans de grandes *jarres* en terre vernissée en dedans, ou dans des *piles* ou auges de pierre dure. Dans certains lieux, c'est dans des coffres de bois doublés en plomb. Cette dernière méthode peut donner lieu à des accidens graves, l'huile fraîche dissolvant les oxides de plomb, et l'huile rance le plomb même, et toute dissolution de ce métal étant un poison. La méthode de la mettre dans des vases de terre vernissée n'est pas non plus sans inconvénient, le vernis étant généralement fait avec un oxide de plomb. On devroit fabriquer, pour cet usage, des vases dits en grès, c'est-à-dire semblables aux fontaines filtrantes dont on fait usage dans l'intérieur des ménages à Paris, vases qui ne laissent pas passer l'huile comme la terre ordinaire.

En général les habitans qui récoltent de l'huile seulement pour leur usage ne se donnent pas la peine de la soutirer avant de la mettre dans leurs jarres ou leurs piles ; aussi le marc, qui à tout le temps de se précipiter pendant le courant de l'hiver, de prendre tous les caractères du mucilage et par conséquent de se putréfier, lorsque les chaleurs arrivent, communique la plus détestable odeur et la plus exécrable saveur à l'huile.

Une autre cause de détérioration tient au couvercle placé sur les vaisseaux, couvercle qui n'est le plus souvent qu'une planche, et qui n'intercepte en aucune manière l'action de l'air sur la surface extérieure de l'huile. Cet air en se décomposant concourt puissamment, comme je l'ai déjà observé plusieurs fois, à la rancidité. Il faut toujours boucher ces vases avec le plus d'exactitude possible, luter le couvercle, et ne le lever que de loin en loin pour tirer du vase la provision courante. *Voyez* au mot Rance.

Après l'huile d'olive il faut parler de celle dite *d'œillette,* ou d'œillet, qu'on mélange si souvent avec elle à Paris, et qui provient de la graine de Pavot. *Voyez* ce mot. Cette huile, à peu près de la même couleur , est douce et sent la noisette. Elle ne se fige pas , et ne brûle pas à la lampe ; aussi est-ce principalement à ces deux propriétés qu'on la reconnoît et qu'on juge que l'huile d'olive qu'on vend pour pure en contient ; elle se conserve sans rancir pendant long-temps, et est très propre à l'assaisonnement des mets, soit à chaud, soit à froid.

Comme c'est du pavot qu'on tire l'opium, on avoit cru que toutes les parties du pavot devoient avoir une qualité narcotique ; en conséquence cette huile avoit été proscrite dans Paris comme dangereuse , par suite des menées de quelques spéculateurs qui vouloient seuls la mêler avec les huiles d'olive qu'on y vend , il fallut que Rozier se livrât à de nombreuses expériences, s'appuyât de l'autorité de la faculté de médecine, pour déterminer, en 1773, le rapport de la loi qui défendoit la vente de cette huile sans être gâtée par de l'essence de térébenthine.

La consommation de l'huile d'œillette à Paris est très considérable, soit comme aliment, soit pour les arts. Les règlemens de police défendent bien de la mêler avec l'huile d'olive, encore plus de la vendre pour de l'huile d'olive, mais ils ne sont pas exécutés. Ce n'est que dans un petit nombre de magasins qu'on peut être assuré que l'huile qu'on achète et qu'on paye comme huile d'olive est pure ; cependant cette dernière à une valeur triple , et même quelquefois quadruple. Les habitans pauvres qui vont acheter leur huile à mesure du besoin sont principalement les victimes de ces fripponneries, contre lesquelles la police devroit sévir plus souvent.

La fabrication de l'huile de pavot ne diffère pas de celle de la navette, du colsat et autres graines. J'y renvoie le lecteur.

L'huile de noix tient un rang distingué parmi celles dont on fait usage en Europe pour les usages alimentaires et domestiques. Il est des pays où on la préfère même à celle d'olive. Le noyer craignant le grand froid et le grand chaud, et ne se plaisant que dans les vallées argileuses, c'est dans les cantons de montagnes peu élevées qu'on fabrique le plus de cette sorte d'huile , et en général elle se consomme dans le pays. On ne transporte guère dans les grandes villes , à Paris par exemple, que la quantité nécessaire pour la peinture , objet auquel elle est une des plus convenables, à raison de sa facile dessiccation et de son épaisseur.

Cette huile , tirée sans feu, a une couleur à peine sensible, une consistance sirupeuse, une odeur agréable, et une saveur de fruit très forte, qui ne plaît pas à tout le monde. Elle rancit avec assez de facilité, lorsqu'on ne prend pas les moyens de la défendre de la chaleur et du contact de l'air. On la rend claire comme de l'eau en l'exposant à l'air, dans des vases fort larges et peu profonds avec de l'eau au fond, comme j'ai dit qu'on le faisoit à Gênes à l'égard de celle d'olive, mais alors elle devient très rance. C'est exclusivement dans cet état qu'on l'emploie dans la composition des couleurs fines destinées à composer ces chefs-d'œuvre qui sont sortis des mains de Raphaël, du Titien, du Veronèse, de Lebrun, de David, de Gérard, etc.

Lorsque la noix tombe de l'arbre, la quantité d'huile que renferme son amande est beaucoup inférieure à celle qu'elle donnera deux ou trois mois après si on la conserve dans un lieu sec et aéré. Aussi ne procède-t-on jamais de suite à l'extraction. Cela vient de ce que c'est le mucilage qui se transforme en huile, et que l'action de la végétation sur lui se continue. Mais si l'on tardoit trop long-temps, l'huile deviendroit rance et ne seroit plus propre qu'à brûler. Ordinairement c'est pendant les longues soirées de l'hiver qu'on s'occupe à casser les noix, et c'est aux premiers jours doux qu'on en tire l'huile. Il y a toujours de la perte à faire cette dernière opération pendant les grands froids.

L'émondage des noix a des charmes pour les habitans des campagnes, parcequ'elle est un motif de réunion. Presque par-tout le village entier concourt à l'opération dans chaque maison. La seule attention à avoir, c'est de ne laisser aucune parcelle du bois parmi les amandes et aucune portion d'amande dans les détritus du bois. Souvent aussi, du moins quand on veut avoir une huile distinguée par sa supériorité, on fait un lot de celles de ces amandes qui, par leur belle couleur fauve clair, annoncent leur bon état, et un autre de celles dont la couleur tire sur le brun, couleur qui indique un commencement d'altération : une seule noix rance laissée dans le tas suffit pour donner un mauvais goût à toute l'huile, ou l'empêcher de se conserver.

On doit envoyer au moulin le plus tôt possible les amandes émondées, parcequ'elles rancissent alors très promptement, ayant été cassées, taillées et éprouvant le contact de l'air. Ces amandes sont écrasées sous une meule perpendiculaire, et leur pâte mise dans un sac sous un pressoir destiné à cet objet. *Voyez* au mot PRESSOIR A HUILE.

La première huile qui coule, par l'effet de la pression, est l'huile vierge dont il a déjà été parlé. C'est la meilleure. Lorsqu'elle cesse de couler on retire la pâte des sacs, on verse dessus de l'eau bouillante, où on l'échauffe dans une bassine de cuivre ou de fer, ou mieux encore on l'interpose entre deux plaques de fer échauffées à un haut degré, et on la remet sous le pressoir. La seconde huile que la nouvelle pression fait sortir s'appelle *huile cuite, huile seconde ;* elle est très colorée, très chargée de mucilage ; son odeur devient promptement très forte. Nulle part que je sache on ne procède à une troisième pression, quoiqu'il reste encore un peu d'huile dans la pâte, qui alors prend le nom de *pain de trouille* dans quelques endroits. Ce pain de trouille est excellent pour la nourriture des bestiaux de toute sorte, engraisse très bien la volaille, sert utilement d'appât pour la pêche des poissons d'eau douce, et sans doute à l'engrais des terres.

L'huile de noix ne peut jamais être faite très en grand, les particuliers riches en noyers trouvant plus d'avantage de vendre sur pied le surplus de la récolte qui est nécessaire à leur consommation, à raison des difficultés de la garde et autres motifs. Presque par-tout on la dépose dans des cruches de terre d'une capacité moyenne, fermées avec un bouchon de bois ou de liège, et qu'on consomme les uns après les autres. Il est indispensable, pour la bonne conservation de l'huile, de la transvaser plusieurs fois, car la lie qui s'est précipitée concourroit à accélérer son altération, comme il a été dit à l'occasion de l'huile d'olive. Il faut aussi la conserver dans un lieu constamment à la même température, c'est-à-dire dans une bonne cave ; avec ces précautions, elle peut rester bonne à manger pendant deux ans, et bonne à brûler ou à peindre pendant un temps indéterminé.

L'huile de faîne ou du fruit du hêtre peut encore être assimilée à celle d'olive, par ses qualités physiques, lorsqu'elle est bien faite et vieille. Je dis vieille, parcequ'au contraire des autres, plus on la garde et plus elle s'améliore. Elle rancit cependant à la longue. On n'en fabrique que sur la lisière des grandes forêts de hêtres, c'est-à-dire dans un petit nombre de cantons, et on en trouve rarement dans le commerce. Ses usages se bornent donc à l'assaisonnement et à la lampe. Elle est difficile à digérer pour les estomacs qui n'y sont pas accoutumés, ainsi que je l'ai éprouvé, à deux reprises différentes, quoique j'en aie fait un habituel usage dans mon enfance pendant plusieurs années consécutives.

Il y a deux manières de la faire. L'une, recherchée, et très coûteuse, consiste à dépouiller les faînes de leur enveloppe, et de ne mettre que les amandes au moulin et à la presse. Dans l'autre, la plus généralement employée, on fait subir ces deux opérations à la faîne entière. Il en résulte une perte d'huile qui reste dans le tissu cellulaire de l'écorce ; mais cette perte est bien compensée par l'économie de la main-d'œuvre.

Le point important, c'est de ne laisser dans la masse qu'on porte au moulin ni faînes altérées, ni faînes sans amandes ; en conséquence, il faut avant les examiner une à une. C'est ce qu'on appelle l'*émondage*. *Voyez* au mot HÈTRE.

C'est en octobre et novembre qu'on ramasse les faînes, mais on ne les envoie au moulin qu'en janvier ou février, pour leur donner le temps de perfectionner leur huile.

On ne conserve l'huile de faîne que dans des vases de terre. Elle demande à être fréquemment transvasée, car il en est peu qui déposent autant qu'elle.

Les pains qui résultent de la pressée des faînes se donnent aux cochons.

L'huile d'amande se tire des fruits de l'amandier. C'est une de celles qui rancit le plus facilement et le plus promptement; en conséquence on ne l'extrait des amandes qu'à mesure du besoin. On n'en fait guère usage que dans les pharmacies et les parfumeries; et c'est là qu'on la fabrique en petite quantité à la fois, et qu'on la garde dans des bouteilles bien bouchées. Cette huile est douce et fait peu de dépôt.

L'huile de noisette est très rare dans le commerce. Ce n'est que dans certains pays et certaines années qu'on en fabrique pour l'usage de la cuisine. Elle est agréable au goût et se conserve assez bien quand elle est convenablement renfermée. La manière de l'extraire ne diffère pas de celle en usage pour l'huile de noix à laquelle on peut l'assimiler.

Les huiles végétales dont en France on fait le plus fréquemment usage dans les arts sont, outre celles dont il vient d'être question, celles de LIN, de CHENEVIS, ou de la graine de CHANVRE; celles du COLSAT ou COLZA, de NAVETTE, de MOUTARDE et de CAMELINE. Ces huiles, jointes à celles d'ŒILLETTE ou de PAVOT, s'appellent généralement HUILES DE GRAINES.

L'huile de LIN est une des plus douces, des plus fluides et des plus siccatives; elle est aussi une des plus communes, parcequ'on cultive la plante qui la fournit encore plus pour sa filasse que pour elle, et qu'on peut par conséquent la donner à un prix trois fois moindre que si on la cultivoit pour elle seule. *Voyez* au mot LIN. On l'emploie à la peinture, à la lampe, à la médecine, à la préparation des étoffes, etc. Elle n'est pas propre à faire du savon solide. Les Hollandais en fournissent la plus grande partie au commerce, parcequ'ils ont pour l'extraire des moulins mieux construits que les nôtres, et qui leur donnent l'avantage de la quantité et même de la qualité; aussi trouvent-ils moyen de nous la vendre à meilleur compte que celle de notre propre fabrique, lors même qu'ils la font avec de la graine achetée chez nous. Leur moulin sera décrit et figuré au mot MOULIN A HUILE.

L'huile de chenevis doit être rangée dans la même catégorie que la précédente; mais elle est moins commune dans le commerce, parceque les cultivateurs de chanvre, qui sont rarement de gros propriétaires, la gardent pour l'usage de leur table ou de leur lampe. Elle est une des plus agréables au goût quand elle est faite avec soin. Elle est excellente pour la peinture. Le savon qu'on en fabrique ne se solidifie pas.

Les huiles de colzat, de navette, de moutarde étant produites par les graines de plantes de la même famille, et même fort peu différentes les unes des autres, ont des propriétés communes, et peuvent être sans inconvénient substituées les unes aux autres. Les plantes qui les produisent sont cultivées uniquement pour elles, et toujours en grand ; aussi sont-ce celles qui se trouvent le plus fréquemment dans le commerce et qu'on emploie le plus volontier, à raison de leur bas prix, dans les fabriques de lainages, de cuirs, etc. Les savons qu'on en fait restent mous, mais remplissent bien leur objet ; aussi en consomme-t-on beaucoup pour cet usage. Leur dessiccation est extrêmement lente, et elles passent très rapidement à l'état rance. Il n'y a que les plus pauvres cultivateurs qui en fassent usage dans les alimens, car leur odeur et leur saveur propres ne sont point agréables ; mais elles ne partagent pas, comme on l'a dit, les qualités de leur écorce, qualités telles dans la moutarde, qu'appliquée sur la peau, elle y fait naître des pustules remplies d'eau, y produit les résultats d'un véritable vésicatoire. On appelle cet effet *épipastique* dans le langage de la médecine.

Un des motifs qui ont fait croire que ces huiles étoient dangereuses, c'est que la manière de les extraire les rend âcres. Dans l'intention de n'en point perdre, on chauffe les secondes pressées entre deux plaques de fer ou de cuivre presque rouges, ce qui en brûle une partie, développe l'acide dans l'autre, et accélère la décomposition du tout.

Toutes ces graines déposent considérablement et demandent à être plusieurs fois soutirées des tonneaux où on les conserve. Ces tonneaux doivent être faits de merrain plus épais que celui employé à la fabrication de ceux destinés à recevoir du vin et autres liqueurs, parceque l'huile ne fait pas autant gonfler leurs parties solides, et par conséquent laisse plus d'ouvertures pour l'infiltration. On est dans l'usage, et avec raison, de mettre une couche de plâtre sur les deux fonds, comme moyen de plus de sécurité.

Le commerce des huiles de graines est presque exclusivement circonscrit dans les départemens du nord de la France. Ceux de l'intérieur ne cultivent que de la navette et encore pas autant qu'il seroit nécessaire pour leur propre consommation. Cependant les huiles ne sont pas aussi abondantes en France que les besoins des manufactures et de l'éclairage l'exigeroient. On en tire beaucoup de l'étranger, principalement de la Hollande, et elles sont toujours à un taux élevé.

Il faut, il est vrai, une bonne nature de terre pour que les plantes qui les fournissent donnent des récoltes profitables, et elles épuisent le sol plus qu'aucune autre culture ; mais il est presque par-tout de bons cantons, et il ne s'agit que de savoir les cultiver. *Voyez* aux mots CHOU, COLSAT, NAVETTE, RAVE, MOUTARDE.

Les débris résultant de l'expression des huiles de graines sont un si excellent engrais, qu'on les préfère au fumier même dans les environs de Lille, et qu'on les paye jusqu'à 12 francs le quintal. Ces débris, qui sont en grosses masses, semblables à des pains ronds, s'appellent *tourteaux* dans le pays.

L'huile de cameline passe dans le commerce comme inférieure à toutes les autres, cependant elle est très bonne pour la lampe ; et quoique moins grasse qu'elles, elle peut les suppléer toutes. La plante qui la produit jouit de l'avantage de se contenter des terrains les plus médiocres, et de croître si promptement, qu'on peut l'employer pour remplacer les cultures de céréales que l'hiver a fait manquer, ou en obtenir deux récoltes dans la même année sur le même terrain. *Voyez* au mot CAMELINE.

Toutes les graines destinées à fournir de l'huile doivent être récoltées au plus haut point de maturité, et gardées quelques semaines dans un lieu sec et aéré avant d'être envoyées au moulin, par les motifs déjà allégués pour les huiles des fruits et des noyaux. Je dis quelques semaines, parceque, si on tardoit plus de quatre à cinq mois, le mucilage de ces graines d'une part seroit si sec, qu'il conserveroit un partie de l'huile, ne se combineroit pas avec celle qui couleroit ; d'une autre part, cette huile seroit rance plus qu'il ne convient.

Les qualités de l'huile des autres plantes qui en fournissent en France, mais qui n'y sont pas cultivées, sont moins importantes à connoître ; cependant elles seront indiquées aux articles qui concernent ces plantes.

L'huile est la base de presque tous les apprêts dans les pays chauds, où le beurre et la graisse sont rares. La consommation qu'on en fait en France pour cet objet est très considérable. Il est donc important d'avoir des huiles dépouillées de mauvais goût, de rancidité, etc. D'ailleurs ces huiles altérées doivent être considérées comme nuisibles à la santé.

Lorsqu'on fait chauffer l'huile d'olive, elle prend un goût âcre, et acquiert en peu de jours la rancidité qu'elle n'auroit acquise sans cela qu'au bout de plusieurs mois ; mais celle qu'on emploie à faire des fritures perd cette mauvaise qualité au bout d'un certain temps, devient douce et continue de l'être tant qu'on s'en sert, pourvu qu'on ait soin de la débarrasser des parties étrangères qui s'y mêlent, et de son propre

dépôt toutes les fois qu'on l'a employée. La méthode économique dont ou fait usage dans les parties moyennes et septentrionales de la France, de conserver long-temps la même friture en la rechargeant à mesure qu'elle se consomme, est donc
préférable à celle des parties méridionales, où on emploie de
la nouvelle huile à chaque friture.

Les huiles de graines perdent plus difficilement leur goût
fort que les huiles d'olive. Voici un moyen de les rendre
promptement propres à la friture, moyen connu depuis long-
temps dans les ménages.

Faites bouillir l'huile, et lorsqu'elle aura subi cette opération pendant un quart d'heure, laissez un peu refroidir, puis
versez une certaine quantité de bon vinaigre. Il s'élèvera de
grandes vapeurs et il se précipitera du mucilage. Quand tout
sera terminé, que l'huile sera éclaircie, on la transvasera dans
un autre vase et on la gardera pour l'usage. Il sera bon, de
plus, de jeter une croûte de pain dans la friture avant d'y
mettre les objets à frire, cette croûte attirant, dit - on, les
restes d'huile éthérée, de résine et de mucilage qui s'y trouvent
encore.

On a proposé de mêler de l'eau chargée de sel marin avec
les huiles destinées à brûler, afin de les empêcher de fumer.
Ce moyen rentre dans celui indiqué pour purifier les huiles en
grand, et lui est inférieur.

L'usage interne et habituel de l'huile relâche beaucoup et
cause souvent des hernies. En général il cause des indigestions
dont les suites sont graves. Il faut donc n'en manger qu'avec
modération. A l'extérieur elle est lubrifiante et adoucissante,
et peut s'employer sans danger éminent, pourvu que tout le
corps n'en soit pas enduit, parcequ'alors, en empêchant la
transpiration, elle peut faire naître des accidens. Toutes les
huiles jouissent également de ces dernières propriétés lorsqu'elles sont douces; mais quand elles ont acquis de l'âcreté
ou de la rancidité, elles deviennent au contraire irritantes et
même caustiques. Examiner leur état avant de les employer en
médecine est donc toujours prudent.

L'huile pure, de quelque nature qu'elle soit, apporte une
stérilité plus ou moins durable sur les terres où on la répand.
Elle fait mourir toutes les plantes qu'elle recouvre, parcequ'elle s'oppose à leur transpiration et à leur inspiration en
bouchant leurs pores. L'huile de poisson qui est une espèce
de graisse, comme s'altérant plus promptement, produit des
effets moins désastrueux.

Pour employer l'huile comme engrais il faut la transformer
en savon en la mêlant avec un alkali ou avec la chaux, mais
cette opération est très coûteuse et ne remplit même pas tou-

jours son but, à raison de la difficulté de doser les proportions. J'ai plusieurs fois légèrement arrosé des pots de fleurs avec de l'eau de savon, provenant de celui, d'excellente qualité, que j'employois pour faire ma barbe. Tantôt la végétation de ces fleurs y a gagné, tantôt elle y a perdu. C'étoit sur les pots remplis de terreau de couche que l'action de cet arrosement étoit plus marquée, et j'en ai conclu qu'elle étoit due à l'augmentation de la partie dissoluble de ce terreau. *Voy.* au mot Terreau. Quand on arrose avec excès on cause immanquablement la mort des plantes. Ce n'est pas à raison de l'huile que contiennent les tourteaux, ou marcs de graines, qu'ils agissent si utilement, c'est, comme je l'ai déjà dit, à raison de leur mucilage.

L'emploi des huiles essentielles est beaucoup plus circonscrit que celui des huiles grasses. Après les trois sortes d'essence de térébenthine qui se trouvent en certaine quantité dans le commerce pour l'usage des arts, on ne trouve plus que celles dont on se sert en médecine, dan l'art de la parfumerie et dans celui du fabricant de liqueur. Rarement ces huiles sont conservées en nature ; on les combine, pour les obtenir plus facilement, soit avec l'esprit-de-vin qui les dissout toutes, soit avec des huiles grasses, principalement avec l'huile de ben, avec l'huile d'amande douce, soit avec des graisses, l'axonge, etc. Leur intérêt pour le cultivateur se réduit presque aux seuls agrémens, car on ne les tire en Europe que de plantes sauvages. (B.)

HUILE DE MARMOTTE. On donne ce nom, dans le département des Hautes-Alpes, à l'huile qu'on retire des amandes du *prunier de Briançon.* Cette huile a un goût de noyau agréable et sert en pharmacie.

HUILE DE RASE. Espèce de térébenthine retirée du Galipot par la distillation. *Voyez* ce mot.

HUITELÉE. Ancienne mesure de superficie. *Voyez* Mesure.

HUMIDITE. On donne ce nom tantôt au résultat de l'évaporation de l'eau, tantôt à son introduction circonstancielle dans les corps, ou à son application sur leur surface. Ainsi on dit que l'air est humide, qu'un linge est humide, qu'un morceau de fer est humide, etc. J'ai employé l'épithète circonstancielle, parcequ'un corps peut être très chargé d'eau sans être appelé humide ; par exemple, on ne dit pas qu'un morceau de pain, qu'un morceau de viande soient humides quoiqu'ils contiennent beaucoup d'eau.

L'air se charge de plus ou moins d'eau, selon qu'il est plus chaud ou plus froid ; il dépose son eau sur les corps qui sont plus froids que lui. *Voyez* Air.

L'action de l'humidité est extrêmement puissante sur la végétation. Tantôt elle est très utile, même nécessaire, tantôt elle est nuisible dans tous ses degrés, selon les saisons, les localités, les espèces de végétaux et sa durée. Par exemple, au printemps, une trop forte humidité fait pourrir les germes, détermine une végétation sans consistance, qui ne produit presque pas de graines. Le même effet a lieu dans un endroit resserré, dans le fond d'un vallon, dans une bâche, etc., à toutes les époques de l'année. Certaines espèces, soit parmi les plantes naturellement sèches, telles que les cistes, soit parmi les plantes naturellement aqueuses, telles que les ficoïdes, périssent lorsqu'on les entoure de trop d'humidité dans les orangeries où on les conserve ; enfin presque toutes les plantes, hors celles des marais, ne supportent pas une trop longue prolongation de l'humidité sans souffrir, sans même quelquefois perdre leurs feuilles ou périr. *Voyez* EAU, VAPEUR, NUAGE, BROUILLARD, PLUIE, ARROSEMENT.

Il ne dépend du cultivateur de faire disparoître l'humidité qui nuit aux objets de ses soins, qu'autant que ces objets sont renfermés dans une serre, une orangerie, une bâche, sous un châssis, une cloche, etc. Pour cela, lorsque l'air est sec, il ouvre les fenêtres ou soulève le panneaux, et lorsqu'il ne l'est pas, il fait du feu dans les trois premiers de ces sortes d'abris. En général, l'humidité est le plus grand ennemi, pendant l'hiver et au printemps, des plantes renfermées dans un espace trop étroit. Ce n'est que par une surveillance de tous les instans qu'on peut empêcher certaines d'elles de moisir, et même de périr. Le moindre mal est qu'elles perdent leurs feuilles et l'extrémité de leurs rameaux. *Voyez* SERRE et ORANGERIE.

Un temps humide, au printemps, au moment de l'épanouissement des fleurs, détermine souvent l'avortement (la coulure) de ces fleurs. Il est au contraire extrêmement favorable aux semis et aux plantations, parcequ'il assure la germination plus prompte des graines et la reprise des plants.

Une terre constamment humide, mais non aquatique, est celle qui est la plus favorable à la végétation, pour peu qu'il y ait de la chaleur. Comme l'humus a plus que les autres la faculté de conserver l'humidité, il seroit sous ce seul rapport plus constamment fertile, lors même qu'il ne seroit pas la terre végétale par excellence. *Voyez* HUMUS. (B.)

HUMUS ou TERREAU. On donne ces noms au résultat de la décomposition spontanée des animaux et des plantes, résultat si éminemment propre à de nouvelles productions végétales, qu'on est fondé à le regarder comme le principe véritablement actif de toutes les terres arables.

Chaque année il se produit, par la destruction des racines,

des tiges et des feuilles des plantes, une si grande quantité d'humus, qu'il semble qu'il devroit y en avoir une couche fort épaisse sur toute l'étendue de la surface de la terre ; mais il est d'un côté entraîné par les pluies dans les rivières, et de là dans la mer, et de l'autre il est réabsorbé par les racines des plantes. Ce n'est que dans les vallées et autres lieux creux qu'on en trouve une certaine quantité amoncelée. Je dis réabsorbé, parceque les expériences modernes, entre autres celles de Th. de Saussure et de Braconnot ont prouvé que l'humus se dissolvoit en totalité dans la potasse et la chaux, et que du terreau pris au hasard, et épuisé de toutes ses parties solubles par des lotions répétées, en acquéroit de nouvelles par sa simple exposition à l'air pendant un temps plus ou moins long.

Rarement l'humus est pur ; celui même qui résulte de la décomposition des fumiers renferme de la chaux, de l'argile, et de la silice. Les proportions de son mélange avec les diverses sortes de terre sont innombrables. Plus il y en a dans tel champ, et plus il est fertile. Les terres à seigle ne produisent pas du froment, parcequ'elles ne peuvent le nourrir. Leur donne-t-on une surabondance de fumier, y enterre-t-on une ou plusieurs récoltes de sarrasin, de raves, de trèfle, elles deviennent propres à en produire, comme le prouvent mille et mille faits.

Je ne puis m'empêcher de citer une observation nouvellement publiée par M. Sageret dans son Mémoire sur la culture du canton de Loris, mémoire imprimé dans le recueil de ceux de la société d'agriculture de la Seine. Ayant voulu substituer une culture pleine à la culture en demi-billons, usitée dans ce canton, les laboureurs lui prédirent que son blé ne seroit pas si beau que le leur, parceque la terre ne pourroit pas en nourrir le double de ce qu'ils en semoient ; et en effet cela eut lieu. Cette terre, d'après l'analise que j'en ai faite, ne contient qu'un seizième d'humus.

C'est parcequ'une récolte de froment enlève une grande partie de l'humus soluble, pour la formation de son grain, que la récolte qu'on fait porter au même terrain l'année suivante est si inférieure à la première.

Les plantes qui ont un petit nombre de feuilles ou de petites feuilles, et un grand nombre de graines ou de grosses graines, épuisent bien plus promptement les parties solubles de l'humus d'un champ que celles qui ont de grandes et abondantes feuilles, à qui on ne laisse pas porter de graines. C'est sur ces faits, qui prouvent que les feuilles vivent plus des principes de l'air, et les fruits des principes de la terre, qu'est fondée la théorie des Assolemens. *Voyez* ce mot.

Une propriété de l'humus, qui influe aussi beaucoup sur la

germination et la croissance des plantes, c'est qu'il attire et conserve l'humidité mieux qu'aucune autre sorte de terre.

La chaux, ayant la faculté de dissoudre l'humus, fait en peu de temps ce que les gaz atmosphériques ne font que lentement ; aussi est-elle le plus puissant des AMENDEMENS (*voyez* ce mot) ; mais employée sans mesure, elle peut rendre infertile la terre auparavant la plus chargée d'humus.

Il paroît résulter de quelques expériences d'Humboldt que l'humus absorbe beaucoup d'oxygène, qu'il enlève même ce gaz à l'eau ; mais ces expériences ne sont pas assez rigoureuses pour qu'on puisse en adopter les résultats sans restriction.

Comme le mot humus est moins connu que le mot TERREAU, c'est à ce dernier que je donnerai les développemens que l'importance du sujet exige. (B.)

HYACINTHE. *Voyez* JACINTHE.

HYBRIDE. On dit qu'une plante est hybride lorsqu'elle provient de la fécondation du pistil d'une espèce par la poussière fécondante des étamines d'une autre.

L'existence des hybrides ne peut pas plus être révoquée en doute que celle des mulets, à qui on doit les comparer. La dissertation de Linnæus (*Amœnitates accademicœ*) et le mémoire de Koelreuter (Mémoires de l'académie de Pétersbourg) renferment des observations et des expériences propres à convaincre les plus incrédules ; mais il n'en reste pas moins vrai qu'on a regardé souvent comme hybrides, et de véritables espèces, et des variétés de circonstance. Il est très probable que les choses se passent dans le règne végétal comme dans le règne animal, car si cela étoit autrement le nombre des nouvelles espèces s'augmenteroit bien plus rapidement. Je n'oserois cependant pas nier les faits qui ont conduit des hommes célèbres, comme ceux que je viens de nommer et autres, à avancer que les plantes hybrides (véritablement hybrides s'entend) se multiplioient de graines depuis des siècles, et se multiplieroient de même éternellement, sans avoir vérifié le contraire pendant une longue suite d'années. Cette matière me semble devoir être reprise et suivie avec le septicisme convenable. Que sont devenus les pieds hybrides de digitales créés par Koelreuter ? Il étoit cependant bon de les répandre et pour l'avantage de la science et pour celui de l'agrément. Je n'entrerai pas dans de plus grands détails à cet égard, cela me mèneroit trop loin.

Si la faculté de créer de nouvelles espèces permanentes par la fécondation existoit bien réellement, et qu'il fût facile de diriger la nature selon nos intérêts, nul doute que l'agriculture n'en pût tirer un grand parti, et que l'article que je traite ne devînt fondamental.

L'analogie porte à croire que les hybrides doivent se pro‑
duire, 1° parmi les espèces du même genre ; 2° parmi les
genres les plus voisins ; et en effet la plupart des plantes
qu'on a regardées comme telles sont dans ce cas. Il paroît
en effet aussi difficile qu'un fraisier féconde une asperge
qu'un cheval féconde une vache.

On peut dire qu'il se trouve aussi des hybrides parmi les va‑
riétés jardinières, car il y a souvent beaucoup plus de différences
entre elles qu'entre des espèces, et les variétés qui proviennent
des mélanges de leurs poussières fécondantes tiennent presque
toujours le milieu entre les deux qui y ont concouru. Les
melons sont principalement dans ce cas. Il en est de même
des choux, des laitues, des raves, etc. Les cultivateurs, jaloux
de conserver leurs variétés de légumes dans l'état primitif,
état qui les rendoient plus importantes à leurs yeux que les
autres, doivent donc éloigner leurs pieds porte‑graines de tous
autres pieds ; mais c'est ce à quoi ils ne font pas assez d'atten‑
tion. (B.)

HYDATIDE, *Hydatis*. Genre de vers intestins que les cul‑
tivateurs doivent connoître, parceque deux ou trois de ses
espèces, qui vivent aux dépens des moutons et des cochons,
causent souvent des mortalités parmi ces animaux.

Ce genre offre pour caractère un sac membraneux semblable
à une vescie remplie de lymphe, et d'où sort un cou plus ou
moins long, terminé par une tête pourvue de quatre suçoirs
armés ou non de crochets. Il diffère génériquement du tenia,
non seulement par le sac vésiculeux, mais encore par l'habi‑
tation, ces derniers ne vivant que dans les intestins, tandis que
les hydatides se tiennent dans la substance même des viscères,
des membranes, des muscles, de la graisse, etc. Générale‑
ment elles ne sont engagées qu'en partie ; cependant il en est
qui ont la tête renfermée dans le sac même, et qui vivent
au milieu des muscles et de la graisse. On les a pris long‑
temps pour des dépôts lymphatiques ; et en effet le peu de
vitalité dont elles sont pourvues, vitalité qui ne se montre que
par un mouvement péristaltique assez foible, et la difficulté
d'observer leur tête, seule partie pourvue d'organes, a dû les
faire confondre avec ces dépôts par des observateurs non pré‑
venus.

Dans l'homme, les hydatides se rencontrent principalement
sur le foie, la rate et le placenta ; mais on en voit aussi quel‑
quefois sur le sac hydropique, où elles occasionnent l'hydro‑
pisie ascite sur le cerveau, où elles donnent lieu à une espèce
de folie, et même entre les muscles. Quelques animaux y
sont fort sujets. Il est rare de tuer un lièvre dans un canton

marécageux sans que son foie en soit couvert; mais ce sont celles qui attaquent les moutons et les cochons qui, comme je l'ai déjà dit, intéressent le plus les cultivateurs. Elles produisent dans les premiers deux terribles maladies qui en enlèvent chaque année de grandes quantités, et qui quelquefois dépeuplent des cantons entiers, c'est-à-dire le vertigo occasionné par l'*hydatide cérébrale*, et la pourriture occasionnée par les hydatides *vervécine* et *ovile*. Elles forment dans le cochon cette maladie connue de tout temps sous le nom de *ladrerie*, maladie qui rend leur lard mou et insipide, et qui les fait périr avec le temps. *Voyez* COCHON et LADRERIE.

On peut être assuré qu'un mouton a des hydatides dans le cerveau, lorsqu'il tourne souvent et vivement la tête d'un même côté sans motifs apparens, lorsqu'après avoir couru avec vitesse il s'arrête subitement, enfin lorsqu'il paroît comme fou. Ce n'est que depuis peu qu'on est parvenu à sauver quelques bêtes au moyen du trépan. *Voyez* TOURNIS et VERTIGE. Cette espèce vit en société dans la même cavité, et n'a pas de vésicule. J'ai trouvé jusqu'à huit cavités et quatre à cinq cents hydatides dans la cervelle d'un seul mouton.

Les cultivateurs s'estimeroient fort heureux si la pourriture ne leur causoit pas plus de dommage que le tournis ou vertigo. Cette maladie, qui est une espèce d'hydropisie, n'est malheureusement que trop commune, sur-tout parmi les moutons qui paissent dans les lieux marécageux. Ses signes sont la pâleur des yeux, la contenance peu ferme de l'animal, la facilité qu'a la laine de se détacher pour peu qu'on la touche, la blancheur des gencives, la foiblesse toujours croissante, et enfin la mort. À l'ouverture des cadavres on trouve le foie pâle, sans consistance, couvert d'hydatides, ainsi que le péritoine, les poumons, etc. La lividité et la mollesse affectent généralement toutes ces parties.

Il n'y a point d'autres remèdes à employer, lorsque la maladie a fait des progrès, que de vendre au boucher les moutons qui en sont attaqués. Leur viande est moins agréable que celle de ceux qui sont sains; mais son usage est sans inconvénient pour l'homme.

On a remarqué que les moutons qui paissent habituellement dans les lieux arides sont bien moins sujets à la pourriture, et que dans les années sèches il en meurt fort peu par cette maladie. On a remarqué de plus que ceux qui vivent sur le bord de la mer, où ils mangent des plantes salées, où ils boivent de l'eau salée, n'en étoient jamais attaqués. On en a conclu, avec raison, qu'une nourriture sèche et l'usage du sel étoient les meilleurs préservatifs contre elle. En effet tous les propriétaires de troupeaux qui ont dirigé leur conduite d'après ces données s'en sont bien trouvés. *Voyez* au mot Moutons.

Les moutons qui après avoir été engraissés, soit naturellement, soit artificiellement, n'ont pas été livrés au boucher, sont plus sujets à la pourriture que les autres. Il est difficile d'assigner la cause de ce fait.

Quant aux cochons, les hydatides, qui sont du nombre de celles dont la tête est renfermée dans le sac, se logent non seulement sur et dans les viscères, mais encore entre les muscles et dans la substance du lard. J'ai vu de ces animaux où elles se touchoient presque par-tout. On appelle ces sortes de cochons *ladres*, et leur vente est défendue. On avoit même créé sous le nom de jurés languéyeurs de porcs des inspecteurs dont l'objet étoit de s'assurer, par l'inspection de la langue, à la base inférieure de laquelle les hydatides se placent volontiers, si les cochons exposés sur les marchés n'étoient point ladres. Outre ce symptôme, qui est certain, on juge encore que les cochons sont ladres lorsqu'ils sont tristes, que leurs forces diminuent, qu'ils se remuent avec peine, que la racine de leurs poils devient sanguinolente et douloureuse, etc. Les remèdes sont inutiles. Il faut que les animaux qui en sont attaqués meurent naturellement, ou soient tués. Leur chair comme celle des moutons est fade et sans consistance, mais nullement dangereuse pour l'homme. *Voyez* au mot Cochon.

J'ai observé dans le lard du dauphin une nouvelle espèce d'hydatides fort peu différente de celle-ci. (B.)

HYDRANGELLE, *Hydrangea*. Genre de plantes de la décandrie monogynie, et de la famille des saxifragées, qui renferme trois plantes légèrement frutescentes, à feuilles opposées, cordiformes, et à fleurs disposées en corymbes terminaux. L'hortensia du Japon en fera partie, si son fruit est une capsule. *Voyez* Hortensia.

L'HYDRANGELLE ARBORESCENTE a les feuilles glabres.

L'HYDRANGELLE RADIÉE a les feuilles velues et très blanches en dessous. C'est la plus commune.

L'HYDRANGELLE A FEUILLES DE CHÊNE a les feuilles lobées et sinuées. C'est la plus belle. Elle est encore fort rare.

Ces trois plantes sont originaires de l'Amérique septentrionale, et sont si voisines, que leurs variétés se confondent. Elles s'élèvent de trois à quatre pieds. La seconde est celle qui se cultive le plus fréquemment dans les jardins. Ses fleurs sont blanches, très nombreuses, et forment des bouquets fort agréables au milieu de l'été, c'est-à-dire dans une saison où les autres sont rares. Toute espèce de terre lui est bonne ; mais elle croît mieux dans celle qui est lé-

gère, humide et ombragée. En effet, en Amérique, où je
l'ai observée, c'est toujours sur le bord des marais qu'elle se
trouve. Ses tiges gèlent quelquefois pendant l'hiver dans le
climat de Paris, mais jamais ses racines. On la multiplie de
semence qu'on répand dans une plate-bande de terre de
bruyère au levant ou au nord, et qu'on arrose fréquemment.
Le plant levé est sarclé et biné au besoin. On le laisse deux
ans en place, ayant soin de le couvrir pendant l'hiver, crainte
de la gelée, après quoi on le place en pépinière dans un
autre endroit, à la distance d'un pied. Au bout de deux autres
années il est bon à mettre en place.

Mais comme ce moyen est lent et que les racines de cet
arbuste poussent chaque année un grand nombre de rejetons,
que ses marcottes peuvent se lever dès l'automne suivant, que
ses branches coupées et mises en terre prennent racines en peu
de mois, on l'emploie rarement. La division des vieux pieds,
qui peuvent donner chacun un grand nombre de nouveaux,
suffit aux besoins du commerce, et on s'y tient ordinairement. Il faut même de temps en temps, c'est-à-dire tous les
cinq à six ans, relever ces vieux pieds, qui pourrissent par
leur centre, pour les renouveler et les planter autre part,
car ils épuisent beaucoup le terrain.

L'hydrangée à fleurs radiées ne fait pas un très bel effet
dans les parterres, parceque ses tiges sont trop grandes; mais
dans les jardins paysagers elle remplit avec avantage l'intervalle des arbustes des second et troisième rangs, à l'exposition
du nord. Le contraste de la couleur des deux faces de ses
feuilles et leur grandeur concourent beaucoup à ses agrémens.
Toujours on la tient en touffes denses. Comme ses feuilles et
ses fleurs sont d'autant plus grandes que les tiges qui les portent sont plus jeunes, il faut tous les deux ou trois ans les
couper rez terre; celles qui les remplaceront seront plus
nombreuses, fleuriront la même année, et seront rarement
branchues. (B.)

HYDROCÈLE. Médecine vétérinaire. Lorsqu'il y a un
amas d'eau dans la tunique vaginale du testicule, nous disons
que l'animal est atteint d'une hydropisie de la tunique vaginale, d'hydrocèle. La tumeur est ronde, indolente; depuis le
moment qu'elle commence à paroître, on ne la voit presque
point diminuer. Elle augmente pour l'ordinaire peu à peu;
elle devient plus étendue sans devenir transparente; quelquefois, en portant les doigts sur la partie, en la compri-
mant légèrement on découvre la fluctuation de la liqueur,
mais le plus souvent cette fluctuation est peu sensible.

Les causes qui donnent lieu à l'hydrocèle sont les coups,
les chutes, les fortes compressions, le relâchement de la tu-

nique vaginale, produit par un vice particulier des humeurs. En 1770, je vis à l'école vétérinaire un vieux cheval qui avoit des boutons de farcin tout le long de la jambe du montoir de derrière, accompagnés d'une hydrocèle caractérisée par les signes que je viens de décrire.

Lorsque l'hydrocèle commence à paroître, il faut débuter par l'application des résolutifs en fomentation. On se servira donc de feuilles de rue, de sauge, dans le vin ou l'eau-de-vie. La liqueur étant chaude on en bassinera les bourses, et on en appliquera même des compresses qu'on soutiendra par un bandage en forme de suspensoir, et qu'on renouvellera de quatre en quatre heures. Mais, malgré l'application de ces topiques, la tumeur paroît-elle s'accroître? loin de vous décider pour la castration, ainsi que quelques auteurs le conseillent, faites, au moyen d'un bistouri, une petite incision dans la partie la plus déclive de la tumeur, et injectez dans l'ulcère du vin miellé jusqu'à parfaite guérison.

On doit bien comprendre que ce traitement est insuffisant lorsque l'hydrocèle reconnoît pour cause un vice particulier des humeurs, tel que le virus de la morve, du farcin, etc. (*voyez* FARCIN , MORVE), et qu'il n'est possible alors de le guérir qu'en combattant la cause principale par les remèdes qui lui sont propres. (R.)

HYDROGÈNE. C'est-à-dire qui engendre l'eau. En effet, selon la nouvelle théorie chimique, c'est par la combinaison de l'hydrogène avec l'oxygène que se forme l'EAU. *Voy.* ce mot. On ne le connoît pas en état d'isolement. Sa combinaison la plus simple est celle avec le calorique, d'où résulte le gaz hydrogène si léger et si éminemment inflammable.

L'action du gaz hydrogène sur les animaux et les végétaux est fort importante à considérer. Les premiers ne peuvent vivre, les seconds ne peuvent germer au milieu de ce gaz. Il est la cause que le séjour des marais, des eaux croupissantes, des voieries, etc., est si malsain, car là il s'en dégage perpétuellement, et d'autant plus que la chaleur est plus considérable. C'est lui qui, mêlé avec du gaz acide carbonique et de l'azote (*hydrogène carboné*), s'élève, sous la forme de bulles, des vases de ces marais, sur-tout lorsqu'on les remue, et qui cause, par son inflammation spontanée, ces feux follets qu'on voit si souvent voltiger sur leur surface, et même, à ce qu'on croit, les étoiles tombantes et les aurores boréales.

A raison de sa légèreté ce gaz s'élève promptement dans les parties supérieures de l'atmosphère, où il concourt sans doute, en se décomposant, soit par son inflammation, soit par sa simple combinaison avec l'oxygène, à augmenter la masse de l'eau qui en tombe sous forme de pluie, de neige, de grêle, etc.

On a constamment observé en Bresse, au rapport de Varennes de Fenilles, que les habitations situées au milieu des étangs et sur des lieux élevés étoient plus malsaines que celles placées dans les lieux bas. Il en est de même presque par-tout. On en sent la raison.

Pour avoir très pur le gaz hydrogène, il faut employer la décomposition du fer ou du zinc par l'eau et le feu. L'acide sulfurique le dégage aussi de ces deux métaux, et c'est ainsi qu'on se procure celui qui est employé à remplir les ballons ; mais on est obligé de le faire passer à travers une grande masse d'eau pour le priver des portions d'acide qu'il entraîne avec lui. Enfin on l'obtient par la distillation et la putréfaction des matières animales et végétales. Dans ce dernier cas il tient presque toujours du soufre en dissolution, ce qu'on reconnoît à l'odeur d'œufs couvés qu'il exhale. Il prend alors le nom d'*hydrogène sulfuré* (ou gaz hépatique, parcequ'on le retire de la combinaison du soufre avec les alkalis, combinaison qu'on appeloit autrefois *hépar.*)

Les huiles sont formées d'hydrogène, de carbone et d'un peu d'oxygène. Dans celles qu'on appelle grasses, le carbone est en excès, c'est pourquoi elles sont moins inflammables que celles qu'on appelle volatiles, *voyez* HUILE. Il en est de même des résines et des bitumes.

Combiné avec l'azote il forme l'ammoniaque ou alkali volatil.

Enfin il est un des principes constituans des métaux. Il surabonde sur-tout dans ceux qui sont susceptibles de se brûler. Les minéraux en dégagent si fréquemment, qu'il est, dans quelques mines, un des plus grands obstacles qui s'opposent à leur exploitation.

Les plantes en état de végétation se conduisent fort différemment les unes des autres dans le gaz hydrogène pur. Les unes, celles des montagnes, des terrains secs, y meurent en peu de temps. Les autres, celles des plaines, des bois, s'y soutiennent dans un continuel état de foiblesse. Enfin les dernières, celles des marais, y végètent parfaitement bien. On voit ici, comme dans tant d'autres circonstances, la main de la nature. On la reconnoît encore plus lorsqu'on sait que plusieurs de ces dernières plantes absorbent le gaz hydrogène et exhalent le gaz oxygène ; qu'ainsi un marais qui en est bien garni est moins dangereux que celui qui n'en contient pas. Je signale principalement aux cultivateur le GALÉ ORDINAIRE et le GALÉ CIRIER, comme produisant cet effet à un degré éminent. *Voyez* au mot GALÉ.

Je ne m'étendrai pas davantage sur ce qui regarde l'hydrogène, car ce que j'en pourrois dire de plus seroit ou inutile aux cultivateurs ou trop hypothétique. (B.)

HYDROMEL. Dans les cantons où l'on recueille beaucoup
de miel et où la vigne ne sauroit prospérer, il est possible de
suppléer à la rareté du vin par cette boisson connue sous le nom
générique d'*hydromel* : on en distingue de plusieurs espèces ;
nous allons faire connoître les préparations les plus usitées.

Hydromel simple. Il paroît qu'avant d'avoir connu l'usage
des liqueurs vineuses on a commencé par boire une eau sucrée composée à peu près d'une partie de miel sur douze de
fluide aqueux, et que, pour corriger la fadeur de cette boisson
et lui donner un peu de montant, on a eu recours à l'emploi
de quelques plantes aromatiques et ensuite à la fermentation.

On délaye dans trois parties d'eau tiède une partie de miel,
d'où résulte une boisson sucrée, sans qu'il soit nécessaire de la
présenter au feu, attendu que cette substance, lorsqu'elle
éprouve l'ébullition, se décompose, contracte un goût de
brûlé désagréable et des propriétés diamétralement opposées
à celles qu'elle possède naturellement.

Cet hydromel sert assez communément de tisane commune
dans les hôpitaux pour les malades affectés de la poitrine ; on
peut la rendre plus agréable, plus salutaire et plus susceptible d'étancher la soif quand il fait chaud, en y mêlant le
suc de groseille, de framboise, et la conservant dans un lieu
frais.

Mais pour que l'hydromel perde de sa fadeur et puisse se
conserver pendant un certain temps, il faut que le miel qui en
fait la base change de nature, ce qui ne peut avoir lieu que
par le secours de la fermentation ; cette boisson alors acquiert
tous les caractères d'une liqueur vineuse, donne par la distillation de l'alcohol et par l'acétification un véritable vinaigre.

Hydromel vineux. Tous les hommes semblent avoir eu une
propension décidée vers les boissons fermentées ; les sucs doux
et austères des fruits n'étoient pas capables de flatter leur sen-
sualité, peut-être aussi de satisfaire les vrais besoins de la
nature ; ils ont cherché à en obtenir des liqueurs piquantes,
vineuses et fortes, en mettant à contribution les ressources que
le climat leur offroit.

La préparation de l'hydromel vineux consiste à mettre
dans une bassine de cuivre quinze kilogrammes de miel, par
exemple, et quarante-cinq litres d'eau pure, à faire évaporer
ce mélange, enlever les premières écumes ; quand la liqueur
est réduite à moitié ou environ, et qu'elle a pris assez de consistance pour qu'un œuf frais puisse la surnager, on est assuré
qu'elle est suffisamment concentrée.

On se précautionne d'un baril neuf devant contenir moitié
de la liqueur qu'on a intention de faire, l'autre moitié est des-

tinée à le remplir pendant et après la fermentation ; on lave ce baril avec de l'eau bouillante, puis avec une bouteille de vin blanc ou un gobelet d'eau-de-vie, afin qu'il ne conserve aucune odeur désagréable ; on remplit le baril avec l'hydromel tout chaud, et on bouche légèrement la bonde avec un tuileau ; on met le surplus de l'hydromel dans des bouteilles que l'on bouche avec un linge clair ; on les met en réserve, afin de remplacer la portion de liqueur à mesure que la fermentation l'expulse du tonneau sous forme d'écume.

Pour exciter la fermentation, il faut que la liqueur soit exposée à une température chaude. Dans les pays du nord, où cette boisson se prépare en grand, on met les tonneaux d'hydromel dans des étuves, où l'on entretient, jour et nuit, une chaleur de 18 à 25 degrés. La fermentation s'établit au bout de six à huit jours ; elle dure environ six semaines et cesse d'elle-même.

Dans notre climat on se sert de deux moyens pour établir la fermentation : l'un consiste à mettre le baril au coin d'une cheminée, dans laquelle on entretient, jour et nuit, un petit feu ; on met encore les barils derrière un four qui est continuellement chaud ; au bout de sept à huit jours, la liqueur jette une écume épaisse et bourbeuse, qui laisse un vide qu'on a soin de remplir avec l'hydromel des bouteilles mises en réserve ; aussi les phénomènes de la fermentation vineuse subsistent pendant deux ou trois mois selon la température, après quoi ils diminuent et cessent d'eux-mêmes : l'autre moyen, c'est d'exposer la liqueur au soleil brûlant de la canicule.

On peut faire l'hydromel dans tous les temps de l'année, dès qu'on se sert de l'étuve, de la cheminée ou du four ; mais lorsqu'on veut le mettre au soleil, il faut le faire en juin et le laisser exposé jusqu'à ce que la fermentation s'arrête d'elle-même, ce qui arrivera au bout de trois ou quatre mois.

Quand on laisse l'hydromel au soleil pour exciter la fermentation, il faut élever le baril à un demi-pied de terre, et avoir quelqu'attention relativement aux abeilles et autres insectes attirés par l'odeur de la liqueur. Dans la chaleur du jour la liqueur se gonfle, et quand le baril est suffisamment plein, l'écume s'élève par la bonde et reflue des deux côtés du baril ; mais lorsque le soleil est couvert et pendant les nuits, la liqueur se condense, c'est-à-dire diminue de volume, et le baril cesse d'être plein. Dans le premier cas les abeilles lécheront sans danger pour elles ce qui s'écoulera du baril ; mais dans le second cas il faut boucher la bonde avec une planchette ou une calotte de plomb, quand on jugera que la liqueur est raréfiée, et qu'elle va jeter son écume.

Aussitôt que les phénomènes de la fermentation ont cessé, et que la liqueur est devenue bien vineuse, on transporte le tonneau à la cave, où on le bondonne exactement ; un an après on le met en bouteilles, que l'on bouche bien, et on les laisse debout pendant un mois ; on les couche ensuite comme la bière. On veillera pendant environ deux mois pour voir si les bouchons ne sautent pas.

Quand on a mis les rayons des ruches sous la presse pour en retirer le miel qu'ils renferment, le marc jeté dans l'eau, et exposé à la chaleur du soleil, fournit une sorte de piquette d'hydromel vineux.

Hydromel vineux composé. On peut varier le goût de l'hydromel par différens mélanges, et le concentrer comme nous l'avons dit plus haut. Mais quand la liqueur est rapprochée, on y met un quart ou un sixième soit de bon vin vieux, soit du jus de fraise ou d'orange, etc. On mêle le tout, on laisse bouillir la liqueur que l'on écume, et quand l'œuf nage à sa surface, on la retire pour la disposer, ainsi qu'il a été dit, à la fermentation.

Lorsque l'hydromel vineux est bien fait, et qu'on l'a conservé avec soin, c'est une espèce de vin de liqueur assez agréable ; on lui trouve néanmoins pendant assez long-temps une saveur de miel qui ne plaît pas à tout le monde ; mais il la perd insensiblement ; il seroit même possible de la faire en quelque sorte disparoître plus tôt, en y ajoutant, pendant que la liqueur est encore en fermentation dans le tonneau, de la fleur de sureau renfermée dans un nouet, ou quelques uns des aromates indiqués par Olivier de Serres, tels que gingembre, poivre, girofle, etc.

Avant que le sucre fût aussi commun parmi nous qu'il l'est devenu depuis la découverte du Nouveau-Monde, quoique transporté dans cette partie du globe, le miel servoit de base aux sirops, et le jus des fruits à pepins de véhicule. C'est ainsi qu'a été fait le premier sirop de pommes décrit dans nos plus anciennes pharmacopées. Etendu d'une certaine quantité d'eau, le mélange donnoit au bout de six mois, par la fermentation, un hydromel vineux imitant supérieurement le vin de Madère. Il y a même tout lieu de présumer que cet hydromel ainsi composé ne puisse, à cause de la facilité qu'il a, au moyen d'un arome quelconque, de contracter un goût qui approche de celui d'Espagne, paroître sur les meilleures tables revêtu du nom de vin de Madère, de Malvoisie, etc. Ces vins sont l'objet de fabrique dans certains cantons de la France. Nous y reviendrons à l'article des VINS DE LIQUEUR. (PAR.)

HYDROPHOBE, HYDROPHOBIE. *Voyez* RAGE.

HYDROPISIE. MÉDECINE VÉTÉRINAIRE. Maladie causée par

l'infiltration et le séjour de la lymphe dans une des cavités du corps ou entre les tégumens. Elle est causée ou par l'affoiblissement du système musculaire, ou par l'altération des humeurs. Presque toujours elle commence circonscrite dans un seul viscère, et finit par s'étendre par tout le corps. Prise à temps, elle est très susceptible de guérison; mais arrivée à un certain terme, cela devient fort difficile.

On dit qu'une hydropisie est *ascite* quand l'eau est contenue dans la capacité du bas-ventre; *anarsaque* ou *leucophlegmatie* lorsque l'humeur infiltre tout le tissu cellulaire; *hydropisie de poitrine* quand l'eau remplit cette cavité; *hydrocéphale* lorsque l'eau est ramassée dans la tête; *hydropisie de la matrice*, des *ovaires*, des *bourses*, du *médiastin*, de la *plèvre*, du *péricarde* lorsque ces organes sont affectés.

De l'hydropisie de poitrine. Dans celle-ci, la sérosité s'épanche dans la cavité de la poitrine. Les maladies inflammatoires des parties contenues dans cette cavité, telles que la PLEU-RÉSIE, la PÉRIPNEUMONIE, la COURBATURE, la POUSSE, etc. l'occasionnent. (*Voyez* tous ces mots.) Tantôt elle se forme dans le péricarde, tantôt entre les deux lames du médiastin, et le plus souvent dans la cavité dont il s'agit.

Elle se manifeste par la difficulté de respirer; en faisant attention aux mouvemens des côtes, on voit qu'elles se lèvent avec force. Le cheval regarde de temps en temps sa poitrine, se couche tantôt d'un côté, tantôt de l'autre, reste quelquefois constamment sur les quatre jambes, a des sueurs fréquentes, et jette par les narines une sérosité jaunâtre, un des signes certains de cette maladie.

Il est inutile que l'artiste vétérinaire entreprenne de guérir cette espèce d'hydropisie par l'usage des diurétiques, tels que le vin blanc, l'oximel scillitique; et par les hydragogues seuls, tels que la diagrède, le jalap, etc.; ces remèdes n'auroient aucun effet. Le plus court moyen est de tenter l'évacuation des eaux contenues dans la poitrine. Pour cet effet, armez-vous d'un trocar, enfoncez-le dans la poitrine, à la partie inférieure de la huitième côte, à sa jonction avec le cartilage; videz à peu près la moitié de l'eau qui y est contenue; ensuite, sans retirer la canule, injectez à peu près la même quantité d'une décoction vulnéraire faite des sommités de millepertuis dans trois chopines d'eau réduites à une pinte, et à laquelle vous ajouterez du miel. Deux heures après, *tirez* les deux tiers de l'eau restante, et injectez encore près du tiers de la liqueur; reposez-vous pendant deux heures; au bout de ce temps évacuez tout ce qu'il y aura d'eau, et injectez encore environ deux pintes de la même décoction. Si, lorsque vous tirez la liqueur injectée, vous remarquez qu'il n'y en a pas la même quantité,

vous devez être assuré que les vaisseaux absorbans font leurs
fonctions, et qu'il y a tout lieu de compter sur la guérison.

L'hydropisie du bas-ventre ou ascite est un amas d'eau dans
la capacité de cette partie. Le ventre est tuméfié, les flancs
sont avalés, l'animal respire difficilement, la fluctuation des
eaux se fait sentir, lorsqu'en pressant de la main une des parties latérales du ventre, on fait frapper le côté opposé ; ces signes
sont encore accompagnés du défaut d'appétit, de la diminution
des forces vitales et musculaires, de la maigreur, de l'enflure
des jambes, et de l'évacuation modique des urines.

Cette maladie est très difficile à guérir, parcequ'elle reconnoît pour principes l'obstruction du foie ou du pancréas, ou
de la rate, ou du mésentère, etc.

La première indication qui se présente à remplir est d'évacuer la sérosité contenue dans le bas-ventre et dans le sang ;
donnez donc fort peu à boire au bœuf et au cheval, tenez-les
dans une écurie sèche ; déterminez l'humeur surabondante à
prendre la route des urines, en passant sur-le-champ à l'usage
des résolutifs et des diurétiques ; en conséquence, faites prendre à l'animal le suc de pariétaire à la dose de cinq à six onces
par jour, ou la décoction de racine de chardon-roland, d'asperge et de fraisier, à laquelle vous ajouterez demi-once de
sel de nitre par pinte d'eau. J'ai été témoin des effets surpre-
nans d'un breuvage composé de suc d'oignon et d'eau-de-vie,
administré à une vache atteinte d'une hydropisie de cette
espèce.

Cinq ou six jours après l'emploi de ces remèdes, administrez un purgatif composé d'un gros de jalap, d'autant de diagrède, de demi-once d'aloès et de demi-once de sel de nitre,
incorporé dans suffisante quantité de miel. Cet hydragogue est
préférable au mercure doux et à l'euphorbe. On a observé que
cette dernière substance échauffe, irrite, cause des coliques
violentes, et met l'animal en danger de mourir.

Mais il arrive souvent que ces remèdes n'ont produit aucun
effet sensible, quoique leur usage soit bien indiqué, que le
ventre se remplisse de plus en plus d'eau, et qu'il se distende
considérablement. Il reste encore pour dernière ressource
la ponction, qui est une ouverture pratiquée au bas-ventre,
de la même manière ci-dessus décrite, avec cette différence
néanmoins que la ponction avec le trocar doit être faite dans
l'espace compris entre les dernières fausses côtes et les os pubis. En faisant cette opération, il faut avoir égard aux forces
de l'animal, qui se trouvent toujours affoiblies dès que l'on
évacue une trop grande quantité d'eau à la fois. Il vaut donc
mieux, deux jours après, réitérer la ponction, pour évacuer le
reste des eaux, en ayant l'attention, dans l'intervalle de cha-

que opération, d'appliquer sur la plaie de l'étoupe cardée, sèche, et assujettie avec un emplâtre de poix.

De l'hydropisie des bourses. Lorsque l'eau s'épanche dans le scrotum, entre le dartos et le testicule, nous disons qu'il y a hydropisie dans cette partie.

Cette maladie étant ordinairement produite par l'enflure œdémateuse des jambes, et par toutes les causes qui donnent lieu à l'hydrocèle, nous croyons devoir renvoyer le lecteur à ce mot, quant aux signes et à la curation. *Voyez* HYDROCÈLE.

Les moutons sont sujets à une espèce d'hydropisie par épanchement, qui devient très fréquente parmi eux lorsqu'ils paissent dans des lieux bas et humides ou couverts de rosée, ou enfin dans toutes les circonstances d'humidité. Mais cette maladie étant particulièrement connue en médecine vétérinaire sous le nom de pourriture, nous nous proposons de traiter au long de ses causes, de ses signes, et des observations à faire sur la manière de la combattre. *Voyez* POURRITURE. (R.)

HYGIENNE VÉTÉRINAIRE. Cette partie de la médecine vétérinaire, qui comprend la connoissance des objets nécessaires à l'entretien de la santé et de la vie des animaux domestiques, est d'une importance majeure; les localités influent tellement sur leur existence qu'on peut, à la simple inspection topographique d'un pays, juger quelles espèces doivent y prospérer, ainsi que la nature des alimens et des remèdes qu'il convient de leur administrer. Il paroît démontré, par exemple, que, dans les cantons naturellement bas et humides, le régime doit toujours être tonique, échauffant; aqueux et relâchant au contraire dans ceux dont le sol est sec et élevé. En examinant d'ailleurs la manière dont leurs jambes sont conformées, on peut encore juger du site qui leur est le plus favorable. Un propriétaire qui a son domaine entre deux collines doit élever des vaches et des bœufs, préférer des brebis et des moutons quand il est placé sur un coteau et dans un endroit sec. Les plaines d'une certaine étendue sont propres à tous les genres d'animaux, parcequ'ayant un espace considérable à parcourir, ils peuvent choisir les plantes et les positions qui leur plaisent le mieux.

Une vérité dont on ne sauroit trop pénétrer le fermier, c'est qu'il existe plus de moyens pour préserver les animaux des maladies, que de médicamens pour les guérir; que la médecide vétérinaire doit chercher et puiser ses secours les plus efficaces dans les agens prophylactiques, car si les remèdes sont compliqués, leur application embarrassante, et qu'ils coûtent autant que la bête affectée, il y a tout lieu de craindre qu'effrayé des soins et des dépenses, il ne renonce à prendre la peine de la traiter.

Habitation. Le gîte destiné à mettre les animaux domestiques à l'abri des vicissitudes de l'atmosphère, et à fabriquer l'engrais, doit être le premier objet du fermier; car ce gîte peut, par sa mauvaise construction, devenir la source de la plupart de leurs maladies; le bétail plongé un certain temps dans un air méphitique est exposé à périr sans aucune cause de mort prochaine ou éloignée.

Cet objet vient heureusement de fixer l'attention de nos plus célèbres agronomes. Tout ce qui tient à la salubrité de la demeure et à la santé des animaux domestiques intéressa particulièrement la société d'agriculture du département de la Seine, bien convaincue que c'est déjà la demeure que nous leur offrons qui commence à les éloigner de l'état sauvage, et qu'on doit tout faire pour qu'elle soit conforme à leur constitution physique et à leurs habitudes. Cette compagnie est la première qui ait eu la gloire de s'occuper de l'art de perfectionner les constructions rurales et d'en faire le sujet d'un concours solennel. Le prix a été décerné à M. de Perthuis, devenu depuis l'un de ses membres, et dont l'ouvrage mérite de tenir une place distinguée dans la bibliothèque des propriétaires ruraux.

A son imitation, le bureau d'agriculture de Londres engagea aussi les Anglais à appliquer les ressources de l'architecture aux besoins de l'économie rurale. Il en est résulté un grand nombre de mémoires que ce bureau s'est empressé de réunir en un seul corps d'ouvrage que notre collègue, M. Lasteyre, a traduit et enrichi de notes instructives; enfin l'Allemagne a voulu aussi payer son contingent de constructions rurales, en publiant un traité des bâtimens propres à loger les animaux domestiques.

Cependant, il faut l'avouer, si dans quelques endroits on a mis à profit les conseils et les vues de ces nouveaux perfectionnemens proposés pour la demeure des animaux domestiques, elle est restée dans beaucoup d'autres aussi défectueuse qu'elle étoit il y a un siècle. L'infection qui y règne est quelquefois si frappante, qu'en y entrant on ressent de la gêne dans la respiration; elle présente au dehors l'aspect le plus hideux; les abords en sont obstrués de toutes parts; les murs, couverts de poussière, d'araignées et de crevasses, semblent destinés à servir de repaire aux souris et aux insectes; une litière peu abondante, et qu'on enlève quatre fois l'année au plus, en tapisse le sol. Faut-il s'étonner, si, couchés dans la fange et séjournant dans un foyer de putréfaction à une température très élevée, les animaux restent constamment foibles, languissant perpétuellement sur la voie de la dégénération; et si sortant de cette espèce d'étuve, passant brusquement dans un

air libre et froid , ils éprouvent un changement subit capable
de supprimer sur-le-champ la transpiration , et d'occasionner
dès-lors tous les genres de maladies qui dérivent de cette suppression ?

Quelle est donc la cause de ce dédain, de cette négligence
intolérable pour l'entretien de l'habitation des bestiaux, pour
le renouvellement de leur litière et pour les moyens de purifier l'air quand il est vicié ? Un intérêt mal entendu, la paresse,
nos préjugés et le plus faux calcul. Plusieurs cultivateurs sont
dans l'opinion que les animaux peuvent vivre impunément
dans une atmosphère empoisonnée , que leurs organes ne sont
pas sensiblement affectés de toutes les émanations putrides ,
que la malpropreté ne leur est préjudiciable sous aucun
rapport, et que pour avoir de puissans engrais il faut que
les litières pourrissent sous eux.

Des expériences comparatives variées et multipliées ne permettent plus de douter que les animaux indistinctement aiment
à reposer dans un lieu propre et commode ; qu'ils ont une très
grande répugnance pour les mauvaises odeurs ; que même
le cochon, taxé d'être le plus sale d'entre eux , exige de la
propreté , si on veut qu'il prospère , qu'il engraisse. Tous en
un mot ont des organes plus ou moins perspicaces, susceptibles de discerner la qualité des alimens et des boissons.

Sans entrer dans aucun détail à cet égard, nous nous bornerons à faire remarquer qu'il est sur-tout nécessaire que la
disposition intérieure de l'habitation soit réglée sur le nombre
des animaux qui doivent y loger ; qu'elle ait une grandeur et
une élévation telles que chaque individu puisse jouir de tout
l'espace nécessaire à ses mouvemens, se coucher aisément sans
blesser son voisin ; qu'il ne trouve pas trop de différence de
température entre l'air du dehors et celui du dedans ; que
les agens de la ferme qui en ont soin circulent autour des murs
et puissent les examiner sur tous les points de leur surface.

Rien n'est plus utile encore que d'y pratiquer des ouvertures ; et comme l'air vicié ou le gaz carbonique qui se dégage des matières putréfiées de la respiration et de la transpiration est plus lourd que l'air commun, qu'il se rassemble de
préférence dans les parties basses, et préjudicie d'autant plus
aux bestiaux qu'ils ne peuvent se coucher, ni dormir sans
respirer cet air malfaisant, c'est donc principalement dans la
région inférieure qu'il importe de pratiquer ces ouvertures,
sans trop les multiplier, parcequ'elles fatigueroient la vue
des animaux, d'y ajouter des *vasistas* propres à balayer cet
air empoisonné, car les fenêtres, placées au haut, ne renouvel-
lent que le dessus de l'atmosphère, et ne changent point du
tout celle du dessous et n'en effleurent que la surface. Aussi

le mouton, la chèvre, le cochon et les autres petites espèces d'animaux domestiques souffrent davantage de l'air vicié que la vache et le cheval; cependant la chèvre et la brebis sont destinées par leur constitution à vivre au grand air. Le cochon, qui préfère les terrains marécageux, n'est pas aussi incommodé d'un air vicié que les précédens.

Une des fortes raisons qui devroient engager l'habitant de la campagne à établir le plus de jour et de propreté possibles dans la demeure des animaux domestiques, c'est que les rats, les souris et les insectes se plaisent dans les lieux obscurs: en la tenant fermée vers le soir, on en écarte les mouches qui désolent le bétail, et en garnissant les fenêtres d'un canevas monté sur un cadre de bois, l'air de l'intérieur peut se renouveler sans favoriser l'accès des insectes, et ce renouvellement est si précieux dans toutes les circonstances, qu'on ne peut attribuer qu'à cette seule circonstance les avantages du parcage; enfin l'air est l'aliment de la vie. Mais ce n'est pas assez que l'habitation des animaux domestiques soit spacieuse, commode et saine, il faut encore que les individus qu'on y renferme soient entretenus dans un grand état de propreté, et qu'ils ne s'infectent pas eux-mêmes, ce qu'on prévient au moyen du pansement de la main; il en sera question après que j'aurai exposé quelques vues générales sur leur nourriture.

Régime des troupeaux. C'est la partie la plus importante et la plus efficace de la médecine vétérinaire, la seule connue pour parvenir à la guérison radicale de presque toutes les maladies chroniques des animaux domestiques; le premier article consiste à s'occuper du choix qu'on doit faire de leur nourriture, de la meilleure forme à lui donner, et de la quantité qu'il est nécessaire d'en administrer: les alimens les plus propres à leur subsistance résident parmi les végétaux, parceque tous sont herbivores ou granivores; ainsi depuis la semence la plus sèche jusqu'à la racine la plus succulente, les différentes parties des plantes peuvent entrer dans le régime des bestiaux.

Grains. Ils sont la nourriture que les animaux aiment le mieux; les ruminans en exigent moins que le cheval, et c'est communément l'avoine à laquelle on donne la préférence; mais son enveloppe coriace et flexible, sa surface polie et luisante, sa forme allongée, mettent cette sémence dans le cas de glisser en partie sous la dent des bestiaux, sans avoir subi la mastication, de séjourner dans l'estomac sans y être attaquée par les sucs digestifs, et de passer dans les excrétions sans avoir par conséquent rien fourni d'alimentaire. Ces inconvéniens ont déterminé à remplacer son usage dans quelques cantons par l'orge qui a une végétation moins chanceuse, donne un produit plus riche, plus substantiel et plus généralement utile.

Fourrage. La luzerne, le sainfoin, le trèfle cultivés en grand, composent ce qu'on nomme vulgairement prairies artificielles, les plus avantageuses et les plus durables qui existent; elles devroient toujours former le tiers de l'exploitation et composer avec les plantes des prairies naturelles, en vert ou en sec, la nourriture des troupeaux; ces plantes sont abondantes et fort recherchées d'eux, cependant déterminées, non seulement par la nature du sol et du climat, mais encore relativement aux animaux qu'on y élève; la luzerne convient mieux au cheval, le trèfle aux vaches et aux bœufs, le sainfoin aux moutons.

Mais il existe une foule d'autres plantes dont on couvre annuellement des terrains pour la nourriture exclusive des bestiaux, que l'on fauche à mesure des besoins, et qui sont cultivées isolément ou réunies dans le même champ sous des noms collectifs; il convient de faire mention de celles-ci; quant aux autres elles se multiplient de manière à ne pouvoir plus en saisir le nombre. On est parvenu à en naturaliser quelques unes, et à se ménager, dans les feuilles des arbres, des ressources pour le régime d'hiver.

Ce n'est qu'en réunissant tous les moyens d'accroître la subsistance des animaux qu'on parviendra à entreprendre et à maintenir l'amélioration des troupeaux, à prévenir la rareté des fourrages dont on est menacé quelquefois, et les suites fâcheuses qu'elle entraineroit nécessairement si on attendoit que la disette fût encore plus considérable, parceque l'industrie aux prises avec le besoin n'est capable d'aucunes recherches heureuses: que le cultivateur se pénètre bien de cette vérité, qu'il vaut mieux avoir trop de fourrage que pas assez de bestiaux.

Céréales. Cette classe nombreuse de plantes a été regardée dans la plus haute antiquité comme la nourriture la plus naturelle des bestiaux. Le froment, le seigle, l'orge, l'avoine et le maïs coupés en vert produisent un fourrage aussi abondant que salutaire; mais c'est sur-tout le seigle et l'orge qui doivent mériter la préférence comme prairies momentanées; ils croissent promptement sur les terres maigres et légères, résistent plus qu'aucune autre plante à la sécheresse: les bestiaux exténués par le régime de l'hiver trouvent dans ce fourrage, les premiers jours du printemps, un aliment savoureux qui, administré avec circonspection, semble tout à coup renouveler leur existence; c'est dans cette vue qu'on ne sauroit trop multiplier les plantes hâtives propres à donner un fourrage printanier bon à faucher, avant qu'il soit possible de jouir des prairies artificielles ordinaires.

Hivernage. Le mélange de différentes plantes légumineuses, connues dans la plupart de nos départemens sous les noms de *dragées* et de *bisailles*, offre au moment de la floraison un excellent fourrage, sur-tout quand on y ajoute du seigle et de l'orge, dont la tige sert de rames pour favoriser leur végétation et foisonner davantage en herbe.

Racines. Cette partie essentielle de l'organisation végétale, d'une grande utilité pour l'homme, ne présente pas moins d'avantage aux animaux domestiques lorsque les prairies donnent peu de foin, ou qu'on en manque : les racines sont, après les grains, au nombre des substances végétales les plus chargées de parties nourricières ; leur culture est propre à tous les terrains, et elles produisent considérablement dès qu'on leur donne les façons convenables. Étant mêlées en certaines proportions au fourrage ordinaire, elles ont l'avantage de prolonger les effets du vert toute l'année, et de conserver les animaux dans cet état de vigueur et de santé si nécessaire pour le renouvellement des espèces.

La culture en grand des racines potagères donne en outre la possibilité de retirer d'une petite étendue de terrain une masse énorme d'une nourriture succulente. C'est à elle qu'on doit en partie une meilleure méthode dans les assolemens et la faculté de supprimer les jachères. Plusieurs de nos départemens en ont déjà apprécié les avantages pour commencer l'engrais des bœufs. Quand la rave turneps manque, c'est une sorte de calamité pour le canton. *Turgot*, qui a honoré par tant de vertus les fonctions d'intendant de généralité, s'informoit, quand il étoit à Paris, si l'année étoit bonne en Limousin pour la rave et la châtaigne ; l'une assuroit la rentrée des impôts, l'autre la tranquillité publique pour les subsistances. Combien il seroit facile d'étendre la culture des racines potagères, plutôt que de s'obstiner à couvrir de vastes terrains de seigle et de sarrasin, avec lesquels on éprouve si souvent la disette ou la famine.

Si Oliver de Serres, donna jadis à la luzerne le nom de *merveille du ménage*, c'est qu'il ne connoissoit pas la pomme de terre qui mérite à bien plus juste titre, parmi les racines, cette qualification. Nulle racine en effet n'est plus utile dans l'économie domestique, nulle ne semble plus appropriée à nos besoins; et dans les temps de crise elle est toujours la plus assurée de nos ressources, et de celle des bestiaux.

Je ne crains pas d'assurer que quiconque a eu le bon esprit d'essayer en grand la culture des racines potagères pour les administrer ensuite aux bestiaux pendant l'hiver, n'abandonnera jamais cette méthode, vu les nombreux avantages qu'il doit en avoir déjà recueillis. Combien les cultivateurs gagneroient à une pareille pratique, s'ils vouloient faire taire leurs préjugés et imiter les propriétaires qui leur prèchent l'exemple ; l'économie qui en résulteroit pendant la moitié de l'année environ, où l'on est presqu'entièrement privé des pâturages, est incalculable.

Appropriation de la nourriture. Les alimens contribuent tant au maintien de la santé des animaux, qu'on ne sauroit trop veiller à ce qu'ils soient toujours de bonne qualité, et donnés en quantité suffisante ; mal nourris, ils manquent de forces pour fournir aux travaux ; leurs membres, affoiblis par des exercices laborieux, ne peuvent prendre aucun délassement, ne réparent pas à raison de leurs pertes ; ils deviennent extrêmement sensibles aux influences de l'atmosphère et à toutes les impressions du besoin.

Malheur au propriétaire qui immole la santé de ses animaux à une parcimonie mal entendue, et ne donne pas tous ses soins pour conserver à la nourriture les qualités spécifiques qu'elle doit avoir ; si le fourrage est encore humide au moment de le serrer il s'échauffe, fermente et devient alors pour tous une subsistance détestable ; une attention c'est d'en régler constamment la quantité sur le nombre, la force, l'embonpoint des animaux, et de préférer la forme sous laquelle la nourriture produit le plus grand effet par rapport à la destination qu'on se propose de leur donner ; il faut bien se persuader que quatre vaches, par exemple, choisies et alimentées convenablement, rendent davantage que huit qui le seroient mal.

Pour remédier à l'inconvénient que nous avons remarqué de donner les grains secs et entiers, on pourroit en tirer un parti plus économique, en les faisant moudre préalablement sans les bluter ; étant rapprochés de l'état de gruau ils nourriroient davantage, offriroient plus de prise aux sucs digestifs et conviendroient mieux aux animaux ruinés ; en leur donnant la forme panaire on gagneroit encore sur la nourriture. M. *Chancey*, dont le nom se retrouve toujours sous ma plume quand il s'agit d'utilité publique, a adopté cette méthode pour ses mules et ses volailles. Il a remarqué que trois livres de pain procuroient autant de profit que quatre livres de farine, et six livres de grains sans être écrasés. Cette opinion est conforme à celle des meilleurs médecins vétérinaires.

Une autre forme également avantageuse pour les grains et les animaux soumis à l'engrais, ce seroit de les faire cuire dans l'eau et de les laisser fermenter un peu ; plus volumineux alors ils ont plus de saveur, nourrissent davantage et se digèrent mieux. On sait avec quelle avidité ils se jettent sur les alimens cuits et pourvus de la chaleur ; ils les préfèrent à tout ce qui est cru et à la température ordinaire.

Il paroîtroit cependant que les grains et les racines tels qu'on les recueille devroient mériter la préférence, puisque dans l'état sauvage les animaux ne les mangent pas autrement ; mais il n'en est pas moins vrai de dire que la plupart sont plus commodes à employer et plus convenables pour ceux qui sont malades ou qu'on engraisse.

Les racines potagères dont la consistance est ramollie par la cuisson peuvent s'allier avec la farine, se mêler à la salive et servir de base aux boulettes propres à l'engrais ; peut-être conviennent-elles moins dans cet état aux animaux à fibre molle, à tissu cellulaire lâche, parcequ'elles offrent moins de résistance et qu'elles ne sont plus susceptibles d'être triturées par la rumination.

Toutes les substances végétales ou animales qui ont subi la cuisson changent de nature, de goût et de propriétés. Les principes qui les constituent, isolés dans leur état naturel, se rapprochent, se réunissent, se combinent de manière à former un tout plus agréable, plus homogène et plus efficace ; administrés dans l'état chaud, ils donnent plus d'énergie dans l'économie animale et appellent davantage les bestiaux ; ainsi la dépense du combustible et les autres soins nécessaires pour imprimer à la nourriture le caractère qu'elle doit avoir pour opérer la plénitude de ses effets offrent de puissans dédommagemens sur lesquels les fermiers n'ont pas encore suffisamment réfléchi ; nous les invitons à peser ces considérations; elles nous paroissent intéresser à la fois l'économie et le perfectionnement de l'engrais des animaux domestiques ; mais quelles que soient la forme et la nature des alimens employés à la nourriture des animaux domestiques, il faut autant que faire se peut qu'ils soient mélangés ; c'est sans doute un des avantages du fourrage qui résulte des prairies naturelles et artificielles ; en associant les plantes les plus opposées entre elles par la qualité et les propriétés, elles se tempèrent l'une par l'autre et fournissent un bon tout ; il faut donc marier la nourriture verte et sèche, les fourrages substantiels et appétissans.

Dans beaucoup d'endroits on a la louable habitude de faire hacher la paille avec le foin, de les mêler à parties égales et de donner ce mélange pour toute nourriture aux animaux ; il procure de la force aux chevaux de travail, et c'est autant d'avoine d'épargnée. Ce mélange est admirable pour leur entretien. Ils sont moins sujets aux maladies que l'excès du foin seul procure.

Précautions dans l'emploi des alimens. Il n'y a pas d'alimens qui n'exigent des précautions avant d'en faire usage et dont l'excès ne soit sujet à des inconvéniens plus ou moins graves ; il convient de les prévenir.

Si le foin vieux, moisi ou vasé cause de la répugnance aux chevaux, celui qui est trop nouveau n'est pas non plus sans inconvénient, sur-tout dans les années sèches ; alors la veille de son emploi il faut délier la botte, la secouer pour en dissiper la poussière, et le mouiller, afin qu'il reprenne pendant la nuit de la souplesse et de l'humidité.

Les animaux retenus pendant l'hiver dans les étables sont impatiens, au retour du printemps, d'aller aux champs ; fatigués des fourrages secs ils soupirent après le vert ; le cultivateur lui-même n'attend pas moins impatiemment cette saison pour leur administrer une nourriture plus succulente, mais il néglige beaucoup trop les précautions qu'il faut prendre dans ce moment de crise où ils vont changer tout à la fois d'air, d'exercice et de régime.

Toutes les plantes, même celles des prairies artificielles, quoique saines et recherchées par le bétail, sont suivies quelquefois des plus fâcheuses conséquences ; s'il en mange à discrétion il en est incommodé jusqu'à périr, et souvent il ne faut que la mort d'un bœuf ou d'une vache, occasionnée par une pareille cause, pour faire regarder dans tout un canton ces plantes comme nuisibles, lorsqu'il est si important d'en propager les avantages. Il paroît donc nécessaire de les y accoutumer insensiblement, d'en donner peu à la fois et de le couper avec du fourrage sec moins substantiel, de retirer le barreau du râtelier afin qu'ils ne mangent pas trop.

Rien, par exemple, n'est plus dangereux que d'abandonner les animaux dans les prairies artificielles, sur-tout à une époque où, exténués de la nourriture d'hiver, ils se jettent avec avidité sur les plantes fraîches ; d'abord ils foulent l'herbe aux pieds, en gâtent plus qu'ils n'en mangent, ils sont exposés ensuite à une foule d'accidens connus sous le nom de *météorisation*, de *tympanite*, de *tranchées*, de *colique venteuse*. Cette funeste propriété, commune à toutes les plantes fraîches succulentes couvertes de rosée et données par surabondance, doit, sur-tout au printemps, préjudicier à la santé des bestiaux qui, après une longue privation, sont invités au plaisir d'en manger, et ils en abusent si on leur permet de rester trop long-temps au même endroit ; il faut donc ou les exclure des bons pâturages ou attendre qu'ils soient presque rassasiés pour les y conduire.

L'expérience a également démontré qu'il étoit infiniment plus économique de faucher l'herbe au lieu d'en faire consommer le produit sur le champ, même de ne l'administrer qu'après avoir été un peu fanée et distribuée aux animaux dans des râteliers portatifs, soit aux champs, soit à l'étable ; par ce moyen on est plus certain de la quantité qu'ils en consomment ; il y en a moins de gaspillé et ils n'en sont pas incommodés. Il faut encore se donner de garde d'en rassembler à l'étable au-delà de la provision de la journée, dans la crainte qu'une bête détachée ne reste sur le tas pour s'en être gorgée.

On ne peut changer tout à coup la nourriture des animaux ni les soumettre à un autre régime, en supposant même qu'il fût meilleur que celui auquel ils étoient accoutumés, sans que ce passage subit n'occasionne quelque désordre dans leur organisation ; il faut donc que la gradation en soit bien mesurée et que la quantité en soit réglée, afin d'éviter que les femelles, par exemple, ne passent à la graisse, parcequ'un excès d'embonpoint rend le part laborieux et difficile, affoiblit les organes lactifères, conduit souvent l'animal ou à la stérilité ou à ne donner qu'une postérité peu propre à faire souche.

Il est encore nécessaire d'attendre que les grains aient ressué avant de les donner aux animaux, sur-tout l'avoine, et de ne les consommer que quelques mois après leur récolte.

La prudence exige aussi de ne pas faire passer brusquement les animaux d'un pâturage maigre dans un pâturage gras, du régime sec au régime vert, et (vice versá) de les introduire peu à peu sur les pics secs et élevés lorsqu'il fait humide, et sur les fonds bas dans la saison du hâle, en évitant les endroits naturellement aquatiques susceptibles de donner toujours aux plantes reconnues pour fournir le meilleur fourrage un caractère dur et fibreux, cassant et grossier, qui, loin de réveiller l'appétit des bestiaux, leur cause de la répugnance et de la fatigue.

Mais si la transition du fourrage vert au fourrage sec exige quelques précautions, à plus forte raison doit-on être circonspect lorsqu'on est forcé par les circonstances de donner aux bestiaux une subsistance à laquelle ils ne sont pas habitués, fût-elle même meilleure que celle dont on est privé.

Il ne faut en un mot commencer le nouveau régime qu'en l'associant avec l'ancien dans les proportions relatives aux ressources locales et à la saison.

Lorsque la nourriture des bestiaux consiste en fruits et en racines, leur usage peut exposer à des inconvéniens fâcheux ; il arrive quelquefois qu'au lieu de se rendre directement à l'estomac, ils s'arrêtent dans un point de l'œsophage qui y conduit, causent de l'irritation, de l'inflammation et même la

suffocation. Les cultivateurs éviteront toujours cet inconvénient, si, avant de les leur donner, ils ont soin de les couper ;
ainsi divisés, les fruits et les racines se triturent mieux dans la
bouche, s'imprègnent pendant le séjour qu'ils y font de la
salive, qui, comme on sait, favorise l'acte de la digestion.
Le bon effet de cette nourriture est encore plus marqué, si,
après les avoir fait cuire, on les administre avant qu'ils ne
soient entièrement refroidis; nous reviendrons sur cet article
au mot POMME DE TERRE.

On se trompe en croyant que les racines revêtues de leur
peau, et dans leur état d'intégrité, sont plus aqueuses après
qu'avant leur cuisson. L'eau de végétation au contraire, qui
constitue ces parties des plantes, se réunit par l'action du
calorique avec les autres principes, s'y combine et acquiert
la propriété nutritive. Il en est de même des substances sèches;
l'eau qu'elles absorbent pendant la cuisson devient également
alimentaire ; non seulement les pommes de terre cuites ne
relâchent point, mais elles conviennent mieux à tous les animaux soumis à l'engrais.

Une autre erreur, c'est de prétendre que les animaux se
méprennent rarement sur les propriétés des végétaux, quoiqu'ils n'eussent pas d'autre instinct que l'organe du goût secon-
dé par celui de l'odorat, qu'ils peuvent servir de guide dans
nos départemens et indiquer à leurs habitans, par exemple,
les bons et les mauvais champignons. On ne sauroit être trop
en garde contre l'adoption ou le choix qu'ils font de quelques
alimens, car il y a des végétaux salutaires à plusieurs espèces
d'entre eux et très funestes à l'homme, et vice versâ. Citons-
en plusieurs exemples déjà connus, afin de rendre plus circons-
pects ceux qui se hâtent de prononcer relativement aux propriétés de certaines substances d'après les effets qu'ils produisent sur les animaux soumis aux essais.

On sait que les oiseaux becquètent certains fruits dont l'u-
sage nous seroit dangereux; que les cochons dévorent impunément la jusquiame, que le persil tue le perroquet; on dit
encore que l'amande amère est un poison pour les poules ; que
l'hypopotame trouve la mort dans la semence du lupin ; enfin
tous les animaux ne semblent-ils point respecter le haricot
vert, quoique nous nous en nourrissions sans rien éprouver de
fâcheux.

Mais si tous ces sauts, toutes ces transitions brusquées entraînent des inconvéniens qu'on peut éviter, il faut l'avouer,
l'herbe fraîche et succulente du mois de mai n'en a qu'autant
qu'on n'en dirige pas l'emploi. Elle devient extrêmement salutaire dans une foule de circonstances dont nous allons indiquer les plus essentielles.

Usage du vert. C'est la nourriture fraîche herbacée du printemps qu'on donne habituellement pendant une partie de l'année aux animaux, ou qu'ils prennent à la pâture, ou bien c'est un aliment médicamenteux auquel on les assujettit passagèrement pendant une ou deux saisons. M. de La Bergerie a traité le vert sous le premier rapport, et Gilbert sous le dernier. Il y a peu de chose à ajouter aux observations de ces deux amis de l'agriculture et de la médecine vétérinaire.

Les jeunes chevaux, les ânes et les mules échauffés ou fatigués par un travail trop considérable, à la suite des fièvres inflammatoires, lorsqu'ils sont dégoûtés ou qu'ils maigrissent sans cause apparente, trouvent dans le vert un véritable remède, également efficace pendant le traitement d'une foule de maladies chroniques; il flatte le goût des animaux qui en ont essayé, il est pour eux ce que le lait, les fruits rouges, le suc dépuré des plantes sont pour l'homme; il entretient pendant toute la durée de son usage le ventre libre, donne au poil son éclat, à la peau sa souplesse, à l'individu sa gaieté; il rétablit, en un mot, l'insensible transpiration, de manière que souvent un mois après ce régime ils ne sont plus reconnoissables.

Mais autant l'usage du vert est salutaire dans tous ces cas, autant il préjudicie aux animaux vieux, et même, quel que soit leur âge, à ceux qui sont affectés de maladies résultant du relâchement des solides et de la décomposition des fluides; il arrive souvent que, quoique bien indiqué, il n'a pas des succès, parceque, ainsi que tous les remèdes, il a besoin d'être aidé dans ses effets, et que quelquefois on a négligé certaines précautions d'où dépendoit la réussite.

On fait prendre le vert sur pied à la prairie même, ou on le donne à l'étable; dans l'un et l'autre cas, il importe d'y disposer les animaux, en ne le leur donnant qu'avec les précautions citées, d'abord mélangé avec le foin et un peu de grains; si c'est dans l'herbage même qu'ils sont mis au vert, il faut les y conduire et les rentrer pendant huit jours, en retardant tous les jours un peu jusqu'à ce qu'ils soient accoutumés à la fraîcheur des nuits; pour les vaches il est plus sage et plus économique de leur donner le vert à l'étable pendant le premier mois, selon la cause qui en a déterminé l'usage. Comme il est essentiel qu'il renferme autant d'eau que la nature des plantes le comporte, on doit le faucher, s'il appartient à la famille des graminées, avant que l'épi soit sorti du fourreau, parcequ'alors l'herbe seroit trop substantielle, trop nourrissante et provoqueroit la fourbure; il faut alors la couper jeune et ne la donner qu'insensiblement par poignée pour soutenir leur appétit et prévenir leur goût.

Quelques nourrisseurs s'opiniâtrent à vouloir saigner les
bestiaux avant de les mettre au vert, rien n'est plus abusif; il
en est de cette pratique routinière, comme de celle de quelques uns de nos praticiens qui sont dans l'habitude de purger
constamment les malades auxquels ils ordonnent l'usage du
lait, des eaux minérales et des sucs d'herbes : or, il arrive souvent que ce moyen préparatoire, loin de produire l'effet qu'on
en attend, dérange les fonctions de l'estomac, et empêche
qu'on ne tire un parti avantageux du régime prescrit ; c'est
absolument la même chose pour cette saignée de précaution ;
il faudroit plutôt donner du sang à l'animal que de lui en
tirer, puisqu'il s'agit de lui restituer des forces, à moins qu'il
n'ait une pléthore sanguine, ou qu'il ne s'agisse d'accumuler
la graisse chez le bœuf, le mouton et le cochon destinés à la
boucherie : cette évacuation faite à propos peut déterminer la
cachexie graisseuse.

Nous en dirons autant de l'opinion qui a introduit l'usage
des préparations antimoniales pour les chevaux en vert ; cet
usage est parfaitement inutile, à moins que quelques maladies
particulières n'en sollicitent l'emploi ; lorsqu'ils paroissent dégoûtés, quelques onces de poudre de gentiane, ou d'une substance amère analogue, rétablissent l'appétit et les fonctions
digestives.

Les plantes semées pour cet objet contribuent infiniment
au succès du vert ; c'est parmi les graminées et les légumineuses qu'il faut les choisir, en raison des animaux auxquels on
les destine. L'orge qu'on sème en automne pour la faire manger au printemps en vert est fort utile aux vaches, sur-tout
aux jeunes chevaux, lorsqu'ils ont été mis trop tôt à la nourriture sèche ; elle facilite singulièrement la dentition, par le
relâchement et l'humidité générale qu'elle procure à toute la
machine, et rend moins dangereux tous les accidens qui accompagnent et suivent la gourme, lorsque son emploi précède cette maladie ; mais autant ce vert d'orge est utile dans
ce cas, autant il préjudicie aux autres animaux, ainsi que l'a
très bien remarqué notre collègue Huzard dans ses Notes
ajoutées à la nouvelle édition d'Olivier de Serres : cet habile
vétérinaire attribue à son usage pour les chevaux un grand
nombre d'inconvéniens.

Un avantage inappréciable dont jouissent les animaux
tout le temps qu'ils sont au vert, c'est de respirer le grand
air, d'être dans l'état de nature, de ne prendre que l'exercice
qu'ils veulent, de jouir d'une grande liberté dans tous leurs
mouvemens.

Mais en les remettant au régime sec il faut observer les

mêmes précautions ; s'ils restoient un certain temps dans l'inaction, ils perdroient bientôt tout le fruit du vert ; si on les faisoit passer tout à coup à un travail long et fatigant, ce seroit un autre inconvénient. Il faut donc dans les premiers jours qu'on fait sortir l'animal le promener et le mettre un peu en haleine.

Pansement de la main. On peut juger que cette opération a lieu à l'embonpoint, à la vigueur et à la santé des animaux ; elle est trop utile, sur-tout à l'approche du printemps, pour jamais la négliger ; elle consite à les bouchonner, à les brosser, les étriller, afin de rétablir l'insensible transpiration toujours supprimée dans la plupart des maladies, à les décrasser ; en faisant tomber les poils, il ouvre les pores de la peau, qui s'attendrit et se dilate.

Les remèdes doivent commencer par le pansement de la main ; c'est sur-tout lorsque les bœufs, les vaches, les chevaux, les ânes, les mulets reviennent du travail ou des champs, en moiteur, tout couverts de sueur et de poussière, qu'il est à propos de les laver, de les éponger avec de l'eau froide ou tiède, de leur frotter le cou et la tête, de les bouchonner avec de la paille, qu'on natte grossièrement pour les débarrasser de toutes les ordures, empêcher qu'elles ne s'amassent au sabot, ne le ramollissent, et n'occasionnent quelques accidens.

Il y a des animaux, comme les cochons, dans l'habitation desquels il faut y placer un grès et des poteaux contre lesquels ils puissent se frotter et nettoyer parfaitement le poil ; il n'y en a pas dont la peau ait plus besoin de cette espèce d'étrille comme le porc, qui en cherche le secours par-tout. Il ne faut souffrir sur aucun point de leur corps des vestiges de bouc, de fiente et d'urine, et ne pas oublier de leur laver la tête, les pieds, les crins, les oreilles, la bouche, et d'employer fréquemment les lotions, les frictions, avec de fortes décoctions de tabac, d'absinthe et de tanaisie, lorsque les bestiaux sont prêts à sortir de leurs habitations, afin de les garantir de l'approche des moucherons, des guêpes, des frélons, sur-tout des poux, qui s'attachent souvent à leur corps, s'y multiplient prodigieusement, gâtent leur peau, leur poil, leur laine, et les font maigrir à vue d'œil ; éviter sur-tout de faire entrer dans ces lotions des poisons, comme l'arsenic, le sublimé corrosif et d'autres matières de ce genre, de peur qu'en se léchant ils n'en avalent, ou ne produisent sur la peau l'effet d'un caustique.

Les harnois doivent être frottés, le mors de la bride du cheval lavé chaque fois qu'il sert, afin d'ôter la fétidité qu'occasione le séjour de la salive ; il faut leur laver la bouche, la rafraîchir, et employer cette précaution pour tous les autres animaux.

Il faut se servir de l'étrille pour tous les animaux à poil ; une friction sèche a le double avantage de la mieux nettoyer, de ranimer et électriser la peau. C'est de cette opération, dont tous les bestiaux ont plus ou moins besoin à raison de leur constitution, que dépend souvent le maintien ou le rétablissement de leur santé, leur disposition à s'engraisser facilement et complètement, et l'efficacité de quelques remèdes, peut-être même l'avantage dont jouissent les animaux pendant tout le temps qu'ils sont au vert. Loin de croire qu'il ne faut pas les soumettre au pansement de la main, Bourgelas recommande au contraire de bouchonner les chevaux deux fois plutôt qu'une par jour, à la rentrée de la promenade, parceque, transpirant beaucoup, ils éprouvent plus promptement, plus efficacement tous les bons effets de cette nourriture succulente. Les vaches étrillées et parfaitement nettoyées rendent beaucoup et de bon lait.

Assouplir les animaux. Après avoir donné tous les soins au développement de leurs facultés physiques, il faut profiter de l'instinct dont ils sont doués pour créer en eux des habitudes heureuses, rompre leurs inclinations dépravées, et les accoutumer insensiblement aux travaux auxquels ils sont destinés dans l'état de domesticité.

Caressés dès leur jeunesse, les animaux conservent la docilité du premier âge, si nécessaire pour les conduire en troupeaux, se prêtent infiniment davantage à ce que l'on exige d'eux, lorsqu'il s'agit de les panser, de les traire, de les ferrer, de les atteler, de les conduire et de les monter ; mais il ne faut jamais, sous quelque prétexte que ce soit, sur-tout quand ils sont jeunes, les brusquer par aucun mouvement d'impatience et d'humeur, sans quoi ils deviennent hargneux, revêches, indociles, méchans. Il y a peu de chevaux rétifs chez nos voisins, parcequ'ils ne sont jamais rudoyés, qu'on y inflige même des amendes contre ceux qui les maltraitent.

Peut-être est-ce au mauvais traitement que l'âne éprouve, lorsqu'il est encore jeune, qu'il faut attribuer les reproches qu'on est fondé à lui faire, et que, si de bonne heure on avoit pour cet animal plus de bienveillance, il conserveroit plus de flexibilité et d'obéissance envers nous, ainsi que la docilité et la vivacité qui le caractèrisent au printemps de l'âge ; l'expérience a déjà fait voir que, ménagé et traité avec les mêmes égards que l'espèce du cheval, il perdroit cette roideur, cette rustique opiniâtreté qui, chez les hommes comme chez les animaux, accompagne toute éducation négligée.

En familiarisant les animaux d'avance avec nous, en les captivant, on les garantit d'une foule d'accidens. Si on a soin par exemple de manier quelquefois les cornes, les pieds, et même le pis des femelles pendant leur première gestation, on les accoutume insensiblement à se laisser toucher. Il s'en trouve dans le nombre tellement chatouilleuses et irritables qu'on ne sauroit les traire qu'avec les plus grandes difficultés dans les premiers temps de leur vêlage, ayant alors une surabondance de lait; il en résulte de l'enflure aux mamelles, et souvent la perte d'un trayon et même de l'organe entier.

Croisement des races. Son effet sur la santé des animaux domestiques n'est pas assez connu; cependant, puisque nous possédons l'art de faire de toutes pièces, si je puis m'exprimer ainsi, un individu vigoureux, productif et d'une bonne constitution, pourquoi ne pas recourir plus souvent à cette combinaison admirable avec toutes les conditions requises? C'est par ce moyen que nos voisins sont parvenus à obtenir dans l'engrais des bestiaux des résultats qui étonnent ceux qui n'ont pas réfléchi sur ces grandes ressources de la nature vivante; c'est en employant ces moyens efficaces de restauration et de création que nous empêcherons les dégénérations d'animaux, que nous obtiendrons de nouvelles variétés que nous n'osions espérer, plutôt que d'avoir sans cesse dans les mains des médicamens dispendieux pour agir sur l'organisation, et qui, fussent-ils les spécifiques les plus renommés, valent infiniment moins que les préservatifs.

Boisson. Tout fluide dont les animaux s'abreuvent spontanément, sans aucun secours étranger, est généralement désigné sous ce nom. L'eau est leur boisson ordinaire; mais il convient qu'elle réunisse quelques conditions pour opérer constamment un bon effet; les eaux croupissantes et fangeuses des mares, quoique préférées par les bestiaux, peuvent avoir à la longue quelques inconvéniens.

Le temps et la manière d'abreuver les animaux sont des points qui intéressent essentiellement leur conservation. On ne doit jamais, quand ils sont échauffés par un violent exercice, se presser de les conduire à la rivière, ni leur faire boire une eau trop fraîche, dans la crainte qu'elle ne les enrhume, ou ne leur occasionne des coliques et des répercussions. Quand on n'a pas la liberté du choix en ce genre, on peut facilement mettre les moins bonnes en état de servir de boisson sans aucun inconvénient, en laissant exposées quelques heures à l'air celles qui sortent du puits pour prendre la température de l'atmosphère, en leur imprimant un grand mouvement, pour diminuer leur fadeur en les rendant mucilagineuses ou acides quand il fait excessivement chaud, et qu'il règne quelques maladies; car alors il faut avoir l'œil ouvert sur l'objet qui semble le plus indifférent. Il n'est question souvent que d'assaisonner l'eau par

un peu d'air , ou d'acide, ou de matière extractive, pour
changer sa manière d'être et ses effets. J'invite à lire l'article
ABREUVOIR de ce Dictionnaire, et à se pénétrer des autres précautions indiquées pour rendre constamment la boisson des
animaux plus salutaire.

Eau blanche. On la prescrit de temps immémorial aux animaux malades , ou lorsqu'il s'agit de les rétablir à la suite des
affections qui ont épuisé leurs forces. Sa préparation est simple ; il suffit de délayer une bonne poignée de son de froment
dans une mesure d'eau ; mais dans les temps chauds cette boisson contracte bientôt une mauvaise odeur ; il faut n'en préparer que pour une demi - journée , car elle agit comme une
matière animale. C'est ce qui a déterminé la médecine humaine à interdire dans les fièvres putrides et inflammatoires
l'usage des bouillons de viande , malgré leur réputation comme
restaurans.

Depuis long-temps je me suis élevé contre l'usage du son de
froment, tant célébré dans la médecine vétérinaire, en prouvant par des expériences et des observations nombreuses que ,
réduit à son véritable état d'écorce, il ne contient guère plus
de principes nutritifs que la paille ; et si l'animal a besoin d'une
abstinence complète, réduit à son véritable état d'écorce il ne
fournissoit aucun des principes nutritifs de la farine , qu'il fatiguoit inutilement l'estomac et les autres viscères, qu'il ne se
digéroit point , et que, passant facilement à la putrescence, il
préjudicie à la santé des animaux ; aussi les cultivateurs les
plus confians dans l'emploi de l'eau blanche y ajoutent-ils souvent du sel ou du vinaigre pour la préserver de la corruption.

De leur côté, les vétérinaires les plus expérimentés, après
avoir suivi les effets du son comme aliment, observent que l'u-
sage de l'eau blanche, dans laquelle entre cette écorce du froment , donne lieu à des tranchées, à des météorisations ; or
ils proposent, quand le son a fourni à l'eau la farine qui lui
est adhérente, de décanter cette eau, ou de la passer à travers
un linge ou d'un tamis de crin , et de jeter aux cochons ou
aux volailles le résidu.

J'adopte cette proposition , et je pense que le cultivateur qui
manque de son pour faire l'eau blanche peut se dispenser d'en
aller acheter à un prix aussi cher souvent que le grain d'où
il provient, et substituer à la place une poignée de l'espèce
de farine qu'il a sous la main , en la délayant dans une certaine quantité d'eau, ce qui produira tous les avantages de cette
boisson. Sans jamais en avoir les inconvéniens, on pourroit
donner tous les jours à chaque cheval deux bottes de paille,

soit pour se former de la litière, soit pour ne pas le sevrer entièrement d'alimens solides.

Eau acidulée. En ajoutant un verre de bon vinaigre à un seau d'eau, on obtient une boisson antiseptique très rafraîchissante ; à défaut de vinaigre on peut prendre dans la même proportion du lait, du beurre, du petit-lait de fromage qu'on a laissé aigrir pendant quelques jours, ou bien encore on met une poignée de son de froment, qui, dans les temps chauds, passe promptement à l'état acescent. On passe la liqueur et on la mêle avec quatre fois son poids d'eau. On la rend nourrissante et rafraîchissante en y délayant quelques livres de levain de froment, de seigle ou d'orge, quand il n'y a pas de coliques à craindre. Les lavemens avec l'eau légèrement vinaigrée produisent aussi de très bons effets.

Eau miellée. Elle sert aussi de boisson dans certaines maladies où il est question de donner des mucilagineux et des adoucissans ; on la prépare en mettant une dose plus ou moins forte de miel étendue dans l'eau destinée à abreuver l'animal, et se bornant à le délayer sans employer le concours du feu, que cette matière ne sauroit éprouver à un certain degré sans perdre une grande partie de ses propriétés spécifiques.

Bains. Quand on est à portée d'une rivière, qu'il fait excessivement chaud, ou bien qu'il règne dans le canton ou dans le voisinage quelques maladies inflammatoires ou une grande sécheresse, il ne faut pas négliger de baigner les bestiaux. Rien ne les délasse, ne les nettoie plus promptement, ne favorise plus puissamment la transpiration et mieux que les bains ; la gaieté qu'ils manifestent au sortir de l'eau prouve combien cet usage leur est salutaire, sur-tout lorsqu'ils n'y restent pas long-temps et qu'on les tient sans cesse en agitation ; mais avant de les rentrer à l'écurie ou à l'étable il convient de les bouchonner, de les essuyer et de les couvrir ensuite d'une couverture de laine.

Usage du sel. Quelque salutaire que soit la méthode d'associer le sel à la nourriture des bestiaux, on hésite encore dans quelques cantons de l'adopter. Le prix qu'il coûtoit autrefois rendoit économe sur son emploi, mais on n'a plus ce motif à opposer.

Le goût que les animaux ont pour le sel est un des appâts dont le sauvage s'est servi avec avantage pour les surprendre à la chasse. C'est à la faveur de cet appât qu'on les fait revenir des bois, qu'on s'en fait aimer et suivre. Les brebis lèchent les murs et rongent tous les corps imprégnés de sels, pour donner du ton à leurs estomacs, relever l'action des organes digestifs affoiblis, et les égayer quand ils sont tristes. Ses propriétés bien connues sont de développer les saveurs des substances avec lesquelles il est mêlé, d'activer la circulation du sang, de tendre la fibre, de donner du ton aux viscères, de soutenir et d'augmenter les forces vitales, que seroient dans le cas d'affoiblir l'inconvénient d'une nourriture défectueuse, ou l'influence d'une atmosphère humide. Il n'est donc pas seulement un préservatif des maladies des animaux. On en donne aux mâles avant de saillir, ou lorsque leur tempérament s'affoiblit. C'est un assaisonnement qui fortifie leur constitution. Une vache à laquelle on administre un peu de sel donne un lait plus crémeux et un engrais plus puissant. Enfin ce besoin irrésistible est connu pour les bêtes fauves, et c'est à leur sagacité que l'on doit la découverte d'un grand nombre de fontaines salées. Rien n'est plus pitoyable à voir en Amérique, dit M. de Crèvecœur, qui attache un prix si inestimable au sel, qu'un troupeau qui en a été long-temps privé.

Méthode d'administrer le sel. Il y a trois manières de le donner aux bestiaux, 1° en nature; 2° mêlé avec les fourrages; 3° dissous dans leur boisson; mais cette dernière méthode pourroit entraîner des inconvéniens si on n'étoit pas extrêmement réservé sur la quantité, parceque l'animal dans la soif prendroit du sel outre mesure; il faut donc que l'eau soit simplement assaisonnée et non salée, sur-tout quand elle est par sa nature fade et lourde; une once est suffisante pour un seau d'eau. Il est facile à tout le monde de déduire des propriétés que nous venons d'attribuer au sel qu'il est nuisible dans les maladies inflammatoires, qu'il faut en être très économe pour les jeunes animaux, dont déjà le sang bouillant dans les veines a une grande disposition à s'échauffer.

En suspendant le sel dans des sacs à la porte de l'animal, il peut, en léchant les sacs, y déposer nécessairement de la salive d'autant plus abondamment que cette sécrétion est excitée par l'irritation des glandes salivaires; celui qui succède au premier lèche avec le sel la salive de celui qui précède, et ainsi de suite. En sorte que dans le nombre de ces animaux, il peut y en avoir qui ait le germe des maladies contagieuses ou un vice dans les humeurs; alors le mal gagne et attaque le troupeau entier.

Il convient donc de substituer à la méthode de donner le sel en masse dans les écuries et les étables celle de le mêler avec le fourrage, et au moment de le serrer, quand il est de médiocre qualité, parcequ'il sert en même temps à l'améliorer et à le conserver; mais lorsqu'il est bon il vaut mieux le distribuer aux bestiaux après en avoir secoué la poussière, avec la précaution de dissoudre le sel dans l'eau, et d'en asperger la surface.

Beaucoup de cultivateurs suivent encore une méthode plus simple et plus économique ; une personne, à l'entrée de l'étable, présente à chaque animal revenu des champs ou de l'abreuvoir, vers la fin du jour, des lèches ou tranches de pain fortement saupoudrées de la quantité de sel nécessaire et proportionnée aux besoins de chaque individu. Ce mode réjouit l'animal, nettoie et purifie sa bouche pendant la mastication ; en un mot, il suffit pour prévenir les maladies dont les mauvaises digestions sont assez ordinairement la cause immédiate. Le maximum de la quantité qu'il faut en donner est à peu près d'une once pour chaque gros animal, et pour les autres en proportion.

Exercice. L'exercice modéré, si salutaire à tout ce qui respire, peut devenir aussi l'antidote d'une infinité de maladies ; il ne faut donc pas non plus en priver les bestiaux, sur-tout dans le premier âge ; il deviendroit même utile pour les adultes, si l'embonpoint n'étoit pas le but qu'on se propose pour la destination de plusieurs.

Autant le travail proportionné aux forces de l'animal facilite le libre exercice de toutes les fonctions vitales, autant l'excès affoiblit leur énergie et le rend accessible à tous les accidens, et amène une vieillesse prématurée.

Dans le nombre des précautions qu'il faut employer pour les soustraire à divers accidens, les plus essentielles sont de ne pas les faire passer trop brusquement du repos à un traval habituel, *et vice versâ*. On doit leur accorder des intervalles de repos pour se réparer des fatigues, les promener quelquefois, les bouchonner et les sécher à leur retour.

En laissant l'animal dans l'inaction, on l'expose à d'autres inconvéniens ; il perd de ses forces, sa foiblesse détermine l'obésité, il devient de plus en plus incapable de rendre des services ; il faut donc le soumettre à un travail réglé sur l'âge et les forces de chaque espèce et de chaque individu ; on sait que les ruminans dorment plus que les non ruminans, et que ce n'est pas au repos dont jouissent les animaux, mais au vert qu'est due une des principales causes des avantages qu'ils en retirent.

Des spécifiques. Ils sont peu nombreux, très communs, il est vrai, dans les mains des hommes audacieux et ignorans qui les proposent journellement pour toutes les altérations de l'économie animale, sans faire attention que, pris intérieurement, ils n'agissent que sur l'économie en général, quelquefois d'une manière plus marquée sur un système ; mais ils n'ont aucune action directe contre les maladies qui désorganisent le tissu des parties. Les ouvrages prodiguent en général à une infinité de remèdes le nom de *spécifiques*, que leurs auteurs citent comme propres à certaines maladies. Mais l'expérience prouve que rien n'est moins certain ; et en effet, quoiqu'on puisse regarder le quinquina comme le fébrifuge le plus assuré que la médecine ait encore découvert, l'ipécacuanha celui de la dyssenterie, l'opium un des meilleurs calmans, les cantharides des vésicatoires très puissans, il ne doit pas moins s'ensuivre qu'en restreignant le mot *spécifique* à sa juste valeur, on ne doit l'employer que pour des substances qui, dans le plus grand nombre de cas possibles, conviennent à une espèce de maladie, sans croire pour cela que dans toutes les circonstances ce prétendu spécifique soit en état plus que tout autre de remplir d'une manière certaine et constante les vues de celui qui le prescrit et la véritable nature de la maladie ; la disposition particulière des malades, le moyen plus ou moins avantageux d'administrer un remède dans telle ou telle circonstance, l'instant de le mettre en usage, sa dose et son choix, ne sont-ce pas autant de considérations qui doivent rendre souvent le meilleur spécifique inutile, et quelquefois nuisible.

Le premier spécifique aux yeux d'un artiste vétérinaire doit être l'application méthodique d'un moyen simple, d'une opération faite à propos, une saignée locale, des incisions, des scarifications, des frictions sèches ou humides, onctueuses ou alcoholiques, des sétons à diverses parties du corps, des douches, des cautères, des bains chauds, froids ou de vapeur ; le repos ou un exercice modéré, les masticateurs, les lavemens, l'usage du vert, de l'eau blanche, des acides, de l'eau miellée et du sel suffisent souvent pour sauver l'animal.

C'est à ces moyens plutôt qu'aux médicamens qu'ils administrent en même temps qu'on doit les succès qu'ils ont obtenus dans le traitement des maladies internes.

Que les vétérinaires qui ont une propension pour droguer leurs malades lisent le mémoire de Gilbert et méditent sur les effets des médicamens dans les animaux ruminans ; peut-être est-ce en forçant les doses qu'il n'a pas eu de succès ; car il arrive souvent que les remèdes les mieux appropriés et les plus efficaces sont sans action, précisément parceque administrés en trop grande quantité ils produisent de l'éréthisme, comme nous voyons une surabondance d'herbe occasionner une foule d'accidens aux animaux qui la mangent avec trop d'avidité.

Le règne végétal ne présente guère de ressources à la matière médiciale vétérinaire, excepté les amers aromatiques,

tels que la gentiane, les purgatifs résineux, comme les aloës,
le jalap, etc.; que peut produire la classe de toutes ces plantes
béchiques, incisives, pour un grand animal dont la capacité
demanderoit une botte entière de ces plantes, pour opérer un
effet analogue à la propriété dont elle porte le nom?

Une surabondance d'herbe substantielle que les bestiaux
prennent trop goulument occasionne souvent parmi eux des indigestions, et exige une opération qu'en général on ne doit faire
qu'après avoir essayé l'usage des bains, des douches, de l'éther
sulfurique, des alkalis fixe et volatil; car lorsque la panse continue à se ballonner, il n'y a pas un moment à perdre pour
recourir à la ponction; et si l'expulsion de l'air qui s'échappe
par cette ouverture ne soulage pas, prolonger l'incision avec le
bistouri, retirer de l'estomac la masse d'alimens qui cause tout
le mal, et faire ensuite quelques points de suture. Cette opération n'a d'effrayant que l'apparence; jamais elle ne manque, et
il n'est pas de vacher qui ne doive savoir la pratiquer, à cause
de l'urgence qui la commande.

Des épizooties. Les animaux domestiques sont assujettis à
des maladies particulières qui appartiennent à leur organisation, et à d'autres qui les affectent indistinctement; leurs
symptômes et leurs traitemens ont été décrits à chacun des
articles qui les concernent. Nous ne nous arrêterons qu'à rappeler les moyens de les en préserver. Le plus efficace est de
garder le bétail à l'étable, et d'en interdire l'accès à tout ce
qui pourroit communiquer la contagion. C'est ainsi que des
propriétaires instruits se sont garantis des épizooties les plus
dangereuses.

Mais il est souvent plus pernicieux qu'utile de s'arrêter aux
moyens curatifs, parcequ'en cherchant à sauver quelques
animaux, on s'expose à entretenir la contagion et à voir le
mal s'accroître au lieu de diminuer.

On se souvient encore des ravages affreux qu'a occasionnés
l'épizootie qui désola la France méridionale en 1774 et les
années suivantes, combien on perdit dans cette crise de bêtes
à cornes et de millions, tandis qu'on les auroit épargnés si on
eût pris la mesure salutaire de l'assommement ordonné par
une loi.

Une visite dans tout le canton que feroit l'artiste vétérinaire
ne seroit pas sans utilité, lorsque sur-tout on auroit à craindre
une épizootie; et quand une bête lui paroîtroit affectée du
mal dont on auroit à redouter les suites pour les autres bestiaux, il ne doit pas hésiter de le déclarer à l'autorité, et de
réclamer conformément à la loi qu'il soit tué, sauf à déterminer le fort tenancier d'en payer la valeur au petit métayer

à qui elle appartient. Il ne faut souvent que ce léger sacrifice pour mettre toute une contrée à l'abri d'un fléau dont aucun remède connu n'a pu jusqu'à présent triompher.

L'écrivain qui a le plus et le mieux réfléchi sur les précautions principales qu'il est nécessaire de mettre en usage pour se garantir du ravage affreux des épizooties est, à mon avis, Gilbert. Voici les préservatifs que ce célèbre vétérinaire indique.

Éloigner tous les animaux sains des lieux fréquentés par des animaux infectés.

Ne laisser mettre dans ses écuries et étables des animaux étrangers sans être bien certain des lieux d'où ils viennent.

Laisser les bêtes malades dans l'étable où la maladie s'est manifestée, et en éloigner aussitôt celles qui sont saines, en faisant crépir les murs, en interdisant sévèrement l'entrée des soi-disant guérisseurs qui peuvent porter sur eux des miasmes contagieux.

En ne faisant jamais coucher les passans ou mendians dans les étables.

En éloignant de la ferme tous chiens étrangers, et en laissant à l'attache les siens pour les empêcher d'aller au loin déterrer et manger les bêtes mortes.

En enfouissant les animaux morts, sans être dépouillés de leur peau, à huit pieds au moins de profondeur et à des distances éloignées du passage des troupeaux, afin que les exhalaisons ne puissent répandre parmi eux la contagion.

En ne faisant jamais servir aux animaux les harnois qui ont servi à d'autres sans les avoir nettoyés.

En faisant brûler et bien consommer le fumier et la paille des écuries où ont été des animaux malades et où il en est mort.

Telles sont les précautions principales que Gilbert a indiquées, avec les exutoires qu'il considère comme préservatifs et curatifs.

En l'an 8, une maladie de ce genre s'est fait sentir à Saint-Omer et dans les environs; elle a moissonné sept à huit cents bœufs ou vaches dans l'espace de six mois. Une foule de vachers, de cultivateurs ou distillateurs de grains ont perdu tout ce qu'ils avoient de bestiaux; un seul distillateur de St.-Omer en perdit vingt-huit en moins de huit jours. M. Ramonet, pharmacien de première classe des hôpitaux militaires, en avoit dix-sept dans une seule étable, qu'il nourrissoit avec la drèche provenant de sa distillerie (son établissement étoit voisin de deux vachers qui voyoient tous les jours leurs bestiaux périr). Il conserva les siens en mettant en expansion, deux fois le jour, du gaz acide muriatique oxygéné, au moyen d'un réchaud qu'il plaçoit à une des extrémités de l'étable, et dont les portes et les fenêtres étoient fermées pendant une heure. Ce gaz paroissoit chagriner un peu les bestiaux ; ils s'agitoient et toussoient souvent ; mais à peine avoit-on donné de l'air à l'étable et le gaz dissipé, qu'ils paroissoient très gais et qu'ils mangeoient avec avidité. Ce moyen fut employé pendant quelque temps sans qu'on se soit aperçu de la moindre indisposition chez ces bestiaux : ils prirent de l'embonpoint comme dans les temps ordinaires.

Peut-être qu'un jour la médecine vétérinaire, débarrassée des obstacles qui ont jusqu'à présent entravé sa marche, et élevée au rang des sciences modernes, découvrira-t-elle d'autres spécifiques ou préservatifs que ceux que nous connoissons pour combattre avec succès les maladies des animaux domestiques, et arrêter sur-tout ces épizooties qui ont désolé la France à différentes époques, privé plusieurs départemens de leur subsistance, et entraîné la ruine entière du bétail.

Mais il ne faut espérer cette découverte que des propriétaires aisés qui cultivent par eux-mêmes l'héritage de leurs aïeux. C'est spécialement sur cette classe estimable qu'il faut compter pour améliorer, perfectionner et faire prospérer l'agriculture.

Gardiens des troupeaux. Ils sont trop essentiels dans une ferme où l'on entretient un certain nombre de bestiaux pour les prendre au hasard et sans essais préalables ; leur ineptie, leur négligence peuvent occasionner des pertes énormes et irréparables. Le succès des préservatifs et même des remèdes dépend absolument de leur intelligence et des soins qu'ils mettent à s'acquitter de leurs devoirs.

L'habitude d'être toujours au milieu du troupeau leur fait apercevoir au premier coup d'œil si un animal est blessé, manque d'appétit ou est triste ; ils doivent saisir avec la même justesse et la même précision l'altération des traits qui précèdent une de ces maladies, tellement formidables qu'il peut succomber avant qu'on ait pu lui apporter du secours ; il est donc de l'intérêt du fermier de choisir pour ces emplois des hommes faits, en état de sentir l'importance des ordres qu'on leur prescrit, de les exécuter ponctuellement, et de faire quelques sacrifices pour se les attacher.

Mais si ces intendans des troupeaux sont la plupart inhabiles à remplir les fonctions qu'on leur a déléguées, n'en attribuons la faute qu'à nos agriculteurs ; ils les nourrissent mal, les traitent avec mépris, et ne les occupent au retour des champs qu'à des travaux étrangers à leur besogne ordinaire ; ils perdent de vue alors les objets qui devroient occuper sans cesse leur esprit, ce qu'ils ont à faire pour l'avantage des animaux dont le gouvernement leur est dévolu. Si les propriétaires pouvoient connoître tout le prix des soins qu'on donne aux animaux domestiques, et se persuader que rien n'importe autant à la perfection des résultats de l'économie rurale, ils seroient plus difficiles qu'ils ne le sont communément dans le choix de ceux auxquels ils en confient la garde ; ils ne leur donneroient pas plus de bestiaux qu'ils ne peuvent en surveiller ; enfin ils entretiendroient parmi eux cette émulation si nécessaire, par de légers profits que des soins assidus méritent.

O combien de propriétaires sont trompés, quand ne voyant rien par eux-mêmes et s'en rapportant aveuglément à leurs agens secondaires, ils rejettent sur les animaux toutes les pertes, toutes les dépenses, tous les accidens qu'ils occasionnent par leur inexpérience, leur négligence, leur maladresse et leurs préjugés ! L'inimitable La Fontaine l'a dit, et il faut souvent le répéter :

Il n'est pour voir que l'œil du maître.

Ceux qui n'achètent des bestiaux que pour les engraisser et les revendre ont peut-être moins besoin de gardiens de troupeaux expérimentés que ceux qui s'occupent de leur éducation pour faire race ; mais le propriétaire qui met tous ses soins à faire choix des meilleures espèces, qui a suffisamment apprécié les dépenses qu'il en coûte pour des espèces rabougries, dont on ne tire que peu de profit, sait combien il est important d'attacher par l'intérêt les premiers agens de sa basse-cour, n'oublie absolument rien de tout ce qui peut concourir à cette vue ; il converse familièrement avec chacun d'eux, et finit par les persuader que le bon état du troupeau et son perfectionnement sont en partie l'ouvrage de leurs soins. Ce moyen de communication, répété souvent, devient une espèce de guide, une instruction pratique sur l'éducation économique des bestiaux, qui germe et produit par la suite des effets plus heureux que tous ces almanachs qui ne contiennent souvent que des idées puériles et superstitieuses.

Devoirs des gardiens de troupeaux. Les premières qualités qu'on doit exiger de ces agens subalternes de la métairie, quand il est possible de les choisir, c'est d'être robustes, propres, matineux, gais par caractère, et bons par sentiment, affectionnés à leurs bestiaux et aux intérêts du maître ; il est utile sur-tout qu'ils sachent lire et écrire, afin de pouvoir tenir note, par exemple, du jour où les femelles ont été saillies et par quel étalon, pour être plus sûr du moment où elles mettront bas, et en rendre compte.

C'est souvent auprès du vacher, du berger, du garçon d'écurie et du porcher, qu'on peut, quand ils ont un peu d'expérience et ne sont pas infestés de préjugés, se flatter de trouver des connoissances pratiques qu'on rencontre rarement dans les livres, pour soigner efficacement les animaux qu'ils gouvernent ; il faut les considérer comme les médecins nés des troupeaux.

Ils doivent toujours être munis des premiers secours à administrer, et autorisés à continuer leurs soins jusqu'à parfaite guérison, à moins qu'il ne s'agisse d'une opération manuelle qui exige le secours d'un instrument ; mais alors il faut recommander à l'artiste vétérinaire qu'on appelle de ne rien prescrire qu'il n'ait consulté et interrogé les gardiens, qui, encore une fois, sont plus au fait que les étrangers au pays de la nature des pâturages, de l'influence des localités, des espèces de bestiaux et des moyens de succès que l'expérience et l'observation ont justifiés. C'est ainsi que souvent une garde malade expérimentée, intelligente, d'un sens droit, sert de guide au médecin ordinaire mieux que le pouls, relativement à ce qui s'est passé le jour et la nuit, quoique souvent dans ce court intervalle les symptômes soient entièrement différens.

Comme les animaux sont plus ou moins faciles à conduire en troupeaux, une précaution essentielle avant de les sortir de leurs demeures pour aller aux champs, à la prairie, ou au parc, c'est de les faire manger amplement, pour empêcher que sur la route ils ne fassent des dégâts dans les jardins, dans les terres cultivées, qu'ils ne sautent les haies et les fossés, ne rongent les barrières, les clos, se heurtent, se serrent les uns contre les autres, se blessent et éprouvent quelques commotions capables d'occasionner l'avortement ; c'est même avec l'intention de prévenir ces accidens que dans certains endroits on leur donne des jougs, on suspend à leur cou des triangles, et que dans d'autres on les boucle, ou on leur met un harnois au moyen duquel il est possible de concilier la conservation des chèvres avec celle des bois, sans renoncer au pâturage qu'elles y trouvent.

La propreté de l'habitation est encore un article de leur surveillance ; une fois que les animaux en sont dehors pour aller paître ou labourer, il faut ouvrir porte et fenêtres, saisir ce moment pour la nettoyer, pour enlever la vieille litière et substituer une nouvelle, afin que toujours ils soient mollement couchés ; d'ailleurs cette litière décompose l'air par son trop long séjour dans l'étable, rend la demeure malsaine, suffocante, et occasionne une si grande chaleur, qu'elle devient sensible aux jambes et aux pieds sur cette accumulation de fumier, en sorte qu'on pourroit dire, par exemple, des moutons ainsi négligés, qu'on les élève sur couches.

Mais c'est spécialement sur les grands chemins les plus fréquentés par les animaux qu'on conduit aux boucheries des grandes villes que ces gardiens doivent garantir les domaines de leurs maîtres de l'incursion des bestiaux, contre ces conducteurs vagabonds, qui mènent à l'aventure le jour et la nuit dans toutes les saisons leurs troupeaux errans dans le premier champ qui se présente, partageant la subsistance des animaux auxquels ce champ appartient, en laissant parmi eux les germes de la clavelée et des autres maladies contagieuses.

Il entre encore dans leurs devoirs d'avertir le maître, quand une femelle a mis bas, du nombre des individus qui composent la portée, et de ne pas oublier d'en séparer les mâles, parcequ'ils se jettent sur leur progéniture qu'ils dévorent; de ne dissimuler aucun des inconvéniens qui résultent de l'emploi prématuré au travail et à la multiplication de l'espèce avant l'entier développement des forces musculaires, autrement beaucoup de races s'abâtardissent; non seulement il faut qu'ils connoissent l'âge et les temps les plus favorables pour l'accouplement, mais encore combien il faut donner de femelles à l'étalon, les soins dont il faut user avant et après le part pour empêcher qu'elles ne prennent graisse, parcequ'alors elles courent risque de périr, ou de donner une postérité peu propre à faire souche; enfin l'époque et la méthode de priver les animaux domestiques des organes de la génération et le traitement qui doit précéder et suivre cette opération, si essentielle aux moyens de les domter et de les engraisser, ne sauroient être étrangères à ces agens secondaires de la ferme.

Persuadés que l'amélioration et le bon état des troupeaux dépendent entièrement des soins de ces agens, les sociétés d'agriculture, auxquelles on doit tant d'utiles écrits, de savantes recherches et d'honorables encouragemens, se sont occupées des moyens d'échauffer leur zèle et d'exciter leur émulation; elles désireroient qu'on pût établir parmi eux des distinctions, comme pour ceux qui cultivent la terre.

La société d'agriculture de Toulouse a fait un fonds de 144 f. pour être distribué en 6 médailles d'or, du prix de 24 fr. chacune, au maître valet qui sera reconnu pour avoir demeuré 10 ans de suite chez le même propriétaire, sans lui avoir donné le moindre sujet de plainte; qu'il est d'une probité à toute épreuve; qu'il est soigneux de ses bestiaux; qu'il ne les maltraite point;

Qu'il est économe de fourrages; qu'il ne néglige rien pour les conserver, notamment les crêtes et les tiges de maïs;

Qu'il dirige avec intelligence la construction des paillers, et qu'il n'est point sujet à avoir une partie de la paille pourrie pendant l'hiver;

Qu'il laboure bien et se fait remarquer par sa diligence à donner les différentes façons aux terres ;

Qu'il est adroit à faire écouler l'eau des champs par le moyen des saignées et des égouts ;

Qu'il a soin de récurer les étables, et qu'il ne laisse point brûler les fumiers par le soleil, mais les recouvre de terre après les avoir arrangés sur le tas chaque semaine au moins.

Tous ces détails supposent des connoissances préalables ; il seroit facile au fermier de les procurer à ses enfans s'il pouvoit se convaincre de leur utilité dans une foule de circonstances pour l'intérêt de l'exploitation ; il suffiroit d'en envoyer un ou deux passer une couple d'années aux écoles vétérinaires ; là ils prendroient de bonne heure des notions agricoles, contracteroient du goût pour les belles races, et sentiroient tous les avantages des prairies artificielles ; de retour dans leurs foyers, et appelés à succéder à l'emploi de leur père, ils seroient plus en état de choisir, guider et surveiller les gardiens de leurs troupeaux, de mettre à profit les conseils des artistes vétérinaires auxquels nous croyons également en devoir pour les obligations essentielles qu'ils sont appelés à remplir dans les cantons ruraux.

Des artistes vétérinaires. Quand ils n'ont pas négligé dans leurs études l'anatomie, sans laquelle le praticien n'est qu'un empirique dangereux, un misérable routinier ; qu'ils possèdent à fond les connoissances théoriques et pratiques de la maréchalerie, cette partie essentielle de leur profession, ils ne tardent pas à inspirer une juste confiance aux propriétaires ruraux dans le choix, dans l'éducation et la conservation des animaux domestiques nécessaires à l'exploitation.

Destinés à exercer la médecine vétérinaire dans les campagnes, ils doivent s'attacher particulièrement à bien connoître les maladies qui affectent le plus communément les bestiaux, à adopter pour leur pratique une méthode de traitement simple, et à réduire à un petit nombre les moyens curatifs. Devenus alors nécessaires, bientôt ils seront recherchés et appelés par les propriétaires pour visiter les grands troupeaux ainsi que leurs demeures, et donner leur avis sur le blâme ou les éloges que méritent leurs gardiens.

Il seroit sur-tout bien utile qu'il y eût un artiste vétérinaire par arrondissement, et qu'il entrât dans ses attributions d'inspecter les bestiaux dans les foires, dans les marchés, et qu'ils pussent aller visiter ceux qui travaillent et en rendre compte aux autorités locales.

On ne sauroit assez répéter que la plupart des maladies des bestiaux sont d'une facile guérison dans leur principe, mais que, parvenues à la deuxième et troisième période, elles deviennent incurables. Ces maladies ont reçu des dénominations qui diffèrent non seulement d'un département à un autre, mais encore de canton à canton, de village à village. Mais on ne doit pas perdre de vue que la médecine vétérinaire a , ainsi que la médecine humaine, des bornes qui limitent son pouvoir ; qu'il ne faut pas l'invoquer en règle sans être certain du degré où est le mal , dans la crainte de se livrer à des dépenses inutiles en voulant tenter ce qui est impossible : le seul parti qui reste à prendre , c'est le sacrifice de l'animal.

Un autre service que les artistes vétérinaires peuvent rendre aux fermiers, c'est que, vivant au milieu des campagnes , ils doivent bien faire entendre aux gardiens des troupeaux que ce n'est qu'en usant de modération envers les animaux et en ne les brutalisant jamais qu'on parvient à les empêcher d'être indociles et hargneux. Il en est sans doute dans le nombre qui ont un caractère qu'il faut réprimer par la fermeté , et leur en imposer par la crainte.

C'est sur-tout dans le traitement des maladies des animaux domestiques qu'il faut beaucoup compter sur les ressources de la nature et ne pas toujours agir par soi-même; ne jamais négliger les renseignemens qu'on peut obtenir par l'ouverture de ceux qui sont morts, pour constater l'état où se trouvent les viscères et publier les observations de pratique qu'ils auront été à portée de faire ; à conserver correspondance avec les écoles vétérinaires où ils ont reçu le premier bienfait que l'homme puisse procurer à l'homme, l'instruction : c'est un tribut de reconnoissance que leurs maîtres ont droit d'attendre d'eux.

Si ceux qui par état s'occupent de traiter les bestiaux malades étoient suffisamment pénétrés de cette considération importante, ils n'auroient pas autant de confiance dans ce qu'ils appellent leur matière médicale, dont l'expérience et le raisonnement ne démontrent que trop l'insuffisance, l'inutilité et l'abus. C'est dans l'usage régulier de tout ce qui sert à l'entretien de la vie que réside la méthode préservatrice. La précaution de séparer sur-le-champ les bestiaux, quand on remarque chez eux un défaut d'appétit, de la tristesse, une prostration de forces, est déjà un remède et souvent un bon moyen de les rappeler à la santé ; mais lorsqu'on présume que leurs maladies viennent de la fatigue, de la malpropreté de leur habitation, de la disette des alimens ou de leur qualité inférieure , il faut avoir l'attention de faire cesser la cause première du mal, parcequ'elle ne manqueroit pas de préjudicier à l'efficacité des agens curatifs que les indications rendroient nécessaires ; être en garde sur tout de ne pas accroître les ressources médicales par la multiplicité des remèdes, car la richesse en ce genre est une véritable pauvreté.

Quoique la botanique médicale ait beaucoup perdu de ses prétentions, et que le nombre des plantes applicables à la médecine vétérinaire soit très circonscrit, l'étude de cette partie de l'histoire naturelle n'en est pas moins nécessaire aux artistes vétérinaires, sur-tout s'ils tournent leurs recherches vers la connoissance des plantes qui croissent spontanément dans les cantons qu'ils habitent ; à discerner particulièrement celles qui sont vénéneuses, pour les faire arracher pendant la floraison et en délivrer pour toujours les champs, d'avec celles qui doivent faire le fonds de la prairie naturelle ou artificielle.

Quand on soupçonne qu'un animal a péri pour avoir mangé une plante malfaisante, il est du devoir de l'artiste vétérinaire appelé pour donner son avis d'examiner si la cause de cet événement n'est pas plutôt due à la nature marécageuse du sol sur lequel ces plantes ont végété, ou bien encore parcequ'on les aura administrées trop fraîches, couvertes de rosée ou par surabondance. Les renoncules, contre lesquelles on se récrie souvent, pourroient fort bien être dans ce cas. Il est rare, à moins d'un appétit désordonné, que les bestiaux s'avisent de toucher à une herbe évidemment nuisible ou qui ne leur convient pas.

Les différentes plantes propres à servir de pâturages aux bestiaux sont si nombreuses et présentent tant de variétés, qu'il y en a même pour les sols les plus ingrats. C'est une botanique à faire que celle des plantes fourrageuses, et c'est à celles-là qu'il faut s'adonner.

Il appartient encore aux artistes vétérinaires de fixer le choix du fermier sur les végétaux qui réunissent le plus de qualités pour servir de nourriture aux animaux domestiques. Toutes les plantes qui ont la propriété de taller, de fournir peu de tiges élevées, garnies de feuilles larges et tendres, qui résistent à la sécheresse et bravent les rigueurs des saisons, qui conservent long-temps leur verdure sur pied, fanent aisément; toutes ces plantes devroient former à peu près la botanique entière des prairies naturelles ou artificielles.

Dans un siècle où l'art vétérinaire jouit d'une considération méritée, il paroît étonnant qu'on n'ait pas encore songé à réunir toutes les connoissances pratiques acquises uniquement pour cette partie précieuse de l'économie rustique, que dans ce moment la France a un si grand intérêt de voir prospérer, d'autant mieux qu'une société de praticiens vétérinaires très habiles publie périodiquement le résultat de l'expérience et de l'observation (précis rédigé dans la forme et le style le plus simple), rend cet ouvrage classique et élémentaire facile à composer : ce que notre collègue Huzard a déjà fait pour les haras et en faveur des vaches laitières doit faire présumer qu'un jour il rédigera deux manuels pratiques, l'un sur les devoirs du vétérinaire dans les campagnes, et l'autre relativement aux fonctions des gardiens des troupeaux.

Que d'erreurs et de dépenses ne pourroit-on pas éviter par la composition d'un bon livre ! Long-temps j'ai désiré que quelques agronomes, doués de connoissances plus étendues que n'en a communément le simple cultivateur, se réunissent pour insérer dans un traité, avec un titre capable d'exciter la curiosité, qu'il seroit possible de lire en commun, les meilleures pratiques éparses çà et là, la plupart inconnues hors des cantons où elles se sont concentrées, mais rédigées dans une forme analogue aux goûts, aux facultés et à l'intelligence de leurs habitans : mon vœu alloit s'accomplir au moment où Béthune-Charost, ce généreux philantrope enflammé de l'amour du bien public, a été enlevé à la France par une mort prématurée.

Un pareil ouvrage, malgré l'importance de son objet, nous manque encore. La société d'agriculture du département de la Seine va sans doute nous le procurer. Cette compagnie, convaincue que l'instruction est le premier des encouragemens à répandre dans les campagnes, et voulant prendre pour cet objet les moyens les plus efficaces pour faire pénétrer par-tout les bonnes méthodes, les procédés nouveaux, a proposé pour sujet du concours la rédaction d'un Almanach du Cultivateur, c'est à-dire des élémens pratiques d'économie rurale qui puissent être mis fructueusement entre les mains de toutes les classes agricoles, et servir en même temps de calendrier perpétuel. (Par.)

HYGROMÈTRE. Comme la sécheresse et l'humidité de l'air ont alternativement beaucoup d'influence sur la végétation, ainsi que sur la conservation des denrées végétales et animales, il est très utile d'en connoître la quantité. Nos sens et l'observation de quelques phénomènes physiques nous donnent bien sur l'existence d'une grande humidité de l'air des notions certaines, mais elles ne peuvent jamais être aussi précises qu'il seroit à désirer dans beaucoup de cas ; c'est pourquoi il est bon que tout cultivateur ait un hygromètre, c'est-à-dire un instrument propre à la mesurer, ou au moins à l'indiquer avec certitude.

Il est plusieurs sortes d'hygromètres. Toute substance susceptible d'absorber l'humidité peut en servir. Le sel de cuisine en est un. Beaucoup de parties de plantes sèches, comme la rose de Jéricho (anastatica), les ombelles des plantes qui s'ouvrent ou se ferment selon qu'il fait humide ou sec, en sont encore. Une corde de chanvre qui est suspendue au plancher, et qui porte un poids, s'allongeant ou se raccourcissant, dans les mêmes cas, peut suffire.

Ordinairement on emploie une corde à boyau, comme éprouvant plus régulièrement l'influence de l'humidité. En conséquence c'est avec une corde à boyau que sont construits ces hygromètres que construisent les habitans des bords du lac de Côme, et qu'ils colportent par toute l'Europe, c'est-à-dire ceux qui représentent un petit homme qui sort d'une porte sans parapluie lorsqu'il fait sec, et une petite femme qui sort d'une autre porte voisine avec un parapluie lorsqu'il fait humide. Le plus ou moins de l'éloignement de chacun de ces personnages de sa porte indique le plus ou moins de sécheresse et d'humidité. Il en est de même de ces capucins nouvellement imaginés et dont la tête est découverte pendant la sécheresse et encapuchonnée pendant l'humidité.

On doit à M. Deluc le premier hygromètre comparable. C'étoit aussi une corde à boyau qui, en s'allongeant par la sécheresse et se raccourcissant pendant l'humidité, indiquoit leurs degrés sur une échelle disposée et graduée comme celle d'un thermomètre.

Enfin Saussure en a inventé un qui est préférable à tous les autres, en ce qu'il est plus sensible et plus comparable, mais qui a le grave inconvénient de coûter cher et de se déranger souvent. C'est celui qu'il a décrit et figuré dans son Traité de l'hygrométrie, publié à Genève en 1773, ouvrage des plus savans et que tout cultivateur instruit doit avoir dans sa bibliothèque. Il est fait avec un cheveu. Je ne détaillerai pas sa construction, comme étant trop difficile pour être entreprise par d'autres que par des mécaniciens consommés. Je me contenterai en conséquence de conseiller aux habitans des campagnes de préférer celui qui se fabrique par les marchands de baromètres du lac de Côme, comme étant de peu de dépense et suffisant à l'objet qu'ils ont en vue. (B.)

HYOVERTEBROTOMIE. Opération qui consiste à ouvrir dans le cheval, l'âne ou le mulet, seuls animaux domestiques qui en soient pourvus, l'une ou les deux cavités situées dans le cou, et qu'on appelle poches gutturales ou poches d'eustache, lorsque par suite d'une maladie, principalement de la gourme ou de la morve, elles se sont remplies d'humeur purulente, et que, par le gonflement que cela leur occasionne, elles compriment la trachée-artère et menacent de faire périr l'animal.

Pour la faire on abat l'animal et on s'assure du lieu où il faut faire l'incision, lieu qui est en avant de la première vertèbre cervicale et toute la partie postérieure de la parotide. Après quoi, à la faveur d'un pli qu'on fait former à la peau,

on pratique une incision verticale longue de deux pouces.
Cela exécuté on fend le muscle qui recouvre la poche, muscle de la direction duquel on s'est au préalable assuré au moyen du doigt pour éviter la carotide et les nerfs qui l'accompagnent. Une partie de la matière sort par l'ouverture, mais il en reste qu'on ne peut évacuer que par une contre-ouverture faite au moyen de la sonde cannelée dans la partie inférieure de la ganache, en évitant les jugulaires. On place ensuite un séton dans la plaie.

Cette opération ne peut être faite que par un vétérinaire exercé. Elle exige quelquefois d'être précédée de celle de la TRACHÉOTOMIE. (B.

HYSOPE, *Hyssopus*. Plante frutescente, de la didynamie gymnospermie et de la famille des labiées ; haute d'un à deux pieds ; à tiges quadrangulaires, rameuses, cassantes ; à feuilles opposées, sessiles, linéaires, entières ; à fleurs violettes, disposées en épis unilatéral à l'extrémité des tiges et des rameaux, ou mieux, disposées en demi-verticilles sur des pédoncules rameux et situés dans les aisselles des feuilles supérieures.

On trouve l'hysope sauvage sur les montagnes sèches des parties méridionales de l'Europe, et on la cultive depuis longtemps dans les jardins à raison de sa bonne odeur et de ses propriétés médicinales. En effet, ses fleurs et ses feuilles exhalent, sur-tout dans la chaleur et lorsqu'on les froisse, une odeur forte et aromatique, et sa saveur est âcre et amère, ce qui la place parmi les plantes cordiales, céphaliques, incisives, pectorales et détersives. On l'emploie aussi comme ornement, soit en touffes au milieu des plates-bandes, entre les arbustes des derniers rangs des jardins paysagers, sur les rochers, les tertres, etc., soit en bordures. Dans ce dernier cas on peut la tailler comme le buis ; mais il vaut mieux simplement arrêter les tiges qui s'élèvent trop, afin de conserver aux branches latérales les moyens de donner des fleurs. Ces fleurs s'épanouissent successivement pendant le fort de l'été et fournissent aux abeilles une abondante moisson.

Une terre légère et chaude est celle qui convient le plus à l'hysope. Elle dure peu dans celles qui sont argileuses, humides ou ombragées. On la multiplie de graines qu'on sème au printemps dans une plate-bande bien préparée et exposée au midi ou au levant. Le plant peut être repiqué la seconde année en pépinière dans une autre place également bien exposée, à six ou huit pouces de distance. Deux années après il est bon à être mis en place. Comme cette méthode est longue et que cette plante forme des touffes faciles à diviser, que ses rameaux coupés et mis en terre prennent racines en peu de mois, on préfère généralement d'employer ces deux derniers moyens.

Il faut même, quand on veut avoir de belles touffes, ou de belles bordures, l'arracher tous les trois ans pour la rajeunir. Cette opération s'exécute en automne, ou mieux, selon quelques agriculteurs, au premier printemps. On doit ou la changer de place, ou mettre de la nouvelle terre dans le lieu où elle étoit plantée. Les boutures se font au printemps dans un lieu un peu frais et se relèvent un an après, soit pour être mises en pépinière à six ou huit pouces, soit pour être placées à demeure selon leur force.

Cette plante fournit plusieurs variétés dont les principales sont à fleurs rouges, à fleurs blanches, à feuilles velues, à feuilles de myrte, à feuilles panachées. (B.)

I

IBÉRIDE, *Iberis*. Genre de plantes de la tétradynamie siliculeuse et de la famille des crucifères, qui renferme une vingtaine d'espèces, dont plusieurs se cultivent dans les jardins pour leur ornement, et dont d'autres sont si communes dans la campagne qu'il est bon de les connoître.

L'IBÉRIDE DE PERSE, *Iberis semperflorens*, Lin., le *tharaspi* des jardiniers, est frutescente, a les feuilles éparses, spatulées, obtuses, charnues, d'un vert foncé, et très luisantes; les fleurs blanches et disposées en corymbe terminal. Elle est originaire de la Haute-Asie. On la cultive dans les jardins parcequ'elle conserve ses feuilles toute l'année et fleurit pendant l'hiver, c'est-à-dire à l'époque où peu de plantes sont en végétation; son aspect est des plus agréables. Elle craint les gelées un peu fortes, et cela joint à l'époque de sa floraison fait que, dans le climat de Paris, on la tient en pot et on la rentre dans l'orangerie. Plus au midi elle reste en pleine terre aux bonnes expositions. On la multiplie presque exclusivement de boutures qu'on fait au printemps sur couche et sous châssis, et qui sont reprises et même souvent fleuries l'hiver suivant. On peut aussi les placer dans des pots à l'ombre, mais elles avanceront moins. C'est une terre légère et cependant substantielle qui lui convient le mieux.

L'IBÉRIDE TOUJOURS VERTE a les tiges striées et en partie couchées; les feuilles éparses, linéaires, pointues, épaisses, luisantes; les fleurs blanches et disposées en corymbe terminal. Elle se rapproche beaucoup de la précédente, mais elle est moins agréable quoiqu'elle ait les fleurs plus grandes. Elle croît naturellement dans les parties méridionales de l'Europe et fleurit successivement pendant presque tout l'été. Les gelées l'affectent plus difficilement que la précédente, aussi la met-on fréquemment en pleine terre, dans les bonnes expositions, aux environs de Paris. Elle se multiplie aussi de boutures.

L'IBÉRIDE DE GIBRALTAR a les tiges étalées, en partie couchées ; les feuilles alternes, spatulées, glabres, un peu charnues, légèrement dentées à leur sommet. Elle est toujours verte et originaire de l'Espagne méridionale. On la confond souvent avec la précédente ; aussi tout ce que j'ai dit à son sujet lui convient-il.

L'IBÉRIDE DE CRÈTE, *Iberis umbellata*, Lin., a les feuilles alternes, lancéolées, pointues, glabres, souvent dentées ; les fleurs rouges, violettes ou blanches, disposées en un vaste corymbe terminal. Elle est annuelle, originaire des parties méridionales de l'Europe, fleurit au milieu de l'été, et ne s'élève pas au-delà d'un pied. Ses fleurs nombreuses, et qui varient de couleur de manière à être toujours en opposition les unes avec les autres, la rendent très propre à orner les parterres ; aussi est-elle depuis long-temps en possession d'y être cultivée. On la sème en place, soit en touffes, soit en bordures avant ou après l'hiver, parcequ'elle souffre toujours la transplantation. Les semis du printemps ne donnent jamais d'aussi beaux pieds que ceux d'automne. Le plant levé s'éclaircit et se sarcle au besoin mais du reste n'exige aucun autre soin. Tout terrain, pourvu qu'il ne soit pas aquatique, lui convient ; cependant elle porte un plus grand nombre de fleurs et s'élève davantage dans celui qui est substantiel quoique léger par sa nature. Ordinairement même on la sème dans des creux ou des tranchées dont le fond est garni d'un pouce ou deux de terreau. Lorsqu'elle est en fleur il est bon d'arracher les pieds dont la couleur domine, parceque, quoique chaque couleur puisse être fournie par des pieds de couleur différente, ils rendent plus fréquemment la leur, et que la magie du coup d'œil se produit particulièrement par l'égalité de leur mélange. Les jardiniers appellent vulgairement cette plante GRIS DE LIN.

L'IBÉRIDE AMÈRE a les feuilles spatulées, dentées ; les fleurs blanches ou teintes d'un violet très pâle, disposées en corymbe terminal. Elle croît avec une excessive abondance parmi les blés, dans les champs incultes, le long des chemins, dans les terrains secs et pierreux des parties méridionales de l'Europe, est annuelle, s'élève au plus à un demi-pied, et fleurit pendant tout l'été. Ses feuilles sont si amères, que les bestiaux n'y touchent pas. Quoique moins belle que la précédente, on peut la lui substituer dans les jardins et même on l'y substitue quelquefois.

L'IBÉRIDE A TIGE NUE a les feuilles radicales pinnées, la tige presque nue, et les fleurs blanches disposées en grappes terminales. Elle est annuelle et s'élève au plus à la hauteur de deux à trois pouces. On la trouve dans les sables les plus arides des parties moyennes de l'Europe, où elle fleurit à la fin du printemps. Elle a la saveur de la passerage cultivée (*cresson alénois*) et se mange comme elle en salade ; mais elle est plus douce et par conséquent plus agréable. J'en ai souvent fait usage, immédiatement après la fonte des neiges, c'est-à-dire dans une saison où les végétaux sont encore rares et où l'estomac demande souvent des antiscorbutiques. Lorsqu'elle a passé fleur elle devient dure et ne vaut plus rien. On en trouve beaucoup dans quelques parties du bois de Boulogne près Paris. (B.)

ICAQUIER D'AMÉRIQUE, PRUNIER ICAQUE, *Chrysobalanus icaco*, Lin. Nom d'un arbrisseau étranger qui croît sur les bords de la mer, dans les iles de Bahama, aux Antilles et dans plusieurs autres parties de l'Amérique. Il est de l'icosandrie monogynie de Linnæus et appartient à la belle famille des ROSACÉES. Sa hauteur n'excède pas huit à dix pieds. Sa tige se divise en plusieurs branches latérales, revêtues d'une écorce brune tachetée de blanc, et garnies de feuilles ovales, fermes, échancrées au sommet, en forme de cœur et placées alternativement. Ses fleurs, qui sont petites, blanchâtres et légèrement cotonneuses, naissent en petits bouquets aux aisselles des feuilles ; elles ont un calice en cloche et à cinq divisions, une corolle à cinq pétales, plusieurs étamines et un seul style placé à côté et à la base du germe. Ce germe se change en une prune appelée *icaque*, qui a la forme et la grosseur à peu près de celle de Damas, et qui se mange ou crue ou confite au sucre. On la vend dans les marchés du pays. Elle est communément jaunâtre, quelquefois bleue ou rouge ; elle renferme une pulpe blanchâtre adhérente au noyau, et d'une saveur douce et mielleuse. Le noyau de l'icaque est sillonné dans sa longueur par trois cannelures.

Ce petit arbre ou arbrisseau se plaît dans les terres humides. On ne peut l'élever en Europe qu'en serre chaude, où il doit rester constamment ; on le multiplie par ses graines qu'il faut faire venir de son pays natal ; on les sème au printemps dans de petits pots remplis de terre légère, et qu'on plonge dans une couche chaude de tan ; on les arrose souvent et légèrement. Au bout de cinq ou six semaines, on peut enlever les jeunes plants, les séparer et les transplanter chacun isolément dans de nouveaux pots qu'on remet dans la même couche ; ensuite on traite cette plante de la même manière et avec le même soin que la plupart de celles qui nous viennent des mêmes contrées. (D.)

ICHNEUMON, *Ichneumon*. Il ne suffit pas que les agriculteurs connoissent leurs ennemis, il faut aussi qu'ils sachent distinguer leurs amis, c'est-à-dire les ennemis de leurs ennemis, leurs auxiliaires enfin. Parmi ces derniers on peut placer au premier rang les ichneumons, qui tous déposent leur progéniture dans les corps des chenilles et des larves qui vivent dans l'intérieur des plantes et autres lieux, ainsi que dans leurs chrysalides, et en font périr par-là chaque année des quantités innombrables.

On trouve des ichneumons pendant toute l'année, même en hiver; mais c'est en été qu'il y en a le plus, parceque c'est alors que les larves dans lesquelles ils déposent leurs œufs sont les plus abondantes. Quelques uns recherchent toutes les espèces de larves, d'autres un petit nombre, d'autres une seule. Telle chenille est attaquée en même temps par plusieurs espèces différentes, mais jamais des individus de la même ou d'autres espèces ne placent leurs œufs dans le corps de la même chenille ou de la même larve. Il semble, quoique les traces n'en soient pas apparentes pour nous, qu'ils savent que la larve qui a déjà reçu son contingent d'œufs ne pourra pas nourrir un plus grand nombre de petits que ceux qui en naîtront.

On devroit croire qu'une chenille qui a reçu un, deux, dix, trente, cent œufs d'où naissent des larves quelquefois fort grosses, devroit périr en peu de temps; mais la nature a voulu que ces chenilles pussent nourrir ces larves jusqu'à leur transformation en nymphes, et pour cela elle les a organisées de manière qu'elles ne se nourrisent qu'aux dépens d'une partie du corps de ces chenilles à cette époque inutile à leur vie, et que leurs mères ne déposassent, dans chaque chenille, que le nombre d'œufs proportionné et à la grosseur de la larve qui en naîtra, et à la grosseur de la chenille. Cette partie est le corps graisseux destiné principalement à substanter la chrysalide pendant la durée de l'insecte de cet état, comme la graisse des marmottes et des loirs substante ces quadrupèdes pendant leur hybernation.

Il est des ichneumons qui ont plus de deux pouces de long, et d'autres qui ont à peine une ligne. Dans l'intervalle on trouve toutes les longueurs possibles, mais les plus gros n'ont guère plus d'une ligne de diamètre. Ils ont beaucoup d'agilité dans leurs mouvemens, et leurs longues antennes sur-tout vibrent perpétuellement. On surprend quelquefois les femelles posées sur le dos d'une chenille et y introduisant leur aiguillon pour y déposer leurs œufs. C'est alors que leurs antennes sont dans une action perpétuelle. Il semble qu'elles indiquent par-là la satisfaction qu'elles ressentent de remplir le but pour lequel elles existent. C'est encore au même signe qu'on reconnoît celles qui déposent leurs œufs dans le corps des larves des abeilles, qui se bâtissent un nid de pierres; dans celles qui l'établissent fort avant dans la terre, dans le corps des larves qui vivent sous les écorces des arbres, dans les galles au milieu de la substance des graines ou des fruits, dans des lieux enfin où on ne les voit point, où on ne les soupçonne pas même, sont également occupées de cette opération.

Les larves de quelques espèces d'ichneumons restent moins d'un mois dans le corps des chenilles aux dépens desquelles elles vivent, d'autres y séjournent tout un été et d'autres une année entière, peut-être même plus. On en voit qui se transforment en chrysalides dans le corps même de la chenille, d'autres qui en sortent auparavant pour subir autre part cette opération. Il en est qui après être sorties se filent une coque solitaire, ou commune à toute une nichée, coque de soie et parfaitement analogue à celle de beaucoup de chenilles.

Je n'entrerai point dans le détail des mœurs de chaque espèce d'ichneumon, parceque cela me mèneroit trop loin, et seroit d'une foible utilité pour les agriculteurs.

Latreille et ensuite Fabricius même ont divisé ce genre en huit ou dix autres, et cette opération étoit nécessaire, car il contient plus de trois cents espèces, et dans ma seule collection il y en a peut-être deux cents autres qui ne sont point encore décrites. (B.)

ICTÈRE. *Voyez* JAUNISSE.

IF, *Taxus.* Arbre toujours vert des montagnes du midi de l'Europe, qui s'élève à vingt ou trente pieds, dont l'écorce est rougeâtre et se lève en écailles, dont les branches sont très nombreuses; les feuilles alternes, linéaires, lancéolées, aiguës, d'un vert foncé, très rapprochées, distiques et longues de six à huit lignes; les fleurs mâles disposées en petits chatons dans les aisselles des feuilles supérieures; et les fruits des espèces de baies rouges. Il est de la diœcie monadelphie, et de la famille des conifères.

Au commencement du siècle dernier l'if étoit le principal ornement des jardins; aujourd'hui il y est devenu très rare. Méritoit-il la préférence presque exclusive qu'on lui accordoit; mérite-t-il le discrédit dans lequel il est tombé? ni l'un ni l'autre. La verdure de l'if est certainement triste, mais elle est permanente. Il croît avec une excessive lenteur, mais il brave les siècles. Il en est un en Angleterre qu'on dit être planté du temps de Jules-César.

Les seuls défauts qu'on lui puisse reprocher sont donc compensés par des qualités. Ajoutez à cela qu'il prend naturellement une forme pyramidale, qu'il se prête plus qu'aucun autre arbre aux caprices du jardinier, c'est-à-dire qu'il supporte la toute la plus rigoureuse sans en souffrir aucunement. Je cherche les motifs qui le font aujourd'hui dédaigner, et il me semble qu'ils sont toujours dans l'abus qu'on avoit fait de cette faculté. En effet, quoi de plus monotone que ces allées d'ifs d'égale hauteur, de forme exactement semblables dont nos pères se plaisoient à orner les environs de leurs demeures? Quoi de plus ridicule que ces ifs taillés en girandoles, en boules, en tours munies de leurs créneaux, en animaux, en hommes, etc., etc. qu'on voyoit si fréquemment dans leurs jardins! On s'est dégoûté avec raison de ces formes, et par suite on n'a plus voulu de l'arbre qu'on y assujettissoit. Quoique je blame le goût ancien à cet égard, je ne repousse pas pour cela l'if des parterres; mais je veux qu'il y soit moins prodigué, qu'on ne le taille qu'à la serpette, et qu'on se rapproche de la nature en lui conservant exclusivement la forme conique. Il n'est point d'arbre qui ne puisse produire un effet particulier dans un jardin paysager, et certes l'if est, plus que bien d'autres, dans ce cas. Le noir de son feuillage, la disposition de ses branches, même ses fruits d'une couleur si brillante, contrastent avantageusement avec les parties correspondantes des autres arbres, lorsqu'il est placé avec intelligence. D'ailleurs ne cherche-t-on jamais des lieux mélancoliques dans ces sortes de jardins?

Ne rebutez donc plus l'if, amis de la nature, car il remplit sa destination dans la série des êtres; et si ses feuilles sont un poison pour les bestiaux, et principalement les chevaux, son bois est le plus beau de tous ceux que fournissent les arbres indigènes, et peut être substitué, pour la marqueterie, à plusieurs des exotiques.

De tout temps on a regardé les feuilles d'if comme mortelles pour les bestiaux. On a sur cela des observations sans nombre, ainsi on ne peut en douter; cependant les habitans de la Hesse et du Hanovre les utilisent, dit-on, sous ce rapport pendant l'hiver. Cette contradiction est difficile à expliquer. J'observerai seulement que Wiborg vient de constater que, mêlées avec un tiers ou un quart d'avoine, elles peuvent servir de nourriture aux chevaux. Malgré ces autorités mon intention n'est pas de préconiser ici cet arbre sous le rapport de la nourriture des bestiaux.

Quelques personnes ont prétendu, par analogie, que les fruits de l'if devoient être également dangereux; mais beaucoup de faits et ma propre expérience prouvent qu'il n'en est rien. Leur goût est visqueux et fade, et nullement nauséabonde comme celui des feuilles.

La couche peu épaisse de l'aubier de l'if est d'un blanc éclatant, très dure et son cœur, plus dur encore, est d'un beau rouge orangé; l'un et l'autre sont susceptibles du plus vif poli. Sa couleur est d'autant plus foncée qu'il est plus vieux. On peut encore augmenter cette intensité en le mettant tremper dans l'eau pendant plusieurs mois. La retraite de cette sorte de bois est inférieure à celle de tous les autres, c'est-à-dire seulement d'environ un quarante-huitième. Il pèse vert quatre-vingts livres neuf onces par pied cube, et sec soixante-une livres sept onces deux gros dans les mêmes dimensions. Ces observations sont extraites de l'excellent ouvrage de Varennes de Fenilles sur les qualités comparatives des bois.

On fait avec l'if de superbes meubles en placage et d'agréables ustensiles au tour. Sa racine, et sur-tout son brou-zin, fournissent des morceaux d'une beauté rare. Aussi a-t-il disparu de presque toutes les forêts comme il a disparu des jardins, les besoins du commerce augmentant dans une progression bien plus rapide que celle de sa croissance. Je n'en ai vu en Suisse, où il y en avoit autrefois beaucoup, que quelques pieds rabougris. On cite cependant certaines parties du Jura, des Basses-Alpes, des Pyrénées où il s'en trouve encore, mais peu.

Outre les usages ci-dessus, le bois de l'if étant incorruptible, peut être employé avec avantage dans beaucoup de cas; aucun ne lui est à comparer pour faire des conduites d'eaux; Il le dispute à tout autre pour les ouvrages de charronnage et tous ceux où il faut du liant et de la dureté. Les échalas fabriqués avec ses rameaux durent trente ans et plus.

Réparons donc nos torts; ne plantons plus autant d'ifs dans nos jardins, mais peuplons-en nos forêts. Tout terrain qui n'est pas trop argileux ou trop marécageux lui convient; cependant il fait des progrès bien plus rapides dans les bons fonds dont le sol est léger. D'un autre côté il lui faut de l'ombre, sur-tout dans sa jeunesse; plantons-en donc, et plantons-en beaucoup dans les vallées des montagnes à l'exposition du nord. C'est là qu'il se plaît le plus, ainsi que je l'ai remarqué en Suisse. Nous ne jouirons pas du produit de ces plantations, mais nos arrières-petits-enfans commenceront à en profiter, et un véritable père de famille, un véritable citoyen, doit-il ne jamais calculer que son intérêt personnel? Quelle sera la dépense de ces plantations? Peu de chose. Quels en seront les avantages? Une grande augmentation de richesse territoriale pour nos descendans.

L'if se multiplie de marcottes et de boutures, qui s'en racinent aisément. Ces dernières se font pendant l'hiver, et se placent à l'ombre dans une terre légère et substantielle. Les arbres qui proviennent des unes et des autres ne sont jamais si beaux et croisssent encore plus lentement que ceux résultant des semis des graines. C'est donc ce dernier moyen qu'on doit préférer.

Les graines de l'if se sèment aussitôt qu'elles sont mûres, parceque lorsqu'on les laisse se dessécher elles sont deux et même trois ans avant de lever. Si on ne peut pas les mettre en terre avant l'hiver, il faut donc les conserver en jauge jusqu'au printemps. Malgré ces précautions mêmes, elles ne lèvent pas toutes la même année, du moins il faut y compter, et laisser le plant dans le même lieu pendant trois ans. A cette époque, ou si on veut un an plus tard, suivant les progrès des petits ifs, on les transplantera autre part, toujours à l'ombre, à la distance de huit à dix pouces. Là ils seront binés deux ou trois fois par an. Trois ou quatre ans après on les changera encore de place, et on les espacera de vingt à trente pouces, selon les progrès qu'ils auront faits. Là ils resteront jusqu'à leur plantation définitive, qui pourra se prolonger jusqu'à douze ans. Plus tard il ne seroit pas certain qu'ils réussissent à la reprise. Dans tout ce temps il ne faut pas que la serpette les touche, et dans leurs diverses transplantations leurs racines doivent être ménagées avec le plus grand soin. C'est au printemps, lorsque la sève commence à s'émouvoir, qu'il convient de les changer de place. On dit qu'ils épuisent beaucoup le terrain, et que les arbres qu'on met après eux dans la même place ne profitent pas. Je crois bien à la première partie de cette assertion, mais il me semble que la seconde s'écarte de la loi générale de la nature. Il ne s'agit que de leur substituer des espèces différentes, ce qui est facile, cet arbre étant presque le seul de sa catégorie.

Beaucoup de personnes disent que ce moyen de multiplication est trop lent et trop coûteux pour qu'on puisse l'employer en grand. Je suis de leur avis, et mon intention n'est certainement pas de le proposer pour former des forêts, car je ne crois pas qu'il y en ait nulle part uniquement de cette espèce d'arbres. Je conseille donc simplement d'en repeupler les forêts, des côteaux exposés au nord. Pour cela, après avoir fait passer l'hiver aux graines en jauge, on les dispersera dans les clairières des premières, à l'ombre des buissons des seconds, en en enterrant de distance en distance quelques unes, au moyen d'un seul coup de pioche. Ces graines germeront pour la plus grande partie, et fourniront des arbres avec le temps, si on a soin d'empêcher que le plant soit coupé dans sa jeunesse, et si on veille à ce que les bûcherons ne le brisent pas en exploitant les bois.

Je préfère semer au printemps plutôt qu'en automne, parceque les musaraignes, les mulots, les campagnols, etc. sont extrêmement friands des graines de l'if, et qu'ils en anéantiroient une partie avant qu'elle fût germée.

On peut faire avec l'if de très belles palissades et de très bonnes haies ; mais on a renoncé aux premières, et je n'ai jamais vu des secondes. (B.)

IGNAME, *Dioscorea*, Lin. Genre de plantes exotiques à un seul cotylédon, de la famille des ASPERGES, qui comprend dix-sept à dix-huit espèces, dont plusieurs sont mal déterminées, et dont deux ou trois seulement sont utiles par leurs racines bonnes à manger. La plus intéressante de toutes est l'IGNAME AILÉE, *Dioscorea alata*, Lin., *Ubium alatum*, M. Imp., qui croît naturellement dans les contrées placées entre les tropiques, et qu'on doit regarder comme la véritable igname alimentaire. Sa tige est quadrangulaire et munie de membranes ailées : elle rampe ou grimpe de droite à gauche. Ses feuilles sont opposées, lisses, et faites en cœur ou en fer de flèche. Ses fleurs petites et jaunâtres naissent en grappes axillaires aux aisselles des feuilles ; elles sont unisexuelles et dioïques ; les mâles et les femelles ont un calice semblable sans corolle ; dans les fleurs mâles on trouve six étamines, et dans les femelles un petit ovaire à trois angles, surmonté d'un même nombre de styles. Le fruit est une capsule triangulaire et à trois cellules, renfermant chacune deux semences comprimées et bordées d'une large membrane.

La racine de cette igname est tubéreuse, très grosse, très longue et de forme irrégulière ; elle pèse quelquefois jusqu'à trente livres. En dehors elle est d'un brun sale ; en dedans elle est blanche ou tant soit peu violette, et très farineuse. On la mange cuite dans l'eau ou sous la cendre. De toutes les racines et substances alimentaires que produisent les Antilles, c'est, après la cassave, celle qui me paroît la plus propre à remplacer le pain ; beaucoup de personnes la préfèrent même à la cassave. Elle n'a pas beaucoup de saveur, mais elle est nourrissante et en même temps légère à l'estomac ; on n'en est jamais incommodé. C'est par cette racine coupée en morceaux, auxquels on laisse un œil, qu'on multiplie ordinairement la plante : chaque morceau produit trois ou quatre grosses racines, qu'on laisse six ou huit mois en terre. On cultive l'igname ailée en grand dans nos colonies occidentales ; elle est d'une grande ressource pour la nourriture des noirs. Elle est aussi cultivée, au rapport de Cook, dans les îles de la mer du sud, où elle forme un des principaux articles de subsistance des habitans. En Europe elle ne peut être élevée qu'en serre chaude, où il faut toujours la laisser, même en été. On la multiplie comme en Amérique, et elle pousse quelquefois des tiges assez longues ; mais ses racines parviennent rarement à une grosseur considérable.

Les deux autres espèces d'ignames utiles, et dont on mange

7.   14

aussi les racines cuites, sont l'IGNAME DU JAPON, *Dioscorea Japonica*, Lin., qui croît près de Nagasaki, et l'IGNAME A TROIS FEUILLES, *Dioscorea triphylla*, Lin., qu'on trouve aux Indes occidentales. (D.)

IMMOBILITÉ. MÉDECINE VÉTÉRINAIRE. Cette maladie est assez rare dans les animaux. Le cheval attaqué d'immobilité ne recule que très difficilement; si en le faisant avancer on l'arrête tout à coup, il reste dans la place où on le met; ses jambes se croisent sous lui ou en avant, et il conserve la même position lorsqu'on lui lève la tête. On voit bien que cette maladie a quelque ressemblance avec celle qu'en médecine humaine on appelle catalepsie. *Voyez* CATALEPSIE.

Nous n'avons observé qu'une fois cette maladie sur la route de Lodève à Montpellier, dans une mule attelée à une charrette, et saisie d'effroi par un coup de tonnerre qui tomba à douze pas d'elle. Tous les symptômes ci-dessus se manifestèrent, et le charretier ne pouvant ni la faire avancer, ni reculer, on fut obligé de lui ouvrir les carotides.

M. Lafosse a observé que l'immobilité peut venir à la suite d'une longue maladie, principalement dans les chevaux qui ont échappé au mal du CERF. *Voyez* ce mot. Il a aussi observé que les chevaux mal construits, dont la croupe est avalée, fortraits, et dans ceux qui ont eu des efforts dans les reins sont restés quelquefois immobiles. Dans ces cas l'animal mange souvent, mais avec lenteur, et il périt insensiblement, malgré les remèdes les mieux indiqués. (R.)

IMMORTELLE. On a donné ce nom à différentes plantes, dont les fleurs jouissent de la faculté de se dessécher sans perdre leur forme et sans s'altérer dans leur couleur. Ces plantes sont toutes d'une nature extrêmement peu aqueuse, et ont les fleurs scarieuses.

Ainsi l'*immortelle d'Amérique* est le GNAPHALE DES JARDINS. L'*immortelle jaune* est le GNAPHALE CITRIN. L'*immortelle violette* est l'AMARANTHINE. *Voyez* tous ces mots.

Les botanistes ont réservé le nom d'IMMORTELLE, proprement dite, à une plante qui fait partie d'un genre de la syngénésie superflue, et de la famille des corymbifères, genre que Linnæus a appelé *xeranthemum*. Ce genre ne contient plus que trois espèces propres aux parties méridionales de l'Europe, et qui dans les jardins se confondent avec l'IMMORTELLE COMMUNE, *Xeranthemum annuum*, Lin., la seule dont je parlerai ici.

Cette plante a la tige rameuse; les feuilles alternes, sessiles, lancéolées, blanchâtres, les fleurs larges d'un pouce, violettes ou blanches, ou de ces deux couleurs à la fois, solitaires à l'extrémité des rameaux. Elle s'élève à environ deux pieds, et meurt tous les ans, ainsi que son nom l'indique. Elle croît naturellement dans les lieux les plus arides des parties méridionales de l'Europe, et se cultive dans les jardins des parties septentrionales, pour ses fleurs que l'on cueille en automne et que l'on conserve tout l'hiver pour orner les appartements ou faire entrer dans les bouquets de cette saison. Elle fleurit à la fin de l'été, et produit peu d'effet dans les parterres; aussi n'est-ce guère que dans les jardins des marchands de fleurs qu'on la cultive, et ce en planches pour en avoir de grande quantité. Il y en a une variété à fleurs doubles.

On sème la graine de cette plante en automne ou au printemps dans un terrain léger et exposé au midi; on repique le plant vers le commencement de l'été dans les plates-bandes. Les premiers jours, après cette opération, on le garantit du soleil et on l'arrose; ensuite on l'abandonne complètement à lui-même. (B.)

IMPÉRATOIRE, *Imperatoria*. Plante vivace de la pentandrie digynie, et de la famille des ombellifères, d'environ deux pieds de haut, à racine épaisse, oblongue, articulée, ridée; à tige rameuse et fistuleuse; à feuilles alternes, deux ou trois fois ternées; à folioles ovales, larges, dentées et à fleurs blanches disposées en ombelle, qui croît dans les Alpes et qu'on cultive dans quelques jardins, soit pour l'agrément, soit pour ses propriétés médicinales.

L'IMPÉRATOIRE DES MONTAGNES, *Imperatoria ostruthium*; Lin., forme des touffes épaisses et d'un bel aspect. On peut la placer avec avantage dans les jardins paysagers, sur les premiers rangs des massifs. Tout terrain, excepté celui qui est trop aquatique, lui convient. Elle se multiplie de semence, encore mieux par déchirement des vieux pieds. C'est le seul moyen qu'on emploie, moyen qui fournit abondamment, et qui donne des pieds qui fleurissent la même année. Cette opération doit se faire en automne.

Sa racine, qu'on appelle *benjoin français*, est aromatique et d'une saveur âcre, piquante et un peu amère. Elle passe pour stomachique, carminative, incisive, emménagogue, sudorifique et alexipharmaque. On en fait assez fréquemment usage. (B,)

IMPERIALE, *Imperialis*. Plante vivace à racine bulbeuse, grosse et à moitié tuniquée; à tige simple, droite, haute de deux ou trois pieds, de la grosseur du pouce; à feuilles alternes, sessiles, nombreuses, linéaires, lancéolées, tendres et lisses; à fleurs grandes, striées, rouges, pendantes au nombre de six à huit sous une touffe de feuilles terminales; qui est originaire de Perse, mais qu'on cultive depuis très long-temps dans les jardins, à raison de la majesté de son port, quoiqu'elle ait le désavantage d'exhaler une odeur désagréable.

Cette plante faisoit ci-devant partie du genre des FRITIL-LAIRES; mais elle en a été séparée avec raison pour en faire un particulier.

L'IMPÉRIALE COURONNÉE fleurit au milieu du printemps. Elle varie beaucoup, savoir, à fleurs très grandes, à fleurs rouges doubles, à fleurs orangées, à fleurs couleur de soufre, à fleurs jaunes simples, à fleurs jaunes doubles, à feuilles panachées de blanc, à feuilles panachées de jaune. On la multiplie de ses graines, qu'on sème au printemps dans des terrines sur couche et sous châssis, et plus communément par séparation des caïeux de ses racines, séparation qu'on effectue à la fin de l'automne, parcequ'elles poussent de bonne heure au printemps.

Cette plante est très rustique. Elle ne craint point les hivers les plus rudes, et s'accommode de toute espèce de terrain; cependant celui qui lui convient le mieux est léger et frais. On la place ordinairement au milieu des plates-bandes, dans les parterres, ou contre les murs des terrasses, et dans les jardins paysagers, contre les rochers, les fabriques, sur le bord des massifs, dans les corbeilles pratiquées au milieu des gazons. Comme elle perd ses tiges vers la fin de l'été, il est bon de les accompagner d'un piquet pour reconnoître la place de ses racines; par-tout elle se fait remarquer, sur-tout quand elle est en fleurs. Ses fruits se relèvent après leur fécondation, et ne sont pas sans grace dans cette position. Ils ressemblent à des branches de candelabres.

Souvent la tige de l'impériale s'aplatit et s'élargit lorsqu'elle est plantée dans un sol trop gras ou trop fumé; c'est une monstruosité qui subsiste rarement lorsqu'on transplante les pieds qui l'offrent. (B.)

INCENDIE. Destruction par le feu des maisons, des forêts, des diverses productions de l'agriculture, etc.

Les cultivateurs, plus que les autres citoyens, sont exposés aux désastreux effets des incendies, soit parcequ'ils sont entourés de plus de substances d'une facile combustion, soit à raison des matières qu'ils emploient, et du peu de précautions qu'ils apportent dans la construction de leurs maisons, granges, écuries, dans leur disposition les unes à l'égard des autres, etc., soit par leur peu de soin à éviter les occasions, soit parceque des secours suffisans leur manquent, soit enfin parceque la malveillance peut agir contre eux avec plus de sécurité par suite de leur isolement.

Il y a déjà long-temps qu'on fait des vœux pour qu'aux ba-

raques bâties en bois et couvertes en chaume il soit substitué
des maisons construites en pierres et couvertes en tuiles ; mais
outre que cela devient impossible, sans d'énormes dépenses,
dans certaines localités, la fortune de beaucoup de cultivateurs ne leur permet pas d'y penser, même dans celle où cela
est le moins coûteux.

On trouvera aux mots CONSTRUCTIONS RURALES toutes les
données qui ont rapport à cet objet.

Ce n'est que trop communément qu'il arrive des incendies
dans les villages ; mais quand on y a vécu, quand on a vu quelle
négligence on apporte à prendre des précautions propres à les
prévenir, on est surpris qu'elles n'y soient pas plus fréquentes.
Il semble que tous les habitans d'une ferme, à voir la manière
dont ils transportent les lumières, dont ils allument et éteignent
le feu, etc., conspirent contre sa destruction. Le propriétaire
ou le fermier, personnellement si intéressé, n'est pas distingué
des autres à cet égard. Dans ces rassemblemens qu'on appelle
veillées, et où toute la population féminine d'un village est
réunie pour teiller ou filer, on applaudit souvent à l'en-
fant qui jette le plus de chènevotte dans le foyer, au risque
de mettre le feu à la cheminée ou au tas qui est dans la
chambre. Je cite cette circonstance entre mille, parceque
j'en ai souvent été témoin dans ma jeunesse, et que les évé-
nemens funestes qui en sont la suite sont très multipliés.

Beaucoup d'incendies commencent, dans les campagnes,
par un feu de cheminée, ces dernières y étant rarement
construites avec la solidité convenable. Un des moyens d'empêcher ses progrès, c'est de boucher l'ouverture inférieure
avec une toile, ou mieux, une couverture de laine mouillée, de manière que le courant d'air soit intercepté. Un
autre, beaucoup plus sûr, c'est de jeter une poignée de soufre
réduit en poudre, ou de fleur de soufre, sur les charbons encore brûlans. Le gaz sulfureux qui se dégage, qui remplit
la cheminée, qui s'empare de tout l'oxygène de l'air, éteint
subitement la flamme. Tout cultivateur prudent, doit toujours
avoir chez lui quelques livres de soufre pour l'occasion ; la dépense de mise dehors est peu considérable.

L'expérience a prouvé que les bois imprégnés d'une dissolution d'alun ou d'une décoction d'ail ne prenoient point
feu, c'est-à-dire se consumoient sans flamme. Tout morceau
de bois qui, par sa position ou son usage, peut être exposé à
être brûlé, devroit donc être imprégné d'une de ces deux
substances, qui reviennent également à très bon marché.

Je ne parlerai pas ici des moyens que l'on tire de l'eau pour
éteindre les incendies, attendu que cela sort du but de cet
ouvrage. J'émettrai seulement le vœu que toutes les com-

munes aient une pompe à incendie du petit modèle, article de cinq à six cents francs de dépense, qui, une fois faite peut être un siècle sans se renouveler. Quel est le père de famille qui peut se refuser à payer un franc, trois francs même, une fois dans sa vie, pour augmenter la garantie de la conservation de sa maison, et des propriétés mobilières qu'elle peut contenir ?

L'incendie des blés et autres céréales sur pied, ainsi que celui des forêts, sont ou l'effet de l'imprudence ou de la négligence des pâtres qui allument du feu pour s'amuser ou se chauffer, ou le résultat de la malveillance. Le moyen le plus efficace pour empêcher le mal d'étendre ses ravages, c'est de couper le feu, c'est-à-dire de lui ôter tout aliment par l'enlèvement des blés ou des bois dans une largeur proportionné à la violence du vent qui le propage, et par le labour de la terre dans le cas où elle seroit couverte d'herbes basses. Dans l'Amérique septentrionale, où tous les ans on met le feu aux herbes sèches des forêts, pour que les bestiaux puissent paître la nouvelle, on a soin d'essarter le tour de toutes les habitations, de toutes les cultures avant le premier avril, époque où se fait cette opération. Pendant la semaine qui la suit, tous les accidens sont à la charge de ceux qui n'ont pas pris les précautions nécessaires pour s'en garantir. En France il est beaucoup de lieux, sur-tout dans les pays de landes, où cet usage a lieu, mais où il n'est pas réglé par la loi, ce qui est sujet à de graves inconvéniens.

Sans doute la malveillance met quelquefois le feu aux granges ou greniers qui renferment les récoltes de blé, de foin ou autres, ainsi qu'aux meules qui sont élevées dans les champs, et l'imprudence cause aussi quelquefois des malheurs du même genre. Mais je dois apprendre aux cultivateurs qui ne le savent pas encore, et le nombre en est très grand, que tout amas de paille, de foin et autres objets de cette nature, lorsqu'il est mouillé et très entassé, est dans le cas de s'enflammer spontanément par suite de la fermentation qui s'y établit comme dans le fumier. Cet évènement arrive sur-tout fréquemment au foin, soit en grenier, soit en meule. Les cultivateurs ne peuvent donc trop veiller à ce que leurs foins soient rentrés très secs, et ne pas craindre, quand ils ont été forcés de les mettre un peu humides en meule, de dépenser quelques journées d'ouvriers pour les changer de place, ou les botteler aussitôt que le beau temps le leur permet.

Quelques faits tendent aussi à prouver que les linges, les pailles, les foins, etc., imprégnés d'huile ou de goudron, peuvent également s'enflammer seuls.

Les tourbes desséchées, soit qu'elles soient en place, soit

qu'elles soient exploitées, sont encore sujettes à s'enflammer spontanément, à raison des pyrites qu'elles contiennent. Une large tranchée est le seul moyen qu'on puisse opposer à la propagation de l'incendie dans le premier cas, et la dispersion du tas, ou d'une partie du tas, dans le second. Cette remarque doit engager tous les cultivateurs et les manufacturiers qui font usage de tourbe de ne jamais la déposer trop près de leur maison.

Les mines de houille sont dans le cas de brûler sous terre.

Le tonnerre met quelquefois le feu aux maisons, aux produits des récoltes, aux forêts, etc. Des paratonnerres peuvent prévenir les incendies qui en sont la suite. *Voyez* au mot TONNERRE. (B.)

INCISION ANNULAIRE. Opération par laquelle on enlève un anneau d'écorce plus ou moins large à une branche d'arbre ou à une tige de plante, pour lui faire produire, 1° du fruit ; 2° plus sûrement du fruit ; 3° du fruit en plus grande abondance ; 4° du fruit plus beau ; 5° du fruit d'une plus prompte maturité ; 6° pour déterminer la production des racines dans l'opération du *bouturage* et du *marcottage ;* 7° pour arrêter la fougue des gourmands, etc.

Les anciens ont connu les avantages de l'incision annulaire dans quelques cas, principalement pour empêcher la coulure de la vigne, et augmenter les récoltes des olives. Ils la pratiquoient soit exactement comme nous, soit en tordant ou cassant à moitié les branches, soit en mettant de grosses chevilles dans le tronc. Sans doute ils faisoient aussi usage de la ligature qui produit les mêmes effets, et qui est plus dans la nature. Les arbustes grimpans, tels que le chèvrefeuille, en font naître souvent des exemples dans les bois.

Les procédés des anciens se sont transmis d'âge en âge dans la pratique de quelques localités très circonscrites, mais ont été complètement oubliés ailleurs. Les ouvrages publiés sur l'agriculture au commencement du siècle dernier gardent le silence à leur égard. Ce n'est que dans ces derniers temps qu'ils ont été rappelés et appliqués.

Aujourd'hui on ne doute plus des grands avantages des plaies annulaires dans les cas cités plus haut. On en connoît la théorie fondée sur l'accumulation de la sève descendante dans la partie de la branche supérieure à l'anneau. (*Voyez* au mot SÈVE.) Pourquoi donc n'en généralise-t-on pas l'emploi, ne les applique-t-on pas aux spéculations qui ont la production du fruit pour objet? Je ne connois aux environs de Paris que l'estimable Thouin qui la pratique tous les ans dans l'intention de forcer des arbres étrangers à lui donner des fruits dont il dispose, conformément au vœu de l'administration dont il fait partie, en faveur des amis de la culture existans dans les départemens et dans les pays étrangers et parconséquent de la science agricole.

Le grand nombre de faits cités par les auteurs modernes, les expériences dont j'ai été témoin, et celles qui me sont propres, me font désirer que l'usage de l'incision des branches des arbres s'étende. Je vais en conséquence entrer dans quelques détails sur la manière de la faire.

On enlève un anneau d'écorce à l'arbre ou à la branche qu'on veut rendre plus productive, en ayant l'attention de ne laisser aucune parcelle de liber. La largeur de cet anneau doit être d'autant plus considérable, que l'arbre ou la branche sont plus forts; elle doit être calculée rigoureusement lorsqu'on veut que la plaie soit cicatrisée avant l'hiver, de manière que sur un arbre de quatre pouces, elle soit de quatre lignes; *mais cela varie selon le terrain et la saison, devant être plus grand dans un bon terrain et dans une saison chaude et pluvieuse.* A grosseur égale, les pommiers demandent une plaie plus étroite que les poiriers, et les cognassiers encore plus.

Quelques jours après l'enlèvement de l'anneau, il sort d'entre le bois et l'écorce, en haut, une production d'abord mucilagineuse, qui se durcit ensuite (c'est le CAMBIUM, *voyez ce mot*), s'étend sur la plaie sans cependant lui adhérer, *en formant un bourrelet légèrement saillant, qui croît d'abord rapidement, se ralentit ensuite,* gagne la partie inférieure de l'anneau, à laquelle il se réunit lorsque la plaie n'est pas trop forte, et finit par ressembler en tout à l'écorce, dont elle ne diffère plus en effet la seconde année. Lorsque la plaie est trop large pour que ce bourrelet puisse la recouvrir, l'arbre ou la branche périt immanquablement tôt ou tard.

Si la seconde année l'arbre ou la branche qui a subi l'opération n'est pas assez chargé de boutons à fruits, on fera une nouvelle plaie annulaire, et ce jusqu'à ce qu'on soit arrivé au but; mais il est rarement nécessaire de renouveler l'opération.

Comme on doit craindre souvent de faire la plaie trop large pour qu'elle puisse se recouvrir dans l'année, il est prudent de la faire d'abord étroite, et ensuite de l'élargir successivement par le bas, en se rappelant que l'accroissement du bourrelet est bien peu de chose après les deux premiers mois de l'opération.

Certains arbres fruitiers, des poiriers par exemple, sur-tout lorsqu'ils sont greffés sur sauvageon ou sur franc, et qu'ils sont plantés dans un terrain gras et humide, ne donnent du fruit qu'après un nombre d'années plus ou moins considérable, toute leur force végétative se portant sur la formation des pousses qui sont d'une vigueur remarquable. En faisant une incision annulaire avant la sève d'août, et en la renouvelant, si cela devient nécessaire, à celle du printemps suivant, on est sûr de mettre l'arbre à fruit.

On peut par le même moyen avancer la floraison et la fructification de tel arbre étranger qu'on désire, même de beaucoup de plantes vivaces.

Lorsque par la position du local, la nature de l'arbre, les dispositions atmosphériques, etc., on a lieu de craindre la coulure, il suffit de faire une incision annulaire un peu avant la floraison, six à huit jours, même quelquefois moins, pour qu'elle n'ait pas lieu. C'est dans ce cas que cette opération étoit principalement pratiquée par les anciens, et qu'on la pratique en grand encore dans quelques cantons de la France méridionale et de l'Italie sur la vigne et l'olivier.

Comme on est toujours le maître de décharger un arbre de la surabondance des fruits qu'il produit, on peut pratiquer l'incision annulaire lors même qu'on n'a pas à craindre la coulure de la plus grande partie des fleurs. On force alors toutes les fleurs à la fécondation.

Quand on préfère la beauté au nombre, il suffit d'enlever, peu de temps après la nouure, la plus grande partie du fruit d'une branche annelée. On peut encore opérer l'annelation dans ce cas après que la fécondation est terminée. Les cultivateurs des environs de Montpellier et de Béziers la pratiquent à moitié sur les tiges d'artichauts pour rendre leurs têtes plus grosses.

On a avancé que les fruits provenant des branches annelées étoient plus savoureux que les autres de même grosseur, pris sur une branche du même arbre qui ne l'étoit pas. Je ne nie point le fait; mais je déclare que je n'en ai pas pu avoir la preuve personnelle dans les deux ou trois circonstances où j'ai pu tenter de l'acquérir.

Une plus prompte maturité des fruits est certainement la suite de l'annelation des branches. Il est des faits qui constatent qu'on a gagné plus de quinze jours de précocité par ce moyen. On devroit donc l'employer généralement aux environs de Paris, à Montreuil par exemple, où une pêche très précoce se vend quelquefois douze, quinze, vingt et trente francs. Cependant on ne l'y pratique pas, crainte, disent les célèbres cultivateurs de ce lieu, de perdre leurs arbres. Je ferai voir plus bas qu'il est possible de ne pas perdre une seule branche en pratiquant, non pas peut-être tous les ans, mais tous les deux ou trois ans, l'incision annulaire sur les arbres à fruits. D'ailleurs s'ils craignent de la faire sur l'arbre entier, quel risque y a-t-il de la pratiquer sur une ou deux branches de chaque arbre, sur les branches des arbres qu'ils doivent arracher l'hiver suivant? Un des principes de leur taille les y convie même, puisqu'ils ont toujours des arbres dont un des membres est plus vigoureux que l'autre, et que l'incision annulaire est propre à modérer la fougue de ce dernier.

Au reste, si je conçois la cause qui détermine l'action de l'incision annulaire dans les cas précédens, il me semble qu'elle ne peut s'appliquer à celui-ci. En effet, l'abondance de la sève, loin de produire le même résultat sur les branches non annelées, en produit un contraire, comme les cultivateurs sont dans le cas de l'observer tous les jours. Ce sont les arbres plantés en terrain aride, les arbres dont les racines ont été mutilées, dont les branches nourrissent des larves d'insectes, qui amènent le plus tôt leurs fruits à maturité. Et les fruits véreux, et les fruits mal faits, ne mûrissent-ils pas plus tôt?

Il faut donc croire que la sève accumulée dans les branches annelées, après avoir pendant quelques mois donné un excès de vigueur à ces branches, leur communique ensuite une maladie, peut-être une pléthore, une espèce d'anasarque, dont les suites agissent sur le fruit.

Ainsi que l'a prouvé Duhamel, il n'y a production de racines dans une bouture ou marcotte qu'après la formation d'un bourrelet. Forcer la formation de ce bourrelet est donc assurer et accélérer le développement de ces racines. Il est donc toujours utile et souvent nécessaire de faire des incisions annulaires ou des ligatures aux branches des arbres qu'on destine à faire des boutures et des marcottes. Dans le premier cas, on opère avant la sève d'août, parceque les boutures, du moins celles en pleine terre, se font au printemps. Dans le second, au moment même du marcottage, quoiqu'il fût peut-être mieux d'opérer à la même époque.

En diminuant l'activité de la circulation de la sève, l'annelation est très propre à régulariser la végétation des gourmands qui font craindre la perte des branches les plus fructueuses des espaliers ou contr'espaliers. On peut donc en faire usage dans ce cas comme le cassement, la torsion, etc. On peut même l'employer avec plus d'avantage lorsqu'on a l'idée de faire servir par la suite ce gourmand à remplacer ces branches fructueuses.

Jusqu'ici je n'ai parlé que des branches, mais on peut aussi faire l'incision annulaire sur les troncs, sans pour cela occasionner la mort de l'arbre. Il ne s'agit que de proportionner également la largeur de cette incision à la vigueur de l'arbre; mais j'observerai que, si on calculoit d'après des bases prises sur le jeune bois, on pourroit grandement se tromper, attendu que la rigidité de la fibre de l'écorce des troncs est beaucoup plus grande. Il est au reste peu de cas où on puisse désirer faire cette opération sur les troncs.

La ligature ne supplée pas toujours l'incision annulaire, parcequ'elle n'arrête pas complètement la circulation de la sève. Il faut sur-tout ne pas l'employer lorsqu'on veut empêcher les fleurs de couler, ou se procurer de beaux fruits. Dans tous les autres cas, elle remplit aussi bien l'objet, et quelquefois même mieux. *Voyez* l'article qui la concerne. *Voyez* aussi les mots BOURRELET, TORSION DES BRANCHES, BOUTURES et MARCOTTES.

On appelle marcottage par incision celui qui se pratique sur les œillets, et qui consiste à couper la tige dans la moitié de son diamètre (plus ou moins selon les circonstances), et ensuite à la fendre ou l'éclater en remontant, dans une longueur plus ou moins considérable. *Voyez* aux mots MARCOTTAGE et ŒILLET. (B.)

INCUBATION. Dès que l'œuf est pondu, et qu'il a été fécondé, le principe de la vitalité introduit par l'acte du mâle y dort, jusqu'à ce qu'il soit éveillé par la femelle qui couve ; la machine animale existe donc en entier avant l'incubation, mais il faut un agent extérieur pour la mettre en mouvement, et cet agent est la chaleur communiquée, soit naturellement, soit artificiellement par différens intermèdes.

Les phénomènes que présente cette action d'un oiseau qui se tient sur ses œufs, pour développer le germe fécondé par le mâle, ont été décrits dans tous les ouvrages des naturalistes. Les effets physiques sont maintenant bien connus. Nous ne nous arrêterons qu'à ceux dont nous sommes journellement témoins dans nos basses-cours, et qui peuvent servir à guider sur cette branche de l'économie domestique, laquelle, éclairée et perfectionnée, deviendroit plus profitable aux cultivateurs, et plus avantageuse aux consommateurs de tous les ordres : les faits et les exemples que nous avons à présenter seront pris parmi les poules ordinaires, parcequ'elles sont les plus exactes à pondre, et parmi les poules dindes, comme les plus attentives à couver ; une grande partie des œufs que la première produit est destinée au commerce, tous ceux que la seconde fournit sont soumis à l'incubation.

Avant même d'avoir complété sa ponte, la dinde, comme beaucoup d'autres femelles, manifeste le désir de couver par des signes très énergiques différens de ceux qui annoncent la ponte, un gloussement particulier, des attitudes et des mouvemens non équivoques ; la poitrine et le ventre se dépouillent ; dans cet état elle est véritablement remarquable ; ses ruses pour cacher ses œufs, ses détours pour donner le change à ceux qui seroient tentés de découvrir son nid, semblent la placer au nombre des animaux que la nature a gratifiés d'un instinct ; mais celui qui la ramène au besoin de couver la met au rang des bêtes ; ce besoin est si impérieux, que non seulement elle garde le nid, quoiqu'on lui ait enlevé tous ses œufs, mais elle y reste immobile ; elle s'établiroit même sur des pierres qu'elle couveroit avec la même sollicitude, et ne quitteroit pas davantage ; elle y périroit infailliblement si on ne lui rendoit ses œufs ou ceux d'un oiseau quelconque ; il importe donc de la satisfaire, car ce faux travail la fatigueroit plus que celui qui a pour but la propagation de l'espèce.

Mais il y a des circonstances où il faut nécessairement tempérer l'ardeur trop précoce que les femelles montrent pour couver : la poule ordinaire est du nombre des femelles qui font plus d'œufs qu'elles n'ont de moyen d'en couver, et cette faculté, commune aux oiseaux sauvages, seroit suspendue, si, dès qu'elle a fourni 18 à 20 œufs, il falloit les soumettre à l'incubation, ainsi qu'elle le demande ; il faut en profiter pour lui retirer ses œufs à mesure qu'ils sont déposés ; alors, trompée par cette supercherie, elle continue de faire des œufs, et en voyant son nid vide, il lui semble pondre pour la première fois.

Lorsqu'il importe d'avoir à peu de frais le plus grand nombre d'œufs possible, on en vient à bout en ne laissant au pondoir aucun signe figuratif de l'œuf, en chassant la femelle du nid quand elle s'obstine à le garder sans pondre, à la plonger dans un bain d'eau fraîche, en diminuant de sa nourriture, en admettant dans son régime de l'avoine plutôt que du chenevis qui l'échauffe.

Une autre pratique adoptée dans quelques cantons de la ci-devant Flandre, plus efficace encore, et dont le succès n'est pas équivoque, pour faire perdre tout à coup à la femelle le désir qu'elle a de couver, de conduire ses poussins, et pour la ramener tout naturellement au besoin de pondre, c'est de la tenir sous un cuvier pendant deux jours sans boire ni manger ; ainsi privée d'air, de lumière et de nourriture, elle éprouve dans cette prison une sorte de malaise ; il s'opère chez elle une révolution qui change sa manière d'être. Quand on lui rend sa liberté, elle est chancelante et comme asphyxiée, à peine se tient-elle sur ses pattes ; elle a oublié toutes ses affections ; bientôt elle court à l'eau, mange ensuite, et ne semble plus occupée qu'à se remettre à pondre.

La poule ordinaire n'est pas la seule femelle de la basse-cour qui puisse fournir à une ponte soutenue et prolongée ; il est possible d'obtenir cette admirable fécondité des canes, des dindes, des oies et des pintades, mais il convient quelquefois de l'arrêter, sans quoi elles pondroient hors le temps de la mue jusqu'à l'apparition des froids, courroient les risques de s'énerver, et il n'est pas rare de les voir s'épuiser, vieillir et mourir avant le temps; c'est ainsi que par des procédés particuliers on parvient à faire produire aux arbres plus de fruits qu'ils n'en donnent ordinairement; mais plus on leur en fait rapporter, plus leur perte est certaine et prématurée.

Lorsqu'il s'agit de confier les œufs à la couveuse, on est dans l'habitude de les présenter à la lumière, pour juger s'ils sont propres à cette opération; mais il n'y a que la chaleur de l'incubation qui puisse faire connoître si les œufs sont fécondés ou non, parceque dans ce dernier cas ils restent clairs, mais dans l'autre ils sont déjà louches quelques heures après la couvaison.

Or les œufs qui au 3 ou 4e jour après la période de l'incubation n'offriroient pas à une de leurs extrémités le point qui laisse apercevoir le poussin n'en produiroient point; il faut se hâter de les jeter hors du nid, ainsi que les débris des coquilles, parcequ'ils répandroient une infection préjudiciable à la couvée et pourroient blesser les petits : la fermière qui n'auroit réellement en vue, dans les soins qu'elle donne à l'entretien des poules, que le produit exclusif des œufs, doit exiger de la fille de basse-cour de les lever exactement deux fois le jour, au lieu d'en laisser quelques uns de la veille pour exciter par leur vue la femelle à pondre, parceque cette précaution est absolument inutile quand une fois la ponte est commencée, elle a même des inconvéniens; on sait qu'elles ont une propension décidée à monter successivement au pondoir; elles se disputent à l'envi; l'une attend que l'autre ait fait son œuf pour la remplacer, et rien ne paroît les rejouir davantage que d'en voir beaucoup; or, en supposant que 12 poules se soient succédées dans le même pondoir, et que chacune pour déposer l'œuf ait employé à son opération une demi heure environ, n'est-il pas vrai que le premier œuf pondu aura éprouvé une incubation de six heures environ, temps suffisant, d'après les expériences et les observations de Malpighi et de Haller, pour éveiller la vitalité du germe et déterminer un développement assez frappant pour être sensible à la lueur d'une chandelle et à l'organe du goût.

Qu'on cesse maintenant d'être étonné si les œufs frais de la même date pondus par les mêmes espèces de poules, fécondés, clairs ou couvés un moment, quoique pondus à la même date par les mêmes, et dans une même basse-cour, présentent tant de différences entre eux, si, dans l'incubation, tous les poussins n'ont pas le même succès et la même vigueur, enfin si dans l'application du même procédé de conservation, il s'en trouve dans la masse qui s'altèrent plus promptement, plus fortement; l'attention de ramasser les œufs au printemps et dans l'été deux fois par jour, de ne pas les laisser trop long-temps séjourner au pondoir, sont donc en état d'exercer une certaine influence sur la qualité.

Il s'en faut bien que les femelles demandent toutes à couver après leur première ponte; il en est parmi les dindes qui n'en montrent pas la moindre envie : des recherches suivies pour tâcher d'en pénétrer la cause, et soulever le voile qui couvre l'essence de cette fonction créatrice, n'ont encore rien appris à cet égard de positif, et ce sera long-temps peut-être un mystère pour l'homme.

Mais pour les exciter à couver il faut savoir sacrifier quelques œufs, les laisser un jour ou deux au pondoir, afin qu'elles aient le temps de s'échauffer, souvent les placer sur un nid rempli d'œufs, de plumer le dessous du ventre en les flagellant avec une poignée d'ortie, en les tenant chaudement sur un paillasson, et les placer sur un nid rempli d'œuf; si elles le quittent encore, on les échauffe avec du chenevis, on les enivre avec du pain trempé dans du vin et un peu d'eau-de-vie, et dans cet état d'ivresse on les place sur les œufs qu'on veut leur donner; à leur réveil elles semblent avoir déjà pris pour eux de l'affection, elles continuent de les couver et de les soigner, enfin elles deviennent d'aussi bonnes mères que celles qui avoient montré le plus de disposition à en remplir les devoirs.

Mais il ne suffit pas qu'une femelle manifeste l'envie de couver, il faut encore qu'elle réunisse certaines conditions, sans lesquelles l'incubation n'a pas de succès; il convient par exemple qu'elle ne prenne l'épouvante de rien, et ne soit nullement farouche; qu'elle ait une complexion forte, un naturel bien éveillé et un caractère docile; le corps large, les ailes grandes et bien garnies de plumes, que ses ongles et ses ergots ne soient ni longs ni aigus; il est bon encore qu'elle ne mange pas les œufs à mesure qu'elle les pond; dans tous ces cas il vaut mieux s'en défaire que de lui confier l'incubation.

On pourroit songer de bonne heure à prévenir ce goût déréglé et dispendieux, et empêcher que les œufs ne deviennent la proie de leurs propres mères, en évitant de leur jeter les coquilles entières d'œufs qu'elles mangent avec avidité, et de ne leur permettre sur-tout l'usage de cette matière calcaire, à moins qu'elle ne soit déformée et ajoutée à leur manger à l'instar de la brique pilée, pour affoiblir cette disposition qu'ont les femelles de passer à la graisse.

L'amour de la liberté, cet instinct qui ramène les femelles

à leur état primitif, lorsqu'elles se préparent à remplir les fonctions importantes que la nature leur a confiées, les détermine quelquefois à aller pondre et couver à l'aventure. Quand les poules se sont choisi un nid, il n'y a presque plus rien à faire; elles le quittent difficilement, il est même prudent de ne pas les troubler, les contrarier dans cette opération; malheureusement la rapacité des hommes, l'appétit des bêtes fauves environnent de beaucoup de dangers ces couvées, qui sans ces inconvéniens devroient être abandonnées aux soins des femelles.

Ce n'est pas toujours la saison et le défaut des femelles qui rendent l'incubation défavorable. L'impatience et la curiosité de la fille de basse-cour font souvent, dans ce cas, bien du mal. C'est pour vouloir ne pas laisser agir la nature qu'on l'opprime sans cesse sous le prétexte de l'aider. Si on ne touchoit pas toujours aux œufs en incubation, si on élevoit les poussins sans les manier, ils ne seroient pas aussi délicats qu'on se l'imagine. J'ai eu plusieurs fois l'occasion de me fortifier dans cette opinion.

Un jour m'étant aperçu qu'une poule alloit pondre à l'écart au milieu des orties, je pris garde à ce qu'elle ne fût pas troublée, mais simplement surveillée; dès qu'elle eut pondu ses œufs elle se mit à les couver, et elle étoit souvent deux jours sans se rendre à l'appel pour les repas; mais aussi quand l'extrême besoin la forçoit de quitter ses œufs, elle prenoit une bonne ration, et chaque fois qu'elle venoit manger elle s'en donnoit et finissoit encore plus tôt que les autres, pour regagner son nid. La couvée vint à bien, et la poule amena, comme en triomphe, sa famille à la basse-cour, tandis que dans le même temps on avoit eu une peine infinie de sauver quelques poussins provenant des poules de même espèce, dont les couvées avoient été soignées peut-être avec trop de précautions.

Il est utile que le local destiné à la couvaison soit placé dans l'endroit le plus calme et le plus retiré de la ferme, à l'abri de la lumière trop vive, des courans d'air, et sur-tout du bruit; il est contraire au succès de l'incubation.

Il faut en interdire l'entrée aux coqs, parcequ'ils sont des mâles polygames qui viennent souvent troubler les femelles dans les respectables fonctions de la maternité. Il n'y a parmi les oiseaux de basse-cour que le pigeon qui, fidèle au lien conjugal, partage les douceurs de la paternité; on doit donc éloigner les coqs du nid pendant tout le temps que dure l'incubation, et empêcher qu'ils ne viennent la troubler.

Le même endroit peut recevoir toutes les couveuses; il

suffit qu'elles aient chacune un nid assez éloigné et séparé par une cloison, afin de n'avoir aucune communication entre elles. J'ai vu quelquefois des dindes quitter leurs œufs pour aller couver avec des poules ordinaires ; il faut placer aussi devant elles à boire et à manger, et faire en sorte qu'elles ne soient pas dans le cas d'être long-temps hors du nid, surtout vers la fin de l'incubation.

On dispose les nids des couveuses en jetant dans les angles de leur habitation des brins de bois pour éviter l'humidité du sol ; on les recouvre d'un lit de paille usée, suffisamment garnis, peu élevés et assez épais, de manière que quoique naturellement lourdes et maladroites elles puissent facilement monter et descendre sans casser leurs œufs. Ces nids doivent être formés par un bourrelet circulaire, composé de liens de paille entrelacés, et de quinze à seize pouces de diamètre. Le fond se remplit d'une paille douce et froissée sur laquelle se trouvent déposés les œufs qui, retenus par le rebord dont nous venons de parler, ne s'échappent pas aux environs du nid lorsque la couveuse fait des mouvemens pour sortir ou rentrer dans son nid ou pour retourner les œufs.

La femelle qui couve est dans un état extraordinaire. Elle boit plus qu'elle ne mange, paroît avoir tous les symptômes de la fièvre ; son œil est étincelant et sa peau brûlante ; il leur faut assez de chaleur pour élever la température des œufs au trente-deuxième degré de Réaumur ; elle est tellement livrée à cette occupation qu'on diroit qu'elle comprend toute l'importance de la fonction qu'elle exerce ; mais ce qu'il y a de plus remarquable, dit Buffon, c'est que l'attitude d'une couveuse, quelque gênante qu'elle paroisse, est peut-être moins une situation d'ennui qu'un état de jouissance continuelle d'autant plus délicieuse qu'elle est plus recueillie, tant la nature semble avoir mis d'attrait à tout ce qui a rapport à la multiplication des êtres.

Tous les jours, à la même heure, les ovipares, dans leur couvaison, paroissent retourner régulièrement leurs œufs et ramener ceux du centre à la circonférence, *et vice versâ.*

Plusieurs ménagères sont dans l'usage de saisir le moment où les femelles prennent leur nourriture et un peu d'exercice pour partager avec elles ce soin ; mais c'est à la couveuse que ce soin appartient exclusivement. Gardons-nous de toucher aux œufs jusqu'au moment où les petits sont éclos, à moins qu'ils ne se trouvent hors du nid ; alors il faut les y replacer promptement et avec précaution, sans quoi la chaleur de l'incubation n'étant pas répandue uniformément dans toutes les parties de l'œuf, l'oiseau seroit mal conformé, foible, languissant, ses membres n'acquerroient pas la même habitude de développement.

Parmi les moyens mis en œuvre pour augmenter la production des œufs sans augmenter le nombre des poules ordinaires, sans exiger plus d'embarras et de nourriture, le premier est de confier le soin de l'incubation à des femelles dont les œufs ne sont destinés qu'à servir à la reproduction de l'espèce. Ces poules, débarrassées du soin de couver et de conduire leurs petits, libres et rendues à elles-mêmes, emploieront les cinquante jours au moins que ces deux fonctions prennent sur leur ponte à faire de suite vingt à trente œufs, plus ou moins, selon le degré de force qu'elles ont pour y pourvoir.

La dinde, naturellement patiente et excellente couveuse, a souvent l'emploi de couver des œufs étrangers aux siens. L'ampleur de son corsage lui donne la faculté d'en embrasser une plus grande quantité que les poules ordinaires, de réchauffer les petits sous ses ailes. Ce moyen, pratiqué maintenant avec succès, répond en même temps à cette objection, savoir, que les femelles ne vouloient couver que leurs propres œufs, et qu'il n'y avoit que ceux-là qui donnoient beaucoup d'élèves.

On sait en effet que la poule d'Inde, après avoir terminé sa ponte, peut couver les œufs de cane, d'oie et de poules ordinaires, en observant que les deux premiers étant quatre semaines à éclore, et ceux des poules trois, il faut par conséquent mettre ces derniers huit jours plus tard sous la mère, afin qu'ils éclosent à peu près le même jour; mais on remarque que ces mêmes œufs ne réussissent pas constamment, vu qu'étant de grosseur inégale et ayant la coque plus ou moins épaisse et dure, ils reçoivent difficilement le même degré de chaleur; d'ailleurs, les diverses affections et allures des petits troublent la tranquillité de la mère. Tout prouve qu'il vaut mieux ne lui donner qu'une seule et même espèce d'œufs.

Dans une ferme où l'on veut élever beaucoup de volaille sans embarras, comme sans frais, il y auroit un grand bénéfice d'entretenir trois à quatre poules d'Inde exprès pour couver, d'autant mieux que leur ponte, qui commence et finit de bonne heure, permettroit de leur confier les œufs de poules ordinaires, donneroit à celles-ci la faculté de faire plus d'œufs, d'où résulteroient des poussins dont l'éducation deviendroit d'autant plus facile qu'ils seroient nés dans la saison la plus favorable à leur développement. Il est parfaitement inutile que les cultivateurs qui désirent avoir une grande quantité d'œufs et de poules cherchent à mettre en usage un procédé plus simple et plus économique.

7. 15

Un autre profit qu'on retireroit du secours de plusieurs dindes dans une ferme, c'est de pouvoir en mettre couver deux à la fois, afin que s'il arrive des accidens à l'une d'elles on puisse y remédier en confiant à l'autre les œufs à éclore ou éclos. D'ailleurs les petits étant de la même force ils n'effacent pas les plus foibles. Il est plus facile, plus économique de les élever ainsi en troupes, sous la conduite d'un petit nombre de poules, que de laisser chaque famille à sa mère.

Il résulteroit encore de cette pratique, entre autres avantages, celui de déterminer les femelles à couver une seconde fois des œufs de poules ordinaires, et à donner à une seule dinde la conduite des deux couvées; c'est le moyen de procurer à la moins forte du repos, et d'obtenir plus promptement d'elle une seconde ponte.

Mais lorsque pendant l'incubation il est arrivé des évènemens à la dinde et qu'il s'agit de glisser sous une autre couveuse, soit des œufs, soit des petits, il faut faire en sorte qu'elle ne s'en aperçoive pas, et choisir le soir pour cette intromission, afin que le lendemain les nouveaux introduits paroissent être de la famille ; cette précaution suffit pour substituer d'autres œufs et enlever de dessous les couveuses ceux prêts à éclore ; les poules d'Inde acceptent et couvent les nouveaux œufs qu'on leur donne sans la moindre difficulté, pourvu qu'on ne leur en confie que la quantité qu'elles sont en état de couver de leurs ailes et d'échauffer de leurs corps.

On prétend, à l'égard des deux couvées d'œufs de poules ordinaires que peut faire une dinde, que les femelles qui résultent de ces œufs ne sont pas aptes à couver; l'erreur vient probablement de ce qu'on aura mis à couver de jeunes poules provenant de cette couvaison ; et on sait que si les poulettes pondent plus tôt elles couvent rarement bien ; ce qui a donné lieu au proverbe : *Jeunes poules pour pondre et vieilles pour couver.*

Le second moyen pour se procurer beaucoup d'œufs de poules ordinaires consiste à déterminer un certain nombre de chapons à couver, à supporter la compagnie de quelques poulets, et insensiblement à en conduire jusqu'à quarante ou cinquante.

Comme la véritable économie consiste à n'entretenir aucun animal qu'il ne compense sa nourriture par les services qu'il rend, pour mettre à profit le temps où le coq d'Inde se repose, j'ai essayé de le consacrer à la couvaison, les expériences suivies que j'ai faites m'ont bien prouvé que quand on l'avoit contraint, par tous les stratagèmes connus, à remplir cette fonction, il s'en acquittoit de manière à mériter d'être comparé, pour l'assiduité à rester constamment sur les œufs, à la véritable mère couveuse ; mais dès que les petits paroissent, leurs cris, leurs mouvemens l'effraient ; il les tue ou les abandonne.

Un autre moyen de faire éclore les œufs sans les couvrir de leurs mères, de développer l'embryon qu'ils renferment sans avoir besoin d'employer l'incubation, c'est d'imiter le procédé que le hasard a indiqué et qui se réduit à choisir un local dans lequel les œufs reçoivent la même température que la femelle qui les a pondus, et pendant un temps égal à celui dont ils auroient eu besoin pour éclore sous ses ailes. Cette méthode a donné lieu à un art qui est en usage à la Chine et et sur-tout en Egypte.

Le lecteur qui désireroit connoître cet art en détail le trouvera décrit à l'article *Poulets éclos artificiellement* dans le nouveau Dictionnaire d'Histoire naturelle, où j'ai rapporté en abrégé toutes les méthodes ; Rozier dans son cours complet d'agriculture, au mot *Incubation*, a fait graver un couvoir ou une étuve circulaire propre à remplir cet objet. (PAR.)

INCULTE. On dit qu'un terrain est inculte, soit qu'il n'ait pas été labouré depuis quelques mois, quelques années, soit qu'il s'annonce comme ne l'ayant pas été depuis très longtemps ou jamais. Ce mot est donc extrêmement vague.

Il est des personnes qui croient que tout terrain inculte doit être cultivé et même cultivé en céréales, vignes, etc. C'est une grave erreur, car il ne suffit pas de cultiver, il faut aussi cultiver avec profit ; or il est des natures de terrains, des localités où les dépenses de la culture l'emportent sur les produits. Il faut donc ou les planter en bois ou les laisser en pâturage. L'adage, *qui trop embrasse mal étreint*, s'applique parfaitement à l'agriculture, c'est-à-dire qu'il vaut mieux cultiver peu et bien que beaucoup et mal.

Chaque espèce de plante, chaque espèce d'arbre est appropriée à une nature particulière de sol et à une exposition convenable ; ainsi il n'y a pas à craindre qu'un terrain inculte soit totalement privé de pâturages, ou de bois, lorsque d'ailleurs on ne met pas d'obstacle à la marche de la végétation. Ce qui rend la plupart de ces terrains si nus, c'est qu'on abuse du pâturage qu'ils offrent, que les bestiaux les parcourent sans cesse, et ne laissent point aux plantes la faculté de se reproduire par leurs graines. Or comme ils sont, ainsi que les terrains cultivés, soumis à la loi de l'assolement, lorsque telle espèce meurt pour avoir épuisé la portion du sol où plongent ses racines, il ne se trouve pas de graines d'une autre espèce pour les remplacer.

Mon opinion est donc que tout terrain inculte d'une certaine étendue, sur-tout lorsqu'il appartient à une commune et qu'il est en pâturage, devroit être partagé en plusieurs portions par des clôtures, pour chacune de ces portions être, au bout d'un certain nombre d'années, réservée pendant un printemps et un été, afin de donner de la graine.

On trouvera aux mots JACHÈRES, ASSOLEMENT, ALTERNAT et SUBSTITUTION DE CULTURE, des détails propres à convaincre de l'abus de laisser les terres à blés ou autres céréales incultes tous les trois ou quatre ans.

On verra aux mots LANDES, MARAIS, COMMUNAUX, DÉFRICHEMENT, etc., les moyens de tirer parti de toutes les terres incultes qui méritent l'attention des cultivateurs.

Enfin presque tous les articles de cet ouvrage donnent des notions générales ou particulières propres à guider dans ce cas. J'y renvoie le lecteur. (B.)

INDIGÈNE. Animal ou plante qui se trouve naturellement dans un pays. Ainsi parmi les quadrupèdes le cochon est indigène à la France, parcequ'il y a des cochons sauvages (des sangliers) dans les forêts, tandis que le cheval, qui provient du plateau de la Haute-Tartarie, y est exotique. Il en est de même du canard par rapport à la poule, du pommier par rapport au pêcher, etc.

J'ai fait voir dans un mémoire imprimé à la fin des notes du septième livre de la nouvelle édition du Théâtre d'agriculture d'Olivier de Serres, imprimé chez madame Huzard, que c'est presque entièrement d'animaux et de végétaux exotiques que se compose notre agriculture.

Les animaux exotiques que l'homme s'est assujettis, ainsi que les plantes exotiques qu'il cultive, ne sont pas susceptibles de devenir indigènes, quelque nombreux et bien acclimatés qu'ils soient. Du moins l'expérience prouve que les bœufs, les moutons, les poules, etc., ne sont nulle part devenus sauvages; que les pêchers, les noyers, ne se propagent pas dans les forêts sans y être plantés par la main de l'homme; que le seigle, le froment, l'orge et l'avoine ne subsistent pas plus de trois ans dans les champs où on les abandonne. Si on cite des faits contraires, c'est ou par suite d'une erreur ou pour quelques espèces d'une multiplication extrêmement facile. Ainsi, on croit que le cerisier, que l'histoire nous apprend avoir été apporté de Cérasunte à Rome par Lucullus, est devenu sauvage depuis cette époque dans nos bois, tandis que celui qui s'y trouve, c'est-à-dire le merisier, est une espèce distincte et véritablement indigène. *Voyez* au mot CERISIER. Ainsi il est certain que l'ONAGRE BISANNUEL, originaire de Virginie, est devenu commun dans beaucoup de parties méridionales de l'Europe et s'y propage tout seul; que le PHYTOLACA DÉCANDRE est dans le même cas, la VERGEROLE DU CANADA encore plus, etc.

Un agriculteur ne doit point ignorer quel est le pays natal des végétaux qu'il cultive, car cette connoissance influe sur le mode de leur culture, aussi ai-je eu soin de toujours le noter. (B.)

INDIGOTIER, *Indigofera*, Lin. Genre de plantes exotiques de la diadelphie décandrie de Linnæus et de la famille des LÉGUMINEUSES, qui comprend plus de trente espèces, parmi lesquelles il en est plusieurs dont on retire la fécule durcie et colorante, connue dans le commerce sous le nom d'indigo.

Ces espèces si utiles à la teinture sont les suivantes,

L'INDIGOTIER FRANC, *Indigofera anil*, Linn., le plus répandu et le plus intéressant de tous. Il croît naturellement aux Grandes-Indes, et on le cultive avec beaucoup de succès aux Antilles et dans d'autres parties de l'Amérique. C'est un arbuste de deux ou trois pieds de hauteur, dont la tige est droite, déliée et garnie de menues branches qui, en s'étendant, forment comme une touffe ; elles se garnissent de feuilles alternes, pétiolées, ailées avec impaire, et composées ordinairement de sept ou neuf folioles à peu près égales entre elles, à l'exception de la foliole terminale qui est quelquefois plus grande. Ces feuilles sont unies, douces au toucher, et assez semblables à celles de la luzerne ; mais pour la couleur, la figure, la grandeur et la disposition des folioles sur leur pétiole commun, aucune plante ne ressemble plus à l'*indigotier franc* que le *galega*, appelé en français *rue de chèvre*. Le feuillage de cet indigotier exhale une odeur douce, assez pénétrante, mais peu agréable, et qui a quelques rapports avec celle de la fécule desséchée et bien fabriquée. La saveur de sa feuille approche aussi de celle de la fécule ; elle est mêlée d'une petite amertume piquante répandue dans tout le reste de la plante.

Les fleurs d'un rouge violet très clair et d'une odeur foible, mais assez agréable, viennent aux aisselles des feuilles, en épis assez allongés, mais toujours plus courts que les feuilles. Elles ont une corolle papilionacée et un calice à cinq divisions chargé de petits poils. Elles donnent naissance à des gousses longues d'environ un pouce, qui sont roides, cassantes, arquées ou courbées en faucille, légèrement comprimées, et bordées par la saillie latérale de leurs sutures. Chaque gousse contient cinq à six semences luisantes, très dures, d'un jaune rembruni tirant un peu sur le vert, quelquefois sur le blanc, quand elles ne sont pas bien mûres ; elles ressemblent à de petits cylindres d'une ligne de long et obtusément quadrangulaires.

Cet indigotier donne une fécule qui s'obtient aisément, et qui rend beaucoup à la teinture ; mais le succès de sa plan-

tation est fort incertain. Comme il a une tige tendre et délicate, il est exposé à tous les accidens qui résultent de la nature du terrain, des vicissitudes de l'air et des saisons, et des
attaques des chenilles ou autres insectes.

L'INDIGOTIER DES INDES, *Indigofera Indica*, Lin. Celui-ci
a beaucoup de rapports avec le précédent. On le trouve à l'Ile-
de-France, à Madagascar, au Malabar, dans les lieux incultes, pierreux ou sablonneux, où il croît naturellement. Il
est cultivé dans ces pays pour sa fécule. Il s'élève à trois pieds,
et diffère de l'indigotier franc par ses fruits plus cylindriques,
non courbés en faucille, et à sutures moins relevées. Ses feuilles
ont onze ou treize folioles ovales; ses épis de fleurs sont courts
et ses gousses menues, d'un rouge brun, pendantes et longues de quinze à dix-huit lignes.

L'INDIGOTIER GLAUQUE, *Indigofera glauca*, Lin. On trouve
et on cultive cette espèce dans l'Arabie, en Égypte, et sur la
côte de Barbarie. Sa tige est haute de deux ou trois pieds, droite,
blanche, tantôt simple, tantôt rameuse, et revêtue d'un petit
duvet; elle porte deux sortes de feuilles, les unes inférieures
et ternées, les autres supérieures et composées de cinq ou
sept folioles ovales, glauques et argentées sur les deux sur-
faces. Les fleurs de couleur purpurine ont un calice très court
et cotonneux. Les gousses sont articulées.

L'INDIGOTIER BATARD. Est-ce une espèce particulière? Est-
ce une variété de l'une des espèces décrites ci-dessus? C'est ce
que je ne saurois dire. On le cultive dans plusieurs Antilles,
principalement à Saint-Domingue, où on le mêle quelquefois
dans les champs avec l'indigotier franc. Il est plus élevé que
ce dernier, et parviendroit jusqu'à la hauteur de cinq à six
pieds, si on ne l'arrêtoit pas avant qu'il ait acquis sa grandeur
naturelle; sa feuille est plus longue, plus étroite, moins
épaisse, d'un vert plus clair, et blanchâtre en dessous : elle
est rude au toucher; ses gousses sont jaunes, plus arquées que
celles de l'indigotier franc; elles contiennent des graines
noires, luisantes comme de la poudre à tirer, et de la forme
de petits cylindres. Quand ces graines ne sont pas entièrement
mûres, leur couleur est verdâtre. L'indigotier bâtard résiste
beaucoup plus aux pluies et aux insectes que le franc; il vient
d'ailleurs par-tout et en tout temps. Cependant on cultive de
préférence à Saint-Domingue l'indigotier franc, parceque le
grain de sa fécule est plus gros et son indigo plus beau et d'une
fabrication plus aisée. Le mélange des deux espèces produit un
grain ferme, de bonne grosseur et d'excellente qualité.

L'INDIGOTIER DE GUATIMALA, qui est vraisemblablement
originaire de la côte espagnole de ce nom, a beaucoup de

ressemblance avec l'indigotier bâtard , auquel il se trouve souvent mêlé ; on l'en distingueroit à peine sans sa graine dont la couleur est d'un rouge brun. Il est moins productif.

I. CULTURE DE L'INDIGOTIER.

Dans la plupart des colonies européennes de l'Amérique, principalement aux Antilles, on cultive beaucoup l'indigotier, qui est connu dans ces pays sous la dénomination simple d'*indigo*. De grandes plantations sont exclusivement consacrées à cette culture, que l'on suit avec quelque soin , mais qui cependant est bien loin d'être portée au degré de perfection dont elle seroit susceptible. Elle donne de grands profits ; elle a l'avantage d'exiger peu de dépense et de bâtimens ; et on peut s'y livrer dans tout établissement, grand ou petit, tandis que la culture de la canne à sucre ne peut avoir lieu que sur des propriétés d'une étendue considérable. Mais les revenus que promet la plante indigofère sont toujours incertains ; le planteur ne peut y compter que lorsqu'il a coupé son herbe ; tant qu'elle est sur pied , elle peut être entièrement détruite en un seul jour par les chenilles. Le moment de récolter doit donc être saisi à propos, comme nous le dirons tout à l'heure. Il importe aussi beaucoup d'employer, pendant la croissance de la plante, et sur-tout à l'époque où elle approche de sa maturité , tous les moyens possibles pour la garantir des insectes dévastateurs ou pour diminuer au moins leur ravage. Ils ne sont pas le seul obstacle au succès de ces sortes de plantations. Comme l'indigo est tendre et très sensible aux différentes influences de l'atmosphère , les pluies trop continuées le lavent et le pourrissent, si l'eau sur-tout n'a pas pu s'écouler facilement, et les vents brûlans le font sécher sur pied. Cette plante étant d'ailleurs peu élevée, les mauvaises herbes, qui croissent souvent plus vite qu'elle, l'étouffent , si on n'a point sarclé le terrain assez tôt. Malgré ces contrariétés qui exercent chaque année la patience du planteur, il n'est point rebuté. L'espoir d'une récolte abondante qui peut le dédommager des pertes antérieures soutient son courage, et lui fait recommencer , s'il le faut, ses ensemencemens jusqu'à deux et trois fois.

L'indigo ou indigotier réussit très bien dans les terrains nouvellement défrichés. Le colon fonde sur-tout sa richesse et la sûreté de ses revenus sur la quantité de bois qu'il peut abattre chaque année , ou au moins tous les trois ou quatre ans ; cependant il ne néglige pas les terrains anciennement cultivés, mais il n'en attend pas le même produit. L'expérience lui a appris que cet arbuste épuise la terre, ou plutôt que cette terre perd bientôt la plus grande partie de ses sucs nourriciers, parcequ'elle est exposée nue aux ardeurs brûlantes du soleil avant l'époque des ensemencemens et dans l'intervalle d'une récolte à l'autre, ce qui la dessèche et la réduit en poudre fine que le vent emporte. Au lieu de la couvrir et de la fumer, il se contente de laisser quelquefois pourrir les vieilles souches d'indigo sur le sol, sans s'occuper de l'amender. Rien pourtant ne seroit plus facile dans un pays où les campagnes produisent en abondance toutes sortes d'herbes, et où les chevaux, les bœufs et les moutons sont toutes les nuits parqués en plein air ; leur litière seroit plus que suffisante pour améliorer une terre qui se détériore chaque jour, ou pour lui rendre au moins une partie de sa première vigueur.

La plupart des indigoteries (on nomme ainsi les plantations à indigo (1)) sont situées dans des plaines dont la terre est trop forte ou trop légère pour la canne à sucre. Dans un terrain fort, l'indigo souffre plus de la fréquence des pluies ; ses feuilles sont plus larges et en apparence plus nourries, mais elles contiennent, relativement à leur volume et à leur grandeur, beaucoup moins de parties colorantes. Dans un terrain médiocrement léger, cette plante demande à être plus arrosée ; elle semble avoir moins de force, mais son herbe donne proportionnellement plus de fécule. Les terrains en pente ne sont point convenables à sa culture, par les raisons que nous avons dites tout à l'heure. La nudité du sol, dans ces sortes de terrains, ne donneroit pas seulement prise au vent, mais encore aux eaux pluviales qui enlèveroient et entraîneroient plus aisément les premières couches végétales qui composent sa surface. Si cet arbuste pouvoit toujours être cultivé dans des vallées assez étendues, et abritées par des montagnes qui pussent le garantir également et des vents trop forts et de la trop grande ardeur du soleil, il se trouveroit dans l'exposition la plus favorable à sa nature.

Quelques auteurs français qui ont parlé de la culture de l'indigo conseillent l'usage de la charrue. En creusant assez profondément le sol, disent-ils, et en le retournant, elle placeroit à sa surface une terre nouvelle, dans laquelle la plante prospèreroit mieux. Cette méthode pourroit être utile sans doute dans un terrain très substantiel et qui auroit besoin d'être ameubli ; mais appliquée à un sol léger, quoique riche, elle seroit détestable, et ne feroit que hâter l'épuisement qu'on a intérêt de prévenir. D'ailleurs l'indigo, ayant pour princi-

---

(1) On donne aussi ce nom à l'usine qui sert à la fabrication de la denrée, comme on appelle indigotier le noir ou l'ouvrier spécialement chargé de suivre cette fabrication.

pale racine un pivot assez long , a déjà pompé une partie des sucs de la terre inférieure que le soc de la charrue mettroit à découvert. Aussi , tout bien considéré, la culture à la houe me semble préférable dans la plupart des terrains, à moins qu'on ne se serve d'une charrue très légère, et qu'on ne laboure que rarement. Les engrais bien entendus , et préparés sur-tout de manière qu'ils ne puissent recéler aucun œuf d'insectes, sont le meilleur moyen de maintenir la fertilité du sol destiné à la plantation de l'indigo.

§. 1. *Préparation du terrain , ensemencement, sarclage , arrosage.* Le colon, toujours pressé de jouir et de faire promptement du revenu, ne se donne pas souvent la peine de préparer convenablement le terrain qu'il destine à la culture de l'indigo. Si ce terrain est boisé ou en friche , il abat les arbres et arbustes qui le couvrent, et dont il tire un médiocre parti , il enlève les broussailles, arrache les mauvaises herbes, fait de tout cela plusieurs monceaux auxquels il met le feu , et après avoir labouré légèrement le sol à la houe , et y avoir passé le râteau ou *rabot*, il sème l'indigo au milieu des nombreuses souches , soit enracinées, soit déracinées dont le terrain est encore rempli. Ces souches pourrissent , il est vrai, à la longue, ou sont enlevées peu à peu les années suivantes; mais en attendant elles servent de retraite à une foule d'insectes nuisibles à l'indigo ; et celles qui ont conservé leurs racines poussent des rejetons qui embarrassent la plante et lui dérobent une partie des sucs nourriciers dont elle a besoin.

Lorsque le terrain est anciennement cultivé et qu'il a porté de l'indigo dans l'année , dès que la dernière coupe a lieu on ne s'occupe guère plus que de la fabrication; le sol est négligé; on ne prend point assez de soins pour le tenir constamment net des mauvaises herbes, qui , poussant en abondance et produisant des graines, rendent les sarclaisons de l'année suivante très pénibles et beaucoup trop fréquentes. Ainsi les travaux des noirs sont multipliés, parcequ'ils ne sont pas réglés à propos : pour vouloir trop gagner on perd beaucoup. Il est vrai que le manque de bras en est souvent la cause , car il en faut beaucoup pour pouvoir seconder en tout temps l'activité de la nature dans un pays où la végétation n'est presque jamais interrompue.

Quoique l'indigo soit une plante vivace et même un arbuste, on est assez dans l'usage de le semer tous les ans. Cependant, lorsque la fin de la saison a été favorable, on conserve quelquefois les souches pour l'année suivante : ces souches alors poussent des rameaux qui se couvrent de feuilles avant que l'indigo venu de semences ait pris de la force ; elles résistent mieux que ce dernier aux vents violens , aux pluies d'orage et à l'ardeur brûlante du soleil, mais elles sont ordinairement moins productives. Comme aucune plante ne souffre plus que celle-ci du voisinage des plantes parasites, on ne doit pas se permettre d'ensemencer avant d'avoir enlevé les vieilles souches, et avant d'avoir purgé entièrement le terrain de toutes les mauvaises herbes. Après cette opération on défonce le sol à une médiocre profondeur, et on le nivelle ensuite avec le *rabot*. On nomme ainsi une des pièces du fond d'un baril à laquelle on adapte un manche de six pieds de longueur ; ce rabot fait l'office d'un râteau.

On peut en général semer l'indigo depuis le mois de novembre jusqu'au mois de mai ; mais l'époque précise de l'ensemencement varie suivant les lieux et les saisons. Dans la partie septentrionale de l'île Saint-Dominique on sème communément vers le mois de novembre ou de décembre, dans le temps des *nords*. On appelle *nords*, dans ce canton de la colonie, les pluies qui tombent alors et qui viennent de ce point de l'horizon : elles sont douces, fines, comme tamisées, et ressemblent à nos petites pluies du mois de mai ; elles durent quelquefois trois ou quatre jours ; elles s'annoncent par divers signes auxquels le planteur ne se trompe guère. Il s'empresse aussitôt de disposer entièrement son terrain qu'il a dû nettoyer, labourer et niveler de bonne heure, et il sème dès que la terre est humectée, ou même auparavant, lorsqu'elle n'est pas trop légère. Ce travail se fait de la manière suivante :

Les nègres et négresses rangés sur une seule ligne, et munis d'une houe, font ensemble de petites fosses de la largeur de leur houe et de deux pouces environ de profondeur. Un coup de houe suffit pour chaque fosse. Ils marchent à reculons et de biais, allant alternativement de droite à gauche et de gauche à droite. Pendant ce temps, d'autres placés devant eux, sèment à la main la graine qui est contenue dans des moitiés de calebasse ; ils mettent, sans les compter, huit à douze graines dans chaque trou : c'est l'emploi des nègres foibles et des vieillards des deux sexes. Viennent en troisième ligne ceux qui couvrent la graine avec le rabot ou avec des balais faits exprès ; elle est, par ce moyen, semée et enterrée presque au même instant. Elle demande à être plus ou moins recouverte, selon la nature du sol.

Dans d'autres quartiers de l'île où les nords ne sont point connus, et où la saison de l'hiver est très sèche, on ne sème l'indigo qu'en mars et avril, époque à laquelle commencent les pluies d'orage ; car c'est toujours l'arrivée ou l'attente certaine de la pluie qui doit régler le temps de l'ensemencement, à moins qu'on n'ait la faculté d'arroser. Le colon qui jouit de cet avantage peut en quelque sorte intervertir pour lui l'ordre des saisons, et semer presqu'en même temps, pourvu qu'il combine son travail de manière que la première coupe de l'indigo ait lieu dans un des mois les plus chauds de l'année. Soit que l'arrosage se fasse par irrigation ou infiltration, il doit être ménagé et conduit avec art, afin que la plante naissante ou adulte ne soit pas forcée de recevoir ou de garder trop long-temps une humidité surabondante qui, pourrissant sa tige, la feroit infailliblement périr.

Il y a des établissemens et des circonstances où l'on est obligé de planter (1) à sec : c'est sur-tout lorsque la quantité de terre consacrée à l'indigo est considérable qu'on prend ce parti. On devance alors la pluie ; mais on ne doit jamais risquer cette façon de planter que dans les temps qui annoncent une pluie prochaine. Lorsqu'elle arrive, l'habitant a la satisfaction de voir lever la première graine dans le moment même où il peut en mettre d'autre en terre, et les intervalles qui s'établissent ensuite entre les coupes de ces indigos semés en différens temps en rendent la récolte moins pénible. Mais aussi, lorsque la sécheresse trompe ses espérances, la graine qu'il a confiée imprudemment au sol s'échauffe, la chaleur la racornit, et il risque de la perdre entièrement. Il lui reste alors la ressource de semer de nouveau.

La distance entre les petites fosses qui reçoivent la graine d'indigo doit être de six à sept pouces. Lorsque cette graine est bien mûre, et lorsqu'une pluie convenable favorise les semis, elle lève communément au bout de trois ou quatre jours ; mais si elle n'étoit point arrivée à sa parfaite maturité quand on l'a cueillie, elle ne pousse alors que huit ou dix jours après avoir été semée, quelquefois plus tard, et jamais toute à la fois.

Dès que la plante se montre, et que la surface du terrain, considérée horizontalement, présente à l'œil un léger tapis de verdure, on doit s'empresser de le sarcler ; et cette opération, qui est très importante, doit être répétée avec soin tous les quinze ou vingt jours, jusqu'à ce que l'indigo soit assez haut pour ombrager le sol et étouffer au moins en partie les autres herbes qui voudroient repousser. Ces sarclaisons se font de la même manière à peu près que celles du lin parmi nous. Chaque nègre penché vers la terre, et muni d'une espèce de couteau courbé en faucille, déracine et enlève les herbes parasites, en ménageant avec la plus grande attention les racines et la jeune tige de la plante qui fait l'objet particulier de ses soins. Plus

---

(1) J'emploie ici ce mot dans l'acception qu'on lui donne communément dans nos colonies, où il signifie *semer*.

les sarclaisons sont fréquentes, quand elles sont faites en temps
utile, plus le cultivateur peut compter sur un produit abondant et de bonne qualité. Celui qui les néglige, ou par insouciance ou faute de bras, doit s'attendre à couper moins d'indigo et à n'en retirer qu'une fécule d'une qualité inférieure ;
car l'indigo qui n'a pas été soigneusement sarclé présente à la
fabrication des difficultés auxquelles on ne devoit pas s'attendre d'après son apparence. Elles viennent de ce que beaucoup d'herbes étrangères à la plante indigofère ont été coupées et portées avec elle dans la cuve. Or ces herbes donnent,
par la fermentation, un jus hétérogène, lequel dérange tous
les signes de la fabrication, et empêche par son interposition
le développement et la réunion des parties essentielles et colorantes de l'indigo.

Les indigoteries qui se trouvent dans le voisinage d'une petite rivière ou de quelque ruisseau sont les plus heureusement
situées, quand toutefois le planteur a la liberté et le talent
d'en détourner les eaux à son profit. Alors sa plantation ne
souffre jamais de la sécheresse ; l'indigo qu'il a semé lève également ; il croit avec rapidité ; et son herbe, plus étoffée et
mieux nourrie, arrive plus tôt au degré de maturité requis
pour être coupée. Après la coupe, les souches repoussent vigoureusement et tout de suite, de sorte que si les travaux de la
saison ont été dirigés convenablement, et les arrosages faits à
propos, on peut gagner une coupe dans l'année, ce qui est
beaucoup, sur-tout quand les premières ont toutes été abondantes.

Le voisinage des eaux et le libre emploi qu'on en peut faire
présentent encore d'autres avantages au planteur. Il faut
beaucoup d'eau pour fabriquer l'indigo. Dans la plupart des
habitations on se sert d'eau de puits, qui est presque toujours
saumâtre ou crue, et ce n'est qu'à force de bras qu'on peut
s'en procurer une grande quantité ; au lieu qu'un filet d'eau
courante qui arrive par un canal fait exprès jusqu'à l'usine
destinée à la fabrication de l'indigo rend cette fabrication
moins pénible. D'ailleurs cette eau, en entrant dans la première cuve, a le degré de température convenable à l'objet
qu'on se propose. Enfin on peut en détourner une partie pour
mettre en jeu les machines à battre l'indigo, au lieu d'employer toujours à ce battage les bras des noirs.

§. 2. *Saisons et circonstances contraires à l'indigo : insectes
nuisibles à cette plante.* La sécheresse, les vents brûlans ou
impétueux, les coups de soleil dans les intervalles des grains
de pluie, les pluies trop fortes ou trop prolongées, nuisent beaucoup au succès de l'indigo. Il a sur-tout à redouter les chenilles et plusieurs autres insectes.

La sécheresse seule fait le plus grand mal à cette plante : elle arrête ou ralentit sa croissance, et s'oppose toujours à son entier développement. Les feuilles qu'elle produit alors sont maigres et dépourvues de sucs ; son fanage est rare et peu abondant ; et quand sa souche en est dépouillée, elle languit long-temps avant de pousser de nouveaux bourgeons. Aussi le colon qui n'a pas la faculté d'arroser artificiellement sa plantation soupire-t-il sans cesse après les eaux du ciel, qui est trop souvent d'airain pour lui, sur-tout quand il habite les bords de la mer, où il pleut plus rarement que dans les lieux voisins des montagnes.

Les vents brûlans ajoutent encore au mal que fait la sécheresse ; et, quand ils sont impétueux, ils froissent, agitent et secouent en tout sens l'indigo, de manière qu'il n'est pas un de ses rameaux, pas une de ses feuilles, pour ainsi dire, qui puissent se garantir des funestes impressions de l'air.

S'il tombe enfin de la pluie, il renaît un moment, mais il est exposé alors à de nouveaux dangers. Lorsqu'après un grain de pluie il survient tout à coup un soleil chaud, l'indigo, imbibé d'eau, est sujet à être brûlé par les rayons du soleil. On appelle cet accident *le brûlage*. Ses rameaux s'inclinent alors contre terre, se fanent et se dessèchent.

Les pluies répétées ou trop prolongées le font croître rapidement ; mais elles lavent et abreuvent trop son feuillage, hâtent trop sa floraison, et l'on est obligé de le couper avant que ses sucs essentiels aient eu le temps de s'élaborer. Les fortes pluies, les orages violens l'affaissent et le déracinent quelquefois en emportant la terre qui chausse son pied. Mais ici le mal est souvent compensé par un avantage : ces pluies mêmes qui tombent comme par torrens, et qu'on appelle dans le pays *avalasses*, entraînent et détruisent une foule d'insectes toujours prêts à dévorer la feuille de l'indigo. Car il n'est pas, que je sache, une plante en Europe ou en Amérique qui soit par sa nature, ou peut-être par les circonstances locales, plus exposée que celle-ci aux ravages de ces animaux. Trois espèces d'insectes principalement lui font la guerre.

La première espèce ressemble à une chenille, et se nomme dans le pays *ver brûlant*. Il forme une toile à l'instar de celle des araignées ; cette toile se charge de la rosée de la nuit, et lorsque le soleil paroît sur l'horizon, ses rayons réunis dans ces goutelettes, qui font l'office d'une loupe, brûlent les jeunes tiges.

Le second insecte, ennemi juré de l'indigo, est le *rouleux* ; il est sur-tout fort commun dans les temps de sécheresse ; il attaque particulièrement les rejetons, ronge le pied de la plante, et en dévore les bourgeons à mesure qu'ils repoussent. Cet insecte se tient caché dans la terre pendant le jour ; il en sort la nuit et recommence ses dégâts, qui malheureusement ont lieu pendant la plus belle saison pour la récolte de l'indigo.

Lorsque cette plante, dans le cours de sa croissance, a eu le bonheur d'échapper au *ver brûlant* et au *rouleux*, souvent, à l'époque voisine de sa maturité, et quand, par la force de sa végétation, elle flatte le planteur de l'espoir d'une récolte abondante et certaine, tout à coup, et en moins de quarante-huit heures, elle est dévorée en entier par un essaim de chenilles qui la réduisent à l'état de squelette, et font un désert du plus beau champ d'indigo.

On n'a trouvé jusqu'à présent que trois moyens pour prévenir ou arrêter, au moins en partie, le mal affreux que font ces insectes dévastateurs, encore chacun de ces moyens est-il imparfait, et remplit-il assez foiblement l'objet qu'on se propose.

Le premier consiste à ouvrir de larges tranchées d'un champ à l'autre, pour intercepter toute communication entre la partie infectée et celle qui ne l'est pas. Ce moyen est dispendieux ; il n'arrête presque point le mal ; et pendant neuf ans que j'ai cultivé l'indigotier, entouré de planteurs qui s'occupoient exclusivement de la même culture, je n'ai jamais vu qu'aucun de mes voisins se soit applaudi de l'avoir employé.

Le second moyen, qui est le plus sûr et le plus simple, c'est de couper bien vite l'indigo, quand on s'aperçoit que la chenille va s'en emparer, pourvu cependant qu'il ait acquis un premier degré de maturité ; car, sans cette condition, où seroit l'avantage de le soustraire, à la hâte et à grands frais, à la voracité des insectes pour le faire fermenter dans une cuve, si, après tout ce travail, il ne devoit rendre aucune ou presque point de fécule colorante. A la vérité, c'est ordinairement à l'époque où l'indigo commence à être assez mûr qu'il est attaqué par les chenilles. Mais que de moissonneurs alors ne faudroit-il pas pour aller aussi vite qu'elles ! Le nombre des bras est déterminé, et les chenilles sont innombrables. Voilà pourquoi on a cherché les moyens de prévenir de bonne heure leurs dégâts.

Dans cette vue, j'ai souvent employé la méthode suivante, et qui m'a toujours réussi, quand le nombre des chenilles n'étoit pas trop considérable. J'avois en tout temps chez moi une troupe de dindons que je tenois dans un lieu fermé, mais aéré, et auxquels je faisois donner fort peu de nourriture. Ces animaux sont friands de chenilles. Dès que ma plantation en étoit menacée, avant d'attendre qu'elles y fussent en force, j'y faisois lâcher les dindons conduits et dirigés par de jeunes nègres. En deux ou trois jours ils purgeoient le terrain des insectes. Je recommençois la chasse toutes les fois que les circonstances l'exigeoient. J'ai connu un habitant du Port-au-Prince qui, au lieu de dindons, employoit avec plus de succès, à la même chasse, une meute de cochons qu'il tenoit toujours affamés exprès. Ces animaux mangeoient avec avidité les chenilles qu'ils faisoient tomber en secouant la plante avec leur groin. Cependant ce ne sont que les chenilles d'une certaine grosseur qui sont ordinairement dévorées par les cochons ; les petites restent, sans compter celles qui éclosent chaque jour. Pour détruire celles-ci les dindons valent mieux. Si ces moyens ne préviennent pas entièrement le mal, ils donnent au moins quelque répit au planteur, et lui permettent d'attendre sans risque le moment où son herbe est bonne à couper.

§. 3. *Coupe de l'indigo.* On cultive la plupart des autres plantes pour leurs fleurs ou leurs fruits. Mais dans la plante indigofère, c'est la feuille qui est l'objet de la culture et de la récolte ; c'est elle qui recèle les parties colorantes qu'on doit en extraire au moyen de la fermentation. Il faut donc choisir pour la cueillir le moment précis où elle contient un plus grand nombre de ces parties. Ce moment est celui où l'indigo est prêt à fleurir. Si on attendoit plus tard, toute la sève se porteroit à la fleur ou au fruit, la feuille perdroit de sa substance et de son moelleux, elle se dessècheroit insensiblement, et ne rendroit à la fabrication qu'une fécule claire et peu abondante. Aussi, dans les climats qui conviennent à l'indigo, on le coupe ordinairement deux mois ou deux mois et demi, quelquefois trois mois après qu'il a été semé. Quand c'est de l'*indigo bâtard*, il est bon de prévenir le temps où il entre en fleurs. L'*indigo franc* se coupe quand il commence à fleurir ; aussi lorsqu'on les mêle, ce qui arrive quelquefois, c'est la floraison du franc, laquelle devance celle de l'autre, qui décide la coupe. Outre l'apparition de la fleur, plusieurs signes concourent à marquer le point de maturité convenable. Les feuilles ont alors une couleur vive et foncée ; elles crient et se cassent aisément quand, en les pressant un peu, on coule la main de bas en haut.

On n'est pas toujours maître de choisir pour la coupe le temps le plus convenable. Quand l'herbe est mûre, et sur-tout quand les chenilles la menacent, il faut se hâter de la récolter. On emploie à cet effet des faucilles bien tranchantes. On n'attaque la tige qu'à un pouce et demi ou deux pouces audessus de la terre. Elle produit des rejetons qui sont coupés à leur tour six ou sept semaines après, et cette seconde coupe est suivie d'une ou de plusieurs autres, jusqu'à ce que la plante dégénère, c'est-à-dire jusqu'à la fin de la seconde année dans les terres neuves et riches, et jusqu'à la fin de la première dans les terrains médiocres et usés. Après avoir séparé les rameaux de la souche, on jette le fanage sur des toiles nommées *balandras*, qui ont une forme carrée, et qu'on noue par les quatre coins. C'est ainsi que l'indigo est porté en paquets près des cuves, soit sur la tête des nègres, soit dans de petites charrettes. On doit le plus qu'il est possible en hâter le transport à l'indigoterie, et ne pas trop presser et fouler l'herbe dans le *balandras*, parceque cette plante est si disposée à fermenter, que pour peu qu'on différât, la fermentation s'établiroit avant que l'indigo pût être mis dans la cuve. Or, un commencement de fermentation hors la cuve fait perdre beaucoup de parties colorantes, et nuit à leur qualité.

II. FABRICATION DE L'INDIGO.

Les procédés les plus généralement suivis pour obtenir la fécule de l'indigo sont la fermentation et le battage. Par la fermentation les molécules colorantes de l'indigo sont détachées de ses feuilles et suspendues dans l'eau. Le battage a pour objet de rassembler ces molécules, et d'en former un grain, qui est l'élément de la fécule. Pour ces deux opérations, il faut une usine particulière et des ustensiles que je vais faire connoître.

§. 1. *Disposition de l'usine appelée indigoterie; cuves, ustensiles.* Chaque indigoterie est composée de trois cuves construites l'une au-dessous de l'autre et jointes ensemble; elles sont disposées de manière que l'eau dont on remplit la première peut être écoulée par des robinets dans la seconde, de la seconde dans la troisième, et de la troisième au dehors. La plus élevée porte le nom de *trempoire* ou *pourriture*. parceque c'est dans cette cuve qu'on fait macérer et fermenter l'herbe. La seconde s'appelle *batterie*, parcequ'après y avoir fait passer l'eau de la pourriture qui s'est chargée des parties colorantes de la plante, on bat cette eau pour en détacher le grain. La troisième cuve ne forme qu'une sorte d'enclos nommé *reposoir*. Au bas du mur qui sépare cet enclos de la seconde cuve, est un petit bassin creusé dans le plan du reposoir au-dessus du niveau du fond de la batterie, et destiné à recevoir la fécule qui en sort. Ce petit vaisseau se nomme *bassinot* ou *diablotin*; il est rond ou ovale, et muni d'un rebord qui empêche l'eau du fond du reposoir d'y refluer; à son fond se trouve une fossette ronde et large comme le creux d'un chapeau, dans laquelle on puise avec un fragment de calebasse le reste de la fécule qui y tombe naturellement lorsqu'on vide le diablotin.

Le fond de ces trois grands vaisseaux est plat, avec une pente d'environ deux ou trois pouces, pour faciliter l'écoulement.

Le premier a une bonde avec son dalot de trois pouces de
diamètre. La bonde du second vaisseau est perpendiculaire au
bassinot, et reçoit trois robinets élevés de quatre pouces les
uns au-dessus des autres ; les deux supérieurs servent à écouler en deux reprises l'eau qui surnage la fécule après le battage. Le troisième est destiné à l'écoulement de la fécule même
déposée au fond de la batterie, au niveau duquel ce robinet
doit être et même tant soit peu plus bas. Le plan du fond du
troisième grand vaisseau, au lieu de bonde, a une ouverture
au pied du mur, d'environ six pouces en carré, toujours libre,
qui répond à un canal de décharge nommé la *vide*. Le diablotin et la fossette qui est à son fond n'ont besoin d'aucune issue,
parcequ'on en retire toute la fécule par leur ouverture. Les
bondes doivent être de bois incorruptible, équarries et placées
dans le courant de la maçonnerie. Leur hauteur et largeur
sont proportionnées à la quantité et à la largeur des trous
qu'on y fait, et leur longueur se mesure sur l'épaisseur du
mur.

Les habitations où l'on cultive l'indigo ont, suivant leur
étendue, plusieurs usines semblables, rapprochées ou éloignées les unes des autres, pour la commodité de l'exploitation. On les place toujours dans le voisinage de quelque rivière,
de quelque ruisseau ou d'un puits; et on les établit ordinairement sur une butte ou élévation naturelle ou artificielle suffisante à un écoulement qui ne soit sujet à aucun reflux.

La première cuve, ou la trempoire, doit avoir la forme
d'un carré parfait ou un peu oblong. Quand sa longueur est
de dix pieds, on peut lui donner neuf pieds de largeur sur
trois de profondeur. Il seroit désavantageux de faire ce vaisseau trop grand, parceque la fermentation ne pourroit y être
si prompte, ni si égale que dans un vaisseau d'une étendue
médiocre.

Dans la construction du second vaisseau, on doit observer
si son fond peut être placé à trois pieds ou trois pieds et demi
au-dessous du fond du premier, de manière que la *batterie*
a t un écoulement de six pouces au-dessus du plan du reposoir, et que le reposoir ait une décharge convenable dans
quelque fosse ou mare voisine. La batterie doit toujours être
plus longue que large ; on règle ses dimensions et sa capacité
sur le nombre de pieds cubes d'eau que doit contenir la pourriture
lorsqu'elle est remplie d'herbe, et que l'eau est à six pouces
de ses bords. On fait en sorte que le côté le plus étroit de la
batterie se trouve en face de la pourriture, à moins qu'on ne
se propose de faire battre l'indigo dans plusieurs vaisseaux à
la fois par des moulins à eau ou à mulets, ce qui nécessite
une direction toute opposée. Les murs de la batterie sont or-

dinairement garnis d'un rebord en maçonnerie d'un pied et demi ou de deux pieds d'élévation.

Le *reposoir* n'a pas une étendue déterminée. Cependant le mur qui le sépare de la batterie sert communément de mesure à sa longueur pour ce côté-là et pour celui qui le regarde en face : six ou sept pieds suffisent pour chacun des deux autres côtés. La hauteur des murs est d'environ trois pieds et demi à quatre pieds, en comptant le fond du reposoir à six pouces au-dessus du dernier robinet de la batterie. On pratique à l'un des angles de cette enceinte un petit escalier pour y descendre et en sortir à volonté. On donne une profondeur de deux pieds au *diablotin*, y compris la fossette, et une largeur de deux pieds et demi ou un peu plus.

Le fond des cuves et tout ce qui est bâti sous œuvre doit être construit avec le plus grand soin, afin que les sources voisines ou les eaux qui proviennent de l'égout des terres n'y pénètrent pas. Quand toute la maçonnerie est bien sèche, on fait un ciment composé de chaux et de briques pilées ou passées au tamis, dont on enduit exactement tout l'intérieur et les bords des vaisseaux. A mesure que l'ouvrage sèche on le polit.

Lorsque dans une indigoterie on s'aperçoit de quelque fente à une cuve, on pile aussitôt des coquilles de mer; on les réduit en poudre très fine, et en mêlant cette poudre à de la chaux vive pulvérisée, on en fait un ciment dont on bouche la fente, ce qui prévient ou arrête l'écoulement.

Si l'herbe qui trempe dans la pourriture étoit abandonnée à elle-même, en fermentant elle en surpasseroit bientôt les bords. Pour empêcher sa trop grande dilatation, on plante vers les quatre coins extérieurs de cette cuve quatre poteaux appelés *clefs*, élevés d'un pied et demi au-dessus de la maçonnerie, et ayant chacun une longue et large mortaise dans sa partie supérieure. Ces mortaises sont destinées à recevoir des barres qui passent directement de l'une à l'autre clef par-dessus toute la largeur de la pourriture, et posent sur des étançons placés entre elles et un lit de planches ou palissades qu'on dispose au-dessus de l'herbe pour la contenir.

Trois fourches ou courbes de bois, plantées en triangle des deux côtés de la batterie, savoir, deux d'un côté et une au milieu de l'autre bord, servent de chandeliers ou d'appuis au jeu des buquets employés à battre l'eau de cette cuve. Le *buquet* est un instrument composé d'un caisson sans fond, uni à un manche. Ce caisson est formé de l'assemblage de quatre morceaux de fortes planches; il ressemble à une petite crèche ou à un pétrin de boulanger, dont on auroit enlevé la couverture et le fond. Chaque buquet est mû par un nègre qui l'élève ou l'abaisse à volonté au moyen d'un manche assujetti, par une cheville, entre les branches du chandelier placé à hauteur d'appui.

Cette disposition de buquets, quoique la plus simple de toutes, est la plus dispendieuse et la plus imparfaite, parcequ'elle exige l'emploi de trois hommes, et parcequ'il est presque impossible que ces hommes mettent de l'ensemble dans leurs mouvemens, ce qui est pourtant nécessaire à l'égalité du battage. On a imaginé depuis de réunir quatre buquets en croix, fixés à une bascule, qu'un seul nègre peut faire mouvoir au moyen d'une corde attachée à l'extrémité extérieure de la bascule. Quelquefois il faut deux nègres ; mais comme ils agissent à côté l'un de l'autre, et comme ils mettent en jeu le même instrument, l'effet produit alors par les buquets est uniforme. D'ailleurs, ces buquets étant placés au-dessus du milieu de la batterie, vis-à-vis des points assez distans les uns des autres, en tombant dans l'eau, lui impriment un mouvement plus étendu, et qui se communique avec plus de promptitude et d'égalité.

On se sert aussi de moulins pour battre l'*indigo*, les uns mûs par l'eau, les autres par des chevaux. Le mouvement de ces moulins se rapporte à un arbre couché sur le travers de la batterie, lequel est garni de cuillers ou de palettes, qui, en tournant, agitent l'eau. Quelques planteurs, pour éviter les frais d'un moulin, impriment à l'arbre un mouvement de rotation, par le moyen de deux manivelles fixées à ses deux extrémités. Avec un seul moulin on peut battre à la fois plusieurs cuves.

Comme la fécule qui a été reçue dans le *diablotin* est encore remplie de beaucoup d'eau, on la retire de ce vaisseau pour la mettre à s'égoutter dans des sacs d'une bonne toile commune point trop serrée. Ces sacs sont ordinairement longs d'un pied à un pied et demi, carrés ou en pointes par le bas, et larges de sept à huit pouces en haut. On fait des œillets tout près de leur ouverture, et on y passe des cordons, par lesquels on les suspend des deux côtés aux chevilles ou crochets d'un râtelier. Quand ils ne rendent plus d'eau, on les retourne et on verse la fécule, qui est encore molle comme de la vase épaissie, dans des caisses de bois pour l'y faire sécher. Ces caisses doivent avoir environ trois pieds de longueur, un pied et demi de largeur, et deux pouces seulement de profondeur. On les expose sur des établis, dont une partie est en plein air, et l'autre à couvert sous un bâtiment appelé la *sècherie*.

§. 2. *Manipulation de l'indigo.* Il n'est pas indifférent d'employer, dans cette manipulation, toute sorte d'eaux ; elles influent beaucoup, selon leur nature, sur celle de l'indigo. Les plus convenables, quand elles ne sont ni crues ni froides, sont celles des rivières et ravines claires. Les eaux de puits chargées de sels, les eaux des mares, celles qui sont troubles, limoneuses ou corrompues par des matières étrangères ou par des insectes, altèrent la qualité de l'indigo. Celui qui a été fabriqué avec des eaux salines conserve ou attire une humidité qui se développe toujours dès qu'il est renfermé pendant quelque temps. Il est par cette raison, et malgré sa belle apparence, d'une dangereuse acquisition. Il pèse ordinairement plus qu'un autre.

De la fermentation. Lorsqu'on a apporté l'herbe des champs, elle est jetée dans la pourriture, où on l'arrange et l'étend de manière qu'il n'y ait aucun vide, ni aucune masse. Trente ou quarante paquets suffisent pour la cuve dont on a donné les proportions. Quand elle est chargée, on y verse ou on y introduit une quantité d'eau suffisante pour la remplir jusqu'à six pouces des bords. On dispose ensuite les palissades qui sont assujetties par les clefs. L'herbe doit être surmontée par l'eau de trois ou quatre pouces ; mais on a attention de ne pas trop la comprimer, afin de ne pas s'opposer au développement que la fermentation doit occasionner. Elle ne tarde pas à s'établir. Elle s'exécute de la même manière que celle du raisin dans la cuve ; mais elle est plus rapide et plus tumultueuse. On voit s'élever du fond de la pourriture, avec un certain bouillonnement, une grande quantité d'air et de grosses bulles de liqueur, qui, en s'affaissant, teignent la superficie de la cuve d'une couleur verte ; cette couleur devient par degrés extrêmement vive, et se communique bientôt à toute l'eau. Lorsqu'elle est au plus haut degré d'intensité, la surface du vaisseau présente un cuivrage superbe, qui est effacé à son tour par une crème d'un violet très foncé, quoique la masse entière de l'eau reste toujours verte. C'est le moment où la fermentation est dans sa plus grande activité. Des flots d'écume s'élèvent alors et retombent précipitamment dans la cuve. Le bouillonnement est quelquefois si violent, qu'il rompt ou soulève les palissades, et arrache les clefs qui n'ont pas été bien affermies dans la terre. Cette écume est très spiritueuse ; si on y met le feu, il se communique rapidement à toute celle qui suit.

La fermentation dure plus ou moins, suivant les circonstances que j'ai déjà indiquées. Elle développe tous les sucs et les parties propres à former l'indigo. Lorsqu'on veut juger de la disposition de tous ces principes à une union prochaine, on sonde la cuve. L'épreuve se fait avec une tasse d'argent semblable à celle de marchand de vin, dans laquelle on verse une petite quantité d'eau en fermentation ; on la remplit au tiers ou environ. Le dedans de cette tasse doit être très clair, puisque c'est sur ce fond qu'on doit juger de l'état de la cuve ; s'il est crasseux, il fait paroître l'eau embrouillée et différente de ce qu'elle est effectivement, de sorte qu'on s'imagine que l'indigo est trop dissous, tandis qu'il ne l'est pas même assez.

On connoît l'état dans lequel il se trouve par le mouvement de la tasse, dont l'agitation produit à peu près ce que le battage opèreroit en pareil cas dans la seconde cuve, c'est-à-dire que si la matière avoit assez fermenté pour que les parties, ayant les dispositions les plus prochaines à l'union, s'y déterminassent par le battage, il se forme également dans la tasse de petites masses ou grains plus ou moins distincts, suivant la qualité de l'herbe et le degré de la fermentation. Quand le grain est bien formé, il se précipite de lui-même au fond de la tasse, et ne laisse à l'eau qui le surnage qu'une couleur claire et dorée, à peu près semblable à celle de la vieille eau-de-vie de Cognac. On renouvelle cette épreuve plusieurs fois, jusqu'à ce que les mêmes indices se montrent d'une manière très sensible.

On doit sonder la cuve en haut et en bas alternativement, pour connoître mieux son état, et ne pas se laisser tromper par les apparences. Quelquefois l'indigo ne présente qu'un faux grain à la superficie. D'ailleurs l'herbe qui est en bas entre plus tôt en fermentation que celle du dessus, qui reste près de deux heures avant d'être couverte, et, dans les temps pluvieux où l'indigo n'a besoin que de dix ou douze heures de fermentation, le haut de la cuve change si peu qu'à peine y trouveroit-on un grain qu'elle n'a pas la force d'y développer ou d'y soutenir. En général il faut une grande habitude pour bien juger du point parfait de la fermentation. Les saisons et les circonstances le font beaucoup varier. On doit y avoir égard et chercher quelquefois des indices dans la couleur du liquide, lorsque son agitation dans la tasse n'offre qu'un grain imparfait ou qui a de la peine à se former. J'ai eu à Saint-Domingue un nègre indigotier qui, avant de couler sa cuve, en goûtoit toujours l'eau quatre ou cinq fois, sur-tout lorsque les signes ordinaires du degré juste de fermentation lui paroissoient foibles ou équivoques; la saveur particulière qu'il trouvoit à cette eau en étoit un pour lui plus sûr que tous les autres. Jamais il ne se trompoit; et lorsque mes voisins jetoient des cuves à la *vide*, mon indigotier tiroit le meilleur parti de la même herbe, venue et coupée dans le même temps.

Enfin quand on reconnoît, n'importe par quels moyens, que la fermentation est assez avancée et que les atomes colorans commencent à se réunir, on saisit ce moment pour faire écouler toute l'eau qui en est chargée dans la seconde cuve; cette eau est alors d'un vert foncé : une fermentation prolongée au-delà du terme précis feroit tomber les principes

du grain dans une dissolution dont le battage ne pourroit se
relever.

Du battage. L'apprêt que reçoit l'extrait dans la batterie est
l'effet de l'agitation et du bouleversement qu'éprouve l'eau par
la chute des buquets. Ce mouvement prolonge tous les avantages de la fermentation, sans permettre à l'extrait de passer à
la putridité ; il tend à réunir toutes les parties propres à la
composition de l'indigo, lesquelles se rencontrent, s'accrochent
et se concentrent en forme de petites masses plus ou moins
grosses : c'est ce qu'on appelle le grain regardé par les indi-
gotiers comme l'élément de la fécule. L'eau, qui paroissoit d'a-
bord verte, devient insensiblement d'un bleu très foncé, après
avoir été fortement agitée.

Pendant le cours du travail, on jette, à différentes reprises,
un peu d'huile de poisson dans la batterie, pour dissiper l'é-
cume épaisse qui s'élève sous le coup des buquets. La grosseur,
la couleur et le départ plus ou moins prompt de cette écume
servent encore, avec les indices tirés de la tasse, à faire juger
de la qualité de l'herbe, de l'excès ou du défaut de fermentation, et à régler le battage. On doit aussi examiner l'eau ; si
elle est très chargée, elle est suspecte de pourriture. Quand elle
est brune dans le haut, et verte à un pouce plus bas, elle annonce le même défaut. Une cuve, au contraire, qui manque
de pourriture, montre toujours une eau rousse ou d'une couleur
verte tirant sur le jaune.

Le battage ne peut pas être réglé convenablement, si l'indigotier ne s'assure, en battant la cuve, du degré de fermentation en plus ou en moins qu'a subi l'eau dans la pourriture.
Quand il est habile, il s'en instruit avant que le grain soit tout-
à-fait formé, et alors il ménage ou pousse le battage selon
l'excès ou le défaut de pourriture. L'opération doit être continuée jusqu'à ce que le grain se présente dans la tasse d'é-
preuve sous une forme convenable et dont on soit satisfait.
Quand il s'arrondit et se concentre de manière à caler et à
rouler parfaitement au fond de la tasse ; quand il se dégage
bien de son eau, que cette eau paroît nette et claire, qu'elle
offre la couleur que nous avons dite ; quand enfin la tasse inclinée ne laisse voir au fond aucune crasse, c'est alors le moment de cesser le battage. Le battage, poussé trop loin, entraîne la dissolution dans l'eau des parties les plus subtiles de
l'indigo : il produit un effet contraire à celui qu'on en attend.
Le grain qui étoit déjà formé ou prêt à se former se décompose ; il se divise et se perd dans l'eau qu'il rend trouble ; et
cette eau ne dépose, après un long repos, qu'une fécule imparfaite, d'où résulte un indigo mollasse.

Du reposoir et du diablotin. Deux ou trois heures suffisent ordinairement au repos de la cuve, quand rien ne lui manque ; mais il vaut mieux la laisser tranquille pendant quatre heures et même plus long-temps, si l'on n'est pas pressé, afin que le grain le plus léger ait le temps de se déposer.

Des trois robinets que porte la batterie, on n'ouvre d'abord que le premier, pour que l'écoulement n'occasione aucun trouble dans la cuve. Quand toute cette première eau est épuisée, on lâche le second robinet ; l'eau qui s'en échappe doit être, ainsi que la première, d'une couleur claire et ambrée. Ces eaux tombent naturellement dans le diablotin, d'où elles s'écoulent et se perdent dans la campagne par l'ouverture pratiquée au reposoir. On doit leur donner une issue telle qu'elles ne puissent se mêler à aucune autre eau, soit de rivière, de mare ou de ruisseau, parceque'elle la rendroit malsaine, et même dangereuse pour les animaux qui en boiroient.

Après ces deux écoulemens, il reste au fond de la batterie un sédiment d'un bleu presque noir. On écoule encore, autant qu'il est possible, le peu d'eau superflue qui peut s'y trouver, en ouvrant à demi et repoussant à propos le troisième robinet ; enfin on lâche tout-à-fait ce robinet pour recevoir la fécule dans le diablotin, qu'on a eu soin de vider auparavant. Elle ressemble en cet état à une vase fluide ; un panier placé au devant de la bonde intercepte tout ce qui lui est étranger. Au moyen d'une moitié de calebasse on la retire du bassinet, et on la verse dans les sacs dont j'ai parlé. On laisse l'indigo s'y purger jusqu'au lendemain. Quand les sacs, qui doivent être lavés et séchés à chaque fois qu'on en fait usage, ne rendent plus d'eau, on les assemble deux à deux, en suspendant chaque lot aux mêmes chevilles. Cet assemblage le presse et achève d'en exprimer le reste de l'eau.

De la dessiccation. Lorsque la fécule s'est égouttée tout-à-fait, on la coule dans les caisses déjà décrites, qu'on expose en plein air. Elle s'y dessèche insensiblement, et, pénétrée par le soleil, elle se fend comme de la vase qui auroit quelque fermeté. On doit commencer cette opération le soir plutôt que le matin, parceque'une chaleur trop continuelle surprend cette matière, en fait lever la superficie en écailles et la rend raboteuse ; ce qui n'arrive point lorsqu'après trois ou quatre heures de chaleur elle a un intervalle de fraîcheur qui donne le temps à toute la masse de prendre une égale consistance. On passe alors la truelle par dessus, pour en comprimer et rejoindre toutes les parties sans les bouleverser. Quelques personnes imaginent qu'en pétrissant l'indigo dans les caisses, lorsqu'il commence à sécher, cette espèce d'apprêt lui donne de la liaison ; c'est une erreur ; car cette liaison ne dépend uniquement que du juste degré de pourriture et de battage. Une cuve qui pêche par l'un ou par l'autre en fournit la preuve ; alors l'indigo qui en provient s'écrase au moindre choc.

Aussitôt que la fécule ou pâte a acquis un degré de dessiccation convenable, on en polit la surface, et on la divise en petits carreaux qu'on laisse exposés au soleil jusqu'à ce qu'ils se détachent sans peine de la caisse, et paroissent entièrement secs. Dans cet état l'indigo n'est pourtant pas encore marchand : avant de le livrer il faut qu'il ait ressué, si on l'enfutailloit auparavant, on ne trouveroit, au bout de quelque temps, que des fragmens de pâte détériorée et de mauvais débit.

Pour le faire ressuer, on le met en tas dans quelque barrique recouverte de son fond désassemblé, et on l'y laisse environ trois semaines. Pendant ce temps il éprouve une nouvelle fermentation, s'échauffe, rend de grosses gouttes d'eau, jette une vapeur désagréable, et se couvre d'une fleur fine et blanchâtre. Enfin on le découvre, et, sans être exposé davantage à l'air, il sèche une seconde fois en moins de cinq à six jours. Lorsqu'il a passé par ce dernier état, il a toutes les conditions requises pour être mis dans le commerce. Mais il faut le vendre tout de suite, si l'on ne veut pas supporter le déchet auquel il est sujet dans les premiers six mois qui suivent sa fabrication, et qu'on peut évaluer à un dixième et même au-delà.

Dans quelques plantations on le fait sécher à l'ombre dès que les carreaux quittent la caisse. Cette méthode est longue, parcequ'il s'écoule plus de six semaines avant qu'il soit en état de ressuer, mais elle est très favorable à l'indigo, qui en acquiert plus de lustre et une nouvelle liaison ; d'ailleurs il n'éprouve pas dans la suite le même déchet que celui dont la dessiccation s'achève au soleil, et il lui est supérieur en qualité. Cependant la lenteur du dessèchement favorise le ravage des mouches, qui, attirées par l'odeur très forte qu'exhale l'indigo, se jettent sur cette matière, en dévorent autant qu'elles peuvent, et y déposent leurs œufs d'où sortent des vers en moins de quarante-huit heures. Ces vers travaillent à l'abri du soleil dans les intervalles des carreaux ou dans les fentes mêmes de l'indigo, le ramollissent et le chargent d'une humeur glutineuse qui en altère la qualité et cause une perte réelle. Quelquefois on est obligé d'employer les fumigations dans la sécherie, pour en éloigner les mouches, sur-tout lorsque le temps est couvert et disposé à la pluie.

On garantiroit l'indigo des insectes, et on préviendroit la plupart des accidens auxquels il est exposé sur les établis, si, comme dans certains endroits des Grandes-Indes, où on est dans l'usage de le pétrir et de le sécher entièrement à l'ombre, on le mettoit dans des caisses de demi-pouce de haut, et si, après l'avoir séparé par carreaux, on le distribuoit dans d'autres caisses séchées au soleil. Cette pratique exigeroit, il est vrai, un plus grand nombre de caisses, mais elles seroient bientôt libres, parceque l'indigo sècheroit beaucoup plus vite.

Dans nos colonies on met ordinairement l'indigo dans de petites futailles pesant environ deux cents livres ; elles doivent être suffisamment garnies de cercles et sur-tout fermées avec soin par les deux bouts, afin que la poussière qui se détache toujours de l'indigo dans le transport ne puisse s'échapper ni entre les douves ni entre les fonds. Cette manière de l'enfermer est imparfaite et très désavantageuse. Comme il est divisé en petits cubes, il présente beaucoup d'angles et par conséquent des vides nombreux, augmentés encore par le retrait que subissent les pierres en séchant. De là s'ensuit un mouvement qui occasionne la fracture d'une grande quantité de pierres. Les petits grains qui en proviennent trouvent, il est vrai, leur emploi dans la teinture, puisqu'on est obligé de broyer l'indigo pour l'employer. Mais comme les futailles dans lesquelles on le transporte ont une forme ronde, et que, par cette raison, on ne manque pas de les rouler dans les magasins et sur les ports chaque fois qu'elles sont embarquées ou débarquées, il en résulte que la poussière d'indigo produite par le choc des cubes s'échappe entre les douves, souvent mal jointes, ou est salie par la poussière du dehors qui pénètre dans les barriques.

Les habitans de Guatimala mettent leur indigo dans des peaux de boucs. Cette méthode seroit trop dispendieuse dans nos colonies, et peut-être impraticable. Mais ne pourrions-nous pas diviser le nôtre en carrés très minces et beaucoup plus grands, de six pouces de surface par exemple ? On rangeroit aisément ces carrés l'un sur l'autre dans des caisses faites exprès, lesquelles présenteroient un arrimage beaucoup plus commode que les vaisseaux de forme cylindrique.

§. 3. *Noms et qualités des principales sortes d'indigo répandues dans le commerce.* L'indigo marchand est une substance dure, cassante, friable, de couleur bleue, violette ou cuivrée, employée par les teinturiers et pour la peinture en détrempe.

Dans la peinture en détrempe, l'indigo broyé et mêlé avec du blanc, donne une belle couleur bleue ; avec le jaune, il en donne une verte. Si on l'employoit sans mélange, il peindroit en noirâtre. Il n'est pas propre à la peinture à l'huile, parcequ'il se décharge et perd une partie de sa force en séchant. Dans les blanchisseries on s'en sert pour donner une couleur bleuâtre au linge. Mais son emploi le plus général est dans la teinture des étoffes de soie, de laine, de fil et de coton ; mêlé sur-tout avec le vouède (1), et d'autres couleurs et intermèdes, il fournit toutes les sortes de bleu.

On distingue dans le commerce plusieurs espèces d'indigos qui diffèrent par le grain plus ou moins fin, par la couleur plus ou moins vive ou foncée, et par la quantité de parties colorantes rassemblées sous le même volume. Ces indigos sont,

Le *Guatimala*, qui nous vient de la Nouvelle-Espagne, et dont la première qualité est connue sous le nom de *flore*. C'est le plus beau de tous les indigos. Il porte un bleu vif ; sa pierre n'a point d'écorce ; elle offre à sa surface la même nuance que dans son intérieur ; elle est petite, d'une texture rare, et spécifiquement plus légère que l'eau.

L'*indigo de Saint-Domingue*, dont on distingue particulièrement deux sortes, le *bleu* et le *cuivré*. Le premier est celui qui se rapproche le plus du flore, et son bleu est moins franc et tire un peu sur le marron ; sa pierre est plus grosse, recouverte d'une écorce d'un bleu plus ardoisé que l'intérieur, et sa texture est un peu plus compacte. Cependant il surnage ainsi que le flore. Le *cuivré* prend son nom de la couleur de cuivre rouge qu'il présente dans sa cassure ; il a une écorce comme l'autre, et d'un bleu encore plus ardoisé ; il est plus compacte et spécifiquement plus pesant que l'eau. Entre le bleu et le cuivré on fabrique encore à Saint-Domingue deux indigos qui participent plus ou moins des qualités de ces derniers, savoir le *violet* et le *gorge de pigeon*. Celui-ci est ainsi nommé parcequ'il offre à sa surface, quand on le brise, un mélange de plusieurs couleurs ; son éclat approche d'un violet purpurin. Le violet est moins solide, mais il a un peu plus de consistance que le bleu ; tous deux sont supérieurs en qualité au cuivré. Enfin l'indigo *ardoisé* et le *terne picoté de blanc*, composés d'un grain sans liaison, sont regardés dans la même île comme les dernières qualités.

L'*indigo de la Caroline* vient après le cuivré de Saint-Domingue ; il est d'un bleu plus ardoisé à sa surface et intérieurement.

Les signes extérieurs auxquels on reconnoît les différentes qualités d'indigo sont donc la couleur, la texture et la pe-

1) *Vouède* est le nom qu'on donne, dans le commerce, aux coques ou pelottes de pastel employées par les teinturiers. *Voyez* PASTEL.

santeur spécifique. Mais le signe commun à tous et qui distingue cette matière de toute autre substance qu'on voudra lui substituer, est la trace ou l'impression cuivrée que laisse l'ongle en frottant sa surface.

Il vient des deux Indes d'autres espèces d'indigos moins connues, et qui portent communément les noms des lieux où ils sont fabriqués, tels que l'*indigo* de *Java*, l'*indigo* sarquesse, le *Jamaïque*, etc. Il en vient aussi d'Afrique, rapporté par les marchands qui font la traite des nègres. Nous allons faire connoître les différentes manières dont il est préparé dans ces divers pays, et dire un mot sur les climats qui conviennent à cette plante. Nous rechercherons ensuite s'il ne serait pas possible d'en introduire la culture dans les parties les plus méridionales de l'empire français.

III. Climats propres a l'indigotier.

Méthodes particulières de culture et de fabrication suivies dans quelques pays.

On regardoit autrefois en Europe l'indigo comme une espèce naturelle de pierre de l'Inde, ce qui lui fit donner le nom d'*inde*, d'*indic* ou de *pierre indique*. On n'a bien connu sa nature et sa fabrique que depuis la découverte de l'Amérique et les conquêtes des Européens dans les Indes. Cependant avant ces deux époques on en faisoit vraisemblablement en Arabie et en Égypte, ou du moins on en tiroit de ces contrées; mais les habitans en cachoient avec soin l'origine ou la manipulation.

L'indigotier est extrêmement varié dans ses espèces; on le trouve dans des pays et dans des climats très différens. il croit naturellement entre les tropiques, et on peut le cultiver avec succès dans les contrées qui ne sont éloignées de la ligne que de quarante à quarante-trois degrés. Mais au-delà de ces limites il réussit mal et ne donne presque point de fécule, ou n'en donne qu'une imparfaite et de médiocre valeur dans le commerce. J'ai cultivé cette plante à Saint-Domingue pendant plusieurs années, et je me suis convaincu, par un grand nombre d'observations, qu'elle a besoin d'une chaleur forte et soutenue, pour élaborer dans son sein les sucs qui donnent le principe colorant. Un peu de pluie lui est nécessaire, sur-tout dans les premiers temps de sa croissance; mais quand, après cette époque, elle est souvent arrosée, ou quand on est forcé par les circonstances de couper son herbe dans un temps frais ou pluvieux, on n'en obtient que peu d'indigo. Au contraire, lorsqu'il a fait très chaud dans les quinze ou vingt jours qui ont précédé la coupe, cette coupe est très profitable; la fermentation est alors plus égale, le battage plus facile, la fécule plus abondante, et le grain de l'indigo plus fin et plus brillant; d'ailleurs il sèche beaucoup plus vite, et il est rendu plus tôt marchand. Ces avantages ne peuvent avoir lieu que dans des pays d'une température douce, et où la saison qui s'écoule entre deux hivers offre cinq ou six mois au moins d'une chaleur constante et à peu près égale.

L'Asie semble être le pays natal de l'indigotier; il croît dans plusieurs endroits des Indes. L'indigo du territoire de Bagam, d'Indona et de Corsa dans l'Indostan passe pour le meilleur.

La manière de travailler cette plante n'est pas uniforme dans l'Asie, ni quelquefois dans les fabriques d'un même canton. Parmi les diverses méthodes employées, on en remarque deux principales, dont les produits se distinguent par les noms d'*inde* et d'*indigo*. Dans la manipulation de l'*inde*, on ne fait macérer dans l'eau que les feuilles de la plante, au lieu qu'on y met toute l'herbe, à l'exception de la racine, dans la fabrication de l'*indigo*. Outre ces deux procédés fort variés dans leurs circonstances, il y en a encore un autre usité dans les Indes, qui consiste à triturer et humecter des feuilles de l'indigotier, dont on forme une pâte ou espèce de pastel qui porte aussi le nom d'*inde*.

Les habitans de Sarquesse, village à quatre-vingts lieues de Surate et proche d'Amadabat, après avoir coupé cette plante, la dépouillent de tout son feuillage, qu'ils font tremper pendant trente ou trente-cinq heures dans une certaine quantité d'eau. Après cela, pour en retirer la fécule, ils emploient, à quelques différences près, les mêmes procédés suivis dans nos colonies, et que nous devons vraisemblablement aux Indiens.

L'auteur de l'*Herbier d'Amboine* fait mention de deux manières de préparer l'indigo, l'une pratiquée par les Chinois, l'autre en usage aux environs d'Agra.

Les Chinois prennent les tiges et les feuilles de l'herbe verte, quelquefois même les souches et la racine, et ils mettent le tout dans une cuve remplie d'eau suffisante. Après avoir laissé macérer la plante pendant vingt-quatre heures, ils jettent les tiges et les feuilles, et versent dans chaque cuve, trois ou quatre mesures, nommées *gantang*, de chaux fine passée au tamis, qu'ils remuent fortement avec de gros bâtons, jusqu'à ce qu'il s'élève une écume pourprée. Cette opération étant achevée, ils laissent reposer la cuve pendant un jour entier, puis en tirent l'eau, et font sécher au soleil la substance déposée au fond. Pour en faciliter le dessèchement, ils la divisent en gâteaux ou en carreaux, lesquels étant bien secs, forment un *indigo* propre à être transporté.

Voici la méthode suivie à Agra. Après les pluies du mois de juin, et lorsque l'indigotier a atteint la hauteur de trois pieds à trois pieds et demi, on en coupe l'herbe qu'on met dans une tonne remplie d'eau. On la charge d'autant de poids qu'elle en peut porter ; on la laisse dans cet état pendant quelques jours, jusqu'à ce que l'eau ait acquis une forte couleur bleue. Alors on fait passer cette eau chargée des parties colorantes de la plante dans une autre tonne et on l'y agite avec les mains. Quand l'écume indique qu'il convient de cesser l'agitation, on y verse un quarteron d'huile, et on couvre la tonne, jusqu'à ce que toute la partie bleue, qui en cet état ressemble à de la boue, se dépose au fond ; on fait écouler l'eau, on ramasse la fécule, on l'étend sur des draps, et on la fait sécher sur un terrain sablonneux ; mais pendant qu'elle conserve encore une certaine humidité, on en forme, avec la main, des boules qu'on enferme dans un endroit chaud. Cette matière bleue est alors en état d'être vendue. On l'appelle dans l'Indostan *noti*, et chez les Portugais *bariga*. Cet indigo ne tient que le second rang pour la qualité. Celui qu'on retire l'année d'après des rejetons de la plante lui est supérieur : il est nommé *tsjerri* par les Indiens, et *cabeca* par les Portugais. La troisième année on fait encore une coupe, mais qui donne un indigo de basse qualité ; il porte le nom de *sassala* ou de *péé*.

Le *cabeca* est très bleu et d'une couleur très fine ; sa substance est tendre ; elle flotte sur l'eau : elle produit une fumée violette lorsqu'on la met sur des charbons ardens, et laisse peu de cendres. Le *noti* ou *bariga* est d'une couleur tirant sur le rouge, lorsqu'on l'examine au soleil. Le *sassala* ou *péé* est une substance très dure d'une couleur terne.

L'indigotier croît spontanément dans plusieurs contrées de l'Afrique. Il est si abondant sur la côte de Guinée, qu'il nuit au riz et au millet cultivés dans les champs. Quelques teinturiers qui ont essayé de l'indigo d'Afrique assurent qu'il est meilleur que celui de la Caroline ou des Indes-Occidentales. Qu'il soit supérieur à celui de la Caroline, cela peut être ; mais qu'il surpasse en qualité le bel indigo de nos colonies, j'en doute. Le sol et le climat de la côte d'Afrique conviennent, il est vrai, parfaitement à cette plante ; mais les noirs de ces pays ne savent pas fabriquer l'indigo comme ceux de nos îles. A Dahomé, contrée située dans l'intérieur de la Guinée, et où l'indigotier est très commun, les naturels n'en tirent aucun parti.

Les nègres du Sénégal font de l'indigo avec une plante qu'ils appellent *gangue*. Ils arrachent avec la main la sommité des branches, pilent ce feuillage jusqu'à ce qu'il soit réduit en une pâte fine, et en composent de petits pains qu'ils font sécher à l'ombre. A Madagascar, les insulaires préparent leur indigo de la même manière. Quand ils veulent en faire une teinture, ils brisent un des pains, et mettent la poudre avec de l'eau dans des pots de terre, et la font bouillir pendant quelque temps. Ils laissent ensuite refroidir un peu cette teinture, et ils y trempent leur soie et leur coton, qui, étant retirés, deviennent d'un beau bleu foncé.

On cultive depuis long-temps l'indigotier en Egypte. L'indigo s'y trouve même en si grande quantité dans toutes les parties de son territoire (*Mémoire sur l'Egypte*, par Bruguière et Olivier), que son prix ordinaire n'y excède presque jamais 25 à 30 livres tournois par quintal ; il est très inférieur à celui d'Amérique ; il a pourtant plus d'éclat, mais à poids égal, il contient moins de parties colorantes. C'est aux procédés suivis dans sa fabrication, et à l'ignorance des hommes à qui elle est confiée, qu'il faut attribuer sa médiocre qualité.

Je ne doute point que l'indigotier ne réussît également dans toutes les autres contrées qui bordent la Méditerranée, ainsi que dans les îles de l'Archipel. Il a été cultivé à Malte. Bouchard dans la description de cette île, publiée en 1660, parle d'une fabrique d'indigo qui y étoit établie. Il croît à Malte, dit-il, une espèce de *glastim* nommée par les Espagnols *anil*, et que les Arabes et les Maltais appellent *ennir*, d'où l'on tire une teinture. Son herbe est assez tendre la première année, et sa fécule donne une pâte imparfaite et rougeâtre, trop pesante pour se soutenir sur l'eau. Cet indigo porte dans le pays le nom de *nouti* ou *mouti*. Celui de la seconde année s'appelle *cyerce* ou *zarie*. Il est violet, et flotte sur l'eau. L'indigo de la troisième année est le moins estimé ; sa pâte est lourde et sa couleur terne ; on le nomme *cateld*. La plante qui donne ces trois indigos, après avoir été coupée, est mise dans une citerne ; on la charge de pierres, on la couvre d'eau et on la fait macérer quelques jours. Dès que l'eau paroît suffisamment chargée d'extrait colorant, on la fait écouler dans une autre citerne, au fond de laquelle en est une petite : on l'agite fortement avec des bâtons ; puis on la soutire peu à peu, et la fécule qui reste est étendue sur des draps et exposée au soleil. Quand cette substance a pris un peu de fermeté, on en forme des boulettes ou des tablettes qu'on fait sécher sur le sable.

Le docteur Attilio Zuccagni a cultivé l'indigotier en Toscane avec assez de succès. Il a obtenu de six livres d'herbe fraîche six onces de fécule de quatre différens degrés de couleur et de bonté. Ses expériences, commencées en 1780.

ont été répétées par d'autres cultivateurs de ce pays avec un succès égal. On peut en voir les détails et le résultat dans un ouvrage intitulé : *Corsa di Agricultura pratica*, etc., c'est-à-dire, *Cours d'Agriculture pratique* ; chez Pagani, à Florence, tom. 3.

Rozier, dans son *Cours d'Agriculture*, au mot *Anil*, nous apprend qu'il a aussi cultivé cet arbuste près de Lyon. En le semant, dit-il, sur couche de bonne heure, il lève facilement, fleurit, donne sa graine avant l'hiver ; et cette graine, lorsque la saison est chaude, acquiert une bonne maturité. Si cette plante, ajoute-t-il, cultivée à Lyon, dans des pots il est vrai, a bien réussi, pourquoi n'essaieroit-on pas sa culture en grand dans la Basse-Provence, le Bas-Languedoc, et sur-tout en Corse, où la position géographique des lieux offre de si beaux abris ?

Le vœu de Rozier pourroit d'autant mieux s'accomplir aujourd'hui, et les essais qu'il propose seroient d'autant plus faciles, que l'empire français étend ses limites jusqu'à des latitudes favorables à la culture de l'indigotier. Mais je conseillerois de faire tout de suite ces essais en grand, c'est-à-dire non dans des pots ou des serres, mais dans un champ bien exposé et bien préparé : car, en agriculture, le succès d'une plantation circonscrite dans une serre ou dans un jardin n'est pas toujours un indice sûr du succès de cette même plantation faite sur un sol d'une certaine étendue. C'est comme en mécanique, où les petits modèles exécutent fort bien ce que souvent les grandes machines, construites d'après eux, ne sauroient exécuter. En général, dans le rapport des petits objets aux grands, il y a une foule de choses à calculer, qui, si elles échappent à l'œil de l'observateur, donnent lieu à de fausses inductions de sa part et à des assertions plus que douteuses.

Je crois inutile d'entrer dans aucun détail sur les précautions à prendre et sur les pratiques à suivre pour chercher à naturaliser l'indigotier dans les contrées australes de la France. Les cultivateurs instruits qui liront cet article y trouveront (sect. I, *culture de l'indigotier*), les principes sur lesquels ils doivent appuyer leurs essais, et ils sauront sans doute en faire une heureuse application au climat et aux circonstances locales du canton qu'ils habiteront. (D.)

INFERTILITÉ. C'est le contraire de FERTILITÉ. *Voyez* ce mot.

Il est certains terrains qu'on ne peut rendre fertiles sans de telles dépenses, que ce seroit folie de le tenter ; mais en général on peut dire qu'ils sont rares. La plupart de ceux qui sont abandonnés comme incapables de produire des récoltes peuvent être utilisés par des plantations ou des semis de plusieurs sortes. Dès qu'ils offrent une végétation spontanée, ils ne sont pas totalement infertiles; car on peut par des procédés quelconques augmenter le nombre et la beauté des plantes qui y croissent, et c'est une culture. Il est très peu de plantes dont un cultivateur éclairé ne puisse tirer parti.

Il est des causes d'infertilité momentanées, et quelques unes d'elles tiennent à l'excès même de la fertilité. Ainsi les meilleurs engrais, les excrémens humains, les bouzes de vache, la colombine, etc., en masse rendent inapte, pendant un temps plus ou moins long, à la reproduction des végétaux, ainsi qu'il n'est personne qui n'ait été à même de le voir souvent, les lieux qui en sont couverts. Ils brûlent l'herbe, selon l'expression vulgaire. *Voyez* au mot ENGRAIS. Il en est d'autres qui tiennent à l'irrégularité des phénomènes atmosphériques. Trop de pluie pendant l'hiver, trop de sécheresse au printemps produisent l'infertilité.

En général l'excès, sous tous les rapports, produit la diminution ou la perte des récoltes.

Le sujet que je traite pourroit devenir le texte d'après lequel on rédigeroit un volume; mais comme ce qu'il contiendroit se trouve répandu dans les divers articles de cet ouvrage, j'y renvoie le lecteur. (B.)

INFLAMMATION. MÉDECINE VÉTÉRINAIRE. C'est une chaleur contre nature, du sang artériel inhérent. Le cheval, le bœuf, etc., n'en sont attaqués qu'autant que leur sang se porte avec plus de vitesse dans la partie enflammée, et que son retour au cœur se fait avec moins de vitesse par les veines; car il est certain que dans l'inflammation la partie enflammée reçoit plus de sang qu'elle n'en transmet dans les veines; d'où il résulte que celui qu'elle retient s'accumule dans cette partie, la gonfle, l'échauffe, et la rougit.

Cette accumulation se fait principalement dans les petites artères et dans le tissu cellulaire, en suintant à travers les pores de ces petites branches artérielles. La cause de cette transsudation dans les cellulosités est aisée à comprendre. Le sang étant porté avec violence dans les artères de la partie enflammée, et ne trouvant pas une sortie proportionnée aux veines, enfile les pores par lesquels la graisse et la vapeur gélatineuse se répandent naturellement dans les cellules, et suinte par ces pores, parceque la force nouvelle du sang artériel en dilate le calibre, qui, dans son état naturel, n'admettroit pas les globules de sang.

Un autre effet non moins certain de l'inflammation, c'est que tout le corps de l'animal qui en est atteint est en fièvre, ou simplement la partie enflammée ; de sorte que si le mouvement du sang n'est pas accéléré dans tout le corps, on observe toujours que les artères de la partie enflammée battent plus vite et plus fort que dans l'état ordinaire.

Mais comme, parmi les parties qui forment le corps de l'animal, les unes sont internes et les autres externes, nous distinguerons l'inflammation en *interne* et en *externe*.

L'inflammation externe est celle qui a son siège tantôt dans des parties extérieures fixes et déterminées, comme l'avant-cœur, ou anti-cœur, sur le poitrail du cheval, le talpa ou testudo, sur le sommet de la tête de cet animal, l'ophtalmie, etc. ; tantôt dans des parties indéterminées, comme les coups de pieds, de dents, de cornes, les morsures des bêtes venimeuses, les brûlures, le claveau, l'érysipèle.

Toutes ces diverses espèces d'inflammations extérieures se manifestent de différentes manières. Ici le sang se porte sur les vaisseaux de la conjonctive, les surcharge, et les gorge : ailleurs, c'est une tumeur ronde, comme le phlegmon, ou elliptique, comme dans le claveau, ou aplatie, comme dans l'érysipèle. Chacune de ces affections superficielles est accompagnée de chaleur, de tension, de douleur, de pulsation et de rougeur ; tels sont les symptômes qui caractérisent essentiellement l'inflammation qui affecte extérieurement l'animal ; quoique la rougeur en soit un signe semblable, elle n'est néanmoins bien sensible que dans l'inflammation de la conjonctive du palais, etc. ; on l'aperçoit aussi dans les moutons, à la face supérieure et interne de leurs cuisses, ainsi que dans toutes les parties externes du corps des animaux dont le poil est de couleur blanche, ou qui en approche, et dans tous les endroits qui sont dénués de poil.

Le tact indique la chaleur, la tension et la pulsation. La chaleur est d'autant plus forte que le mouvement progressif du sang est plus gêné, et qu'elle est plus aidée par le mouvement intestin.

La tension est l'effet de la pression contre nature du sang qui se porte avec impétuosité dans les vaisseaux de la partie enflammée, et la douleur y existe, tant que la force qui comprime cette partie n'est point ôtée.

Cette force vient de la fréquente pulsation des artères, et celle-ci du déplacement de ces canaux artériels, au moyen duquel ils sont portés, tant que cette force contre nature a lieu avec force vers le doigt qui leur est appliqué.

On peut d'abord mettre au rang des causes qui produisent l'inflammation celles qui commencent par irriter la partie qu'elles attaquent, et à opérer ensuite la stagnation du sang ;

le feu, les caustiques, les vésicatoires, la suppression de la matière de la transpiration, les dépôts de quelque humeur extrêmement âcre, les luxations, les fractures, etc., sont de ce nombre.

Il est d'autres causes de l'inflammation qui peuvent se compliquer avec les précédentes; la différence qui existe entre elles, c'est que celles-ci commencent par la stagnation du sang, et non par irriter la partie qu'elles affectent. Telles sont celles qui produisent d'abord l'inhérence du sang ou l'obstruction des vaisseaux ; mais pour que le fluide soit inhérent, ou qu'il circule plus difficilement dans les vaisseaux de quelques parties, il faut que sa masse augmente au-delà de ce qu'ils en peuvent contenir, ou que leur diamètre diminue.

Or, les causes qui disposent à l'augmentation du sang sont les travaux excessifs auxquels on livre les animaux, l'augmentation des excrétions séreuses, la pléthore. La masse de leur sang augmentera encore, eu égard à la capacité de ces petites branches artérielles; car si plusieurs globules sont poussés avec trop de rapidité, et qu'ils se présentent en même temps à l'embouchure d'un vaisseau qui n'en peut admettre qu'un seul, c'est le cas de la fièvre ; et si ces globules sont trop fortement liés les uns aux autres pour que l'action des petits vaisseaux puisse les désunir, c'est le cas de l'obstruction.

Les causes qui excitent l'inflammation, en diminuant le diamètre des vaisseaux, peuvent provenir de la compression des tentes et des tampons, que des maréchaux inhabiles placent mal à propos dans les plaies, ou de celle qu'éprouvent les vaisseaux qui avoisinent les parties luxées ou fracturées, ou de la compression d'un sang trop abondant qui, en distendant les vaisseaux qui les contiennent, comprime et diminue la capacité de ceux qui les touchent, à mesure qu'ils se distendent.

L'inflammation vient aussi des ligatures trop serrées. On peut citer pour exemple la manière dont les maréchaux saignent les chevaux à la jugulaire ; en effet, leur routine n'a souvent d'autre issue que de faire naître une nouvelle inflammation, lors même qu'ils ont la meilleure volonté de dissiper par la saignée celle qui existe ; car la plupart serrent si fortement le cou du cheval avec leur ficelle, qu'elle comprime et étrangle en même temps toutes les veines qui apportent continuellement le sang dans les troncs qui sont chargés de le verser dans le cœur. Tant que le cou du cheval est ainsi jugulé, la plus grande étendue des veines jugulaires, cervicales et vertébrales, se trouvant au-dessous de cette ligature, ne reçoivent que très peu de sang, et peut-être point ; mais si ces ar-

tistes empêchent le sang de couler dans les veines, ils doivent
être bien convaincus que le cœur n'attend pas que leur opération soit finie pour faire parvenir à la tête une nouvelle quantité de ce fluide, puisqu'il le fait chaque fois qu'il se contracte, que ses contractions suivent sans interruption chacune
de ses dilatations, et que ce mouvement alternatif a lieu tant
que l'animal vit.

Il résulte de là que le sang qui touche la partie supérieure
de leur ligature se trouve arrêté dans son trajet par cet obstacle ;
et jusqu'à ce qu'il soit levé, il est toujours poussé par l'abord
continuel de celui qui suit, de sorte qu'à chaque pulsation les
vaisseaux qui se distribuent dans toute la tête, ainsi que dans
la portion de l'encolure qui est au-dessus de cette ligature, se
distendent de plus en plus, à cause de la trop grande quantité de sang qu'ils reçoivent, et de son mouvement trop rapide ;
ce qui produit la compression du cerveau, l'inflammation des
vaisseaux de la cornée, etc.

Le cheval ainsi étranglé s'abat et tombe suffoqué, avant que
le maréchal inexpert lui ait ouvert la jugulaire. J'ose ajouter
qu'il n'est qu'un très petit nombre de ces artistes qui n'ait pas
été l'auteur ou le témoin d'un pareil accident ; on trouvera à
l'article SAIGNÉE les moyens de les prévenir.

L'inflammation se termine ordinairement par la résolution,
ou par la suppuration, ou par l'induration, ou par la gangrène.

La résolution a lieu lorsque l'inflammation se dissipe graduellement sans aucune altération sensible des vaisseaux. Le
sang suit alors ses routes accoutumées, et les vaisseaux
restent dans leur entier. Lorsque l'inflammation n'a son siège
que dans les extrémités artérielles sanguines, la seule cessation des causes qui l'avoient déterminée suffit à cet effet ;
si c'est une ligature, une compression, un corps étranger, etc.,
ces causes cessant d'agir, l'inflammation se résout, pourvu
que l'obstruction ne soit pas trop forte. L'oscillation modérée
des vaisseaux rend le sang plus fluide ; et son mouvement
intestin, plus développé par la stagnation, concourt aussi
admirablement à sa fluidité. La modération du mouvement
intestin des humeurs, une certaine souplesse dans les vaisseaux, la qualité d'un sang ni trop épais, ni trop âcre, mais
suffisamment détrempé par la sérosité, favorisent beaucoup
la résolution.

L'inflammation se termine par la suppuration, lorsque, le
sang arrêté et les vaisseaux obstrués, on observe un battement très vif et très sensible, une douleur aiguë et beaucoup de dureté, et que bientôt après la tumeur s'amollit, la
douleur cesse qu'il n'y a plus aucun battement, et qu'au lieu

de la tumeur inflammatoire on trouve un abcès, puisqu'une ouverture naturelle, ou pratiquée par l'art, donne issue à une humeur blanchâtre, épaisse, tenace, égale, et sans caractère d'âcreté, que l'on appelle pus.

L'inflammation qui attaque les glandes lymphatiques produit l'obstruction du sang et celle de la lymphe, s'il n'y a que l'obstruction sanguine de résolue ; alors l'inflammation se termine par l'induration, parceque la lymphe reste accumulée dans ses vaisseaux, où elle formera une tumeur dure, indolente, squirreuse.

Mais si l'obstruction est très considérable, que l'engorgement soit fort grand, que les artères soient distendues au-delà de leur ton, et qu'elles cessent de battre, l'inflammation se terminera par la gangrène, parceque le mouvement progressif du sang et l'action des vaisseaux étant totalement suspendus, la vie cessera dans la partie. La fermentation putride, déjà fort développée dans le sang altéré qui fait la base de cette inflammation, n'ayant plus de frein qui la modère, ne tardera pas à avoir son effet, la putréfaction totale aura lieu ; la partie qui est alors gangrenée se couvre de petites ampoules qui sont formées par l'épiderme qui se soulève, et qui renferme une sérosité âcre, séparée du sang et de l'air dégagé par la fermentation putride. La partie qui est alors gangrenée devient brune, livide, noirâtre, perd tout sentiment, et exhale une odeur putride, cadavéreuse ; c'est alors le sphacèle, dernier degré de la mortification.

Pour avoir la connoissance du diagnostic de l'inflammation, il suffit de savoir que la douleur et la chaleur fixées à une partie sont des signes qui annoncent qu'elle est enflammée. Si cette partie est interne, il survient une fièvre plus ou moins aiguë, et l'on observe un dérangement dans les fonctions propres à cette partie. Si l'inflammation est externe, on voit que la douleur et la chaleur se joignent à la rougeur et à la tumeur de la partie enflammée.

Si les causes sont externes, on peut s'en assurer par le témoignage des personnes qui soignent les animaux ; ainsi, l'inflammation sera occasionnée par le feu, ou par un caustique, ou par une luxation, ou par une compression, etc. ; si elle n'est due à aucune de ces causes ou autres extérieures quelconques, il y a tout lieu d'assurer que l'inflammation provient d'une cause interne, telle que d'un vice de sang ou des humeurs : si elle survient à la suite d'une fièvre putride, maligne, pestilentielle, et sur-tout si l'inflammation est accompagnée d'une diminution dans les symptômes, elle est censée critique.

L'évènement des différentes espèces d'inflammation dépend

du siège qu'elles occupent, de leurs causes, de leur grandeur, de la vivacité de leurs symptômes, de leurs accidens, de leur espèce, de leurs terminaisons, et d'une multitude de circonstances qui peuvent le faire varier à l'infini.

Car si leur siège occupe une partie interne, et qu'elle soit considérable, elles sont plus à craindre que celles qui ont leur siège à l'extérieur ; et si celles-ci se trouvoient fixées dans des parties tendineuses, aponévrotiques, glanduleuses, nerveuses, ou dans des membranes tendues, extrêmement sensibles, elles seroient plus fâcheuses que si elles occupoient quelques autres parties externes.

Celles qui proviennent d'un vice du sang sont plus difficiles à guérir, et plus dangereuses que celles qui ne tiennent leur existence que d'un dérangement local dans la partie qui en est affectée.

Celles au contraire qui sont produites par le feu, les caustiques actifs, les luxations, les fractures, etc., peuvent mettre la vie de l'animal dans le danger le plus éminent.

Ce n'est pas ordinairement leur grande étendue qui les rend plus dangereuses, c'est la vivacité de la douleur et la violence des accidens qui en peuvent résulter qui rendent le péril plus ou moins pressant, comme la fièvre, les convulsions, le délire, etc.

La constitution du sujet, son tempérament, son âge, etc., peuvent encore faire varier le prognostic de l'inflammation ; dans un vieux animal elle se termine rarement par la résolution, elle dégénère plus communément en suppuration ou en gangrène ; dans les jeunes animaux d'un tempérament vif et sanguin, les accidens sont toujours plus graves, l'inflammation est bientôt terminée en bien ou en mal.

La résolution est pour l'ordinaire la seule terminaison qui soit vraiment curative ; néanmoins il peut se présenter quelques circonstances particulières où la suppuration soit plus salutaire. Si l'une ou l'autre de ces deux terminaisons ne peut avoir lieu dans l'inflammation extérieure, alors il survient des accidens extrêmement violens qui mettent la vie de l'animal dans le plus grand danger. C'est le cas de désirer que la partie enflammée soit frappée de la gangrène, dans l'espérance que la mort de cette partie sauvera la vie à toutes les autres.

D'ailleurs le praticien doit examiner de près les signes qui présagent la terminaison de l'inflammation. Il doit s'attendre à la résolution, lorsque les signes de l'inflammation sont modérés, que la douleur est légère, lorsqu'il commence à voir une diminution graduée et insensible dans le volume et la dureté de la tumeur, et qu'il observe une humidité autour des poils qui garnissent la partie enflammée.

Si les symptômes augmentent, que la tumeur ait une pointe extrêmement dure, qu'il y sente un battement plus sensible que dans les autres parties de sa surface, il doit s'attendre à la suppuration.

Si la douleur, le volume de la tumeur et la chaleur diminuent sensiblement, et que la dureté et la résistance deviennent graduellement plus marquées, il doit conclure que cette espèce d'inflammation se transforme en squirre, et que cette terminaison n'a lieu que dans les parties glanduleuses.

Si au contraire l'augmentation des symptômes est fort considérable, que la tension soit excessive, que la douleur soit extrêmement vive, qu'il ne sente point de battement, que le poil se hérisse et tombe par place, que la peau se flétrisse, qu'elle devienne noirâtre, et que la douleur cesse pour ainsi dire entièrement, le praticien peut être assuré que la gangrène est déjà commencée.

Nous la bornerons à indiquer l'usage de quelques remèdes qu'il est à propos d'employer dans le traitement des inflammations extérieures; telles sont la saignée, les émolliens anodins, narcotiques, résolutifs, suppuratifs, et antigangreneux.

1° La saignée désemplit les vaisseaux, diminue la quantité du sang, ce qui produit un relâchement dans le système vasculeux, et une diminution très marquée dans la force des organes vitaux. La saignée convient donc toutes les fois que la quantité ou le mouvement du sang sont augmentés, que l'irritabilité est trop animée, que la douleur, la chaleur, la fièvre et les autres accidens pressent un peu trop vivement.

2° Les émolliens relâchent, détendent, humectent et affoiblissent les solides; les anodins et narcotiques ont la vertu particulière de diminuer l'irritabilité, soit qu'on les administre intérieurement, soit qu'on les applique à l'extérieur. Ces remèdes conviennent donc dans l'inflammation, lorsqu'elle est accompagnée d'une douleur extrêmement aiguë, d'une tension très considérable, d'une contractilité excessive; mais si les narcotiques calment tout de suite les douleurs les plus vives, s'ils émoussent et assoupissent pour ainsi dire la sensibilité, s'ils diminuent le mouvement des artères, et par conséquent la vie de la partie, on doit être très circonspect en les administrant, parcequ'il n'est pas rare de voir des inflammations terminées en gangrène par l'usage mal entendu des remèdes émolliens, anodins et narcotiques.

3° Les résolutifs peuvent opérer la résolution d'une inflammation, soit en la ramollissant, soit en la stimulant, soit en calmant les douleurs qu'elle occasionne. Ils ne conviennent néanmoins que dans les cas où les symptômes de l'inflammation ne sont pas violens, où il faut augmenter le ton des vaisseaux relâchés, et ranimer le mouvement des humeurs engourdies ; car, si on les appliquoit avant que la résolution n'eût commencé à se faire, ils fortifieroient, resserreroient et crisperoient davantage les vaisseaux de la partie enflammée, et, bien loin de dissoudre l'inflammation, ils la feroient plus sûrement dégénérer en gangrène ; mais on ne doit point les employer dans l'inflammation qui dépend d'une cause interne, parcequ'ils pourroient occasionner quelque transport ou métastase dangereux.

Tous les toniques qui ont la propriété d'intercepter la transpiration accélèrent le mouvement intestin, augmentent l'engorgement, excitent dans le sang un mouvement contre nature, et un dérangement dans l'action des vaisseaux ; de sorte que toutes ces causes peuvent opérer la coction et la suppuration d'une inflammation, qui, sans l'emploi de ces toniques en forme d'emplâtres, d'onguens, de cataplasmes, auroient pu se terminer par la résolution. On pourra en faire usage dans les inflammations critiques, pestilentielles, dans celles qui sont entretenues par quelques causes internes, dans les tumeurs phlegmoneuses, principalement lorsqu'elles s'élèvent en pointe, et que les douleurs et les battemens y aboutissent et y sont plus sensibles.

Dans les inflammations qui se terminent en gangrène, à cause de l'excessive irritabilité, de la roideur et de la tension trop considérable des vaisseaux, qui les empêchent de réagir et de modérer le mouvement intestin du sang, on peut employer les antiseptiques lorsque le mouvement du sang est ralenti, qu'il est accompagné d'un trop grand relâchement et d'une espèce d'insensibilité qui font craindre la gangrène. Ces antiseptiques doivent ranimer plus ou moins le ton, et augmenter le mouvement des vaisseaux ; on peut les tirer de la classe des résolutifs et des stimulans les plus actifs ; mais si la gangrène est déjà commencée, que la partie soit un peu ramollie, la sensibilité étant émoussée, les vaisseaux flétris et relâchés, il est bon de les ranimer avec les spiritueux roborans ; il est même encore préférable de les scarifier.

Tous ces secours extérieurs sont insuffisans si l'inflammation provient d'une cause interne, parceque dans pareille circonstance on doit administrer les remèdes internes, suivant que la nature du mal l'exige ; s'il provient de l'épaississement, les apéritifs, les incisifs, les salins, les sudorifiques doivent être mis en usage ; si c'est de la raréfaction, les boissons acides, nitreuses ; si le mal est érysipélateux, les fondans, les eaux minérales, acidules, et les hépatiques conviennent. Enfin il faut faire cesser l'action des causes évidentes, soit en rappelant des excrétions supprimées, soit en remettant les parties fracturées ou luxées, etc.

De l'inflammation interne. L'inflammation interne est caractérisée principalement par une fièvre aiguë, par des signes plus ou moins marqués de l'inflammation, rapportés à une partie qui décide pour l'ordinaire l'espèce et le nom de la maladie inflammatoire.

Pour que l'inflammation soit interne, il suffit que la cause le soit, et qu'elle agisse sur-tout intérieurement. Néanmoins, par rapport au siège de l'inflammation, on peut établir deux classes de maladies inflammatoires : dans les unes, l'inflammation est exanthématique ; dans les autres, elle occupe une partie interne.

La première classe comprend le claveau, le charbon, etc. On peut rapporter à la seconde l'inflammation du cerveau, de la plèvre, des poumons, du diaphragme, de l'estomac, du foie, des reins, etc. On divise encore l'inflammation en vraie ou légitime, en fausse ou bâtarde ; on en donnera la description dans l'article qui suit l'inflammation interne.

Toutes ces maladies inflammatoires sont communément précédées d'un état neutre qui dure quelques jours, pendant lesquels la maladie n'est pas encore décidée ; l'animal n'est pas encore malade, il n'est qu'indisposé ; on s'aperçoit qu'il éprouve un mal-être universel ; qu'il ne meut qu'avec peine sa tête et ses extrémités ; si même on lui donne l'aliment qu'il aimoit le mieux avant son indisposition, et qu'il l'accepte, il le tient dans sa bouche, ou lui donne nonchalamment quelques coups de dents ; la mastication, la déglutition, et toutes les fonctions languissent.

La maladie commence le plus souvent par le froid, qui s'empare d'abord des extrémités, et se communique dans peu à toute la surface du corps, ce qui s'annonce par un tremblement plus ou moins vif, qui est général, ou qui secoue seulement quelques parties, auquel succède la fièvre ; les temps auxquels les signes de ces diverses espèces d'inflammations commencent à se manifester sont bien différens : dans l'inflammation des poumons, la difficulté de respirer paroît dès le premier jour de la fièvre ; dans le claveau, l'inflammation pustuleuse se montre le troisième ou le quatrième jour, etc. Le caractère du pouls est proportionné à la douleur ; lorsqu'elle est vive, le pouls est dur, serré, tendu ; si elle l'est moins, il est plus mou et plus souple ; il varie encore, suivant le siège du mal et le temps de la maladie. Dans l'inflammation du cerveau ou de ses membranes, comme vulgairement sous le nom de *vertigo* lorsque le cheval en est atteint, et sous

celui de *mal de chèvre*, si c'est un bœuf, le pouls est plus fort,
plus dilaté, plus plein que dans les inflammations qui attaquent les viscères contenus dans la cavité de l'abdomen; car
alors il est plus petit, plus concentré, moins égal. Au commencement de la maladie, dans le temps de l'irritation, que la matière morbifique n'est pas encore cuite, le pouls est dur, serré,
fréquent; sur la fin, quand l'issue est ou doit être favorable,
le pouls se ralentit, se développe, s'amollit, devient plus souple, et prend des modifications propres aux évacuations critiques qui sont sur le point de se faire, et qui doivent terminer
la maladie.

Les terminaisons des maladies inflammatoires peuvent être
les mêmes que celles des inflammations externes, mais avec
cette différence qu'il n'y a jamais de résolution simple. Lorsque les maladies se terminent par cette voie, on observe que
cette terminaison est précédée ou accompagnée de quelque
évacuation ou dépôt critique. Ces évacuations varient dans les
différentes espèces d'inflammations, suivant la partie qu'elles
affectent. Si la partie qui est enflammée a des vaisseaux excrétoires, la crise s'opère plus souvent et plus heureusement
par cette voie. Dans les inflammations de poitrine, la crise la
plus ordinaire et la plus sûre se fait par l'expectoration, quelquefois par les urines, d'autres fois par les sueurs, sur-tout
dans le cheval.

Dans l'inflammation du cerveau et des méninges, l'hémorragie des naseaux ou l'excrétion des matières cuites par cette
même voie sont les plus convenables; celles des urines sont
aussi fort bonnes.

Dans l'inflammation du foie, des reins, etc. la maladie se
termine heureusement par les urines et par le dévoiement.

Les inflammations exanthémateuses ne se terminent jamais
mieux que par la suppuration. Quelquefois le claveau se dessèche simplement, et ne laisse que de petites pellicules; mais
cette terminaison superficielle est communément suivie de
petites fièvres lentes qu'il est très difficile de dissiper.

Les causes des maladies inflammatoires, non seulement disposent à l'inflammation pendant long-temps, mais il est encore
souvent nécessaire qu'elles soient excitées et mises en jeu par
quelqu'autre cause qui survienne.

Celles qui sont contagieuses et épizootiques peuvent être at-
tribuées aux vices de l'air : la mauvaise nourriture, et les
travaux excessifs qu'on exige de certains animaux, peuvent
favoriser cette cause, aider à cette disposition, et rendre plus
funestes les impressions de ces miasmes contagieux contenus
dans l'air.

La suppression des excrétions, et sur-tout de la transpiration, est une cause fréquente des maladies inflammatoires, car le passage du chaud au froid arrête, trouble la sueur et la transpiration insensible, et peut par-là former la disposition inflammatoire, mais elle n'excitera une pleurésie que dans les animaux qui y auront une disposition formée. Dans les autres, elle produira des toux, des rhumes, des catarrhes, suite fréquente et naturelle de la transpiration pulmonaire arrêtée par le peu d'attention que les hommes ont pour les animaux, et souvent pour eux-mêmes.

Nous observerons encore que, dans une constitution épizootique, les différentes espèces d'animaux ne sont pas toujours attaquées de la même maladie inflammatoire. Les chevaux seront frappés du VERTIGO (*voyez* ce mot), les bœufs, de la murie, les brebis, du claveau.

De sorte que si ceux qui soignent les animaux s'aperçoivent qu'ils éprouvent un malaise, qu'ils soient gênés dans quelque partie, avant que la maladie soit déclarée, ce sera cette partie qui en sera le plus maltraitée, parcequ'il y aura une disposition antécédente, une foiblesse naturelle qui y détermine le principal effort de la maladie.

Enfin il y a tout lieu de croire que la disposition inflammatoire qui est dans le sang, poussée à un certain point, ou mise en jeu par quelque cause primitive survenue, réveille son mouvement intestin de putréfaction, augmente sa circulation, anime la contractilité des organes vitaux ; que le sang ainsi enflammé et mû avec rapidité se porte avec plus d'effort sur les parties qui sont disposées, et s'y déchargera peut-être d'une partie du levain inflammatoire.

Il semble, en effet, que ces inflammations des viscères, ou d'autres parties, soient des espèces de dépôts solitaires, quoiqu'inflammatoires. Ce qui prouve que les viscères, dans ces maladies, sont réellement enflammés, c'est qu'on y observe tous les signes de l'inflammation, les mêmes terminaisons par la suppuration, l'induration et la gangrène, que dans l'inflammation externe.

La partie où se fera l'inflammation décidera le nombre et la qualité des symptômes. Ainsi l'inflammation de la substance du cerveau, connue sous le nom de *vertigo*, sera accompagnée de foiblesse extrême, de délire continuel, mais sourd, tranquille ; d'abolition dans le sentiment et le mouvement, à l'exception d'une agitation involontaire des extrémités et de la tête. Tous ces symptômes dépendent de la sécrétion troublée et interceptée du fluide nerveux.

Mais si l'inflammation a son siège dans les membranes extrêmement sensibles qui enveloppent le cerveau, elle entraînera , à raison de la sensibilité des symptômes plus aigus, un délire plus violent, etc. Si cette espèce d'inflammation attaque le cheval, on lui donne encore le nom de *vertigo;* si c'est le bœuf, celui de *mal de chèvre :* c'est ainsi que l'on confond l'inflammation des membranes du cerveau avec celles dont le cerveau est attaqué lui-même. On en fait de même pour l'inflammation des poumons et pour celle de la plèvre, etc.; car toutes les fois que le bœuf en est atteint, les Francs-Comtois disent qu'il a la murie.

Quant au diagnostic des maladies inflammatoires, il est facile de s'assurer de leur présence par ce que nous venons d'exposer, d'en distinguer les différentes espèces par les signes qui leur sont propres ; on peut s'instruire des causes qui ont disposé, produit, et excité ces maladies , auprès des personnes à qui appartiennent les animaux, auprès de celles qui les ont conduits ; il est même important de savoir si la maladie inflammatoire est épizootique.

Pour ce qui est de l'évènement des maladies inflammatoires, il dépend des accidens qui surviennent pendant leur cours. Le dépôt qui se fait dans quelques parties n'en augmente qu'accidentellement le danger : quelquefois même il le diminue, en débarrassant le sang d'une partie du levain inflammatoire. Il y a même lieu de croire que la maladie inflammatoire seroit plus dangereuse s'il n'y avoit point de partie particulièrement affectée ; car , dès que les inflammations extérieures sont formées, on voit que la fongue du sang se ralentit, que la violence des symptômes s'apaise ; et dans ce cas, ce seroit exposer la vie de l'animal si l'on empêchoit la formation de ces sortes de dépôts inflammatoires. Néanmoins , on ne doit pas se conduire de même si le dépôt se forme dans la substance du cerveau , dans celle des poumons, ou dans quelques autres parties dont les fonctions sont nécessaires à la vie de l'animal : ce seroit augmenter le danger de ces maladies inflammatoires, qu'on doit s'efforcer de dissiper, en employant tous les moyens que l'art indique pour prévenir la formation du dépôt. Travailler à la résolution de l'humeur morbifique, l'évacuer par les voies les plus convenables, c'est, de toutes les terminaisons, la plus favorable : on a lieu de l'attendre, lorsque les symptômes sont assez modérés , et tous appropriés à la maladie, lorsque le quatrième ou le septième jour on voit paroître des signes de coction, que les urines se chargent d'un sédiment. que le pouls commence à se développer , que le poil est moins hérissé , la peau moins sèche, et que tous les symptômes diminuent. A ces signes succèdent les signes critiques qui annoncent la dépuration du sang et l'évacuation des mauvais sucs par des couloirs appropriés ; les plus sûrs et les plus nécessaires sont ceux qu'on tire des modifications du pouls.

On doit s'attendre, au contraire, à voir périr l'animal qui est attaqué d'une maladie inflammatoire, si l'on n'observe aucun relâche dans les symptômes, ni le quatrième, ni le cinquième jour, si le pouls conserve toujours un caractère d'irritation. L'on voit alors survenir différens phénomènes qui, par leur gravité, annoncent la mort prochaine. Ces signes varient suivant les maladies. *Voyez-les* au mot ESQUINANCIE, MURIE, VERTIGO, etc.

Si c'est toujours un grand bien lorsque les maladies inflammatoires extérieures se terminent par la suppuration, ce n'est pas toujours un grand mal lorsque cette terminaison a lieu dans celles qui attaquent les parties internes; car si, parmi les différentes espèces de maladies épizootiques, on observe attentivement les terminaisons de la murie, on se convaincra que cette maladie inflammatoire se termine souvent dans les bœufs, dans les vaches, et dans les veaux qui en sont atteints, par la suppuration, sans aucune suite fâcheuse, et qu'il arrive même quelquefois des transports salutaires, des abcès formés dans les poumons à l'extérieur.

Il est donc bien important pour le médecin vétérinaire de s'appliquer à connoître les cas où la suppuration doit terminer la murie, le vertigo, etc. Si, dès le commencement de la maladie, les symptômes sont violens, qu'ils ne diminuent que fort peu, durant le temps de la coction, dont il n'aura observé que quelques légers signes, et qu'ils reparoissent avec plus d'activité; que la fièvre se montre avec plus de force; que le pouls, quoique un peu développé, reste toujours dur; qu'il sente une roideur considérable dans l'artère, un battement plus vif et plus répété dans la partie affectée, et que les douleurs que l'animal éprouve deviennent plus aiguës; tous ces signes bien constatés publient hautement que la maladie inflammatoire se termine par la suppuration, et le médecin vétérinaire, les ayant exactement observés, doit s'attendre à cette issue.

Tous ces symptômes disparoissent dès que l'abcès est formé; l'animal, fatigué de l'assaut qu'il a soutenu, reste lourd, pesant, et quelquefois il éprouve encore quelques frissons; mais si, dans ces circonstances, le pouls vient indiquer un mouvement critique du côté de quelques couloirs, le pus s'évacue par les organes dont il annonce l'action, et l'animal reste le vainqueur.

L'induration est encore une terminaison qu'on observe assez fréquemment dans les bœufs qui sont attaqués de l'esquinancie; alors l'inflammation se dissipe insensiblement, les glandes qui en étoient affectées deviennent squirreuses, ces animaux ne

cessent pas pour cela d'être utiles à l'homme ; mais il doit
s'attendre à les voir périr, lorsque les maladies inflammatoires
dont ils sont atteints se terminent par la gangrène.

Enfin, on ne doit pas oublier que les maladies inflammatoires sont des maladies très aiguës, qu'elles se terminent
toujours avant le quatorzième jour, souvent le septième,
quelquefois le quatrième, par la résolution, ou par la suppuration, ou par l'induration, ou par la gangrène.

La *curation*. Les matières qui produisent les maladies inflammatoires excitent dans le sang une fermentation qui suffit
pour les briser, les atténuer, les décomposer et les évacuer ;
de sorte que l'art ne fournit contre ces sortes de maladies
que des remèdes qui peuvent diminuer la fièvre ou même
l'augmenter s'il est nécessaire, et aider telle ou telle excrétion critique ; mais il n'y a que la fermentation qui rétablisse et purifie le sang, et qui emporte les engorgemens
inflammatoires des viscères.

Ainsi, deux ou trois saignées peuvent très bien convenir,
dans le temps de crudité ou d'irritation des maladies inflammatoires, pour diminuer ou calmer la violence de certains
symptômes, et pour ralentir l'impétuosité trop grande des
humeurs. La saignée peut donc être très avantageuse au commencement de ces maladies, sur-tout dans des sujets plé-
thoriques, lorsque le pouls est oppressé, petit, enfoncé, mais
ayant du corps et une certaine force ; la saignée alors élève,
développe le pouls, augmente la fièvre, et fait manifester
l'inflammation dans quelques parties. Mais les saignées trop
multipliées relâchent et affoiblissent considérablement les
vaisseaux, troublent et dérangent les évacuations critiques,
augmentent la disposition de la partie affectée, qui ne provient vraisemblablement que d'une foiblesse, et rendent par-
là l'engorgement impossible à résoudre. Les lavages, les dé-
layans doivent être mis en usage.

Il est certains cas où les purgatifs peuvent être employés
dans les maladies inflammatoires avec fruit, parcequ'il est à
propos de balayer les premières voies, lorsqu'elles sont infectées de mauvais sucs, et qu'elles sont comme engourdies sous
leur poids. D'ailleurs, par ce moyen on prépare aux alimens
et aux remèdes un chemin pur et facile, qui, sans cette précaution, passeroient dans le sang, changés, altérés et corrom-
pus. Mais cette indication doit être bien examinée ; car les
signes ordinaires de putréfaction ne sont souvent que passagers ; un purgatif qui ne seroit indiqué que par eux seroit
souvent hasardé. On connoîtroit plus sûrement si l'estomac
et les intestins sont surchargés et infectés de mauvais sucs,
si les humeurs se portent vers les premières voies, par les

différens caractères du pouls (*voyez* Pouls); alors on a tout à
espérer d'un purgatif placé dans ce cas. Pour ne pas exciter
une superpurgation, il doit être léger ; le développement du
pouls succédant à l'évacuation en désigne la réussite. On
l'administre au commencement de la maladie inflammatoire ;
mais pour en prévenir les effets, et en faciliter l'opération,
il faut qu'il soit précédé d'une ou deux saignées. Si l'on ne
purge que vers la fin de la maladie, ce n'est pas lorsque
l'humeur morbifique s'échappe par les voies de l'expectoration ou de la transpiration, etc., parceque les purgatifs attirent aux intestins toutes les humeurs, les dérivent des autres
couloirs, détournent principalement la matière de la transpiration, et arrêtent l'expectoration, etc. Les purgatifs ne peuvent
donc favoriser les évacuations critiques que lorsqu'elles enfi-
lent les voies des matières fécales.

Les émétiques ne détournent point la transpiration ; ils
excitent une secousse générale qui est très souvent avantageuse. Le cheval, le mulet, le bœuf, etc., ne vomissent
point ; néanmoins ces purgatifs peuvent être d'une grande
ressource dans les maladies inflammatoires qui attaquent les
chiens.

Si la fièvre est trop foible, qu'on aperçoive une langueur,
un affaissement dans la machine, il faut avoir recours aux
stimulans, aux cordiaux plus ou moins actifs, aux élixirs
spiritueux, aromatiques, aux huiles essentielles, etc.

Dans ce cas, les vésicatoires relèvent le pouls, augmentent
sa force, sa tension, font cesser les assoupissemens, calment
souvent les délires, et aident à la décision des crises. On en
obtient de bons effets dans le vertigo, dans la murie, sur-tout
lorsqu'on les applique sur la partie affectée, dans le temps
que les vaisseaux qui s'y distribuent et le sang qu'ils contiennent sont engourdis.

Enfin, dès que le médecin vétérinaire connoît le couloir
que la nature destine à l'excrétion critique, il doit aider la
crise par des remèdes qui la poussent dehors par ce même
couloir. Si c'est par l'expectoration, il administrera les béchiques ; si c'est par la sueur, les sudorifiques ; si c'est par le
dévoiement, les purgatifs légers, etc., si la maladie inflammatoire se termine par la suppuration. *Voyez* Murie, Vertigo.

L'inflammation interne, ainsi que l'externe, dépendent en
général d'une obstruction qui arrête les liquides et d'un mouvement qui les poussent tantôt en avant, tantôt en arrière.
L'une et l'autre de ces conditions tendent à pervertir les humeurs, et c'est quelquefois l'une, quelquefois l'autre qui pré-
domine, ce qui fournit la division de l'inflammation en vraie
ou légitime, en fausse ou bâtarde. Dans la vraie, c'est le mou-

vement ; dans la fausse, c'est l'arrêt ou l'obstruction qui joue
le rôle principal : la vraie s'annonce par la vigueur, l'égalité,
la tension du pouls ; on doit en affoiblir les forces par des
saignées réitérées, détendre les fibres par des humectans et
des émolliens, fondre les humeurs par les savonneux rafraîchissans.

La fausse a pour signes la vacillation, la petitesse, l'inégalité du pouls, signes qui se manifestent dès le début, ou qui
surviennent pour peu qu'on excède dans la saignée : il faut
soutenir les forces par les cordiaux, s'opposer au relâchement
ultérieur des solides, à la dissolution des fluides par les antiseptiques fortifians.

Dans les fièvres malignes, les saignées abattent le pouls,
causent un délire dont la cause est souvent l'inflammation et
la suppuration du cerveau. La vraie inflammation cause très
souvent un genre de pourriture qui demande l'usage des antiseptiques rafraîchissans. Elle le produit certainement lorsque
la phlogose est trop violente pour se résoudre bénignement,
ou pour se terminer par la suppuration, et ses changemens
en gangrène sont alors très prompts ; c'est pourquoi il est
essentiel d'aller au devant du mal, de prévenir l'altération
putride dont les humeurs et les vaisseaux sont alors menacés,
par l'administration de remèdes antiseptiques rafraîchissans ;
c'est le moyen de s'opposer à la corruption, de modérer l'agitation intestine des solides et des fluides, et de suspendre les
funestes effets de la cause prochaine de la chaleur ; en déten-
dant les fibres, en désemplissant les vaisseaux, en macérant
leur tissu, en calmant leur irritabilité, en résolvant leurs obs-
tructions, en les délivrant de leurs embarras, ils les préser-
vent de rupture, et rétablissent le cours des humeurs dans
les tuyaux. Tels sont les effets qu'il s'agit de produire dans
une partie menacée de pourriture par l'inflammation légitime.
Puisque cet état de changement en gangrène n'arrive que parceque l'obstruction est si considérable qu'elle occupe tous les
vaisseaux de la partie affectée, ou que ceux qui sont restés
libres sont tellement comprimés par le volume des autres,
que, rien ne pouvant passer par cet endroit, ses vaisseaux
doivent soutenir la totalité du choc d'une circulation impé-
tueuse qui les rompt tous presque en même temps, et occasionne une effusion d'humeurs à demi corrompues par la
chaleur que ces mouvemens font naître.

Les antiseptiques rafraîchissans sont donc indiqués lorsque
l'inflammation est portée à un degré de violence qui fait craindre la gangrène de la partie affectée. Ce danger se manifeste
par la chaleur ardente, par la grande tension, par la couleur
pourprée, luisante, bleuâtre de la tumeur, par la vivacité

de la douleur, la fréquence et l'intensité des élancemens, par la dureté, la plénitude, la grande vitesse du pouls, par l'ardeur du corps, la soif extrême, l'exaltation des urines, etc.

L'ensemble de ces symptômes exige l'usage des rafraîchissans en général ; mais la diversité de leurs causes détermine les cas où il faut préférer ceux d'une espèce plutôt que ceux d'une autre ; et l'habileté du médecin vétérinaire, dans cette occasion où il est nécessaire d'agir promptement et avec efficacité, consiste à savoir décider quelle est la cause principale du mal, afin de lui opposer le remède qui lui convient de préférence.

Il peut rapporter aux articles suivans les causes qui élèvent l'inflammation au degré de violence capable de briser tous les vaisseaux de la partie intéressée, et de la gangrener.

L'impétuosité de la fièvre qui fait essuyer aux tuyaux des chocs supérieurs à leur cohésion ; la rigidité des fibres, parceque manquant de souplesse, elles ne peuvent s'allonger, et sont obligées de se rompre ; la compression qui, occasionnant une stagnation totale, donne lieu au mouvement spontané des humeurs, et à l'érosion des vaisseaux.

L'impétuosité de la fièvre a sa cause ou dans le sang trop abondant, trop phlogistiqué, ou dans les nerfs trop mobiles, trop vivement affectés.

La rapidité des fibres est un vice de tempérament, ou un accident produit par quelques causes étrangères, entre lesquelles le froid doit être spécialement compté.

La compression est l'effet du poids du corps chez les animaux affoiblis ou cacochymes, de l'étranglement dans les maladies externes, de quelques causes éloignées dans certains cas de médecine.

Si la cause consiste dans l'abondance du sang, la saignée est le remède essentiel, et ce seroit en vain qu'on voudroit parer aux accidens par les autres rafraîchissans, pendant que la pléthore subsiste. On sait qu'elle a lieu quand l'animal malade est d'un tempérament sanguin, qu'on lui a prodigué une excellente nourriture, qu'il l'a bien digérée, sans qu'on lui ait fait prendre un exercice convenable ; elle existe chez les animaux à qui on a négligé de faire des saignées auxquelles ils étoient accoutumés ; chez ceux qui ont la tête plus pesante qu'à l'ordinaire, et quelquefois accompagnée de vertige. On la connoît aussi par les lassitudes, les engourdissemens des membres, ce qui se manifeste par la position contre nature de leurs extrémités, par la peine qu'ils ont de les fléchir et de les étendre, par la difficulté de la respiration, par la plénitude du pouls, par le gonflement des veines, par celui des caroncules lacrymales, etc.

Cependant ces derniers symptômes manquent quelquefois ;
il est des cas où le pouls, au lieu d'être gros, est si petit
qu'on a peine à le trouver ; les veines ne paroissent point
enflées, les caroncules, l'intérieur de la bouche, etc., sont
plus pâles que dans l'état naturel, et néanmoins il y a pléthore ; c'est même parcequ'elle est excessive que ces indices
sont trompeurs ; car l'abondance du sang est si considérable,
que les forces du cœur ne suffisent pas pour le chasser en
entier. Les ventricules ne pouvant se vider dans les artères
trop remplies, il n'y en pousse qu'une très petite portion,
laquelle ne produit qu'une dilatation imperceptible. Le pouls
est donc petit, le total de la masse formant une charge trop
lourde, le cœur n'a pas la force de faire parvenir le sang
jusque dans les capillaires. Ainsi la circulation est comme
suffoquée, et les parties qui ont naturellement de la couleur
en sont absolument privées. C'est dans ce cas que la saignée
développe le pouls, et donne lieu à la fièvre d'éclater tout
à coup.

Ce cas d'une circulation suffoquée peut se rencontrer avec
l'état d'une inflammation particulière très violente, et qui dé-
généreroit bientôt en gangrène, si l'on n'y remédioit, parceque c'est lorsque les viscères sont excédés de plénitude que
es plus forts se déchargent sur les plus foibles, et y produisent l'éréthisme inflammatoire.

Comment donc savoir alors que la pléthore est la cause principale de l'affection morbifique ? La manière dont on a nourri
l'animal, l'embarras qu'on remarque dans sa respiration, la
gêne qu'il éprouve lorsqu'il meut ses extrémités, son penchant
à dormir, les rêves qui traversent son sommeil, l'absence des
causes qui peuvent rendre son pouls si petit, tels que la sa-
burre des premières voies, la vivacité d'une douleur assez
aiguë pour affoiblir, des évacuations abondantes, ou une abstinence outrée qui auroit précédé ; presque toutes ces circonstances, rapprochées de la dureté du pouls, quelque délié
qu'il soit, et de la véhémence de l'inflammation particulière,
apprennent que la disposition des veines, la modération de la
chaleur générale, la petitesse, la foiblesse du pouls, sont des
effets d'une circulation suffoquée, et que la bénignité de ces
derniers symptômes ne s'oppose point aux saignées, qui peuvent seules prévenir le changement de l'inflammation en gangrène.

Or, ce diagnostic est de la plus grande importance dans
certains cas, où l'on n'a qu'un moment pour empêcher la
mortification par des saignées réitérées, et où cependant l'état
des choses est si équivoque, qu'un praticien peu exercé pourroit douter si le calme dans lequel il trouve son sujet n'est

point l'effet de la mortification déjà commencée, mortification qu'il ne manqueroit pas d'avancer par la saignée ; mais en combinant tous les symptômes, en les confrontant avec ce qui a précédé la maladie, le médecin vétérinaire instruit saura toujours fixer son indication.

La pléthore n'est pas le seul cas qui demande les saignées répétées, pour obvier à la mortification dont une partie est menacée ; la constitution âcre et chaude de la masse du sang, sa déterminaison trop forte vers la partie enflammée, sont d'autres circonstances qui exigent qu'on multiplie également les saignées. La dureté, l'amplitude, la vitesse du pouls, la puanteur des excrémens, l'odeur vireuse des sueurs et de l'insensible transpiration, l'état lixiviel des urines, leur fétidité, leur transparence, jointe à une couleur orangée, la chaleur de la peau, principalement de la partie affectée, sont autant de marques auxquelles on peut reconnoître cet état.

Dans celui-ci, on ouvre les veines des extrémités les plus éloignées du siège du mal, pour produire une diversion qui écarte le sang de la partie affectée, vers laquelle il se porte abondamment, et l'on s'applique particulièrement à corriger la phlogose du sang par l'usage des rafraîchissans du genre des tempérans. Ainsi, on retranche tout aliment solide à l'animal malade ; on le nourrit d'eau blanchie avec le son de froment, ou avec la farine d'orge, de seigle ; d'heure en heure on lui fait boire de la tisane de pissenlit, adoucie avec la réglisse, et chargée de deux gros de nitre par pinte, les tisanes des feuilles, tiges et racines d'oseille, d'alléluia, auxquelles on ajoute le sirop de nénufar, l'esprit de vitriol, le cristal minéral, ou la crème de tartre.

La différence des circonstances détermine quels sont, entre les rafraîchissans, ceux qu'il faut employer. Si l'animal est constipé, on s'abstient de l'usage des acides minéraux, et l'on se sert de la crème de tartre ; s'il y a disposition aux sueurs, le vinaigre ; les fortes infusions de fleurs de sureau doivent être préférées. S'aperçoit-on que les urines ne passent point en proportion de ce que l'animal boit, sans que cette évacuation soit suppléée par quelqu'autre, on ranime l'action des reins par le nitre dépuré, par son esprit, par celui de sel marin. Si le ventre est trop libre ou météorisé, le pouls très lâche, les humeurs fort dissoutes, c'est au suc d'épinevinette, de grenade, à l'esprit de soufre ou de vitriol, au sel d'alléluia, qu'il faut recourir.

On sait que la rigidité naturelle des fibres est la principale cause de l'inflammation. Quand la tumeur inflammatoire, qui est accompagnée des douleurs les plus aiguës, a peu d'enflure, la maigreur de l'animal, la dureté extraordinaire de son pouls, la vivacité de son humeur, aident à former ce diagnostic ; ici on règle le nombre des saignées d'après l'abondance du sang dans l'état de santé ; et, sans négliger les rafraîchissans dont nous venons de parler, on agit principalement par tout ce qui peut assoupir les fibres trop roides ; les bains tièdes, les fomentations avec la décoction des substances farineuses, les cataplasmes savonneux, les embrocations de vinaigre modérément chaud, sont donc les principaux remèdes après la saignée.

Mais si l'ardeur est causée par le froid, la méthode de remédier à ce vice est bien différente ; en effet, le médecin vétérinaire qui entreprend la cure d'une extrémité menacée de gangrène par cette cause doit songer que, dans l'état d'inflexibilité où les vaisseaux sont réduits par le grand froid, ils ne pourroient, sans se briser, souffrir l'extension que la chaleur des fomentations les plus tièdes leur procureroit, en raréfiant l'air dégagé de leur liquide par la congélation, et redevenu élastique, et par conséquent il ne peut rétablir la circulation dans une partie gelée qu'en la faisant passer d'un degré de froidure à un autre qui ne lui soit presque pas inférieur, et de ce second, à un troisième qui ne diffère guère davantage de son antécédent ; ainsi successivement, afin que les molécules glaciales se résolvent sans grande expansion de l'air qu'elles doivent repomper ; que la circulation qui doit les remettre en action recommence par des mouvemens extrêmement doux, incapables de rompre les vaisseaux roidis, et que ces mouvemens n'augmentent de force qu'à proportion que ceux-ci recouvrent leur inflexibilité, et peuvent en soutenir les chocs, sans danger de rupture.

La manière de dégeler ainsi une partie consiste à tenir le corps dans une place froide, à appliquer sur la partie gelée de la neige, ou des linges trempés dans l'eau prête à geler, jusqu'à ce que la couleur livide, bleuâtre de la partie, soit dissipée. On passe alors dans un lieu chaud, ayant cependant l'attention de ne pas approcher l'animal du feu ; et lorsque la partie refroidie a repris sa chaleur naturelle et sa sensibilité, ce qui est une marque du retour de la flexibilité extensible des fibres, on met l'animal dans sa place ordinaire, on le couvre, et on lui fait avaler quelques chopines d'une infusion de sasafras, ou de quelque autre diaphorétique, et l'on fomente la partie malade avec les aromates.

Dans certains animaux, le genre nerveux est d'une sensibilité si exquise, que le danger du changement de l'inflammation en gangrène dépend entièrement de la vivacité du sentiment. La connoissance qu'on a des agitations convulsives et du délire qui accompagnent l'inflammation sert à reconnoître cette cause : dans ce cas, on ne doit pas hésiter d'unir les narcotiques aux autres rafraîchissans ; car les vaisseaux étant suffisamment désemplis par les saignées, et le sang rafraîchi par les remèdes de cette classe, rien n'est plus propre à calmer les accidens que les anodins pris intérieurement et appliqués à l'extérieur. Les inflammations du cerveau, des intestins, de la vessie, les pleurésies les plus aiguës, etc., fournissent assez souvent les occasions d'employer ce genre de rafraîchissans. (R.)

INFUSION. C'est faire séjourner une plante ou partie d'une plante dans l'eau froide ou tiède, pour que ses parties médicamenteuses s'y dissolvent.

On donne souvent des infusions aux animaux malades, c'est pourquoi il a fallu en faire mention ici.

Les plantes ou parties de plantes restent plus ou moins long-temps dans l'eau, selon leur nature et l'objet qu'on se propose ; mais, en général, il est rare qu'on doive les y laisser plus de vingt-quatre heures.

Si les plantes restoient assez long-temps dans l'eau pour s'y décomposer, ce seroit une MACÉRATION. Si on les faisoit long-temps bouillir dans l'eau, ce seroit une DÉCOCTION. Enfin, si au lieu d'eau on employoit l'alcohol, ce seroit une TEINTURE. *Voyez* ces mots. (B.)

INGRAT. Un terrain est appelé ingrat lorsque malgré une bonne culture il ne rapporte que de chétives récoltes. Sans doute il est beaucoup de localités que les travaux les mieux entendus ne peuvent améliorer ; mais aussi combien en est-il qui ne payent pas les soins qu'on leur donne, parcequ'on se trompe sur la nature de ces soins. *Voyez* CULTURE. (B.)

INONDATION. Masse d'eau qui couvre une étendue plus ou moins considérable de terre pendant un certain temps, quelle que soit la cause qui l'y ait amenée.

J'ai donné au mot DÉBORDEMENT, qui est une inondation produite par l'augmentation des eaux d'une rivière ou par la suspension de son cours, les moyens d'abord de s'y opposer, ensuite d'en réparer les dommages. Ici, je serai donc court, car les mêmes moyens s'appliquent à toutes les sortes d'inondations.

Lorsque les pluies sont d'une longue durée ou très abondantes, leurs eaux s'accumulent dans les terrains bas et causent des inondations partielles, qui font souvent beaucoup de tort aux cultivateurs. Des fossés d'écoulement sont le meilleur moyen à employer ; mais la grande dépense, la grande division des propriétés et certaines localités s'y opposent souvent. Dans ces cas, un puisard, une simple mare creusée dans la partie la plus basse du sol, peut en partie y suppléer. Dans cerains cautons de la Hollande, où le sol est plus bas que le niveau de la mer, on est obligé d'élever des moulins à vent pour faire jouer des pompes, afin de se débarrasser de ces eaux. Je ne connois aucune localité de l'ancienne France qui soit dans ce cas.

Une inondation qui baigne le pied des arbres d'un verger s'oppose à la fécondation de leurs fleurs, et fait tomber leurs fruits déjà noués, et parcequ'elle tient leurs racines à un degré de froid nuisible à la végétation, et parcequ'elle porte trop de parties aqueuses dans leur sève.

Les eaux de la mer sont jetées quelquefois sur les rivages, à une grande distance, lorsque les marées des équinoxes, les plus hautes de l'année, coïncident avec un vent violent, ayant la même direction qu'elles. Alors il y a perte complète de récoltes, parceque les plantes qui peuvent rester quelquefois un mois entier sous l'eau douce sans périr sont tuées au bout de quelques heures par l'eau salée. Les moyens précités sont encore employés dans ce cas, très rare en France, mais fréquent en Hollande. Je dois dire en passant que les terres inondées par l'eau de la mer sont rendues infertiles pour plusieurs années, c'est-à-dire jusqu'à ce que les dernières parcelles de sel aient été entraînées dans les profondeurs de la terre par les eaux pluviales; mais qu'on peut diminuer de beaucoup ce temps en y semant des soudes, des salicornes, en y plantant des tamaris et autres plantes qui décomposent le sel marin, et donnent de la soude par leur incinération.

Aux moyens que j'ai indiqués au mot DÉBORDEMENT, pour réparer les pertes occasionnées par les inondations, j'ajouterai que celles qui, ayant lieu après la coupe des blés, auroient couvert un champ de limon, pourroient devenir un excellent moyen d'augmenter les produits de ce champ. Il ne s'agit que d'y semer des navets, dont la graine seroit enterrée par un seul hersage, et qui viendroient d'autant plus beaux que le fonds est plus humecté, et la chaleur de la saison plus considérable.

La commission d'agriculture, dont on ne peut trop déplorer la suppression, a rédigé, sur les effets des inondations et sur les moyens de les prévenir et de les réparer, une très bonne instruction, qui a été imprimée dans la Feuille du Cultivateur du 12 ventôse an 7 de la république. (B.)

INSECTE. Les agriculteurs, à la vue des ravages qu'exercent les insectes sur les produits de leurs cultures, et rapportant tout à leur intérêt personnel, les frappent généralement de proscription, quoiqu'il en soit parmi eux qui sont pour eux de très puissans auxiliaires contre les espèces nuisibles. A quoi bon les hannetons qui, sous la forme de larves, mangent les ra-

cines de nos arbres, et sous celle d'insectes parfaits dévorent
leurs feuilles? A quoi bon le charançon du blé qui infeste nos
greniers, le gribouri et l'attelabe qui coupent les bourgeons et
les grappes de nos vignes, la courtilière qui sillonne nos jardins en tout sens, et détruit nos semis ou nos plantations?
etc. etc. Certainement je n'entreprendrai pas de répondre à
ces questions; mais je donnerai le nom et je décrirai ceux
d'entre les insectes dont l'homme a le plus à se plaindre, afin
qu'au moyen des articles qui leur sont consacrés on puisse les
détruire plus certainement; car leur destruction doit être le
but de l'agriculteur. Cependant combien est agréable leur étude
prise sous un point de vue général ! Combien leurs formes variées, leurs couleurs souvent si brillantes, leur organisation si
incompréhensible, leurs mœurs si frappantes, leurs métamor-
phoses si étonnantes, etc., etc., sont intéressantes à observer !
Je m'applaudis de m'être livré dans ma jeunesse à cette étude,
puisque les connoissances qu'elle m'a fait acquérir, et la riche
collection qui en a été la suite, me permettent de rédiger les
articles entomologiques de cet ouvrage, avec certitude de ne
pas mettre l'erreur à la place de la vérité, comme l'ont fait
tant de compilateurs modernes.

Quatre parties principales se remarquent dans tous les insectes, quoiqu'il y en ait quelques uns où les trois premières
sont peu distinctes, ce sont la tête, le corcelet, l'abdomen et
les membres.

La tête supporte, 1° les yeux, dont il y a quelquefois deux
sortes; savoir, les yeux à réseaux ou à facettes, c'est-à-dire
composés de milliers d'yeux distincts, faisant l'office de ces
verres qu'on appelle multiplians. Ils sont toujours latéraux,
et deux, trois, quatre, six ou huit yeux simples toujours placés
à la partie supérieure. Quelques insectes, comme les araignées, n'ont que de ces derniers yeux; mais ils s'éloignent
des autres, au point que les entomologistes modernes en font
une classe particulière. 2° Les antennes qui existent également
dans tous les insectes, excepté les araignées, et deux ou trois
genres d'aptères. Ce sont des filets mobiles composés d'un
grand nombre d'articulations. Leur forme et leur grandeur
varie beaucoup. Leur attache est toujours entre ou dessous les
yeux à réseau. 3° Les organes de la bouche. Jusqu'à ces derniers temps, on avoit fait peu d'attention à ces organes; mais
Fabricius, considérant que la nature des alimens fixoit mieux
que toute autre chose les rapports et les différences des animaux dans quelque classe que ce fût, les observa particulièrement, et les employa comme base de son célèbre système
entomologique. Aujourd'hui il n'est plus permis de ne les pas
connoître. Ils consistent, dans les *coléoptères* et les *orthoptères*

(*eleuterata* et *ulonata*, Fab.), 1º en un chaperon supérieur, avancé, fixé; 2º en une lèvre inférieure également avancée, mais moins saillante et mobile, entre lesquels se trouvent deux mandibules cornées, le plus souvent courbes et dentées, qui se meuvent latéralement, et qui sont plus ou moins grosses. Le lucane ou cerf-volant est l'insecte d'Europe qui les a le plus saillantes; 3º en deux mâchoires, inférieures aux mandibules, généralement plus petites, ordinairement membraneuses, quelquefois échancrées et velues, se mouvant aussi latéralement; enfin 4º en quatre ou six antennulles (*palpi*, Fab.) de même contexture que les antennes, mais très courtes et insérées, les antérieures au dos des mâchoires, et les postérieures sur la lèvre inférieure.

Voyez Hanneton, Dermeste, Anthrene, Charançon, Attelabe, Criocère, Altise, Ténébrion, Casside, Chrysomèle, Eumolpe, Gribouri, Bruche, Ptine, Cantharide, Carabe et Trogossite.

Il en est de même dans les orthoptères (*ulonata*, Fab.); mais là les mâchoires sont recouvertes par un organe qu'on a appelé *galea*, et dans les névroptères (*synistata*, Fab.), excepté que les mâchoires sont coudées et attachées par leur base à la lèvre inférieure. *Voyez* Grillon, Criquet, Sauterelle, Courtilière, Forficule, Blatte pour les premiers, et Lepisme pour les seconds.

Dans les hyménoptères (*piazata*, Fab.), il y a des mandibules, des mâchoires et une lèvre inférieure; mais ces deux derniers organes s'allongent, et forment, par leur réunion, une trompe au moyen de laquelle ces insectes sucent le miel ou les sucs des végétaux, en même temps qu'ils déchirent les enveloppes qui les recèlent. *Voyez* aux mots Abeille, Guêpe, Ichneumon, Tentrède, Cynips, Diplolèpe, Fourmi.

Les névroptères (*odonata*, Fab.), ont les mâchoires cornées et deux antennulles. Cette classe ne renferme que les libellules et les genres qui en ont été séparés.

Les aptères (*mitosata*, *unogata* et *polygnata*, Fab.) ont les mâchoires cornées, onguiculées, formées par une trompe conique accompagnée d'un suçoir. *Voyez* Pou, Tique, Ricin et Ixode.

Les crustacées. Ces animaux, ainsi que les araignés, ne font plus partie des insectes. J'ai parlé des araignées parcequ'elles intéressent l'agriculteur; mais je passerai sous silence la plupart des genres des crustacées qui vivent tous dans l'eau, et n'influent en aucune manière sur les récoltes. *Voyez* Écrevisse.

Les lépidoptères (*glossata*, Fab.) offrent un grand changement dans les organes de la bouche. Chez eux, il n'y a plus de mandibules ni de mâchoires; ces dernières sont remplacées par une trompe en spirale plus ou moins longue située entre deux antennulles velues. Ces insectes vivent de miel. *Voyez* Papillon, Bombyce, Hépiale, Noctuelle, Phalene, Teigne, Galerie, Pyrale, Alucite.

Dans les hémiptères (*rhyngota*, Fab.) il y a une trompe articulée à sa base, et susceptible de se replier sous le ventre, roide et piquante pour pouvoir entrer dans la chair des animaux ou dans la substance des végétaux, et sucer leurs humeurs. *Voyez* aux mots Cigale, Cercope, Acanthie, Punaise, Puceron, Cochenille.

Chez les diptères (*antiliata*, Fab.) on voit une bouche composée d'un suçoir non articulé, tantôt corné, tantôt membraneux, susceptible de rentrer en lui-même ou de se renfermer dans une cavité, supportant deux ou quatre soies, et accompagné de deux antennulles. *Voyez* Mouche, Syrphe, Taon, Stomoxe, Asile, Œstre, Cousin, Hypobosque.

Après la tête vient le corcelet qui lui est attaché par un petit étranglement, ou une espèce de cou. Il est ou arrondi ou en cœur, plus ou moins allongé, aplati ou bossu, dans les hyménoptères, névroptères, lépidoptères et diptères. Il porte les ailes dans sa partie supérieure et postérieure, donne attache aux pattes dans sa partie inférieure, et offre de plus quatre stigmates sur les côtés.

L'abdomen ou ventre est également attaché au corcelet dans le plus grand nombre des insectes par un filet plus ou moins mince. Cet abdomen varie infiniment dans sa forme, qui cependant représente en général un ovale plus ou moins allongé, plus ou moins aplati. Il est formé d'anneaux écailleux dans le plus grand nombre, et pourvu de chaque côté de stigmates presque sur chaque anneau. Ces stigmates sont de petites ouvertures allongées qui servent à la respiration. Lorsqu'on les bouche toutes l'insecte meurt sur-le-champ.

Dans les coléoptères, les orthoptères et les hémiptères, les élytres et les ailes sont attachées savoir, quatre à la partie antérieure de l'abdomen, et deux à la partie postérieure du corcelet, et souvent accompagnés, à leur base, d'une petite pièce triangulaire qu'on appelle l'écusson. Cet écusson se retrouve quelquefois dans les autres classes; mais alors il n'est qu'une saillie du corcelet.

Les ailes sont au nombre de quatre ou de deux. Dans les coléoptères, et même les orthoptères et les hémiptères, les deux supérieures sont coriaces, c'est-à-dire dures et très peu flexibles; on les appelle des élytres. Ces élytres paroissent peu servir au vol, et même ils sont soudés dans plusieurs espèces. Ils recouvrent presque toujours des ailes membraneuses susceptibles de se replier dans le repos. Leur forme se rapproche ordinairement de celle de l'abdomen ; mais elle est quelquefois différente.

Parmi les insectes qui ont quatre ailes de même nature, il en est qui les ont nervées, les hyménoptères ; d'autres qui les ont réticulées, les névroptères ; d'autres qui les ont recouvertes d'écailles très petites de diverses formes et faciles à enlever, les lépidoptères.

Les diptères n'ont que deux ailes, comme l'indique leur nom, et elles sont toujours nervées. A leur base inférieure et postérieure on remarque un organe qu'on appelle balancier ou cuilleron. C'est un filet blanc terminé par une expansion creuse. On n'est pas bien certain de son usage.

Tous les insectes ont six pattes composées d'une cuisse, d'une jambe et d'un tarse. Ce dernier est lui-même composé de trois à cinq articulations. Il sert de base à l'établissement des familles dans la méthode de Geoffroy. Ces pattes varient de forme, et ont divers appendices, savoir, des épines, des dents, des bosses, etc.

Je ne parlerai pas des parties intérieures des insectes, pour ne pas trop allonger cet article. Je renverrai ceux qui désireroient des notions à cet égard aux ouvrages de Swammerdam, de Réaumur, Degéer, Olivier, Cuvier, Latreille, etc.

Tous les insectes s'accouplent. Les organes soit mâles soit femelles qui agissent dans ce cas sont extrêmement variés et très dignes d'attention ; mais la raison que je viens d'émettre s'oppose à ce que je les décrive.

Le résultat de l'accouplement est toujours ou presque toujours des œufs qui sont placés par la mère sur les plantes ou dans les plantes, les animaux vivans ou morts, la terre, l'eau, etc., suivant le besoin de la larve qui en devra sortir. Rarement la mère se méprend à cet égard. Le nombre d'œufs que pondent les insectes varie extrêmement. Tantôt c'est un petit nombre, tantôt des milliers. L'accouplement terminé, le mâle meurt, et la femelle en fait de même après la ponte ; de sorte que la plus grande partie des insectes ne vivent que quelques jours. Il en est même qui ne vivent que quelques heures, quelques minutes, telles que les éphémères. Beaucoup ne mangent point pendant tout le temps de leur existence à l'état parfait, et les organes du manger ne sont même qu'indiqués dans plusieurs.

Les mâles se distinguent presque toujours assez facilement des femelles, soit par leurs antennes, soit par les organes de la génération, soit enfin par leur taille généralement plus petite. Ils diffèrent tant quelquefois qu'on a de la peine à les reconnoître pour appartenir à la même espèce.

Il n'est point d'insectes, excepté quelques aptères, qui ne

passent par deux états fort remarquables avant de devenir ca-pables d'engendrer. Ces deux états sont ceux de larve et de nymphe, ou chrysalide, ou fève. Ainsi ce n'est pas une mouche qui sort de l'œuf d'une mouche, mais une espèce de ver, qui, après avoir vécu pendant plusieurs mois sous cette forme, cesse de manger, même de se mouvoir, et prend, dans la peau du ver alors consolidée, une forme intermédiaire entre ce ver et la mouche. Au bout d'un certain nombre de jours, cette nymphe se change en mouche, et prend son essor dans l'air. Ces mé-tamorphoses, si étonnantes, ont principalement été observées dans la classe des lépidoptères. Là, un BOMBICE (*voyez* ce mot et le mot VER A SOIE) dépose des œufs d'où sortent des larves qu'on appel'e chenilles, qui, après avoir changé plusieurs fois de peau, filent un cocon de soie dans lequel elles se trans-forment en nymphes, et d'où sort un insecte parfaitement semblable aux pères et mères.

Ces transformations ont chacune une durée plus ou moins longue selon les espèces, et même l'état de l'atmosphère; car la chaleur les accélère, et le froid les retarde. Elles se termi-nent souvent en peu de mois; généralement il leur faut une année, et quelquefois plusieurs, témoin les hannetons. J'en parlerai avec quelques détails aux articles des insectes dont il sera fait mention dans cet ouvrage, comme nuisibles à l'agri-culture.

L'énorme quantité d'insectes qui tous les ans laissent leur dépouille sur la terre ou dans les eaux ne permet pas de dou-ter de l'influence qu'ils ont comme engrais sur la végétation. Les hannetons, par exemple, après avoir vécu sous l'état de larves aux dépens des racines, et sous l'état d'insectes parfaits aux dépens des feuilles, meurent dès qu'ils ont rempli le but de la nature, c'est-à-dire que les mâles ont fécondé les fe-melles et que les femelles ont pondu, et rendent à la terre ce qu'ils lui ont pris. Comme la décomposition de leur test est plus lente que celle de leurs vaisseaux, ils agissent pendant plusieurs années. *Voyez* au mot CORNE.

Les lieux où il se trouve le plus d'insectes sont les terrains secs et chauds, et les terrains frais et humides. Les champs fertiles, les bois non marécageux en offrent peu. On confond souvent les vers avec les insectes. Cependant il est important de les distinguer. *Voyez* VERS.

Les insectes utiles se réduisent presque au VER A SOIE et à la CANTHARIDE. (B.)

INSTRUMENS D'AGRICULTURE. Malgré sa raison qui l'élève au-dessus de tous les animaux, l'homme seroit un être très malheureux s'il étoit réduit à l'unique emploi de ses bras, sans le secours d'outils ou d'instrumens propres à seconder son adresse et sa force. Alors il ne pourroit ni ouvrir le sein de la terre, ni abattre les bois qui la couvrent, ni recueillir la plupart de ses productions, et les convertir à son usage. Dans un état aussi misérable il se verroit chaque jour exposé à mourir de faim. C'est donc le besoin impérieux de sa conservation qui lui a fait inventer des instrumens à l'aide desquels il pût, en tout temps, pourvoir d'une manière sûre à sa subsistance. On en trouve chez tous les peuples de la terre, même les moins civilisés. Chez ces derniers ils sont, il est vrai, très imparfaits et en petit nombre, mais ils suffisent à leurs besoins. Ainsi les sauvages, uniquement occupés de la chasse, ont leur arc et leurs flèches; ceux qui ne vivent que de poisson ont leurs lignes et leurs filets; et les peuples pasteurs ont leurs outres dans lesquelles ils conservent le lait de leurs troupeaux.

L'agriculture exigeoit des instrumens particuliers applicables exclusivement à cet art; ils n'ont pu être inventés que par une nation agricole. Dans le principe ils furent sans doute grossiers, mais on les perfectionna peu à peu. On les fit d'abord de pierre et de bois, parceque ces matières se trouvent par-tout; le fer étoit caché dans les entrailles de la terre, et les instrumens en fer ne durent, par cette raison, être connus que fort tard. Peut-être même ne fut-ce qu'après plusieurs siècles de civilisation que le premier peuple qui s'en servit les inventa. Cette découverte, la plus utile qui ait été faite, mais dont on ignorera toujours l'époque et les auteurs, changea nécessairement l'état des sociétés et de l'agriculture. Dès que l'homme fut en possession du fer, dès qu'il eut appris à l'amollir par le feu et à le forger, il s'empressa d'en fabriquer des instrumens moins imparfaits et plus durables que ceux dont il avoit auparavant fait usage. Ce ne fut même qu'alors qu'il put aisément défricher le sol qu'il habitoit, et en retourner ou remuer la terre à son gré, pour la rendre plus productive. Par ce nouveau travail ses richesses s'accrurent, et avec elles son industrie, qui lui fit perfectionner de plus en plus les instrumens, soit de fer, soit de bois, qu'il avoit chaque jour à la main. Le parti qu'il en tiroit pour l'agriculture lui donna l'idée d'en faire pour tous les arts qui s'y rapportent. Il en varia les formes et les dimensions; il en multiplia le nombre selon ses besoins; et avec le temps, ce nombre s'accrut tellement que leur fabrication devint l'objet de plusieurs arts mécaniques, à chacun desquels se consacra une société particulière d'ouvriers.

Ces arts sont ceux du taillandier, du forgeron, du serrurier pour les instrumens en fer; du menuisier, du charron, du tourneur pour ceux en bois. Ainsi dans la boutique de ces hommes grossiers en apparence, et que nous considérons à peine, se trouvent les choses les plus utiles au genre humain, et sans lesquelles il ne fut vraisemblablement jamais sorti de l'état sauvage ; on peut même assurer qu'il y retomberoit bientôt, si, par quelque catastrophe qui semble impossible, il venoit à perdre un jour la connoissance et l'usage des instrumens dont il s'agit. Quelle reconnoissance ne devons-nous donc pas à ceux qui les ont inventés, et quels encouragemens ne devrions-nous pas donner aux hommes industrieux qui s'occupent de les fabriquer ? car bien que nous soyons aujourd'hui très riches en outils de toute espèce appliqués à l'agriculture, il reste encore beaucoup à faire pour les porter au degré de perfection dont ils seroient susceptibles. Dans plusieurs pays de l'Europe qui est civilisée depuis si long-temps, dans plusieurs cantons de la France on fait encore usage d'instrumens imparfaits qui n'atteignent qu'en partie le but qu'on se propose, sans soulager beaucoup le manœuvre qui s'en sert ou les animaux dont il s'aide pour les mettre en jeu.

Dans l'art agricole, comme dans les autres arts, et comme dans toutes les entreprises de l'homme qui ont un objet utile, le point essentiel, le grand secret, est d'obtenir le résultat le plus avantageux avec le moins de dépense possible. Quelle confiance pourroit inspirer une méthode de culture nouvelle dont les produits, quoique très brillans, ne surpasseroient jamais les frais, et ne seroient obtenus que par des moyens extraordinaires hors de la portée du commun des cultivateurs. Chacun sait qu'on peut tout faire à force de bras et d'argent ; mais tout faire en agriculture seroit la ruine de l'art et du cultivateur, si la dépense excédoit toujours la recette ; car où trouver alors des capitaux pour continuer ? Il faut donc que l'agronome, qui ne veut pas perdre ses fonds et ses sueurs, ait continuellement dans sa tête ou sur le papier un compte ouvert des frais que nécessitent et des produits que peuvent lui faire espérer ses travaux, et que, d'après ce compte consulté chaque jour, il combine et dirige ses opérations de la manière la plus profitable pour lui. Le plus sûr moyen d'atteindre ce but est l'usage d'instrumens perfectionnés. Non seulement ils ménageront ses forces et son temps, mais ils économiseront encore sa bourse ; car il est clair que moins un homme aidé d'un bon instrument met de temps et de force à tel ou tel travail, plus il lui en reste pour tous les autres, et moins ce travail lui coûte. Alors un seul homme en vaut deux, en vaut trois, quelquefois cinq ou six, ou même plus. Que d'hommes et de bras ne faudroit-il pas pour préparer les terres destinées aux plantes céréales, si la charrue n'étoit pas connue ?

Tout ce qui vient d'être dit prouve combien il importe aux progrès de l'agriculture que les instrumens réputés jusqu'à ce

moment les meilleurs soient généralement employés. Nous
nous sommes imposé la tâche de les faire connoître dans ce
Dictionnaire, où nous avons décrit à leurs lettres chacun de ces
instrumens; ces descriptions sont le plus souvent accompagnées
de figures qui les représentent. En parlant de leur structure,
de leurs avantages ou de leurs défectuosités, nous avons toujours présenté quelques vues sur ce qu'il y auroit à faire
pour les rendre plus parfaits et d'un usage plus général.

Il existe à Paris un vaste dépôt, entretenu aux frais du
gouvernement, où se trouvent rassemblés, dans l'ordre convenable, tous les outils, ustensiles, machines et instrumens,
que le génie industrieux de l'homme, et des Européens sur-
tout, a inventés jusqu'à ce jour pour les arts de toute espèce.
Cet établissement porte le nom de *Conservatoire des arts et
métiers*. La direction en est confiée à MM. Montgolfier et
Molard, dont les profondes connoissances et les talens sont
connus de tous les hommes éclairés. On y voit, soit les machines
ou instrumens dans leur grandeur naturelle, soit des modèles
en relief, exécutés supérieurement sur différentes échelles; il
réunit principalement toutes les nouvelles découvertes faites
en ce genre, dues aux progrès des sciences et aux encouragemens donnés par le gouvernement et par les sociétés savantes.
Ce dépôt est ouvert au public deux fois par semaine, et les
gens instruits peuvent en tout temps y aller puiser les connoissances dont ils ont besoin. MM. les directeurs se font un
plaisir de les accompagner dans les salles et de les aider de
leurs lumières. L'un d'eux, M. Molard, doit publier incessam-
ment un grand ouvrage sur tous les instrumens consacrés à
l'agriculture. Cet ouvrage, fruit de vingt ans de travail et
d'observations, est attendu avec une juste impatience par tous
les hommes qui prennent un véritable intérét au perfectionnement de cet art.

Pour faire valoir utilement son domaine ou sa ferme, il ne
suffit pourtant pas d'avoir de bons instrumens aratoires; il faut
encore savoir les conserver. Un sage économe doit les entretenir toujours en bon état. Dans les saisons et les jours où ces
instrumens reposent, il doit veiller à ce qu'ils ne restent point
à l'air et au soleil, et les serrer dans un lieu où ils puissent
être garantis de la rouille et de l'humidité. Lorsqu'ils ont besoin de réparation, il doit les faire faire à l'avance, et ne pas
attendre pour cela l'époque où il est obligé de s'en servir;
car alors il n'est plus temps, les instrumens sont mal réparés
et ne rendent pas le même service. Il seroit peut-être bon aussi
que tout cultivateur sût en faire lui-même quelques uns, ceux
en bois, par exemple, qui ne demandent qu'une industrie
ordinaire, tels que les échelles, les râteaux, les pelles, les

caisses, les brouettes, tous les manches d'outils en fer, etc.
Ce seroit autant d'argent épargné, et il pourroit employer à
ce travail une partie de ses soirées d'hiver. Il est essentiel au
moins qu'il se connoisse en instrumens de toute espèce, pour
n'être pas trompé dans leur achat. Ayant l'habitude de les
manier, et étant, pour ainsi dire, familiarisé avec eux, il doit
savoir juger au premier coup d'œil de leur bonté, et avoir des
moyens d'essais pour reconnoître ce qui leur manque.

Ce seroit peut-être ici le lieu de faire connoître les diverses
sortes de fer et de bois propres à tels ou tels instrumens, leurs
qualités, leurs défauts, la manière de les travailler et d'en
tirer le meilleur parti. Mais outre que ces détails nous mène-
roient trop loin, ils concernent spécialement les arts dont
nous avons parlé, et qui s'occupent de la fabrication de ces
instrumens. D'ailleurs on trouvera ce qu'il importe le plus
de savoir sur cet objet aux articles de ce Dictionnaire où on
traite de chaque instrument en particulier. *Voyez* ces articles
et les articles OUTILS, USTENSILES, MACHINES. (D.)

**INSTRUMENS NECESSAIRES AU PANSEMENT DES
ANIMAUX.** On a suffisamment fait sentir aux articles cheval,
mulet, âne, bœuf, vache et mouton combien il étoit important, pour conserver ces animaux en état de santé, de les
panser, autant que possible, tous les jours, ou au moins plusieurs fois par semaine. Pour cette opération, on se sert d'ustensiles propres à remplir ce but. Ces ustensiles sont l'ÉTRILLE,
l'ÉPOUSSETTE, la BROSSE, le BOUCHON, la BROSSE LONGUE, l'ÉPONGE,
le PEIGNE et le COUTEAU DE CHALEUR. Ceux d'entre eux qui ont
paru mériter de faire le sujet d'un article sont particulièrement décrits aux mots qui les concernent (B.)

INULE, *Inula*. Genre de plantes de la syngénésie superflue
et de la famille des corymbifères, qui renferme une quarantaine d'espèces, dont quelques unes sont employées en médecine, et d'autres si abondantes en quelques lieux, qu'il n'est
pas permis aux agriculteurs de se refuser à les connoître, parcequ'ils peuvent en tirer quelque parti sous les points de vue
économiques.

L'INULE AUNÉE, *Inula helenium*, Lin., est une plante à
racine vivace, grosse, charnue; à tige cannelée, velue, rameuse, haute de trois ou quatre pieds; à feuilles alternes,
lancéolées, ridées, dentées, velues, blanchâtres en dessous,
et longues souvent de plus d'un pied; les radicales pétiolées,
les caulinaires amplexicaules; à fleurs jaunes, quelquefois
de deux pouces de diamètre, solitaires sur de longs pédoncules sortant de l'aisselle des feuilles supérieures. Elle croît
naturellement dans toute l'Europe aux lieux frais et ombra-

gés, dans les bois humides, et fleurit au milieu de l'été. Toutes ses parties exhalent dans la chaleur, ou quand on les froisse, une odeur forte peu agréable, susceptible même d'affecter les personnes délicates. Cette odeur s'adoucit par la dessiccation.

La racine de cette plante, qu'on appelle dans les pharmacies *inula campana*, est fréquemment employée en médecine comme alexitère, stomachique, vermifuge, tonique, détersive, et sur-tout résolutive. Elle est âcre et amère au goût. On en fait une conserve, un extrait et une eau distillée. On l'ordonne fraîche ou sèche, soit en décoction, soit en poudre.

La grandeur et le beau port de cette plante la rendent propre à l'ornement des jardins paysagers, où on la place sur le bord des massifs à l'exposition du nord et dans les lieux frais. Il faut pour qu'elle produise de l'effet qu'il y en ait plusieurs pieds à peu de distance l'un de l'autre. Une terre argileuse paroît être celle qu'elle préfère. On la cultive aussi pour l'usage de la médecine.

L'INULE DES PRÉS, *Inula dyssenterica*, Lin., a les feuilles en cœur, oblongues et un peu velues. Elle est vivace et extrêmement commune dans les prés, les bois marécageux. Sa hauteur surpasse à peine un pied. Les bestiaux y touchent rarement. Son abondance devroit engager les cultivateurs à la couper au commencement de l'automne, époque où elle entre en fleur, soit pour augmenter la masse de leurs fumiers, soit pour, en la brûlant dans des fosses, en tirer de la potasse. On en fait usage en médecine comme astringente, sur-tout dans la dyssenterie.

L'INULE AQUATIQUE, *Inula anglica*, Lin., a les feuilles lancéolées, velues en dessous. Elle est vivace et croît sur le bord et même dans les ruisseaux, les marais, etc. Les observations faites à l'occasion de la précédente lui sont applicables.

L'INULE PULICAIRE a les feuilles amplexicaules, oblongues, ondulées, velues; les fleurs globuleuses, à demi-fleurons peu apparens, et les pédoncules opposés aux feuilles. Elle est vivace, croît sur le bord des rivières et des étangs, dans les lieux qui sont couverts d'eau pendant l'hiver. Sa hauteur surpasse rarement cinq à six pouces, mais elle couvre souvent exclusivement de grands espaces. Les bestiaux ne la recherchent pas.(B.)

IPÉCACUANHA. Nom d'une petite racine apportée de l'Amérique, qu'on emploie avec succès en médecine, et qui est fournie par différens végétaux, sur les noms et les familles desquels les naturalistes ne s'accordent pas entièrement. En général, dans toute l'Amérique méridionale, les noms d'*ipécacuanha*, *ipacacuan*, *picacuanha*, *picacuan*, *ipecaca*, *ipeca*, ne signifient autre chose qu'une racine émétique ; et les plantes que nous confondons sous le nom d'*ipécacuanha* sont tirées de diverses familles.

Cette racine est noueuse, inodore, d'une saveur âcre nauséabonde ; elle a une écorce épaisse relativement à sa grosseur, et de couleur brune, grise ou blanche. Aussi distingue-t-on dans le commerce trois principales sortes d'ipécacuanha, le brun, le gris et le blanc, ou faux ipécacuanha. Le premier nous vient du Brésil ; le second du Pérou ; le troisième est récolté dans diverses contrées chaudes de l'Amérique ; ce dernier est consommé en grande partie dans les pays qui le produisent, et le débit qui s'en fait au dehors est beaucoup moins étendu que celui des deux autres espèces. L'*ipécacuanha* brun est le plus estimé ; on en fit peu d'usage en France jusqu'en 1686 ; mais à cette époque Adrien Helvétius, médecin de Reims, l'ayant essayé, et en ayant obtenu le plus heureux succès, Louis XIV l'acheta de lui pour en rendre l'usage public.

L'ipécacuanha officinal est rangé au nombre des vomitifs et des altérans. Comme vomitif, on l'emploie dans tous les cas où l'émétique est indiqué. Il ne survient après son effet ni anxiété, ni douleurs, ni diminution sensible des forces vitales et musculaires, ni mouvemens convulsifs. On le prend en poudre depuis dix jusqu'à trente-cinq grains, délayé dans un véhicule aqueux, ou incorporé avec un sirop convenable. Comme altérant, on le donne depuis quatre jusqu'à dix grains : sous cette forme, il fortifie l'estomac sans l'irriter, et il est très propre à prévenir ou à dissiper les petites indigestions insensibles, trop communes dans l'âge de retour. Il doit être alors pris à très petites doses, pour qu'il ne cause aucune nausée, mais seulement une légère sensation du mouvement vermiculaire de l'estomac, qui suffit pour en détacher les glaires ; car cette poudre ne les dissout ni ne les fond, mais les fait rendre dans leur état de viscosité. Pour ne point éprouver alors de nausées par son effet, on doit commencer par la plus petite dose, et l'augmenter peu à peu, s'il est nécessaire, jusqu'à ce que son action commence à être sensible. La forme des pillules ou pastilles, faites à un huitième, douzième ou seizième de grain pour chacune, est commode, en ce qu'elle donne la facilité de prendre si peu d'ipécacuanha que l'on veut à la fois. Les pastilles sont préférables aux pillules, parceque celles-ci peuvent, par l'ancienneté, se durcir au point de sortir de l'estomac entières et sans y agir comme on le désire.

La plante qui donne l'*ipécacuanha* est vraisemblablement cultivée dans quelques cantons de l'Amérique ; mais nous n'avons pu nous procurer sur sa culture aucuns renseignemens sûrs. Il seroit peut-être possible de l'acclimater dans les parties les plus australes de l'empire français ; et la naturalisation de ce précieux végétal parmi nous, ou dans les colonies que nous possédons, seroit, sans aucun doute, préférable à celle de beaucoup de plantes de luxe que l'on voit dans les jardins des curieux, et qui ne présentent, ni pour le moment, ni pour l'avenir, aucune espèce d'utilité. (D.)

IRIS, *Iris*. Genre de plantes de la triandrie monogynie et de la famille des iridées, qui renferme une soixantaine d'espèces presque toutes remarquables par la beauté de leurs fleurs, et dont on emploie fréquemment plusieurs à la décoration des parterres et des jardins paysagers.

Tous les iris ont les feuilles en épée, c'est-à-dire lancéolées, pointues, roides, engainées par les côtés et distiques ; leurs racines sont communuément charnues et traçantes, mais elles sont tubéreuses dans quelques espèces. Leurs fleurs sont très remarquables par leur forme et leur grandeur. Ils ont un port qui leur est particulier, et qui, quoique peu élégant, plaît par son contraste avec celui de la plupart des autres plantes. Les espèces que leur beauté, leur importance, ou leur abondance font principalement remarquer, sont,

L'iris de Suze, dont la tige a deux pieds de haut, et dont la fleur, car il n'y en a presque toujours qu'une, est très grande, d'un brun foncé et reticulée de pourpre. Il est originaire de l'Asie mineure et se cultive dans nos jardins à raison de la beauté de sa fleur. Une terre sèche et chaude est celle qui lui convient le mieux. Les gelées lui nuisent quelquefois dans le climat de Paris lorsqu'on ne couvre pas ses racines pendant l'hiver. Les jardiniers l'appellent quelquefois *iris en deuil* et *iris de Calcédoine*. Il fleurit de très bonne heure au printemps.

L'iris de Florence ressemble beaucoup au précédent par ses feuilles et sa tige, mais il porte deux fleurs sessiles grandes, toutes blanches et odorantes. Il croît naturellement dans l'Europe méridionale et se cultive dans beaucoup de jardins à raison de ses racines qui ont une odeur de violette qui se conserve long-temps après qu'elles sont desséchées. On s'en sert assez souvent en médecine comme purgatif, incisif, détersif et sternutatoire. Les frelateurs de vins l'emploient aussi pour imiter ceux de Seyssel, de Saint-Perray et autres. Les parfumeurs sur-tout en font une grande consommation pour la poudre, les sachets odorants, etc. On le cultive rarement en France pour l'utilité ; cependant, dans nos départemens méridionaux, il pourroit devenir l'objet d'un produit de quelque valeur. Il se conserve en pleine terre dans le climat de Paris, mais il lui faut une exposition très chaude et des couvertures en hiver. Il fleurit au commencement de l'été.

L'iris germanique a la tige haute de trois pieds ; les fleurs au nombre de trois à six, d'un bleu foncé ou d'un pourpre clair. Il croît naturellement dans les parties orientales de l'Europe et se cultive très communément dans les jardins dont il fait, sous le nom vulgaire de *flambe*, l'ornement pendant le mois de juin. Toute terre lui est bonne pourvu qu'elle ne soit pas aquatique ; celle qui est légère et fraîche lui convient le mieux. On le voit pousser avec vigueur et fleurir abondamment sur des rochers, des murs, où ses racines sont presque entièrement hors de terre. Les hivers les plus rigoureux n'ont aucun effet sur lui. On le place soit dans les parterres, soit contre les murs des terrasses, soit sur les rochers, les tertres, les ruines, le bord des massifs, le milieu des gazons, etc. Dans beaucoup d'endroits on le place sur le sommet des chaumières et des murs, pour que ses racines retiennent la terre qui empêche l'eau de les dégrader. Par-tout il se fait remarquer par ses larges feuilles glauques qu'il conserve toute l'année, et par ses grandes fleurs éclatantes. Le reproche qu'on peut lui faire, c'est d'être devenu trop vulgaire par suite de sa rusticité et de la facilité de sa multiplication ; sa racine est inodore, mais âcre. C'est un purgatif violent, sur-tout quand il est frais. On en peut tirer, en le râpant dans l'eau, une petite quantité de fécule susceptible d'être mangée sans inconvénient. Ses fleurs fraîches pilées fournissent à la peinture en mignature la couleur verte connue sous le nom de *vert d'iris*.

L'iris pale, à odeur de sureau, et jaunatre, ne diffèrent presque de ce dernier que par la couleur de leurs fleurs. On les place quelquefois avec lui pour faire variété.

L'iris nain a des tiges de quatre à cinq pouces peu différentes en grandeur des feuilles. Ses fleurs sont solitaires et très saillantes hors de la spathe. Il est originaire de la France méridionale et fleurit au milieu du printemps. Peu de plantes sont plus agréables lorsqu'il est en fleurs, et que ses nombreuses variétés sont convenablement mélangées. On en voit à fleurs pourpres, à fleurs violet pâle et violet foncé, à fleurs rouges, à fleurs jaunâtres ou blanches dans des nuances sans nombre et difficiles à décrire. On en fait des bordures, des touffes dans les parterres ; on en garnit les gazons, le bord des massifs dans les jardins paysagers. Par-tout il se fait admirer par la richesse de la décoration qu'il produit.

L'iris des marais, *Iris pseudo-acorus*, Lin., a la tige de la hauteur des feuilles, très rameuse, en zigzag, chaque rameau portant deux ou trois fleurs jaunes. Il croît dans les lieux aquatiques au milieu même de l'eau, fleurit pendant l'été et est connu sous le nom vulgaire de *glayeul des marais*. Son abondance, dans certains cantons, fait regretter que ses racines ne soient pas du goût des cochons, et ses feuilles recherchées des vaches et des chevaux. On n'a d'autre parti à en tirer que de couper ces dernières au milieu de l'été pour en faire de la litière ou les placer immédiatement sur le fumier. Cette plante est susceptible d'orner le bord des bassins dans les jardins paysagers, et peut servir à empêcher les dégradations des ruisseaux, car ses racines sont très nombreuses et très entrelacées, et lorsqu'elles se sont emparées d'un terrain, il n'est point d'averses en plaine qui puissent l'arracher; à peine les torrens des hautes montagnes pourroient-ils y parvenir. Sous ce rapport il peut devenir très utile à l'agriculture. *Voyez* ALLUVION.

L'IRIS FÉTIDE a les feuilles d'un vert foncé; les tiges anguleuses, hautes de deux pieds; les fleurs petites et d'un bleu obscur. Il croît dans les bois argileux de quelques parties de la France. Je l'ai vu très abondant dans quelques lieux. Ses feuilles froissées exhalent une odeur désagréable. On le cultive quelquefois pour la beauté de sa graine qui est d'un rouge de corail et qui subsiste dans les capsules ouvertes jusqu'au milieu de l'hiver.

L'IRIS DES PRÉS, *Iris siberica*, Lin., a les feuilles linéaires; les tiges cylindriques, hautes de quatre pieds, et les fleurs de deux nuances de bleu, veinées à leur base de jaune et de blanc. On le trouve dans les montagnes de l'Europe orientale, et on le cultive quelquefois dans les jardins, où il forme des touffes très épaisses et très agréables. Il fleurit en mai.

L'IRIS PRINTANIER ressemble beaucoup à l'*iris nain*, mais ses feuilles sont linéaires et ses fleurs exhalent une odeur suave. Il est originaire de l'Amérique septentrionale. Lorsqu'il sera plus commun il le remplacera avec avantage, sur-tout dans les parties méridionales de l'Europe, car il paroît qu'il craint la gelée dans le climat de Paris.

Toutes ces espèces se multiplient de graines qu'on sème aussitôt qu'elles sont mûres; savoir, les deux premières en terrines sur couche et sous châssis, et les autres dans des plates-bandes au levant. Le plant qui en provient peut se lever la seconde année. Ce moyen, qui ne fournit des fleurs que la quatrième ou cinquième année, s'emploie d'autant plus rarement que les racines, coupées en plusieurs morceaux, fournissent de nouveaux pieds dont la floraison a lieu souvent dès la première année. Les espèces rustiques, principalement l'*iris germanique* et l'*iris nain*, donnent chaque année beaucoup plus de pousses nouvelles que le besoin du commerce ne l'exige; aussi, malgré qu'elles fassent d'autant plus d'effet que leur touffes sont mieux garnies, on est annuellement obligé d'en jeter une grande quantité, par suite de la nécessité d'empêcher qu'elles ne s'emparent de tout le terrain. C'est en automne ou en hiver que cette opération doit se faire.

L'IRIS BULBEUX, *Iris xiphium*, Lin., a les bulbes pointues; les feuilles linéaires, canaliculées, striées; les tiges hautes d'un pied; les fleurs grandes et les stigmates bifides. Il croît dans les parties méridionales de l'Europe. On le cultive dans les jardins, où il donne des variétés nombreuses dans les nuances du rouge, du bleu, du violet, du jaune, du blanc et même où il se panache. Il fleurit au milieu de l'été.

L'IRIS TUBÉREUX a les bulbes composées de deux ou trois digitations; les feuilles linéaires, tétragones, canaliculées; les tiges moins longues que les feuilles; les fleurs verdâtres et d'un pourpre noirâtre. Il est originaire du Levant. On l'appelle le *faux hermodacte*, parceque les Turcs emploient sa racine pour se purger comme le véritable hermodacte qui est celle d'un colchique. Il craint la gelée.

L'IRIS DE PERSE a les racines bulbeuses; les feuilles linéaires, canaliculées, droites, glauques, distiques, la fleur sessile solitaire, radicale, assez grande, blanche, bleue, jaune et violette. Il est originaire de Perse, fleurit au premier printemps, et craint les gelées du climat de Paris.

L'IRIS DOUBLE BULBE, *Iris sisyrinchium*, Lin., a la racine composée de deux bulbes, les feuilles linéaires, ondulées, canaliculées; la tige d'un demi-pied; les fleurs d'un violet pâle. Il croît naturellement en Portugal. On le cultive dans quelques jardins. Ses bulbes peuvent se manger et même se mangent dans son pays natal.

Ces quatre dernières espèces sont plus délicates que les précédentes et plus rares dans les grands jardins. On les multiplie par leurs bulbes. Comme elles foisonnent moins, il est bon de les laisser en terre pendant quelques années, deux ou trois par exemple; mais il faut nécessairement les relever ensuite pour les débarrasser de la surabondance de leurs bulbes et les changer de place, car elles épuisent rapidement le sol. Parmi elles la première est la plus connue et véritablement la plus belle par ses effets, sur-tout quand ses variétés sont convenablement mélangées. (B.)

IRRÉGULIÈRE. BOTANIQUE. Toute corolle, soit monopétale ou polypétale, dont les différentes parties ne sont pas semblables, ou plutôt dont les divisions diffèrent tellement entre elles, qu'elles n'offrent point de symétrie dans leur ensemble, est irrégulière. L'aristoloche présente l'exemple d'une corolle monopétale irrégulière, et le pois, celui d'une corolle polypétale irrégulière. (R.)

IRRIGATIONS (ART DES). AGRICULTURE ET ARCHITEC-
TURE RURALE.) Par le mot irrigation on entend particulièrement un arrosement à grande eau, procuré par des constructions convenables, et opéré à la fois sur une certaine étendue de terrain.

La pratique des irrigations remonte à la plus haute antiquité. Les historiens citent avec complaisance les canaux, les réservoirs, les aqueducs que les anciens souverains de l'Egypte, de la Grèce et de l'Inde avoient fait construire à grands frais dans leurs états respectifs, tant pour procurer de l'eau aux cités les plus populeuses que pour l'arrosement des terres.

Les Romains, encore témoins de la fertilité et de la prospérité que la merveilleuse distribution des eaux répandoit en Egypte et en Grèce, surent apprécier ces travaux bienfaisans; ils en étudièrent le mécanisme; et l'introduction de la pratique des irrigations en Italie y fut regardée, avec le temps, comme l'un des plus utiles trophées de leurs victoires.

Leur histoire est remplie de descriptions des canaux et des aqueducs que ce peuple conquérant a édifiés sur son territoire, en Espagne et dans les Gaules.

Le plus grand nombre de ces immenses travaux a été détruit pendant les siècles de barbarie qui ont suivi la chute de l'empire romain; mais la tradition des grands avantages des irrigations s'étoit conservée en Italie; ils étoient consignés dans les ouvrages des agronomes et des poëtes. Aussi, à la renaissance des lettres, on vit bientôt l'agriculture italienne essayer de s'emparer des sources abondantes des fleuves qui traversent son territoire, pour en distribuer les eaux sur les terres pendant la saison brûlante de ce climat, et parvenir insensiblement à un système général d'irrigation dont la perfection a été justement célébrée par tous les voyageurs agronomes.

L'Italie passe effectivement pour être le berceau de la science hydraulique moderne, et ses règlemens sur la jouissance et la distribution des eaux entre les riverains méritent d'être pris pour modèles par tous les gouvernemens.

La France, sous François Ier, s'est empressée d'imiter un exemple aussi utile à l'agriculture, et la pratique des irrigations s'y est introduite, d'abord dans ses parties méridionales, ensuite dans ses pays de montagnes, et enfin dans un assez grand nombre d'autres provinces.

La Suisse, l'Allemagne, la Hollande et l'Angleterre n'ont pas non plus négligé un moyen aussi puissant d'augmenter la fertilité des terres. Ces différens états en ont adopté l'usage; ils ont introduit sa pratique dans leurs colonies, et aujourd'hui toutes les parties du monde offrent des travaux d'irrigation, peut-être encore imparfaits et restreints dans un trop petit nombre de localités, mais du moins qui procurent de très grands avantages par-tout où ils sont établis.

Il faut convenir cependant que les travaux modernes d'irrigation ne présentent pas généralement le caractère de grandeur et de bienfaisance générale qui distingue ceux du lac Mœris et du canal d'Alexandrie en Egypte, ainsi que les canaux d'irrigation et de navigation de la Chine, parceque les premiers sont pour ainsi dire isolés et appropriés aux besoins particuliers de l'agriculture, tandis que ceux-ci embrassoient dans leurs effets, et les besoins généraux de l'agriculture, et ceux de la navigation et des cités.

Quoi qu'il en soit, des exemples aussi nombreux, et une opinion aussi unanime, établissent suffisamment les avantages des irrigations et l'intérêt que les propriétaires trouveroient à en adopter l'usage toutes les fois que les circonstances locales pourroient le permettre.

Mais pour se livrer avec succès à leur pratique, comme à celle de toute autre partie de l'agriculture, il faut réunir les trois conditions que prescrivent (du moins à ce que je crois) les anciens géoponiques : le *vouloir*, le *pouvoir* et le *savoir*.

La première condition semble ne devoir souffrir aucune difficulté, car l'homme est naturellement porté à désirer pour lui, ou pour sa famille, une augmentation de fortune; mais si, pour l'obtenir, il est obligé de se livrer à un travail extraordinaire et inaccoutumé, ou de faire des avances pécuniaires dont l'emploi nouveau lui laisse la moindre inquiétude sur le succès; alors il repousse toute idée d'innovation, et reste fermement dans les sentiers de sa routine ordinaire. Cette force de l'habitude est l'un des principaux obstacles aux améliorations dont l'agriculture pourroit être localement susceptible, et on ne parviendra à le surmonter que par l'instruction et des exemples.

La seconde condition, le *pouvoir*, s'applique ici et aux facultés pécuniaires du propriétaire, et aux obstacles locaux.

Sans doute, on ne peut rien faire sans capitaux disponibles; mais en irrigations, la dépense des travaux qu'elles exigent n'est généralement pas aussi grande qu'on le croit trop communément. Cette dépense s'élève rarement au-dessus des facultés ordinaires de l'homme simplement aisé, comme on le verra ci-après, et même elle se trouve quelquefois à la portée de celles du plus petit propriétaire. D'ailleurs, dans les circonstances difficiles, on peut former des associations.

A l'égard des obstacles locaux ou physiques, nous n'en reconnoissons qu'un d'absolu, celui de la dépense des travaux d'établissement, lorsqu'elle seroit trop grande pour pouvoir être convenablement compensée par les augmentations de produits que les irrigations doivent procurer; l'art est parvenu à surmonter tous les autres, et même à suppléer au dénuement total des sources visibles.

Mais il existe des difficultés morales qui souvent deviennent des obstacles absolus pour les irrigations. Tels sont, 1° le morcellement des propriétés; 2° la difficulté des clôtures; 3° l'usage du parcours sur toutes les terres non closes; 4° les oppositions à la jouissance naturelle des eaux, qui sont si fréquentes dans les localités où il y a beaucoup d'usines, etc.

Le gouvernement seul peut lever ces obstacles par des dispositions législatives convenables, dont on trouve de si bons modèles dans les règlemens administratifs de l'Italie, de la Toscane et du Danemarck.

Ces difficultés n'ont point échappé au zèle de MM. les rédacteurs du projet du nouveau Code rural, et les moyens de les surmonter font partie de leur travail.

La troisième condition, *le savoir*, est ici d'autant plus nécessaire, qu'elle seule peut éclairer la volonté du propriétaire, et la déterminer avec connoissance de cause. Mais elle est la plus difficile à remplir; non pas que l'étude de l'art des irrigations exige d'autres connoissances élémentaires que celles que tous les propriétaires devroient acquérir pour bien administrer leurs différentes natures de biens, mais parceque, malgré le nombre d'ouvrages, bons en eux-mêmes, que nous possédons sur cet art, il n'en existe aucun, du moins à notre connoissance, qui soit assez étendu et assez complet pour servir de guide dans tous les cas et dans toutes les circonstances.

En général, chacun de leurs auteurs s'est plutôt appliqué à décrire les pratiques d'irrigation de sa localité, qu'à rechercher les causes générales et particulières de leurs bons effets. Se croyant assez fort de son expérience locale, il a érigé ces pratiques en préceptes absolus, et, en les comparant ensemble, on y trouve des contradictions décourageantes, même pour les hommes les plus décidés à les mettre en pratique.

Aussi celle des irrigations est-elle encore concentrée, pour ainsi dire, dans les lieux où elle est adoptée depuis long-temps.

Pour la faire sortir de ces limites beaucoup trop étroites, et la répandre dans tous ceux où elle pourroit être avantageuse, il faudroit donc familiariser tous les propriétaires avec les travaux d'art que les irrigations exigent, et avec les pratiques qu'ils doivent adopter suivant les circonstances locales, c'est-à-dire les initier dans la théorie et la pratique des irrigations.

Telle est la tâche particulière que nous nous sommes imposée dans cet article, et que nous n'aurions pas osé entreprendre sans les secours que nous ont fournis, 1° l'architecture hydraulique de *Bélidor* ; 2° l'hydraulique de *Dubuat* ; 3° l'article *irrigation* de *Rozier*, dont M. *Bertrand* paroît avoir été le guide ; 4° les mémoires de M. *Cretté de Palluel* ; 5° ceux de M. *de Chassiron* ; 6° le traité général des prairies de M. *Dourches* ; 7° le traité général de l'irrigation de *William Tatham*, traduit de l'anglais ; 8° différens voyageurs.

Le sujet, traité dans son ensemble et avec ses principaux détails, est absolument neuf, et nous n'avons pu nous dissimuler toutes les difficultés de ce travail ; aussi, pour nous déterminer à nous y livrer, avons-nous eu besoin de compter sur l'indulgence des lecteurs.

L'art des irrigations se divise naturellement en deux parties principales, la théorie et la pratique.

Dans la théorie de cet art, nous comprenons la connoissance des différentes propriétés et des diverses destinations des eaux, des moyens d'en corriger les mauvaises qualités et de les employer en toutes circonstances, ainsi que des temps les plus favorables pour leur emploi ; celle des différentes espèces d'irrigations ; les détails de construction de tous les travaux d'art qu'elles exigent dans chaque cas particulier ; enfin le mécanisme de ces différens travaux, c'est-à-dire le jeu qu'il faut donner aux eaux dans chaque espèce d'irrigation pour en obtenir l'effet le plus complet.

Et par *pratique des irrigations*, nous entendons les différentes applications que l'on peut faire de leur théorie suivant les circonstances particulières des localités.

PREMIÈRE PARTIE. Théorie des irrigations.

Section première. *Des eaux. Voyez* Eau. Les eaux considérées sous le rapport des irrigations ont des propriétés et des destinations particulières qu'il est nécessaire de connoître, afin de pouvoir en profiter suivant les circonstances locales. 1° On sait généralement que les eaux répandues sur les terres en quantité suffisante et en saison convenable sont pour elles un véritable engrais ; mais elles ne sont pas toutes également bonnes pour les irrigations, et même il y en a dont l'usage est pernicieux à la végétation.

Les eaux trop chaudes ou trop froides, martiales ou vitrioliques, celles qui sortent des grandes masses de bois, et les eaux chargées de pierres, de graviers, ou d'autres substances infertiles, doivent être rejetées des irrigations, ou ne peuvent y être employées avec avantage qu'après en avoir corrigé la mauvaise qualité.

Si elles sont trop chaudes, il faut les laisser refroidir ; si elles sont trop froides, il faut les échauffer en les mettant en mouvement, ou en les recevant dans un réservoir exposé à l'ardeur du soleil et en les y faisant battre par une usine. Enfin, si elles sont chargées de substances infertiles, etc., on les forcera à les déposer dans un réservoir, et on les bonifiera en les mêlant avec des fumiers, ou avec des bonnes terres, et même, suivant M. Bertrand, avec des tiges de genêts, des fagots de fougère ou de bouleau, et des branches sèches de sapin.

Les meilleures eaux sont celles dans lesquelles les légumes cuisent le plus facilement, qui dissolvent bien le savon, et qui s'échauffent et se refroidissent promptement.

2° Ces qualités fertilisantes peuvent devenir communes à toutes les eaux limpides ou troubles, mais elles se développent localement avec plus ou moins d'énergie suivant la température habituelle plus ou moins chaude du climat.

3° Cette assertion semble prouvée d'une manière incontestable par les effets prodigieux des irrigations d'eaux limpides qu'on n'éprouve que dans les pays méridionaux. Les terres arrosées y présentent quelquefois jusqu'à quatre récoltes successives dans la même année, tandis que celles qui ne participent point aux bienfaits des irrigations régulières n'offrent, pour ainsi dire, que des déserts arides; c'est du moins le contraste frappant que l'on observe sur les deux rives du Pô, etc.

Nous n'examinerons pas ici si ce phénomène est dû uniquement aux qualités éminemment fertilisantes des eaux qui se précipitent des Hautes-Alpes, ou à l'humidité toujours suffisante qu'elles procurent au sol, et sans laquelle il ne pourroit y avoir aucune espèce de végétation sous un climat aussi brûlant, ou à ces deux causes réunies à la chaleur de la température habituelle, qui seule est suffisante pour bonifier les eaux les plus crues; cette discussion nous meneroit trop loin, et il nous suffit pour le moment d'avoir établi le fait.

4° Il en résulte évidemment que les irrigations d'eaux limpides sont moins nécessaires, et que leurs effets sont moins grands sur la végétation à mesure que la température habituelle est moins chaude; car le sol, conservant plus long-temps son humidité naturelle, a moins besoin d'arrosemens, ou en exige de moins copieux, de moins fréquens et seulement pendant les grandes sécheresses de l'été, et le climat n'est plus assez chaud pour permettre l'entier développement des qualités fertilisantes des eaux.

5° Sous la même température, les différentes natures de sol, comme les diverses espèces de végétaux, ne demandent pas des arrosemens également copieux et fréquens; car si une humidité suffisante est constamment nécessaire à la végétation, une humidité surabondante lui est essentiellement nuisible; et l'on sait que cette humidité suffisante est absolument relative et à la nature du sol et à l'espèce de ses produits.

6° En hiver, et sous quelque climat qu'elles se trouvent placées, les terres conservent toujours assez d'humidité naturelle, et les qualités fertilisantes des eaux, ainsi que la végétation, sont neutralisées et suspendues par la rigueur de sa température; en sorte que les irrigations d'eaux limpides, qu'on leur donneroit dans cette saison, ne produiroient aucun résultat avantageux, et souvent procureroient au sol une humidité surabon ante toujours préjudiciable à la végétation.

Cependant, dans quelques localités on est dans l'usage de couvrir d'eau les prairies pendant l'hiver pour les préserver de la gelée, et l'on s'y trouve bien de cette pratique; et dans d'autres, pour éviter le même accident, on s'empresse d'en retirer les eaux troubles aussitôt qu'elles commencent à s'éclaircir, afin de laisser le temps au terrain de se dessécher suffisamment avant la reprise de la gelée.

7° En été, les irrigations lui sont généralement favorables, mais il faut savoir les proportionner à la nature du sol, à l'espèce de ses produits et à la température du climat, et les donner en temps opportun. *Voyez* le mot ARROSEMENT.

8° Les eaux troubles participent aux propriétés fertilisantes et humectantes des eaux limpides, ainsi que nous l'avons indiqué, et en outre elles déposent sur les terres qu'elles inondent l'engrais d'alluvion dont elles sont chargées, et qui est plus ou moins fertilisant, suivant la nature des substances qu'elles voiturent ainsi de la manière la plus économique.

9° Les irrigations de cette espèce ne peuvent être données que lorsque les cours d'eau viennent à déborder, et elles ne produisent de grands effets sur les terres, et particulièrement sur les prairies, que lorsque les eaux sont chargées des meilleures alluvions.

10° L'époque des débordemens des rivières n'est pas la même dans toutes les localités; et comme l'expérience apprend aussi que les eaux troubles les plus fertilisantes sont celles des débordemens qui suivent immédiatement la fin des semailles dont l'époque est également variable, il en résulte qu'il est impossible d'en assigner aucune pour les irrigations d'eaux troubles qui soit applicable à toutes les localités.

11° On ne peut point arroser les prairies de cette manière pendant la végétation des herbes, car les dépôts en rouilleroient infailliblement les produits, ainsi que cela arrive trop souvent par les inondations naturelles.

12° En irrigations d'eaux troubles comme dans les arrose-

mens d'eaux limpides , on n'est pas toujours le maître d'en
régler le volume ; mais lorsque les eaux disponibles sont toujours abondantes, il faut le combiner non seulement avec la
nature du sol , l'espèce de ses produits et la température du
climat, mais encore avec la pente du terrain. Par exemple,
dans les pentes rapides, il faut ménager les eaux, empêcher les
ravins qu'elles y formeroient, si leur volume étoit trop considérable et leur pente trop rapide, en les amusant dans des rigoles en zigzag , et assez multipliées pour en ralentir la vitesse ; tandis qu'en plaine , on peut arroser à plus grande eau,
sans craindre les accidens, pourvu que le sol en soit léger et
profond ; car s'il étoit argileux et compacte, on risqueroit souvent de lui procurer une humidité surabondante.

C'est à ces différentes circonstances locales que sont dues les
contradictions apparentes que nous avons trouvées dans quelques uns des auteurs que nous avons cités, ces préférences ac-
cordées aux irrigations d'eaux troubles ou aux arrosemens
d'eaux limpides, aux irrigations d'hiver ou aux irrigations
d'été, aux arrosemens copieux ou aux irrigations modérées ;
mais en analisant les faits qui ont motivé des opinions si contradictoires , en considérant les lieux, les climats et les autres
circonstances qui les ont accompagnées , et en les comparant
avec les principes que nous venons d'établir , ces contradictions disparoissent , parcequ'elles n'en sont plus que des conséquences particulières et relatives aux localités qu'elles concernent.

Nous conclurons donc avec eux tous que par-tout où l'on
trouve à sa disposition des eaux en quantité suffisante , ou que
l'on peut s'en procurer artificiellement , on ne doit jamais
négliger d'en faire usage, sauf l'obstacle absolu de la grande
dépense d'établissement des travaux d'irrigation , et nous dirons avec M. Anderson , cité par M. W. Tatham : « Laisser
couler une goutte d'eau à la mer sans avoir été auparavant étendue sur le sol pour le fertiliser, c'est *gaspiller* un aussi précieux engrais. »

Sect. II. *Des différentes espèces d'irrigations*. On en distingue de deux sortes : 1° les irrigations par *inondation* , ou
par *submersion ;* 2° celles par *infiltration.*
Leur désignation les définit suffisamment.

§. 1. *Des irrigations par inondation*. Ces irrigations se pratiquent suivant les lieux, ou avec des eaux limpides, ou avec
des eaux troubles. Elles sont particulièrement destinées à fertiliser les prairies naturelles et artificielles , soit en leur procurant l'engrais d'alluvion , soit en entretenant le sol dans un
état suffisant d'humidité pendant les températures sèches et

chaudes. On s'en sert aussi avec beaucoup d'avantages dans les pays méridionaux pour fertiliser les terres en culture.

§. 2. *Des irrigations par infiltration.* Elles sont singulièrement favorables, pendant les sécheresses de l'été, à la végétation des plantes dans des terrains légers et brûlans. Les eaux retenues à cet effet dans des canaux multipliés communiquent au sol leurs qualités fertilisantes, en même temps qu'elles l'entretiennent constamment dans un état suffisant d'humidité. Cette espèce d'irrigation convient aussi particulièrement aux marais nouvellement desséchés.

Mais, pour pouvoir la pratiquer avec succès, il faut avoir un grand volume d'eau à sa disposition pendant l'été; car elle en consomme beaucoup, tant par l'effet même de l'infiltration que par la grande évaporation de cette saison, la seule où l'on puisse arroser de cette manière avec avantage.

SECT. III. *Détails de construction des différens travaux d'irrigation par inondation.* Nous l'avons déjà dit, c'est une erreur de croire que les travaux d'irrigation soient difficiles à concevoir et dispendieux à exécuter dans toutes les circonstances. Il est vrai que lorsque l'on considère la perfection et l'étendue de ceux de l'Italie, et sur-tout l'ingénieuse et équitable distribution des eaux entre les riverains, on ne peut s'empêcher d'admirer la précision de ces établissemens, et d'être peut-être effrayé de la dépense qu'ils ont occasionnée. Mais il existe une grande différence entre ces grands travaux qui n'ont pu être conçus et dirigés que par les hommes de l'art les plus expérimentés, et être entrepris que par le gouvernement, ou de riches associations, et les travaux isolés d'irrigation dont l'étendue beaucoup plus circonscrite peut être aisément saisie par l'homme simplement intelligent, et dont la dépense de construction devient quelquefois à la portée même des plus petits propriétaires; car les travaux sont nécessairement relatifs au nombre et à la nature des difficultés à vaincre et à l'effet que l'on veut produire.

Quoi qu'il en soit, les irrigations artificielles exigent des travaux plus ou moins nombreux, plus ou moins compliqués, suivant les circonstances, construits dans une forme analogue à leur destination particulière, et au moyen desquels on puisse toujours, 1° recevoir à volonté les eaux disponibles, troubles ou limpides, pour les répandre sur le terrain en temps opportun, et les refuser et les faire écouler complètement lorsque leur présence sur ce terrain seroit préjudiciable à la végétation; 2° ne jamais recevoir de dommage du cours d'eau, même dans les inondations les plus fortes.

On voit donc que tout l'art des irrigations consiste à savoir se rendre maître absolu des eaux disponibles pour s'en servir ensuite à sa volonté et à son plus grand avantage. Nous appelons l'ensemble des travaux imaginés pour parvenir à ce but *un système complet d'irrigation.* D'après cette définition, on voit que ce système peut être, ou très simple, ou très composé, suivant la facilité ou la difficulté des circonstances locales. Dans celles qui sont les plus difficiles, un système complet d'irrigation est composé, 1° des travaux relatifs à la prise d'eau ; 2° d'un canal de *dérivation*, ou canal principal d'irrigation ; 3° d'un certain nombre de *barrages*, ou *vannes*, ou *écluses* avec empellemens ; 4° de *maîtresses rigoles* ou *rigoles principales d'irrigation ;* 5° de *rigoles secondaires d'irrigation ;* 6° de *fossés* ou *rigoles de dessèchement ;* 7° des différens travaux nécessaires pour préserver le terrain des dommages des cours d'eau dans leurs débordemens naturels, comme *vannes* et *fossés de décharge, digues*, etc.

§. 1. *Des travaux relatifs à la prise d'eau.* Ces travaux, dans la forme et les dimensions de leurs parties, dépendent absolument de la position et du volume des eaux disponibles, relativement au terrain que l'on veut soumettre à des irrigations régulières, et supposent nécessairement leur préexistence naturelle ou artificielle.

Ainsi, si le cours d'eau n'est qu'un foible ruisseau favorablement placé relativement au terrain, sa prise d'eau pourra être souvent effectuée par un barrage en fascines, ou batardeau temporaire, que l'on détruit ensuite, lorsque l'irrigation est terminée, et que l'on rétablit toutes les fois que l'on veut arroser son terrain.

Si c'est une petite rivière dont il s'agit de dériver les eaux, et qu'elle présente une position et une pente aussi favorable relativement au terrain, un simple barrage ne seroit plus suffisant pour remplir ce but ; il faut alors employer le moyen des barrages ou réversoirs en maçonnerie. Enfin, si c'est un fleuve, les travaux de dérivation deviennent plus compliqués, plus dispendieux, et leur établissement exige plus de connoissances théoriques et pratiques.

D'un autre côté, lorsque la pente des cours d'eau est nulle, il seroit souvent plus économique d'en dériver les eaux à l'aide de machines hydrauliques, que d'aller chercher, en remontant leur cours, un point (souvent très éloigné) assez élevé pour que son niveau soit suffisamment supérieur à celui des parties les plus hautes du terrain à arroser ; et lorsqu'elle est trop forte, principalement dans le voisinage des hautes montagnes, il est presque toujours plus avantageux d'opérer cette dérivation à l'aide d'une roue que par le moyen des barrages, afin d'éviter la surabondance des eaux pendant la fonte des neiges, ainsi que les ravages qu'elles exerceroient sur des terrains d'une pente aussi rapide.

Nous ne parlerons point ici de ces machines, parceque leur construction est du ressort de la mécanique ; nous en donnerons l'indication au mot Pompe, et il ne sera question que des barrages.

Ceux que l'on construit pour assurer la prise des eaux d'irrigation sont connus sous les noms de *bâtardeaux*, de *retenues*, de *glacis*, de *déversoirs*, de *réversoirs*, suivant les localités et les matériaux avec lesquels ils sont construits.

Nous leur conservons ici la dénomination de *réversoirs*, parceque c'est celle qui est adoptée en architecture hydraulique.

Les effets qu'ils doivent produire sont, 1° d'élever constamment les eaux supérieures à un niveau suffisant pour les forcer à s'écouler dans le canal de dérivation creusé pour les recevoir, mais sans exposer le terrain environnant à être submergé par cet exhaussement de leur niveau naturel ; 2° de favoriser ensuite l'écoulement du trop plein ou de l'excédant de ces eaux dans leur lit inférieur.

Pour remplir ces conditions d'une manière durable, il est nécessaire que les réversoirs soient construits avec une solidité convenable, et que toutes leurs parties soient disposées de manière à pouvoir résister, 1° au choc et à la pression des plus grandes eaux supérieures ; 2° à la chute de leur trop plein dans leur lit inférieur ; 3° aux dégradations qu'elles font ordinairement en avant, en arrière et dans les côtés du déversoir.

Sa forme est subordonnée à sa destination principale, qui est la dérivation du cours d'eau. Mais cette dérivation peut avoir lieu seulement d'un seul côté du cours d'eau, ou quelquefois sur les deux côtés à la fois, et la forme du réversoir ne peut plus être la même dans l'un ou l'autre cas.

Dans le premier, on en trace la ligne antérieure obliquement à la direction du cours d'eau, et faisant avec elle u angle plus ou moins obtus, suivant la direction qu'on aur pu déterminer pour le canal de dérivation. Mais plus cet angl sera obtus, moins, suivant la loi des fluides, les eaux supé rieures pèseront sur le réversoir, et moins conséquemment i sera nécessaire de lui donner d'épaisseur pour résister à leu pression.

Dans le second cas, on est dans l'usage de tracer le réver soir en ligne droite perpendiculaire à la direction du cour d'eau ; mais il vaudroit mieux donner à sa partie antérieur la forme d'un chevron brisé, afin de lui procurer en parti les avantages attachés à la position oblique du premier tracé sur le cours d'eau.

D'ailleurs, quelle que soit la forme d'un réversoir, sa construction exige les même soins et la même solidité relative.

On commence par le tracer, dans la forme choisie, au point du cours d'eau que l'on aura déterminé pour son emplacement.

Ses dimensions seront proportionnées au volume des eaux qu'il doit supporter, et à l'élévation qu'il faudra lui donner pour lui faire remplir complètement sa destination, sans cependant exposer, par sa construction, les terrains supérieurs à être submergés. C'est pourquoi, lorsque les cours d'eau n'ont pas une pente suffisante pour éviter naturellement cet inconvénient, on choisit de préférence un ressaut pour y placer le réversoir.

Un réversoir est ordinairement composé, 1° de la partie antérieure, ou réversoir proprement dit, c'est-à-dire du massif de maçonnerie qui est exposé au choc et à la pression des eaux supérieures, et qui en élève le niveau à la hauteur nécessaire. Mais, comme nous l'avons déjà observé, cet effet principal du réversoir doit être produit sans que les terrains environnans puissent en être submergés, et cet inconvénient ne pourra pas arriver lorsque sa hauteur sera fixée à vingt-cinq centimètres environ en contre-bas du niveau des berges de la rivière où le réversoir se trouve placé ; 2° de deux *empatemens* construits de chaque côté du réversoir en prolongement de son tracé, sur une longueur de deux ou trois mètres dans les berges, suivant le degré de consistance du terrain : ces empatemens sont destinés à préserver le réversoir des affouillemens latéraux des eaux supérieures ; à cet effet, leur tête est élevée suffisamment au-dessus du niveau du couronnement du réversoir pour ne pouvoir jamais être submergée par les hautes eaux d'inondation ; 3° d'un glacis ou contrefort évasé qui contrebutte le réversoir dans toute sa longueur. On donne le plus souvent à ce glacis la forme d'un plan très incliné, afin que les eaux surabondantes supérieures, en se rendant par-là dans leur lit inférieur, n'y occasionnent pas des affouillemens préjudiciables par une chute trop brusque ; et pour éviter ceux des terres latérales au glacis pendant le passage des eaux, on y construit deux petits murs de soutènement élevés d'environ trente-trois centimètres au-dessus de la pente du glacis.

Quelquefois, au lieu d'un contrefort en glacis, et lorsque l'on veut que le réversoir serve en même temps de vanne de décharge, on le construit de la manière que nous indiquerons ci-après pour les vannes ou écluses de décharge. Cette dernière forme est particulièrement convenable dans les cours d'eau qui n'ont qu'une pente insensible. Les différentes parties du réversoir doivent former un seul et même massif de maçonnerie en ciment solidement fondé à la même profondeur, et convenablement empaté dans le terrain des berges.

Le réversoir proprement dit, recevant tout le poids des grandes eaux, doit être couronné avec des pierres de taille dures, de la meilleure qualité et des plus grandes dimensions que l'on pourra trouver. Ces pierres seront contenues dans les extrémités du réversoir par le poids de la maçonnerie des têtes de ses empatemens, et liées ensemble par des crampons de fer solidement scellés.

Le parement du glacis, si l'on en fait un, sera établi avec des pierres plates, les plus longues de queue qu'il sera possible, posées de bout et bien arrasées conformément au plan incliné. Elles seront contenues dans la partie inférieure du glacis par un rang de grosses pierres de taille dures, et de la même manière que celles du couronnement du réversoir : et pour éviter leur dérangement ainsi que les affouillemens inférieurs, on garnira cette partie de piquets solidement enfoncés dans le lit de la rivière, et entremêlés de grosses pierres ; ou mieux encore on pavera solidement cette partie sur une certaine longueur.

Dans le cas où la localité ne pourroit point fournir de pierres de taille dures de dimensions suffisantes, il faudra y suppléer par un bâtis de charpente, assemblé en forme de grillage à larges cases, dont les pièces extrêmes formeroient le couronnement du réversoir et la terminaison du plan du glacis.

§. 2. *Des canaux de dérivation.* Un canal de dérivation, ou canal principal d'irrigation, est destiné à recevoir les eaux détournées ou dérivées d'un cours d'eau par la construction d'un réversoir, ou élevées à l'aide d'une machine hydraulique, et à les conduire sur les parties les plus élevées d'un terrain pour les répandre ensuite sur tous les points de sa surface.

Le tracé de ce canal est donc naturellement jalonné par la position de ces points les plus élevés du terrain à inonder, sauf la modération qu'il faut lui donner, depuis sa prise d'eau jusqu'à son issue, pour procurer à ses eaux une pente suffisante et uniforme.

Lorsqu'on est le maître de la régler, cette pente ne doit être ni trop forte ni trop foible, mais seulement analogue au volume des eaux disponibles et au degré de consistance des terres. Trop forte, les eaux y prendroient trop de rapidité et pourroient raviner le canal ; et trop foible, elles n'y joueroient pas avec assez de facilité et pourroient quelquefois y rester en stagnation. La pente la plus avantageuse paroît être

dans les limites de deux à quatre millimètres par mètre (une
à deux lignes par toise) parceque c'est celle qui, suivant les
circonstances, donne aux eaux la vitesse la plus approchante de
celle de *régime. Voyez* le mot DESSÈCHEMENT.

Mais cette pente du canal de dérivation est presque toujours subordonnée à la pente générale du terrain à arroser,
laquelle est elle-même ordinairement semblable à celle du
cours d'eau disponible ; alors on est obligé de la prendre
telle qu'elle existe, sauf à employer les ressources de l'art
pour empêcher les inconvéniens qu'elle pourroit avoir.

Les dimensions du canal, c'est-à-dire celles de sa section,
seront proportionnées au volume des eaux qu'il doit recevoir.
Ses bords seront établis en talus d'autant moins rapides, que
le terrain aura moins de consistance. Dans ceux de consistance moyenne, ces talus devront avoir au moins un mètre
et demi d'évasement pour un mètre de profondeur. Les terres
du déblai seront jetées du côté du sol à inonder, en y laissant
un franc-bord, si cela est nécessaire pour se conserver la facilité de rélargir au besoin le canal.

Si, dans le développement d'un canal de long cours, on
rencontroit des gorges dont la différence de niveau fît obstacle à sa continuation, ou pût interrompre l'uniformité de sa
pente, il ne faudroit pas se laisser arrêter par cet obstacle,
avant que d'avoir examiné les moyens de le surmonter et calculé la dépense de leur exécution. Car cette dépense, tout
effrayante qu'elle seroit, prise isolément, pourra souvent devenir presque nulle étant répartie sur une grande étendue
de terrain ; dans ce cas, l'art indique plusieurs moyens de
lever la difficulté. On construit une chaussée en terres assez
consistantes pour pouvoir établir sur son sommet la continuation du canal dans sa pente uniforme, et l'on ménage au-
dessous une passe de dimensions suffisantes pour l'écoulement
le plus prompt et le plus complet des plus grandes eaux du
vallon ; ou bien on établit cette continuation, partie en chaussée
dans les côtes de ce vallon, et le milieu en aqueduc, comme
on en voit des exemples dans les mémoires envoyés à la société
d'agriculture de Paris pour le concours sur la pratique des
irrigations.

§. 3. *Des vannes d'irrigation.* Elles ne sont autre chose que
des barrages temporaires établis à demeure sur le canal de dérivation pour élever le niveau de ses eaux et les forcer à se
répandre par des ouvertures pratiquées dans la berge et à travers les terres du déblai, ou quelquefois à se déborder au-
dessus, lorsque la pente particulière du terrain est presque
nulle.

Ces barrages sont appelés temporaires, parcequ'ils ne peuvent exister sans inconvénient lorsque le terrain n'a plus besoin d'irrigation ; et c'est pour éviter la peine, et même la dépense, de les établir et de les détruire continuellement, qu'on les construit à demeure sur le canal, mais dans une forme convenable pour avoir un empellement qui, étant baissé ou étant levé, arrête les eaux supérieures ou les laisse écouler à volonté. C'est alors que ces barrages prennent le nom de *vannes d'irrigation*.

Leur construction est très simple et consiste, 1° en deux *empatemens* extrèmes, de deux tiers de mètre à un mètre de longueur, sur une épaisseur de soixante-six centimètres à un mètre, assis sur une fondation commune avec le radier de la vanne ou écluse. Ce radier, en maçonnerie de chaux et ciment comme les empatemens, est arrasé au niveau du fond du canal, et il est terminé par les paremens intérieurs de ces empatemens. On donne au radier à peu près la même longueur que la largeur du canal ; et lorsqu'elle excède un demi-mètre ou deux tiers de mètre (largeur la plus commode pour la manœuvre des empellemens), on partage cette longueur en autant de divisions qu'elle peut contenir de fois un demi-mètre, ou deux tiers de mètre, plus l'épaisseur des petites piles intermédiaires, en bois de charpente, ou en pierres de taille dures, qui sont nécessaires pour le jeu de pelles ; 2° en un petit nombre suffisant de pelles qui puissent jouer avec aisance dans les rainures verticales pratiquées à cet effet dans les paremens des empatemens et dans les flancs des piles intermédiaires ; les pelles, dans la largeur que nous venons de prescrire, ne sont autre chose que des bouts de planches de chêne, ou d'autre bois dur, assemblées les unes avec les autres et clouées solidement sur un manche de même bois, de huit à onze centimètres d'équarrissage et de longueur suffisante pour la facilité de leur manœuvre ; 3° en un chapeau, ou pièce de bois de charpente de seize à dix-huit centimètres de grosseur, posé en travers du canal sur l'arrasement supérieur des empatemens dans lesquels il est scellé, et qu'il couronne et lie ensemble. Cette pièce est percée sur sa face supérieure, et aux points correspondans, d'autant de mortaises à jour que la vanne doit contenir de pelles. C'est dans ces mortaises que l'on introduit les queues des pelles, qui doivent toujours être assez longues pour en dépasser la face supérieure d'un tiers ou d'un demi-mètre lorsque ces pelles sont baissées, et qu'on les maintient aux différentes hauteurs nécessaires au jeu des eaux, à l'aide de chevilles de fer servant en même temps de clefs qui traversent à la fois le chapeau et la queue des pilles.

La hauteur des empatemens des vannes d'irrigation est subordonnée au jeu des pelles; c'est-à-dire qu'il faut que le chapeau de ces vannes soit suffisamment élevé au-dessus du canal, pour que, les pelles étant levées, elles ne puissent pas tremper dans les eaux. Ainsi cette hauteur ne peut être déterminée qu'après avoir reconnu celle qu'il faut donner aux pelles.

Celle-ci est relative au degré d'élévation de la berge du canal de dérivation aux points de position des vannes, car il faut éviter soigneusement, dans ces différentes constructions, de causer aucun dommage aux propriétés riveraines, afin de n'être point contrarié ni exposé à des demandes d'indemnité.

Ici, on peut fixer sans aucun inconvénient la hauteur des pelles relativement à celle même des berges aux points de position, parcequ'on ne baisse les pelles que pour pratiquer une irrigation, et qu'alors on n'a point à craindre d'inondation sur les terres riveraines du canal.

Il résulte de tous ces détails que les dimensions des différentes parties d'une vanne d'irrigation sont pour ainsi dire données par celles du canal de dérivation.

Mais si la construction ne présente aucune difficulté, il n'en est pas de même lorsqu'il faut en déterminer le point de position sur le canal de dérivation. Cette opération est très délicate, et plus le terrain a de pente, plus elle demande de précision, afin de n'être pas exposé, ou à des dépenses superflues, ou à n'obtenir que des irrigations incomplètes, alternatives toujours fâcheuses. Nous y reviendrons lorsque nous aurons achevé de faire connoître les détails des autres parties du système d'irrigation.

Lorsque les matériaux sont localement rares, ou trop chers pour cette construction des vannes, ou que le terrain ne présente pas assez de consistance pour en établir solidement la fondation, on les remplace par des *écluses à poutrelles* dont on a donné la description au mot DESSÈCHEMENT.

§. 4. *Des rigoles principales d'irrigation*. Elles sont destinées, comme on vient de le dire, à conduire les eaux du canal de dérivation, arrêtées et exhaussées au-dessus de leur niveau naturel par chaque vanne d'irrigation, sur les points les plus élevés du terrain qui lui correspond, et qui forme sa *division*.

Ces rigoles principales ne sont pas toujours une partie essentielle d'un système complet d'irrigation.

Dans les pays de montagnes, où les pentes sont très rapides, et où il seroit dangereux d'arroser à grande eau ainsi que nous l'avons déjà fait observer, le canal de dérivation sert en même temps de rigole principale et même de rigoles secondaires; parceque celles-ci, malgré la divergence des directions qu'on est obligé de leur donner pour éviter les inconvéniens d'une

pente trop rapide, ne sont véritablement que les prolongemens du canal de dérivation. Egalement, lorsque la pente du
terrain est insensible, ou presque nulle, le système peut se
passer de rigole principale d'irrigation; parcequ'alors on peut
arroser le terrain à grande eau, et sans craindre de le raviner,
à l'aide d'ouvertures temporaires pratiquées à chaque fois
pour l'irrigation à travers la relevée des terres du canal de
dérivation.

Ce n'est donc que dans les pentes intermédiaires que l'établissement des rigoles principales d'irrigation devient indispensable, tant pour mettre le terrain à arroser toujours à
l'abri de la surabondance des eaux du canal, que pour se ménager la facilité de régler le volume des eaux d'irrigation suivant la saison et les autres circonstances.

Alors le tracé de ces rigoles est indiqué par la pente générale et celle particulière du terrain à inonder, et ensuite subordonné à la vitesse convenable qu'il faut procurer aux eaux
d'irrigation, dont les limites sont à peu près les mêmes que
celles que nous avons données pour la vitesse des eaux dans
les canaux de dérivation.

Il résulte de cette combinaison que les rigoles principales
doivent faire, avec la direction du canal, un angle plus ou
moins ouvert, suivant que la pente générale du terrain est
moins ou plus forte. Cependant, si la pente particulière, c'est-
à-dire celle de la section du terrain supposée perpendiculaire
à la direction du cours d'eau dans son lit naturel, a de la
rapidité, il peut arriver que, malgré celle de la pente générale, la direction de la rigole devienne parallèle à celle du
canal de dérivation.

De ces différentes directions, la dernière est toujours la plus
avantageuse; car alors la rigole se trouvant placée, comme
le canal, sur les parties les plus élevées de la division, aucun
point de sa surface ne peut être privé des avantages de l'irrigation, tandis que dans toute autre direction de la rigole
les parties sont d'autant plus étendues qu'elle s'écarte d'a-
vantage de ce parallélisme, et que, pour obvier à cet inconvénient, on est obligé de multiplier les vannes d'irrigation.

On est dans l'usage de donner la forme d'une cunette, ou
petit fossé, de trente-trois à cinquante centimètres de largeur,
sur une profondeur relative, aux rigoles principales d'irrigation, et cette forme nous paroît présenter plusieurs inconvéniens. 1° La place qu'elles occupent sur le terrain est perdue
pour la récolte, non pas qu'il n'y croisse point d'herbe, mais
parcequ'il est impossible de la faucher, ou de la brouter
complètement; 2° les taupes s'emparent de ces fossés immé-

.diatement après que les eaux en ont été ôtées, et s'il y a le moindre intervalle entre chaque irrigation, ce qui arrive presque toujours, on est obligé de les curer avant chaque arrosement, parcequ'étant obstrués par les taupinières, les eaux y seroient arrêtées et ne parviendroient pas à leur destination. Nous nous sommes très bien trouvés de les évaser beaucoup en arrondissant leur fond, et, dans certains cas, de leur donner la forme d'un chevron brisé.

Quelle que soit la forme de ces rigoles, il est nécessaire d'en diminuer la largeur à mesure qu'elles s'éloignent de la prise d'eau, afin que les eaux, en diminuant progressivement de volume, puissent y conserver la même vitesse.

Les rigoles principales ont leur prise d'eau sur le canal de dérivation, immédiatement au-dessus de leur vanne correspondante d'irrigation. L'entrée des eaux y est ordinairement fermée avec des gazons pendant tout le temps que le terrain n'a pas besoin d'être arrosé ; mais il vaut mieux garnir cette entrée d'une petite vanne, composée d'un châssis en bois et d'une pelle que l'on manœuvre de la même manière que celles des vannes d'irrigation. La traverse inférieure du châssis sert de radier à cette petite vanne et empêche les dégradations des eaux.

§. 5. *Des rigoles secondaires d'irrigation.* Elles servent à distribuer les eaux de la rigole principale sur tous les points de sa division, au moyen de saignées que l'on y pratique à cet effet.

Lorsque le volume des eaux est grand et que le terrain a une pente suffisante, M. Bertrand pense que les saignées sont inutiles.

Les rigoles secondaires sont embranchées sur la rigole principale dont elles forment les ramifications, et font avec elles des angles plus ou moins ouverts suivant la pente particulière du terrain ; et on les y multiplie autant qu'il est nécessaire pour compléter l'irrigation de chaque division. Leur espacement est ordinairement de dix à quatorze mètres dans les terres légères, et de quatorze à dix-sept mètres dans les autres natures de terrain. Quant à leur longueur, elle ne doit pas être considérable, et d'autant moindre que la pente du terrain sera plus douce.

Le tracé des rigoles secondaires se fait en suivant les mêmes règles que pour celui des rigoles principales, c'est-à-dire qu'il est subordonné à la pente qu'il faut donner aux eaux introduites dans ces rigoles, afin que leur vitesse n'y devienne pas assez grande pour retenir les alluvions qu'elles doivent déposer sur le terrain, ou pour la raviner ; mais qu'elle y soit suffisante, suivant leur volume, pour pouvoir parvenir jusqu'à leurs extrémités.

D'ailleurs, leur forme et la diminution progressive de leur capacité, à mesure que les rigoles s'éloignent de leur prise d'eau, seront observées comme dans la construction des rigoles principales, sauf les dimensions des rigoles secondaires qui doivent être plus petites, parceque le volume d'eau qu'elles reçoivent est moins considérable.

§. 6. *Des fossés, ou rigoles de desséchement ou de décharge.* Ces rigoles ont pour objet de faire écouler, dans le lit naturel du cours d'eau, les eaux d'irrigation ou d'inondation qui seroient accumulées dans les bas-fonds d'une prairie, ou dans les noues d'un terrain, et qui, sans cette précaution, y resteroient en stagnation, et pourroient quelquefois en rendre le sol marécageux.

D'après leur destination, il est nécessaire de les tracer dans la ligne de plus grande pente du terrain; et si cependant cette direction donnoit aux eaux une pente assez rapide pour le raviner, il faudroit la modérer en donnant aux rigoles un plus grand développement.

Leur forme est la même que celle des autres rigoles; il faut seulement en proportionner les dimensions au volume des eaux dont elles doivent procurer l'écoulement.

Ces rigoles sont spécialement en usage dans les irrigations des terrains qui n'ont qu'une pente insensible. M. Will. Latham rapporte dans son ouvrage la description de semblables irrigations donnée par M. Wright, dans lesquelles ces rigoles jouent un rôle principal. Le terrain à inonder est disposé en planches plus ou moins bombées et bien planes dans leurs pentes latérales. Le sommet de ces planches est dirigé perpendiculairement sur le canal de dérivation, ou d'irrigation, et sur le fossé de décharge qui lui est parallèle.

Le système d'irrigation est ensuite complété par des rigoles d'irrigation placées sur les sommités de ces planches, et qui ont leur prise d'eau sur le canal supérieur, et par des rigoles de desséchement ou d'écoulement ouvertes dans les noues de ces planches et qui ont leur issue dans le canal inférieur. Le terrain est probablement assez léger pour que les eaux, introduites en quantité convenable dans les rigoles d'irrigation, humectent et fertilisent suffisamment les glacis des planches; l'excédant des eaux retombe dans les rigoles de desséchement, et s'écoule ensuite dans le canal de décharge inférieur.

§. 7. *Des travaux nécessaires pour préserver les terrains soumis à des irrigations régulières de la surabondance des eaux inférieures ou supérieures, lorsqu'elles pourroient être nuisibles à la végétation.* Les travaux différens que nous venons de décrire peuvent être regardés comme étant strictement suffisans pour établir des irrigations régulières ; mais il est des circonstances où l'on ne seroit pas encore maître absolu des eaux, et où conséquemment ce système d'irrigation ne seroit pas encore complet.

Par exemple, si ce cours d'eau est sujet à des crues d'eaux extraordinaires, telles que, malgré la largeur du réversoir, elles introduisent dans le canal de dérivation un plus grand volume d'eau qu'il ne peut en contenir, il débordera nécessairement dans ces fâcheuses circonstances. La surabondance des eaux dégradera sa relevée, comblera les rigoles d'irrigation, et si ce malheur arrivoit pendant la végétation des herbes, leur rouille seroit l'effet inévitable de ces avaries.

D'un autre côté, si ces eaux ne sont pas suffisamment encaissées dans leur lit naturel, et que des pluies abondantes de l'été les en fassent sortir, la prairie aura également à souffrir de ces inondations.

Dans ces cas, le système d'irrigation ne sera complet qu'après être parvenu à garantir le terrain de ces inconvéniens attachés à sa position entre deux cours d'eau.

Pour la préserver des inondations supérieures, on construit sur le cours du canal de dérivation, à des distances convenables, et de préférence vis-à-vis des coudes du lit inférieur du cours d'eau qui s'en rapprochent davantage, des *vannes*, ou *écluses de décharge*, garnies d'empellement comme dans les vannes d'irrigation, dont on lève toutes les pelles pendant les inondations, ou lorsque l'on a besoin de mettre le canal à sec. Dans les eaux moyennes, ces vannes servent aussi à maintenir celles du canal au même niveau ; la hauteur des pelles est fixée de manière à remplir ce but ; et le trop plein de ce canal s'épanche par-dessus les pelles, tombe dans le fossé de décharge creusé au-dessous pour le recevoir, d'où les eaux s'écoulent ensuite dans le lit naturel du cours d'eau.

Les vannes de décharge sont composées de deux *épaulemens* ou empatemens placés sur la rive du canal de dérivation, et faisant un même massif de maçonnerie en ciment, 1° avec la fondation du radier de ces vannes, qu'il est nécessaire d'élever au niveau du fond du canal de dérivation ; 2° avec celle du *glacis*, ou plutôt du pavé inférieur, et établi à un ou deux décimètres au plus au-dessus du fond du fossé de décharge, et destiné à recevoir le choc de la lame d'eau du trop plein du canal ; 3° et avec la fondation et la nette maçonnerie des *bajoyers*, qui servent à contrebutter les empatemens, à soutenir les terres et à les préserver des affouillemens latéraux.

Les paremens intérieurs de ces empatemens sont construits

de la même manière que ceux des vannes d'irrigation. Leur hauteur est également déterminée pour la commodité du jeu des pelles ; mais elles ne jouent pas ici dans les rainures des empatemens, c'est dans celles pratiquées dans les montans en bois de leurs châssis, dont les extrêmes sont noyés dans la maçonnerie des empatemens. Les dimensions de ces vannes sont ordinairement un peu plus fortes que celles des vannes d'irrigation, afin qu'elles puissent résister plus sûrement à la pression des plus grandes eaux.

On pourroit quelquefois éviter la dépense de construction de ces vannes, en établissant au réversoir une écluse de décharge ; et on n'en a aucun besoin, lorsque l'eau est introduite dans le canal de dérivation à l'aide d'une machine hydraulique dont on puisse à volonté interrompre le mouvement.

Quant à la garantie des inondations des eaux inférieures, nous y sommes parvenus en employant en petit les moyens pratiqués dans les grands dessèchemens pour contenir les eaux extérieures, et dont notre confrère M. de Chassiron a si bien décrit les détails de construction. *Voyez* le mot Dessèchement.

Ils consistent à élever avec le sol même, sur le terrain que l'on veut préserver de ces inondations, des digues à peu près parallèles au lit du cours d'eau, en évitant toutefois de multiplier les angles de leur tracé.

On les établit à une distance de ses bords qui ne doit jamais être moindre que la moitié de la largeur du lit de ce cours d'eau ; et lorsque l'on veut en élever à la fois des deux côtés de ce lit, il faut que les francs-bords soient toujours assez larges pour que les digues puissent contenir les eaux des plus grandes inondations.

Avec des terres de consistance moyenne il suffira de donner aux sommets de ces digues une épaisseur égale à leur élévation au-dessus du niveau du terrain, et cette élévation doit surpasser un peu le niveau, connu localement, des plus fortes inondations ; on leur donne ordinairement trente-trois centimètres, et jusqu'à un demi-mètre de hauteur de plus que le niveau, tant pour éviter que les digues ne puissent être jamais submergées que pour prévenir les effets des tassemens des terres de remblai. Leurs talus intérieurs et extérieurs seront déterminés d'après le degré de consistance des terres, mais toujours beaucoup plus adoucis à l'extérieur qu'à l'intérieur, afin d'amortir davantage la pression des grandes eaux.

D'ailleurs, si les terres d'une digue étoient tellement légères que, malgré un talus très adouci, elles ne pussent pas résister à l'action des eaux, alors il faudroit la consolider par les moyens qui sont employés sur la Durance, et qui sont indiqués au mot Dessèchement.

La construction de ces digues sera peu dispendieuse le long des cours d'eaux d'un petit volume, et, le plus souvent, une digue d'un mètre à un mètre et demi de hauteur suffira pour garantir les terres riveraines des dommages des inondations d'été.

Mais si cette construction est avantageuse et très efficace pour garantir les prairies des inondations d'été, elle présente aussi l'inconvénient d'arrêter, dans certains cas, et d'intercepter l'écoulement des eaux intérieures. Pour lever cet obstacle on pratique à travers les digues des passes en maçonnerie, ou en blindage, par lesquelles les eaux intérieures, de pluie ou d'irrigation, s'écoulent dans le lit du cours d'eau lorsque les eaux extérieures y sont rentrées; et afin d'éviter que les dernières puissent jamais pénétrer dans l'intérieur du terrain, on garnit extérieurement ces passes de petites portes appelées en Normandie *portes à clapets*, qui se ferment naturellement lorsque les eaux débordent, et qui s'ouvrent d'elles-mêmes ensuite lorsqu'elles sont rentrées dans leur lit.

Le jeu alternatif des clapets est dû à la position horizontale de leur axe, dont les tourillons sont placés dans la partie supérieure des montans de leur châssis, et à celle du plan de ces châssis qui est inclinée dans un sens contraire à celui du talus de la digue.

En effet, le clapet, dans sa position naturelle ou verticale, laisse la passe suffisamment entr'ouverte pour permettre l'écoulement des eaux intérieures, et son ouverture est encore aggrandie par la pression qu'elles exercent sur la partie inférieure du clapet; mais lorsque les eaux extérieures débordent et qu'elles parviennent au-dessus du niveau du seuil de son châssis, la pression des eaux extérieures fait naturellement entrer le clapet dant sa feuillure contre laquelle elle le maintient De ce moment il n'y a plus aucune communication entre le terrain renfermé par la digue et les eaux extérieures, et plus l'inondation a d'intensité, et mieux cette communication est fermée.

Lorsque les eaux extérieures rentrent dans leur lit, le clapet, n'étant plus soumis à leur pression, reprend sa position verticale, et les eaux intérieures, accumulées pendant l'inondation dans les contre-fossés des digues, ou dans les fossés de décharge ou de dessèchement, peuvent alors s'écouler sans obstacle.

Lorsque ces digues ont été bien construites, et que leurs talus se couvrent d'herbes, leur entretien est presque nul. Il faut seulement avoir l'attention de nettoyer exactement les châssis des clapets immédiatement après chaque inondation, afin que rien ne s'oppose à leur jeu.

Actuellement que nous avons fait connoître la destination
et les détails de construction des différens travaux qui peuvent composer un système complet d'irrigation, nous allons
exposer, le plus succinctement possible, la méthode qu'il
faut suivre pour déterminer aussi exactement que la pratique
peut le désirer, 1° le nombre des vannes du canal de dérivation-
tion; 2° celui des rigoles principales et secondaires d'irrigation, ainsi que leur direction.

Lorsque le volume d'eau disponible est très petit, on peut,
sans inconvénient, employer la routine des ouvriers pour régler la direction et la pente des rigoles d'irrigation. Ils établissent à vue de nez un barrage à demeure, ou simplement temporaire; ils ouvrent la prise d'eau de la rigole, et creusent
cette rigole dans la direction qu'ils lui ont choisie, suivant le
mouvement de l'eau qu'ils y introduisent.

Par ce moyen, ils sont assurés que l'eau parviendra à l'extrémité de la rigole, mais ils ne savent pas avec quelle vitesse.
Cela est indifférent pour un petit volume d'eau, comme nous
venons de le dire, parcequ'avec une vitesse même trop grande,
son cours ne peut occasionner aucuns dégâts, et que d'ailleurs,
dans la circonstance, on ne peut arroser qu'une très petite
étendue de terrain.

Si nous supposons maintenant un volume d'eau plus considérable, ces tâtonnemens ne sont plus admissibles; car non
seulement il faut que le nombre des vannes d'irrigation du
canal ne soit ni plus grand ni plus petit qu'il ne doit être,
mais il est encore très essentiel, ainsi que nous l'avons dit,
que la vitesse des eaux dans les rigoles ne devienne ni trop
forte ni trop foible.

Ce n'est donc qu'à l'aide d'un plan exact de nivellement des
lieux que l'on peut résoudre les différens problèmes. *Voyez*
les mots ARPENTAGE et NIVELLEMENT.

Supposons donc une grande prairie déjà pourvue d'un canal
de dérivation des eaux de la rivière dont elle est riveraine, et
qu'à l'aide du plan de nivellement on connoisse la forme et
les différences de niveau de ses principaux points. Supposons
encore que la pente de ce canal, ou celle générale du terrain,
soit assez favorable pour que le cours de l'eau, dans les rigoles
principales d'irrigation, puisse être dans un sens contraire au
courant du canal de dérivation (ce qui est toujours plus avantageux que lorsqu'elle est dans le même sens, parcequ'alors
on est le maître d'en augmenter ou d'en diminuer la vitesse
selon le volume d'eau disponible, tandis que celle des eaux
dans le canal de dérivation, étant la même que celle de la
pente générale du terrain, il n'est pas toujours possible de
la modérer.)

Cela posé, voici comment on détermine rigoureusement le point de position de la première vanne sur le canal de dérivation.

Il faut d'abord examiner sur le plan la côte de niveau du point de la prairie où doit aboutir la première rigole principale d'irrigation, et ce point devra être peu éloigné de la prise d'eau et au-dessous de cette partie du canal de dérivation.

Maintenant, pour que les eaux du canal, élevées au niveau de la partie supérieure des pelles de la première vanne, puissent arriver jusqu'à ce point, il faut nécessairement qu'il y ait pente naturelle dans la première rigole d'irrigation, c'est-à-dire que le niveau de l'eau, à sa prise d'eau, soit un peu plus élevé que celui du point où elle doit aboutir, et de la quantité strictement nécessaire pour procurer aux eaux de cette rigole la vitesse requise et convenable. Ce n'est donc pas à tous les points du canal, dont le niveau seroit supérieur à celui de l'extrémité de la rigole, que l'on pourroit placer indifféremment la première vanne, mais seulement à celui qui procurera aux eaux de cette rigole une pente de deux à quatre millimètres au plus par mètre, limites établies par cette vitesse.

En cherchant donc sur le plan les côtes du niveau des différens points du canal qui peuvent remplir ce but, et en les combinant avec la longueur développée que la rigole aura dans ces diverses hypothèses, on parviendra à trouver rigoureusement celui que l'on veut déterminer.

Par la même méthode, on déterminera facilement les points de position des autres vannes d'irrigation, les directions de la prise d'eau des canaux de dérivation, et celles des rigoles principales et secondaires d'irrigation.

Ceux qui voudroient avoir encore plus de détails sur ces différentes constructions peuvent consulter notre mémoire sur l'amelioration des prairies naturelles, tome VIII de ceux de la société d'agriculture de Paris.

Par les détails que nous venons de donner sur les différens travaux d'un système complet d'irrigation, on voit que la dépense de construction de ceux de la prise d'eau est souvent la plus importante, et absolument indépendante de l'étendue du terrain à arroser, tandis que celle des autres travaux est presque toujours proportionnée à cette étendue. Il s'ensuit que plus le terrain a de superficie, et moins la dépense de ses travaux d'irrigation est considérable, toutes choses étant égales d'ailleurs.

Section IV. *Jeux des irrigations par inondation*. Le système complet d'irrigation étant établi, comme nous venons de l'indiquer, voyons maintenant comment il faut en faire usage.

Par la disposition de ses différentes parties, on sent qu'il est impossible d'arroser à la fois toutes les divisions d'une grande prairie, mais seulement toutes les parties de chaque division, c'est-à-dire de la superficie comprise entre chaque vanne d'irrigation, ou qui y correspond.

A cet effet on débouche d'abord l'entrée des eaux de la rigole principale d'irrigation, ou l'on en hausse la petite pelle ; on débouche également les entrées des différentes rigoles secondaires qui y correspondent, et l'on baisse les pelles de la vanne d'irrigation. Alors l'eau du canal de dérivation, étant arrêtée et exhaussée par les pelles de cette vanne, s'écoule naturellement dans la rigole principale, et se distribue, par les rigoles secondaires, sur tous les points de la division.

Pendant cette irrigation, on doit examiner avec soin si elle remplit bien son but ; c'est-à-dire si, dans le cas d'une irrigation d'eaux troubles, elles déposent également sur tous les points de la division les engrais dont elles sont chargées ; et, dans celui d'une irrigation d'eaux limpides, si toutes les parties de la division sont également humectées ; enfin, s'il y a des défauts dans quelques parties du système, afin de les rectifier pendant l'irrigation même, ou immédiatement après qu'elle sera terminée.

Après l'irrigation, on lève les pelles de la vanne d'irrigation, on baisse celle de l'entrée de la rigole principale, et l'on procède ensuite de la même manière, et successivement à l'arrosement des autres divisions de la prairie. Nous avons dit, en parlant des eaux troubles, que les meilleures pour les irrigations étoient celles que l'on obtenoit immédiatement après la fin des semailles ; les différentes irrigations d'eaux troubles, que l'on donne aux prairies pendant la stagnation de la végétation des herbes, ne sont donc pas toutes également fertilisantes. Cette différence de qualité existe aussi pendant la durée de chaque inondation naturelle ; car les eaux sont plus troubles, ou, ce qui est la même chose, plus chargées d'alluvions pendant la crue de l'inondation, que lorsque son intensité commence à diminuer ; et nous avons constamment observé que les parties de prairie qui avoient été arrosées pendant le premier état de l'inondation étoient plus chargées de limon que celles que l'on avoit fait baigner pendant le second.

On parviendra facilement à corriger ces inégalités dans la bonté des irrigations d'eaux troubles, en commençant chaque nouvel arrosement par la division de la prairie que l'on aura remarqué avoir été la moins engraissée par les irrigations précédentes.

Quant aux irrigations d'eaux limpides, on les pratique de la même manière que celles d'eaux troubles; mais comme on ne peut les donner qu'en été, ou pendant les températures chaudes, il faut en user avec beaucoup de discrétion, et selon la nature du sol et la température du climat; car des arrosemens trop copieux, ou donnés à contre-temps, seroient nuisibles à la végétation. D'ailleurs pendant cette saison les eaux sont très fermentescibles, et tendent promptement à la putréfaction; on le reconnoît à une écume blanche qui se manifeste; aussitôt qu'on l'aperçoit, il faut se hâter de retirer l'eau, parcequ'elle feroit périr infailliblement la racine des herbes.

Section V. *Des travaux d'irrigation par infiltration*. Les agronomes ne paroissent pas d'accord sur la meilleure manière de construire ces travaux; les uns, par la considération de la grande intensité de l'évaporation pendant l'été, et de la perte souvent assez grande du terrain occupé par les fossés principaux et secondaires, conseillent d'établir ces fossés à ciel couvert; et les autres, par des motifs d'une aussi grande importance, veulent que les irrigations se fassent par-tout à ciel ouvert, excepté les lacunes nécessaires pour les communications.

Nous partageons avec M. de Chassiron l'opinion de ces derniers. En effet, 1° la grande évaporation des eaux pendant l'été peut être une considération majeure dans les localités où l'eau est rare; mais comme l'irrigation par infiltration est particulièrement favorable à la végétation des marais nouvellement desséchés, et que, dans les travaux de desséchement, on a dû se ménager dans les parties supérieures un volume d'eau suffisant pour alimenter les irrigations, cette considération devient nulle ou presque nulle. 2° La perte du terrain occupé par les fossés d'irrigation est réelle: mais il faut la réduire à sa juste valeur, et sur-tout calculer si cette perte n'est pas effectivement inférieure à celle produite par le peu d'effet que produiront les irrigations à ciel couvert, et par les inconvéniens attachés à cette pratique; car d'abord les eaux renfermées dans les canaux souterrains ne profiteront point des influences de l'atmosphère, et sur-tout de la chaleur si nécessaire pour développer leurs qualités fertilisantes; en second lieu, la construction de ces canaux sera beaucoup plus coûteuse que celle des fossés à ciel ouvert; en troisième lieu, les dégradations intérieures des fossés couverts ne seront aperçues que par l'interruption du mouvement des eaux manifestée par des inondations préjudiciables, et dont on ne pourra reconnoître la cause qu'après avoir entièrement découvert les fossés, et sacrifié conséquemment les productions que l'on auroit confiées à leur couverture; enfin l'entretien de ces canaux couverts exige des

attentions et des soins continus dont les cultivateurs ordinaires
sont rarement susceptibles. Quoi qu'il en soit, ces travaux ne
sont ni compliqués, ni d'une exécution difficile. Ils consistent,
1° dans un fossé ou canal de dérivation supérieur; 2° dans un
fossé de décharge inférieur; 3° dans un nombre de petits
fossés principaux ou secondaires d'irrigation, multiplié autant
qu'il est nécessaire pour l'arrosement complet du terrain, dont
chaque fossé principal a sa prise d'eau particulière sur le canal
de dérivation, qu'il peut recevoir ou refuser à l'aide d'une petite vanne avec empellement, et qu'il évacue ensuite à volonté
dans le fossé de décharge au moyen d'une autre petite vanne
également avec empellement. *Voyez* le mot Dessèchement.

L'art de ces irrigations consiste, comme celui des autres espèces d'irrigation, à se rendre maître absolu des eaux, et à arroser en temps opportun.

SECONDE PARTIE. Applications du système complet d'irrigation a quelques cas particuliers, ou pratique générale des irrigations.

Après avoir initié les propriétaires dans la théorie et les
usages des irrigations, il ne nous reste plus qu'à leur indiquer
les applications qu'ils peuvent en faire dans différentes circonstances locales pour l'amélioration de leurs prairies.

Ces prairies peuvent n'avoir aucune source visible à leur
proximité, ou ne présenter qu'un petit volume d'eau disponible pour des irrigations, ou être traversées par des ruisseaux
ou des rivières non navigables, ou enfin être riveraines de rivières navigables. Nous allons examiner quelle peut être la
conduite de leur propriétaire dans ces différentes circonstances.

Section Ire. *Arrosement des prairies privées de sources visibles.*

On sent que, dans une position aussi défavorable, ces prairies ne peuvent être soumises à des irrigations régulières; mais
il est toujours possible, et à peu de frais, de leur procurer des
arrosemens accidentels, lorsque l'on est propriétaire des pentes
qui les dominent, ou lorsque l'on peut s'arranger à l'amiable
avec les propriétaires de ces pentes pour construire les rigoles
destinées à réunir leurs eaux pluviales dans leurs parties supérieures.

Ces rigoles sont simples et de la construction la moins dispendieuse; la seule attention qu'il faut avoir en les traçant,
c'est de leur procurer une pente assez douce pour que les
eaux n'y prennent pas une trop grande vitesse; nous en avons
déjà fixé les limites.

Les eaux pluviales, ainsi dirigées sur la partie la plus élevée
de la prairie, y seront réunies dans un réservoir de dimensions

capables de les contenir toutes, ou au moins en quantité suffisante pour l'irrigation du pré, et sans cependant que leur accumulation puisse nuire à autrui. Ce réservoir pourra être
construit simplement en terre, si les terres sont assez consistantes pour ne permettre aucune infiltration, et la chaussée
de retenue sera revêtue intérieurement en pierres sèches comme
celle des étangs, et sauf la maçonnerie de la vanne d'irrigation et des vannes de décharge, qui doivent être en ciment.

Il y aura deux issues, dont l'une, ouverte seulement pendant
le temps de l'irrigation, servira à introduire les eaux dans la
prairie, et l'autre, fermée pendant l'irrigation sera ouverte
pour l'écoulement des eaux du réservoir lorsque les irrigations
seront terminées.

Pour compléter ensuite le système d'irrigation de la prairie,
il suffira d'y établir des rigoles principales et secondaires en
quantité suffisante.

Si l'étendue de cette prairie permettoit de supporter de plus
grands frais d'amélioration, ou si son irrigation exigeoit un
volume d'eau plus considérable, il seroit très avantageux de
pouvoir l'obtenir par des travaux convenables, et la position
de ces prairies en offre presque toujours la possibilité, car
elles sont ordinairement dominées par des hauteurs plus ou
moins éloignées.

Dans ce cas, l'art enseigne plusieurs moyens d'augmenter
le volume des eaux disponibles. Le premier est de pratiquer
dans les gorges de ces hauteurs des réservoirs capables de retenir le plus grand volume possible d'eaux pluviales dont on
pourroit faire usage, non seulement dans les irrigations d'eaux
troubles, mais encore pour des irrigations d'eau limpides.

Le second consiste à creuser des puits artésiens dans les mêmes gorges, qui mettroient à découvert les sources cachées
qu'elles peuvent contenir.

Le troisième, de creuser sur les hauteurs dominantes des
puits ordinaires à la manière des Espagnols, avec un no-
ria ou toute autre machine hydraulique pour en élever les
eaux.

Enfin le quatrième est cette construction ingénieuse de plusieurs puits creusés dans les hauteurs ou dans les gorges des
montagnes dominantes des Kérises, que notre collègue Olivier
a rencontrés fréquemment dans la Perse, et qui y favorisent
si puissamment la végétation.

Voyez, pour la construction de ces différents puits, le mot
Puits.

La seule difficulté de ces établissemens réside dans la dépense
de leur construction, et elle ne devient absolue, ainsi que nous
l'avons déjà remarqué, que lorsqu'elle ne peut pas être suffi-

samment compensée par une augmentation proportionnelle dans les produits.

SECTION II. *Travaux d'irrigation d'une prairie située sur un petit ruisseau.* La foiblesse d'un cours d'eau ne peut jamais être un obstacle suffisant pour négliger d'en employer les eaux à des irrigations, d'abord à cause des grands avantages qu'elles procurent, et ensuite parcequ'il est facile d'en augmenter le volume, soit par les moyens que nous avons indiqués dans la section précédente, soit en réunissant en un seul et même lit les sources visibles éparses dans les pentes supérieures, après en avoir creusé le fond pour les rendre plus abondantes. Les eaux une fois mises en évidence et réunies en un volume suffisant seront ensuite dirigées et distribuées sur le terrain que l'on veut soumettre à des irrigations régulières, par des travaux semblables et analogues à ceux du système complet d'irrigation.

SECTION III. *Travaux d'irrigation d'une prairie traversée par une rivière non navigable.* C'est sur une prairie de cette espèce que nous avons établi notre système complet d'irrigation; il est donc inutile de donner ici une nouvelle indication de ses différens travaux.

SECTION IV. *Travaux d'irrigation d'une prairie riveraine d'une rivière navigable.* Il existe un préjugé funeste à l'amélioration de ces prairies, très nombreuses en France. Presque tous les propriétaires sont persuadés qu'étant obligés de laisser un passage ou chemin de hallage pour le service de la navigation, il est impossible d'enclore ces prairies et de les soumettre à des irrigations régulières. Le défaut d'irrigation empêche l'augmentation de leurs produits, et celui de clôture les assujettit au parcours comme après la récolte de la première herbe; et dans cet état elles ne rendent pas à beaucoup près tout ce qu'elles pourroient produire si elles étoient affranchies de ces fâcheuses servitudes.

Il est vrai que les chemins de hallage sont absolument nécessaires à la navigation des rivières; mais leur largeur a des limites naturelles prévues par les lois, et déterminées par les besoins de la navigation sur chaque rivière, lorsqu'elle y est en pleine activité. Cette pleine activité s'entend du moment que les eaux remplissent complètement son lit sans débordement, car lorsque les eaux débordent, la navigation est nécessairement interrompue.

La largeur des chemins de hallage étant ainsi fixée, rien n'empêche alors les propriétaires des prairies riveraines d'en enclore le surplus, et de se soustraire ainsi à la servitude onéreuse du parcours.

Quant à leur irrigation, il faut convenir que les travaux qu'elle exigeroit seroient beaucoup plus dispendieux que ceux d'irrigation des prairies situées sur les bords des rivières non navigables, à cause de la dépense de la prise d'eau du canal de dérivation, qui augmente en proportion du volume des eaux disponibles, et des ponts qu'il faudroit construire pour le service de la navigation ; aussi, dans beaucoup de circonstances, l'étendue de cette dépense seroit un obstacle absolu à l'irrigation du terrain.

Mais s'il n'est pas toujours possible de le soumettre à des irrigations régulières, il est au moins facile de le fertiliser par des irrigations accidentelles que les inondations d'hiver pourroient procurer lorsqu'elles sont chargées d'alluvions de bonne qualité, ou de les préserver des dégâts que ces inondations leur occasionnent toujours lorsque les eaux charrient des substances infertiles, ou qu'elles courent sur le terrain avec trop de vitesse, et en même temps de le garantir des inondations d'été.

Un exemple choisi dans la position la plus défavorable va faire comprendre notre idée. Soit une rivière navigable qui, lorsqu'elle vient à déborder, prend un cours rapide sur la prairie voisine, dont elle a creusé le terrain, dans lequel elle a formé une noue.

Pour préserver la prairie des accidens attachés à sa position, et en même temps pour lui procurer des irrigations accidentelles de bonne qualité, il faut d'abord empêcher les eaux de la rivière d'y pénétrer par sa partie supérieure ; en second lieu, créer les moyens de pouvoir y introduire les eaux pendant l'hiver, et de les y faire arriver sans vitesse, afin, d'un côté, qu'elles ne soient plus chargées des pierres ou autres substances infertiles que leur grande rapidité leur permettoit d'entraîner avec elles, et de l'autre, qu'elles y déposent le limon qu'elles ont pu retenir encore ; enfin, garantir la prairie des inondations de l'été.

Pour y parvenir, nous construisons d'abord à la naissance de la prairie, et en arrière des limites du chemin de hallage, une digue de dimensions assez fortes pour résister au choc et à la pression des eaux supérieures. Pour augmenter encore davantage la force de résistance de cette digue, nous lui donnons une direction oblique avec celle du courant de la rivière ; l'effet de cette disposition sera de détourner la direction de ce courant, et, suivant les lois du mouvement des fluides, de le réfléchir sur le bord opposé sous un angle égal à celui d'incidence.

2° Nous prolongeons cette digue parallèlement aux berges de la rivière, et toujours en arrière des limites du chemin de hallage, jusqu'à la fin de la prairie, tant pour en former la

7.

2 I

clôture que pour lui ôter toute espèce de communication avec les eaux descendantes de l'inondation.

3° Enfin, nous fermons la partie inférieure de la prairie par une digue transversale, appuyée d'un côté à la fin de la digue latérale, et de l'autre au coteau qui la termine dans cette partie, et nous y établissons une ou plusieurs vannes avec empellemens, pour recevoir ou refuser les eaux d'inondation, qui ne peuvent alors s'y introduire qu'en remontant leur cours naturel, et un nombre suffisant de passes à clapets pour assurer l'écoulement des eaux intérieures lorsque les eaux extérieures rentrent dans leur lit. Ces différens travaux, aux dimensions près, sont absolument les mêmes que ceux que nous avons déjà décrits dans la première partie de cet article, et leur construction exige la même solidité relative ainsi que les mêmes précautions.

Sect. V. *Manière économique de niveler les terrains soumis à des irrigations régulières.* L'expérience prouve que plus les terrains que l'on veut arroser sont planes, ou d'une pente uniforme, plus les travaux et l'usage des irrigations deviennent faciles et économiques. Sous ce rapport, le remblai des bas-fonds des prairies est aussi pour elles un accessoire utile des travaux d'irrigation.

Mais les mouvemens de terres sont généralement si dispendieux que l'on craint de les entreprendre. Dans cette circonstance nous faisons usage d'un moyen très simple, et dont la dépense n'excède pas les bornes que l'on doit se prescrire en améliorations rurales; mais il exige de la persévérance et une localité favorable. Voici en quoi il consiste.

Il faut d'abord avoir à sa disposition un cours d'eau quelconque, régulier ou accidentel, qui soit à un niveau supérieur aux bas-fonds que l'on veut remblayer; et dans toutes les prairies soumises à un système d'irrigation, cette circonstance locale existe toujours.

Soit donc un bas-fond à remblayer au niveau du terrain environnant de la prairie où il étoit placé. A cet effet on établit une rigole momentanée, tirée du canal supérieur et dirigé sur la naissance du bas-fond dans la ligne de plus grande pente. A la fonte des neiges, ou pendant les inondations, on barre ce canal immédiatement au-dessous de la prise d'eau de la rigole, et l'on y introduit les eaux bourbeuses du moment. Ces eaux arrivent bientôt dans le bas-fond, où elles sont subitement arrêtées par un *rouettis* ou clayonnage que l'on place à cet effet à l'embouchure ou partie inférieure de ce bas-fond, et qui en ferme l'issue; elles y déposent les terres dont elles étoient chargées, et en exhaussent ainsi le sol. On répète cette opération jusqu'à ce que le remblai soit achevé, et on la termine par un aplanissement à bras d'homme.

Si l'on avoit de bonnes terres disponibles à la proximité du cours d'eau, on accéléreroit beaucoup l'effet du remblai en les faisant jeter dans le canal, et ses eaux les transporteroient ensuite dans le bas-fond de la manière la plus économique. Ce moyen, que nous n'avions vu consigné dans aucun ouvrage, nous avoit été suggéré par la pratique des irrigations d'eaux troubles, et il étoit naturel de penser qu'une idée aussi simple avoit dû se présenter à l'esprit de beaucoup d'autres irrigateurs. Nous n'avons donc point été étonné de trouver, dans le Traité général d'irrigation de M. William Latham, le parti avantageux que quelques Anglais ont su tirer de cette propriété des eaux troubles pour changer la nature des sols les plus stériles; et comme il existe en France des localités où il seroit très avantageux d'imiter les procédés anglais, nous allons en faire l'objet d'un article particulier.

Sect. VI. *De l'inondation appelée* warping. Cette espèce d'inondation n'est autre chose qu'une application en grand du moyen économique que nous venons d'indiquer pour remblayer les bas-fonds des prairies; et pour en accélérer les effets sur les plages stériles de la mer, des Anglais ont eu la hardiesse heureuse d'y employer les eaux bourbeuses des grandes marées.

Ils donnent le nom de *warping* à cette espèce d'inondation, et celui de *warper* à l'action du *warping*. On appelle le résultat de cette inondation, lorsqu'elle s'exécute avec des eaux douces, dessèchement par Acoulis. *Voyez* Canal et Élévation du sol.

« Cette opération par laquelle on crée le sol est, dit-on, très moderne, et divers comtés en Angleterre en réclament la découverte. Le *remenbrancer*, ou calendrier du fermier, en attribue la pratique originelle au comté de Lincoln, tandis que d'autres en attribuent la priorité à celui d'Yorck; mais tous paroissent tomber d'accord que, malgré la dépense qu'elle exige d'abord, il est peu de cas où l'argent puisse être employé plus avantageusement, et que le *warp* procure la plus riche espèce de sol. »

La méthode recommandée par le lord Hawke, dans son ouvrage intitulé : *Agricultural survey of Yorck shere*, consiste à faire une digue ou levée en terre contre la rivière dans laquelle le flux de la mer remonte le long du terrain que l'on veut warper; on donne à cette digue un talus des deux côtés d'environ trois pieds pour chaque pied de hauteur perpendiculaire. La hauteur et la largeur des sommets sont ordinairement réglées par la force du flux et la profondeur de l'eau.

L'objet est de commander à la terre et à l'eau à volonté. Les ouvertures, ou écluses, pratiquées dans la levée sont en plus grand ou plus petit nombre, selon l'étendue du terrain qu'il s'agit d'inonder, et suivant les idées du propriétaire. Mais, en général, il n'y a que deux écluses; l'une appelée *porte d'inondation* (FLOOD-GATE), destinée à admettre l'eau, et l'autre, *porte de décharge* (CLOUGH), qui la laisse sortir. Ces deux portes, suivant le lord Hawke, suffisent pour dix ou quinze acres (environ quinze arpens de vingt pieds pour perche).

Quand les grandes marées commencent, c'est-à-dire à la nouvelle et à la pleine lune, l'écluse d'inondation est ouverte pour admettre l'eau, celle de décharge ayant été préalablement fermée par le poids des eaux de la marée montante. Lorsqu'ensuite la marée redescend, l'eau précédemment admise par l'écluse d'inondation ouvre celle de décharge, et passe lentement, mais complètement, parceque les écluses de décharge ont été construites de manière que l'eau puisse s'écouler entièrement entre le flux de la marée admise et le flux suivant. On doit donner une attention particulière à ce point.

Les portes d'inondation sont établies à une hauteur telle que la grande marée seule puisse entrer lorsqu'elles sont ouvertes; leurs radiers doivent donc être placés au-dessus du niveau des marées ordinaires.

Le terrain warpé doit être mis en cultures labourées pendant six ans au moins après l'inondation. Celui qui est converti ensuite et continué en herbages ne peut plus être warpé, car les sels que renferme le limon feroient infailliblement périr les herbes. Excepté ce cas, il faut warper de nouveau le terrain tous les sept ou huit ans; on le laisse en friche l'année seulement qu'il a été warpé. Si l'on veut avoir de plus grands détails sur les avantages du warping, on les trouvera dans l'ouvrage de M. Latham.

Conclusion. Les avantages que l'agriculture retireroit de la pratique des irrigations sont incontestables, et ils seront localement plus ou moins grands, suivant la proportion qui se trouvera entre la dépense d'établissement et l'augmentation des produits qu'elle doit opérer. Par-tout on peut se procurer des irrigations temporaires ou régulières. Les travaux d'établissement sont généralement simples, et leur dépense de construction est d'autant moindre relativement que le terrain à arroser présente une plus grande superficie; en sorte que, dans les cas les plus difficiles, et qui conséquemment exigeroient les dépenses d'établissement les plus considérables, il seroit encore possible de les faire rentrer dans une proportion aussi avantageuse que dans les circonstances les plus favorables, en faisant embrasser au système d'irrigation une étendue suffisante de terrain, lorsque le volume des eaux pourroit le permettre. On y parviendroit par l'association des propriétaires intéressés, organisée d'une manière convenable à la localité et sur le modèle de celles de l'Italie, tant pour l'exécution des travaux que pour la répartition des eaux ainsi que des dépenses de construction et d'entretien.

Une idée plus grande encore, dont l'exécution feroit participer tout le territoire de l'Empire aux bienfaits des irrigations, vivifieroit toutes les branches de son industrie, et élèveroit sa prospérité au plus haut degré, ce seroit de profiter de toutes les sources des ruisseaux, des rivières, des fleuves qui y sont si multipliés, pour établir un système général de navigation et d'irrigation qui puisse satisfaire à la fois à tous les besoins des hommes, de l'agriculture, du commerce, des manufactures et des arts, comme cela existoit en Egypte, et comme on le voit encore dans le vaste empire de la Chine. (DE PER.)

IRRITABILITÉ. Quelques plantes donnent des signes apparens de sensibilité ; des plantes ou des parties de plantes sont susceptibles de se mouvoir, les unes par suite de l'acte même de la végétation, les autres par l'effet d'une force étrangère. Ce sont ces mouvemens qu'on a appelés irritabilité.

Il est un petit nombre de plantes généralement connues comme prouvant l'irritabilité, telles sont l'ACACIE SENSITIVE, le SAINFOIN GIRANT, la DIONÉE GOBE-MOUCHE, les ASCLÉPIADES, les CYNANCHES, etc. ; mais il en est un si grand nombre d'autres qui en donnent des signes, qu'il est permis d'en conclure que cette faculté appartient à tout le règne végétal comme à tout le règne animal. Ainsi Desfontaines a fait voir que presque toutes les étamines offrent des mouvemens propres au moment de la fécondation, et que plusieurs peuvent être excitées à en donner avant et après cette époque. Ainsi on doit à Brugman, Coulon, Th. de Saussure, Julio et autres, des expériences qui constatent que les vaisseaux des plantes sont susceptibles de contraction, et qu'on peut anéantir leur irritabilité au moyen de plusieurs des agens physiques ou chimiques qui l'anéantissent dans les animaux.

Comme cette matière est plus curieuse qu'utile, et que les agriculteurs ne sont pas dans le cas de mettre un grand intérêt aux développemens dont elle est susceptible, je me contenterai de l'énoncé ci-dessus, et je renverrai aux ouvrages de Sennebier, Lamarck, Desfontaines, Decandolle et autres botanistes physiologistes qui s'en sont occupés. (B.)

ITALIE. Sorte de pêche. *Voyez* PÊCHER.

ITÉE, *Itea*. Arbrisseau de trois ou quatre pieds de haut, de la pentandrie monogynie et de la famille des rhodoracées,

à feuilles alternes, dentelées, glabres; à fleurs blanches, disposées en épis terminaux, accompagnés de bractées; qui croît
dans les lieux humides des parties méridionales de l'Amérique
septentrionale, et qu'on cultive fréquemment dans les jardins
des environs de Paris, où il figure fort bien. Il demande une
terre légère, celle de bruyère par exemple, et une exposition
ombragée. On le place soit contre les murs au nord, soit
dans l'intervalle des arbustes des derniers rangs des massifs,
soit sur le bord des eaux, etc. Presque toujours on lui laisse
sa forme naturelle, qui est celle d'un buisson, car toute autre
est moins agréable. Ses longs épis de fleurs, qui s'épanouissent successivement pendant le fort de l'été, étant d'autant
plus nombreux qu'il y a plus de tiges. Les hivers les plus rudes
ne lui font aucun tort. On le multiplie de rejetons qu'il pousse
abondamment, ou de marcottes qu'on forme facilement lorsque
les pieds sont vigoureux. On relève les uns et les autres en hiver
pour les placer en pépinière ou à demeure. La voie du semis
seroit beaucoup plus longue.

Il y a un autre itée, celui qui fournit le genre cyrille de
Linnæus, que l'Héritier a appelé ITÉE DE CAROLINE, en opposition à celui-ci qu'on appelle ITÉE DE VIRGINIE. C'est un arbuste
de quinze pieds de haut qui croît sur le bord des eaux, dont
les fleurs sont disposées en grappes axillaires réunies en bouquets et longues de trois à quatre pouces. Ces grappes sont
ordinairement si nombreuses qu'on ne voit point les feuilles.
Comme il est rare et toujours détérioré dans nos jardins, je
n'en ai point parlé sous le nom de cyrille que lui ont conservé
la plupart des botanistes, mais je devois l'indiquer ici. (B.)

IVETTE. Nom vulgaire de deux espèces de BUGLES. *Voyez*
ce mot.

IVRAIE, *Lolium*. Genre de plantes de la triandrie monogynie et de la famille des graminées, qui renferme une demi-
douzaine d'espèces, dont deux sont fort célèbres en agriculture, l'une par le tort qu'elle cause aux moissons, l'autre par
l'utilité dont elle est dans les pâturages, et les avantages qu'elle
offre pour former des prairies artificielles ou des gazons dans
les jardins.

L'IVRAIE ANNUELLE ou l'*ivraie proprement dite* est celle
dont les cultivateurs ont à se plaindre. Ses racines sont fibreuses et annuelles; ses tiges hautes de quinze pouces; ses
feuilles linéaires et engainantes; ses fleurs barbues et quelquefois nombreuses. On la trouve souvent avec une excessive
abondance dans les seigles, les fromens, les orges et les avoines,
qu'elle infeste de deux manières, c'est-à-dire en épuisant le
terrain et en fournissant une graine dont l'usage est dangereux
pour l'homme et les animaux. Cette graine, qu'on appelle aussi

zizanie , cause non seulement l'ivresse, comme l'indique son nom, mais encore l'assoupissement , les vertiges , les nausées , le vomissement , les foiblesses , l'engourdissement des membres , des mouvemens convulsifs et enfin la mort si on en a beaucoup mangé ; souvent elle a causé des épidémies et des épizooties dont on cherchoit bien loin le motif. On a fait des recherches chimiques pour reconnoître la cause de ces effets ; mais on a seulement appris qu'elle tenoit à l'eau de végétation , puisqu'ils sont d'autant plus graves que cette graine est moins mûre ; et Parmentier assure qu'en la faisant dessécher au four on rend son action presque nulle. Les remèdes à employer par ceux qui en ont mangé sont d'abord le vomissement pour débarrasser l'estomac, ensuite le vinaigre très affoiblie par l'eau pour calmer l'irritation de ce viscère ; je puis les indiquer comme certains par ma propre expérience. Au reste, pour peu qu'on ait de l'habitude, on distingue à la première bouchée, même à l'inspection, le pain qui contient de l'ivraie ; il est âcre et amer ; son odeur est nauséabonde et sa couleur noirâtre. Il est encore en France des cantons, sur-tout dans les pays de montagnes , où les cultivateurs ne purgent pas leurs grains d'ivraie par un principe d'économie aussi absurde que coupable, et mangent par conséquent toujours du pain qui en contient. J'ai cru remarquer dans un de ces cantons (la Haute-Bourgogne) que l'habitude leur rendoit l'usage de ce pain moins dangereux , car ces cultivateurs paroissoient bien portans , tandis qu'un seul déjeûner pris chez un d'eux me troubla la tête et m'affoiblit pendant plusieurs jours. Au reste ils ont soin de ne manger leur pain que lorsqu'il est très rassis. Je cite cette observation pour prévenir les objections des gens qui ne jugent jamais que d'après une circonstance, et qui (comme j'en ai vu) pourroient soutenir que cette plante n'est pas nuisible.

Les anciens se plaignoient beaucoup plus de l'ivraie qu'on ne le fait en ce moment. Cela tient-il à la chaleur du climat de l'Italie et de la Grèce ou au défaut de perfection de leurs instrumens de nettoyage des grains , ou aux vices de leur agriculture ? Je l'ignore ; mais peut-être suis-je autorisé à croire que ces trois causes y concouroient simultanément. En effet, nous savons que l'ivraie est moins dangereuse en Suède qu'en France , et que les habitans des montagnes de l'intérieur de la France ne sont pas assez riches pour se procurer d'autres instrumens nettoyans que le van et le simple crible, ni assez éclairés pour employer les grands moyens de faire disparoître les mauvaises herbes des champs, moyens qu'on connoît dans les plaines , sur-tout dans les lieux où la culture par assolemens est pratiquée. *Voyez* ASSOLEMENT.

Si de toutes les plantes croissant dans les blés l'ivraie est la plus dangereuse (elle agit non seulement sur l'homme , mais sur les bestiaux et les volailles, lorsqu'on leur en donne de force, car les animaux n'en mangent pas volontairement), elle est aussi la plus facile à extirper, soit du grain, soit des champs. *Voyez* au mot FROMENT les manières de la séparer du blé, manières si certaines qu'on n'en voit jamais dans celui qui est mis dans le commerce. Ici donc je ne parlerai que de ceux qui ont pour but de l'empêcher de se reproduire.

Le premier moyen qui se présente à l'esprit est d'arracher l'ivraie avant qu'elle soit mûre, et ce moyen on l'emploie encore quelquefois dans les montagnes dont j'ai parlé plus haut ; mais il est long, mais il est coûteux , mais il est destructif des récoltes, mais il est sur-tout insuffisant, car il échappe toujours beaucoup de pieds qui obligent de recommencer la même opération l'année suivante. Le second est de ne semer que du froment parfaitement exempt des graines de cette plante ; mais comme l'ivraie mûrit en même temps que lui, il s'en sème toujours avant, ou par suite même de la récolte, autant qu'il en faut pour rendre cette mesure inutile lorsqu'elle est employée seule. Il faut donc lui en adjoindre une autre, et cette autre est la rotation des assolemens pratiqués en Flandre, en Angleterre et dans tous les lieux où les principes de la bonne agriculture sont connus. Ainsi l'ivraie, étant une plante annuelle et une plante de terres labourées, ne repoussera pas dans un champ qu'on aura mis en trèfle ou en luzerne , sera étouffée avant sa fleuraison dans un champ qu'on aura semé en vesce ou en pois gris , sera arrachée par suite des binages qu'exigent les pommes de terre, les haricots, le maïs, etc. qu'on aura fait succéder au froment. Voilà de grands et efficaces procédés pour, en deux ou trois ans au plus, faire disparoître pour toujours l'ivraie d'une ferme, d'un canton entier. Pourquoi donc ne les emploie-t-on pas par-tout ? Parceque l'ignorance et les préjugés règnent encore dans le monde et dominent même sur l'intérêt personnel, ce puissant mobile des hommes.

Une des causes qui propagent l'ivraie dans quelques fermes où on fait annuellement des dépenses pour l'extirper par le sarclage et le criblage, cause peu aperçue quoique journellement sous les yeux du maître, c'est l'habitude de donner aux poules les déchets des vannages et des criblages. Ces poules mangent la plupart des graines de ces déchets, mais ne touchent pas à celles de l'ivraie que l'instinct leur indique comme nuisibles , et elles sont ensuite portées dans les champs avec les fumiers, les terres de la cour, etc. Il faudroit donc ne donner ces épluchures aux volailles que dans un endroit où les restes puissent être balayés, ou mis au feu , ou dans des baquets d'où il soit

facile de les enlever pour leur donner la même destination.
Mais comment persuader à la plupart des femmes de campagne
que cette légère attention peut éviter beaucoup de dépenses
et assurer un plus haut prix aux produits des récoltes?

L'IVRAIE MULTIFLORE DE LAMARCK, qui a trois pieds de
haut et douze à dix-huit fleurs dans chaque épillet, n'est qu'une
variété par excès de nourriture, ainsi que je m'en suis assuré
par l'observation.

IVRAIE VIVACE, *ray grass* des Anglais, a les racines vivaces,
traçantes; les tiges hautes d'un pied, et les fleurs sans barbes.
Elle croît naturellement dans toute l'Europe, et fleurit au
milieu du printemps. C'est peut-être la graminée la plus commune; car, excepté les marais et les terrains très secs et
très arides, on la trouve par-tout. Elle foisonne beaucoup,
pousse de très bonne heure au printemps, et le pâturage qu'elle
fournit est très fort du goût des bestiaux, sur-tout des moutons
et des chevaux : aussi les Anglais en font-ils fréquemment des
prairies artificielles.

Arthur Young observe, dans ses Annales d'agriculture, que
cette plante épuise la terre, et est une des plus mauvaises préparations pour semer le blé. Cela n'est pas difficile à croire,
puisqu'elle appartient à la même famille que ce dernier, c'est-
à-dire à celle des graminées. *Voyez* au mot ASSOLEMENT. Il ne
faut donc jamais semer des céréales dans un champ qui vient
d'en porter, mais les remplacer par des pois, des vesces,
des pommes de terre, des carottes, des betteraves et autres
plantes de nature fort différente, et ce pendant deux ou trois
ans.

On accuse le ray grass, et cela est vrai, d'être dur lorsqu'il
est sec; mais on peut diminuer cet inconvénient en le fauchant
de bonne heure, c'est-à-dire avant sa floraison, ou, comme
font quelques agriculteurs, en le mêlant avec d'autres fourrages.

Les avantages qu'a cette plante dans la composition des
prairies, outre celui que j'ai cité plus haut, est de bien garnir
le terrain, d'être peu sensible aux variations de l'atmosphère,
et de durer long-temps.

Ces dernières qualités seules feroient rechercher le ray grass
pour la formation des gazons dans les jardins; mais il en a de
plus deux autres extrêmement précieuses dans ce cas, c'est qu'il
gagne à être foulé aux pieds, et qu'il présente, pendant toute
l'année, une verdure uniforme et très foncée. C'est donc en
ray grass que l'on doit semer, et c'est en ray grass qu'on sème
en effet toutes les allées, toutes les bordures de parterres,
toutes les pelouses des jardins qui ne sont pas en terrain trop

sablonneux et trop sec. On trouvera au mot GAZON les indications nécessaires pour semer cette plante et l'entretenir en bon état.

Mais, diront quelques propriétaires de jardins, nous avons acheté du ray grass, venu d'Angleterre même, il y a tout au plus douze ans; nous avons fait tondre, rouler et même arroser chaque année le gazon qu'il a produit, et, malgré tous nos soins et nos dépenses, il se dégarnit, il laisse prendre le dessus au CHIENDENT, au BROME DISTIQUE, à l'ORGE DES MURS, etc., etc. C'est donc une plante peu propre à remplir nos vues. Non, leur répondrai-je, il n'y a pas de plante préférable au ray grass pour votre objet; mais cette plante, comme toutes les autres, est soumise à la loi générale de la mort et de l'alternat. Lorsqu'elle végète pendant un certain nombre d'années, plus ou moins, suivant la bonne ou mauvaise qualité du sol, dans un lieu donné, elle périt; les graines qu'on répand pour la remplacer lèvent; mais le plant qui en provient meurt bientôt, parcequ'il trouve un terrain épuisé. Il cède sa place à une autre plante de nature différente, qui la cèdera à son tour. Les engrais peuvent retarder ce moment, mais ne l'empêchent pas d'arriver : dans ce cas, il faut labourer la terre profondément, et faire un nouveau semis qui réussira, parceque les racines du ray grass s'enfonçant peu, on ramène à la surface une terre nouvelle. Cependant je préférerois mettre en place, soit du trèfle, soit de la luzerne, soit du sainfoin, pour revenir au ray grass lorsque la terre seroit fatiguée de porter une de ces plantes; mais comme ces plantes ne font pas des gazons, il est des propriétaires qui aimeroient mieux faire apporter de la terre à très grands frais pour remettre les lieux dans le même état, et je ne m'y opposerois pas; car il appartient à la fortune de vaincre même la nature dans certains cas.

Les gazons de ray grass se sèment ou immédiatement après la récolte de la graine, c'est-à-dire à la fin de l'été, ou au printemps. Les deux saisons ont leurs avantages et leurs inconvéniens. Je conseille l'automne dans les lieux secs et peu fréquentés, et le printemps dans ceux qui sont frais et exposés à être piétinés par les promeneurs. Il est superflu de développer mes motifs, car ils sont très faciles à juger : il faut que la terre soit bien préparée par des labours, fumée, si cela est nécessaire, et bien nivelée avec le râteau, même avec le cylindre. Le gazon qui en provient doit être tondu une fois la première année, en automne, et deux ou trois fois les années suivantes, toujours avant sa floraison. Des arrosemens lui sont quelquefois utiles pendant les chaleurs de l'été, lorsque le terrain n'est pas naturellement frais. (B.)

IXODE, *Ixodes*. Genre d'insectes aptères, établi par Latreille pour séparer des MITTES (*Acarus*, Lin.) plusieurs espèces qui s'en éloignent par leurs caractères.

Ce genre, qui a été appelé TIQUE, intéresse les cultivateurs, parceque quelques unes des espèces qui le composent vivent aux dépens des animaux domestiques, et qu'elles leur nuisent souvent beaucoup. Toutes sont si avides de sang et enfoncent leur trompe si avant dans la peau, qu'il est presque toujours difficile de les arracher De petits et plats qu'ils étoient en s'y fixant, ils deviennent souvent monstrueux et globuleux. Il n'est pas d'habitans de la campagne qui n'aient eu souvent occasion de se plaindre de leurs piqûres, qui n'aient remarqué combien ils fatiguoient leurs chiens, leurs vaches, leurs chevaux, etc.; c'est sur-tout dans des cantons boisés qu'ils sont communs. J'en ai eu quelquefois le corps parsemé pour m'être reposé à l'ombre. J'ai vu des animaux en être si couverts qu'ils en maigrissoient à vue d'œil. Quelquefois, quand ils sont bien gorgés de sang, ou qu'ils sentent le besoin de propager leur espèce, les ixodes se détachent d'eux-mêmes et se laissent tomber; mais ces deux cas n'arrivent pas toujours. Ils ont la vie très dure, et leur peau est si coriace qu'il faut des instrumens très tranchans, pour pouvoir les entamer. Leur propagation est si considérable, que Kalm rapporte avoir vu une femelle pondre sous ses yeux plus de mille œufs, et qu'elle ne s'en tint pas à ce nombre. Les moyens de les détruire sur les hommes et les animaux ne sont pas faciles à mettre à exécution. En général on emploie la recherche et la main, ce qui, pour l'homme même qui peut indiquer où ils piquent, est souvent sans succès; car il y en a qui sont si petits et qui s'enfoncent si fort dans la peau qu'ils sont invisibles à l'œil nu. Les décoctions amères, c'est-à-dire toutes celles qu'on emploie contre les poux, réussissent quelquefois; mais il n'y a de véritablement sûrs que les préparations mercurielles, qui, outre qu'elles ne sont pas sans danger lorsque des mains inhabiles les font, sont trop coûteuses pour être employées sur les animaux de la taille des bœufs ou des chevaux, mais auxquelles on est cependant obligé d'avoir recours lorsque ce mal est parvenu à son dernier période, et menace de faire mourir l'animal; cas rare en France, mais fort commun dans les pays chauds, où les ixodes sont beaucoup plus communs, comme j'ai pu en acquérir la preuve pendant mon séjour en Amérique.

L'IXODE RICIN, *Acarus ricinus*, Lin., a le corps d'un rouge de sang très foncé, le corselet plus foncé. C'est celui qu'on trouve le plus communément sur les bœufs, les chiens et autres animaux domestiques. Il a moins de deux lignes de long lorsqu'il est vide, mais lorsqu'il est gorgé de sang il est du double plus grand. Il attaque aussi l'homme.

L'ixode reduve, *Acarus reduvius*, Lin., a le corps grisâtre, avec une tache brune en devant. Il se trouve sur les mêmes animaux. Il est deux fois plus grand que le précédent. On le voit quelquefois sur l'homme.

L'Ixode sanguisuge est noir, avec l'abdomen ferrugineux. Il vit sur les animaux et sur l'homme. Il est moins commun que les précédens aux environs de Paris.

L'Ixode américain est rougeâtre, avec l'écusson, les genoux et les pieds blancs. Il est très commun sur les bœufs et les chevaux dans l'Amérique septentrionale, où je l'ai observé, et où il ne respectoit pas ma peau.

L'ixode sanguin est rouge et si petit qu'on peut rarement le voir sans s'armer d'une loupe. Il se trouve dans les bois montagneux, et cause à ceux qui s'y reposent des démangeaisons d'autant plus insupportables, qu'on ne sait à quoi les attribuer quand on n'est pas prévenu. J'en ai souvent ressenti les pénibles atteintes. (B.)

J.

JABLE. Entaille ou rainure faite par les tonneliers, près de l'extrémité de chaque douve, pour y faire tenir les deux fonds des vaisseaux, tonneaux, barriques ou futailles. Ces mots sont synonymes ; mais ils désignent la différence de grandeur des vaisseaux destinés à contenir le vin ou les autres liqueurs. *Voyez* le mot Tonneau. Le jable doit-être par-tout égal, et sa profondeur proportionnée à l'épaisseur de la douve ; mais à quoi servira que cette rainure soit bien faite, si l'amincissement de l'extrémité des douves du fond n'est pas proportionné, si les jointures des douves du fond et de la circonférence ne sont pas égales en volume, et ne remplissent pas exactement la rainure ? C'est de cette partie principale que dépend la solidité du vaisseau vinaire : la moindre négligence et la moindre inattention, dans cette partie, de la part de l'ouvrier, font que la liqueur échappe. On remplit alors le vide avec du coton fortement pressé par le dos ou la pointe d'un instrument ; c'est un palliatif qui remédie foiblement au mal. Lorsqu'on achète un tonneau, il est difficile de reconnoître ce défaut, parceque l'ouvrier pare sa marchandise à l'extérieur avec un rabot, et on ne voit pas que le vice est intérieur. Au mot Tonneau j'indiquerai un moyen bien simple de le reconnoître. (R.)

JACÉE, *Jacea*. Plante vivace à racine épaisse et fibreuse, à tige anguleuse, cannelée, remplie de moelle, rameuse, haute de deux pieds ; à feuilles alternes, sinuées, dentées, velues, les radicales pétiolées, les caulinaires sessiles ; à fleurs de près d'un pouce de diamètre, purpurines et solitaires à l'extrémité des rameaux ; qui faisoit partie du genre des CENTAURÉES de Linnæus, mais qui aujourd'hui en forme, avec plusieurs autres, un particulier dans la syngénésie frustranée, et dans la famille des cynarocéphales.

La JACÉE DES PRÉS, *Centaurea jacea*, Lin., la seule importante à connoître, croît abondamment dans toute l'Europe dans les prés secs, dans les bois peu fourrés, le long des chemins, enfin par-tout, excepté les marais et les sables les plus arides. Elle s'élève d'un pied et demi et fleurit depuis le milieu du printemps jusqu'à la fin de l'été. Tous les bestiaux la mangent, soit verte, soit fraîche, et on ne doit pas être inquiet, par conséquent, lorsqu'on la voit en petite quantité dans les foins ; mais lorsqu'elle s'y trouve en surabondance, comme cela arrive quelquefois, il faut la détruire, car elle est dure et tient beaucoup de place. Cette surabondance indique que le sol est fatigué de porter des graminées, véritables plantes fourrageuses des prairies naturelles, et qu'il demande à être labouré.

La grandeur de la jacée la rend presque une plante d'ornement, et elle peut en conséquence se placer avec avantage dans les jardins paysagers. Elle varie par la couleur de sa fleur, qui est quelquefois bleuâtre, rougeâtre ou blanche. Sa tige et ses feuilles donnent une couleur jaunâtre à la teinture, et sa racine, qui est astringente et nauséabonde, passe pour vulnéraire et détersive. (B.)

JACHÈRE (1). Le mot jachère, d'après son étymologie présumable du mot latin *jacere*, se reposer, ainsi que d'après l'idée qu'on attache à son acception ordinaire, indique l'état de repos, ou plutôt de non produit, auquel le cultivateur condamne quelquefois la terre à des époques périodiques plus ou moins rapprochées, et pendant un laps de temps plus ou moins long, contre le vœu bien évident de la nature.

Ainsi, lorsqu'on dit qu'un champ est en jachère, on cherche à désigner, par cette expression, le prétendu repos qu'on suppose si gratuitement nécessaire pour réparer ce qu'on appelle *l'épuisement des forces de la terre*, et l'on ne désigne réellement par-là que l'état d'improduction résultant du non ensemencement auquel elle est soumise, pendant trop long-temps, sous différens prétextes.

---

(1) Pour la parfaite intelligence de cet article, il convient de consulter les mots ALTERNER, ASSOLEMENT, et SUCCESSION DE CULTURES, tous ces objets ayant entre eux la plus étroite liaison.

Le champ réduit à cet état reçoit fréquemment aussi la dénomination simple de JACHÈRE, et, dans ce cas, l'on dit une jachère pour désigner un champ soumis à la jachère, c'est-à-dire non ensemencé.

On substitue encore au mot *jachère*, en divers cantons de la France, ceux de VERSAINE, GUERET, VARET, SOMBRE, NOVALE, VERCHERE, LANDE, GACERE, FRICHE, etc., auxquels on attache ou la même signification, ou au moins une idée équivalente, et quelquefois aussi celui de *culture*, qui désigne celle que la terre reçoit ordinairement en cet état.

Avant de passer à l'examen de l'origine et du but réel ou supposé, de l'utilité ou de l'inutilité de la jachère, examinons d'abord si l'idée du repos qu'on y attache est applicable à la terre arable, c'est-à-dire au sol cultivé; si cette terre a réellement des forces susceptibles d'épuisement, et si, comme on l'a prétendu et le prétend encore quelquefois, elle peut vieillir, s'user, se lasser, se fatiguer, s'affoiblir, etc.

Prenons-la telle qu'elle se présente à nous dès qu'elle sort de l'état de nature, c'est-à-dire immédiatement après avoir été couverte, de temps immémorial, de prairies naturelles, de forêts, ou de toute autre végétation naturelle et vigoureuse quelconque.

Quelle que puisse être d'ailleurs la composition intrinsèque du sol, susceptible comme l'on sait, ainsi que le climat et plusieurs autres circonstances accidentelles, d'une infinité de modifications plus ou moins avantageuses ou désavantageuses à la culture, on convient universellement qu'en cet état la terre est généralement douée d'une grande fécondité, et cependant elle a pu fournir, pendant des siècles, à d'abondantes productions sans interruption, et sur-tout sans aucun secours étranger. Or, en nous arrêtant à ce seul fait incontestable, et très commun, nous avons déjà la preuve évidente qu'elle ne se lasse ni ne se fatigue, qu'elle ne vieillit pas, ne s'use pas, et qu'elle n'épuise pas enfin ce qu'on appelle improprement ses forces, en continuant de produire.

Si nous voyons ensuite sa fécondité naturelle disparoître insensiblement, cette fâcheuse circonstance, dont nous ne sommes que trop souvent les témoins, ne peut donc être attribuée qu'à quelque cause accidentelle, entièrement étrangère à la terre proprement dite, qui ne doit être considérée ici que comme le réceptacle passif d'une partie des substances propres à alimenter les végétaux; et le cultivateur qui observe cet effet doit en chercher la véritable cause dans le traitement irréfléchi auquel il l'a soumise.

Suivons-la maintenant dans les divers procédés de culture auxquels elle peut être exposée, et nous y découvrirons cette cause d'altération de la précieuse fécondité que nous y avons d'abord reconnue.

Dans cet état de virginité dans lequel nous avons pris la terre, elle étoit abondamment pourvue d'humus ou terre végétale résultant du détritus annuel et successif des végétaux et des animaux qui la couvroient depuis long-temps, et, par une suite nécessaire, elle abondoit en carbone, l'un des principaux alimens du règne végétal. Ce terreau, si utile à la reproduction dont il est la base essentielle, susceptible de dissolution, d'évaporation et d'infiltration, susceptible par conséquent d'entrer en grande partie dans l'organisation végétale, de s'altérer ou de disparoître par une cause et d'une manière quelconque, va bientôt, par l'effet inévitable des opérations aratoires répétées souvent à contre-temps et à contre-sens, et d'une végétation forcée, long-temps prolongée, dont tous les produits seront entièrement enlevés au sol, chaque année, diminuer progressivement de quantité et de qualité ; et cet effet sera d'autant plus prompt et plus sensible, que l'humus, dans son état de dissolution, aura été plus exposé à l'évaporation, à l'infiltration ou à son absorption par des végétaux qui auront plus emprunté de la terre que de l'atmosphère.

Il y aura donc alors épuisement, non de forces proprement dites, qu'on ne peut supposer à ce réceptacle passif que nous appelons *terre matrice*, ou dépôt de la substance végétale, mais bien réellement épuisement, c'est-à-dire soustraction, ou au moins altération d'une ou plusieurs substances essentielles à la végétation, et qu'il deviendra indispensable de rétablir ou de restituer au sol, proportionnellement à l'altération ou à la diminution, afin de pouvoir le rendre à son état primitif de fécondité.

Ainsi, nous voyons que toute idée de fatigue, de lassitude, d'épuisement de forces, de vieillesse et de repos, et toute autre équivalente, appliquées à la terre, sont entièrement vides de sens, et aussi dénuées de fondement que si on les appliquoit à une masse inerte de pierres, de sables, et d'autres matières analogues, qui forment le noyau ou la base ordinaire de toute terre cultivable. La jachère n'est donc pas dans la nature, et l'on n'a jamais vu la terre se dépouiller elle-même de toute espèce de végétation pour se reposer. Elle ne peut donc réellement s'épuiser que comme un des réservoirs de l'aliment des végétaux, ce qu'il faut d'abord tâcher de prévenir, autant que possible, et ensuite réparer promptement ; et c'est là évidemment un des principaux buts auquel doit tendre toute bonne culture.

Voyons maintenant quelle a pu être l'origine de la jachère proprement dite, qui laisse la terre, pendant une ou plusieurs années, sans ensemencement.

A une époque heureusement déjà loin de nous, la disproportion existante entre l'étendue des terres en culture et les divers moyens indispensables pour les exploiter d'une manière profitable, jointe au peu d'étendue des connoissances agricoles, au petit nombre de végétaux soumis à une culture régulière, ainsi que plusieurs autres causes accessoires, donnèrent probablement naissance à cet état de non valeur désigné communément sous le nom de *jachère*.

Ne pouvant suffire à tous les besoins à la fois qu'exigeoit une grande étendue de terre, le cultivateur dut nécessairement se trouver forcé de condamner alternativement à cet état d'improduction une portion plus ou moins restreinte de son exploitation rurale. Alors, comme aujourd'hui, cette portion varia dans la proportion de la multiplicité et de la force des obstacles qui s'opposoient à la culture. La qualité du sol sur-tout, ainsi que les convenances locales, déterminèrent souvent et l'étendue des jachères et leur durée.

Dans plusieurs contrées peu fertiles, une seule année de récolte devint le signal d'une année de non produit. Dans d'autres, plus favorisées par la qualité du sol, plusieurs récoltes consécutives de céréales précédèrent cette année de rémission. Le plus souvent, le retour de la jachère devint triennal, et suivit immédiatement la culture successive du froment et de l'avoine, les deux grains les plus généralement cultivés presque par-tout en France; quelquefois cet état d'improduction, au lieu d'être borné à une seule année, devint un véritable état d'abandon prolongé et souvent indéterminé. Ainsi, après avoir entièrement épuisé un canton, on abandonna à la nature le soin de réparer les torts d'une culture plus avide que raisonnée; et cette pratique, qui fut toujours celle des sauvages et de tous les peuples nomades, déshonore encore aujourd'hui les contrées qui sont le moins avancées vers l'instruction et la civilisation.

A mesure que les besoins s'accrurent avec la population, il devint aussi naturel de chercher à restreindre l'étendue des terres ainsi délaissées temporairement, qu'il l'avoit été d'abord d'abandonner celles que l'on ne pouvoit cultiver fructueusement. Mais le remède devint souvent pire que le mal, parceque s'occupant plus de satisfaire les besoins du moment que de préparer la terre pour ceux de l'avenir, on erra long-temps sur l'adoption des meilleurs moyens d'assurer un produit constant, et l'on voulut toujours exiger, sans intermédiaire, les récoltes de grains qu'il eût fallu sagement intercaler avec d'autres (1).

Des non succès qui furent le résultat nécessaire des tentatives réitérées sans un assolement convenable sur divers points, et à diverses époques, en France comme ailleurs, on tira la conséquence irréfléchie que la terre avoit besoin de se reposer à des intervalles déterminés, quoique le spectacle majestueux et concluant de la vé-

---

(1) Il paroît que du temps des Romains les propriétaires ruraux reconnoissoient déjà l'inconvénient de plusieurs récoltes successives de grains, d'après un passage de Festus qui s'exprime ainsi : *Restibilis ager fit qui continuo biennio seritur furreo spico, id est aristato, quod, ne fiat, solent qui praedia locant excipere.*

gétation prolongée, dont la nature restoit seule chargée, donnât en tout temps un démenti formel à cette opinion erronée. Enfin, en partant du faux principe d'une lassitude supposée aussi gratuitement, on décora la jachère de la fausse dénomination de *repos de la terre*.

Comme une erreur de nom occasionne souvent une erreur de chose, cette dénomination impropre devint le prétexte dont on se servit toujours depuis pour autoriser cette pratique consacrée par un long usage, et dont la véritable origine se perdoit dans la nuit du temps.

Dans quelques endroits, elle paroît être aussi la suite d'une tradition pieuse et d'un préjugé religieux, d'après un passage du Lévitique, où il est dit que *la septième année sera le sabbat de la terre, et l'année de repos du Seigneur*, tandis qu'à côté on entretient constamment, sans ce moyen, la fécondité de la terre, par des labours convenables et des engrais abondans.

Enfin, elle se trouva plus rigoureusement encore consacrée en un grand nombre d'endroits, par la teneur même des baux dont les clauses impératives la prescrivirent comme une règle de culture indispensable pour prévenir l'épuisement de la terre, tandis que la courte durée de ces mêmes baux, en s'opposant très efficacement à toute espèce d'amélioration permanente, occasionne encore trop souvent des détériorations aussi réelles que le mal qu'on cherche à éviter est illusoire, et le bien qu'on voudroit opérer incomplet et incertain, tant qu'on se bornera à de semblables moyens, qui vont directement contre le but qu'on se propose.

En partant de la supposition gratuite que la terre épuisoit, par ses productions, les forces qu'on lui attribuoit, dans l'acception rigoureuse de cette expression, il étoit naturel de supposer qu'elle avoit besoin de repos comme un animal fatigué par le poids d'un fardeau, ou par un effort quelconque, a réellement besoin d'inaction pour réparer l'abattement qu'il éprouve, afin de pouvoir se rétablir dans son état primitif.

Cependant l'observation toujours facile à faire que la terre qui s'étoit conservée nette et à laquelle on restituoit par les engrais l'équivalent de ce qu'elle avoit perdu, ne diminuoit en rien de sa fécondité, devoit indiquer à l'observateur attentif, impartial, et non prévenu défavorablement, qu'elle n'avoit pas besoin de repos, et qu'elle diminuoit ses productions, bien moins par l'effet d'une prostration de forces, que par celui d'une déperdition réelle de substances essentielles à l'organisation et à la prospérité de nouveaux produits, et qu'il falloit lui rendre, lorsqu'on n'avoit pu les lui conserver.

Il devoit voir aussi que la terre qu'il fatiguoit de labours, souvent inutiles et quelquefois nuisibles, se couvroit ordinairement, lorsqu'elle étoit abandonnée à elle-même, d'une abondante végétation spontanée, qui décidoit la question de l'inutilité de la jachère, en annonçant, d'une manière non équivoque, la faculté et le besoin de donner des productions analogues à son état et à sa nature. Mais indépendamment de l'effet inévitable que produit toujours sur l'esprit une opinion ancienne, transmise d'âge en âge et admise de confiance, jusqu'à ce qu'on s'avise de la soumettre au raisonnement, les causes que nous avons énoncées, jointes à l'ignorance des véritables principes d'assolement, durent retarder longtemps l'époque qui s'approche où la terre ne sera plus condamnée périodiquement à un état ruineux d'improduction.

En vain le spectacle florissant des forêts et des prairies semées par la main libérale de la nature et entretenues par elle dans un état permanent de prospérité depuis des siècles, lorsqu'elles sont à l'abri des outrages qu'elles reçoivent trop souvent, proclamoit à l'univers que ce prétendu repos étoit une chimère, et indiquoit assez qu'en imitant la nature, dont la loi constante fait si sagement servir la décomposition, des êtres à la prospérité d'autres êtres, on obtiendroit les mêmes résultats. La puissance tyrannique et presque irrésistible de l'habitude fascina les yeux, et empêcha de voir qu'au lieu de repos c'étoit d'engrais, d'ameublissement, de nettoiement, et de variété dans les cultures, que la terre avoit essentiellement besoin pour réparer ses pertes, ou plutôt pour les prévenir.

En vain la vigueur des végétaux qui croissoient spontanément sur les terres délaissées; en vain la succession non interrompue des récoltes en divers genres, dont s'enrichissoient nos jardins, servoient de démonstration rigoureuse à ces importantes vérités; cette fausse dénomination de repos eut sur l'esprit du vulgaire un pouvoir magique, qui séduisit même plusieurs hommes d'ailleurs très éclairés.

Depuis long-temps des amis ardens de l'agriculture, des observateurs attentifs de la nature s'indignoient de voir presque généralement le tiers, et quelquefois même la moitié de territoires fertiles, ou susceptibles de le devenir par un traitement convenable, condamnés à la nullité, sans en devenir souvent plus propres aux productions futures. Ils avoient consigné leurs vœux stériles pour un meilleur ordre de choses dans plusieurs écrits bien louables, sans doute; mais c'étoit aux yeux sur-tout qu'il falloit parler, pour arriver à l'esprit; c'étoient des faits authentiques et décisifs qu'il falloit placer à côté des principes, parceque tôt ou tard ces moyens de conviction doivent triompher inévitablement des incrédules, et s'ils ne déchirent pas sur-le-champ le bandeau de l'erreur, ils ont au moins le précieux avantage de le faire disparoître insensiblement et sans retour, comme sans secousse.

D'ailleurs, les moyens indiqués jusqu'alors n'étoient pas toujours avoués par l'expérience, qui en étoit cependant la véritable pierre de touche; et le plus grand obstacle à combattre consistoit dans l'erreur, trop générale encore et très séduisante à la vérité, qui porte à croire que, pour obtenir constamment d'abondantes récoltes de grains, il faille nécessairement en ensemencer itérativement de vastes étendues de terrain chaque année, comme si la qualité du sol, résultante d'une préparation convenable, ne compensoit pas, et au–delà, le défaut de quantité de terres incomplètement préparées, et souvent hors d'état de fournir des produits avantageux.

Il s'agissoit bien moins d'obtenir une série consécutive de produits en grains, que de suivre une rotation de récoltes telle qu'en variant les cultures, en les intercalant convenablement, en faisant succéder aux végétaux reconnus pour être les plus épuisans, par leur organisation et par leur mode de végétation, ceux également reconnus propres à améliorer le sol et par leur nature peu épuisante, et par les procédés de culture qu'ils exigent, ou par leur débris, ou enfin par leur consommation sur le champ même, on pût l'entretenir, d'une manière permanente et assurée, dans cet état de netteté, d'ameublissement et de fécondité qui le rend propre à répondre d'une manière indéfinie à l'appel du cultivateur éclairé.

Il s'agissoit donc de cultiver, concurremment et convenablement avec les céréales et d'autres plantes aussi épuisantes, les prairies artificielles, les plantes à racines volumineuses et très nourrissantes, et enfin un grand nombre d'espèces et de variétés annuelles, bisannuelles ou vivaces, tirées de la nombreuse et utile famille des légumineuses, qui en fournissant, sans emprunter beaucoup de la terre, d'amples moyens d'élever et d'entretenir de nombreux troupeaux, augmentent nécessairement la masse des engrais, et, par une conséquence inévitable, celle des grains qui en font une si forte consommation.

Par ces moyens simples et beaucoup moins dispendieux que l'improductive et ruineuse jachère, l'industrieux cultivateur prévient infailliblement l'état fâcheux d'infécondité ou de malpropreté qui force à recourir à ce palliatif d'un mal qui va toujours croissant, et il possède en tout temps d'amples moyens de réparer entièrement les pertes que la terre peut faire. Déjà un grand nombre d'exemples frappans, pris sur divers points de l'empire, et que nous avons consignés dans notre *Essai sur les Assolemens les plus convenables à la France*, ont démontré que tout le secret est là, et que plus on paroît s'éloigner de la culture des grains, plus on s'en rapproche réellement; et maintenant nous avons acquis la preuve bien déterminante que les cantons de la France où la jachère est encore en honneur sont généralement ceux où la culture des prairies artificielles, des racines, des plantes légumineuses, et l'emploi de tous les moyens améliorans et préparatoires, sont ou inconnus, ou inusités, ou beaucoup trop rares, ou enfin introduits dans un cercle de culture vicieux; mais bientôt nous devons espérer d'arriver successivement à l'abolition de la jachère absolue sur le territoire français, parcequ'un grand nombre de cultivateurs zélés et instruits, osant braver tous les obstacles que leur opposent la routine et les préjugés, donnent à leurs voisins d'utiles exemples qu'ils ne pourront manquer d'imiter.

Passons à l'examen des différens moyens les plus ordinaires d'observer la jachère.

La jachère est absolue et complète, ou seulement relative et incomplète.

La jachère est absolue et complète lorsque la terre arable ne reçoit aucune espèce d'ensemencement pendant toute la durée d'une ou de plusieurs années rurales.

La jachère est relative et incomplète, lorsque la même terre ne reste sans ensemencement que pendant une partie plus ou moins considérable de l'année, suivant les circonstances.

On peut considérer la jachère absolue comme annuelle, bisannuelle et pérenne.

La jachère absolue est annuelle, lorsqu'après une ou plusieurs récoltes épuisantes consécutives, on laisse la terre sans l'ensemencer pendant une année entière, pendant laquelle elle est soumise à diverses opérations aratoires destinées à la préparer pour la récolte subséquente.

Elle est bisannuelle, lorsqu'on la laisse entièrement inculte et sans ensemencement, pour en faire un pâturage, pendant l'année qui suit immédiatement la dernière récolte épuisante, et que, dans le courant de la seconde seulement, elle reçoit les préparations nécessaires pour la récolte qu'on se propose d'obtenir à la troisième année.

Enfin, elle est pérenne et d'une durée indéterminée, lorsqu'après une série prolongée de récoltes épuisantes, qui ont diminué chaque année de quantité et de qualité, et n'ont laissé aucun moyen de réparer les pertes par de nouveaux engrais, on l'abandonne entièrement à la nature, qui, en la couvrant de végétaux, répare, après un intervalle plus ou moins long, le mal qu'une culture barbare avoit occasionné.

Arrêtons-nous un instant sur les motifs déterminans, et sur les inconvéniens ou les avantages des différens moyens que nous reconnoissons d'observer la jachère.

Lorsque la jachère absolue annuelle est alternée avec la culture, d'année en année, elle suppose ordinairement le défaut de temps, d'animaux, d'engrais, de bras, ou d'autres moyens indispensables pour la cultiver convenablement en tout temps. Elle annonce l'absence de toute espèce de prairies artificielles, et un assolement qu'il seroit facile de corriger avec quelques unes de ces prairies, ou toute autre culture intercalaire équivalente et améliorante, qui, en nettoyant et ameublissant la terre tout à la fois, la prépareroit, d'une manière moins coûteuse et productive, pour la récolte suivante.

Cette jachère, que nous avons trouvée plus répandue dans quelques cantons méridionaux qu'ailleurs, a le grave inconvénient de doubler le prix de la rente en diminuant les produits, qui sont complètement nuls d'année en année, et qui pourroient au moins consister dans quelque pâturage artificiel précoce qui indemniseroit des frais de culture, sans nuire aux produits futurs.

Lorsque la jachère absolue annuelle est observée à la troisième année, après deux de culture, elle suppose ordinairement que ces deux années précédentes ont été consacrées à la production de deux cultures céréales consécutives et épuisantes, telles que celles du froment ou du seigle, puis de l'avoine ou de l'orge.

C'est de toutes la plus fréquente presque par-tout, et elle devient souvent inévitable, très coûteuse et insuffisante avec un assolement aussi défectueux, qui admet deux cultures consécutives très épuisantes et salissantes de graminées annuelles qu'il eût fallu intercaler par une culture améliorante et préparatoire.

La jachère absolue bisannuelle annonce ordinairement trois cultures épuisantes et consécutives au moins, qui, après une autre jachère qui les avoit précédées, laissent la terre dans un tel état de pauvreté, qu'elles forcent le cultivateur, plus avide qu'instruit sur ses propres intérêts, à perdre pendant deux années consécutives le revenu qu'il auroit pu en obtenir avec un arrangement plus conforme aux principes de la saine agriculture. La première année, entièrement consacrée à l'inculture, fournit ordinairement un chétif pâturage qui ne peut être comparé ni pour son produit ni pour ses effets à la plus foible prairie artificielle, et la seconde l'assujettit à des travaux pénibles et coûteux qui ne réparent qu'imparfaitement le mal opéré par les cultures précédentes, qui, en anticipant sans cesse sur les produits futurs, finissent par les réduire à très peu de chose.

Cette ruineuse et très défectueuse routine nous paroît régner plus impérieusement encore dans plusieurs parties de nos départemens de l'ouest que dans les autres.

Enfin, la jachère absolue pérenne et indéterminée est ordinairement le triste résultat de l'ignorance, jointe à l'insatiable cupidité du colon sur les terres nouvellement défrichées, qu'il réduit pour ainsi dire à un véritable *caput mortuum*, par une série prolongée de cultures épuisantes avec lesquelles il finit par anéantir cette précieuse fécondité dont il avoit d'abord trouvé le sol doué si heureusement, et qu'il auroit pu maintenir dans cet état prospère, s'il n'en avoit abusé aussi inconsidérément.

Cette pratique, destructive de toute espèce de prospérité, qu'on retrouve encore dans les parties de la France les moins instruites en économie rurale, contraint le malheureux qui l'observe pour ainsi

dire religieusement, à abandonner son champ à la nature, pendant
un laps de temps plus ou moins long, pour le reprendre ensuite
lorsqu'elle y a rétabli insensiblement l'humus qu'il en avoit fait disparoître, et pour le soumettre itérativement à un traitement aussi
propre à l'en dépouiller de nouveau, et à le réduire pour long-temps
à l'état le plus déplorable, sans qu'il lui soit possible de l'en retirer
par aucun des moyens artificiels ordinaires qui ne sont pas en son
pouvoir.

Comparons ces fâcheux résultats à ceux que peut nous présenter
la jachère relative et incomplète.

Autant la jachère absolue et complète, annuelle ou étendue au-
delà de ce terme, présente d'inconvéniens graves, et autant elle est
généralement nuisible à la terre et au cultivateur, excepté peut-
être dans quelques cas particuliers, forcés et accidentels, autant la
jachère relative et temporaire est ordinairement utile et quelquefois
même indispensable, quoiqu'elle ne soit pas toujours d'une nécessité rigoureuse.

On peut diviser cette jachère, qui n'est pour ainsi dire que pas-
sagère et momentanée, et souvent forcée, en jachère d'été et en
jachère d'hiver.

La jachère d'hiver devient, assez souvent, non seulement
utile, mais même nécessaire pour préparer la terre à de nouveaux
produits par l'application de nouveaux engrais ou amendemens,
et d'opérations aratoires rigoureusement exigibles, pendant cette
saison durant laquelle la végétation est souvent interrompue.
C'est sur-tout aux champs éloignés et d'un accès difficile, pendant
les temps pluvieux, et c'est également à ceux qui sont placés sous
un âpre climat, ainsi qu'à ceux qui sont exposés à de fréquens débordemens ou à un excès d'humidité résultant d'une cause quelconque, que cet intervalle de production peut devenir nécessaire.

Dans le premier cas, on ne peut voiturer convenablement et
économiquement les engrais et les amendemens que pendant les
gelées qui, resserrant la terre, rendent les chemins praticables et
commodes pour les charrois, et préviennent la résistance occasionnée par l'enfoncement des terres qui, indépendamment des
inconvéniens graves qui en résultent ensuite pour la culture, exerce
si péniblement les forces et use si promptement la vigueur des animaux de trait.

Dans le second cas, il est souvent imprudent de confier à la terre
des semences que l'intensité des froids ordinaires, le ravage des eaux
adventices, et l'excès d'humidité naturelle au sol, et qu'on ne peut
ni faire disparoître complètement, ni même quelquefois diminuer
pendant cette saison, compromettent fortement.

Dans ces différens cas, et dans d'autres équivalens, cet intervalle,
impérieusement commandé par les circonstances, devient de rigueur, et il est encore quelquefois indispensable par l'impossibilité

de tout faire à la fois, par la nécessité d'occuper utilement les hommes et les animaux pendant la saison morte pour un grand nombre d'autres travaux que réclament d'autres saisons, et par l'avantage de pouvoir varier ses cultures et les époques de ses ensemencemens, afin de faire une distribution convenable de ses moyens, de ses ressources et de l'emploi de son temps.

La jachère d'été devient aussi, dans certains cas, très utile, et dans quelques uns même également indispensable. Dans toutes les parties des contrées méridionales, dont la chaleur brûlante du climat jointe à l'aridité naturelle du sol ne peut être efficacement tempérée par d'utiles irrigations qui, toutes les fois qu'elles sont praticables, convertissent même les sols les plus ingrats en terres du plus grand produit; dans toutes les terres, de quelque nature qu'elles soient, et sous quelque climat qu'elles se trouvent, qu'une culture négligée a laissé envahir par un gazon épais de plantes vivaces et nuisibles dont les racines traçantes, articulées ou tubéreuses, sont d'une extirpation et d'une destruction très difficile, pour ne pas dire impossible, et d'ailleurs lente et très coûteuse par les moyens ordinaires, cet intervalle de non produit est encore de la plus grande utilité, pour parer à ces deux inconvéniens.

Dans le premier cas, la dureté et l'aridité du sol et la chaleur du climat sont telles, qu'en supposant la récolte faite dans le mois de juin, comme cela arrive fréquemment, la sécheresse constante qui règne ordinairement à cette époque, et pendant les mois suivans, s'oppose irrésistiblement à toute espèce de production annuelle ou momentanée, lorsqu'on ne peut se procurer aucun moyen artificiel de remédier à ce puissant obstacle réellement insurmontable par tout autre moyen que par les irrigations.

Les champs dépouillés de leurs produits ne sont pas, le plus souvent, attaquables par les instrumens aratoires ordinaires; et quand ils le seroient, le défaut absolu d'humidité rendroit toute espèce d'ensemencement inutile et en pure perte. Il n'y a tout au plus que quelques prairies artificielles, au moins bisannuelles, qui, semées simultanément avec les grains, en automne ou de bonne heure au printemps, puissent occuper utilement le sol à cette époque critique, lors toutefois qu'elles peuvent résister aux efforts destructeurs et prolongés d'une sécheresse excessive, ce qui n'arrive pas toujours; et dans le cas d'impossibilité d'en établir aucune, la jachère d'été devient indispensable.

Dans le second cas, l'urgente nécessité de purger complètement le champ des racines envahissantes, entrelacées en tous sens, très vivaces et rustiques et extraordinairement difficiles à extirper et à détruire, lorsqu'elles s'en sont exclusivement emparées, après s'y être paisiblement multipliées pendant plusieurs années, impose encore la loi rigoureuse de la jachère d'été.

Dans ce cas d'urgence beaucoup trop commun, c'est-à-dire lorsque le chiendent ordinaire, *triticum repens*, l'avoine à chapelets ou à racines bulbeuses, *avena præcatoria*, l'agrostide stolonifère, *agrostis stolonifera*, le ceraiste des champs, *cerastium arvense*, la linaire commune, *linaria vulgaris*, la mille-feuille, *achillea millefolium*, la prêle ou queue de cheval, *equisetum arvense*, le tussilage ou pas d'âne, *tussilago farfara*, et autres plantes semblables à racines traçantes, entrelacées, persistantes, très vigoureuses et d'une prompte et facile propagation, ont fait la conquête d'un champ aux dépens de l'ignorance ou de la négligence du cultivateur, ou par quelque autre cause naturelle et accidentelle, nous ne connoissons pas de moyen plus efficace et plus convenable, c'est-à-dire plus expéditif, plus économique et plus sûr que la jachère d'été, après l'ÉCOBUAGE et l'INCINÉRATION (*voyez* ces mots), sur-tout sur les terres compactes, humides et argileuses, pour remédier complètement au grave inconvénient qui compromettroit long-temps le succès des récoltes futures.

Qu'on ne suppose pas, sur-tout, que lorsque la terre se trouve réduite à ce fâcheux état, l'établissement d'une prairie artificielle puisse devenir un moyen réellement efficace pour détruire ces plantes essentiellement nuisibles. Non, ce résultat ne peut avoir lieu; et quoique quelques agronomes aient avancé légèrement que ces prairies étouffoient par leur ombrage ces végétaux affamans et très parasites, nous pouvons et nous devons assurer qu'il n'en est rien, puisque notre propre expérience, jointe à un grand nombre d'observations particulières, nous a constamment convaincus du contraire. Nous ne nions pas que ces prairies n'étouffent réellement un grand nombre de plantes annuelles nuisibles aux récoltes et moins vigoureuses, et n'annulent aussi les germes disséminés de plusieurs autres, quoiqu'il soit encore certain que beaucoup d'entre elles jouissent de la fâcheuse propriété de conserver long-temps leur faculté germinative et de reparoître, au grand étonnement et au grand détriment du cultivateur, après un laps de temps quelquefois très considérable; mais ce qu'il y a de bien certain, et ce sur quoi nous ne saurions trop insister, c'est que quiconque ensemence en prairies un terrain infesté de plantes vivaces de la nature de celles que nous avons indiquées, ou de toutes autres analogues par leur vitalité et leur rusticité, ainsi que par leur prompte et affligeante propagation, qui s'opère par le double moyen de leurs nombreuses racines et de leurs semences, s'expose infailliblement à n'avoir que de chétives prairies affamées par ces vampires, qui les surmontent et se propagent d'autant plus que la terre sur laquelle ils se sont établis reste plus long-temps soustraite aux opérations aratoires; de manière que bien long-temps encore après le défrichement de ces prairies, elles disputent aux récoltes annuelles le droit d'occuper le champ que leur donne leur antériorité de possession autant que leur étonnante vitalité, jusqu'à ce qu'une jachère d'été, en les exposant à plusieurs reprises à l'ardeur meurtrière des feux de la canicule que viennent seconder des opérations aratoires multipliées, opère leur éradication complète et leur destruction.

Sans doute les sarclages et les houages multipliés en temps convenable pourroient en détruire une grande partie, sur-tout en admettant à cet effet les cultures en rayons qui les facilitent beaucoup ; mais outre qu'il est très difficile que nos instrumens ordinaires pour cet objet puissent atteindre et extirper complètement ces longues racines articulées et très multipliées, dont la plus foible articulation suffit pour donner l'existence à de nouveaux individus qui s'accroissent et se multiplient rapidement, les opérations manuelles que ce moyen exige deviennent toujours très dispendieuses, lentes et insuffisantes, dans le cas difficile dont il est ici question ; et la célérité et l'économie, qui doivent accompagner toutes les opérations agricoles, sont rigoureusement prescrites dans cette circonstance.

Ainsi, dans les deux cas que nous venons d'exposer, et dans tout autre semblable, on doit généralement avoir recours à la jachère d'été, pour ne pas s'exposer, d'une part, à des avances en pure perte, et, de l'autre, afin d'éviter des dépenses insuffisantes et les prévenir par la suite.

Mais de ce qu'il existe, comme nous venons de le démontrer, des cas dans lesquels la jachère d'hiver ou d'été peut devenir nécessaire, relativement à divers objets ; de ce qu'elle devient quelquefois forcée pour opérer des défrichemens, des dessèchemens et des amendemens quelconques, il ne faut pas en conclure, comme on le fait assez souvent, que pour remplir ces objets elle doive toujours être absolue et annuelle, et avoir des retours réguliers et périodiques.

En supposant la terre mise en état de culture convenable, et soumise à des cours de moissons judicieux et réguliers, la jachère d'hiver n'exclut pas rigoureusement les productions pendant le reste de l'année, et celle d'été n'interdit pas davantage les cultures après cette époque.

Si la nécessité de choisir un temps convenable pour le charroi des engrais, des amendemens, et pour quelques opérations aratoires indispensables ; si l'âpreté du climat, la crainte des débordemens, l'excès d'humidité et quelques autres causes peuvent déterminer à suspendre un ensemencement que sans ces motifs on auroit pu faire avant l'hiver, rien ne doit empêcher qu'il n'ait lieu au printemps, dès que ces causes légitimes de retard n'existent plus.

Si l'aridité du sol, jointe à l'ardeur du climat et à l'impossibilité d'établir de bienfaisantes irrigations ; si l'envahissement du champ par de nombreuses plantes vivaces et rustiques, à racines traçantes, articulées ou tubéreuses, très difficiles à détruire, nécessitent également une suspension d'ensemencement dès que les fortes chaleurs se font sentir, rien ne doit empêcher non plus qu'on ne profite des premières pluies de l'automne pour faire cesser cette interruption de végétation, et il existe un grand nombre de moyens variés d'y parvenir, selon la nature et l'état de la terre et l'assolement que les convenances locales doivent déterminer à y suivre.

Si, dans le premier cas, après toutes les opérations préalables à l'ensemencement, on désire, comme on le doit, entretenir nette et meuble la terre qu'on a fertilisée pendant l'hiver, l'admission des plantes fourrageuses annuelles, lorsque celle des prairies artificielles n'est pas applicable aux circonstances locales ou momentanées, le fauchage en vert, la consommation sur place, et sur-tout les cultures en rayons, qui rendent le nettoiement et l'ameublissement si faciles et si expéditifs et peu coûteux, tiendront meubles et nettes les terres compactes et argileuses, et les prépareront beaucoup mieux pour la récolte suivante que la jachère absolue, dispendieuse et improductive : et quant aux terres meubles et siliceuses, la végétation qui les couvrira, qui les ombragera, leur sera bien plus utile que les labours d'été, qui ne servent qu'à accélérer l'évaporation ou l'infiltration de la foible quantité de terre végétale dont elles peuvent être pourvues, et qui les détériorent réellement au lieu de les améliorer.

Si, dans le second cas, on a été contraint par les circonstances à laisser la terre nue, exposée aux ardeurs dévorantes de la canicule, dès que l'état plus favorable de l'atmosphère donne le signal des travaux et de l'ensemencement, on ne doit point les différer ; et ordinairement, plus la végétation a été ralentie ou suspendue pendant l'été, plus elle est active en automne et au printemps, et même assez souvent en hiver, qui cesse d'être une saison morte et rigoureuse pour les climats méridionaux.

Enfin, s'il peut se trouver quelques cas rigoureux extraordinaires qui forcent à joindre la jachère d'été à celle d'hiver, ces cas ne peuvent être que rares, passagers et temporaires ; ils ne détruisent et n'affoiblissent pas même les principes généraux qui établissent que la terre doit rester nue le moins long-temps possible, et ils ne sont au plus que de foibles exceptions qui ne peuvent jamais autoriser à des retours fréquens et périodiques de non valeur de la terre, qui, avec un traitement convenable, doit fournir constamment à la subsistance de l'homme et de ses animaux domestiques.

Mais, disent les routiniers partisans de la jachère, si on les supprime, où nourrir les troupeaux ? Cette objection, qui est peut-être la plus commune, est peut-être aussi la plus absurde de toutes.

Vous voulez nourrir vos troupeaux !.... Au lieu de vous en rapporter exclusivement pour cet objet à la nature, qui fait souvent croître sur vos jachères un petit nombre d'espèces de végétaux clairsemés, dont la plus foible partie peut servir d'alimens à vos bestiaux, qui s'épuisent souvent à les chercher après des trajets longs et pénibles, et au milieu de toutes les intempéries des saisons, tandis que le plus grand nombre leur est ou inutile ou nuisible, ainsi qu'à la terre qu'ils occupent en vain, et qu'ils souillent souvent pour long-temps, faites un choix judicieux des plantes qui sont les plus analogues à leurs besoins, ainsi qu'à la nature et à l'état de vos champs ; semez-les successivement à des époques différentes ; et soit que vous les fauchiez en vert, pour les faire consommer à l'étable, lorsque vous le croirez convenable, soit que vous les fassiez consommer sur le champ même, lorsque les circonstances le permettront, vous vous procurerez en tout temps et à peu de frais une abondante et suffisante provision de nourriture verte qui, au lieu de souiller vos terres et de fatiguer vos bestiaux, comme l'herbe de vos jachères, réuniront encore le triple avantage, tout en les nourrissant beaucoup mieux, d'ameublir, de nettoyer et de fertiliser tout à la fois, par leurs débris, la terre consacrée à sa véritable destination.

Mais, disent-ils encore, en supprimant ces jachères, que nos pères ont si religieusement respectées, le temps pourra nous manquer pour faire tous les travaux préparatoires aux semailles d'automne, tandis que nos animaux de labour auront été sans occupation entre la fin des semailles de mars et la moisson, intervalle que nous employons si commodément à cultiver nos jachères.

Sans doute, ces inconvéniens graves, dont nous connoissons bien les fâcheux résultats, pourront arriver avec un assolement vicieux, qui, plaçant tous les ensemencemens à deux époques de courte durée, forcées et régulières, admet tous les travaux urgens à des périodes fixes et immuables, sans avoir aucun égard à une égale répartition du temps, et à une juste distribution des travaux, qu'on ne peut réellement établir d'une manière facile et exempte d'inconvéniens, qu'avec une variété convenable de récoltes alternatives, d'inégale durée de végétation et de consommation différente et successive. Mais si, comme cela doit toujours exister en bonne culture, on a eu la prudence de tellement intercaler ses ensemencemens, que la consommation sur le champ, ou l'enfouissement, lorsqu'il est nécessaire, ou la récolte, enfin, se suivent à des époques suffisamment rapprochées, les hommes et leurs animaux domestiques auront toujours assez d'occupation, et aucune opération ne se trouvera ni suspendue, ni retardée, ni précipitée, ni forcée, et encore moins faite à contre-temps et à contre-sens.

Après avoir prouvé la futilité des deux principaux argumens qu'on allègue souvent en faveur de la jachère, il nous reste à examiner un point de fait assez important, qui consiste à savoir si réellement les deux récoltes que, dans la routine triennale, on obtient après une année de jachère absolue, n'équivalent pas, pour le produit net, tous frais compensés, aux trois qu'on auroit pu obtenir, en remplaçant cette année de non produit par une récolte résultant d'un ensemencement ; ou bien si, dans les assolemens où une jachère complète est constamment alternée avec une seule récolte, cette récolte n'indemnise pas suffisamment de la perte d'une année; ou, enfin, si, dans tous les cas possibles, un moindre nombre de récoltes, supposées individuellement meilleures, ne compense pas amplement un plus grand nombre, supposées moins bonnes, de la même manière et dans le même espace de temps donné.

Quelqu'éloignés que nous soyons, d'après une longue expérience, de pouvoir supposer qu'avec de bons assolemens on doive admettre, d'une manière générale, que, dans des circonstances égales d'ailleurs, un moindre nombre de récoltes, dans un temps limité, puisse procurer des résultats aussi avantageux qu'un plus grand nombre, dans le même espace de temps et de lieu, cependant, comme ces résultats peuvent bien avoir lieu quelquefois avec des assolemens vicieux, plus exigeans que raisonnés, nous pourrions encore les supposer prouvés dans quelques cas, sans que cette circonstance fût un motif suffisant pour autoriser la jachère.

Ainsi, en admettant, si l'on veut, ce qui est loin d'être prouvé, qu'en exigeant de la terre des productions chaque année, par la suppression de la jachère, sans admettre toutefois le meilleur assolement possible, on ne doive pas obtenir en général des résultats définitifs plus avantageux qu'en la conservant; qu'en n'exigeant, par exemple, dans un espace de neuf années, sur un hectare de terre, que trois récoltes de froment ou de seigle, puis trois autres d'avoine ou d'orge, suivies immédiatement de trois années de jachère, en réitérant, comme cela se pratique fréquemment, la routine triennale de, 1° froment; 2° avoine; et 5° jachère, on puisse obtenir, en dernière analyse, autant de produit réel et de bénéfice net qu'en exigeant, dans des circonstances parfaitement semblables, des récoltes consécutives non interrompues, ou de fourrages annuels, ou de pâtures, ou de prairies artificielles, ou de racines, ou enfin de toutes autres productions, diversement intercalées avec un nombre plus ou moins considérable de récoltes de froment et d'avoine, ou de seigle et d'orge, de manière à procurer neuf récoltes variées, au moins, et même plus; il existeroit toujours une circonstance bien importante, qui milite fortement en faveur du remplacement d'une année entière de non produit par un ensemencement qui doit procurer un produit quelconque.

C'est l'incertitude dans laquelle le cultivateur se trouve nécessairement de savoir si ces récoltes préparées si longuement et si chèrement par le sacrifice d'une année entière, et par des travaux longs, pénibles et dispendieux, ne deviendront pas la proie d'un de ces nombreux fléaux si redoutables, qui, tout à coup, portent souvent la désolation dans les campagnes, au moment même où le propriétaire d'un bien si peu assuré s'attend à recueillir le fruit de ses longues et coûteuses avances. En un instant, la grêle, les averses, les débordemens, les ouragans, les sécheresses, et d'autres intempéries trop

éprouvées, jointes aux ravages non moins connus et non moins
fréquens des animaux destructeurs des récoltes, peuvent anéantir
son espoir ; et lorsqu'après une année de jachère, pendant laquelle
il n'eût peut-être éprouvé aucun de ces inconvéniens, sa récolte se
trouve détruite, le malheureux qui perd, par un seul accident irré-
parable, le fruit de deux années consécutives, se trouve souvent réduit à la plus affreuse misère, manquant des moyens indispensables
à sa subsistance et à celle de ses bestiaux.

C'est sur-tout dans les cantons de nos départemens méridionaux,
où la jachère est quelquefois alternée avec une seule récolte, et où
la majeure partie de ces fléaux se fait souvent sentir, que les résultats en sont affreux.

Ajoutons à ce puissant motif de suppression de la jachère absolue un autre assez important encore. C'est l'avantage, trop peu
calculé sans doute, qui résulte pour le cultivateur, de la prompte
rentrée de ses avances, et la différence immense qui existe pour lui
d'avoir au moins quelques produits dans une année, au lieu de les
accumuler forcément avec ceux de l'année, ou des années suivantes, et sur lesquels il ne peut même compter que d'une manière
bien précaire.

Cependant, si de puissans motifs nous paroissent se réunir pour
commander généralement la suppression de la jachère absolue, il
ne faut pas croire qu'en la supprimant on puisse exiger constamment de toutes les terres des productions abondantes, et encore
moins des récoltes complètes très épuisantes. Cette fausse supposition est une des principales causes qui, en occasionnant des non
succès, s'est souvent opposée et s'opposera toujours à sa suppression efficace et durable.

Sans doute, si après avoir obtenu une récolte abondante et très
épuisante de froment, par exemple, on en exige immédiatement
une seconde de même nature, en seigle, avoine, ou orge, ou en
tout autre produit équivalent par ses résultats pour la terre, et
qu'ensuite on veuille encore, même avec des engrais, obtenir une
troisième récolte complète, même d'une plante naturellement peu
épuisante, telles, par exemple, que la plupart de nos légumineuses annuelles, au lieu de se borner, dans l'année de jachère, à un
simple pâturage artificiel, à une récolte verte fauchée de bonne
heure, ou à quelque produit semblable, qui exige peu de la terre,
et laisse suffisamment le temps de la préparer convenablement pour
la récolte suivante, elle se sentira nécessairement plus ou moins de
l'influence défavorable que les récoltes précédentes auront exercée
sur la terre ; et le froment qu'on désirera, nous supposons, obtenir
à la quatrième année, perdra de quantité et de qualité, parcequ'aucune de ces récoltes n'a pu, même avec l'engrais, réparer complètement les soustractions fortes et répétées qu'elles ont nécessairement occasionnées, et que la fécondité de la terre a une mesure

qu'il ne faut pas outre-passer, et que l'art du cultivateur doit tendre constamment à maintenir dans un juste équilibre, par une rotation sagement combinée de cultures exigeantes et restituantes.

Mais si, au lieu d'exiger avidement, sans intermédiaire, une série de produits qui épuisent et souillent ordinairement beaucoup la terre, par la manière dont ils sont obtenus, on les eût prudemment intercalés avec d'autres cultures améliorantes et réparatrices, telles que celles que nous avons déjà indiquées, les cultures en rayons, qui exigent de nombreux et rigoureux sarclages, houages, binages, buttages, etc., l'enfouissement des plantes cultivées, comme engrais végétal, et plusieurs autres que les circonstances doivent indiquer, et qui produisent le même effet, alors on eût conservé constamment la terre nette et féconde. Ce n'est jamais que par l'abus qu'on se permet du bon état dans lequel elle se trouve et de sa faculté de produire, qu'on la réduit à la triste position qui ne lui permet plus de donner que des produits foibles et malpropres. Enfin ce n'est qu'après en avoir trop exigé d'abord qu'on se trouve placé dans la dure nécessité de l'abandonner ensuite, ou dans l'impossibilité d'en obtenir des produits abondans réellement utiles et profitables.

En admettant qu'il y ait des cas, pour les terres fertiles sur-tout, où le cultivateur puisse et doive même quelquefois faire suivre consécutivement deux récoltes épuisantes de graminées annuelles, ou toute autre, il doit au moins accompagner le second ensemencement d'une prairie artificielle, qui, en prévenant le mal qui pourroit en résulter pour la suite, remplace très avantageusement la jachère par une culture améliorante qui produit ordinairement beaucoup, en exigeant très peu de frais; tandis que la jachère, qui prépare moins bien la terre pour les récoltes suivantes, coûte beaucoup et ne produit rien, différence de la plus haute importance pour le cultivateur.

Une des principales causes qui paroissent autoriser la jachère absolue, c'est, sans contredit, la multiplication sur le champ qu'on croit devoir y soumettre, des plantes de toute espèce, nuisibles aux récoltes. Ah! sans doute, avant de supprimer la jachère, il faut d'abord supprimer ces myriades de plantes nuisibles dont la terre recèle ou les semences, ou les racines vivaces et rustiques dans son sein; sans cela, le but sera toujours manqué, et la suppression qu'on désire opérer ne sera jamais efficace, et produira souvent un effet diamétralement opposé à celui qu'on en attendra. Mais faut-il toujours que la jachère soit absolue, annuelle et complète, pour arriver à ce but? Nous ne le pensons pas, et nous croyons qu'on peut encore généralement tirer un parti avantageux de la terre, même dans cette position critique, que tout bon cultivateur peut d'ailleurs éviter ordinairement.

Ce qui prouve, d'une manière irrésistible, que la terre, réduite

par l'incurie du cultivateur à ce fâcheux état, possède encore assez
de substance alimentaire pour fournir à des produits abondans, c'est
cette végétation de plantes croissant naturellement, spontanément
et souvent très vigoureusement, qui démontre qu'elle a bien plus
besoin d'être nettoyée que *reposée*. Eh bien ! puisque la nature
elle-même décide négativement la question de son épuisement par
ces productions aussi multipliées, et quelquefois aussi abondantes,
que nuisibles, au lieu de la tourmenter par des opérations aratoires,
aussi coûteuses qu'improductives, et ordinairement même commencées trop tard pour produire complètement l'effet qu'on en
espère, pourquoi ne pas chercher à remplir tout à la fois le double
objet de la nettoyer et d'en tirer quelque produit utile ? Au lieu de ne
l'ouvrir par un premier labour qu'après la terminaison des semailles
de mars, ce qui se pratique très souvent, et ce qui la laisse pendant
six mois environ, depuis la dernière récolte, dans un abandon réel,
qui assurément ne contribue en aucune manière à son nettoiement ni à son amélioration, et qui produit souvent l'effet contraire, pourquoi ne pas arranger ses assolemens de manière qu'on
puisse avoir le temps de lui donner, immédiatement après cette
récolte, un labour léger, ou tout au moins un fort hersage équivalent, qui, en déterminant la germination des semences, naturellement disséminées alors sur le sol, avec d'autres qu'on peut encore
lui confier, remplisse également bien ce double but du nettoiement et du produit, en annulant des germes nuisibles d'une part,
et de l'autre en fournissant un pâturage très utile dans l'arrière-saison, ou au printemps, dont la consommation peut être suivie immédiatement d'un nouveau labour, avec les mêmes objets en vue ?

Si la terre se trouve infestée de racines vivaces que les chaleurs
seules peuvent détruire, sur-tout sur les terres humides, compactes
et argileuses, on sera toujours à même de le faire très efficacement,
en réitérant, au milieu de l'été, les labours et les hersages indispensables ; et on n'aura pas au moins, en nettoyant complètement la
terre, perdu une année entière en non produit et en frais qu'aucun
revenu n'a pu compenser.

Nous ne saurions trop le répéter, le nettoiement d'un champ
est généralement plus essentiel encore que son engraissement : il
est aussi beaucoup plus difficile, plus long à opérer et plus dispendieux ; et il exerce sur les récoltes une influence beaucoup plus
directe et plus importante pour le cultivateur. En vain il l'engrais-
sera, il l'amendera et le préparera par tous les moyens qui sont en
son pouvoir ; s'il néglige celui-là, qui est le premier de tous, et sans
lequel tous les autres produisent toujours des effets incomplets, son
objet ne peut être rempli. Les semences qu'il confiera à la terre seront
toujours étouffées, ou affamées et souillées par celles qu'elle recéloit
antérieurement dans son sein, et qui, à raison de cette antériorité,
et à cause d'un plus grand rapport de convenance qui existe entre

elles et le sol dont elles étoient les productions naturelles et spon-
tanées avant sa mise en culture , tendent sans cesse à recouvrer
leurs droits , et se trouvent généralement dans des chances beaucoup plus favorables à leur développement et à leur multiplication,
que celles qui ne peuvent être considérées que comme adoptives et
étrangères.

Ainsi, pour être réellement propriétaire de son champ, le cultivateur doit toujours s'attacher rigoureusement à en chasser les anciens
habitans que la nature y avoit disséminés; et s'il veut en faire la conquête sur elle d'une manière durable et avantageuse , il doit éviter
scrupuleusement tout ce qui pourroit amener le retour de ces redoutables ennemis. Il doit déployer toutes les ressources de son
art pour arriver à ce but, sans annuler les produits ; et ce n'est que
par ce moyen qu'il pourra se soustraire à l'improductive et ruineuse
jachère.

Maintenant, si l'on suppose que la terre ait réellement besoin
qu'on rétablisse les déperditions de substance que lui ont occasionnées les soustractions réitérées faites par les récoltes précédentes, et
qu'on n'ait à sa disposition aucun des engrais ordinaires qu'il faudroit lui restituer pour rétablir cet équilibre qui devroit toujours
exister, nous ne voyons pas encore dans cette fâcheuse circonstance la nécessité de l'abandonner à elle-même pendant un laps
de temps plus ou moins long pour réparer cet épuisement. L'homme
peut faire ici beaucoup plus promptement ce que la nature opère
sous ses yeux lentement, en profitant des leçons utiles qu'elle lui
donne. Quel est en effet le moyen qu'elle emploie pour rendre propre à la culture un terrain que l'insatiable avidité de l'homme, jointe
à son ignorance, est parvenue à stériliser ? N'en doutons pas , c'est
en le couvrant insensiblement de végétaux dont les débris annuels
et successifs forment ce terreau qui est la base essentielle de toute végétation. Eh bien, confiez à cette terre épuisée des semences d'une
valeur peu élevée, qui, dans leur premier âge, soutirant de l'atmosphère une grande partie de leur nourriture, en exigeront d'autant
moins de la terre ; et lorsqu'ils la couvriront d'une épaisse verdure,
au lieu de vous laisser séduire par l'appât trompeur d'un léger bénéfice apparent et temporaire, sachez respecter ce produit; consa-
crez-le à la restauration de votre champ, qui vous le rendra avec
usure , et réitérez cette opération aussi souvent que les circonstances
le permettront dans la même année : quoiqu'elle se passe pour vous
sans bénéfice apparent, vous recueillerez au centuple, par la suite, les
avances que vous lui aurez faites ; et ce cas rigoureux est peut-être
le seul où il soit permis de ne rien exiger de la terre que pour elle-
même. Mais tout cultivateur réellement instruit sur ses véritables
intérêts, tout père de famille qui vise bien moins aux produits momentanés et présens qu'à assurer à perpétuité ceux de l'avenir, ne

réduit jamais sa terre à cette désolante situation extrême, qui caractérise toujours le mercenaire avide et l'ignorant routinier.

S'il est démontré que le besoin de procurer aux bestiaux une suffisante nourriture en tout temps, et que la difficulté de suffire en temps convenable aux opérations aratoires nécessaires à la préparation de la terre, sont de vains prétextes pour autoriser *la jachère absolue*, puisqu'il existe des moyens plus simples, plus naturels, plus courts et moins dispendieux de pourvoir à ces divers besoins ou de les prévenir ; s'il est également démontré que la dissémination naturelle des semences étrangères au but du cultivateur sur son champ, ainsi que son envahissement par les racines vivaces traçantes et d'une extirpation et d'une destruction difficile, sont, avec l'épuisement de la fécondité du sol, opérés par des récoltes successives très exigeantes qui occasionnent de fortes soustractions de la substance alimentaire, les causes premières et principales qui peuvent amener à cette jachère, il est évident qu'en prévenant ces inconvéniens, comme on doit toujours le faire, par une culture soignée et raisonnée, ou, enfin, en les réparant promptement par toutes les opérations aratoires et les engrais suffisans, on peut la rendre complètement inutile, dans le sens qu'on attache ordinairement à ce mot; et toutes les fois qu'un champ est net et fécond, on ne doit le laisser sans produire que le temps rigoureusement nécessaire pour le préparer à donner de nouveaux produits et pour en assurer le succès, le repos de la terre étant une chose absurde, complètement inutile, et souvent nuisible.

Ajoutons maintenant aux raisonnemens dans lesquels nous avons cru devoir entrer, sur l'inutilité et les inconvéniens de la jachère absolue, quelques faits choisis sur divers points de l'empire, qui doivent convaincre les plus incrédules de la possibilité et des avantages de sa suppression.

« *La culture de la campine offre*, comme l'observe judicieuse-« ment M. le sénateur comte de Père, *la preuve de fait que les ja-« chères peuvent être supprimées dans les plus mauvais sols, « avec de bons assolemens.*

« *Dans les terres généralement peu fertiles du Perche*, re-« marque un agronome du département de la Haute-Marne, on « substitue une prairie artificielle à l'année de jachère, et on y re-« cueille généralement des grains plus beaux, plus nets et plus abon-« dans qu'après cette année d'improduction. »

M. Le Gris-Lasalle, dans l'excellente notice qu'il nous a donnée sur la culture du domaine de Tustal, situé dans l'entre-deux mers, près de Bordeaux, atteste, contre l'usage et l'opinion qui jusqu'à

présent ont prévalu, « qu'il est certain que le climat du département.
« de la Gironde ne s'oppose point à la disparition totale des jachères,
« et que le cultivateur intelligent et attentif à saisir les momens fa-
« vorables, soit pour préparer, soit pour ensemencer ses champs,
« *pourra toujours les maintenir dans un état de production per-*
« *manente.* On voudra bien croire, ajoute-t-il, que ceci n'est point
« une assertion fondée sur un principe purement théorique : nous
« parlons d'après notre propre expérience. » En effet, il a complètement donné la preuve de son assertion, en obtenant constamment des produits avantageux et très multipliés sur son domaine,
composé d'environ 250 hectares de bois, vignes, terres labourables et prairies, *sur un sol d'une qualité assez médiocre, sus-*
ceptible néanmoins de donner presque tous les genres de pro-
duits, pour peu que l'art ajoute à la nature ; sur lequel
cependant la culture des routiniers est languissante, parceque
le cultivateur, en général malaisé, ne fait rien pour améliorer
son sort, et se traîne languissamment dans les sentiers de la
routine que lui ont tracée ses devanciers.

Nous voyons, dans le département de la Seine-Inférieure,
M. Rosnay de Villers, propriétaire cultivateur à Monterolier, arrondissement de Neufchâtel, secouer le joug importun de cette antique routine, et donner à ses voisins un exemple des plus remarquables.

L'assolement de son canton consistoit dans la culture successive
du froment et de l'avoine, précédée de l'improductive jachère.
Quoiqu'on ensemençât annuellement une grande étendue de terres
en grain, on en récoltoit généralement peu, faute d'engrais ; et les
engrais étoient rares, parceque le manque absolu de prairies artificielles et de cultures supplétives apportoit un obstacle insurmontable à l'augmentation des bestiaux. M. de Rosnay substitua, avec
le plus grand succès, à cette ruineuse routine un assolement rai-
sonné, établi sur les meilleurs principes, d'après lesquels la culture
des grains est constamment précédée de celle des plantes fourrageuses, interposée dans un tel ordre, qu'il en résulte inévitablement
diminution de dépenses, d'une part, et, de l'autre, augmentation de
nourriture, et, par une conséquence inévitable, accroissement de
bestiaux, d'engrais, de grains, de bénéfice et de produits en tout
genre.

M. de Rosnay a fait plus encore. Ayant convaincu le plus grand
nombre des cultivateurs ses voisins de la supériorité de cet assolement sur l'ancien, obligé de louer à quatre fermiers 420 hectares
de sa propriété, il leur a fait souscrire dans leurs baux et exécuter une clause qui, dérogeant à l'ancien usage qui établissoit
l'année de jachère comme un principe rigoureux, les astreint au
contraire, pour leur propre intérêt comme pour le bien de la terre,

à ensemencer chaque année la totalité de l'exploitation cultivable, en substituant son assolement à la routine.

Dans un canton du département du Loiret, dont le nom, qui rappelle de si douloureux souvenirs, sera toujours cher aux amis du premier des arts et des vertus publiques, dans le canton de Malesherbes, M. Fera de Rouville nous fournit un nouvel exemple de la possibilité et de l'utilité de la suppression de la jachère dans les circonstances locales les plus critiques.

S'il est généralement difficile d'introduire un nouveau plan de culture au milieu de personnes pour lesquelles tout ce qui porte l'empreinte de l'innovation est un sujet fécond de sarcasmes et de plaisanteries décourageantes, c'est sur-tout lorsqu'on entreprend cette tâche aussi pénible qu'honorable sur le sol le plus ingrat, et lorsque les pièces de terre sur lesquelles on projette de faire disparoître la jachère, étant très morcelées et de peu d'étendue, se trouvent intercalées avec celles des vieux partisans de cette même jachère, et quelquefois même enclavées dans les leurs. Il est facile de concevoir qu'il faut alors de plus grands efforts pour réussir, environné d'obstacles aussi puissans, et qu'en réussissant on ajoute aux autres mérites celui de nombreuses difficultés vaincues.

Telle étoit la position de M. de Rouville lorsqu'il entreprit d'introduire une salutaire réforme sur son ingrate propriété, composée de 120 hectares morcelés en 79 pièces éparses au milieu d'une infinité de petites propriétés. Malgré cet obstacle, il parvint à établir un assolement tel, qu'en supprimant entièrement la jachère sur toutes les terres susceptibles d'être constamment cultivées, les fourrages et les grains partagèrent son exploitation à peu près par moitié; et il réussit ainsi à doubler, et au-delà, le nombre des bestiaux entretenus auparavant sur son exploitation.

Le sainfoin étant presque la seule prairie artificielle admissible sur un sol aussi peu fertile que le sien, il s'attacha particulièrement à augmenter le produit de cette plante précieuse, par l'emploi judicieux du plâtre calciné, et il parvint à leur démontrer que non seulement cet engrais ne nuisoit pas à la récolte du froment qu'on cultivoit après, comme ils le prétendoient, tant sont incurables les préventions de la routine, mais encore qu'il favorisoit, au contraire, puissamment sa végétation. Enfin *le témoignage authentique des autorités locales atteste, de la manière la plus formelle, que les fromens semés par M. de Rouville, sans jachère, ont plus beaux que ceux semés par ses voisins sur le même sol, après une année de jachère complète.*

Le département de l'Indre, dans lequel la plus noble émulation paroît exister aujourd'hui parmi un assez grand nombre de propriétaires ruraux, zélés et instruits, qui comptent parmi eux MM. Courtaut La Merville, Barbançois, Amelin, Marivaux, Bonneau Bureau, et plusieurs autres noms chers aux amis de l'agriculture,

nous présente, entre autres exemples remarquables de culture
digne d'éloges et d'imitation, un plan d'amélioration qui nous
paroit mériter d'être consigné ici.

Dans ce département, lorsque les prairies artificielles y étoient
à peine connues, et la jachère observée avec rigueur, il en résul-
toit, comme le démontre M. Bonneau, une extrême misère pour
les colons, une dégradation affreuse dans les races des bestiaux,
l'appauvrissement du sol, et des récoltes en blé souvent ruineuses,
qui ne produisoient, année commune, que quatre grains pour un.
Cependant les colons ou métayers, aussi misérables que leur culture étoit peu productive, et dont un grand nombre se ruinoient
tous les ans, en prétendant que leur méthode étoit la seule bonne
et convenable aux circonstances locales, avoient une aversion insurmontable pour les prairies artificielles et pour la culture de tout
ce qui ne portoit pas le nom de grain.

M. Bonneau ayant reconnu que les exhortations les plus élo-
quentes, les promesses les plus séduisantes, et les instructions les
plus positives étoient de nul effet sur l'esprit routinier de ses colons, et que rien ne pouvoit stimuler leur apathie, finit par se
pénétrer de cette importante vérité, qu'il n'y a que celui qui donne
l'exemple qui obtient le droit de persuader l'ignorance, et de la
convaincre par des faits évidens et des succès non interrompus.

Il dirigea en conséquence l'exploitation de la plus forte partie
de sa propriété, en en abandonnant à ses colons une portion de
150 hectares, pour lui servir, ainsi qu'à eux, de terme de comparaison et de régulateur pour l'avenir.

Il eut à combattre, dans le principe, une erreur populaire très
accréditée et très dangereuse dans ses conséquences, celle qui
consiste à supposer gratuitement qu'en restreignant la culture des
grains on diminue nécessairement le montant annuel des produits en ce genre, comme si la qualité communiquée au sol par
une préparation convenable n'établissoit pas une ample compen-
sation pour le défaut de quantité.

« J'ai pensé, nous dit-il, qu'en cherchant à renverser l'ancien
système, il falloit sur-tout m'attacher à récolter constamment
une quantité de grains au moins égale à celle qui se récoltoit anciennement, afin de donner un démenti, par le fait, à ceux qui
publioient que je ne voulois plus semer de blé, que je ne m'oc-
cupois que des moyens de nourrir mes bestiaux, et que, si beaucoup de personnes m'imitoient, la subsistance du peuple seroit
compromise.

Quoique des circonstances locales désavantageuses, des considérations particulières, et le mauvais état de la terre maltraité
depuis long-temps par le misérable système des colons, aien
empêché M. Bonneau d'introduire d'abord par-tout sur sa pro
priété l'assolement le plus conforme aux vrais principes, cepen

dant, par une extension sagement calculée de la culture des prairies artificielles, des racines et des plantes légumineuses annuelles, il parvint à augmenter le produit des grains qu'il avoit spécialement en vue, en augmentant les bestiaux par les fourrages, et les engrais par les bestiaux. Il est résulté d'une comparaison faite authentiquement de son produit en grain avec celui de ses colons, que, sans jachère, il en récoltoit davantage, sur une étendue de 9 hectares, que ces malheureux routiniers n'en obtenoient, après la jachère, sur une étendue de 15 hectares de terre de meilleure qualité. Enfin il réussit à tripler le revenu net de sa propriété, en la faisant valoir par lui-même: exemple qu'on ne sauroit trop mettre sous les yeux des propriétaires ruraux, qui seuls peuvent améliorer notre agriculture et leur sort.

Dans le département de Seine-et-Marne, nous voyons M. Gaugeac, propriétaire cultivateur à Dagny, canton de Coulommiers, supprimer efficacement et très avantageusement la jachère, en admettant sur sa propriété des assolemens conformes aux meilleurs principes, sur des terres médiocres entourées de voisins grands partisans de l'ancienne pratique, et qui, malgré ses observations, répugnoient de faire ce que leurs pères n'avoient pas fait.

Par son heureuse innovation, il se trouva, en peu de temps, en état de nourrir de beaux et nombreux troupeaux, et d'obtenir une masse d'engrais d'excellente qualité, avec laquelle, sans jachère, il récolte annuellement deux fois plus de grain que ses voisins, après la jachère, dans des circonstances parfaitement égales d'ailleurs pour l'étendue et la qualité du terrain, et il espère les détacher insensiblement de leur vieille routine, par la constance et la supériorité de ses récoltes sur les leurs.

Convaincu de la nécessité de varier les productions sur le même sol, il a introduit sur son exploitation la culture d'un très grand nombre de plantes, tant indigènes qu'exotiques, qui établissent dans ses assolemens une utile variété, et multiplient ses ressources en tout genre.

Nous ne retracerons pas ici les exemples aussi authentiques et aussi encourageans que nous ont donnés MM. de Jumilhac, dans le département de la Dordogne, dans le pays le plus ingrat possible sous les rapports agricoles; de Père, dans celui de Lot-et-Garonne; Delporte, dans celui du Pas-de-Calais; Fauquaire-Souligné, dans celui de la Sarthe; Dedeley d'Agier, dans celui de l'Isère; Chancey, dans celui de Rhône-et-Loire; Pictet, dans celui du Léman; Herwyn, dans celui de la Lys; Lertier de Roville, dans celui de la Meurthe; Fremin, dans celui de Seine-et-Oise; Poyféré de Cère, dans celui des Landes; Sageret, aux portes de la capitale, et ensuite à côté de l'ingrate Sologne; et Mallet et Bagot dans celui de la Seine, où nous avons nous-mêmes, depuis long-temps, recommandé par notre exemple, dans la positon la plus critique , les principes que nous cherchons aujourd'hui à établir par nos écrits. Tous ces faits , aussi intéressans qu'instructifs, se trouvent consignés avec un grand nombre d'autres non moins concluans, aux articles Assolement et Succession de cultures qu'il faut consulter , et dans lesquels nous avons non seulement essayé de démontrer l'inutilité et les inconvéniens de la jachère absolue, et les nombreux avantages résultans de sa suppression par be bons assolemens, mais encore indiqué , d'une manière très détaillée, les différens moyens d'arriver par la voie la plus prompte, la plus sûre et la plus économique, à cet heureux résultat, avec chacun des végétaux soumis parmi nous à une culture régulière en plein champ. (Yvart.)

JACINTHE, HYACINTHE, *Hyacinthus orientalis* , Lin. , Plante de l'hexandrie monogynie, et de la famille des liliacées.

L'oignon de la jacinthe est composé de plusieurs tuniques adhérentes à la base, et qui embrassent le tiers, la moitié, et au plus les deux tiers de la circonférence, suivant qu'elles s'éloignent plus ou moins du centre. Elles sont séparées par des pellicules d'une couleur rougeâtre. Ces tuniques sont plus ou moins nombreuses, suivant l'age de l'oignon, qui est conséquemment allongé les premières années, mais qui grossit en raison de l'augmentation des tuniques. Les racines qui sont des filets blancs, charnus, plus ou moins gros, suivant la force de l'oignon , d'inégale longueur, se terminant en pointe, forment une couronne à la base de l'oignon , et laissent dans son centre un cercle vide qu'on appelle l'œil de la racine. Cette base est bulbeuse, et sa substance, qui paroît la même que celle des tuniques, se modifie par degrés dans ces tuniques, pour acquérir la qualité subéreuse des fanes. Les feuilles sont larges , droites, un peu striées, d'un vert luisant plus ou moins foncé ; elles ne sont que le prolongement des tuniques, qui augmentent chaque année en raison du nombre des feuilles.

Le nom de jacinthe orientale paroît indiquer le lieu d'où on a tiré cette plante. Cependant les Hollandais, qui sont parvenus par une culture suivie à doubler et tripler le volume de ses fleurs , à les rendre doubles, et à varier leurs couleurs, prétendent qu'elle est indigène dans leur climat, où elle réussit mieux que dans le reste de l'Europe, soit que le terrain lui convienne mieux, soit que leur culture soit à un point de perfection que les autres peuples n'ont pu atteindre jusqu'à ce jour, soit par ces deux raisons réunies. Il est difficile d'affirmer quelle est sa couleur primitive. Les uns prétendent qu'elle étoit bleue, les autres rouge. Je serois volontiers de cette dernière opinion, parceque les auteurs grecs et latins qui ont parlé de cette plante lui supposent cette couleur, en la faisant naître du sang d'un des héros du siège de Troie, ou de celui de l'amant d'Apollon et de Zéphyre.

Selon les uns, Ajax le Télamonien, furieux de n'avoir pas obtenu les armes d'Achille, qu'il disputoit à Ulysse, se tua, et de son sang naquit la jacinthe.

Les autres disent que Hyacinthe étoit aimé d'Apollon et de Zéphyre, et que ce dernier, jaloux de voir Apollon jouer au palet avec Hyacinthe, lui jeta un palet à la tête, et le tua ; que le dieu le métamorphosa en la fleur qui fut nommée hyacinthe et ensuite jacinthe.

L'auteur de l'article jacinthe du Dictionnaire d'Histoire Naturelle explique cette fable de la manière suivante.

« Dans cette fiction ingénieuse, Apollon paroît être l'emblème du retour du soleil vers notre hémisphère, et Zéphyre semble désigner les vents tièdes du midi. C'est en effet l'haleine des zéphyrs échauffée par les rayons bienfaisans de l'astre du jour qui, chaque année, donne naissance à la jacinthe, et développe ses calices brillans et parfumés.

« De toutes les fleurs que les premiers jours du printemps voient éclore, il n'en est point qui surpassent celle-ci en éclat et en beauté. L'élégance de son épi, ses nombreuses fleurs, que le moindre souffle agite, leurs jolies formes, la richesse et la variété des couleurs dont elles sont peintes, et l'odeur suave qu'elles exhalent en entr'ouvrant leurs sommets dentelés, tout plaît et charme les sens dans la jacinthe ; tout concourt à la rendre une des plus agréables fleurs printanières. Elle est digne des soins de l'homme ; elle doit être chérie par tous ceux qui la cultivent, et il ne faut pas s'étonner que les poëtes, sous le nom d'hyacinthe, lui aient donné Zéphyre et le dieu du jour pour amans. »

Sans examiner ici si la fin de cette fable répond à l'explication de cet auteur, si ce n'étoit pas le vent brûlant du midi qui devoit tuer Hyacinthe plutôt que la douce haleine des zéphyrs, et si l'éloge pompeux qu'il fait de la jacinthe est aussi applicable à son état naturel, où elle n'a qu'une couleur, que des petites fleurs, et n'est recherchée que pour son parfum, qu'à celui où elle se trouve aujourd'hui dans nos parterres par une culture soignée qui l'a placée au premier rang des fleurs printanières très primes, et ne lui laisse pour concurrens que l'anémone qui est privée d'odeur, ces fictions semblent attester que la jacinthe des Grecs étoit rouge. Mais est-ce bien le type de nos jacinthes ? Il paroît constant que plus les plantes cultivées s'éloignent de leur type, plus elles sont foibles et déli-

cates ; et comme les jacinthes rouges sont en général moins
vigoureuses que les bleues , ce motif pourroit faire pencher en
faveur de cette dernière couleur. Quoi qu'il en soit, la culture
a été si favorable à cette plante sous le rapport des couleurs
comme sous celui du volume, qu'elle seule a l'avantage de les
réunir toutes , et que lorsqu'on a une belle collection de cette
fleur , on jouit à la fois de nuances qui varient du blanc au
noir.

*Des variétés de la jacinthe orientale , et en quoi consiste leur
beauté.* On sera peut-être surpris de tous les détails dans lesquels on entre ici pour une simple fleur d'agrément. Mais si
on réfléchit qu'il est peu d'amateurs fleuristes qui ne cultivent
la jacinthe , que sa belle forme, ses riches couleurs, ses nombreuses variétés , et l'avantage qu'elle a de paroître dans les
premiers jours du printemps la font et feront toujours rechercher ; enfin , que les Français n'ont pas réussi jusqu'à ce
jour dans sa culture , et que les Hollandais ont fait sortir de
la France des sommes considérables pour la vente de ces
oignons, on sentira facilement la nécessité de faire connoître
tous les moyens qui peuvent être mis en usage pour la conserver et la multiplier en France.

Je sais bien qu'on peut m'objecter que l'auteur de l'article
jacinthe, dans le nouveau Dictionnaire d'Histoire naturelle ,
affirme positivement qu'un jardinier de Paris est parvenu à rivaliser les Hollandais dans la culture de cette fleur, et qu'ainsi
la France va être déchargée du tribut qu'elle payoit aux Hollandais sous ce rapport. On pourroit ajouter, d'après cet auteur, que les Hollandais pourroient devenir nos tributaires à
leur tour, puisqu'il ajoute que le même jardinier, M. Tripet,
demeurant avenue de Neuilly, en a déjà deux cent cinquante
espèces tellement choisies, que sur les dix mille oignons de
cette fleur qui formoient la collection du comte d'Artois, provenant des plus belles espèces de Hollande M. Tripet, n'en
a trouvé qu'un seul digne de figurer dans son jardin.

Malheureusement l'estimable M. Dutour a été induit en
erreur par quelqu'amateur que la vue de la collection de
M. Tripet aura frappé d'admiration. Le fait est que ce fleuriste
dont j'ai vu les planches, depuis quatre ans qu'il cultive cette
fleur, a eu chaque année une très belle planche de jacinthes
bien choisies; mais qu'il les avoit tirées de Hollande , et que la
majeure partie de ces espèces se trouvoit dans la collection
du comte d'Artois. Comme il n'a jamais semé , il n'a pu découvrir de nouvelles espèces ; mais son talent pour l'ordre de
sa planche et l'assortiment des couleurs donnent à sa collection
un air de nouveauté et de richesse qui a pu en imposer à des
yeux peu faits à un pareil spectacle. Ce père d'une nombreuse

famille auroit été bien heureux d'avoir fait une pareille découverte ; car il est aussi embarrassé que les autres fleuristes
pour la conservation de ses plantes. Ainsi, si non seulement
nous rivalisons les Hollandais, mais même si nous les surpas-
sons pour la tulipe, l'anémone et la renoncule, il est certain
qu'ils sont encore les seuls qui cultivent les belles jacinthes,
qui en fournissent l'Europe, et que nous n'avons de belles
fleurs en ce genre que celles qu'ils nous vendent. Nous sommes
donc encore dans la nécessité d'examiner les différentes méthodes proposées pour sa culture, et de faire des expériences
jusqu'à ce que nous ayons obtenu un résultat satisfaisant.

Les amateurs divisent les jacinthes en trois ou quatre classes ;
les simples qu'on ne distingue de leur état naturel que par le
volume de leurs fleurons et la variété de leurs couleurs. Les
semi-doubles qui ont quelques pétales de plus, mais conservent encore les signes de la fécondation ; les doubles, dont les
pétales sont recouvertes par un nombre égal d'autres pétales,
c'est-à-dire que la corolle étant divisée jusqu'à la moitié de sa
hauteur en six segmens, les doubles paroissent avoir douze
pétales ; enfin les pleines ou quadruples qui sont garnies d'un
aussi grand nombre de pétales surnuméraires que la fleur peut
en contenir. Chacune de ces divisions est subdivisée par un
nombre considérable d'espèces jardinières, que leurs formes
et leurs couleurs distinguent des autres.

Les Hollandais, qui sont nos maîtres en ce genre, et particulièrement les jardiniers de Harlem, ont divisé leurs jacinthes en deux classes, les simples et les doubles ; chaque classe
est subdivisée en rouges, couleur de rose ou de chair, pures
blanches, blanches à milieu jaune, blanches mêlées de rouge
ou feu, blanches mêlées de violet ou pourpre, blanches mêlées
de rose ou de chair, jaunes mêlées de rouge, de rose ou de
pourpre, bleues d'agathe ou gris de lin, couleur porcelaine,
bleues pourpre, pourpres noirâtre. Leurs jacinthes doubles ou
simples sont toutes placées dans ces subdivisions, et ont toutes
des noms qui servent souvent autant à les reconnoître que les
nuances légères qui les distinguent quand la forme est la
même ; car elle varie un peu et pour la force de la tige plus
ou moins épaisse, plus ou moins longue, et pour le port de la
plante, dont les fleurs se soutiennent plus ou moins, suivant
la grosseur et la longueur du pédicule, et pour la forme de la
corolle, qui est tantôt longue, tantôt courte, plus ou moins ven-
true, et dont les divisions se recoquillent souvent ; enfin par le
nombre des fleurs et leur rapprochement. Au surplus, comme
les catalogues des Hollandais font monter le nombre de leurs
variétés à près de deux mille, il n'y a qu'un œil fort exercé
qui puisse saisir toutes ces nuances.

Il paroît qu'on est convenu depuis long-temps en Hollande des caractères qui relevoient le mérite d'une jacinthe, et que les Français ont adopté sous ce rapport l'opinion des Hollandais, puisqu'ils les ont copiés mot à mot sur cet article.

On veut, pour que l'oignon soit parfait, qu'il soit bien fait, c'est-à-dire ni trop large, ni trop long, proportion gardée. J'observerai ici, sur ces dimensions, que les amateurs qui achètent des plantes d'un grand prix doivent donner toute leur attention à la forme de l'oignon. En effet, j'ai déjà observé que l'oignon étoit composé de tuniques qui n'étoient que la prolongation des feuilles. Il en résulte que l'augmentation des tuniques est proportionnée au nombre de feuilles qu'a reçu la plante ; aussi un oignon est d'autant plus vieux qu'il a plus de tuniques. Mais comme les feuilles partent du centre, il faut que la base de l'oignon s'élargisse tous les ans, et que la couronne des racines prenne de l'accroissement ; et comme l'oignon ne dure qu'un certain nombre d'années, on doit avoir attention de ne choisir que ceux dont la couronne est petite, autrement on est exposé à les perdre en peu de temps. Les auteurs recommandent également de choisir des oignons passablement gros. Mais la grosseur doit être indifférente quand ils sont jeunes. Ils sont nécessairement proportionnés à la vigueur de la plante ; et les bleues étant plus vigoureuses que les rouges, leurs oignons sont nécessairement plus gros. Comme je cultive cette plante depuis vingt-cinq ans, je puis assurer les amateurs qu'après avoir examiné et tâté un oignon, qui doit être ferme pour être sain, ils n'ont qu'à considérer sa base, et qu'en suivant mon principe ils ne se tromperont pas sur son âge, et conséquemment sur sa bonté.

On veut également que l'oignon soit lisse et non écailleux. Cette qualité est comme la grosseur, c'est-à-dire qu'elle dépend des espèces, les jacinthes blanches mêlées de rouge et quelques autres ayant presque toujours la peau défectueuse.

On désire également que les jacinthes ne poussent pas trop tôt leurs fanes ; mais comme la tige sort de terre en même temps que les fanes ou feuilles, il en résulte que c'est vouloir retarder sa jouissance, et faire à une plante un reproche d'un mérite réel. Il est vrai que les gelées de février ou de mars pourroient endommager la pousse ; mais si les Hollandais avoient l'attention d'indiquer les espèces primes dans leurs catalogues, on pourroit les planter à Paris, et on en seroit quitte pour les couvrir quand on craindroit des gelées. On prolongeroit ainsi des jouissances en faisant une planche prime et une tardive.

Il faut que les tiges soient fortes et puissent se soutenir sans

appui, ce qui n'est point commun ; qu'elles aient de douze à
vingt fleurs, suivant leur grosseur ; il est quelques espèces
qui en fournissent jusqu'à trente. Celles qui n'en ont pas plus
de sept à huit ne sont pas estimées ; c'est le reproche que
l'on fait à celle appelée *globe terrestre*, que l'on ne conserve
qu'à raison du volume et de la belle couleur de ses fleurs.
Le *vainqueur* est dans le même cas.

Les tiges doivent en outre être droites, bien proportionnées, ni trop hautes, ni trop basses, également garnies de
fleurs à une distance égale, et telle que leur masse ne forme
qu'un bouquet en pyramide. Les feuilles doivent être d'un vert
qui tranche avec les nuances de la fleur, et inclinées à quarante-cinq degrés. Les fleurs doivent être larges, courtes,
bien nourries et bien garnies de pétales dans les doubles ; il
faut qu'elles se détachent de la tige et se soutiennent dans une
direction horizontale, pour qu'on en voie le cœur sans être
obligé de les relever. Les pédicules doivent être forts et
d'inégale grandeur pour que les fleurs forment la pyramide.
Les couleurs doivent être nettes, vives et trancher sur le fond.
Quand une jacinthe réunit toutes ces qualités, elle est parfaite ; mais il en est fort peu dans ce genre, et il seroit à désirer qu'au lieu de s'attacher à la quantité des variétés on n'eût
égard qu'à la qualité. Un amateur qui réduiroit ses planches
à cent espèces choisies, présenteroit à coup sûr un plus beau
coup d'œil que celui qui en réuniroit mille.

Plusieurs jacinthes ont le défaut d'avoir les fanes d'un vert
jaune pâle, d'autres ne fournissent pas assez de sève à la tige
pour faire réussir les dernières fleurs qui avortent. Ces
plantes seroient depuis long-temps rejetées, si le désir de multiplier les variétés ne les avoit fait conserver.

Végétation des jacinthes. La végétation des jacinthes offre des
singularités surprenantes, dont la connoissance peut être utile
pour parvenir à une bonne culture. La lecture de l'ouvrage de
M. St. Simon m'avoit déterminé à faire une suite d'expériences
pour vérifier les siennes et en tirer quelques conclusions favorables à ses principes, ou qui m'en eussent démontré la faus-
seté. Les malheurs que j'ai éprouvés sous le régime révolution-
naire, et les travaux multipliés dont j'ai été chargé jusqu'à l'an 9,
enfin mon déplacement, ne m'ont pas permis de les continuer
jusqu'à ce jour. Je me contenterai donc ici de faire l'analyse de
celles de M. de St. Simon, et d'en présenter les résultats. Les
physiologistes seront à même de décider en cas d'erreur d'où
elle provient, et de la rectifier.

J'ai dit plus haut que les tuniques qui formoient l'oignon de
jacinthe n'étoient que la prolongation des feuilles ou fanes.
Il en résulte nécessairement que le nombre de ces tuniques

augmentant tous les ans, l'oignon de semence est plus long que gros, et a sa couronne fort petite, mais que l'augmentation annuelle de ses tuniques le fait grossir et élargir sa base. Il n'y a nulle raison pour arrêter l'élargissement de la base ; mais les tuniques se desséchant au bout de quelques années, un oignon peut en perdre, et en perd effectivement, en raison du nombre qu'il gagne ; ce n'est alors qu'un remplacement, et l'oignon ne grossit pas ; il n'y auroit dans cet état de choses d'autres motifs de destruction de l'oignon, puisque les tuniques se renouvel- leroient après avoir subsisté quelques années comme les ra- cines le font tous les ans, que les maladies de l'oignon ou ses ennemis, si sa base pouvoit également se renouveler. Mais comme elle reste la même à l'élargissement près, elle occa- sionne la mort de l'oignon ou plutôt sa division en un grand nombre de caïeux.

La durée de l'oignon varie beaucoup ; elle dépend de la for- mation plus ou moins grande des tuniques par année. Ainsi, en examinant le nombre de feuilles que chaque espèce de ja- cinthe fournit par an, car elles n'en fournissent pas toutes éga- lement, les unes n'en ont que trois, d'autres en ont jusqu'à huit ; on pourroit calculer à peu près la durée de l'oignon, je dis à peu près, parcequ'il est des espèces dont toutes les feuilles ne se développent pas ; elles s'élèvent seulement du fond jus- qu'à la hauteur de l'oignon, s'y arrêtent et forment des tuni- ques. Ainsi pour pouvoir affirmer quelle doit être la durée des oignons d'une variété de jacinthe, il faut calculer le nombre des tuniques produit chaque année, et on ne peut le faire qu'en sacrifiant un oignon par l'opération suivante :

On détache les tuniques les unes après les autres ; on trouve de temps en temps des filets et on compte les tuniques qui se trouvent entre chaque filet. Plus il y en a, moins l'oignon dure.

Cette expérience est fondée sur la végétation de la plante. En effet, si on dépouille un oignon qui a fleuri trois fois après sa sortie de terre, on trouvera les trois tiges dans l'oignon ; celle de la dernière fleur est au centre et n'est pas encore desséchée ; celle de l'année précédente est séparée de la première par quelques tuniques ; enfin la troisième tige l'est également de la seconde par plusieurs tuniques ; mais elle est de l'autre côté de l'oignon. Ces deux tiges sont desséchées, aplaties et de couleur cramoisi. On voit à côté de la première tige la pousse de l'année sui- vante composée d'un certain nombre de feuilles, dont les unes sortiront de terre, et les autres ne feront que des tuniques. La tige est au milieu et finit par prendre insensiblement le centre de l'oignon, dont elle écarte la tige de la dernière fleur qui est séparée de la nouvelle par les tuniques qui se forment en même temps que cette tige. Or, plus ces tuniques sont nombreuses entre chaque tige, plus la base de l'oignon s'élargit chaque année, et moins il dure.

La végétation des plantes simples étant toujours plus vigoureuse que celle des doubles, elles poussent un plus grand nombre de tuniques, et l'oignon dure moins. On voit par-là, non seulement qu'il est facile de s'assurer de la durée d'un oignon, mais qu'on détermineroit aisément le nombre de ses fleuraisons, si l'oignon, ayant pris toutes ses dimensions, les anciennes tuniques ne se dessèchoient pas et ne se détachoient pas de l'oignon ainsi que les filets, quand ils sont parvenus à la surface. Cette différence entre l'augmentation des tuniques des oignons de jacinthes simples et doubles et de ceux de chaque variété est assez considérable pour qu'un oignon ne fleurisse que trois ou quatre fois pendant que la durée d'un autre sera de douze ou treize ans; mais il est peu de variétés qui fleurissent aussi long-temps. Au surplus, les oignons qui vivent peu dédommagent les amateurs par une plus grande quantité de caïeux.

Tout le monde connoît les racines des plantes comme leur destination; l'on sait encore qu'un grand nombre d'entre elles, indépendamment de leurs propriétés d'attirer la sève et de l'élaborer, contiennent des germes qui donnent naissance à de jeunes plantes connues sous le nom de drageons, et que des racines, dont la tige étoit enterrée, sont devenues des tiges et des branches. Ces phénomènes de la nature ne nous surprennent plus; et lorsque nous voyons des truffes, des algues et d'autres plantes végéter sans racines, l'habitude de les voir nous rend familiers à cette variété inépuisable de la nature dans ses productions et leur végétation. Mais un phénomène d'un genre nouveau est celui que présentent les racines de la jacinthe; je dis nouveau, parcequ'on ne l'a remarqué ou cru remarquer que dans les racines de cette plante. Ces racines, si les expériences de M. Sanit-Simon sont concluantes, ne sont que des excrétoires, dans lesquelles la partie de la sève inutile à la plante se dépose, comme la partie la plus grossière du chyle se réunit dans une partie du fœtus, jusqu'à sa sortie du corps de la mère.

Ces racines sont, comme je l'ai déjà observé, des filets plus ou moins nombreux, d'inégale longueur, et blancs. On n'a point observé de pores dans aucune de leurs parties. Elles n'ont point de chevelus qui puissent attirer et absorber l'eau sèveuse. Enfin elles ne paroissent être pourvues d'aucuns des moyens dont se servent les autres racines pour fournir de la nourriture aux corps des plantes, ou en produire de nouvelles. Cette faculté paroît destinée au centre ou à la base de l'oignon qui est entre les racines qui l'environnent, et qu'on appelle l'œil de la racine. C'est cette partie qui a la faculté d'attirer et d'absorber l'eau séveuse, non que les racines ne soient utiles qu'à recevoir la partie grossière de la sève, car le mouvement ascendant et descendant de cette dernière doit se faire jusqu'à l'extrémité des racines où elle s'élabore comme dans le reste de la plante.

Cette opinion, extraordinaire au premier abord, acquiert de la force quand on suit avec attention la végétation de la jacinthe. On doit d'abord remarquer que cette végétation n'est jamais interrompue, même pendant les trois mois qu'on la tient hors de terre, quoiqu'elle se soit alors dépouillée de ses racines; car il est à observer que les racines sèchent et se détachent lorsqu'elles sont inutiles à la plante. Si on coupe un oignon à sa sortie de terre, on apercevra, comme je l'ai déjà dit, auprès de la tige les pointes des feuilles et l'extrémité de la fleur pour l'année suivante; mais cette pousse excède rarement une ligne; au moment de mettre l'oignon en terre, elle s'est accrue au point de le traverser en entier, et d'être visible au niveau des tuniques, et souvent même de le surpasser en hauteur. Si on le coupe à cette époque, on trouve au milieu des feuilles la tige qu'elles recouvrent seulement de leurs extrémités qui se reploient assez sur elle pour la garantir. Cette tige est déjà garnie de tous ses boutons de fleurs.

L'oignon paroît avoir accumulé, pendant qu'il étoit en terre, la nourriture nécessaire pour le développement de sa fleur et de ses feuilles; et si on le met dans l'impossibilité de pousser des racines, il n'en fleurit pas moins, comme lorsqu'on le pose sur un vase rempli d'eau, la tête dans l'eau et la base en l'air. La tige descend ainsi que les feuilles; et, ce qu'il y a de singulier, elle descend verticalement, contre la marche ordinaire des plantes et des semences, dont la pousse tend, en formant un demi-cercle, à reprendre sa situation naturelle quand on l'a plantée en sens contraire.

La petite variété bleue, qui fleurit au mois de janvier, pousse ses feuilles et fleurit sur les tablettes sans racines comme les scilles et les colchiques; mais ces dernières plantes ne poussent que leurs tiges et point de feuilles.

Les racines paroissent dans ces deux cas inutiles à la végétation de la plante qui ne peut se procurer de nourriture que par l'air ambiant que l'œil de la racine absorbe, et par ses feuilles quand elles sont poussées. Il est vrai que la végétation n'est pas aussi forte qu'elle le seroit dans l'état naturel, et que l'oignon, après avoir donné sa fleur, ne pourroit pas fournir assez de nourriture pour amener ses graines à maturité; sans doute qu'une partie de la sève nouvelle qu'il absorbe en terre, pen-

dant la pousse de sa tige et de ses feuilles, achève de compléter ce qui manquoit à l'oignon quand on l'a planté. Mais le
développement est suffisant pour constater que les racines n'é-
toient pas nécessaires à sa végétation, et que si la plante a
attiré quelques parties nutritives, elle ne l'a fait, dans le principe, que par l'œil de la racine et ensuite par les feuilles.

D'autres expériences tendent à confirmer que les racines ne
sont que des excrétoires. Lorsque des oignons sont placés nouvellement sur des vases pleins d'eau, qu'il n'y a que l'extrémité
des petites racines qui y touchent, la pousse des racines est
fort légère; mais si on y plonge l'œil de la racine, la végéta-
tation double. M. de Saint-Simon prétend que plus l'oignon a
de sève et plus il pousse de racines. Je n'ai pas vérifié ce fait,
ce qui est cependant facile en comparant deux oignons bien
choisis de la même variété, dont l'un seroit mis en terre et
l'autre sur une carafe.

Mais l'expérience suivante paroît décisive. Si on place un
oignon sur un vase rempli de terre préparée, dont l'extrémité
soit assez étroite pour que les racines le débordent, la végétation aura lieu et les racines alors croîtront dans l'air et en-
vironneront le vase. Il est constant que dans cette expérience
l'œil de la racine aura seul attiré la sève et en assez grande
abondance pour donner lieu à la pousse des racines nécessaires
au dépôt du superflu de la sève.

Quand le tissu des racines est percé par la piqûre d'un insecte ou une autre cause, la sève ne s'introduit pas par cette
ouverture, mais celle contenue dans la racine s'écoule, et l'oignon en souffre.

C'est toujours par l'extrémité que les racines se gâtent, parceque la circulation y est quelquefois gênée et même interceptée. Mais il arrive fréquemment que quoique les racines
d'une jacinthe soient non seulement gâtées, mais même réduites
en une matière grasse et visqueuse qui corrompt l'eau au point
qu'on n'en peut souffrir l'odeur, l'oignon n'en végète pas moins
et donne souvent sa fleur aussi belle qu'à l'ordinaire. Nul doute
cependant que des arbres et plantes herbacées, dont les racines
seroient réduites en cet état, cesseroient de végéter et péri-
roient en peu de jours. Si la jacinthe se conserve encore après
cet accident et continue à pousser fortement, c'est que la
marche de la végétation y est différente que dans ces plantes.
Aussi ces racines ne durent-elles que le temps nécessaire aux
fonctions auxquelles elles sont destinées, et périssent-elles aussitôt qu'elles sont inutiles, quoique la végétation continue.

Tout arbre ou plante herbacée, dont on coupe les racines en
partie lorsqu'on les plante, en pousse de nouvelles qui doivent
attirer le suc séveux et le fournir à la plante; mais si on coupe

tout ou partie des racines de la jacinthe, il n'en poussera pas de nouvelles, et comme la sève avoit besoin d'y être élaborée et qu'elle ne le peut plus et ne fait que se perdre, l'oignon périt ordinairement.

Toutes ces expériences tendent à confirmer que les racines ne sont que des vaisseaux excrétoires. En voici d'autres qui prouvent que l'œil de la racine attire et absorbe réellement la sève.

Si avant de planter un oignon on en coupe la couronne, il végétera et fleurira, quoiqu'il n'ait pas poussé de racines. Il est vrai que n'ayant pas eu de vaisseaux excrétoires, et la sève ne s'y étant point élaborée et déchargée des parties grossières, l'oignon, quoique bien nourri à la sortie de terre, pourrira sur les tablettes.

M. Saint-Simon a fait une autre expérience qui paroît décisive. Il a mis des oignons dans des carafes dont les eaux étoient teintes par des infusions de carmin, de gomme gutte, d'indigo, de bleu de Prusse, de cochenille, de garance, d'encre de la Chine et de vert-de-gris. Il a rempli d'autres carafes d'esprit-de-vin et d'huile. Si les racines absorboient la sève, elles prendroient une légère teinte de la couleur mêlée avec l'eau; si elles n'étoient que des excrétoires, ce seroit la partie de l'oignon absorbant la sève qui s'imprégneroit de la couleur, et les racines conserveroient la leur. Or voici le résultat de ces expériences. L'œil de la racine a pris une teinte, quoique foible, de la couleur mêlée avec l'eau, et les racines n'ont point changé. Les couleurs n'ont point influé sur la végétation ni sur la couleur des fleurs, n'ayant pénétré qu'en petite quantité dans l'œil de la racine; mais la teinture de vert-de-gris a fait périr l'oignon : quant à l'huile, l'oignon s'en est chargé au point qu'il paroissoit confit à l'huile; mais tandis qu'il en étoit abreuvé, les racines plongées dedans n'en étoient point imbibées comme le reste de l'oignon.

Les oignons ont également absorbé l'esprit-de-vin; mais les racines, bien loin de l'attirer, se sont crispées en peu de temps, ont cessé de pousser, et les oignons ont péri comme ceux chargés d'huile.

Si ces expériences ne paroissent pas décisives aux yeux des naturalistes, ils y trouveront de grands motifs de suspendre leur jugement jusqu'à ce que d'autres faits les aient mis à même d'affirmer la théorie ci-dessus. La marche de la végétation des racines leur paroîtra encore une raison de plus en faveur de l'opinion de M. Saint-Simon.

Les racines sont d'autant plus multipliées, que l'oignon est plus vigoureux, et elles poussent en raison de la quantité de sève que la plante absorbe; mais après avoir acquis une longueur déterminée, elles cessent de prendre de l'accroissement dans tous les sens, et lorsque la fleur est épanouie, il semble que leurs fonctions aient cessé. Les feuilles acquièrent alors de l'accroissement et semblent prendre la place des racines ; et pendant que la graine se forme et mûrit, les racines se dessèchent, quoiqu'elles paroissent alors aussi nécessaires à l'oignon qui, malgré le dessèchement de ses racines, continue à végéter. Il semble donc qu'elles ne servent qu'à élaborer la sève, et de dépôt pour les parties grossières que la plante rejette, et il n'est pas surprenant que la plante végète pendant six ou sept mois sans que les racines lui fournissent de nourriture, puisqu'il est certain qu'elle le fait pendant cinq ou six mois sans leur secours.

En vain objecte-t-on que l'oignon qui porte une belle fleur, quoiqu'avec peu de racines, est par sa nature plus aride qu'un autre ; mais cette particularité, qui est une qualité constante dans plusieurs variétés, tend seulement à prouver qu'elles n'attirent pas autant de suc séveux, et conséquemment qu'elles n'ont pas besoin d'autant de racine pour l'élaborer et y déposer les parties inutiles à la plante. Si les racines étoient les pompes aspirantes de la sève, il en résulteroit qu'étant en petit nombre, les fleurs devroient être plus petites et les tiges plus grêles. Cependant plusieurs variétés dont les tiges sont fortes et le volume des fleurs considérable ont peu de racines. La seule différence qui a lieu n'est que dans les fanes et les tuniques, qui n'augmentent qu'en raison de l'abondance de sève et de racines, d'où on peut conclure que moins une variété a de racines et plus les oignons se conservent et donnent de fleurs. Ainsi la nature opère dans ces oignons en sens contraire de sa marche ordinaire pour les arbres et autres plantes qui, dans les mêmes espèces, vivent d'autant plus qu'ils ont des racines plus multipliées et plus vigoureuses, et qui ne manquent pas d'en pousser de nouvelles pour réparer leurs pertes, si on leur en coupe, tant elles sont nécessaires à leur végétation.

Quant à la végétation des feuilles ou fanes et de la tige, elle me paroît peu s'écarter de la marche ordinaire ; elles attirent l'air ambiant et les molécules homogènes à leur nature qui y sont répandues : aussi l'air est-il indispensable à ces plantes ; et la différence qui existe entre les jacinthes qui sont plantées dans les jardins à l'air libre, où elles y végètent suivant le cours de la nature, et celles renfermées dans les chambres, provient autant de la différence qui règne dans cet air libre chargé de parties hétérogènes qui ne sont pas les mêmes dans l'air renfermé de nos chambres et de nos serres, que par l'action de la chaleur qu'on y concentre, et qui ne fait que précipiter la végétation.

M. Saint-Simon paroît partager cette opinion. L'ombre des arbres, dit-il, et la différence des parties volatiles de toute espèce répandues dans l'air empêchent la perfection du travail de la nature et gâtent celui de l'art. On ne peut jamais corriger la nature du plein air, qui, sous un arbre, n'est pas le même à beaucoup près que sous un ciel à découvert. Les rosées, les brouillards et les pluies fournisent aux jacinthes, comme aux autres plantes, une nourriture abondante, et épargnent aux cultivateurs les arrosemens, qui sont moins propres à faire entrer de l'eau dans la plante, quoiqu'il soit bien établi que toute plante la pompe et la garde, qu'à faire fermenter dans la terre les molécules qui doivent s'y introduire. Les serres chaudes et les couches vitrées se passent d'arrosemens par cette raison, ou en exigent fort peu. La chaleur intérieure, étant mise en action par celle du feu ou du soleil qui frappe les vitres, entretient une vapeur qui ne se dissipe qu'aux heures de la grande chaleur. Je ne parle pas ici de la marche de la jacinthe dans la production des caïeux, j'en ferai mention en faisant connoître les moyens de la multiplier.

Culture de la jacinthe. J'ai dit à l'article ANÉMONE qu'il falloit jouir des plaisirs que la nature nous offre et non en être esclave. Ce principe, établi à l'occasion des soins que certains amateurs exigent pour obtenir une belle planche d'anémones, trouveroit avec plus de raison son application ici. Si on en croit certains auteurs, le fleuriste qui a une belle planche de jacinthes a de l'occupation pour l'année entière, tant ils exigent de petits détails pour leur culture. Ils ne voient pas qu'ils dégoutent plus de la culture de cette fleur par tous ces préceptes multipliés, qu'ils n'y encouragent par l'éloge pompeux qu'ils en font.

Heureusement on peut avoir de fort belles jacinthes sans être tenu d'y employer autant de momens, qui sont souvent précieux pour remplir ses devoirs dans la société; mais la culture de cette fleur exige, en France, qu'on fasse beaucoup d'expériences, parcequ'on n'est pas encore parvenu à trouver une composition de terre qui lui convienne tellement qu'elle n'y dégénère pas. C'est à cette composition que les amateurs doivent s'appliquer: malheureusement je ne puis leur fournir pour cette plante des données certaines comme pour l'anémone.

Je cultive la jacinthe depuis vingt-cinq ans, et j'ai fait le voyage de Hollande pour connoître la manière d'opérer des jardiniers de ce pays: mes recherches ont eu quelques succès, mais ne m'ont pas donné le secret de la nature pour la culture de cette fleur dans tous les climats.

Je vais détailler ici la méthode des Hollandais, et j'indiquerai les changemens que la température et la différence de terre peuvent exiger, sans oser cependant affirmer qu'en suivant ma méthode on réussisse toujours parfaitement.

Le sol de la Hollande, dans les environs de Harlem, n'est, en général, que du sable de mer amendé par les engrais et la culture ; il est encore si meuble, qu'on n'a besoin que de la main pour en arracher les oignons, lorsque les feuilles sont desséchées. Ce sable apporté par l'Océan forme une couche d'environ six à huit pouces, qui s'étend sur une grande partie de la Hollande. Cette couche est le produit d'une de ces révolutions partielles auxquelles notre globe est sujet ; elle a été l'effet d'un tremblement de terre ou d'un débordement des eaux de la mer, ou de ces deux causes réunies qui, à l'époque où la Hollande étoit couverte d'arbres, les a tous renversés dans un jour, de l'ouest à l'est, et les a recouverts successivement, ou de suite, d'une certaine quantité de sable. Ces arbres ont formé cette couche qu'on nomme *derry*, et qui est impénétrable à l'eau. Dans quelques endroits, on trouve encore dans la couche des troncs de dix à douze pieds qui sont sains et peuvent être employés pour la charpente ; mais en général ils ont subi une décomposition telle, qu'ils ne forment plus qu'une masse en partie pétrifiée, laquelle interrompt la communication des eaux supérieures et inférieures, et empêche les eaux de la mer plus élevées que les terres dans plusieurs cantons, mais arrêtées par des digues, de pénétrer à travers le sable pour les inonder, car la couche inférieure au *derry* n'est que du sable.

Le derry étant infertile, et le sol ne pouvant produire qu'à raison de l'épaisseur de la couche de sable qui le couvre, on le détruit dans tous les lieux où les eaux de la mer sont plus basses que le niveau des terres ; mais dans les cantons où la hauteur des terres est inférieure à celle de la mer, il est défendu sous peine de la vie d'y toucher. Comme cette couche est inégalement recouverte, et que les racines n'y peuvent pénétrer, c'est à elle que nous devons probablement ces carottes rondes très vantées, et qui ne sont autre chose que nos carottes longues qui ont trouvé un obstacle insurmontable à leur développement en longueur et se sont arrondies. La première couche de sable sans cesse abreuvée des eaux pluviales a perdu ses sels, et maintenant les eaux qui coulent sur le derry sont douces.

Avant de cultiver la jacinthe à Harlem on a l'attention de détruire le derry et de mêler une partie du sable qui est sous cette couche avec celui qui la couvre. J'ignore si les Hollandais ont examiné ce sable avec assez de soin pour connoître les parties hétérogènes qu'il contient, et si l'esprit mercantile qui règne dans cette contrée a empêché d'en donner l'analyse ; cette connoissance nous seroit essentielle pour la composition de nos terres. Mais on peut conclure, de l'état des choses avant la révolution qui a détruit les forêts de la Hollande, que ce sable étoit chargé d'humus antérieurement à cette époque, que les eaux de l'Océan y ont déposé une certaine quantité de sel et des dépouilles de poissons, en enlevant une partie de cet humus. Comme on n'a que des données incertaines sur cet article, il seroit à désirer que des Français examinassent avec soin ce sable au moment de son extraction. Ce seul examen bien fait pourroit nous fournir des résultats tels que le problème de la possibilité de la culture de la jacinthe en France se résoudroit facilement. J'ai supposé jusqu'à ce jour qu'un des avantages de ce sable étoit de contenir des parties de sel dont la couche supérieure étoit privée par les eaux pluviales, qui ne doivent pas en fournir autant qu'elles en enlèvent. Aussi les Hollandais n'emploient-ils ce sable qu'en le mélangeant avec celui de la couche inférieure, et pour les planches de parade ils n'emploient que le dernier.

En vain, dirons-nous aux amateurs, les Hollandais font tel mélange de sable, de fumier de vache et de tan. Si leur sable et leur fumier diffèrent des nôtres, il est certain que les combinaisons produites par la fermentation qui s'établira dans nos mélanges pourront différer essentiellement de celles des Hollandais, et produire des résultats contraires à notre attente.

Le fumier de vache des Hollandais diffère peut-être autant du nôtre que leur sable. Comme leurs vaches sont couchées sur un plancher sans litière, et qu'on ne leur donne que des fourrages secs pendant l'hiver, qui est le moment où on peut ramasser leur fumier, puisque dans les autres saisons elles sont constamment dans les prairies, ce fumier, qui n'est que de la bouse sans mélange de paille, peut produire des effets différens du nôtre.

Voici la marche suivie par les Hollandais pour la composition de leurs terres ainsi que pour la culture, tirée de leurs auteurs favoris, Van-Zompel et Voorlem, et copiée par tous les auteurs français, de manière que la plupart n'ont fait que changer quelques expressions.

En général il faut éloigner tout ce qui a quelque rapport avec du fumier frais. Les terres crétacées et argileuses sont absolument contraires aux jacinthes. Van-Zompel dit avoir vu cultiver avec succès la jacinthe aux environs d'Amsterdam dans des terrains qu'il qualifie de sulfureux. Il regarde la terre sablonneuse comme la plus convenable, pourvu qu'on ait soin d'en ôter le sable rouge, le jaune, le blanc et le maigre. Le meilleur sable est le blanc lorsqu'il est un peu gluant, gras, et qu'il ne se convertit pas en poussière jaune à mesure qu'il sèche. La terre sablonneuse qu'il recommande est grise ou de couleur fauve noirâtre.

Comme le sable des environs de Harlem, dont on se sert pour cette culture, est tel que le désire Van-Zompel, et que cependant il n'est point généralement mêlé d'argile; enfin que ce sable n'est qu'un dépôt formé par la mer, et que le sable de mer n'est jamais de couleur fauve noirâtre; que celui des côtes de Hollande est communément blanc, il me paroît constant qu'il ne doit cette nouvelle couleur qu'aux matières qui y sont mêlées, et qui le rendent si propre à la culture de la jacinthe. Or, cette culture ayant fait sortir de France depuis un siècle quatre-vingts ou cent millions, on doit juger combien il seroit intéressant que nos chimistes les plus éclairés fissent l'analyse de ces matières. La France sort à peine d'une convulsion violente où les esprits étoient exaspérés; la culture est un des moyens les plus sûrs pour rétablir le calme et adoucir les mœurs. *Emollit mores, nec sinit esse feros* : c'est un principe connu des anciens, et que l'expérience n'a fait que confirmer. Il sera donc de l'intérêt du gouvernement de favoriser l'agriculture à la paix, et de porter l'attention des citoyens vers ce but intéressant. Mais plus ce goût gagnera, sur-tout dans les villes, plus celui des belles fleurs augmentera, plus on fera de demandes d'oignons de jacinthes en Hollande, et plus on exportera de numéraire. Il est donc facile d'apprécier le service que rendroit à la patrie celui qui nous donneroit les moyens de cultiver la jacinthe avec succès, et de nous passer de nos voisins pour cet article.

Les matières combinées avec le sable de Hollande une fois connues, il importeroit peu que le sable fût blanc ou maigre; on en changeroit la couleur comme la maigreur au moyen d'un mélange sagement combiné.

Quant aux amendemens, les curures récentes des fossés ou des puits ne peuvent que nuire à l'ameublissement de la terre. Le fumier de cheval, de brebis, de porc, capable de hâter le progrès des plantes, occasionne des chancres pernicieux aux oignons. La poudrette, de quelque nature qu'elle soit, et toutes les préparations recherchées ne sont point ici de mise. Le seul fumier de vache suffit pour mettre cette sorte de terre en état de fournir de belles jacinthes. On peut y substituer les feuilles d'arbres bien consommées, à l'exception de celles de chêne et de châtaignier, de hêtre et de platane, ou le tan réduit en terreau à force d'avoir servi à d'autres usages dans les jardins.

Il y a des gens qui élèvent leurs jacinthes sans terre dans un mélange de moitié de fumier de vache et moitié feuilles et tan bien consommés. On travaille ce mélange pendant deux ans, et la réussite est aussi certaine que dans les sables gris, pourvu que le tan ait été tiré des fosses deux ans avant de le mêler avec du fumier, en sorte qu'il soit déjà à demi consommé. Le monceau de ce mélange, ainsi que de tout autre, doit être placé au grand soleil.

Le mélange ordinaire en Hollande est de deux parties de sable gris ou fauve noirâtre, trois parties de fumier de vache et une partie de feuilles ou tan consommés. On préfère pour ce mélange le fumier frais à celui d'un an, parcequ'il se consomme plus vite et se marie mieux. On fait le monceau le plus mince que l'on peut, relativement à la place, afin que le soleil ait plus de facilité à le pénétrer.

Pour former ce monceau, on ramasse des feuilles dont on fait un tas considérable, afin qu'à mesure qu'elles se réduisent en fumier le soleil n'en fasse pas évaporer tous les sels et toutes les huiles. Il ne faut pas pour cette raison que les tas soient dans un endroit trop exposé au soleil ni dans une place humide où l'eau croupisse. Si le tas est au soleil, il est bon de le recouvrir d'un peu de terreau ou de paille.

Ceux qui préfèrent le tan aux feuilles en font un tas qu'ils humectent pour l'échauffer et le réduire promptement en terreau.

On fait de même un tas de fumier de vache qu'on laisse fermenter en masse.

Enfin, l'on fait un tas de sable; mais il faut observer qu'on ne veut pas de celui qui se trouve au-dessus du derry et dont l'eau qui s'écoule est douce. Si on ne peut pas rompre le derry, on va en chercher assez loin du côté des dunes. Ces matières, ayant resté quelque temps en tas pour *mûrir* et perdre une partie de leur humidité, sont réunies en un seul monceau par le procédé suivant:

On fait une première couche de sable, une de fumier de vache, et une troisième de feuilles ou de tan, et on recommence ces couches, jusqu'à ce que la masse ait six à sept pieds de hauteur; la dernière couche est de fumier de vache sur laquelle on jette un peu de sable pour empêcher qu'elle ne durcisse au soleil.

Pendant les six premiers mois on ne remue ce mélange qu'autant qu'il faut pour ôter les mauvaises herbes encore jeunes; après quoi on le retourne de six en six semaines. Sa préparation ne dure pour l'ordinaire qu'un an. On peut travailler le tout pendant une seconde année pour le perfectionner; mais un plus long temps l'affoibliroit.

Lorsqu'on tire les oignons qu'on a mis dans la terre ainsi composée, on défait cette espèce de couche pour l'exposer au soleil et la remuer; elle est ensuite en état de servir aux tulipes, renoncules, anémones, oreilles-d'ours, de sorte qu'elle ne sert qu'un an pour les jacinthes. On n'en fait pas usage pour les œillets, parceque l'expérience a prouvé que la jacinthe communique à cette terre une qualité qui leur est contraire.

Telle est la méthode des Hollandais, et l'expérience a justifié depuis long-temps la bonté de leur pratique pour les jacinthes. Leurs tulipes réussissent aussi parfaitement dans cette préparation; mais j'ai vu leurs anémones et leurs renoncules n'y prendre que la moitié de leur diamètre. L'anémone se plaît dans les terres fortes, et la renoncule la veut aussi plus compacte, quoiqu'une terre aussi forte que pour l'anémone ne lui convienne pas : il n'est donc pas étonnant que cette préparation ne puisse pas convenir à ces fleurs.

Outre ces dispositions, qui ont plutôt lieu pour les planches de parade que pour la pleine terre, les Hollandais suivent la méthode suivante pour leurs pépinières de cette plante.

Ils défoncent leur terrain à une profondeur telle qu'ils puissent mêler un pied du sable au-dessous du derry avec celui de la superficie. Ils y ajoutent six à sept pouces de fumier de vache et de tan. Ils labourent ensuite en divisant le fumier autant qu'il est possible. Ils prétendent, dit Saint-Simon, que le sable corrige l'effet du fumier de vache. Ils attendent une année pour y planter les jacinthes, en alternant tous les ans avec d'autres fleurs, de manière à ne planter des jacinthes que les première, troisième et cinquième années. La terre ainsi préparée peut servir six ans sans nouvel engrais. Ce n'est qu'après la troisième plantation de jacinthes qu'on dispose de nouveau le terrain comme on l'a déjà dit, c'est-à-dire en y mêlant de nouveau du sable du fond, et en y ajoutant de l'engrais.

On voit par cet exposé la préparation qui convient à la Hollande, c'est-à-dire à un climat humide rapproché du nord, et dont les terres baignées des eaux de la mer sont fréquemment humectées de pluie et chargées de sel marin. Il est douteux que les mêmes dispositions puissent convenir à des climats plus secs, plus chauds, et où les pluies moins abondantes sont chargées d'autres principes, sans quelques modifications. Mais indépendamment de cette différence de température et des vapeurs répandues dans l'atmosphère, notre sable n'a pas les mêmes qualités que celui des Hollandais, et notre fumier de vache diffère du leur. La différence est telle aux environs de Londres, qu'on a été obligé de renoncer à cet engrais pour la jacinthe. Voici les modifications que je propose pour parvenir aux mêmes résultats que les Hollandais.

Employez, au lieu de leur sable, celui que nous appelons improprement terre de bruyère, et ne changez rien à la quantité des parties qu'ils mettent de sable, de fumier et de tan, ou terreau de feuilles; mais ajoutez à chaque couche un peu de sel, que vous répandrez légèrement dessus. Si le climat est chaud et les pluies rares ajoutez à votre mélange autant de parties de terre douce, telle que celle de taupinière ou potagère, que de terre de bruyère; vous augmenterez la quantité de la terre en raison de la chaleur et de la sécheresse, afin de la rendre plus compacte et d'y conserver l'humidité, parceque les arrosemens nuisent aux jacinthes, et qu'on doit employer tous les moyens pour les prévenir. Faites ramasser et piler des coquilles d'huître dont vous couvrirez vos planches. Les pluies, en leur enlevant les sucs qu'elles contiennent, les entraîneront avec elles et en nourriront les plantes. Les limaces ne pouvant se promener sur ces coquilles pilées, dont les parties anguleuses les déchirent, ne les attaqueront pas. Mais lorsque les jacinthes seront prêtes à fleurir, vous couvrirez ces coquilles par un peu de terreau, pour que sa couleur foncée fasse ressortir davantage le vert des feuilles, et les nuances des fleurs, et que les rayons solaires réfléchis par ces coquilles ne brûlent pas les fleurs, et ne nuisent pas à l'oignon en mettant une différence considérable entre la chaleur d'une partie de la plante et celle de l'autre.

Au défaut de terre de bruyère, on emploiera du sable tel qu'on pourra s'en procurer; mais s'il étoit gras et mêlé de quelques autres matières, lorsqu'on en aura fait un tas, il faudra, au défaut de pluie, lui donner de fréquens arrosemens pour les en séparer. Mais on pourra alors ajouter une partie de plus de terreau de feuilles pour remplacer celui qui est mêlé avec la terre de bruyère par la décomposition de cette plante, et qui lui donne cette teinte brune qu'il n'avoit pas dans le principe.

On suivra la même marche que les Hollandais pour le mélange; mais dans les climats secs, il faudra arroser le monceau de temps en temps pour y établir la fermentation nécessaire à la combinaison de tous les principes du mélange.

Rozier indique, d'après le témoignage d'autrui, une composition bien simple de trois parties de terre neuve ou de taupinière, deux parties de débris de couche bien terreautées, et une partie de sable de rivière.

D'autres n'exigent qu'une terre de potager ordinaire d'un demi pied de profondeur. Mais si l'une de ces méthodes avoit pu convenir à la culture des jacinthes, il y a long-temps qu'on seroit parvenu à la cultiver en France.

J'ai dit de remplacer le sable de Hollande par du sable tel que le pays le fournit, en le purgeant des matières hétérogènes qui y sont mêlées, même du sable de rivière bien pur;

cependant la terre de bruyère est préférable à ce sable. Les amateurs de l'intérieur des terres, n'ayant pas toujours le choix, sont souvent forcés d'employer ce qu'ils ont sous la main. Mais ceux qui habitent les environs de la mer y trouveront une ressource pour cette culture préférable même à la terre de bruyère. C'est le sable de mer. En effet, nous pouvons supposer que le sable des Hollandais n'étoit autre chose que du sable de mer combiné avec du sel marin et de l'humus. Si je recommande de mêler du sel dans le monceau de terre préparée, ce n'est que pour remplacer celui de ce sable et des eaux pluviales. Le sable de mer doit donc en partie produire cet effet, comme j'en ai eu l'expérience pendant cinq ans que je l'ai employé avec succès. Si on peut s'en procurer, on en mettra la même quantité que les Hollandais ; mais comme il ne contiendra pas d'humus, on mettra, dans le mélange, une partie de terreau ou de tan de plus qu'eux, et on n'y ajoutera pas de sel.

Quand cette préparation est en état de servir, on en porte huit ou dix pouces sur la planche ou la couche où l'on veut mettre ses jacinthes. On l'égalise bien sans la fouler, et on pose les oignons dessus, sans les enfoncer, à six pouces de distance. Pour régler cette distance il suffit de tracer la planche de six pouces en six pouces dans les deux sens, et de mettre les oignons dans les points d'intersection.

Les Hollandais, mélangeant dans leurs planches les jacinthes simples et doubles, ne s'occupent pas de diviser les doubles en primes et tardives, parceque la fleuraison des simples devance celle des doubles de quinze jours ou trois semaines, et qu'elles sont dans tout leur éclat jusqu'au moment où les doubles attirent l'attention. Comme ils ne cherchent qu'à donner de l'éclat à leurs planches, ils y mettent indistinctement leurs plus belles fleurs, primes ou tardives ; mais si la fleuraison de tous les oignons n'avoit pas lieu à la fois, le coup d'œil y perdroit beaucoup. Pour prévenir cet inconvénient, ils enfoncent davantage les primes et relèvent les tardives au moyen d'une poignée de terre qu'ils mettent dessous.

En général, quand on craint l'humidité, on incline un peu l'oignon la tête au nord et le fond au soleil.

Les oignons placés, on les couvre avec trois, quatre à cinq pouces au plus de la même préparation, et on donne le coup de râteau. Cette méthode pour le placement des oignons est préférable à celle de les planter en les enfonçant avec la main, ou de faire un trou avec le plantoir. La terre se tasse uniformément, et les eaux ne peuvent pas plus séjourner autour de l'oignon que dans les autres parties de la planche. L'oignon ne peut donc souffrir du tassement, au lieu que le plantoir et main, resserrant la terre autour de l'oignon, font des trous qui y conservent plus long-temps l'humidité que les autres parties de la planche, et cette humidité peut nuire à l'oignon.

Les Hollandais élèvent leurs planches de parade d'un pied au-dessus du niveau du sol pour prévenir l'humidité. Le même motif les détermine à défoncer dans certains cantons à trois et quatre pieds pour l'écoulement des eaux. Cette marche, qui peut convenir dans les terres humides, auroit des dangers dans les terrains secs. La jacinthe souffre beaucoup de l'humidité. Une trop grande sécheresse ne lui seroit pas moins nuisible; on doit donc élever ou abaisser ses planches en raison de l'humidité plus ou moins grande du climat et du terrain.

Leurs planches sont toujours au plein midi. Cette disposition est relative au climat, comme la précédente, et doit être modifiée à raison de la chaleur. Dans les parties méridionales de la France, je pense que l'exposition du levant est plus convenable. L'oignon de jacinthe une fois planté en Hollande ne demande plus d'autres soins que la destruction des mauvaises herbes jusqu'aux froids. S'ils sont vifs, il faut couvrir les planches avec de la litière, de la fougère, des feuilles ou des paillassons; mais on doit attendre que la gelée ait assez d'intensité pour parvenir jusqu'à l'oignon. Les fleuristes de Harlem pensent que la gelée ne peut nuire à l'oignon quand elle ne va pas jusqu'à sa couronne. Mais si elle parvient jusque-là et atteint les racines, l'oignon est perdu.

Si les gelées sont tardives et que la tige commence à sortir au moment de la gelée, on doit placer les couvertures avec beaucoup de précaution, parceque la tige est fort tendre, ainsi que les pédicules des fleurs. Ils se brisent facilement. On donne de l'air quand la saison le permet, mais également, avec beaucoup de précaution pour les ménager.

Il est dangereux de les découvrir quand le temps est froid, sur-tout si la couverture étoit assez épaisse pour que sa chaleur ait suffi pour la continuité de la pousse de la tige et des feuilles. Cette chaleur, dilatant les pores, cause une évaporation intérieure, qui, ne pouvant pas s'exhaler en l'air, retombe sur les fleurs et les couvre d'une petite rosée qui se gèle aussitôt que l'air froid saisit la plante. Il ne faut souvent que quelques minutes pour geler l'épi. Telle est ordinairement la cause des fleurs desséchées et brûlées qu'on voit quelquefois au sommet des tiges.

Lorsque les jacinthes n'ont plus rien à craindre du froid, on les découvre, et si les limaces sont multipliées, on leur donne la chasse. C'est, à cette époque, le seul ennemi à craindre, à moins que le défaut de nourriture ne force les mulots, et même les rats, à s'en nourrir, ce qui est rare, parcequ'ils ne recher-

chent pas cet oignon, et qu'ils me paroissent préférer les racines d'un grand nombre de plantes sur-tout les oignons de
tulipes. Mais comme ils les attaquent quelquefois, il est bon
de visiter de temps à autre ses planches, sur-tout celles de
parade, qu'on environne dans les froids de litière, dont la
chaleur attire ces animaux.

Saint-Simon assure avoir vu des rats enlever des oignons
en assez grand nombre pour en faire des magasins de plus
d'un cent dans les trous où ils se retiroient. Cet exemple
prouve que l'inspection des planches est utile de temps à
autre.

Quand la tige de la jacinthe commence à s'élever, elle est
assez forte pour se soutenir; mais au moment où les fleurs
ont acquis tout leur volume et commencent à s'épanouir, la
tige qui continue à croître diminue de diamètre à sa base,
et, pour peu que le vent soit fort, le poids des fleurs la renverse et la rompt même quelquefois. Pour prévenir ce danger,
les Hollandais ont des baguettes de fer auxquelles ils les attachent avec de la soie verte, en laissant les fils assez lâches
pour que la tige puisse s'élever sans que les fleurs s'y arrêtent, ce qui feroit rompre le pédicule. Des baguettes de
bois produiroient le même effet. On place sa baguette de manière à ne point offenser l'oignon.

Les amateurs riches couvrent leurs planches avec des toiles
pour prolonger leurs jouissances. Ils les placent depuis 10
heures du matin jusqu'à 3 et 4 heures de l'après midi, et
lorsqu'il pleut; comme ils connoissent la hauteur à laquelle
chaque variété peut parvenir, ils les disposent en amphithéâtre, en plaçant les plus petites au premier rang, et les plus
hautes au dernier. Ils voient par ce moyen toutes leurs fleurs
à la fois; et comme ils ont l'attention de varier les couleurs
pour établir des contrastes, leurs planches ont un éclat qu'on
ne se lasse pas d'admirer.

Les soins que les Hollandais donnent à leurs planches
d'ordre et le choix des oignons qu'ils y placent sont tels, qu'il
s'y trouve rarement des lacunes. Si cependant un ou plusieurs oignons périssent ou avortent, ils ne manquent jamais
de le remplacer. Pour cet effet, ils ont des pots étroits, mais
longs de huit à dix pouces, qu'ils remplissent de la terre préparée. Ils y placent un oignon et les enterrent ensuite. Ces
pots se mettent facilement dans les endroits où il manque des
oignons sans nuire aux racines des plantes voisines.

Tels sont les moyens qu'emploient les Hollandais pour former ces belles planches de jacinthes qui attirent à Harlem
une foule de curieux pendant la fleuraison. Si ces planches

n'ont pas autant d'éclat que celles de tulipes, elles en dédommagent bien par leur parfum.

Quand la fleur est passée, certains fleuristes coupent les tiges en biais, d'autres se contentent de les égrainer en passant les tiges entre deux doigts. D'autres coupent les fanes par le milieu. Je crois toutes ces opérations plus nuisibles qu'utiles, parcequ'elles dérangent le cours naturel de la sève, principalement la coupe des feuilles qui remplissent alors les fonctions des racines qui se dessèchent. Cependant si l'expérience a justifié la bonté de ces méthodes, il n'y a rien à objecter. Mais comme mon expérience et celle de plusieurs amateurs éclairés tendent à rejeter toutes ces opérations au moins comme superflues, je pense qu'elles ne peuvent être propres qu'à quelques localités et aux jacinthes simples dont on ne veut pas fatiguer l'oignon en laissant mûrir sa graine. D'ailleurs, dans les climats pluvieux, la pluie peut s'introduire par la tige lorsqu'elle est à moitié coupée, et nuire à l'oignon. Aussi les amateurs qui la coupent ont-ils l'attention de recouvrir la plaie avec de la cire, opération longue et ennuyeuse.

Lorsque les fanes sont jaunes, il est temps de lever les oignons. Quelques amateurs arrachent leurs plantes partiellement, c'est-à-dire qu'ils lèvent en premier les primes qui sont les premières en état d'être retirées, et attendent pour les tardives le moment de leur maturité. Mais, outre l'embarras que donne cette méthode, on est exposé à se tromper pour les espèces; et comme les oignons des variétés primes ne souffrent pas pour rester quelques jours de plus en terre, on attend généralement que les tardives soient prêtes, et on lève le tout à la fois.

On lève les oignons avec beaucoup d'attention, de crainte de les blesser. A mesure qu'on les tire de terre, on coupe les feuilles ou on les détache avec la main par un mouvement de droite et de gauche. Si les racines ne tombent pas d'elles-mêmes, on les laisse, ainsi que la terre qui y tient fortement. On n'en ôte pas non plus les caïeux. Ainsi, si l'oignon est sain, tout se réduit à couper les feuilles qui, n'étant pas entièrement desséchées, pourroient pourrir si le temps devenoit humide et gâter l'oignon. Muller prétend aussi que si la sève redescendoit librement des fanes dans l'oignon par une circulation naturelle, elle gâteroit et pourriroit l'oignon. Je ne puis partager son opinion, parceque jusqu'à ce que la feuille soit gâtée, je ne vois aucun motif pour que la circulation nuise à la plante.

Si les oignons sont en ordre dans la planche, il faut avoir des casiers étiquetés dans lesquels on place les oignons à mesure qu'on les lève. S'ils sont en mélange, on les met dans un panier ; mais dans les deux cas, s'il fait chaud, il est nécessaire, pendant qu'on les arrache, de couvrir le casier ou le panier dans lequel on les place ; autrement les rayons du soleil, en frappant sur une partie de l'oignon, y produiroient une fermentation qui pourroit le faire pourrir. A mesure qu'on remplit son casier ou son panier, on le porte dans un lieu sec et bien aéré, dans lequel on établit un courant d'air quand le temps est beau et le vent frais, mais qu'on ferme bien si l'air est humide. On place les casiers sur des planches ou des tables préparées à cet effet. et on vide les paniers dont on étend les oignons sur ces planches ou tables. Cette opération se fait par un beau temps.

D'autres fleuristes font précéder la levée de leurs oignons par l'opération suivante : ils les tirent de terre, coupent la fane, si elle ne se détache pas par un mouvement de main ; et après l'avoir détachée ou coupée contre l'oignon, et avoir rempli les trois quarts du trou, ils l'y remettent aussitôt sur le côté, la pointe dirigée vers le nord, presqu'à fleur de terre ; ils le couvrent ensuite de toutes parts, en forme de taupinière, de l'épaisseur d'un pouce. Cette épaisseur de terre est proportionnée à la chaleur du climat : dans les pays plus méridionaux que la Hollande il faudroit l'augmenter.

Si le temps est sec il faut visiter la terre tous les jours, examiner si elle n'est pas descendue, et si l'oignon n'est pas découvert, parceque si l'oignon recevoit directement les premiers jours les rayons du soleil, la fermentation qu'il occasionneroit feroit périr l'oignon. M. Rozier ajoute que le moment où le soleil est dans sa force est le seul où les oignons aient besoin d'être couverts. Ils ne le seroient pas, dit-il, le reste du jour sans produire une moisissure très difficile à détruire, et qui altère toujours la fraîcheur et la beauté de l'oignon. Si cette opinion étoit fondée elle rendroit cette méthode presque impraticable, puisqu'il faudroit tous les jours couvrir et découvrir les oignons, ce qui est à peu près impossible à ceux qui en ont des milliers ; mais l'usage constamment établi prouve le contraire. On peut même se dispenser de recouvrir les oignons dont la terre s'est écartée, en ayant le soin de couvrir la planche comme à l'époque des fleurs, depuis dix heures du matin jusqu'à trois heures du soir, avec des toiles.

On tire ces oignons au bout de trois semaines ou un mois. Ils ont alors la peau unie, saine, brillante, rouge et presque aussi dure que celle de la tulipe. On les nettoie de suite et on les place dans la serre comme les autres ; ils y restent une quinzaine. On peut ensuite les empaqueter et les transporter où l'on veut sans aucun danger ; ils se conservent sains pendant six mois ; c'est le grand avantage de cette méthode sur l'autre; mais elle a un inconvénient majeur dont j'ai fait une fois la triste expérience. Si après les avoir ainsi placés il survient des pluies fréquentes et chaudes, la fermentation de la terre met en mouvement la sève de l'oignon, qui s'échauffe et pourrit. Rozier conseille alors de mettre les oignons sur une petite élévation d'où l'eau s'écoule promptement; mais malgré cette attention je perdis les trois quarts de mes oignons dans une année pluvieuse.

Aussi les Hollandais ne tiennent-ils à cette méthode que par la facilité qu'elle leur donne de faire des envois dans des lieux fort éloignés; ce qui seroit impraticable si l'oignon n'avoit pas été ainsi mûri, c'est-à-dire si ses sucs ne s'étoient pas perfectionnés par l'action du soleil et des rosées ou pluies légères sur la terre qui les touche de toutes parts.

Van Zompel pense qu'il faut attendre à exécuter cette opération que le plus grand nombre des jacinthes aient la fane jaune, et ne point imiter la précipitation de ceux qui lèvent les oignons dès que les pointes de leurs fanes annoncent que la croissance va se ralentir. Ce cultivateur avertit qu'en empêchant l'oignon de croître davantage on a presque toujours le chagrin de voir qu'il ne devient ensuite ni mûr ni ferme, et qu'il s'y forme un moisi vert qui, pénétrant l'intérieur et jusqu'à la couronne des racines, le fait gâter, malgré tous les soins de cette méthode laborieuse et assujettissante.

Ces oignons ainsi perfectionnés, si on a dessein de les garder, se déposent dans des caisses remplies de sable bien desséché, et on les met par couches alternatives avec du sable. On peut les conserver ainsi dans un lieu bien sec pour les planter dans les mois d'avril, de mai ou de juin, afin qu'ils donnent des fleurs en juillet et en août. On ne sauroit cependant conserver ces oignons au-delà de l'année.

Si on veut les transporter au loin, on les enveloppe chacun à part dans un papier doux et bien sec. Les Hollandais mettent ensuite chaque oignon dans un sac étiqueté, ou même plusieurs, suivant la demande; et pour empêcher le mouvement dans la boîte et le frottement, ils placent ces sacs sur une couche de balle d'avoine ou de son de sarrasin; ils font alternativement des couches d'oignons et de ces matières; ils rejettent la mousse, qui pourroit contracter de l'humidité, quelque sèche qu'elle soit, par l'évaporation des parties de la sève de l'oignon. L'humidité de la mousse détermineroit ensuite la pousse des racines; mais ce danger n'existeroit qu'autant que les oignons ne seroient pas enveloppés de papier.

Les oignons ainsi préparés n'en végètent pas moins; la tige et les fanes continuent à s'élever; et s'ils restent long-temps en route, la pousse sort quelquefois de l'oignon de cinq à six lignes ; mais il ne souffre pas, et il n'en résulte aucun inconvénient quand il est planté.

On voit par ce qui précède que cette méthode n'est avantageuse que pour ceux qui font le commerce de jacinthes et qui en font des envois à de grandes distances, ou qui veulent conserver des oignons jusqu'au mois d'avril ou de mai, pour avoir des fleurs tardives.

Quant à ceux qui ont suivi la première méthode, ils visitent leurs oignons de temps en temps pour s'assurer s'il ne s'en trouve pas d'attaqués du chancre ou autres maladies, et pour les soigner. Enfin l'époque de les planter arrive, et c'est alors le moment de les nettoyer. On en détache la terre et celles des racines qui n'ont pas tombé d'elles-mêmes ; on sépare également les caïeux qui se sont croûtés dans la serre, et que l'on plante à part.

Cette méthode de cultiver les jacinthes n'est pas la seule que les amateurs emploient. Le désir de jouir de sa fleur de très bonne heure en a déterminé plusieurs à en mettre dans des pots qu'on place dans les appartemens garantis des gelées, ou dans des serres, baches ou simples châssis : la chaleur concentrée dans ces lieux précipite la végétation, et on jouit de cette fleur dès le mois de janvier ; mais si on ne peut les exposer de temps à autre à l'air libre, elles se ressentent de l'étiolement ou défaut de couleurs et de proportions, qui a lieu dans les plantes élevées dans les bâtimens constamment fermés. Je me suis quelquefois amusé à creuser un navet ou une betterave du côté de la racine, après avoir coupé les feuilles jusqu'au collet ; je les remplissois d'eau, et je plaçois dessus un oignon de jacinthe qui y fleurissoit très bien et qui étoit caché par les feuilles de ces plantes qui, par leur position renversée, étoient obligées de remonter le long de la racine creusée qu'elles recouvroient, ainsi que l'oignon de jacinthe. D'autres les mettent sur des carafes pleines d'eau dans laquelle on jette quelques grains de sel.

Des amateurs ayant observé que les fleurs et la fane poussoient dans l'eau comme dans l'air, ont imaginé des vases ou boîtes allongées avec deux trous, l'un dans la partie supérieure, et l'autre dans l'inférieure : ils les remplissent de terre et y placent deux oignons dont la pousse est placée vers ces trous, de manière que l'un pousse sa tige à l'ordinaire, mais l'autre est renversée. On pose ce vase ou cette boîte sur un autre vase rempli d'eau, dans laquelle la tige et les fanes de l'oignon renversé entrent et s'étendent. On a l'attention de choisir des oignons dont les fleurs sont de couleurs différentes.

Enfin des amateurs ont imaginé des vases fort grands en faïence ou porcelaine, percés d'un grand nombre de trous de

tous les côtés : ils les remplissent de terre, mettent une jacinthe à chaque trou, et suspendent ces vases comme un
lustre. Cette réunion de fleurs, au nombre de cent et plus,
qui sortent par ces trous avec leurs fanes dans tous les sens,
font un effet aussi beau qu'extraordinaire; il est difficile de
former un bouquet plus singulier et plus éclatant; malheureusement il est difficile de conserver les oignons consacrés à ce
genre de culture. Après la fleur on les met en terre, mais on en
perd une grande partie : les autres reprennent un peu de vigueur; on les relève en même temps que les autres, mais
l'année suivante ils se fondent en caïeux.

Toutes les variétés ne sont pas propres à être cultivées de
cette manière; il n'y en a qu'un certain nombre qu'il est nécessaire de faire connoître pour que les amateurs ne sacrifient
pas des oignons à pure perte.

En voici la liste :

JACINTHES DOUBLES.

Bleu foncé, pourpre, porce-
laine, etc.

Activité.
A la mode.
Aristide.
Aspasie.
Baillif d'Amotelland.
Beau noir.
Beau gris de lin.
Bleu foncé.
Bucentaure.
Cœruleus imperialis.
Comtesse de Salisbury.
Demus.
Dominante.
Duc d'Anjou.
Duc de Normandie.
Duc Louis de Brunswick.
Flora perfecta.
Globe terrestre.
Gekroonde incomparable.
Gitzwaarn.
Grand gris de lin.
Grand sultan.
Rabin brillant.
Incomparable azur.
Keiser tiberius.
Kronvan indien.

La bien aimée.
L'amitié.
Mignonne de Drifoult.
Mon bijou.
Negro superbe.
Nigritienne.
Nithocrus.
Olden Barneveld.
Orondatus.
Overwirmaar.
Ovide.
Page d'honneur.
Parménion.
Passe tout.
Perle brillante.
Perle pyramide.
Porcelain scepter.
Prins Hendrik van Pruissen.
Royal sandaart.
Ténèbres palpables.
Velours noir.
Jaunes.
Duc de Berri doré.
Ophir.
Blanches et blanches pana-
chées.
Baillawine.
Baron Van der Capel,

Belle blanche incarnat.
Blanche fleur.
Canidius violaceus.
Comtesse de Degenfeld.
Clytemnestre.
Cœur aimable.
Da eraad.
Duc de Berri.
Duc de Bourgogne.
Don gratuit.
Dulcinea.
Gekroud juwel van Harlem.
Grand monarque de France.
Grootvorn.
Gul de Vryheid.
Hermine.
Illustre beauté.
Keiser Léopold.
Kronvogel.
L'amusante.
Mignonne de Delft.
Minerve.
Passe virgo.
Paris de Montmartel.
Prins van Wallis.
Raad van Staaten.
Reviseur général.
Secunda virgo.
Starre Kron.
Virgo.

Rouges et couleur de rose.
Aimable Dorothée.

Aimable Rosette.
Boerhaave.
Bouquet aimable.
Brinds Kleed.
Délices du printemps.
Diadème de Flore.
Drusilla.
Duchesse de Parme.
Flos sanguineus.
Hugo Grotius.
Illustre pyramidale.
Il pastor fido.
La beauté suprême.
La délicatesse.
La pucelle amoureuse.
Marquise de Bonac.
Orion.
Pilius cardinalis.
Princesse Louise.
Rex rubrorum.
Rose agréable.
Rose d'églantier.
Rose de Hollande.
Rose illustre.
Rose mignonne.
Rose surprenante.
Rouge charmant.
Roxane.
Rubro Cesar.
Soleil brillant.
Superbe royal.

Moyens de multiplication de la jacinthe. Quoique cet article soit déjà fort étendu, j'ai passé un grand nombre de détails dont les Hollandais font mention pour les soins à donner à leurs fleurs. Je n'ai pas parlé de leurs parasols pour conserver les couleurs de chaque plante, et d'une foule d'autres pratiques minutieuses qui prouvent plus leur patience qu'un bon emploi du temps, et qui ne sont point nécessaires à la conservation de l'oignon.

J'ai dit que l'oignon ne se conservoit que quelques années; il faut donc s'occuper de son remplacement. La nature fournit à l'amateur deux moyens de multiplication : le premier est de semer, le second de cultiver les caïeux que l'oignon fournit. On obtient par les semences des espèces nouvelles ; on

multiplie les anciennes par les caïeux, qui ne dégénèrent pas
en Hollande, et fournissent des fleurs semblables à l'oignon
principal.

L'amateur français qui veut semer ne doit point tirer de
graine de Hollande, où on ne vend que celle des espèces communes, et encore moins en récolter sur les mauvaises variétés
simples cultivées en France sous le nom de passetout. Avant
d'avoir assez perfectionné ses plantes pour en obtenir des espèces choisies et comparables à celles des Hollandais, il faudroit un grand nombre d'années; il n'a d'autre parti à prendre
que de faire venir une belle collection de jacinthes simples
mises en ordre par noms et par espèces en Hollande, et il
doit demander, dans le premier assortiment, deux oignons
de chaque espèce. Il sera en premier lieu dédommagé de sa
dépense par la jouissance que les fleurs lui procureront. Ces
fleurs simples, aussi larges que les doubles, beaucoup plus
nombreuses, ont les couleurs plus vives et leur parfum plus
fort; mais, destinées par la nature à fournir de la semence,
elles s'empressent de remplir ce but et durent beaucoup
moins que les doubles : cependant leur éclat est tel, que des
amateurs seroient embarrassés pour choisir entre elles et les
doubles, si l'avantage qu'elles ont d'être plus primes ne les
engageoit à les réunir toutes. Par ce moyen ils prolongent
leurs jouissances.

Le second avantage résultant de cette acquisition est d'avoir
des plantes qui, perfectionnées, donnent l'espoir d'obtenir de
belles fleurs de leurs semences.

On sera peut-être étonné que je donne la préférence aux jacinthes simples sur les semi-doubles pour récolter des graines,
puisque d'après les principes émis à l'article FLEURS DOUBLES,
j'avance que les graines des semi-doubles sont plus propres
à fournir des doubles que celles des simples, et il est certain
qu'on gagneroit sous ce rapport à faire venir un assortiment
de semi-doubles; mais, d'après les principes émis au même article, les semi-doubles, plus modifiées que les simples, sont
aussi moins fortes et moins vigoureuses. Leurs semences se
ressentent de cette foiblesse, et si elles donnent plus de fleurs
doubles, elles sont plus petites. Les variétés des jacinthes doubles sont déjà si nombreuses, qu'on ne peut désirer de nouvelles
espèces qu'autant qu'elles sont très belles, et on ne peut en
espérer dans ce genre que des semences de ces belles simples
qu'on ne trouve qu'en Hollande.

La culture des jacinthes simples est la même que celle de
doubles. Les fleurs étant moins lourdes, les tiges n'ont pa
besoin d'appui pendant la fleuraison ; mais lorsque la graine
forme il faut les soutenir, parcequ'elles auroient de la pein

à se conserver droites, et que le vent les inclineroit jusqu'à terre ou les romproit. Les graines sont sujettes à pourrir, si on ne soutient pas la tige qui ne peut se relever seule.

On reconnoît que les graines sont mûres quand les capsules prennent une teinte jaune et commencent à s'ouvrir.

Si on a été bien servi en Hollande, on a eu dans le premier assortiment des plantes à fortes tiges, à fleurs larges et bien nuancées, réunissant toutes les principales couleurs du blanc au pourpre noirâtre. Si cependant dans le nombre il s'en trouvoit quelques unes à feuilles étroites et très recoquillées, il faudroit en rejeter la semence, et même en couper la fleur, parceque ses poussières en voltigeant pourroient féconder des plantes voisines. Toutes ces nuances si variées, existant dans la même planche, peuvent produire beaucoup d'espèces qui réunissent les couleurs de deux ou trois autres variétés. C'est ainsi qu'on s'est procuré des jacinthes blanches à cœur jaune, comme héroïne, flavo superbe; à cœur bleu, comme la chérie et sphera mundi; des jaunes mêlées de cramoisi, comme ophir, etc.

On sème la jacinthe à la fin d'octobre ou au commencement de novembre, dans la même terre préparée pour les forts oignons; mais on peut en diminuer l'épaisseur. Quand on a disposé sa planche, on sème un peu clair; on couvre la semence d'un demi-pouce; on la garantit pendant l'hiver par quelque couverture, et plus tôt que les oignons, parceque les jeunes pousses sont plus sensibles au froid. Saint-Simon, que je me plais à citer, parceque, quoique son ouvrage soit ancien, c'est le plus soigné de tous, suit la jacinthe depuis le moment de la semence jusqu'à ce que les jeunes plantes fournissent leurs fleurs avec une exactitude telle qu'on ne peut que le copier.

Lorsqu'on met la graine en terre au mois d'octobre, elle se renfle, et le germe, se faisant jour à travers le péricarpe, commence à se développer. La radicule s'étend la première, comme dans les autres plantes, et la fane ou feuille pousse ensuite. La première année cette plante ne reçoit de nourriture que de son cotylédon ou lobe, jusqu'à ce que l'oignon soit formé. Alors il en tire de la terre par son fonds et de l'air par sa fane. La racine consiste dans un seul filet semblable à ceux des autres oignons, mais plus petit. Il arrive assez souvent qu'il est fort allongé et rempli de petits nœuds. C'est un défaut qui commence dès-lors à déranger l'ordre de l'oignon, et à le rendre chétif et de peu de valeur, et il en périt même beaucoup par cette seule raison de vice organique. Pour que l'oignon soit bien conformé, la racine ne doit être nouée qu'à l'endroit d'où elle part de la semence. L'oignon n'est alors composé que d'une seule tunique, qui est fermée exactement de tous les côtés. Ces oignons sont fort petits; et comme ils n'ont épuisé que foiblement la terre, on les y laisse deux ans et quelquefois trois; mais on les recouvre chaque année avec du tan consommé. La seconde année ils ont quatre tuniques, mais encore exactement fermées. Il faut que ces tuniques se dessèchent avant que l'oignon fleurisse. La troisième année les oignons augmentent de plusieurs tuniques semblables à celles des gros oignons. On les lève alors et on les traite comme les oignons formés. Tout le soin à leur donner la première année est d'arracher les mauvaises herbes, de faire la chasse à leurs ennemis, et de les couvrir l'hiver. Si on les laisse trois ans en place on donne un binage la troisième année. On ne les arrose pas pendant la chaleur, parcequ'ils se reposent alors; mais dans les pays plus chauds que la Hollande, il seroit peut-être bon de les couvrir pendant les mois de juillet, août et quelquefois septembre. Lorsque les tuniques fermées se sont desséchées, les oignons fleurissent, les primes la quatrième année et quelquefois la troisième, les tardifs la cinquième ou sixième; mais ce n'est qu'après trois fleuraisons qu'on peut juger de la beauté de la fleur, parceque ce n'est qu'à cette époque que l'oignon a pris toutes ses dimensions. Il peut avoir alors vingt tuniques. Ce n'est aussi qu'après avoir fleuri qu'il commence à donner des caïeux.

Les jacinthes simples comme les doubles ont besoin de trois fleuraisons pour acquérir toute leur beauté. Si on continue à leur donner les mêmes soins et la même nourriture, elles ne dégénèrent pas; les doubles restent doubles avec les mêmes nuances; mais en France, où la nourriture ne leur convient pas, elles ne portent généralement qu'une belle fleur, deux au plus, et elles dégénèrent ensuite. Par dégénération je n'entends pas que les doubles deviennent simples, mais petites, et n'ayant qu'un petit nombre de fleurs.

Comme les Hollandais ne sèment maintenant que la graine des simples, et qu'elle fournit peu de fleurs doubles, parmi lesquelles il n'y en a qu'un petit nombre digne de fixer l'attention, parceque les *conquêtes* qu'ils ont déjà faites sont si nombreuses qu'il se trouve dans les semis beaucoup de fleurs semblables, ou au moins très rapprochées de celles qu'on a déjà, ces semis deviennent très dispendieux à raison du nombre de fleurs qu'on rejette. Il faut donc quelquefois s'en dédommager sur deux ou trois plantes capitales, que tous les grands cultivateurs de Harlem venoient apprécier avant la révolution. Ils faisoient plus, après lui avoir donné un nom et en avoir fixé le prix, ils s'entendoient avec le propriétaire, et lui payoient la somme à laquelle l'oignon étoit évalué. Ce dernier, remboursé de ses frais, conservoit néanmoins l'oignon et ses caïeux jusqu'à ce qu'ils fussent multipliés au point de pouvoir les partager entre les acquéreurs et lui. Par ce moyen chaque fleuriste, assuré de son remboursement dans quelques années, ne craignoit pas de faire des avances dans un pays où l'argent n'étoit qu'à trois ou quatre pour cent d'intérêt par an.

On ne peut jouir en France d'aucun de ces avantages. L'argent y est à un fort intérêt, et les fleuristes ne peuvent guère s'entendre. Il n'y a donc que le gouvernement qui pourroit, par quelque prime, encourager les cultivateurs à rechercher les moyens propres à naturaliser cette plante en France, à faire faire des expériences dans ses jardins, et à acquérir quelques unes des belles plantes que les fleuristes obtiendroient dans leurs semis. Ces moyens, qui ne seroient pas très onéreux, ne manqueroient pas de produire leurs effets, et le Français industrieux, jouissant d'une température que le Hollandais lui envie, auroit bientôt rivalisé avec lui pour la culture de la jacinthe; mais, je le répète, ce n'est que le gouvernement qui peut déterminer les recherches du cultivateur. Les expériences en ce genre sont dispendieuses, et il n'y a que l'appât du gain qui puisse les faire entreprendre.

Quand on a trouvé de belles jacinthes dans les semis, on ne peut les conserver telles que par les caïeux; car les simples, dont les poussières fécondantes sont toujours mêlées, en donnent rarement qui leur ressemblent parfaitement, et les doubles ne donnent pas de graine. Les caïeux y suppléent. Ce sont de petits oignons qui se forment autour de la partie supérieure de la couronne, et quelquefois entre les tuniques. Il arrive, quoique fort rarement, qu'il s'en forme dans une tunique, et à la partie de la tige qui est au niveau de la terre, quand les plantes sont très vigoureuses.

Cette marche de la nature pour sa reproduction par caïeux mérite autant de fixer l'attention du naturaliste que celle qu'elle suit pour sa végétation. La base de l'oignon y remplace les racines des autres plantes pour la nourriture de la plante. Elle remplace également les branches et les racines des autres plantes qui viennent de boutures et de drageons pour la multiplication.

Sa substance, qui est la même que celle des tuniques, mais plus compacte, est un composé d'un grand nombre de points blancs et épais qui s'allongent pour prendre une forme plus ovale à mesure qu'ils s'éloignent du centre. Le principal de ces points blancs et mieux marqué pour la taille, la couleur ou la densité, se remarque toujours dans le centre de l'oignon à l'endroit où doit sortir la tige qui va donner sa fleur. Saint-Simon, que je suis ici, pense que les autres points sont, comme lui, des oignoncules qui renferment un germe qui n'a besoin que d'avoir de l'air pour se développer. Quand plusieurs de ces points se développent à la fois vers le centre de l'oignon, il en sort plusieurs tiges. C'est ce qui arrive quelquefois aux jacinthes doubles d'une forte végétation, et très fréquemment aux jacinthes simples qui ont jusqu'à cinq à six tiges, et qui semblent vouloir dédommager le fleuriste de sa courte durée par la prodigieuse quantité de ses fleurs.

Ordinairement, dans les fleurs doubles sur-tout, ces oignoncules ne se développent que lorsqu'ils sont chassés du centre à la circonférence par la pousse successive des tuniques; comme ils trouvent, dans cette partie, moins d'obstacle à leur développement, ils percent plus facilement, poussent des fanes et quelquefois des fleurs, mais fort petites et au nombre de deux ou trois, quatre à cinq au plus. S'ils ont pris un certain accroissement, ils tiennent encore au moment où on tire l'oignon de terre, mais ils s'en détachent lorsqu'on le plante; s'ils sont très petits on ne les sépare ordinairement qu'avec effort. Alors on les laisse. Quand ils sont gros, mais couverts de plusieurs des tuniques de l'oignon, on les laisse également jusqu'à l'année suivante, pour ne pas blesser l'oignon. C'est lorsque l'oignon est vieux qu'il fournit le plus de caïeux. L'année qui précède sa destruction ou division, il en est souvent environné, et l'année suivante il est quelquefois remplacé par un grand nombre de ces petits oignons, qui lui donnent une nouvelle existence. On les cultive comme les oignons.

Cette marche de la nature nous donne les moyens de forcer l'oignon à donner des caïeux ou de s'opposer à sa multiplication. Il ne s'agit que de diminuer plus ou moins la pression. En la diminuant on facilite à ces oignoncules leur développement, en l'augmentant au contraire on arrête leur pousse, et toute la sève se porte au centre : or, pour y parvenir il ne faut qu'enfoncer plus ou moins l'oignon en terre, et cette opération est d'autant moins gênante que ce sont les fleurs primes qui multiplient beaucoup et les tardives qui le font peu. Comme on est dans l'usage de planter les primes plus avant et de relever les tardives pour les faire fleurir à la fois, il en résulte que cette opération peut servir à ces deux fins.

Le désir de multiplier une fleur si recherchée a fait employer des moyens d'obtenir un plus grand nombre de caïeux que l'oignon n'en fournissoit naturellement. Le hasard en a facilité la découverte. On s'est aperçu que toutes les fois qu'on blessoit un oignon , il sortoit de la blessure des caïeux. Des oignons ayant été coupés en terre de manière à séparer les tuniques du fond de l'oignon, on a vu que ces tuniques restées en terre avoient produit à l'extrémité des parties incisées un grand nombre de caïeux. C'est ce qui devoit arriver nécessairement. L'oignon étant au moment de sa sortie de terre plein de la sève qui doit le nourrir l'année suivante, sa végétation n'est point arrêtée pendant les premiers mois, même dans celles de ses tuniques qui en sont séparées; il en résulte que les plaies faites à l'oignon, formant des vides qui facilitent le développement des germes qui environnent ces plaies, il s'y forme des caïeux. Il en est de même des tuniques, quoique séparées de l'oignon. Comme elles ont la quantité de sève nécessaire à leur végétation pendant plusieurs mois, cette sève qui devoit se porter au centre pour la nourriture de la fleur et des fanes, étant arrêtée dans la partie inférieure des tuniques qui s'est cicatrisée, est suffisante pour nourrir les germes répandus dans cette partie et forcer leur développement.

Voici comme on s'y est pris après s'être assuré qu'au moyen des précautions suivantes les plaies faites à l'oignon se cicatrisoient facilement. Au moment de lever les oignons , on a tiré de terre ceux sur lesquels on vouloit opérer. On a coupé le fond en croix de manière que le point d'intersection de la coupe ne fût pas au centre pour ne pas blesser la nouvelle tige ; on s'est conséquemment écarté du grand diamètre de l'oignon. Cette opération faite, on a placé l'oignon avec beaucoup de précaution premièrement en terre, dont l'humidité a fait souvent moisir les plaies, ce qui a déterminé à employer du sable bien sec placé dans des boîtes qu'on pouvoit rentrer en cas de pluie. Les oignons ont été mis sur une couche de sable dans ces boîtes et recouverts d'un demi-pouce du même sable. Les oignons ayant été en cet état exposés au soleil pendant quelques jours , de manière toutefois à ce qu'ils ne soient pas trop échauffés, on les a rapportés dans la serre, et on a mis la boîte vis-à-vis d'une fenêtre où elle a resté quatre semaines environ. On les en a retirés ensuite , on les a séchés et on les a plantés comme à l'ordinaire.

Quand on les retire de la boîte, les caïeux sont déjà formés , et se détachent l'année suivante de l'oignon, qui donne sa fleur comme à l'ordinaire et se rétablit promptement.

Cette méthode de multiplier les caïeux n'est pas la plus productive ; la suivante peut en fournir un nombre plus considérable , mais qui seront plus petits et fleuriront plus tard. C'est aux amateurs à choisir d'après leur désir de jouir promptement ou d'augmenter considérablement le nombre de leurs oignons.

Quand on a tiré l'oignon qu'on veut multiplier, on y enfonce un canif qu'on y fait entrer en biais au-dessus, mais fort près de la couronne. Au moyen du biais, la pointe du canif doit s'élever et s'écarter du fond à mesure qu'on l'enfonce, de manière à ce que la pointe étant rendue au centre, on puisse, en tournant le canif autour de l'oignon jusqu'à ce qu'on soit arrivé au point d'où on étoit parti, le séparer en deux parties, dont le fond ait la forme d'un cône, dont la base est fort large à proportion de sa hauteur, et la partie supérieure, c'est-à-dire les tuniques qu'on en a séparées représentent la même figure, mais concave au lieu de convexe.

On traite ensuite ces deux parties comme le premier oignon ; mais le fond de l'oignon, privé de la majeure portion de ses tuniques, n'ayant au plus que la nourriture nécessaire pour donner sa fleur, ne produit point de caïeux ; il se rétablit par la formation des nouvelles tuniques. La partie inférieure des tuniques détachées de l'oignon se couvre au contraire d'un grand nombre de caïeux.

Cette connoissance acquise de la marche de la végétation des oignons de jacinthe fournit les moyens de tirer parti des oignons à moitié pourris ; il ne s'agit que d'en détacher la partie gâtée et de traiter l'autre portion comme les oignons destinés à produire des caïeux, et on obtiendra des résultats aussi heureux avec ces portions d'oignons, qu'il eût fallu jeter, qu'avec les oignons sains.

S'il pousse un caïeu contre la tige, on coupe cette tige un doigt dessus, et un doigt dessous le caïeu, lorsqu'on lève l'oignon. Ce caïeu réussit comme les autres à former un oignon.

Au moyen de ces méthodes on n'a plus à craindre, quand on a des espèces qui ne fournissent pas naturellement de caïeux ou qui en produisent très peu, de ne pas les multiplier à volonté, et une belle espèce une fois trouvée ne peut plus se perdre.

Comme il existe des amateurs timides qui n'osent pas faire les opérations suivantes dans la crainte de perdre leurs oignons, et qui désirent cependant les multiplier, je leur conseille de faire aux tuniques extérieures de légères incisions de cinq à six lignes de longueur dans la partie qui avoisine la couronne, ou d'y donner un coup d'ongle qui y fasse une légère blessure. Il en sortira des caïeux. Ces amateurs, en visitant souvent leurs oignons, seront à même de voir si les blessures se cicatrisent ou si elles se moisissent. Dans ce dernier cas, ils s'empresseront d'arracher la tunique malade et ils conserveront l'oignon, en le traitant comme ceux disposés à caïeux.

Maladies des jacinthes. Les oignons sont sujets à plusieurs maladies qu'on peut attribuer à une nourriture inconvenante , aux eaux qui séjournent au pied des racines , aux variations subites de l'atmosphère, et peut-être aux insectes qui les attaquent , quoique plusieurs auteurs pensent que ces insectes ne se mettent dans les oignons que lorsqu'ils pourrissent. Cependant il est un syrphe qui dépose ses œufs dans les oignons les plus sains ; et s'il ne les fait pas périr , il les empeche au moins de porter fleur l'année suivante, et leur fait pousser un grand nombre de caïeux. *Voyez* au mot SYRPHE.

M. Voorlem a décrit ces maladies dans son Traité des jacinthes , et tous les auteurs qui ont écrit après lui n'ont fait que le copier. L'abbé Rozier a suivi cet exemple, et toutes mes remarques sur mes jacinthes ne m'ayant rien appris de nouveau , je ne puis rien faire de mieux que de le suivre dans cette partie, en y ajoutant quelques observations.

Ces plantes sont sujettes à une espèce de chancre caractérisé par un cercle ou demi-cercle brun ou de couleur de feuille morte qui s'étend depuis la surface dans tout l'intérieur de l'oignon et répond à la couronne des racines : c'est une corruption des sucs de l'oignon. Quand le mal n'a pas fait de grands progrès, il n'occupe qu'une partie de l'oignon, et on s'en aperçoit rarement tandis que la plante est en terre, en sorte qu'on est surpris de trouver ce vice en levant telle jacinthe qui aura bien fait dans la même année; mais dès que ce cercle est entièrement formé , la maladie est mortelle. L'oignon ne profite plus, et l'état de la fane au printemps indique qu'il est près de périr. Lorsque ce vice attaque d'abord la couronne, il gagne tout l'intérieur sans qu'on s'en aperçoive, et il se déclare au dehors quand il n'y a plus de remède. Si au contraire il commence par la pointe , on en arrête le progrès en coupant en dessous jusqu'à ce qu'on ne découvre plus aucune marque de la contagion. On ne doit point craindre de tailler les oignons ; le fer ne leur est pas nuisible, et l'oignon réduit même à moitié se répare ensuite, et , si on l'expose au soleil derrière un verre après l'opération, la partie se sèche et se cicatrise promptement.

Cette opération d'exposer au soleil derrière un verre peut être bonne en Hollande; mais dans les pays méridionaux, où ses rayons sont plus ardens, je pense qu'il vaut mieux suivre pour ces oignons la même marche que pour ceux disposés à caïeux.

Ce mal étant contagieux , il faut jeter tous les oignons qui en sont infectés sans espérance de guérison : tout ce qui en proviendroit auroit le même vice, et les oignons voisins sur les tablettes et dans les planches ne tarderoient pas à être attaqués de la même maladie. La terre où ont été ces oignons , ainsi que ceux attaqués de la seconde maladie dont je vais parler, peut la communiquer l'année suivante aux oignons qu'on y plante. C'est un des motifs qui obligent à les lever tous les ans et à ne les placer dans la même terre que de deux années l'une. Ceux qui les laissent deux ou trois années de suite sans les lever, tant pour s'éviter de l'embarras que pour avoir plus et de plus beaux caïeux, sont exposés à des pertes considérables quand ces deux maladies attaquent leurs oignons.

Il faut donc visiter chaque oignon avant de le planter et enlever avec un canif tous les endroits suspects. Si le dessous est blanc, on n'a rien à craindre. Les autres préservatifs sont, 1° de ne pas planter des oignons auprès de ceux qui ont été attaqués de ce mal ; 2° de ne point se servir de terre qui ait nourri des jacinthes plusieurs fois de suite et coup sur coup ; 3° de ne pas mettre ces plantes dans les lieux où les eaux séjournent pendant l'hiver ; 4° de n'y employer aucun fumier de cheval, de brebis ou de cochon, à moins qu'il ne soit absolument consommé.

La seconde maladie, presque toujours mortelle, est un gluant infect qui, corrompant d'abord l'extérieur de l'oignon, en pénètre ensuite toute la substance. Quand le mal est à ce point la plante périt nécessairement. L'oignon contracte cette viscosité dans la terre, sur-tout quand il n'est pas à une certaine profondeur et que la terre est trop humide. Il en est bien susceptible quand on l'a fait aoûter en terre, ainsi qu'on l'a indiqué ci-dessus, après l'avoir levé. On prétend que c'est un insecte qui est la cause du mal, et que pour y remédier on doit mettre ces oignons à tremper dans l'eau distillée du tabac ou dans une forte décoction de tanaisie. On les y laisse environ une heure et on les met ensuite à sécher dans un lieu aéré, mais à l'ombre.

Lorsqu'on voit au printemps la pousse nouvelle sortie de terre s'affoiblir et se sécher, on peut conjecturer que les racines ont été endommagées, soit par la gelée, soit par quelqu'autre accident ; on y remédie en levant l'oignon pour nettoyer les racines et en retrancher les endroits malades, puis couper toute la pousse, après quoi on remet l'oignon en terre, de sorte qu'il ne soit couvert que légèrement ; il s'y sèche et peut dès l'année suivante donner des caïeux qui réussiront bien.

On ne doit pas regarder comme une maladie de cette plante l'avortement de sa fleur prête à se former ; cet accident est presque toujours l'effet de la pression que souffre la plante dans la terre gelée, et il attaque moins les oignons plantés à la fin de novembre que ceux que l'on a mis plus tôt en terre.

Malgré cet inconvénient, je pense qu'il vaut mieux planter

en octobre qu'en novembre , au moins en France. Comme les gelées n'y sont pas aussi fortes qu'en Hollande , et qu'il est facile d'en prévenir le danger , cet inconvénient est peu à craindre ; mais j'ai remarqué que lorsqu'on tardoit trop à les planter, il en pourrissoit plus dans le mois d'octobre que dans le reste de l'année, sur-tout si ce mois étoit humide. Il faut donc, pour prévenir cette perte, les planter au commencement d'octobre , au moins dans l'ouest de la France.

A la surface de l'oignon qui est hors de terre il se trouve quelquefois des peaux malsaines qui le rongent pendant tout le temps qu'il reste à l'air. Avant que les peaux gâtent les racines il faut les couper. Si on néglige de le faire elles y portent la mort. Quand la cause du mal est ôtée, la plaie se sèche promptement et on peut être tranquille pour l'avenir ; seulement l'oignon est diminué de grosseur, mais il redevient vigoureux dans la terre.

On doit être également soigneux d'ôter un moisi vert qui se forme à la surface de l'oignon , et qui ordinairement devient dangereux quand l'oignon n'a pas été aoûté , puis gardé bien sèchement.

Si ces divers accidens détruisent beaucoup d'oignons dans certaines années, les Hollandais en sont bien dédommagés par la multiplication de leurs caïeux. Quant aux Français , jusqu'à présent ils n'ont joui que deux années des oignons tirés de Hollande , et les caïeux n'ont rien fait. Si j'en ai possédé pendant cinq années de suite , je l'ai dû au sable de mer, et depuis que j'en suis privé et que mes autres travaux m'ont empêché de suivre cette culture comme je l'aurois désiré , je n'ai pas été plus heureux que les autres fleuristes. Cependant l'emploi du sel m'a été utile ; mais pressé de jouir, je n'ai pu que le répandre sur la terre, après la plantation, sans disposer de mélange. (Fée.)

Outre cette espèce de jacinthe, les botanistes en connoissent encore quinze autres , parmi lesquelles il en est trois qu'il est bon de mentionner ici , parcequ'elles sont communes et peuvent également servir à l'ornement des jardins , quoiqu'à un degré bien inférieur ; ce sont ,

La JACINTHE DES BOIS, *Hyacinthus nonscriptus*, Lin. , dont les feuilles sont linéaires, en partie étalées sur la terre ; la tige haute de huit à dix pouces ; les fleurs bleues très profondément divisées. On la trouve dans les prés et les bois humides quelquefois en si grande abondance, qu'elle en couvre le sol. Elle fleurit dès les premiers jours du printemps et est légèrement odorante. Comme elle réussit parfaitement à l'ombre, on doit la multiplier autant que possible dans les massifs des jardins paysagers, qu'elle ornera beaucoup, sur-tout si on la mêle avec la *ficaire* et *l'anémone des bois* qui fleurissent en même temps qu'elle, et dont les couleurs contrastent avec la sienne. On la multiplie de graines qu'on ramasse dans les bois et qu'on répand sur un léger binage.

Le Roux, de Versailles, a découvert que son bulbe contenoit dix-huit pour cent de gomme analogue à celle dite arabique et qu'on pouvoit employer positivement aux mêmes usages. On l'obtient en l'écrasant en le lavant dans l'eau. Cette découverte peut devenir d'une grande utilité pour les arts.

La JACINTHE MUSQUÉE a les feuilles étalées sur la terre, assez longues, concaves; les fleurs d'un brun rougeâtre, presque globuleuses, disposées en épi très serré à l'extrémité d'une tige de quatre à cinq pouces de haut. On la trouve dans les parties méridionales de l'Europe, et on la cultive dans les jardins à raison de la bonne odeur de ses fleurs. On la multiplie de ses caïeux.

La JACINTHE BOTRIDE ressemble beaucoup à la précédente, et a été souvent confondue avec elle. Les fleurs sont d'un bleu cendré et presque inodores. Elle croît dans les parties méridionales de la France et même aux environs de Paris dans les champs et les jardins. Je l'ai vue si abondante dans quelques endroits, qu'elle nuisoit à la culture.

La JACINTHE A TOUPET, *Hyacinthus commosus*, Lin., a les feuilles étalées sur la terre, très longues et peu larges; les fleurs disposées en épi sur des hampes d'un pied de haut et plus. Les plus basses de ces fleurs sont cylindriques et brunes; les plus élevées sont bleues, linéaires et stériles. Elle croît dans les champs, sur-tout dans ceux des parties méridionales de la France, quelquefois en si grande abondance, qu'elle nuit beaucoup aux récoltes. Il n'est point facile de la détruire, parceque ses oignons sont toujours au-dessous de la portée de la charrue et qu'elle se multiplie de graine avec la plus grande facilité. Le moyen le plus certain est l'assolement anglais, c'est-à-dire la substitution aux jachères des prairies artificielles qui l'étouffent et des cultures qui exigent des binages, telles que le maïs, les pommes de terre, les haricots, etc., qui l'empêchent de porter graine et occasionnent la pourriture des oignons. On l'appelle vulgairement le *lilas de terre*.

La JACINTHE PANICULÉE, *Hyacinthus monstrosus*, Lin., n'est qu'une variété de cette dernière, dont toutes les fleurs sont avortées. Elle est fort agréable à la vue et se cultive dans les parterres pour ornement. Il lui faut une terre légère et chaude. Elle fleurit comme la précédente en mai et en juin. On la multiplie par ses caïeux dont elle donne abondamment. Il y a quelquefois de ses épis qui ont près d'un pied de long, mais ils ont le grave inconvénient de ne pouvoir se soutenir droits par eux-mêmes. Il leur faut des tuteurs, ce qui diminue l'élégance de leur port et nuit par conséquent à leur beauté. (B.)

JACOBÉE. Plante du genre SENEÇON. *Voyez* ce mot.

JALAP. Racine d'une plante du genre des Lizerons, qu'on emploie souvent pour purger les animaux domestiques, à la dose, en poudre, depuis demi-once jusqu'à une once.

Cette plante a été pour la première fois apportée par moi de la Caroline dans les serres du Muséum. Je ne doute pas qu'on ne puisse la cultiver dans les parties méridionales de la France, et j'invite les amis de leur pays à saisir les occasions qui peuvent se présenter de l'entreprendre. (B.)

JALLOIS. Ancienne mesure de terrain. *Voyez* MESURE.

JALONS. Perches ou longs bâtons pointus et droits qu'on fiche en terre dans une direction perpendiculaire à l'horizon, et au haut desquels on place un point de mire pour prendre des alignemens, pour niveler un terrain et prolonger des lignes d'une grande étendue, et aussi pour marquer, soit les places mêmes où l'on veut planter des arbres, soit les distances que l'on veut laisser entre eux. On se sert de jalons pour planter des avenues et pour faire toute espèce de plantation qui doit avoir une forme régulière et être circonscrite de lignes droites. *Voyez* au mot PLANTATION. (D.)

JALOUSIE. Nom jardinier de l'AMARANTHE TRICOLOR.

JAMBON. On se plaint, et avec raison, de la qualité médiocre des jambons de pays; cela tient à plusieurs causes: à l'âge de l'animal, à la manière dont il a été nourri, enfin à la préparation qu'on leur fait subir; il est aisé de concevoir que la chair d'un vieux porc, d'une truie surannée, soumis l'un et l'autre à un mauvais engrais, que cette chair ne peut être ni tendre ni savoureuse; il n'en est pas ainsi d'un cochon auquel on administre des racines charnues et succulentes, qui a été engraissé avec des recoupes, de la farine d'orge, etc. Supposons un pareil cochon, et indiquons la manière d'en préparer les jambons pour les avoir excellens.

Prenez d'un bon cochon cuisse et épaule, frottez-la fortement du côté de la couenne et du côté de la chair, avec du sel marin séché et pulvérisé; mettez dans un sac cette épaule; creusez dans le terrain sec d'une cave ou d'un cellier un trou profond de deux pieds; placez-y le jambon, ayant soin de mettre de la paille en dessous; recomblez la fosse; au bout d'une semaine retirez-en le jambon. Après avoir ôté le sel demi-fondu dont il est humecté, frottez-le de nouveau sel sec et fin, remettez-le en terre dans un sac pendant environ un mois. Tous les sept jours on fait la même opération, après quoi on le déterre, et durant un jour entier on le soumet à la presse, ayant attention de ne point trop le presser, ce qui lui feroit

perdre son suc. Au sortir de la presse on le lave , on le fait
bien sécher enveloppé de foin ; et pour qu'il prenne un peu
le goût de la fumée, on le suspend quelques jours dans une cheminée.

Beaucoup de personnes sont dans l'habitude de garder leurs
jambons suspendus au plafond sans être enveloppés ; ils sont
alors exposés aux insectes. La méthode infaillible pour les conserver en bon état, c'est de les mettre dans un sac d'un tissu
bien serré pour l'enfermer dans un lieu frais , sec et privé de
lumière.

Le procédé pour fumer les jambons est applicable au lard
et au bœuf : après que ces différentes pièces ont séjourné
dans du sel pendant huit jours, on les en retire et on les laisse
égoutter et sécher ; après quoi les ayant cousues dans des sacs ,
on les suspend dans la cheminée pour les faire fumer avec du
bois de chêne ou des copeaux. Lorsqu'elles ont été exposées de
cette manière dans la cheminée trois mois de suite, il les en
faut ôter, car sans cela elles sèchent trop. C'est le même procédé
pour fumer le lard, si ce n'est qu'on le laisse suspendu plus
long-temps, c'est-à-dire depuis le mois de novembre jusqu'au
mois de mars ou d'avril. La chair fumée doit être mise dans
du sel pendant huit jours et enfumée trois ou quatre mois.

Lorsqu'on fume la viande , il faut prendre garde de ne pas
pendre trop bas le bœuf, les jambons et le lard , et de prendre
de temps en temps des poignées de copeaux de chêne qu'on
met dans le foyer, qu'on allume et qu'on éteint ensuite avec
de l'eau, ce qui fume très bien.

Quand on retire le bœuf, les jambons et le lard de la cheminée, on les met ensuite dans du papier gris et on les suspend
dans un endroit sec ; mais lorsqu'on ne les a pas cousus dans
des sacs, il faut, après les avoir retirés de la cheminée, les
bien frotter avec l'eau chaude, puis les faire sécher au soleil.

Cuisson du jambon. On enveloppe le jambon d'une toile
claire, et on le met dans une marmite de capacité requise et
garnie de son couvercle ; on fait en sorte que la marmite soit
suffisamment remplie d'eau, pour que le jambon trempe à
l'aise ; on y ajoute aussitôt des carottes , du thym, du laurier,
un bouquet de persil, dans lequel se trouvent trois à quatre
clous de girofle, deux gousses d'ail et quelques oignons.

Une attention essentielle pendant le temps que dure cette
cuisson, c'est d'avoir soin que le feu ne soit pas vif, et que la
liqueur frémisse seulement et ne bouille jamais.

Quand elle approche de la cuisson on essaie si un tuyau de
paille entre et pénètre au fond du jambon ; c'est le signe auquel on reconnoît qu'il est cuit ; alors on ajoute un demi-
setier environ d'eau-de-vie, et la marmite demeure encore un

quart d'heure sur le feu ; le jambon qu'on retire ensuite se désosse facilement et peut être mis sur le plat. On lui laisse la peau pour qu'il se conserve frais autant qu'il dure.

La décoction ou le bouillon qui reste peut servir à cuire une tête de veau, qui devient très délicate sans aucune autre addition. Enfin si on fait cuire dans le liquide restant une poitrine de mouton, et dans le temps des légumes une purée de pois ou de fèves de marais, on est assuré d'avoir un excellent potage au pain ou au riz. (PAR.)

JAMBOSIER, *Eugenia* ; L. Nom donné à des arbres et arbrisseaux exotiques, indigènes des grandes Indes, et qui dans la famille des MYRTES forment un genre nombreux en espèces, dont quelques unes produisent des fruits très bons à manger. Les jambosiers ont les feuilles entières et opposées, et les fleurs disposées sur des pédoncules axillaires ou terminaux ; tantôt il n'y a qu'une fleur, tantôt il y en a plusieurs sur un pédoncule. Elles sont composées d'un calice découpé en quatre parties, d'une corolle à quatre pétales, d'un grand nombre d'étamines, et d'un germe fait en forme de poire et surmonté d'un long style. Le fruit est demi-couronné, ovoïde ou rond, renfermant dans une seule loge un ou plusieurs noyaux entourés d'une pulpe plus ou moins charnue. Les espèces dont les fruits se mangent, et que par cette raison on cultive avec quelque soin dans les deux Indes, sont celles qui suivent,

Le JAMBOSIER DE MALACA, *Eugenia Malaccensis*, L., ainsi appelé parceque c'est dans la presqu'île de ce nom que croissent les meilleurs fruits de cette espèce ; ils ont à peu près la forme et la grosseur d'une poire, et ils contiennent une pulpe blanche, succulente et charnue, qui a le parfum de la rose. Cet arbre s'élève communément à la hauteur d'un beau prunier ; il se couvre de feuilles ovales, lancéolées, très entières, longues quelquefois d'un pied, et il porte des fleurs d'un rouge vif, qui sont réunies au nombre de cinq ou sept sur des pédoncules latéraux.

Le JAMBOSIER POMMIER ROSE, *Eugenia jambos*, L., nommé aussi le *jamrosade*. C'est un arbre de la troisième grandeur, qui a un port élégant et un très beau feuillage. Il a été apporté des Indes sur le continent et dans les îles de l'Amérique. Je l'ai cultivé pendant plusieurs années à St.-Domingue. Il est presque toujours chargé de fleurs ou de fruits. Ses fleurs, d'un blanc pâle, naissent à l'extrémité des rameaux, réunies plusieurs ensemble sur un même pédoncule, en grappes courtes et lâches. Ses fruits, d'un blanc jaunâtre, sont presque ronds, moins gros et moins estimés que ceux du jambosier de Malaca. Ils ont l'odeur de la rose, et portent par cette raison le nom de *pommes roses*. Avec leur suc on fait une limonade très ra-

fraîchissante : leur chair est sèche et cassante quand elle est
crue ; on ne la mange ordinairement qu'en compote ; elle est
alors douce, savoureuse et très agréable au goût. Ce jambosier
croît naturellement à la côte de Malabar ; et les habitans de
cette contrée ont une grande vénération pour cet arbre, parcequ'ils prétendent que leur dieu Wistnou est né sous son
ombrage.

Le JAMBOSIER CARYOPHYLLOIDE, *Eugenia caryophyllifolia*,
Lam., vulgairement le *jambolongue* ou *jamlongue*, grand
arbre à rameaux lisses, à feuilles lancéolées, terminées en
pointe aiguë, et à fleurs presque sessiles. On le cultive dans
le jardin impérial de l'Ile-de-France.

Le JAMBOSIER DES MOLUQUES, *Eugenia jambolana*, Lam.,
très commun dans les îles de ce nom, ainsi que dans celle de
Java et aux Philippines. Il est aussi élevé que le jambosier de
Malaca ; a des feuilles ovales, presque obtuses, des fleurs disposées en panicules serrés aux parties latérales des branches,
et des fruits gros comme nos olives, et d'une couleur rouge,
pourpre ou même noirâtre. On mange ces fruits crus avec du
sel et du poisson, ou on les confit dans la saumure ; le peuple
seul s'en nourrit.

Le JAMBOSIER DE MICHELI, *Eugenia Micheli*, Lam., vulgairement le *roussailler*, arbre élevé de douze à quinze pieds,
dont les feuilles sont ovales, aiguës et luisantes, les fleurs
blanches et petites, les fruits rouges, globuleux et à côtes
arrondies. Ces fruits n'ont qu'un seul noyau qu'entoure une
pulpe presque molle, légèrement acerbe et rafraîchissante.
On trouve cet arbre à la Chine, où on le cultive pour l'élégance de son port et pour ses fruits.

Le JAMBOSIER GOYAVIER BATARD DE LA MARTINIQUE, *Eugenia
pseudopsidium*, Lin., arbre de la troisième grandeur, qui croît
dans les bois montagneux, et qui a à peu près le port d'un
jeune poirier. Ses fleurs, qui sont blanches, naissent aux
côtés et à l'extrémité des branches, et elles sont remplacées
par de petits fruits sphériques et rouges, pleins d'une pulpe
molle et douce ayant la même couleur.

Les jambosiers se multiplient communément par leurs
noyaux. Ils aiment une terre substantielle et un peu légère ;
celle qui est propre à la canne à sucre leur convient également.
J'ai élevé plusieurs pommiers roses dans un sol de cette nature,
et ils ont toujours très bien réussi. Leur croissance est assez
rapide. Quand ils sont en âge de fructifier, ils sont quelquefois tellement chargés de fruits que leurs rameaux les plus
extérieurs, naturellement flexibles, se recourbent en dehors
et demandent un appui. On peut aussi multiplier les jambosiers, soit en transplantant les jeunes individus qui croissent

à leurs pieds, soit de boutures coupées dans la saison convenable. Dans ce dernier cas, il faut arroser avec soin les boutures jusqu'à ce qu'elles aient pris racine, et tenir le terrain où on les a plantées entièrement net de mauvaises herbes. Cette voie de multiplication n'a pas toujours le succès désiré. Celle qui se fait par les semences est plus sûre, et donne d'ailleurs des individus plus robustes.

En France on ne peut élever ces arbres qu'en serre chaude, d'où ils doivent rarement sortir. Il faut les traiter avec les mêmes soins donnés à la plupart des plantes qui croissent sous la zone torride. Le jardin du Muséum impérial possède quelques jambosiers, qui non seulement fleurissent, mais dont les fruits arrivent quelquefois à une maturité complète. D.)

JANÈGUE. *Voyez* GENISSE.

JANVIER. Ce mois, qui ouvre l'hiver et l'année, est ordinairement ou très froid ou très pluvieux. Dans les parties septentrionales de la France, la neige couvre presque toujours la terre pendant sa durée. Heureux les cultivateurs qui savent quelque métier, car souvent alors ils ne peuvent utilement employer leur temps. C'est le moment de réparer les instrumens agricoles, d'aiguiser les échalas, de travailler les chanvres et les lins, de faire les huiles de toute espèce.

Lorsque le temps le permet, on continue les labours des terres légères; on creuse ou répare les fossés, on plante ou raccommode les haies, on coupe les saules, les buissons, les bois, etc.

Il en est de même dans la petite culture. Le jardinier qui n'a pas de serre, ou de couches, peut se reposer souvent; mais lorsque la gelée ou la neige ne s'oppose pas à ses travaux, il continue la taille de ses arbres, les labours de ses plates-bandes, le semis contre les murs exposés au midi des laitues hâtives, des fournitures de salade, les pois michaux, etc. C'est encore alors qu'il enlève les lichens et les mousses qui déparent ses arbres, qu'il détruit les nids de la chenille commune qui existent sur leurs branches. (B.)

JARDIN. Enceinte destinée à la culture de certaines espèces de plantes utiles ou agréables, de certains arbres propres à donner du fruit ou de l'ombrage, qui est principalement l'objet de ce qu'on appelle la petite agriculture.

Pour traiter convenablement tout ce que ce mot indique, il faudroit des volumes.

On distingue six espèces de jardins, qui chacune exige une culture particulière et des connoissances différentes. Ce sont,

1° Le *jardin potager ou légumier*, qui se subdivise en jardin rustique, en jardin soigné, en jardin maraîcher;

2° Le *jardin à fruit*, auquel on peut joindre le verger;

3° Le *jardin à fleurs ;*
4° Le *jardin de botanique ;*
5° Le *jardin français,* ou jardin orné ;
6° Le *jardin paysager,* autrement *jardin anglais,* ou *jardin chinois.*

En proposant ces divisions, j'ai seulement voulu dire que chacune exige une culture particulière ; car elles ne sont rien moins que rigoureuses, le jardin potager, par exemple, étant presque toujours en même temps jardin fruitier et jardin à fleurs.

Un jardin où on ne cultive des arbres que pour les planter autre part, ou les vendre, s'appelle une Pépinière. *Voyez* ce mot.

Tout jardin doit être entouré par des murs, des haies ou des fossés, pour qu'il soit à l'abri de la rapacité des voleurs et de la dent des bestiaux ; mais il en est quelques uns pour qui les murs sont d'une nécessité absolue, ainsi qu'on le verra plus bas.

Les *jardins potagers* sont les plus communs et certainement les plus utiles ; c'est en conséquence ceux qu'on doit soigner davantage, et dont on doit chercher à perfectionner la culture avec le plus d'empressement.

Ces sortes de jardins, lorsqu'ils ne sont pas en plaine, doivent être, autant que possible, au bas d'un coteau exposé au levant. Ceux qui sont placés au nord sont désavantageux sous tous les rapports. Il faut, lorsqu'on en établit, faire attention aux vents dominans et aux moyens naturels d'arrosement, etc. ; il n'est donné qu'à bien peu de personnes de jouir à cet égard de toute la liberté nécessaire, car des circonstances étrangères au jardin même décident presque toujours de sa position.

L'eau, si on peut employer ce terme trivial, est l'âme d'un *jardin potager.* Sans eau, on ne peut avoir ni de beaux, ni de bons, ni de nombreux légumes. Il faut donc s'en procurer à tout prix, soit de source, soit de puits, soit de pluie ; les localités seules décident ordinairement ; mais la dernière est préférable. (*Voyez* au mot Eau.) Les eaux de source et de puits doivent toujours être exposées à l'air dans des bassins plus larges que profonds, au moins vingt-quatre heures avant leur emploi, afin qu'elles puissent y prendre la température de l'atmosphère, et déposer une partie de la sélénite ou de la pierre calcair qu'elles tiennent fréquemment en dissolution ; ces substance étant essentiellement nuisibles aux plantes, autour des feuille et des racines desquelles elles se fixent. Un propriétaire éclair dispose, lorsqu'il le peut, la prise de ses eaux de manière à c qu'il puisse les conduire, par des tuyaux souterrains, dans l différentes parties de son jardin, afin qu'on la répande plu facilement et plus économiquement par-tout où il en est besoin, soit avec des arrosoirs, soit avec des pompes, soit enfin avec des tuyaux de cuir. Cette dernière méthode est certainement la meilleure sous tous les rapports ; mais aussi c'est celle à laquelle les localités se prêtent le plus rarement.

Il est utile, dans quelques cas, de mettre des fumiers ou des matières végétales et animales dans les eaux destinées à l'arrosement, mais ce doit être rarement et en petite quantité à la fois, Théodore Saussure ayant prouvé que l'excès faisoit mourir les plantes. *Voyez* aux mots ENGRAIS et ARROSEMENT.

Lorsqu'on n'est point gêné par des propriétés voisines, on donne ordinairement à son jardin la forme rectangulaire, comme la plus naturelle et la plus agréable à la vue. On le subdivise, selon son étendue, en un plus ou moins grand nombre de parties, par des allées destinées au passage et aux transports ; ces parties portent généralement le nom de *carrés* ou *carreaux*, quoiqu'elles n'aient pas toujours rigoureusement la forme que ce mot indique.

La terre des allées est rejetée sur les carrés, qui se subdivisent eux-mêmes, après leur labourage, en longs parallélogrammes qu'on appelle *planches*, et qui ne doivent avoir qu'une largeur de quatre à cinq pieds au plus, afin que l'on puisse atteindre, des deux côtés, leur milieu avec la main. Ces allées sont ensuite remplies avec de petits cailloux ou des platras recouverts de gros sable, pour qu'on puisse les fréquenter en tout temps sans craindre la boue. On gratte leur surface trois ou quatre fois par an pour détruire les plantes qui tenteroient d'y végéter.

Ordinairement on garnit les bordures des carrés avec des plantes propres à retenir le terrain, telles que l'oseille, la ciboulette, le persil, le cerfeuil, la pimprenelle, le fraisier, etc. Quelquefois aussi on emploie le gazon, le buis, la sauge, la sariette, etc. Rarement on l'encaisse avec des pierres, parceque cette opération est trop coûteuse, et n'a d'autre utilité qu'une plus grande propreté. Ordinairement ces bords sont accompagnés d'une plate-bande qui leur est parallèle, et où l'on plante des arbres nains, ou des arbres en éventail, ou des arbres en buissons. *Voyez* au mot ARBRE.

La terre d'un *jardin potager* doit être profonde et très meuble ; aussi, lorsqu'elle n'a pas ces deux qualités, faut-il les lui donner, quoi qu'il en coûte. On y parviendra en la remuant au moins à trois pieds de profondeur, en y transportant des terres sablonneuses ou de la marne, en y répandant annuellement une grande quantité de fumier non consommé, et tous les débris de végétaux qu'on aura à sa disposition.

En général, les légumes qui croissent dans un terrain trop

fumé acquièrent un volume qui dispose en leur faveur, mais ils perdent d'autant plus en qualité. C'est pourquoi ceux que l'on mange en Hollande et aux environs des grandes villes paroissent si insipides, et souvent même si désagréables aux personnes qui sont accoutumées à faire usage de ceux venus dans leurs jardins.

Cependant, on l'a dit depuis long-temps, et le fait est vrai, sans l'abondance des fumiers il n'est point de *jardin légumier*, parceque les plantes qu'on y cultive, et dont l'amélioration est due à la main de l'homme, ne tardent pas à dégénérer, à revenir à un état voisin du sauvage, lorsqu'on ne continue pas à leur fournir cette surabondance de sucs qui les a modifiées d'abord, et dont elles épuisent la terre plus rapidement que celles qui sont dans l'état naturel. Il faut donc mettre du fumier tous les ans, et même quelquefois plusieurs fois dans l'année, mais juste que ce qui est nécessaire. Le fumier de cheval est en général meilleur; cependant dans les terres très sèches et très légères, le fumier de vache doit être préféré, parcequ'il les divise moins, ou mieux, leur donne la consistance qui leur manque et retient l'humidité.

C'est pendant l'hiver ou au commencement du printemps que l'on donne ordinairement les grands labours aux *jardins potagers*; mais un jardinier entendu n'en doit pas laisser en jachère une seule partie, pour peu qu'il soit assuré du débit de ses productions. Il faut qu'il imite les cultivateurs des légumes des faubourgs de Paris, qu'on appelle MARAICHERS (*voyez* ce mot), c'est-à-dire qu'il laboure et plante un carré ou même une planche de son jardin aussitôt qu'elle est vide. Par cette méthode, il entretient la terre toujours meuble, ne perd point d'espace et gagne beaucoup de temps.

L'époque des semis, dans les *jardins légumiers*, ne peut être fixée, puisqu'elle varie suivant le climat, les abris, l'état de l'atmosphère, le but du propriétaire et la nature des plantes. En général, elle dure pendant presque toute l'année, c'est-à-dire le temps des gelées seul excepté; mais c'est au printemps que cette opération se fait le plus généralement et avec le plus de succès.

La manière de semer se modifie selon les lieux et l'espèce des plantes. Elle n'est pas cependant indifférente, car des plantes qui étalent leurs feuilles doivent être moins rapprochées que celles qui ne les étalent point; il en est de même de celles dont les racines doivent être arrachées les unes après les autres; il en est encore de même de celles qui s'élèvent à une grande hauteur, et ont besoin de beaucoup de soleil ou d'air pour acquérir toute leur perfection.

On trouvera aux articles particuliers de chaque plante les

notions qu'on pourra désirer sur ces différens objets ; ainsi on se dispense de les mentionner ici.

Il est un accessoire des *jardins légumiers* dont on peut se passer à la rigueur dans les parties méridionales de l'Europe, mais qui est indispensable dans celles du nord toutes les fois qu'on veut cultiver des légumes d'une certaine délicatesse : ce sont les couches. On en distingue, dans ce cas, de deux sortes, les vieilles et les nouvelles. Les premières se font avec les restes de celles de l'année précédente, et sont destinées à recevoir la semence des plantes qui demandent peu de chaleur et un bon terrain. Les secondes sont construites avec du fumier de cheval pur, ou de cheval et de vache mêlé ensemble dans des proportions variables. Ces dernières donnent une chaleur moins forte, mais plus durable. On les emploie pour semer toutes les plantes dont on veut avancer la végétation, et qui, la plupart, doivent être ensuite transplantées à demeure en pleine terre. Ces couches sont couvertes au moins d'un demi-pied de terreau. Leur longueur est indéterminée, mais leur largeur est au plus de cinq pieds pour la facilité des sarclages, serfouissages, etc. Leur hauteur est généralement de trois pieds, dont un ou deux seulement hors de terre.

On place toujours les couches dans la partie du jardin la plus exposée au soleil du matin ou du midi, et sur-tout la plus à l'abri des vents froids ; on les couvre pendant la nuit avec des toiles ou des paillassons : certaines espèces de plantes plus délicates, et qui demandent plus de chaleur, restent constamment sous des cloches de verre. *Voyez* COUCHE.

Les châssis sont des couches placées dans des encaissemens de pierre ou de bois, et couvertes d'un vitrage à larges carreaux. C'est une couche renforcée, qui se conduit positivement de même que les couches ordinaires, si ce n'est qu'il faut lui donner de l'air tous les matins, lorsqu'on ne craint pas la gelée, en levant son vitrage en partie ou en totalité. *V.* CHASSIS.

Les couches, comme les châssis, se réchauffent en les entourant de nouveau fumier de cheval dans toute sa force.

Les plantes levées, soit sur terre, soit sur couche, doivent être sarclées avec soin, arrosées fréquemment, et serfouies le plus souvent possible. Ces trois opérations influent singulièrement sur leur accroissement et sur leur beauté ; aussi n'y a-t-il que les jardiniers paresseux qui les négligent.

L'époque de la journée où il convient d'arroser n'est pas indifférente. Le matin au lever du soleil, et le soir à son coucher, sont les instans les plus avantageux. Lorsqu'on le fait pendant la chaleur du jour, on est exposé à perdre considérablement de jeunes plantes, qui sont saisies par le froid, ou dont les

feuilles sont brûlées par les rayons du soleil qui se réfractent
dans les gouttes d'eau, qui font, dans ce cas, l'effet d'un verre
convexe. La force et le nombre des arrosemens dépendent de la
nature du terrain, de l'espèce de la plante, et de l'époque de
sa croissance. En effet, on sent qu'un terrain sablonneux, qui
laisse facilement imbiber ou évaporer l'eau qu'on lui donne,
en demande davantage que celui qui est argileux et compacte ;
qu'une jeune plante dont les racines sont à fleur de terre
souffre plus de la chaleur que celle dont la même partie va
chercher l'humidité à plusieurs pouces de profondeur ; que
celle qui est succulente a plus besoin d'eau que celle dont la
contexture est sèche et aride. Les pieds qu'on a transplantés en
ont également plus besoin que les autres, attendu que leurs
racines ne sont plus disposées de manière à pouvoir remplir
leurs fonctions, et qu'il leur faut ordinairement plusieurs jours
pour reprendre la position et la direction qui leur conviennent.
D'ailleurs, ces arrosemens tassent la terre autour d'elles, et la
mettent en contact avec la totalité de leurs suçoirs. *Voyez* RA-
CINE et ARROSEMENS.

Outre ces objets, un jardinier vigilant doit veiller sur les
TAUPES, les COURTILIÈRES, les larves de HANNETONS, les CHE-
NILLES et autres insectes, les LIMACES et autres vers, qui tous,
séparément ou ensemble, causent beaucoup de dommage aux
jardins. *Voyez* tous ces mots.

Le *jardin fruitier* est celui qu'on consacre le plus particulièrement à la culture des arbres à fruits. Il diffère du verger,
également destiné à cet objet, parceque les arbres de ce dernier, une fois plantés et greffés, sont abandonnés à eux-mêmes,
tandis que ceux du premier sont annuellement palissadés,
taillés, ébourgeonnés, etc., et que leur pied est labouré, dé-
chaussé, fumé, etc. *Voyez* au mot VERGER.

C'est à La Quintinie qu'on doit la connoissance des principes
qui guident aujourd'hui dans la direction des jardins fruitiers,
et c'est aux habitans de Montreuil qu'on doit celle de ceux qui
méritent la préférence dans la taille des arbres. *Voyez* aux mots
ARBRE, TAILLE, PALISSAGE, ESPALIER, BUISSON, etc.

L'enceinte d'un jardin fruitier peut être et est généralement semblable à celle d'un jardin légumier ; mais comme il
est plus important, sur-tout dans les pays du nord, d'y former
des abris, pour pouvoir y établir un grand nombre d'espaliers,
on doit la fermer avec des murs, et en modifier la forme.
Celle qui a été proposée par Dumont Courset, dans son excellent ouvrage intitulé le *Botaniste cultivateur*, est un trapèze,
dont le plus grand des côtés parallèles, où est l'entrée, est
au midi, et dont les côtés divergens sont les plus longs. Il résulte de cette construction que les espaliers placés le long des

murs de ces deux derniers côtés ont, les uns le matin et les autres le soir, le soleil perpendiculaire, et que tous deux l'ont peu obliquement au milieu de la journée, tandis que dans la forme ordinaire les expositions latérales n'ont de soleil que la moitié de la journée.

Dans beaucoup de jardins on construit des murs intérieurs parallèles à ceux exposés au midi, uniquement pour multiplier les moyens de placer des espaliers.

Les matériaux dont on construit les murs des jardins fruitiers ne sont point indifférens. Les pierres noires sont préférables aux blanches, en ce qu'elles absorbent et conservent mieux la chaleur du soleil. Le plâtre vaut mieux que la chaux, parcequ'il reçoit plus facilement le poli et les clous; mais on n'est pas toujours le maître de choisir. Les murs en pisé, qu'on peut construire par-tout, seroient les meilleurs, s'il étoit facile de les entretenir en bon état à travers les branches des arbres qui leur sont adossés.

La hauteur de ces murs varie de huit à dix pieds; rarement en ont-ils moins ou plus. Il est bon qu'ils soient recouverts de tuiles ou de larges dalles de pierre qui forment une saillie propre à empêcher la pluie de les dégrader.

C'est contre ces murs que l'on place tous les arbres appelés en espaliers, c'est-à-dire ceux qui sont les plus délicats, ou dont on veut avoir les plus beaux fruits. Le choix des espèces de ces arbres n'est pas indifférent, car de lui dépend ordinairement le succès de la plantation; mais il est impossible de donner des règles à cet égard, ce choix dépendant de la latitude du lieu, de son exposition, de la nature du sol. Il faut donc se contenter de dire ici que la meilleure exposition doit être destinée aux abricotiers, aux pêchers et aux poiriers les plus précieux. On trouvera à l'article de chaque espèce d'arbre les notions qu'on peut désirer à cet égard, et aux mots PLANTATION, ESPALIER, BUISSON, celles qu'il est nécessaire d'avoir pour les planter, les tailler dans leur jeunesse, et en général les conduire pendant toute leur vie.

L'intérieur d'un jardin fruitier se divise comme celui d'un jardin potager, excepté que le long des murs et sur le bord des carrés, il y a toujours une plate-bande qui leur est parallèle, et qui est plantée d'arbres, savoir, celle qui est le long des murs de contr'espaliers, et celle qui est autour des carrés, d'éventails, de buissons, de quenouilles, etc. Tantôt, et c'est le plus ordinairement, l'intérieur des carrés est cultivé en légumes, et alors le jardin devient potager et fruitier en même temps; tantôt il est planté d'arbres de différentes formes et grandeurs. Quelquefois il est transformé en demi verger, c'està-dire qu'on y sème de l'herbe, excepté au pied de chaque arbre, où on conserve un espace de trois à quatre pieds carrés en état continuel de culture.

Les jardins fruitiers ont moins besoin d'eau que les jardins potagers ; en conséquence il est possible de les établir avec succès dans un plus grand nombre d'endroits. On peut sur-tout profiter des coteaux exposés au levant, et dont la pente est rapide, parcequ'on y établit facilement des terrasses, que les fruits y sont toujours plus savoureux et plus colorés que dans les plaines, et qu'ils sont moins sujets aux accidens atmosphériques.

Ces espèces de jardins se contentent de peu de labours ; cependant il leur en faut au moins un à la bêche, et cinq à six binages ou sarclages à la houe par an. Mais lorsqu'on en forme un, il est nécessaire de défoncer le terrain bien plus profondément que pour un jardin potager ; les racines des arbres, surtout lorsqu'on leur conserve le pivot, comme la raison le commande, s'enfoncent et s'étendent bien plus que celles des légumes ; aussi un remuement de terre de quatre à cinq pieds de hauteur n'est-il jamais de trop à cette époque ; c'est alors aussi qu'il est bon de fumer à fond le terrain, car les engrais annuels doivent être ménagés, comme influant trop, en mal, sur la saveur des fruits. Un propriétaire entendu préférera même de renouveler la terre au pied de ses arbres, par des enlèvemens faits dans les bois, dans les friches, sur les grandes routes, dans sa cour, etc. Il évitera sur-tout d'y mettre des fumiers trop consommés et fétides. Le meilleur engrais pour les arbres est sans contredit celui qui résulte des cornes, des ongles ou des poils des animaux ; le seul sabot d'un cheval, par exemple, enterré sous le pied d'un jeune arbre qu'on plante, suffit pour lui servir d'engrais pendant dix à douze ans, parceque sa décomposition est progressive, et qu'elle se ralentit pendant l'hiver, à l'époque où l'arbre n'a pas besoin qu'elle agisse.

Quelques espèces d'arbres demandent à être déchaussés à la fin de l'hiver pour fournir des fruits hâtifs et abondans ; d'autres au contraire demandent à être butés. Tous doivent être débarrassés des lichens qui croissent sur leur écorce, des chenilles qui mangent leurs feuilles, etc.

Quant aux travaux successifs qu'exige chaque espèce d'arbre, on renvoie à leur article particulier, et aux mots indicatifs de ces travaux.

Les jardins à fleurs peuvent être placés à toutes expositions ; cependant il est bon qu'ils soient abrités des vents les plus dangereux, c'est-à-dire de ceux du nord. Les eaux y sont nécessaires ; mais leur abondance peut être moindre que dans les jardins potagers, attendu qu'on ne les emploie guère que dans les très grandes sécheresses, ou lorsqu'on sème et qu'on transplante les objets qu'on y cultive plus spécialement. Généralement ces jardins sont les plus petits de tous, et c'est principalement dans les villes ou dans leurs environs qu'ils se trouvent. Dans les campagnes on ne les sépare pas des jardins potagers ou fruitiers, c'est-à-dire qu'on plante dans les bordures des carrés ou carreaux les fleurs qui plaisent le plus au propriétaire, ou qu'on consacre, sous le nom de parterre, à les recevoir exclusivement, la partie du terrain qui est la plus voisine de la maison. J'observe même qu'aujourd'hui cette sorte de jardin, qui étoit un objet du luxe de nos pères, tombe de mode; car il est rare qu'on en construise de nouveaux dans les lieux où les progrès des lumières et du goût se font le plus sentir; dans ces lieux les gens riches donnent la préférence aux jardins paysagers ou dits *anglais*.

La forme de l'enceinte des jardins à fleurs est soumise aux mêmes considérations que celle des jardins légumiers et fruitiers; mais les distributions y varient plus fréquemment, c'est-à-dire y sont presque toujours subordonnées au goût ou au caprice. Cependant on plante ordinairement les fleurs dans des plates-bandes, tantôt parallèles, tantôt imitant des compartimens de toute espèce.

Les jardins à fleurs en terrasse ont quelques avantages qui ne doivent pas être négligés.

Quelle que soit au reste la disposition des plates-bandes de ces sortes de jardins, elles n'ont jamais plus de quatre à cinq pieds de large, sont bordées des deux côtés, soit de dalles de pierre, soit de planches de chênes peintes à l'huile, soit de buis, soit de plantes vivaces à fleurs durables, comme le *statice vulgaire*, l'*œillet plumeux*; etc. et la terre qu'elles contiennent doit être composée et former un dos d'âne saillant au moins de six pouces dans son milieu. *Voyez* BAHU.

La composition de la terre dans les jardins des fleuristes est une des opérations qui influe le plus sur la conservation et la beauté des objets qu'on y cultive spécialement. Les plantes à oignons, telles que les JACINTHES, les TULIPES, etc., à tubercules, comme les RENONCULES, les ANÉMONES, etc., demandent une terre très légère, fortement amendée par des débris de végétaux, mais privée de fumiers; elles pourriroient dans une terre forte et humide, tandis que les PRIMEVÈRES, les ŒILLETS, etc., pousseroient beaucoup en racine dans une pareille terre, et très peu en fleurs; et en conséquence il leur faut une terre substantielle et souvent fumée. *Voyez* ces différens mots.

Pour remplir ces objets, on consacre dans un coin du jardin un lieu destiné au mélange des terres. On les prépare deux ans avant de les employer, et pendant cet intervalle on les remue, on les combine au moins quatre fois, c'est-à-dire à chaque automne et à chaque printemps.

Il seroit difficile de donner ici des règles pour guider un amateur dans cette opération, car elle doit varier dans chaque localité, d'après la nature de la terre du jardin, et la possibilité de s'en procurer d'autre facilement et sans trop de dépense. On trouvera quelques données à cet égard aux articles des plantes que les fleuristes cultivent le plus habituellement. Il suffira de dire qu'en général il faut rendre plus légères les terres fortes, et plus fortes les terres légères. L'expérience est dans ce cas préférable à tous les raisonnemens.

Un jardin à fleur doit avoir des couches et des châssis pour semer quelques espèces de plantes qui fleuriroient trop tard sans cette précaution, et un local destiné à conserver à l'abri de l'humidité et de la gelée les oignons ou les bulbes des plantes qu'on ne laisse pas en terre pendant toute l'année. Il doit de plus avoir quelques instrumens aratoires de plus que les autres jardins, tels que des Cribles en fil de fer, ou en bois, et des Claies pour passer les terres, des Pots de différentes grandeurs pour y placer certaines fleurs qui produisent plus d'effet sur les Gradins, ou celles qui demandent à être rentrées dans l'Orangerie pendant l'hiver. *Voyez* ces mots.

Les gradins dont il vient d'être parlé sont des espèces d'escaliers en bois, que l'on démonte ordinairement pendant l'hiver, et qu'on place contre les murs de la maison, ou vis-à-vis et à peu de distance, et où l'on ne met les pots qu'à l'époque où les plantes qu'elles contiennent sont en fleur, de sorte que leur aspect change presque tous les quinze jours. Souvent on couvre les plantes de ces gradins, pendant la plus grande chaleur du jour, d'une espèce de tente ou de rideau mobile, qui intercepte les rayons du soleil, et prolonge la conservation de leurs fleurs. On couvre aussi de la même manière les plates-bandes où sont plantées les tulipes, les jacinthes, les renoncules, les anémones et autres plantes qu'on cultive rarement dans des pots. On ôte ou on plie tous les soirs ces toiles, qui doivent être suffisamment éloignées des fleurs pour que l'air puisse librement circuler autour d'elles.

Plus qu'aucun autre, le *jardin à fleurs* a besoin d'être entretenu dans la plus grande propreté. Il ne faut pas qu'on voie une pierre ou une mauvaisse herbe dans les plates-bandes; les allées doivent être ratissées au moins tous les huit jours; les buis taillés plusieurs fois dans l'année; enfin, tout doit y être peigné, comme on le dit vulgairement, aussi complètement que possible.

On trouvera les indications sur le temps de semer, de planter

et de soigner les fleurs, aux différens articles qui les concernent:
j'y renvoie le lecteur.

Le *jardin de botanique*, proprement dit, est un espace
consacré à la culture des plantes, uniquement sous le point
de vue de leur étude comme objet d'histoire naturelle ; en
conséquence, c'est presque toujours un établissement public
situé dans ou très près d'une grande ville ; mais on appelle
souvent de ce nom les *jardins* où des particuliers cultivent des
plantes indigènes ou exotiques par amour pour la science ou
par goût pour la variété, et alors ils peuvent être placés dans le
sol et l'exposition la plus favorable.

Ces deux sortes de *jardins* sont assez différens pour mériter
chacun un article particulier ; les uns et les autres ont besoin
d'êtres pourvus d'eaux abondantes, le dernier sur-tout.

Les distributions intérieures d'un *jardin de botanique* proprement dit doivent toutes être subordonnées à trois de ses
parties ; savoir, l'*école*, les *couches* simples ou à châssis, et
les *serres*.

On appelle l'*école*, le lieu où les plantes sont rangées à côté
les unes des autres, et où les élèves vont, le livre à la main,
les étudier, les comparer les unes aux autres, et prendre à
leur égard toutes les notions qui peuvent être acquises par le
simple regard, ou au plus la dissection de leurs fleurs et de
leurs fruits. Ce lieu étant destiné à recevoir des plantes de tous
les climats, de tous les sols et de toutes les expositions, ne peut
être approprié aux besoins de chacune d'elles ; mais il faut
qu'il soit, autant que possible, dans une situation intermédiaire
qui permette l'application de quelques moyens particuliers de
conservation, souvent contradictoires, dans des distances très
rapprochées.

En conséquence, l'école doit toujours être placée au levant
ou au midi, formée d'une suite de plates-bandes parallèles
d'au moins deux et d'au plus quatre pieds de large, lesquelles
auront leurs bords garnis de dalles de pierre, de buis ou de
toute autre chose propre à empêcher l'éboulement des terres.
Ces plates-bandes seront en dos-d'âne, défoncées au moins
de trois à quatre pieds, et formées d'une terre composée,
moyenne entre les terres appelées *légères* et les terres appelées
fortes, c'est-à-dire une terre analogue à celle dont il a été fait
mention à l'article des *jardins à fleurs*, mais un peu plus
substantielle. Les sentiers qui les séparent auront une largeur
proportionnée à l'espace dont on peut disposer, mais toujours
suffisante pour que deux personnes au moins puissent s'y tenir
de front.

C'est dans ces plates-bandes que l'on place les plantes dans
l'ordre qui est indiqué par le système ou la méthode adoptée

par le professeur. Ainsi, si on suit le système de Linnæus, la première plate-bande renfermera les plantes de la mouandrie, et la dernière celles de la crytogamie ; si on suit la méthode de Jussieu, la première planche contiendra les plantes dont la fructification est imparfaitement connue ou les champignons, et la dernière celles qui ont plusieurs cotylédons, telles que les CONNIFÈRES. (*Voyez* ce mot et le mot PLANTE.) La distance à mettre entre ces plantes est proportionnée à leur nombre et à l'espace dont on peut disposer ; mais il doit toujours être suffisant pour qu'elles ne se gênent pas réciproquement, non seulement par leurs tiges, mais encore par leurs racines. Tantôt on met ces plantes dans le milieu des plates-bandes, tantôt on les met sur les deux bords.

Les plantes d'une école de botanique peuvent être divisées en cinq groupes ; savoir, 1° les plantes vivaces qui ne craignent point la gelée, et qui, une fois mises en place, s'y conservent un laps de temps indéterminé sans qu'on s'en occupe particulièrement ; 2° les plantes annuelles qui doivent être semées tous les printemps en place, et dont il faut avoir soin de recueillir la graine dans sa maturité ; 3° les plantes des campagnes environnantes qui se refusent à la culture, et qu'on est obligé d'y apporter toutes les années ; 4° les plantes exotiques vivaces ou frutescentes qu'on est obligé de rentrer pendant l'hiver dans la serre ou l'orangerie, et qui sont en conséquence dans des pots ou dans des caisses ; 5° enfin, les plantes annuelles qui ont besoin, pour lever, de la chaleur du châssis ou de la couche, et qu'on a également semées dans des pots.

Parmi ces espèces de plantes, il en est d'aquatiques, pour lesquelles on est obligé de faire faire de grands pots, qu'on enterre dans la plate-bande, et où on entretient toujours une certaine quantité d'eau ; d'autres qui demandent une chaleur forte et continuelle, qu'on recouvre de cloches ou de cages de verre ; d'autres qui craignent, au contraire, si fort les rayons du soleil, qu'il est nécessaire, pour les conserver, de les placer derrière des abris demi-circulaires en bois ou en fer. *Voyez* PARASOL. Le jardinier, sur l'indication du professeur, doit donc faire attention à ces différentes circonstances, et se conduire en conséquence.

Dans la plupart des *jardins de botanique*, on met devant chaque plante le nom spécifique, et quelquefois le nom vulgaire qu'elle porte, et par suite le nom du genre à la tête du genre, et celle de la classe ou de la famille à la tête de la classe ou de la famille. Ces noms sont écrits sur des étiquettes d'émail à tige de bois, ou de fer, peint à l'huile. Les uns et les autres de ces moyens sont sujets à des inconvéniens, et il seroit à désirer qu'on en trouvât d'autres.

Les travaux de jardinage proprement dit que demande une école consistent en un ou deux labourages par an, et un ser-fouissage tous les mois d'été ; à empêcher les plantes vivaces de s'étendre au-delà des limites qui leur sont fixées ; et les arbres de trop s'élever ou trop se garnir de branches, mais ceux relatifs à l'ordre à entretenir et à la conservation des plantes sont de tous les momens : aussi un jardinier en chef qui a le goût de son état visite-t-il son école presque tous les jours, pour voir s'il y a des plantes qui souffrent ou du chaud, ou du froid, ou de la sécheresse, pour récolter les graines qui mûrissent, pour sauver du pillage les plantes rares qui pour-roient tenter les désirs cupides des étudians, etc., etc. Au printemps, il met en place les pots qui ont passé l'hiver dans la serre ou l'orangerie, plus tard ceux qui renferment les plantes qui ont levé sur couche. A la fin de l'été, il dépote et rempote toutes ses plantes pour renouveler leur terre, pour séparer les pieds ou les œilletons ou les rejetons, ou faire des marcottes. Au commencement de l'hiver, il rentre tous ces objets ; et lorsque les gelées commencent à se faire sentir, il couvre avec des pots renversés ou du fumier non consommé les plantes restées en pleine terre, et qui peuvent craindre leur action. Il entoure aussi de paille les arbustes qui se trouvent dans le même cas. Les plantes ainsi empaillées doivent être dé-couvertes avec précaution au printemps, car alors la plus petite gelée suffit pour leur causer de grands dommages.

Comme le fumier ou la paille peuvent quelquefois nuire aux plantes ou aux arbustes, soit en les privant d'air, soit en les entretenant toujours humides, soit enfin en déformant leurs branches, il est bon de faire précéder les opérations ci-dessus de la plantation de trois ou quatre bâtons qui convergent au-delà du sommet de la plante, et autour desquels on place longitudinalement la paille, qu'on affermit de distance en dis-tance avec des liens d'osier.

C'est dans le lieu le plus abrité du jardin, à l'exposition du levant et du midi, que se placent les couches, les châssis et les serres, qui presque toujours s'accompagnent.

Les premières se construisent comme celles du jardin po-tager, mais s'accouplent ordinairement, c'est-à-dire qu'on en met deux parallèles l'une contre l'autre, de manière qu'il n'y ait qu'un ou deux pieds d'intervalle. Cet espace est destiné à être rempli de fumier neuf pour les réchauffer lorsqu'elles commen-cent à se refroidir, et à servir de sentier pour le travail. Ces couches se font presque toujours avec du fumier de cheval pur et sortant de l'écurie, ou du tan ; car ici on ne craint point que la grande chaleur, qui se développe d'abord, nuise aux graines, attendu qu'on les sème rarement sur la couche même, mais dans des pots remplis de terre préparée, qui se rangent les uns contre les autres. Ces pots sont pourvus d'un numéro, inscrit sur une lame de plomb ou sur un morceau de bois aplati, lequel numéro correspond à son pareil porté sur le catalogue que tient le jardinier des noms ou des indications de pays. On arrose presque tous les jours ces pots, le soir ou le matin, mais légèrement, et on les couvre de paillassons lorsqu'on a quelques raisons de craindre la gelée. A mesure que les plantes qu'elles contiennent entrent en fleurs, on les ôte pour les placer à leur rang dans l'école.

A la fin de l'été, on enlève tous les pots dont la graine n'a pas levé, et on les met dans un lieu à l'abri de la gelée, pour être de nouveau placés sur la couche au printemps suivant ; car il y a des espèces de plantes qui ne lèvent que la seconde et même la troisième année.

Les châssis sont des couches encadrées dans de la maçonnerie ou dans des madriers peints à l'huile et recouverts de panneaux de vitrages en recouvrement, dont le bois est également peint. Le côté postérieur du cadre est plus élevé que l'antérieur, et les côtés sont taillés de manière à faire présenter à ces panneaux, lorsqu'ils sont fermés, une obliquité d'environ vingt-cinq degrés, plus ou moins, selon la latitude du lieu.

C'est sous ces châssis qu'on sème les plantes intertropicales, que la chaleur simple de la couche ne suffiroit pas pour faire lever ou pousser avec assez de rapidité, qu'on met sur-tout celles des arbres et arbustes, presque toujours plus difficiles à faire germer que les autres ; on y place aussi souvent des plantes exotiques déjà grandes, soit pour les rétablir lorsqu'elles sont malades, soit pour favoriser leur floraison et la maturité de leurs graines.

On peut, au lieu de châssis de verre, se contenter de châssis de papier huilé, et même de grandes caisses de bois ; mais alors il ne faut placer ces châssis que la nuit, ou dans les gelées, sur les plantes.

Il est indispensable de donner de l'air au châssis pendant le milieu du jour, toutes les fois que l'état de l'atmosphère le permet, et même de l'ouvrir entièrement, lorsque la chaleur est trop considérable, que le temps est disposé à l'orage, sauf à le garantir de l'action directe des rayons du soleil ou d'une forte pluie, en étendant dessus des toiles très claires ou des claies en osier.

Les couches à châssis n'étant pas exposées aux influences de l'air, perdent fort peu par l'évaporation, et doivent être par

conséquent arrosées avec modération, et de loin en loin. Il est
difficile de donner des règles à cet égard ; mais un jardinier
intelligent les remplace facilement par le simple coup d'œil.

Les plantes sont au reste, dans les châssis, disposées comme
sur les couches, et se conduisent à peu près de même.

Les serres sont destinées à conserver, pendant l'hiver, les
plantes qu'il y auroit impossibilité de laisser en pleine terre,
quoique couvertes, à raison de leur disposition à geler ou de
l'époque de leur végétation. On distingue deux principales sortes
de serres, les ORANGERIES et les SERRES CHAUDES. *V.* ces mots.

L'orangerie est une chambre plus longue que large, percée
du côté du levant ou du midi d'un grand nombre de larges
fenêtres à doubles châssis, dans laquelle on range, pendant
l'hiver, toutes les plantes des parties méridionales de l'Europe
ou des autres parties du monde qui craignent la gelée, mais
qui se conservent à un degré de chaleur à peine supérieure au
zéro du thermomètre de Réaumur.

On n'a, pendant long-temps, employé l'orangerie que pour
retirer, comme son nom l'indique, les orangers, à la culture
desquels les gens riches se bornoient autrefois ; mais aujourd'hui
on la garnit généralement d'une grande quantité de végétaux.
Une bonne orangerie ne doit pas craindre, lorsqu'elle est fermée, les gelées ordinaires : dans les gelées extraordinaires, on
l'en défend par quelques réchauds de braise ou de petits poêles,
que l'on place dans les endroits les plus exposés. On y range
les plantes, qui sont toujours en pots ou en caisse, de manière
que les plus hautes soient sur le derrière, et les plus basses sur
le devant. Sa conduite consiste à ouvrir les fenêtres pendant
le milieu du jour, toutes les fois que l'état de l'atmosphère le
permet ; à enlever de temps en temps les feuilles mortes et
toutes les ordures qui se déposent sur les caisses et sur le sol ;
à arroser, lorsque cela devient absolument nécessaire, mais
toujours avec modération, car l'excès de l'humidité est le plus
grand fléau des orangeries, et détruit souvent plus de plantes
qu'une forte gelée.

Des couches à châssis que l'on couvre de paillassons pendant
la nuit servent fréquemment d'orangerie dans les *jardins de
botanique*, et ont souvent plus d'avantages ; mais on ne peut y
mettre que des plantes peu élevées.

Les serres chaudes sont destinées aux plantes intertropicales,
qui ont toujours besoin d'un haut degré de chaleur, et à celles
des terres australes, qui fleurissent chez nous à l'époque des
frimas. On y entretient constamment une chaleur supérieure
à celle de dix degrés du thermomètre de Réaumur, par le
moyen de poêles, où on allume du feu au moins pendant la
nuit. *Voyez* SERRE.

Les serres chaudes demandent à être arrosées souvent, sur-
tout pendant l'été, alternativement avec le goulot sur la terre,
et avec la pomme sur les feuilles. L'eau qu'on emploie doit
toujours être à la température de la serre, et en conséquence
contenue dans un réservoir intérieur placé à un de ses angles.
Quant au reste, leur direction est la même que celle des châssis
et des orangeries, seulement il faut y mettre encore plus de
soin. Il est impossible de prescrire des règles générales pour
l'entrée, la sortie, le placement des plantes, pour la conduite du feu, l'ouverture des vitrages, etc., etc.; toutes circonstances qui varient d'un lieu à un autre, et souvent plusieurs fois le même jour dans le même endroit. C'est de l'expérience du jardinier et de son exactitude à remplir ses devoirs qu'on doit le plus espérer dans ce cas : celui qui ne
craint point sa peine doit, sur-tout l'hiver, visiter plusieurs
fois, le jour et la nuit, les serres qui lui sont confiées; regarder aux thermomètres, toujours suspendus à différentes places, quelle est la température de l'air; tirer le bâton qui est
placé dans le tan, pour, à l'aide de la sensation que son extrémité inférieure fait éprouver à la main, juger de celle où se
trouvent les pots; examiner si le fourneau est approvisionné
de bois, le réservoir d'eau, etc.

Il n'y a pas de doute que si l'on vouloit faire la dépense de
mettre un double vitrage aux serres de cette sorte, on obtiendroit un degré de chaleur plus égal et plus durable avec beaucoup moins de feu. La grande serre du jardin du Muséum
d'histoire naturelle de Paris, qui est devenue meilleure depuis
qu'on en a construit une plus petite sur sa longueur antérieure, le prouve évidemment.

Il seroit très avantageux pour beaucoup de plantes, et encore mieux pour beaucoup d'arbres, d'être plantés en pleine
terre dans la serre; mais l'augmentation de dépense qui en
seroit la suite s'y oppose généralement. Je ne connois que le
jardin impérial de Schœnburn, près Vienne, où on cultive
ainsi un grand nombre d'articles.

Il est encore une espèce de serre chaude plus économique
que la précédente, mais qu'on ne peut employer que pour
les plantes d'une petite hauteur; c'est celle qu'on appelle *serre
à ananas*, du nom du fruit qu'on y cultive le plus habituellement. Elle diffère de la précédente principalement par son
peu d'élévation et la grande obliquité du vitrage qui la ferme
en dessus. Ce n'est réellement qu'un grand châssis, devant ou
derrière la couche duquel on a creusé un chemin très étroit.
On y descend au moyen d'un escalier, près lequel est placé
le foyer, muni d'un tuyau de chaleur circulant, semblable
à celui précédemment décrit. Cette sorte de serre qui n'a sou-

vent dans sa plus grande élévation, c'est-à-dire sur son derrière, que cinq à six pieds de haut, conserve beaucoup mieux la chaleur que les autres ; en conséquence elle a besoin de bien moins de feu ; mais elle est exposée aussi à des inconvéniens plus graves et plus difficiles à prévenir. Ce n'est que par une surveillance de tous les instans qu'on peut espérer d'y conserver des plantes de différentes natures, sans crainte de les voir périr en un instant par un coup de soleil, un développement d'humidité surabondante, etc. Le meilleur usage qu'on en puisse faire dans les *jardins de botanique*, c'est d'y semer les graines de la zone torride, qui y trouvent la température chaude et humide qui leur convient. Les pots y sont au reste disposés dans la tannée comme dans la grande serre.

Les *jardins* où des amateurs instruits cultivent des plantes étrangères doivent être pourvus de couches, de châssis et de serres semblables en tout point à celles qui viennent d'être mentionnées ; mais comme le propriétaire n'a pas pour but d'enseigner la botanique, au lieu de ranger ses plantes à côté les unes des autres dans l'ordre de leurs rapports scientifiques, il les place dans celui que la nature du terrain et de l'exposition qu'elles préfèrent lui indique. En conséquence, il n'a point d'école ; mais son enceinte est disposée de manière qu'on y trouve des terrains secs et montueux exposés aux vents, des vallons gras et humides, des bois sombres, des champs et des prairies, des rochers à toutes les expositions, des eaux dormantes et courantes ; c'est un véritable *jardin*, dit *anglais*, semblable à ceux dont on parlera plus bas. C'est dans ces divers lieux qu'il disperse, à demeure, ses plantes indigènes et même ses plantes exotiques, toutes les fois qu'elles peuvent supporter la température de l'hiver ; c'est encore là qu'il fait successivement placer, après l'hiver, celles de ces dernières qui n'ont pas besoin de rester tout l'été dans la serre. Ainsi ces plantes, se trouvant dans des circonstances presque semblables à celles où la nature les a destinées à végéter, ne souffrent point de leur transplantation. Elles poussent avec force ; elles se conservent et même se multiplient comme dans leur pays natal. Là, on ne trouve point le POPULAGE sur une colline, ni l'ANÉMONE PULSATILE au milieu d'un marais ; mais la PARISETTE se voit à côté du TRILLION, parcequ'ils demandent tous deux une terre forte et ombragée ; là, enfin, les plantes aréneuses ne sont pas dans un sol humide, et les aquatiques sur le sommet d'un monticule de sable, etc. Un grand nombre de plantes, même indigènes, telles que les ORCHIDES, telles que les MOUSSES, qui se refusent à la culture dans les JARDINS ordinaires, peuvent y être introduites avec succès. Mais cette

7.

manière de cultiver les plantes suppose et beaucoup de connoissances et beaucoup de fortune de la part du propriétaire. Elle n'est nulle part en activité en France. C'est en Angleterre, dans les superbes jardins de Kew, appartenant au roi, qu'il faut aller jouir des avantages immenses qu'elle présente. On croit, en parcourant ces jardins, être dans un pays de féerie, tant la variété et la vigueur des plantes qui s'y voient frappent l'imagination.

Les amis de la belle nature et de la botanique doivent donc faire des vœux pour que quelque jardin du même genre s'établisse autour de Paris, où le climat est doux, et où les sites favorables sont très multipliés.

Les *jardins*, dit *français*, sont ceux que faisoient construire nos pères. Ils sont remarquables par la sévère symétrie et le luxe d'apparat qui y règne. Tout y est soumis à l'art. Ils présentent toujours des lignes droites, des allées à perte de vue, des quinconces, des étoiles régulières, des bosquets peignés, des arbres taillés au ciseau, etc., etc. On les compare à une vieille coquette qui doit son faux éclat aux frais immenses d'une toilette raffinée. En effet le premier coup d'œil de ces jardins frappe, mais le second est plus tranquille, et au troisième l'art paroît et le prestige s'évanouit. Aussi s'y ennuie-t-on bientôt, et leurs propriétaires même leur préfèrent la promenade des champs, où ils trouvent la simplicité et la variété de la nature, et par conséquent des beautés toujours nouvelles.

Ces sortes de jardins doivent en conséquence être réservés pour les promenades des habitans des villes. C'est là qu'on peut jouir de leur somptuosité sans se dégoûter de leur monotonie, parcequ'on n'y va que pour voir ou être vu, et que tout y favorise ce double but. Les *jardins des Tuileries* de Paris, pour ceux dont les bornes sont très circonscrites, et de Versailles, pour ceux qui ont une très grande étendue, peuvent être cités comme modèles en ce genre. Il n'est personne qui n'ait été frappé de la grandeur et de la majesté qu'ils présentent lorsqu'on y entre pour la première fois, et de la science qui a présidé à leur plantation lorsqu'on les étudie en détail.

Le Blond, élève de Le Nôtre, a publié sur la formation des *jardins français* des préceptes ou des règles générales, qu'il suffira sans doute de rapporter ici, par extrait, pour les faire suffisamment connoître. Ceux qui désireront de plus grands détails les trouveront dans son livre.

L'étendue du jardin doit être proportionnée à la grandeur de la maison. Il faut toujours y descendre par un perron de trois marches au moins, d'où l'on découvre la totalité ou au moins la majeure partie de son ordonnance. Un parterre est la première chose qui doit se présenter à la vue. Il occupera les places les plus voisines du bâtiment, soit en face, soit sur les côtés, tant parcequ'il met le bâtiment à découvert, que par rapport à sa richesse et à sa beauté, qui sont sans cesse sous les yeux et qu'on découvre de toutes les fenêtres. On doit accompagner les côtés d'un parterre de parties qui le fassent valoir, comme de bosquets, de palissades, à moins qu'il n'y ait une belle vue à conserver, dans lequel cas on les remplacera par des boulingrins ou des pièces plates.

Les bosquets sont le capital des jardins, et on ne peut jamais en trop planter.

On choisit pour accompagner les parterres des bosquets découverts à compartimens, quinconces, salles vertes, avec des boulingrins, des treillages et des fontaines dans le milieu. Ces accessoires sont d'autant plus précieux près du bâtiment, que l'on trouve tout à coup de l'ombre sans l'aller chercher loin, ainsi que la fraîcheur si précieuse en été.

Il seroit bon aussi de planter quelques petits bosquets d'arbres verts; ils feront plaisir pendant l'hiver, et leur verdure contrastera très bien avec les arbres dépouillés de leurs feuilles.

On décore la tête d'un parterre avec des bassins ou pièces d'eau, et au-delà avec une palissade en forme circulaire percée en pate-d'oie, qui conduit dans de grandes allées. On remplit l'espace, depuis le bassin jusqu'à la palissade, avec des pièces de broderie ou de gazon ornées de caisses ou de pots de fleurs.

Dans les jardins en terrasse, soit de profil ou en face d'un bâtiment d'où on a une belle vue, il faut, pour continuer cette belle vue, pratiquer plusieurs pièces de parterre tout de suite, en broderie ou en compartiment, ou par des pièces coupées, qu'on séparera d'espace en espace par des allées de traverse, en observant que les parterres de broderie soient toujours près du bâtiment, comme étant les plus riches.

On fera la principale allée en face du bâtiment, et une autre grande, de traverse, d'équerre à son alignement. Bien entendu qu'elles seront doubles et très larges. Au bout de ces allées, on percera les murs par des grilles afin de prolonger la vue, et on tâchera de faire coïncider plusieurs allées secondaires à ces mêmes grilles.

S'il y avoit quelqu'endroit qui fût bas et marécageux, et qu'on ne voulût pas faire la dépense de le remplir, on y pratiquera des boulingrins ou des pièces d'eau; on pourra même y planter des bosquets, en se contentant d'en mettre les allées de niveau avec celles qui y conduisent par des relèvemens de terre.

Après avoir disposé les maîtresses allées, ainsi que les principaux alignemens, et avoir placé les parterres et les pièces qui accompagnent ses côtés et sa tête, suivant ce que demande le terrain, on pratiquera dans le haut et le reste du jardin plusieurs différens dessins, comme bois de haute-futaie, quinconces, cloîtres, galeries, salles vertes, cabinets, labyrinthe, boulingrins, amphithéâtres, ornés de fontaines, de canaux, statues, etc. Toutes ces pièces distinguent fort un jardin, et ne contribuent pas peu à le rendre magnifique.

On doit observer, en traçant et en distribuant les différentes parties d'un jardin, de les opposer toujours l'une à l'autre. Par exemple un bois contre un parterre ou un boulingrin, et ne pas mettre tous les parterres d'un côté et tous les bois d'un autre ; comme aussi un boulingrin contre un bassin, ce qui feroit vide contre vide. Il faut de la variété non seulement dans le dessin général, mais encore dans chaque pièce séparée. Si deux bosquets, par exemple, sont à côté l'un de l'autre, quoique leur forme extérieure et leur grandeur soient égales, il ne faut pas pour cela répéter le même dessin dans tous les deux. La variété doit s'étendre jusque dans les parties séparées. Par exemple, si un bassin est circulaire, l'allée du tour doit être carrée ou octogone. Il en est de même des boulingrins et des pièces de gazon qui sont au milieu des bosquets.

On ne doit répéter les mêmes pièces que dans les lieux découverts, comme les parterres, où l'œil, en les comparant ensemble, peut juger de leur conformité.

En fait de dessin, évitez les matières mesquines. Il vaut mieux n'avoir que deux ou trois pièces un peu grandes, qu'une douzaine de petites.

Avant de planter un jardin il faut considérer ce qu'il deviendra quand les arbres seront grossis et les palissades élevées. Un plan qui a paru quelquefois beau, et dans les proportions requises, lorsque le jardin étoit nouvellement planté, devient quelquefois petit et ridicule par la suite.

Après toutes ces règles générales, il faut distinguer les différentes sortes de jardin. Elles se réduisent à trois, le *jardin de niveau parfait*, le *jardin en pente douce*, et le *jardin dont le terrain est entrecoupé de terrasses*, *de glacis*, *de talus*, *de rampes*, etc.

Les *jardins de niveau parfait* sont les plus beaux, soit à cause de la commodité de la promenade dans les longues allées et enfilades où il n'y a ni à monter ni à descendre, soit à raison de l'économie de l'entretien.

Les *jardins en pente douce* ne sont pas si agréables ni s

commodes, en ce qu'on y fatigue beaucoup, et que les pluies y forment des ravins et occasionnent des réparations continuelles.

Les *jardins en terrasse* ont leur mérite et leur beauté particulière, en ce que de leur point le plus élevé on découvre tout leur ensemble ; que les pièces des autres terrasses forment autant de différens jardins qui se succèdent, et enfin que les eaux semblent se multiplier en tombant d'une terrasse sur une autre. Mais ils sont d'un entretien très dispendieux.

Les travaux de culture, dans ces sortes de jardins, n'exigent pas beaucoup de talens dans celui qui les dirige, mais ils demandent beaucoup de bras. Les allées nombreuses et très larges qui les divisent doivent être recouvertes de sable tous les deux ou trois ans, et grattées cinq à six fois dans un été pour empêcher l'herbe de croître. Tous les arbres de ces allées doivent être taillés au moins deux fois avec le croissant ou les ciseaux, pour conserver à leurs branches la forme et l'alignement qu'on leur a primitivement imposés. Il en est de même des arbres des bords des bosquets et de ceux de leurs allées, auxquels on ne permet pas qu'une branche dépasse une autre. Les buis qui entourent les parterres, et tous les arbustes à fleurs qui les ornent, y sont encore plus sévèrement tondus ; car dans ces sortes de jardins l'art se plaît à dénaturer la nature, à la contrarier perpétuellement. On a vu des ifs sur-tout, arbres qui autrefois y étoient en grande faveur, et qui supportent facilement la tonte, prendre sous le ciseau les formes les plus compliquées et les plus ridicules, représenter des maisons, des hommes, des animaux, etc. Quant aux gazons, il faut également qu'ils soient coupés plusieurs fois dans le cours d'un été, mais d'ailleurs on s'inquiète peu de leur beauté et de leur fraîcheur.

Les espèces d'arbres que l'on plante dans les *jardins français* se réduisent à un très petit nombre, presqu'au MARRONNIER D'INDE pour les grandes allées, au TILLEUL pour les petites, et à la CHARMILLE pour le bord des bosquets et les palissades. On ne permet aux autres arbres de nos forêts de croître que dans les massifs. Quant aux plantes à fleurs des parterres, elles ne sont guère plus variées. Ordinairement le milieu de chaque plate-bande (plate-bande qui est formée comme celle du *jardin à fleurs*) contient quelques arbustes taillés en boules ou d'autres formes, entre lesquels sont des touffes de grandes plantes vivaces ; des deux côtés sont des plantes vivaces plus petites, entre lesquelles on en place d'annuelles qu'on renouvelle une ou deux fois dans l'année. Les mêmes espèces se répètent par-tout avec la plus constante régularité.

Les eaux, quelque abondantes qu'elles soient, ne fournissent jamais que des pièces d'une petite étendue, d'une forme toujours régulière, ordinairement pourvues, lorsque la localité le permet, d'un jet d'eau dans leur milieu, ou bien ce sont des fontaines sortant d'une maçonnerie très coûteuse, et décorées par des sculptures, des rocailles, des coquillages, etc. ; car il n'y a qu'un petit nombre de ces jardins où la richesse des propriétaires ait permis d'entreprendre ces grandes cascades et ces jets d'eau compliqués qu'on admire à St.-Cloud, et qui ont réellement quelque chose d'imposant par leur effet et par l'idée que l'imagination se forme des dépenses que leur établissement a dû occasionner.

Les *jardins français* sont ordinairement remplis de statues et de vases régulièrement alignés avec les arbres ou placés dans les parterres, et toujours symétriquement, soit pour le lieu, soit pour le sujet. Ces statues représentent presque par-tout des objets de mythologie ou des allégories, et par conséquent n'ont aucune action sur le cœur, et ne se regardent pas lorsque, comme cela arrive trop souvent, elles n'ont aucun mérite du côté de l'art. Il en est de même des vases avec leurs bas-reliefs et leurs nombreux ornemens. Il n'y a que les étrangers qui y jettent un coup d'œil.

Mais il est temps de quitter ces jardins où l'art surmonte la nature, pour entrer dans les *jardins paysagers*, mal à propos nommés *jardins anglais*, jardins où il ne se présente nulle part, et où, comme dans la campagne, on trouve de vertes prairies, de silencieux bocages, ici de tranquilles, là de murmurantes eaux ; jardins où tous les âges de la vie, excepté celui de l'ambition, se promènent avec plaisir, parceque le cœur s'y trouve disposé aux douces affections, et l'esprit à la méditation.

C'est aux Chinois qu'on doit la première idée de ces sortes de jardins, qui ont été d'abord imités en Angleterre, d'où la mode en est passée en France et dans le reste de l'Europe. Leur essence consiste à imiter la nature dans toutes ses irrégularités, et à rapprocher les scènes qu'elle présente dans un espace plus ou moins circonscrit. Ainsi une étendue de quelques lieues carrées, prise dans un pays montagneux, arrosé et boisé, ne porte pas le nom de *jardin anglais*, parceque cette étendue est trop considérable pour qu'on puisse la parcourir dans le cours d'une promenade ; mais qu'on en réduise toutes les parties, qu'on les imite fidèlement dans une enceinte de quelques arpens, c'est un véritable *jardin paysager*.

La perfection de ces jardins consiste dans la beauté et la diversité des sites. Pour cela, ils doivent rassembler les objets les plus remarquables de la nature, et les combiner de manière qu'ils paroissent avec plus d'éclat, et que leur ensemble forme un tout agréable et frappant ; cependant il ne faut pas qu'on s'aperçoive des efforts que l'art a faits pour arriver à ce but. On doit faire en sorte que tout paroisse à sa place, et que cependant tout excite la surprise. Les lignes droites si estimées dans les jardins français y sont proscrites. On ne voit jamais que ce qu'il faut pour compléter une sensation ; mais on dispose l'ordonnance de manière que cette sensation soit suivie d'une sensation opposée. Ainsi, en quittant un riant gazon émaillé de fleurs, on trouve, derrière le bosquet qui le borne, un rocher stérile qui menace de sa chute ; ainsi, lorsqu'on a traversé l'obscure caverne qu'il renferme, on arrive sur le bord d'un lac dont les eaux pures et tranquilles réfléchissent les rayons du soleil, et peignent à rebours les îles verdoyantes qu'elles entourent ; ainsi, au milieu d'un bois sombre, on monte insensiblement sur un tertre au sommet duquel est un petit temple à l'amitié, d'où la vue s'étend indéfiniment d'un côté sur une riche campagne, et de l'autre sur de fertiles coteaux ; enfin, en descendant de l'autre côté du même tertre, on rencontre un assemblage de rochers, d'où tombe une bruyante cascade dont les eaux, après avoir serpenté encore quelque temps sous les arbres à travers des pierres couvertes de mousse, vont se rendre dans une vaste prairie animée par des vaches mugissantes, et y continuent lentement leur cours.

Un autre artifice qu'il ne faut pas négliger, c'est de cacher une partie de la composition par le moyen d'arbres, de collines, de bâtimens ou de rochers. Il faut exciter continuellement la curiosité du promeneur, lui ménager une surprise, ou laisser à son imagination de quoi s'exercer sans cesse.

Dans les bosquets, il faut varier les formes, même les couleurs des arbres, et les mettre en opposition les unes avec les autres, sans cependant contrarier la nature. On disposera les arbres ou les plantes de manière qu'il y en ait toujours quelques uns en fleur sur les premiers rangs.

Ces sortes de jardins, loin de repousser les statues, en retirent un grand intérêt ; mais il faut qu'elles y soient peu nombreuses, et que le sujet soit ou concordant avec le lieu, ou donne matière aux douces rêveries, ou ait un rapport direct avec le propriétaire. Par exemple, une Diane, demi-nue, endormie sur le bord d'une fontaine, sous des arbres élevés, produira un bon effet ; un Amour silencieux, placé dans un réduit, au milieu d'un bocage, y joue un rôle convenable ; des bustes d'amis, rangés dans un petit temple, y sont vus avec plaisir, même par les indifférens. Les monumens qui rappellent de tristes souvenirs s'y mettent aussi avec avantage. On aime à penser à un père, à une épouse, à un fils, devant l'urne qu'on a élevée à leur mémoire dans un local qui dispose à la mélancolie, ou sur le modeste monument qui recouvre leurs restes. Les inscriptions, soit en vers, soit en prose, lorsqu'elles sont bien choisies, qu'elles parlent au sentiment plutôt qu'à l'esprit, n'y sont pas inutiles; mais il faut les ménager, sans quoi on manque son but.

On voit, d'après cet exposé, qu'il est absolument impossible de donner des règles, pour construire un *jardin paysager*, applicables à tous les cas. C'est au propriétaire qui a du goût, ou à l'architecte en qui il a confiance, à en dessiner l'ordonnance d'après la localité et la dépense qu'on veut faire. Il est des lieux où, avec fort peu de travail, on peut former des jardins de toute beauté, et d'autres où on emploieroit des sommes énormes pour ne rien faire de bon. C'est être fou, par exemple, que de se ruiner pour entasser montagnes sur montagnes, roches sur roches, bâtimens sur bâtimens dans une enceinte de quelques arpens; c'est être ridicule que de multiplier les ponts sur un ruisseau qu'on peut enjamber sans peine; de creuser des rivières et des lacs, lorsqu'on ne peut disposer que de l'eau d'un puits. Une pelouse irrégulière, entourée de quelques bouquets d'arbres où serpentent des sentiers, sera toujours plus agréable dans un petit jardin situé en plaine, que tous ces colifichets que l'on multiplie à grands frais dans les maisons de campagne voisines des grandes villes.

La description sommaire d'un *jardin anglais* dans le bon genre fera mieux connoître ce qu'ils doivent tous être que le détail des règles qu'on doit suivre dans leur formation. En conséquence je choisirai celui des environs de Paris qui remplit le mieux son but, c'est-à-dire celui d'Ermenonville, construit par Girardin, et célèbre sur-tout depuis que les restes de J. J. Rousseau y ont été déposés.

Le village d'Ermenonville est situé dans une vallée étroite qui s'étend du nord au midi, et dont les hauteurs sont bornées à l'est par une plaine argileuse fertile, à l'ouest par des sables arides, rocailleux, et par une forêt. Une petite rivière coule dans cette vallée.

Le château, bâti il y a deux siècles, est placé au milieu de la vallée, et la grande rue du village passe devant sa face méridionale. La vue dont on jouit de ce château embrasse la plus grande partie des jardins, et se prolonge même bien au-delà du côté du nord. Il faudroit de longs détails pour en donner une imparfaite idée. J'en ai joui plusieurs fois, et je puis assurer que les éloges qu'on lui a donnés en France et dans l'étranger ne sont point exagérés.

On sort du château, du côté du midi, par une barrière qui tient à un pavillon qui sera célèbre à jamais: c'est celui qu'habitoit J. J. Rousseau. C'est là qu'il a terminé sa carrière, et qu'on montre encore sa chambre, ainsi que les meubles et autres effets qui étoient à son usage. On traverse la grande rue, au-delà de laquelle on voit de grands peupliers qui ombragent la fontaine publique du village. En entrant dans la partie du parc qui est du côté du midi, par une barrière, car là il n'y a de mur nulle part, on suit un sentier qui longe la rivière et qui conduit à une grotte tapissée de plantes rampantes, au fond de laquelle est une cascade, dont l'eau jaillissante brille d'autant plus que le lieu est très obscur. Un escalier ménagé entre les rochers de la voûte indique la sortie, et mène sur le bord d'un grand lac, qui paroît n'avoir d'autres bornes que celles de la vallée et des bois qui l'entourent. On distingue à son extrémité une île plantée de peupliers. Ce lac ajoute un grand intérêt à l'agrément du magnifique paysage qui l'entoure, et son effet est d'autant plus frappant qu'il étoit absolument inattendu.

Les eaux qui sortent du lac pour alimenter la cascade forment un courant qu'on traverse à l'aide de grosses pierres. Le reste de la chaussée, couvert d'une pelouse fine, offre une très agréable promenade qui se perd sous une voûte de tilleuls, au fond de laquelle sont deux colonnes qui soutiennent un péristyle et indiquent l'entrée d'un temple.

Sur la droite, un petit sentier, pratiqué à travers les rochers, ramène au pied de la cascade, s'enfonce ensuite parmi des arbres touffus, suit le cours de la rivière, et conduit à un site disposé dans le genre italien. Arrivé au haut d'un rustique escalier, on peut enfiler une allée régulière, ou entrer dans le bâtiment à deux colonnes. Le rez-de-chaussée de ce bâtiment est une brasserie, et le dessus une grande salle, à laquelle tient un pont de bois qu'on traverse pour gagner la forêt. Là, le chemin se soutient quelque temps à mi-côte sur un terrain âpre et difficile, puis il descend tout à coup dans un enfoncement dont les bords sont couronnés de bois et de rochers; il continue ensuite entre les arbres et mène à un abri sous un rocher, d'où il se rapproche de la rivière dans un lieu où, resserrée entre des rochers, elle ne forme plus qu'un ruisseau rapide, dont les petites cascades donnent un charme de plus à la fraîcheur de cet asile.

Là, entre les arbres qui ombragent le cours de la rivière, on aperçoit un autel de forme ronde, que J. J. Rousseau a dédié lui-même à la Rêverie dans un de ses momens de bonheur méditatif.

Le sentier se continue entre la rivière et le coteau, et conduit à un endroit où la vallée s'élargit un peu, et où, sur une éminence escarpée, on a construit, au milieu du bois, un ermitage dont la situation solitaire est agréable, mais dont on est bientôt décidé à descendre lorsqu'on a vu à travers les arbres, de l'autre côté de la rivière, qu'on passe sur un pont de bois, l'île des Peupliers et le simple monument qui couvroit les restes de J. J. Rousseau, avant qu'on les eût transportés au Panthéon.

Quelles sont douces les émotions que fait naître en ce beau lieu le souvenir de l'homme célèbre qui y repose! Combien de jeunes femmes ont versé de douces larmes sur le *banc des mères de famille*, qui est presque en face, et d'où on jouit le mieux de l'ensemble du tableau! Je ne puis en ce moment même, après des années passées dans le tourbillon de la révolution, me rappeler, sans sentir s'humecter mes paupières, les trop courts instans que j'y ai passés. Mais il n'est point de *jardins anglais* dans le monde où on puisse trouver un semblable accessoire. Quel écrivain comparer à l'auteur de l'*Émile*, de la *Nouvelle Héloïse* et du *Contrat social?* Quel est celui qui ait su remuer aussi puissamment le cœur et parler aussi éloquemment à la raison, qui ait eu enfin autant d'influence sur son siècle?

L'île des Peupliers est presque ovale et suffisamment étendue; sa distance du bord n'est pas considérable. Le style du tombeau est entièrement dans le genre antique, et ses quatre faces sont ornées de bas-reliefs en concordance avec l'homme dont ils rappellent allégoriquement les plus importans bienfaits.

Il faut cependant s'arracher de ce lieu, en exprimant ses regrets ou en gardant un morne silence, et continuer son chemin vers la pointe du lac, où on voit le modeste monument d'un peintre mort au château d'Ermenonville. On arrive bientôt à la petite rivière qui fournit de l'eau à toute la vallée, et le long de laquelle passe un chemin public.

Après avoir traversé le premier pont qu'on rencontre sur la droite, on entre dans un bois d'aunes, où se trouvent un grand nombre de petits ruisseaux, et une pièce d'eau, des bords de laquelle la vue s'étend sur une belle prairie. Sur le devant est une cabane de roseaux appuyée contre un vieux chêne. On circule ensuite dans la forêt qu'on avoit quittée; on passe au pied d'un chêne qui porte un trophée champêtre; on s'arrête à plusieurs endroits dont l'ombrage et la vue invitent à se reposer sur des bancs de pierre ou de gazon, et on arrive à un temple rustique couvert de chaume, et soutenu par des troncs d'arbres encore pourvus de leur écorce. Plus loin est un vieux et superbe chêne isolé, qu'on a consacré à un cultivateur homme de bien, ensuite un petit obélisque dédié aux poëtes qui ont chanté le mieux le bonheur des champs, c'est-à-dire à Gessner, Thompson, Virgile et Théocrite.

Le chemin s'enfonce encore plus dans la forêt, et mène à

un endroit où une fouille a fait trouver un caveau rempli d'os-
semens d'hommes morts dans une bataille donnée en ce lieu du
temps des guerres de religion, ce qu'une inscription rappelle.

En général, il y a beaucoup et même beaucoup trop
d'inscriptions dans ces jardins. On en trouve à chaque pas.
Cette profusion fatigue. Encore si elles étoient toutes comme
celles qui est sur le chemin aux approches du château !

> Ici l'aimable nature,
> Dans sa douce simplicité,
> Est la touchante peinture
> D'une tranquille liberté.

Ou celle qui est sur le banc *des mères de famille*, vis-à-vis de
l'île des Peupliers, et qui a trait à J. J. Rousseau.

> De la mère à l'enfant il rendit les tendresses ;
> De l'enfant à la mère il rendit les caresses ;
> De l'homme à sa naissance il fut le bienfaiteur,
> Et le rendit plus libre, afin qu'il fût meilleur.

Mais la plupart tendent trop à indiquer des prétentions à l'esprit, ou ont un rapport trop forcé avec l'objet qu'elles veulent
indiquer. Beaucoup sont en grec, en latin, en anglais ou en
italien, ce qui les rend inutiles pour la plupart des promeneurs.

On descend ensuite à l'ermitage déjà cité, dont l'extérieur
est accompagné d'un jardin enclos, et l'intérieur meublé selon
la convenance. De là on remonte par un petit vallon sur un
sommet où est situé le temple de la Philosophie. Cette fabrique, qu'on découvre de presque par-tout, et qui de loin fait
toujours un très bel effet, domine sur tout le pays. C'est une
rotonde soutenue par six colonnes d'ordre toscan. Elle est dédiée à Montaigne, et chacune de ses colonnes porte une épithète caractéristique et le nom d'un des soutiens de la philosophie moderne, savoir, de Newton, Descartes, Voltaire,
Penn, Montesquieu et J. J. Rousseau.

On aperçoit autour des morceaux d'entablement, des cha-
piteaux, des colonnes, et autres objets censés destinés à continuer ou à augmenter ce temple, lorsque d'autres génies pri-
vilégiés viendront encore éclairer le monde.

On s'éloigne de ce monument, dont l'idée est grande et
même sublime, et on descend, à travers le bois, dans une
place circulaire voisine du château, et attenant au grand chemin, où est un gros hêtre entouré d'un échafaud. C'est sur
cette place que dansent les habitans aux jours de fêtes. On y a
construit un grand hangar en planches où ils se retirent lorsqu'il pleut.

Arrivé là, on a fini de parcourir toute la partie méridionale du
jardin d'Ermenonville.

Pour entrer dans la partie septentrionale, on s'enfonce dans une futaie, où le premier objet qui frappe les regards est un autel carré sous un chêne antique. Une inscription apprend que ce lieu est destiné à rappeler la religion de nos pères, non pas de nos pères des derniers siècles, mais de nos pères les Gaulois, avant qu'ils fussent asservis par les Romains. Plus loin est une baraque construite avec des souches, et sur la porte de laquelle on lit : *Le charbonnier est maître chez lui.*

Le désert où on entre ensuite est un terrain sablonneux et inculte fort étendu, d'où l'on voit à gauche des coteaux parsemés de rochers, plantés de pins, de bruyères, de genêts, etc. A droite, une grande étendue d'eau différente du lac où est l'île des Peupliers, et devant, une perspective sans bornes, où une abbaye éloignée figuroit avantageusement.

Cette partie d'Ermenonville est, par la nature du sol, en contraste perpétuel avec ce qu'on a vu ci-devant et ce qu'on verra ensuite ; de sorte que les sensations qu'elle fait naître sont fort différentes. On traverse un petit bois de pins, et on monte sur une hauteur, où est pratiquée une grotte cintrée, soutenue par un pilier. Après avoir fait encore beaucoup de chemin dans un terrain rocailleux et très pittoresque, on arrive à une vallée sablonneuse, de là, à travers des rochers de grès, au sommet de la montagne. Sur ce sommet s'élève une maison couverte de chaume, et bâtie de gros morceaux de rochers. Elle est dédiée à J. J. Rousseau. Là, on jouit d'une vue extrêmement étendue, mais d'un tout autre genre que celle du temple de la Philosophie.

En descendant cette montagne, on est conduit sur le bord du lac déjà indiqué plus haut, et on y trouve un banc ombragé par des aunes, des rochers, dont les eaux baignent le pied, dont le sommet est couvert de sapins, et les interstices parsemés de rosiers et autres arbustes. Ce lieu porte le nom de *Monument des anciennes amours.* Il fait allusion aux rochers de Meillerie, et à la promenade que Julie, après son mariage, y fit avec St. Preux. De nombreuses inscriptions mettent sur la voie. *Voyez* la Nouvelle Héloïse.

De là, on peut continuer la promenade sur le bord de l'eau, ou la reprendre sur les hauteurs. Dans le premier de ces deux cas, on arrive à un endroit où la rivière sort du lac, où traverse une chaussée qui le sépare d'une autre pièce d'eau plus petite, et où est une baraque qu'on appelle la *Maison du pêcheur.* On jouit en cette maison de deux vues bien différentes ; l'une au midi, sur le lac et les jardins ; l'autre au nord, sur la campagne et l'abbaye.

En quittant la maison du pêcheur, on entre bientôt dans

un bois planté sur une côte ; et à la suite d'un assez long chemin, après avoir passé près le *Banc des genévriers*, après avoir
traversé le *Bois des rossignols*, et une route publique, après avoir
joui des nombreux points de vue qu'on y rencontre, on rentre
dans le parc, à l'endroit où le trop plein de la rivière vient
former une cascade sous un petit pont : non loin de là est une
fabrique cachée sous des peupliers. Ce n'est qu'un regard ;
mais elle est ornée d'une urne et d'une porte, et a été appelée
le *Tombeau de Laure*.

Après avoir traversé une grande étendue de prairies, on
arrive à un joli bois d'aunes, qu'on appelle le *Bocage*. L'entrée en est annoncée par un bâtiment dédié aux Muses. On
s'arrête ensuite avec ravissement à l'entrée d'une grotte sur
un banc de mousse, vis-à-vis le bassin d'une eau claire et limpide, du fond duquel sortent sept sources. Rien de plus frais
que ce réduit ; on s'en arrache avec peine, pour continuer
de marcher le long du ruisseau, afin d'arriver à un petit
monument dans le genre antique, construit sous un saule
pleureur, et sur lequel est écrit : *Ici règne l'amour*. Le même
sentier conduit en tournoyant sur le bord du lac, où un bateau,
de l'espèce appelée *Va et viens*, parcequ'on le conduit soi-
même au moyen d'une double corde, vous amène dans une
île peu éloignée, au pied d'une tour accompagnée d'une petite maison.

Cette tour a, dit-on, été construite par Gabrielle d'Estrées,
qui a habité à Ermenonville. De nombreuses inscriptions y
rappellent ses amours. On voit à la porte, en nature, et disposées en trophée, les armes de Dominique de Vic, à la même
époque seigneur de cette terre. On y jouit d'un grand nombre
de beaux points de vue ; mais je m'y suis déplu, probablement à cause des idées immorales que j'avois été forcé
d'y prendre, et qui contrastoient trop avec celles qu'a-
voient amenées les scènes antérieures : du reste, c'est une jolie
fabrique.

En quittant l'île de Gabrielle, on traverse une prairie, et un
sentier qui, tournant autour des potagers, ramène au château
au point d'où on étoit parti.

Tels sont les principaux objets qui frappent dans les jardins
d'Ermenonville ; mais il en est une infinité d'autres qu'on ne
peut décrire, et qui cependant se sentent vivement. Il faut les
voir pour les apprécier. Ce n'est pas qu'on ne puisse leur faire
quelques reproches ; mais ceux qui s'occupent de les critiquer,
lorsqu'ils s'y promènent, ne sont point propres à jouir des beautés qu'ils présentent. C'est pour les ames sensibles, les vrais
amans de la nature qu'ils sont faits. *Voyez* la planche.

Il est, dit-on, en Angleterre, des jardins plus beaux que

celui d'Ermenonville. On cite particulièrement le *jardin de Stowe*, qui a quatre cents arpens, et qui par conséquent est beaucoup plus grand.

La plantation mécanique des jardins paysagers demande des connoissances assez étendues en l'histoire naturelle, sur-tout depuis qu'on y a introduit un grand nombre d'espèces d'arbres étrangers. Il faut savoir quel sol et quelle exposition conviennent à tel arbre, pour ne pas être exposé à le voir périr, et par conséquent à faire des dépenses superflues. Il faut ne pas ignorer quelle est la hauteur à laquelle il parvient ordinairement, pour fixer la place où il doit être. Il faut pouvoir apprécier l'effet que produira la disposition de ses branches, la couleur de ses feuilles et de ses fleurs, relativement aux arbres voisins, et même à l'intention locale. Il faut enfin faire attention à un grand nombre de considérations de diverses sortes, qu'il seroit trop long de détailler, et que même on sent le plus souvent sans pouvoir les rendre. Il est donné à peu de personnes d'en savoir diriger en même temps la composition et la plantation.

En général, plus on introduit d'espèces d'arbres ou de plantes dans un jardin paysager, et plus on le rend agréable. Le plus séduisant de tous est certainement le *jardin de Kew*, dont on a déjà parlé, et il doit sa supériorité principalement à la grande variété qu'on y observe sous ce rapport. Le jardin de *Trianon*, qui lui étoit si inférieur de toutes manières, a pu cependant en donner une légère idée à ceux qui l'ont vu dans toute sa beauté.

Après les bosquets, ce sont les gazons qui doivent être les plus soignés. C'est de leur fraîcheur que les jardins paysagers tirent le plus d'agrément. Ils seront en conséquence formés d'une seule espèce de graminée. Il faut les tenir bien garnis, et en conséquence les tondre souvent pour les faire tasser davantage, et les arroser toutes les fois que l'absence des pluies le rend nécessaire. La plante qu'on emploie communément, quoique ses larges feuilles la rendent inférieure à plusieurs autres, est l'IVRAIE VIVACE, le *ray-grass* des Anglais. Aussi doit-on, dans les terrains secs sur-tout, lui préférer les différentes espèces de CANCHES. *Voyez* ce mot et le mot GAZON.

On ne parlera pas des eaux, qu'on peuplera de poissons, et des bosquets d'oiseaux, ni des fabriques de pierres ou de bois, parceque cela mèneroit beaucoup trop loin. C'est, on le répète, au propriétaire à tirer parti avec le plus d'avantage et avec le moins de dépense possible de son local. Il remplira ces deux buts lorsqu'il ne s'écartera pas de la nature, et qu'il consultera le bon goût.

Les jardins paysagers une fois plantés ne demandent, comme

les jardins français, qu'un jardinier ordinaire en chef, et des hommes à la journée dans les temps des grands travaux. Son entretien consiste principalement à tenir propres, par plusieurs grattages annuels, les allées et les sentiers, à tondre les gazons avant que les herbes qui les composent fleurissent, à couper les branches mortes des arbres et des buissons, et celles qui gênent les passages ou nuisent à l'effet de l'ensemble ; enfin à réparer tout ce qui se dégrade. (B.)

JARDINAGE. C'est dans quelques lieux l'art de cultiver les jardins. Dans d'autres, ce sont les légumes qu'on cultive dans les jardins. (B.)

JARDINER. C'est tantôt travailler au jardin pour s'amuser, et tantôt couper des arbres ou des plantes çà et là. Les bois de pins et de sapins se coupent en jardinant, parceque ces arbres ne se reproduisent que de semences, et demandent de l'ombre dans les premières années de leur vie. (B.)

JARDINER UN BOIS. C'est en couper çà et là les arbres qu'on y a choisis lorsqu'ils ont acquis la grosseur qu'on leur désire. C'est de cette manière qu'on exploite ordinairement les bois résineux. *Voyez* Forêt, Exploitation des bois, Pin, Sapin et Mélèze. (De Per.)

JARDINIER. Homme qui cultive et soigne les plantes d'un jardin. Cette définition suffisoit au temps passé, mais elle est trop générale aujourd'hui. On doit distinguer le jardinier maraîcher, ou celui qui ne s'occupe que de la culture des légumes ; le jardinier tailleur d'arbres fruitiers ; le jardinier pépiniériste ; le jardinier décorateur, ou qui est spécialement chargé de l'entretien des bosquets, des boulingrins, de la tonte des palissades, et enfin le jardinier fleuriste. Rien de si commun que les jardiniers en tous les genres, cependant rien de si rare qu'un bon jardinier. En effet, où peut-il avoir appris son métier ? Chez son père ? chez son maître ? Mais si l'un et l'autre n'ont pour guide que la routine, l'élève ne saura rien de plus ; s'il a de l'imagination, s'il sait observer, combien d'années ne s'écouleront pas avant qu'il ait acquis une pratique sûre ! En attendant, vos arbres seront mutilés, votre potager ruiné, et vos bosquets détruits. Un garçon se marie, le voilà aussitôt jardinier de profession, il cherche à se placer et croit savoir son métier. Un artiste s'instruit en voyageant ; le jardinier est sédentaire, et s'écarte peu du lieu qui l'a vu naître. Ce sont donc toujours les mêmes exemples, les mêmes routines qu'il a sous les yeux. Si, à l'imitation des artisans, il veut voyager et parcourir les différentes provinces de France, il n'est guère plus avancé à son retour qu'à son départ, parceque les bons exemples lui manquent, parcequ'il ne trouve pour instituteurs que des hommes pauvres, qui cher-

chent moins la perfection de leur état qu'à vivre de leur travail. Les environs de Paris pour les légumes, Montreuil et
les villages voisins pour des arbres fruitiers, sont les seules
écoles à fréquenter. Quant aux parterres, bosquets et autres
genres factices, on en voit par-tout; c'est la partie où les jardiniers réussissent le moins mal, parceque tout y est soumis
à la règle et au cordeau.

Un jardinier, quel que soit son genre, doit être fort, adroit,
intelligent, actif, ami de la propreté, de l'ordre et de l'arrangement, aimer son jardin comme on aime sa maîtresse, admirer ses productions, se complaire dans son travail, être toujours à la tête des ouvriers, le premier au jardin et le dernier
au logis, faire faire chaque soir la revue des outils, pour voir
si ceux dont on s'est servi dans la journée sont rangés à leur
place, si rien ne traîne, et si tout est dans l'ordre. Heureux
celui qui possède un homme pareil! On ne sauroit trop le
payer, puisque le travail, l'eau et lui sont l'ame d'un jardin
quelconque. Ce n'est pas assez qu'il soit instruit, qu'il soit vigilant, il doit encore être fidèle et nullement ivrogne.

En général les jardiniers font un commerce clandestin très
préjudiciable aux intérêts du maître; c'est celui des graines,
des primeurs, etc. Communément on laisse les plus belles
plantes monter en graines; un ou deux pieds suffiroient pour
l'entretien d'un jardin; ils en laissent dix et vingt sous le spé-
cieux prétexte que, si les uns manquent, les autres réussissent.
C'est de cette manière que sont pourvues les boutiques des
marchands de graines des environs. Combien de fois les propriétaires ne sont-ils pas forcés de racheter leurs graines chez
les receleurs.

L'objet des primeurs est d'une grande conséquence. Si le
propriétaire aime à jouir, leur soustraction le prive du seul
plaisir qu'il se promet de son jardin; si au contraire il veut se
dédommager de ses dépens s, et avoir un bénéfice sur le produit des ventes de ses légumes, le jardinier infidèle lui enlève
la partie la plus claire; enfin, la perte est réelle si ce jardinier
chargé des ventes trompe son maître. Il faut mettre à l'épreuve
la fidélité de celui que vous chargez de ce soin. Sous prétexte
que la saison presse, que les travaux sont arriérés, il demande des journaliers, compte souvent plus de journées qu'il
n'en a été faites, ou retient pour lui une partie du salaire
de ceux qu'il occupe; le propriétaire, qui reste à la ville une
partie de l'année, est à coup sûr trompé. Quant à celui qui vit
à la campagne, s'il l'est, c'est sa faute; car c'est par lui que
doivent être donnés les ordres, c'est par lui que les paiemens
doivent être faits. (R.)

Depuis que Rozier a écrit cet article, les moyens d'instruction se sont multipliés pour les jardiniers. L'institution d'un cours de pratique que fait mon confrère Thouin au jardin du Muséum a eu lieu, et offre des résultats très marqués. Une nouvelle classe de culture, celle des arbres et arbustes étrangers, s'est étendue, et a influé sur les autres, 1° parcequ'elle exige des connoissances plus nombreuses et plus positives ; 2° parcequ'elle est mieux payée. Beaucoup de jardiniers de cette dernière classe se distinguent aujourd'hui, et influent nécessairement sur les autres, qui commencent par être leurs élèves. Payez bien vos jardiniers, dirai-je aux propriétaires ; traitez-les avec la distinction qu'ils méritent, et vous relèverez leur état, et vous aurez des sujets instruits et honnêtes. Ce n'est pas quand un homme n'a juste que ce qu'il faut pour ne pas mourir de faim qu'il peut donner une bonne éducation à ses enfans, et ne pas résister à la tentation d'améliorer son sort par des infidélités que divers motifs rendent peu graves à ses yeux. (B.)

JARDON, JARDE. Médecine vétérinaire. Tumeur dure qui occupe la partie postérieure et inférieure de l'os du jarret jusqu'à la partie postérieure et supérieure de l'os du canon, à l'endroit du tendon fléchisseur du pied ; elle est quelquefois d'une nature phlegmoneuse (voyez Phlegmon) dans le commencement, et fait assez souvent boiter le cheval.

Une extension de l'un des tendons dont nous venons de parler est la vraie cause de cette maladie.

On y remédie dans le commencement par des fomentations émollientes, et par des cataplasmes de même nature, auxquels on fait succéder les frictions résolutives et spiritueuses, telles que l'eau-de-vie camphrée, etc., tandis qu'il faut avoir recours à l'application du feu avec les pointes, si la tumeur est ancienne. (R.)

JARRET. Médecine vétérinaire. Les jarrets du cheval exigent l'attention la plus sérieuse. Quelque légers en effet qu'en soient les défauts, ils sont toujours très nuisibles. Le mouvement progressif de l'animal n'est opéré que par la voie de la percussion ; la machine ne peut être mue et portée en avant qu'autant que les parties de l'arrière-main, chassant continuellement celles de devant, l'y déterminent. Or, toute imperfection qui tendra à les affoiblir, et principalement à diminuer la force et le jeu du jarret, qui d'ailleurs par sa propre structure est toujours plus fortement et plus vivement occupé que les autres parties, ne sera jamais raisonnablement envisagée comme médiocre et d'une petite conséquence ; mais passons à l'examen de cette partie.

1° *La situation*. Le jarret est situé entre le tibia ou la jambe, et le canon de l'extrémité postérieure.

7. 28

2° *Le volume*. Il doit être proportionné au tout dont il fait une portion. De petits jarrets sont toujours foibles.

3° *La forme*. Les jarrets doivent être larges et plats.

4° *La force*. Des jarrets qui tournent, qui balancent, qui se jettent en dedans quand le cheval chemine, sont ce que nous appelons des jarrets mous. Il est encore des chevaux qui, en cheminant, portent les jarrets en dehors; ni les uns ni les autres ne peuvent être facilement mus, parceque dès que cette partie est hors de la ligne, cette fausse direction la met hors d'état de suffire au poids même de l'animal.

5° *La distance de l'un et de l'autre*. Des jarrets serrés, et dont la pointe et la tête sont très rapprochées ou se touchent, constituent les chevaux que nous nommons jarretés, ou crochus, ou clos du derrière. Ils ne peuvent s'asseoir que très difficilement; à la moindre descente, leurs jarrets se lient, s'entreprennent l'un et l'autre, et le derrière en eux ne peut avoir aucune force.

6° *Le plis*. S'il est trop considérable, si la flexion de cette partie est telle naturellement que dans le repos le canon se trouve fort en avant et sous l'animal, nous disons que les jarrets sont coudés, et il en résulte une seconde espèce de chevaux crochus. La courbure extrême de ceux-ci met l'animal hors d'état de mouvoir la partie avec aisance; l'un et l'autre de ses pieds sont trop près du centre de gravité; et pour peu que le derrière soit passé, ils outre-passent ce point, de manière que le cheval ainsi conformé ne peut conserver le juste équilibre d'où dépend la mesure et la facilité de son action. Ainsi telle est la source de la foiblesse commune à ces sortes de chevaux; et le vice est bien plus grand encore, si, par une erreur de la nature, il se trouve joint à celui de reins trop longs, de hanches trop étendues, etc., etc.

7° *La substance*. Elle doit être sèche; nous disons alors que l'animal a les jarrets bien évidés: des jarrets charnus, des jarrets pleins ou gras sont toujours chargés d'humeurs, et sujets par conséquent à une multitude de maux.

Ces maux, outre les engorgemens et les enflures qu'un travail excessif peut y produire, et que dans les jeunes chevaux le soin et le repos peuvent garantir, sont le CAPELET ou PASSE-CAMPAGNE, la MALANDRE, la VESSIGON, la VARICE, la COURBE, l'ÉPARVIN, le JARDON. (*Voyez* tous ces mots suivant l'ordre du dictionnaire quant au traitement.) On doit bien comprendre que tous ces maux différens, survenant à une partie chargée des plus grands efforts à faire, sont toujours fort à craindre, sans parler de ceux auxquels elle peut être sujette, conséquemment à ces mêmes efforts, et qui n'ont point encore reçu de dénominations propres et particulières. (R.)

JAS. C'est une bergerie dans le département du Var.

JASMIN, *Jasminum*. Genre de plantes de la diandrie monogynie et de la famille des jasminées, qui renferme plus de vingt espèces d'arbrisseaux ou d'arbustes, les uns grimpans et les autres droits, presque tous remarquables par l'odeur suave de leurs fleurs, et dont plusieurs se cultivent en pleine terre dans le climat de Paris.

Le JASMIN COMMUN OU JASMIN BLANC, *Jasminum officinale*, Lin., a des tiges sarmenteuses à rameaux verts et striés ; des feuilles pétiolées, opposées, ailées avec impaire, c'est-à-dire à sept folioles ovales, aiguës, la terminale très longue ; des fleurs blanches, disposées en ombelle sessile à l'extrémité des rameaux. On le croit originaire des Indes, et on le cultive depuis long-temps dans nos jardins, où il s'élève à dix ou douze pieds, et fleurit au milieu de l'été. Toutes terres lui sont bonnes ; mais il réussit mieux dans celles qui sont légères et en même temps fraîches et chaudes. Il aime le midi, cependant il croît fort bien au nord. Les fortes gelées l'affectent dans le climat de Paris ; mais si elles font mourir ses rameaux et ses tiges, très rarement elles agissent sur ses racines, et la perte se répare en moins de deux ans, car ses pousses sur recépage sont extrêmement vigoureuses, c'est-à-dire quelquefois de plus de six pieds.

L'élégance des feuilles de cet arbrisseau, la disposition agréable et l'excellente odeur de ses fleurs, le rendent très-propre à embellir les jardins, où on en forme des berceaux, des guirlandes, des touffes qui ont un arbre pour centre, et surtout on le palissade contre les murs qu'on désire cacher à la vue. Le goût des jardins paysagers l'a fait un peu tomber de mode, parcequ'il ne s'y place pas aussi avantageusement que dans ceux que préféroient nos pères ; et c'est dommage, car la plupart des arbustes qu'on lui a substitués ne le valent pas. Je voudrois donc l'y employer pour garnir le bas des rochers, des murs de fabrique, les supports des ponts, le pied des arbres isolés, le faire ramper sur les arbres et arbustes qui oussent lentement et qui fleurissent au printemps, etc. Il st très possible, selon moi, d'en tirer un grand parti sous ces livers rapports.

La culture du jasmin commun ne consiste qu'en un ou deux inages par an, un palissage en hiver, et l'enlèvement des ranches mortes. On ne l'a multiplié que de marcottes et de ejetons depuis qu'il est en Europe ; aussi a-t-il perdu la faulté de produire des graines, comme tant d'autres plantes que homme cultive très anciennement. Ces marcottes prennent acine la même année, lorsqu'on les a faites en hiver, et euvent se lever, soit pour être mises en pépinière, soit pour être plantées à demeure dès l'automne suivant. Les rejetons sont également presque toujours assez forts pour être directement mis en place. On le multiplie aussi de boutures, mais ce moyen est peu employé.

Quoique le jasmin commun, ainsi que je l'ai dit plus haut, croisse et fleurisse fort bien dans le climat de Paris, cependant il vient incomparablement plus grand et fournit une quantité de fleurs bien plus considérable dans les climats plus chauds, dans les parties méridionales de l'Europe, par exemple, où l'odeur de ses fleurs est exaltée au point de fatiguer la tête et d'agir sur les nerfs, tandis qu'ici il ne produit que rarement ces effets. Est-ce un bien? est-ce un mal? Je ne le déciderai pas, puisque c'est une sensation qui doit juger, et que les sensations varient non seulement dans tous les hommes, mais encore dans chaque homme, selon les circonstances physiques et morales dans lesquelles il se trouve. J'en ai joui dans les deux cas, et j'en ai été toujours agréablement affecté, car c'est réellement, comme tout le monde le sait, une des odeurs les plus suaves qui existent.

On ne peut obtenir l'odeur des fleurs du jasmin par la distillation, parceque son arôme se décompose dans l'opération; mais on la fixe dans les corps gras, tels que le saindoux, en stratifiant ses fleurs dans des vaisseaux fermés avec des planches enduites de cette substance. Long-temps on a employé les fleurs du jasmin commun pour cet objet; mais depuis on s'est aperçu qu'une autre espèce, le JASMIN A GRANDES FLEURS, fournissoit plus d'arôme, et en conséquence on a multiplié ce dernier dans les lieux de fabrique de parfumerie. Aujourd'hui donc il est en culture réglée en pleine terre autour des villes de Grasse, Vence, Antibes, Nice, et sur toute la rivière de Gênes; ainsi je vais entrer dans quelques détails sur sa culture.

Ce jasmin, qu'on appelle aussi *jasmin d'Espagne* ou *de Catalogne*, quoiqu'il soit également originaire des Indes, est un arbrisseau de deux ou trois pieds de haut, garni de beaucoup de rameaux foibles, mais qui ne grimpent pas. Ses feuilles sont à sept folioles, dont les trois supérieures sont souvent soudées par leur base. Ses fleurs sont réunies en petit nombre à l'extrémité des rameaux; elles diffèrent de celles du précédent par leur grandeur de plus du double, et par leur couleur qui est rougeâtre à l'extérieur.

On greffe généralement, dit Rozier, le jasmin à grandes fleurs, dans les parties méridionales de la France, sur le jasmin commun, soit pour la culture en grand du pays, soit pour envoyer dans le nord (ce qui donne à supposer qu'il ne reprend pas de marcottes; mais cela est difficile à croire, puisque toutes les autres espèces se multiplient par ce moyen)

Quoi qu'il en soit, ces greffes se font en écusson à œil dormant.

La culture de ce jasmin, en pleine terre, consiste, 1° en un labour d'hiver sur une copieuse couche de fumier, 2° dans le retranchement tous les deux ans au moins de la totalité des branches, 3° dans la récolte des fleurs. Lorsque les gelées s'annoncent comme devant être rigoureuses, on établit au-dessus des pieds de jasmin un treillage de roseaux qu'on couvre de paille. Le retranchement des branches a pour but d'en faire pousser un plus grand nombre, et par-là d'avoir plus de fleurs. Ces fleurs se succèdent depuis le printemps jusqu'à l'hiver, et se vendent chaque jour aux parfumeurs qui doivent les employer avant qu'elles soient fanées.

Dans le nord de la France cet arbuste demande l'orangerie. On l'y taille chaque année, mais moins court que sur les bords de la Méditerranée. Naturellement il n'y fleurit que pendant l'automne; mais comme il est fort recherché dans Paris, à raison de l'excellente odeur de ses fleurs et de la petitesse de sa taille, pour mettre sur les cheminées, les commodes, les jardinières des appartements, etc., on le rentre sous châssis à couche avant les gelées, et on l'entretient ainsi en végétation pendant tout l'hiver, afin qu'il continue de fournir des fleurs. Il ne paroit pas souffrir l'année suivante, lorsqu'on le conduit avec prudence, de la violence qu'on lui a faite, ce qui prouve que dans son pays natal il est perpétuellement en fleur.

La plus grande partie des pieds de ce jasmin qui se trouvent dans les jardins de Paris ont été apportés tout greffés de Gênes. Comme ces pieds souffrent nécessairement d'un aussi long voyage, il faut les examiner avec soin lorsqu'on les achète, afin de ne prendre que ceux dont la greffe est bien vivante et les planter sous un châssis à couche d'un degré de chaleur assez fort, afin de ranimer leur végétation. Leur culture dans ces premiers momens est assez scabreuse.

Puisque j'ai parlé d'un jasmin d'orangerie, il faut que j'en mentionne encore d'autres qui y sont aussi fréquemment cultivés et qui le méritent également.

Le JASMIN DES AÇORES est un arbrisseau qui doit s'élever à quinze à vingt pieds et venir assez gros dans son pays natal, si on en juge par les vieux pieds qui se voient dans l'orangerie de Versailles. Ses feuilles sont opposées, pétiolées, ternées, à folioles cordiformes, pointues, lisses et luisantes, d'un vert foncé. Ses fleurs sont blanches, très odorantes, nombreuses et disposées en cimes paniculées. Il fleurit au milieu de l'automne et reste vert toute l'année. Ses longs rameaux pendans, lorsqu'on ne les soutient pas, s'opposent à ce qu'il fasse un bon effet dans les pots où on est obligé de le tenir ; mais s'il étoit possible de le palissader, ce seroit un des plus agréables des arbustes cultivés en France. Il demande une taille annuelle assez rigoureuse et une terre substantielle. Dans les parties méridionales de l'Europe il passe l'hiver en pleine terre, lorsqu'il est dans une position abritée. J'en ai vu de superbes pieds dans les jardins d'Italie, mais on n'en savoit pas tirer parti. On le multiplie par la greffe sur le jasmin commun, par marcottes qu'on fait au printemps, et par boutures. Ces deux derniers moyens sont très rapides, ainsi que j'en ai l'expérience. Les boutures doivent se placer dans des terrines, sur couche et sous châssis, à la fin du printemps.

Le JASMIN JONQUILLE, *Jasminium odoratissimum*, Lin., a la tige droite, rameuse ; les feuilles alternes, pétiolées, simples ou ternées, ou ailées ; les folioles ovales, fermes, lisses, d'un beau vert ; les fleurs jaunes, d'une odeur suave, et disposées en bouquets à l'extrémité des rameaux. Il est originaire de l'Inde, conserve ses feuilles et fleurit toute l'année. Il demande l'orangerie et une terre substantielle. Sa taille doit être très ménagée, parcequ'il fleurit sur les vieux rameaux comme sur les jeunes, chose qui n'a pas lieu dans les espèces dont il vient d'être question. On doit, pour l'agrément du coup d'œil, tendre à le mettre sur un brin et à le tenir en boule. On le multiplie de rejetons, de marcottes et de boutures, positivement comme le précédent.

Le JASMIN A FEUILLES DE CYTISE, *Jasminium fruticans*, Lin., a les tiges droites, anguleuses, rameuses, foibles ; les feuilles alternes, pétiolées, glabres, les inférieures ternées, les supérieures simples ; les fleurs jaunes, inodores et réunies en petit nombre à l'extrémité des rameaux. Il est originaire des parties méridionales de l'Europe, où on le trouve dans les haies parmi les rochers. C'est un arbuste toujours vert, qui fleurit pendant tout l'été, et le seul de son genre qui donne abondamment des graines en Europe. Ces graines sont oblongues et noires dans leur maturité. Les hivers les plus rigoureux ne lui font aucun tort dans le climat de Paris ; aussi l'y cultive-t-on beaucoup dans les jardins paysagers, qu'il orne par sa perpétuelle verdure et par ses fleurs et ses fruits. Toute exposition lui est bonne, mais il vient mieux au midi ; toute terre lui convient, mais celle qui est sèche et légère plus que les autres. On le place au dernier rang des massifs, sous les grands arbres, contre les fabriques, les murs, etc. Il ne s'élève pas à plus de quatre à cinq pieds, mais forme des touffes d'une très grande étendue par la disposition qu'ont ses racines à drageonner. Cette disposition est même en lui un inconvénient, car elle oblige à des retranchemens annuels qui déforment les touffes. On le multiplie de semences, de marcottes, de boutures et de drageons. On pense bien, d'après ce que je viens de dire, que cette dernière voie est la seule ordinairement employée.

J'ignore si les moutons mangent les rameaux de cet arbuste; mais s'ils l'aiment il seroit utile de le multiplier en grand dans les sols arides et pierreux qui ne donnent aucun produit, car il leur fourniroit une abondante subsistance.

Le JASMIN NAIN a les rameaux anguleux; les feuilles alternes, tantôt ternées, tantôt ailées; les fleurs jaunes et les fruits rouges. Il croît naturellement en Italie, s'élève à peine à un pied, et fleurit en automne. On le cultive en pleine terre, comme le précédent, dans quelques jardins; mais il lui est inférieur à tous égards. (B.)

JASMIN DE VIRGINIE. C'est la BIGNONE RADICANTE.

JASMINOIDE. *Voyez* LYCIET.

JAU. C'est le coq dans le département des Deux-Sèvres.

JAUBE. Dans les landes de Bordeaux on donne ce nom à l'AJONC.

JAUGE. C'est le nom que l'on donne à un instrument composé d'une ou de plusieurs baguettes, et avec lequel on mesure la capacité des tonneaux ou la quantité de liquides qu'ils contiennent. *Jauger*, c'est opérer avec cet instrument.

A ne considérer la chose que sous le rapport de la théorie, il ne sauroit être difficile de déterminer d'une manière suffisamment exacte la *contenance* d'une pièce quelconque. Cette question revient à la mesure des corps irréguliers qu'on effectue en les décomposant en parties qui puissent s'assimiler ' des corps de formes régulières, et dont la capacité s'obtienne par les procédés de la géométrie élémentaire. Nous ne saurions entrer ici dans le détail de ces opérations dont on trouvera quelques principes au mot MESURE.

Mais tous ces moyens, quelque ingénieux qu'ils soient, ont un grand inconvénient dans la pratique; c'est la longueur des calculs qu'ils entraînent, longueur incompatible avec le but principal du *jaugage*. C'est le plus souvent pour faire acquitter aux portes des villes les droits imposés sur les boissons que l'on jauge les pièces qui les contiennent; il faut donc que cette opération puisse être effectuée promptement, avec peu de calcul, et à la portée de ceux qui n'ont en arithmétique que les connoissances les plus ordinaires; et à cet égard rien n'est mieux imaginé que les jauges ordinaires, à l'aide desquelles, en opérant comme pour mesurer les dimensions linéaires de la pièce, on trouve sur l'instrument même des nombres peu considérables qui, par une simple multiplication, donnent la capacité de la pièce. Le résultat a quelquefois besoin de correction pour convenir à des tonneaux de forme particulière ; mais c'est plutôt par l'expérience que par la théorie qu'on est parvenu à ces corrections qui remplissent assez bien le but proposé, et évitent d'en venir au *dépotement*, c'est-à-dire à transvaser le liquide contenu dans la pièce pour le mesurer immédiatement. (L.C.)

JAUGE. Ce mot a trois acceptions dans l'art du pépiniériste, qui toutes rentrent cependant dans la même.

On met en jauge les graines qu'on ne veut pas semer avant l'hiver, et qui cependant perdent leur faculté germinative lorsqu'elles restent long-temps exposées à l'air, comme les amandes, les noix, les châtaignes, les glands.

Pour cela on les dispose par lits alternatifs avec de la terre ou du sable, et on les recouvre d'une épaisseur de terre suffisante pour que le froid ni le chaud ne puissent pas facilement les atteindre, pour que les oiseaux ou les rats ne soient pas tentés de s'en nourrir. Mieux encore on les met dans des caisses ou dans des pots, en les plaçant en couches alternatives, comme il vient d'être dit, et on place ces caisses ou ces pots dans un cellier, une cave, ou un autre lieu abrité.

Lorsque l'intention a été de laisser germer les graines ainsi disposées, on appelle cette opération mettre au GERMOIR. *Voyez* ce mot.

Dans les jardins et les pépinières on plante en jauge, ou *on met en rigole* du plant trop petit pour être mis de suite en place, ou pour être espacé à la distance ordinaire, ou lorsqu'on manque de place pour employer tout le plant qu'on possède, ou lorsqu'on n'a pas assez de temps pour planter convenablement ce plant.

Pour planter en jauge ou mettre en rigole du petit plant, on fait une tranchée large d'un fer de bêche, profonde de six pouces, et on dispose le plant sur un de ses côtés, à deux ou trois pouces de distance, plus ou moins, selon sa grosseur. Lorsque toute la longueur de la tranchée est ainsi disposée, on la remplit avec la terre qu'on en a tirée, et on en fait une autre parallèle à un pied ou un pied et demi plus loin. Le plant qui croît rapidement s'écarte davantage.

Pour expédier plus vite la besogne, quand on a plusieurs rangées à planter ainsi, on remplit la première de la terre tirée de la seconde, et ainsi de suite : quatre hommes peuvent mettre en terre douze à quinze milliers de plants en un jour, et quelquefois plus lorsqu'ils ont cœur à l'ouvrage.

La pratique de planter en jauge est très employée dans les grandes pépinières, et a des avantages très importans. *Voy.* au mot PÉPINIÈRE.

On met en jauge, pour que leurs racines ne se dessèchent

pas, des arbres qu'on vient d'arracher et qu'on ne veut pas planter sur-le-champ.

Pour cela on fait un trou suffisamment grand, ou mieux, plusieurs tranchées rapprochées et parallèles; on y range les racines de ces arbres près à près, et on les recouvre de la terre qu'on en a tirée. Le plus souvent on dispose ces arbres dans une position oblique. (B.)

JAUGE. On donne aussi ce nom à la distance que ceux qui labourent à la bêche ou à la pioche laissent entre la terre déjà remuée et celle qui va l'être.

Plus la jauge est large et profonde, et plus le labour est bon. Il n'y a que dans les seconds labours qu'on peut se dispenser d'en faire. *Voyez* LABOUR. (B.)

JAUNISSE. Médecine vétérinaire. Si, dans un animal quelconque, la langue, les lèvres, l'intérieur des naseaux, et principalement la conjonctive, présentent une couleur jaune; si les urines déposent un sédiment jaunâtre, si les fonctions des organes de la digestion sont dérangées; en un mot, si l'animal rend ordinairement par l'anus des excrémens jaunes et fluides, quelquefois durs et secs, nous disons qu'il est atteint de l'ictère ou de la jaunisse.

Cette maladie arrive toutes les fois que la bile, préparée dans le foie et reçue par les conduits bilifères, au lieu de passer continuellement de ce viscère dans les petits intestins, est obligée de rentrer dans le torrent de la circulation, et de passer en partie par les vaisseaux exhalans qui se terminent à la surface extérieure des tégumens, et en partie par les autres conduits excrétoires.

Nous distinguons trois espèces de jaunisse; nous allons les décrire.

Première espèce. Jaunisse avec chaleur. Elle se manifeste par les signes suivans: l'animal est pesant, triste, accablé; la chaleur de la superficie du corps est considérable; les veines qu'on aperçoit sur les tégumens, et principalement sur la cornée opaque, sont gonflées; la langue est très chaude, l'animal témoigne beaucoup de désir de boire frais dans les premiers jours de la maladie, ensuite la fièvre augmente, l'appétit diminue, la respiration est plus laborieuse, les oreilles deviennent froides, le poil se hérisse, la conjonctive, la commissure des lèvres prennent une couleur jaune, les urines se colorent et sont plus ou moins troubles, en tirant ordinairement sur le brun obscur, et les excrémens sont plus souvent durs, secs et noirs, que fluides et de couleur jaune.

Les principes les plus fréquens de la jaunisse avec chaleur sont l'eau impure et marécageuse, la longue exposition aux ardeurs du soleil, le passage subit d'un air chaud dans une atmosphère froide , un bain pris lorsque l'animal est couvert de sueur; enfin l'usage immodéré des plantes âcres et trop nutritives, etc.

Le bœuf et le mouton sont plus sujets à cette espèce de jaunisse que le cheval et l'âne ; le bouc et le cochon échappent rarement à cette maladie s'ils sont foibles et âgés ; mais s'ils sont jeunes et le mal récent, on peut compter sur une parfaite guérison, par l'usage des remèdes que nous allons indiquer.

Dès l'apparition des premiers symptômes, tels que la perte d'appétit, la chaleur, la couleur jaune de la conjonctive et la difficulté de respirer, saignez l'animal à la veine jugulaire, et réitérez la saignée, selon la plénitude des vaisseaux, l'âge, l'espèce du sujet et la constitution de l'air ; donnez quelques lavemens composés de décoction d'orge et de sel de nitre ; administrez des breuvages de petit-lait, de l'infusion des feuilles d'aigremoine aiguisée avec du nitre ou du vinaigre ; mettez l'animal dans une écurie sèche et bien aérée , et donnez-lui pour nourriture du son humecté avec de l'eau nitrée quant au bœuf et au cheval, et de sel marin pour le mouton. Si, cinq à six jours après ce traitement, la couleur jaune de la conjonctive se soutient, si l'appétit ne revient pas, si les excrémens deviennent jaunes et fluides, si la chaleur des tégumens et celle de la langue disparoissent, administrez les remèdes que nous allons prescrire dans la jaunisse de l'espèce suivante.

Deuxième espèce. Jaunisse froide. Celle-ci s'annonce par la diminution des forces, la tristesse de l'animal, la perte de l'appétit, la couleur jaune des yeux, les vaisseaux de l'œil variqueux, la langue jaunâtre, la difficulté de respirer , la contraction plus ou moins forte des muscles du bas ventre, la froidure des tégumens, la petitesse des vaisseaux superficiels, la fluidité et la couleur jaune des matières fécales, la répugnance de la boisson, et les battemens de l'artère maxillaire plus petits que dans l'état naturel.

Le bœuf et encore plus le mouton sont plus exposés à cette espèce de jaunisse que les autres animaux. Nous rangeons parmi les causes les plus connues de la jaunisse froide le passage subit du chaud au froid, les bains, la pluie pendant une course violente, la suppression de la transpiration ou une sueur tout à coup arrêtée, une diarrhée suspendue par l'usage des remèdes astringens, les eaux impures et stagnantes pour boisson, les pâturages marécageux, la boisson trop copieuse, sur-tout chez le mouton , le long séjour dans les écuries humides et mal disposées, et les concrétions pierreuses dans le foie.

Loin de prescrire ici la même méthode de la jaunisse avec chaleur , nous recommandons au contraire l'usage du suc exprimé des feuilles de chélidoine incorporé avec parties

égales de miel, le savon incorporé avec suffisante quantité
d'extrait de genièvre, de ciguë, à la dose de demi-drachme
pour le cheval, délayé dans une décoction de pariétaire, ou
de garance, ou d'asperges : continuez pendant neuf à dix jours,
sans oublier les lavemens indiqués dans la jaunisse précédente.

Troisième espèce. Jaunisse par les vers. Le foie du cheval,
du bœuf, du mouton, contient des vers dont la figure et la
grandeur varient selon l'espèce de l'individu. Leur multiplication est souvent si dangereuse, que la sécrétion de la bile
se trouvant dérangée, son transport dans les vaisseaux bilifères est gêné ; de là le reflux de cette humeur dans le torrent
de la circulation, et la jaunisse.

On doit bien comprendre que cette espèce de jaunisse n'é-
tant qu'accidentelle, on ne peut parvenir à la faire cesser et
à rétablir l'animal qu'en ôtant ou détruisant les vers par les
remèdes appropriés. *Voyez* l'article VERS, MALADIES VERMI-
NEUSES, où nous nous proposons de traiter au long des espèces
de vers qui affectent les animaux, de ce qui les produit, de
leurs désordres, des différentes maladies qu'ils occasionnent,
et de la préparation de l'huile empyreumatique pour les détruire. (R.)

JAUNISSE. Maladie des plantes qui s'annonce par la diminution de l'intensité du vert de leurs feuilles, qui se caractérise par la nuance jaune et ensuite brune qu'elles prennent,
et qui se termine ou par la chute des feuilles seulement, ou
par le dessèchement des feuilles suivi de la mort de la plante.

Toutes les circonstances qui précèdent, accompagnent et
suivent la jaunisse des plantes, prouvent qu'elle est uniquement
due à une diminution dans leurs moyens de nutrition.

Un arbre planté dans un terrain aride, à moins qu'on ne
l'arrose régulièrement, est toujours jaune, parcequ'il n'y trouve
pas la quantité de sève nécessaire à son entretien. Souvent
même il y périt lentement ou subitement lorsque la sécheresse
se prolonge.

Un arbre planté dans un terrain marécageux jaunit, parceque la plupart de ses racines pourrissent. Il périt quand toutes
ses racines sont mortes. On peut facilement s'assurer de ce fait.

Un arbre dont l'écorce des racines est rongée par la larve du
HANNETON ou brûlée par l'acide des FOURMIS (*voyez* ces mots),
jaunit, parceque cette écorce, ayant perdu ses vaisseaux absorbans, ne peut plus assimiler les sucs qui doivent entrer dans
la composition de la sève. Il périt lorsque la presque totalité de
cette écorce, sur-tout celle des fibrilles, est désorganisée.

Un arbre dont on a étronçonné, mutilé les racines avant
de le planter est sujet à jaunir, parcequ'il n'a pas assez de
suçoirs pour se procurer la quantité de sève qui lui est néces-

saire. Par la même raison un arbre greffé sur un sujet d'une nature plus foible que la sienne jaunit également.

Un arbre exposé à toute l'ardeur du soleil du midi jaunit, parceque l'évaporation de sa sève est plus considérable que son absorption.

Un arbre qui a un grand ulcère ou quelque autre maladie interne, ou celui dont des insectes ont désorganisé le liber, ou rongé la moelle, etc., jaunit, parcequ'il a perdu de la force qui étoit nécessaire pour soutirer la même quantité de sève.

Un arbre qui a porté une surabondance de fruits d'hiver, qui n'a pas pu par conséquent emmagasiner dans ses racines, pendant l'automne, une provision de sève pour le printemps suivant, pousse souvent, comme je crois n'en être assuré, des feuilles jaunes à cette dernière époque, et ce encore par la même raison, c'est-à-dire par suite de son affoiblissement.

Un arbre qui par la diminution de la chaleur solaire, aux approches de l'hiver, perd de cette même force, jaunit. Tous les ans on observe ce phénomène sur la plupart des arbres et des plantes. Souvent une petite gelée le produit du soir au matin.

Enfin, un arbre qui est prêt à mourir de vieillesse jaunit par la même cause.

On peut considérer comme une jaunisse l'ÉTIOLEMENT des plantes qu'on prive de la lumière ; mais cette maladie a cependant quelques caractères qui lui sont exclusivement propres. *Voyez* ce mot.

Tous les arbres n'ont pas la disposition à jaunir au même degré. Le poirier peut être cité, parmi les arbres fruitiers, comme celui qui y est le plus exposé ; aussi dans combien de jardins offre-t-il un vert foncé, sur-tout lorsqu'il est greffé sur cognassier ? L'acacia présente le même phénomène parmi les arbres d'agrément. Il est rare que le vert de deux pieds placés à côté l'un de l'autre ait la même nuance. On pourroit avec cette seule espèce faire des plantations qui offriroient toutes les teintes entre le vert brillant, le jaune et le brun clair.

Les arbres sont généralement plus sujets à la jaunisse que les plantes herbacées.

Souvent un arbre vit une longue suite d'années sans cesser une seule de ces années d'avoir des feuilles jaunes ; mais cet arbre ne parvient jamais à la grosseur, ne porte pas autant de fruits que celui, planté la même année et dans le même terrain, qui n'aura pas éprouvé cette maladie.

On peut, dans un grand nombre de cas, faire disparoître la jaunisse des arbres, non sur les feuilles qui l'ont montrée, mais sur celles qui vont se développer ou qui se développeront l'année suivante.

Des arrosemens abondans et continus rendent la santé à

un arbre devenu jaune parcequ'il est planté dans un sol aride. On peut aussi arriver au même but en coupant pendant l'hiver une partie de ses branches, c'est-à-dire en proportionnant celles qu'il doit nourrir l'année suivante à ce que ses racines peuvent fournir de sève. Ces moyens ne sont que temporaires. Le seul durable, c'est de remplacer la terre qui entourre ses racines avec de la terre franche de bonne qualité, ou de fumer fortement.

En donnant, par le moyen de profondes tranchées, de l'écoulement aux eaux des marais qui pourrissent les racines d'un arbre, on fait disparoître sa jaunisse, pourvu toutefois que le mal ne soit pas encore trop invétéré.

De même, en tuant les larves de hannetons ou les fourmis qui font jaunir un arbre, on lui rend la verdure, s'il n'y a que peu de racines dont l'écorce soit altérée.

Une excellente terre et des arrosemens ménagés assurent la reprise et la vigueur de l'arbre dont les racines ont été trop mutilées.

L'abri d'un paillasson, d'une planche, etc. suffit souvent pour faire reverdir un arbre brûlé par le soleil.

C'est au jardinier intelligent à juger, par l'observation, des causes de la jaunisse des arbres et des plantes qu'il est appelé à soigner. Je ne puis ici indiquer ni tous les cas ni toutes les circonstances.

Lorsque l'aspect du terrain n'annonce pas une cause de jaunisse, et que cependant les arbres d'un jardin sont jaunes, on peut accuser celui qui les soigne de négligence, puisque des engrais et des amendemens placés à propos peuvent toujours remédier au mal. Un seul labour, donné dans un instant favorable, avant la sève d'automne, a suffi pour guérir de la jaunisse une allée de poiriers. (B.)

JAUNISSE. Maladie des vers à soie, qui ne diffère de la GRASSERIE que par l'époque où elle se développe. C'est vers la fin du cinquième âge, lorsque les vers sont prêts à filer, que la jaunisse se développe. On la reconnoît à l'enflure de l'animal et à la couleur jaune qu'il prend. M. Nysten l'attribue à l'infiltration du liquide nutritif et de la matière de la soie. Il n'y a pas de remède connu pour arrêter ses ravages. *Voyez* au mot VER A SOIE. (B.)

JAVART. MÉDECINE VÉTÉRINAIRE. Le javart, en général, n'est autre chose qu'un petit bourbillon, ou une portion de peau qui tombe en gangrène, et qui se détache en produisant une légère sérosité.

Dans le cheval, on a donné au javart différens noms, relativement à sa situation; on l'a appelé javart tendineux, lorsqu'il étoit situé sur le tendon; javart encorné quand il occupoit la couronne près du sabot; mais cette dénomination n'étant pas suffisante, nous le distinguerons, d'après M. Lafosse, à raison des parties qu'il attaque, en javart simple, en javart nerveux, en javart encorné proprement dit, et en javart encorné improprement dit.

Les principes qui donnent naissance à ces différentes espèces de javart sont les contusions, les meurtrissures, les atteintes négligées, l'âcreté des boues, la crasse accumulée, l'épaississement et l'acrimonie de l'insensible transpiration et d'autres humeurs, etc.

Le javart auquel le bœuf et le mouton se trouvent quelquefois exposés s'appelle fourchet : nous n'en parlerons seulement qu'après avoir donné la description des signes et du traitement de chaque espèce de javart en particulier que l'on observe dans le cheval.

Le javart simple n'est accompagné d'aucun danger; il attaque seulement la peau et une partie du tissu cellulaire du paturon, plus communément aux pieds de derrière qu'à ceux de devant. Cette espèce de javart est quelquefois si peu apparente, qu'on ne s'en aperçoit que parceque le cheval boite, et qu'en touchant le paturon, on sent une tumeur plus ou moins dure et douloureuse, d'où suinte une matière d'une odeur fétide.

Faire détacher le bourbillon, faciliter la suppuration, voilà les indications curatives que cette espèce de javart offre à l'artiste vétérinaire.

Après avoir donc reconnu que les tégumens du paturon sont les seules parties affectées, coupez-en les poils, et appliquez sur la tumeur un cataplasme de mie de pain et de lait. Le cataplasme fait avec le levain, les gousses d'ail et le vinaigre, recommandé par M. de Soleysel, m'a réussi plusieurs fois; continuez-le jusqu'à ce que l'abcès s'ouvre, et que le bourbillon soit sorti, ensuite pansez la plaie avec l'onguent basilicum, et terminez la cure en employant l'onguent égyptiac. On doit bien comprendre que, si l'ouverture de l'abcès est trop petite, qu'il est important de la dilater avec le bistouri, dans la vue de faire pénétrer mieux les remèdes dans le fond de l'ulcère, de faire sortir le bourbillon avec plus de facilité, et d'opérer une plus prompte cicatrisation.

Du javart nerveux. On donne ce nom à celui qui attaque la gaîne du tendon. Cette espèce de javart fixe ordinairement son siége dans le paturon, et reconnoît pour cause la matière du javart simple, qui a fusé ou pénétré jusqu'à la gaîne du tendon. Il est aisé de s'en apercevoir, lorsqu'après la sortie du bourbillon il suinte de la plaie une sérosité sanieuse, tandis qu'il reste encore une petite ouverture et un fond qu'on découvre par le moyen de la sonde.

Avez-vous reconnu ce fond ? Avez-vous découvert la route que tiennent les matières purulentes? Introduisez-y une sonde cannelée, sur laquelle vous ferez glisser le bistouri ; faites une incision longitudinale, que vous prolongerez jusqu'au foyer du mal, en prenant garde de ne pas intéresser les parties tendineuses ; mettez ensuite dans la cavité de l'ulcère des plumasseaux mollets chargés de digestif simple, à moins que le tendon ne soit lésé ; s'il est affecté, substituez de petits plumasseaux, imbibés d'onguent digestif, animé avec de l'eau-de-vie ou la teinture d'aloës, pour accélérer la chute de la partie lésée ; pansez ensuite le reste de l'ulcère avec le simple digestif, et terminez la cure par l'application des plumasseaux secs.

La fistule se trouve quelquefois en dedans du paturon et vers la fourchette; dans ce cas, faites une incision en tirant vers le milieu de la fourchette : c'est le vrai moyen de ne pas toucher au cartilage latéral de l'os du pied, dont la carie constitue le javart encorné improprement dit.

Le javart encorné proprement dit établit toujours son siège sur la couronne, ou au commencement du sabot.

Une atteinte négligée, un coup que le cheval se sera donné ou qu'il aura reçu dans cette partie, en sont les principes ordinaires.

La contusion est-elle récente? appliquez-y un léger résolutif, tel que la térébenthine de Venise. La suppuration est-elle établie? favorisez-la par l'application de l'onguent basilicum. Apercevez-vous un bourbillon? faites-le suppurer, afin de le faire détacher plus promptement. Mais la contusion paroît-elle sur la pointe du talon ? le bourbillon tarde-t-il à se détacher ? après quatre ou cinq jours de pansement, faites un peu marcher l'animal ; il est prouvé, par l'expérience de M. Lafosse et par la nôtre, que le mouvement facilite et favorise la sortie de la matière dont le séjour pourroit léser les parties voisines ; le bourbillon étant sorti, pansez la plaie comme un ulcère simple, jusqu'à parfaite guérison.

Il arrive quelquefois qu'après la sortie du bourbillon la plaie fournit une matière liquide, et qu'on y découvre un fond au moyen de la sonde; c'est une preuve que la matière a attaqué le cartilage placé sur la partie latérale et supérieure de l'os du pied, d'où résulte le javart encorné improprement dit dont nous allons parler.

Celui-ci est une carie du cartilage, dont nous avons déjà décrit la situation, avec un suintement sanieux, et un engorgement dans la partie postérieure du pied, à l'endroit même du cartilage ; ce n'est donc plus un javart, puisque c'est une maladie particulière du cartilage; mais pour nous conformer à l'usage reçu, nous avons cru devoir lui laisser ce nom, en y ajoutant les deux mots, improprement dit, pour le faire distinguer du véritable javart encorné, dont le siège est fixé à la couronne, proche le sabot.

Ce mal reconnoît pour causes l'humeur du javart encorné. la matière d'une bleime, d'une seime, d'une atteinte, etc.. dont l'humeur aura fusé jusqu'au cartilage, et qui l'aura carié. *Voyez* CARIE.

On est assuré de la carie du cartilage par le suintement continuel que l'on observe à cet endroit, par l'enflure du pied, et par le fond qu'on y sent avec la sonde.

Cette espèce de javart est un mal fort grave et très difficile à guérir; on peut ajouter même qu'il est incurable, si l'on ignore la structure du pied. Pour le guérir, coupez entièrement tout le cartilage, l'expérience prouvant que, lorsqu'il est carié seulement dans un de ses points, il est peu à peu gagné par la carie dans toute son étendue; cette opération demande donc un artiste habile et éclairé. Un maréchal de village, ordinairement dépourvu de notions claires et distinctes sur la structure du pied, sans force, sans adresse, auroit donc tort de l'entreprendre. L'extirpation faite, mettez sur la plaie de petits plumasseaux imbibés dans la teinture de térébenthine, que vous contiendrez avec de larges plumasseaux et une bande qui les comprimera doucement contre le fond de la plaie. Y a-t-il hémorragie? Appliquez sur l'ouverture de l'artère de l'amadou ou de la poudre de lycoperdon, dont nous avons déjà parlé à l'article HÉMORRAGIE (*voyez* ce mot), ou bien faites compression, etc.

Au bout de quatre ou cinq jours, levez l'appareil; en attendant plus tard, on s'expose à faire naître des ulcères sinueux qu'il est essentiel de dilater, pour donner issue à la matière. À chaque pansement, ne faites pas lever trop haut le pied de l'animal, crainte de l'hémorragie; évitez de le faire marcher; n'appliquez, les premiers jours, après avoir levé le premier appareil, que des plumasseaux imbus de teinture d'aloès ou de térébenthine, ensuite du digestif animé avec plus ou moins d'eau-de-vie; dilatez tous les sinus qui pourront se former pendant le traitement; tenez la sole de corne toujours humectée avec l'onguent de pied, nourrissez l'animal avec peu de foin, beaucoup de paille et de son mouillé, faites-lui boire souvent de l'eau blanchie, et donnez-lui de temps en temps quelques lavemens émolliens.

Nous avons dit, au commencement de cet article, que le bœuf et le mouton étoient quelquefois sujets à une espèce de javart appelé fourchet.

Le pied de ces deux animaux, dont la construction est si différente de celle du cheval, n'est affecté que du fourchet simple et du fourchet encorné.

Le fourchet simple n'est accompagné d'aucun danger ; mais le fourchet encorné, que l'on observe entre la dernière phalange du pied et la corne, mérite un traitement particulier. Dilatez l'abcès formé par le pus, jusqu'au commencement de la corne. L'ulcère ne pénètre-t-il que dans la partie postérieure du pied, sans gagner la corne et l'os du pied de l'un ou l'autre ongle ; la seule dilatation de l'ulcère, avec l'application de la teinture d'aloës et le digestif simple, suffisent pour conduire l'ulcère à parfaite guérison. Mais il n'en est pas de même lorsque l'ulcère a fait des progrès entre l'os du pied et la corne ; craignez alors la chute de la corne ; évitez-la en faisant une contr'ouverture, ou bien en ouvrant bien la corne avec la cornière du boutoir dans toute la longueur de l'abcès ; ensuite appliquez sur toute la plaie des plumasseaux imbus de teinture de térébenthine que vous renouvellerez toutes les vingt-quatre heures ; réprimez les chairs fongueuses, molles et baveuses, par l'usage de l'onguent égyptiac ; les chairs étant d'un bon caractère, maintenez-les dans leurs justes bornes par des plumasseaux soutenus par un bandage convenable. (R.)

JAVELLE. Lorsqu'on scie les céréales avec la faucille, on met successivement chaque poignée à côté de la précédente, de manière à former de petits tas de deux, trois et quatre pieds de large, selon les pays. Ces tas s'appellent des *javelles*.

Deux, trois, quatre javelles forment une BOTTE. *V.* ce mot.

Par suite on a dit *javeler* pour mettre en *javelle* et pour laisser les *javelles* sur le terrain.

Le javelage, sous cette dernière considération, est une opération toujours utile et souvent indispensable, à raison de la nécessité de laisser les graines et les pailles achever de mûrir, ou au moins achever de se dessécher, et du manque de bras pour botteler tout de suite ; mais on l'exagère quelquefois, d'où il résulte perte de grain, ou altération de sa couleur, altération de la couleur et de la saveur de la paille, même moisissure et pourriture.

Par une suite d'idées d'une absurdité telle qu'on ne peut pas s'en rendre raison, il a été établi en principe que les avoines devoient rester en javelles jusqu'à ce qu'elles soient devenues noires. Il est beaucoup de marchés où on ne vendroit pas celle à laquelle on n'auroit pas fait subir cette altération. Il résulte annuellement, de cette pratique, une perte immense pour les cultivateurs ; ils le savent ; n'importe, *c'est l'usage*, *l'avoine javelée est meilleure pour nos chevaux*, voilà leur réponse. Ceux d'entre eux qui veulent expliquer la cause de cet usage ajoutent que l'avoine *grossit par l'opération du javelage*, comme si une imbibition momentanée d'eau pouvoit avoir quelque valeur.

Il arrive très fréquemment que ce n'est pas seulement, comme à l'ordinaire, le dixième, le sixième seulement de la récolte qui se perd, mais la moitié, les trois quarts, la totalité même. J'en ai vu des exemples nombreux. En effet, un vent violent, une grêle de quelque force, une pluie d'orage, peuvent en quelques minutes séparer plus ou moins des grains, des épis. Une continuité de pluies pendant quinze jours peut faire germer ce grain et pourrir entièrement les pailles. Je dis donc qu'il faut couper l'avoine plus tard qu'on ne le fait communément, afin que le grain mûrisse et noircisse naturellement, et qu'il faut ne la laisser étendue sur la terre que le temps strictement nécessaire pour achever sa maturité ou permettre les autres opérations de la moisson. En la coupant le matin avant la dissipation de la rosée et en prenant les précautions convenables pour la botteler, la charger, la transporter et la décharger, on est certain d'en perdre beaucoup moins que dans la méthode exagérée du javelage qu'on suit actuellement, et d'avoir des grains réellement plus gros, plus susceptibles d'être conservés, plus nourrissans pour les chevaux, et des pailles susceptibles d'être mangées avec plaisir par tous les bestiaux. (B.)

JET. C'est la pousse d'une plante qui s'élève rapidement et droit. On dit les jets de cet arbre sont beaux.

Ce mot n'est plus guère employé. On lui a substitué le mot BOURGEON. (B.)

JETONS. On donne ce nom aux essaims dans une partie de la France. *Voyez* au mot ABEILLE.

JEUNE. Faire jeûner un arbre. Expression nouvelle, introduite dans la pratique du jardinage par Schabol. Voici comme il s'explique : « C'est une invention nouvelle pour empêcher qu'un arbre ne s'emporte tout d'un côté, tandis qu'à l'autre côté il ne profite point et dépérit. On y remédie en ôtant toute la nourriture et la bonne terre au côté trop en embonpoint, mettant à la place de la terre maigre ou du sable de ravine, pendant qu'on fume et engraisse le côté maigre ; de plus on courbe un peu fortement toutes les branches du côté trop gras et on laisse en liberté le côté maigre. Voilà ce qu'on appelle faire jeûner un arbre : c'est ainsi que sans tourmenter ceux qui ne se mettent pas à fruits, sans en couper les racines, et les mutiler en cent façons, suivant l'usage, on parvient a leur faire porter du fruit. » (R.)

JEUSSIR. C'est dans les Vosges la même chose que JAVILER.

JITE. Pousse du bois, c'est-à-dire synonyme de JET.

JOALLE. On donne ce nom, ainsi que l'annonce M. de Père, à des terrains partagés en planches de deux, trois ou quatre toises de large, bordés des deux côtés de deux ou trois rangs de vigne. Cette forme de plantation donne autant en vin que si tout étoit en vigne et on a en bénéfice la récolte du blé.

Tel est l'effet de la vigne aérée et convenablement traitée. (B.)

JOGUE. Nom de l'AJONC dans le Médoc.

JONC, *Juncus.* Genre de plantes de l'hexandrie monogynie, et de la famille des joncoïdes, qui renferme une soixantaine d'espèces, dont plusieurs sont si fréquemment employées dans les travaux de l'agriculture qu'il n'est pas permis de se refuser à les connoître lorsqu'on habite la campagne.

La plupart des espèces qui composent ce genre croissent dans les marais, sur le bord des eaux; les autres se trouvent dans les bois secs, sur les pelouses sablonneuses. Il en est quelques unes qui n'ont point de feuilles. Les plus importantes ou les plus communes sont,

Le JONC GLOMÉRULÉ. Il n'a point de feuilles; ses tiges sont cylindriques, hautes d'un pied et plus; ses fleurs sont disposées en tête latérale, ordinairement sessile et placée presque au sommet de la tige. Il croît très abondamment sur le bord des eaux, dans les marais, les prairies humides et y forme des touffes fort denses, qui restent vertes pendant toute l'année. Les bestiaux ne le recherchent pas, et il est trop cassant pour être employé aux usages des autres, de sorte qu'il n'est propre qu'à faire de la litière et à augmenter la masse des fumiers.

En croisant deux épingles dans sa tige, au-dessous de la tête des fleurs, et en les tirant ensemble du côté opposé, on fait sortir une moelle blanche, légère, cylindre, souvent aussi longue que la tige et qui est propre, lorsqu'elle est sèche, à servir de mêche aux lampes, sur-tout à celles qu'on appelle veilleuses. Sous ce rapport elle peut être de quelque utilité.

Le JONC ÉPARS n'a point de feuilles. Ses tiges sont striées, hautes d'un peu plus d'un pied, et ses fleurs disposées en panicule latérale au-dessous du sommet. Il croît avec abondance dans toute l'Europe sur le bord des eaux, dans les prairies humides, etc., forme des touffes extrêmement denses, et fleurit au commencement de l'été. C'est celui qu'on entend particulièrement en agriculture par le mot *jonc,* parceque c'est et le plus commun et le plus employé. Il sert à faire des paniers, des cordes, des nattes, à lier les branches des arbres, les légumes, etc. Il remplace dans un grand nombre de cas, et rès économiquement, la ficelle, la paille, les écorces d'arres et autres liens. Il faut pour l'employer, ou qu'il soit frais cucilli, ou qu'il soit bien imbibé d'eau. Les jardiniers en font

un si grand usage que ceux des villes sont souvent dans le cas
d'en planter.

Comme les bestiaux ne le recherchent pas et qu'il trace au
point de s'emparer bientôt des terrains qui lui conviennent,
il ne faut point lui permettre de se multiplier dans les prairies. Ainsi, lorsqu'il n'y en a encore que peu de pieds, on les
arrachera à la pioche, et lorsqu'il y en aura beaucoup, comme
cela n'est malheureusement que trop commun, on labourera et
on écobuera ces prairies, c'est-à-dire qu'on en brûlera la surface
sur le sol même. Ce cas est un de ceux où cette dernière opération est réellement utile. *Voyez* au mot Ecobuer. Dans quelques cantons de marais, privés de bois, on arrache ses touffes
en été, pour alimenter le feu pendant l'hiver, et elles sont
passablement propres à cet usage par le nombre de leurs racines et de leurs tiges. J'ai vu de ces touffes qui avoient au
moins deux pieds de diamètre.

Cette plante, dans l'ordre de la nature, remplit la fonction
bien importante d'exhausser le sol des lieux inondés, soit en
fournissant par sa décomposition annuelle une grande quantité
d'humus, soit en retenant entre ses tiges les terres des alluvions, soit en empêchant les eaux de creuser le terrain par
l'entrelacement de ses racines. On doit la planter dans tous
les lieux sujets aux inondations, sur les bords des rivières et
des ruisseaux, pour empêcher qu'ils soient rongés par les eaux.
Dans tous ces cas sa coupe fournira une bonne litière et par
suite un fumier abondant, fumier dont la décomposition sera
plus lente que celle de celui formé de paille, et qui par conséquent conviendra mieux pour les terrains argileux.

Ces observations s'appliquent aussi, mais d'une manière
moins générale, aux autres espèces de joncs croissantes dans
les marais.

Le jonc BULBEUX a des feuilles alternes, linéaires, aplaties,
les fleurs disposées en panicules terminales, et les capsules plu
longues que le calice. Il croît naturellement dans les marai
et les prés humides. Sa racine est épaisse et oblique. Je croi
avoir lu quelque part que cette racine est dans le cas d'êtr
employée à la nourriture des cochons; mais je ne me suis pa
aperçu qu'elle fût fort recherchée par eux. Tous les bestiau
mangent ses tiges.

Le jonc ARTICULÉ a des feuilles alternes, légèrement apl
ties, paroissant articulées intérieurement lorsqu'on les co
prime entre les doigts, et des fleurs disposées en panicul
rameuse et terminale. Il est très commun sur le bord d
eaux, dans les bois marécageux. Tous les bestiaux mange
ses feuilles.

Le jonc DES CRAPAUDS est annuel, a les tiges dichotome

les feuilles linéaires, courtes; les fleurs ordinairement solitaires et sessiles. Il croît souvent en immense quantité sur le bord des rivières sujettes aux débordemens, autour des étangs, dans les bois humides, et s'élève à cinq ou six pouces. Tous les bestiaux le mangent.

Le JONC VELU, qui a les feuilles planes, velues; les fleurs en corymbe terminal, et les capsules plus longues que le calice. Il croît dans les bois et s'élève à cinq ou six pouces.

Le JONC DES CHAMPS, qui a les feuilles planes, velues; les fleurs en corymbe terminal, et les capsules plus courtes que le calice. Il croît dans les pâturages secs et s'élève à deux ou trois pouces.

Ces deux espèces, qui se rapprochent infiniment, sont vivaces, fleurissent au premier printemps et sont quelquefois excessivement abondantes. Les bestiaux, et sur-tout les chevaux, les recherchent. La seconde est principalement précieuse sous le rapport du pâturage, parcequ'elle pousse sous la neige même et qu'elle peut être mangée à une époque où il n'y a pas encore d'autres herbes nouvelles. Plus tard, c'est-à-dire quand elles sont devenues dures, et qu'il y a d'autres plantes en végétation, les mêmes animaux dédaignent ces deux-ci. Je ne crois pas en conséquence qu'il soit avantageux d'en former des prairies artificielles; cependant je dois avouer qu'on a des données bien insuffisantes sur elles et en général sur tous les joncs. (B.)

JONC EPINEUX. *Voyez* au mot AJONC.

JONC FLEURI. C'est le BUTOME.

JONC MARIN. C'est encore l'AJONC.

JONCIER. On donne ce nom au GENÊT D'ESPAGNE.

JONQUILLE, espèce de NARCISSE.

JOUBARBE, *Sempervivum*. Genre de plantes de la dodécandrie décagynie et de la famille des succulentes, qui renferme une quinzaine d'espèces, parmi lesquelles il eu est une qui est connue de tout le monde, et qu'il faut par conséquent mentionner ici.

Cette espèce est la GRANDE JOUBARBE, OU JOUBARBE DES TOITS. Sa racine est petite, fibreuse; ses feuilles radicales, oblongues, charnues, convexes en dehors, ciliées sur leurs bords, et disposées en rosette, souvent de deux à trois pouces de diamètre; les caulinaires alternes, plus étroites et moins épaisses; sa tige droite, rougeâtre, velue, très rameuse; ses fleurs rougeâtres, d'un pouce de diamètre, et disposées d'abord solitairement, et ensuite en petits groupes sur les rameaux et à leur extrémité.

Cette plante est vivace et croît sur les rochers, les vieux murs, les toits de chaume, etc. Elle fleurit à la fin de l'été. Ses tiges qui ont fleuri meurent après que les graines se sont dispersées ; mais il se développe toujours, auparavant, au collet de leur racine, plusieurs nouvelles rosettes de feuilles qui donnent ensuite naissance à d'autres tiges. Son suc a une odeur nauséabonde et une saveur âcre. Il passe pour rafraîchissant, anodin et astringent. On l'ordonne principalement dans les fièvres intermittentes. Extérieurement on l'emploie pour apaiser les douleurs de la goutte, des hémorroïdes et des cors.

Soit qu'elle soit en fleurs, soit qu'elle n'y soit pas, la joubarbe est une plante remarquable. En effet, ses fleurs sont grandes et d'une couleur agréable ; ses rosettes de feuilles, qui restent vertes toute l'année, et que la gelée n'attaque pas, frappent les yeux de ceux qui les voient pour la première fois. Aussi la place-t-on souvent dans les jardins paysagers, où elle produit de très bons effets sur les rochers et les fabriques. Une singularité qu'elle partage avec quelques autres plantes, mais qui est plus sensible en elle, c'est qu'elle fleurit d'autant mieux qu'elle est dans un sol plus aride et plus sec. Ces rosettes se multiplient sans fin quand elle est dans une bonne terre, et absorbent sans doute toute la force d'assimilation qui auroit dû être employée à la production des tiges. Il faut donc ne lui donner que très peu et de la très mauvaise terre, et toujours la placer dans des lieux fort aérés et exposés au soleil. L'usage auquel on l'emploie généralement a un but d'utilité réel et non de simple agrément, comme on le croit communément. En effet, elle empêche la terre qu'on met sur le faîte des toits de chaume, sur le sommet des murs de clôture, d'être entraînée par les eaux des pluies, tant par ses feuilles que par ses racines ; car ses touffes sont ordinairement fort grandes, et chaque rosette de feuilles prend la seconde année de sa naissance une racine particulière.

Il y a une autre espèce de joubarbe, plus petite que celle-ci, dont les rosettes des feuilles sont couvertes de poils blancs, allant d'une feuille à l'autre, et ressemblant à une toile d'araignée. Elle croît sur les rochers des hautes montagnes. (B.)

JOUBARBE PETITE. C'est l'ORPIN BLANC.

JOUBARBE DES VIGNES. C'est l'ORPIN TÉLÈPHE.

JOUG. Pièce de bois au moyen de laquelle on attelle les bœufs. Elle varie de forme selon les cantons. On trouvera au mot Bœuf les indications convenables sur ce qui la concerne, et l'examen de la question de ses inconvéniens. Ceux qui, comme moi, ont vécu dans des pays où on emploie les bœufs à la charrue et aux charrois, savent avec combien peu d'attention on choisit les jougs, et avec combien peu de soin on les conserve. Quand donc les habitans des campagnes voudront-ils mettre des principes et de l'ordre dans leurs opérations ? (B

JOUR. Ancienne mesure de superficie. *Voyez* Mesure.

JOURNAL. Ancienne mesure de superficie, qui représente le travail d'une charrue pendant une journée. *Voyez* Mesure.

JOURNANDE. Ancienne mesure de superficie. *Voyez* Mesure.

JOURNEL. Ancienne mesure de superficie. *Voy.* Mesure.

JUCHOIR A POULES. Endroit où les poules passent la nuit. C'est un assemblage de traverses qui se tiennent ensemble, mais assez éloignées pour que les poules d'un rang ne touchent pas celles d'un rang voisin. Il doit être dans un lieu sec, exposé au midi, et si on le peut près de l'endroit où le four est placé. Si le lieu est humide et froid, les poules feront peu d'œufs pendant l'hiver, se mettront à couver très tard ; dès-lors on sera privé des premiers petits poulets qui se vendent toujours bien ; les petits de l'arrière-saison réussissent mal et passent difficilement l'hiver. La proximité du four répand une chaleur douce et soutenue, qui fait le plus grand bien aux petits et aux poules. Si l'endroit est trop chaud pendant l'été, il convient alors d'ouvrir une fenêtre au nord, et d'établir un courant d'air.

La personne chargée du soin des poules doit de temps en temps et pendant la nuit entrer dans le juchoir, faire sortir celles qui se couchent dans les paniers, et les forcer à retourner sur le juchoir : elles les remplissent d'ordures, les poules les abandonnent et vont pondre leurs œufs souvent dans des lieux écartés ; alors ils sont presque toujours perdus pour le maître.

Le juchoir pour les dindes, pendant l'été, est ordinairement une vieille roue de charrette implantée sur un pied droit au milieu de la basse-cour. (R.)

JUILLET. Dans ce mois le soleil, arrivé au terme de sa course, commence déjà à descendre, mais il n'en dispense pas moins ses feux : aussi est-ce la sécheresse que les cultivateurs doivent le plus redouter pendant sa durée. Des irrigations sont alors nécessaires aux prés dont on veut obtenir une seconde récolte, et des arrosemens aux jardins auxquels on veut faire produire tout ce dont ils sont susceptibles.

Les fermiers font couvrir leurs vaches pendant ce mois, tondre leurs agneaux ; vendent leurs moutons, leurs poulains, leurs veaux ; coupent leurs seigles, leurs orges, leurs blés et leurs avoines ; sèment encore des raves, du maïs pour fourrage.

Les vignerons donnent la troisième façon aux vignes.

Les jardiniers continuent de semer des raves ; des radis, des épinards, des laitues, des oignons, des choux hâtifs pour l'arrière-saison, etc. Ils replantent la laitue, la chicorée, le céleri, etc. ; ils sarclent et binent au besoin les oignons de fleurs qui ont été arrachés le mois précédent, ou au commencement de celui-ci, et qui sont replantés au milieu ou vers la fin. On rempote les auricules, les œillets, etc.

C'est pendant ce mois qu'on fait la plus grande partie des greffes dites à œil dormant.

L'ébourgeonnement et le palissage des arbres fruitiers se continuent encore pendant ce mois. On retranche à ces mêmes arbres les fruits malvenans ou surabondans.

On ne doit pas négliger la recherche des limaçons et des escargots; il faut faire une guerre à outrance aux lérots, mulots, taupes, etc.

Les fruits d'été commencent à devenir communs dans le courant de ce mois; il faut penser à les cueillir et à en tirer le meilleur parti possible.

Ce mois est celui des orages, qui causent souvent de si grandes pertes aux cultivateurs. (B.)

JUIN. Nom du sixième mois de l'année. C'est le dernier du printemps, celui pendant lequel le laboureur donne la seconde façon à ses jachères, fauche ses prés, arrache ses lins, veille sur ses blés, qui commencent à pencher leur tête, sème ses navettes d'hiver, ses raves.

Au commencement de ce mois les vignerons attachent la vigne aux échalas, l'ébourgeonnent, et lui donnent le premier binage d'été.

Dans les jardins on peut encore semer à l'ombre, en arrosant souvent, des épinards, des raves, des radis, des chicorées, et tous les pois et les haricots de la dernière saison : alors encore on repique les poireaux, la ciboule, le cardon, le céleri, l'escarole, les fleurs annuelles d'automne; on commence à récolter les graines.

Les arrosemens sont toujours indispensables dans ce mois pour les semis et les repiquages, et souvent même pour tout le jardin, parceque le soleil a beaucoup de force et que les pluies ne sont pas aussi communes que dans les mois précédens. Les sarclages et les binages se continuent.

Pendant ce mois on marcotte plusieurs arbustes d'agrément et quelques fleurs qui, comme l'œillet, en sont susceptibles; on fait des boutures des plantes vivaces à fleurs, tels que phlox, campanule, etc.

Beaucoup de pépiniéristes repiquent, dès la fin de ce mois, les plantes d'arbres verts de l'année.

L'ébourgeonnement et le palissage des arbres fruitiers en espalier ont ordinairement lieu dans le courant de ce mois, mais il est le plus souvent mieux de les commencer avec le mois suivant. Il en est de même de l'ébourgeonnement des arbres greffés et de ceux qui ont été rabattus dans les pépinières.

Les cerises et autres fruits rouges sont déjà communs au milieu de ce mois. (B.)

JUJUBIER , *Ziziphus*. Petit arbre naturel aux parties méridionales de l'Europe, qui donne un fruit propre à la nourriture de l'homme, et d'un usage assez fréquent en médecine. Il s'élève de quinze à vingt pieds, est tortueux, a des branches pliantes, garnies, à leur point de réunion, de deux épines très dures, presqu'égales et divergentes; des feuilles alternes, pétiolés, ovales, oblongues, dentées, trinerves, luisantes et d'un vert clair; des fleurs petites, jaunâtres, réunies plusieurs ensemble, et presque sessiles dans les aisselles des feuilles; des fruits ovales, d'un rouge orangé, et de la longueur d'un pouce.

Cet arbre, avec plusieurs autres étrangers à l'Europe, faisoit partie des NERPRUNS dans les ouvrages de Linnæus, mais il en a été séparé pour faire un genre particulier.

On appelle jujube le fruit du jujubier. Sa pulpe est nourrissante et agréable, quoiqu'un peu fade. On le sert habituellement sur les tables pendant l'hiver dans son pays natal. Il passe en médecine pour adoucissant, expectorant, légèrement diurétique, et s'emploie fréquemment, à raison de ces qualités, dans toutes les affections de la poitrine et des reins. Pour pouvoir l'envoyer au loin, on le dessèche au soleil sur des claies. Il se conserve ainsi, comme les pruneaux, d'une année sur l'autre; mais au-delà de ce terme il perd ses bonnes qualités.

La végétation du jujubier est lente, mais sa durée est longue. On le plante dans les vergers, les haies, parmi les autres arbres fruitiers, et on ne lui donne aucune culture particulière. Sa multiplication se fait par le semis de ses fruits, effectué aussitôt après leur récolte; mais comme ces fruits ne lèvent ordinairement qu'à la seconde année, et que le plant exige des soins pendant cinq à six ans, on préfère généralement employer la voie des rejetons, qui sont toujours nombreux autour des vieux pieds.

J'ai vu souvent des jujubiers en buisson dans les haies d'Espagne, de France et d'Italie, mais je n'ai jamais vu de haies qui en fussent uniquement formées; cependant c'est un des arbres qui paroît le plus propre pour ce genre de clôture dans les pays chauds. Il a de puissans moyens de défense dans ses épines, des rameaux difficiles à casser, et souples au point de pouvoir être entrelacés comme on le désire. De plus, il vit long-temps.

Dans le climat de Paris le jujubier végète mal, ne supporte pas les hivers rigoureux, et son fruit n'y mûrit jamais; aussi ne l'y cultive-t-on que dans les jardins de botanique. Il n'a aucun agrément; ainsi les amateurs de jardins ne doivent pas le regretter.

C'est du fruit d'une espèce du même genre, du *rhamnus lotus* de Lin., dont se nourrissoient ces peuples d'Afrique que l'antiquité a appelés *lotophages*. Desfontaines a observé de nouveau ce fait, et l'a consigné dans un mémoire inséré dans le Journal de physique, 1788. (B.)

JULIENNE, *Hesperis*. Genre de plantes de la tétradynamie siliqueuse et de la famille des crucifères, qui renferme une douzaine d'espèces, dont une est l'objet d'une culture de quelque étendue dans les jardins, à raison de l'agréable odeur de ses fleurs.

Les botanistes ne sont pas d'accord sur le nombre des espèces appartenant à ce genre, qui se rapproche infiniment de celui des GIROFLÉES et des VELARS (*voyez* ces mots). J'ai adopté l'opinion de Linnæus.

La JULIENNE DES JARDINS, *Hesperis matronalis*, Lin., a les racines bisannuelles; les tiges cylindriques, hispides, hautes d'un à deux pieds; les feuilles alternes, légèrement pédonculées, ovales, lancéolées, dentées, un peu hispides; les fleurs rougeâtres, disposées en épi terminal. Elle est naturelle aux montagnes de l'est de l'Europe, et se cultive de temps immémorial dans les jardins, où elle offre un grand nombre de variétés de couleur, de grandeur et de forme, dont les principales sont, simples, semi-doubles, doubles et rougeâtres, violettes, enfin d'un blanc éclatant.

On peut mettre les juliennes dans toutes sortes de terres; mais les doubles sur-tout, pour donner de beaux épis, ont besoin de la plus substantielle.

Les simples se multiplient par le semis de leurs graines, en automne ou au printemps, à l'exposition du levant. Lorsqu'on veut obtenir des fleurs doubles, il faut faire ces semis sur couche et employer la graine des semi-doubles la plus vieille et la plus grêle possible. Quelques pieds fleurissent l'année suivante et meurent; le plus grand nombre seulement la seconde année : ces derniers se repiquent à l'automne. C'est principalement pour l'odeur qu'elles répandent le soir, et pour l'opposition des nuances de leurs couleurs, qu'on les recherche dans les grands parterres.

Quant aux doubles, elles se multiplient par boutures et par déchirement des vieux pieds. Pour entendre comment une plante bisannuelle peut être multipliée par ce dernier moyen, il faut savoir que plusieurs, et celle-ci est du nombre, poussent tous les ans du collet de leurs racines des bourgeons qui ne fleurissent pas et qui jettent de nouvelles racines; de sorte que la racine principale meurt bien, lorsque la tige qui a porté des fleurs est desséchée, mais le pied se conserve par le moyen de ses bourgeons. Les pieds très doubles et en bon terrain ne perdent pas même cette principale racine.

Les boutures de julienne double se font, pendant une partie de l'été, en pleine terre et au nord ; elles manquent rarement lorsqu'elles sont convenablement arrosées. On les repique dans le cours de l'hiver suivant, et elles donnent des fleurs l'année d'après. Ceux qui font ces boutures sur couche et sous châssis ne gagnent rien, en définitif, qu'une plus grande peine.

Il y a environ un demi-siècle que la julienne double étoit fort à la mode ; aujourd'hui on ne la voit plus dans les jardins à prétentions. Certainement elle ne mérite pas le dédain qu'on en fait, et elle peut rivaliser avec succès auprès de maintes autres plantes qu'on lui préfère, uniquement parcequ'elles sont moins anciennement connues.

Comme toutes les plantes de sa famille, les graines de celleci contiennent de l'huile en assez grande abondance. M. Delys en a tiré une pinte de sept pintes de graines, ce qui est très avantageux ; aussi a-t-on beaucoup préconisé la culture de la julienne, sous ce rapport, dans ces derniers temps : je ne sache pas cependant que personne s'y soit livré en grand.

L'huile de julienne est âcre et amère, donne beaucoup de fumée en brûlant, se fige à peu près à la même température que l'huile d'olive.

Il est beaucoup de plantes de la famille des crucifères dont on ne tire aucun parti, et qui, d'après l'inspection, semblent devoir donner plus de graines et exiger une culture moins dispendieuse que celle de la julienne, puisqu'elles sont vivaces.

La JULIENNE DE MAHON, *Cheiranthus maritimus*, Lin., plus connue sous le nom de *giroflée de Mahon*, a été apportée de cette île par Antoine Richard. Elle a la tige annuelle, diffuse ; les feuilles elliptiques, obtuses et rudes au toucher. C'est une petite plante, mais fort remarquable par le nombre et l'éclat de ses fleurs, qui varient dans toutes les nuances du violet. On la voit très fréquemment dans les jardins. Elle les orne dès les premiers jours du printemps, et presque toute l'année, lorsqu'on le veut. On la sème très serrée en bordure, en petite masse ou mêlée avec d'autres plantes de même grandeur, comme le thlaspi, la viperine glabre, etc. Pour produire beaucoup d'effet, il faut que ses pieds soient très rapprochés et peu élevés. Tout terrain lui est bon ; je puis même dire que les plus mauvais sont les meilleurs pour elle, parcequ'elle y fleurit plus tôt, s'y colore davantage et y acquiert moins de hauteur. Je ne puis trop conseiller de la multiplier. Il est des jardins paysagers où elle se resème seule. (B.)

JUMART. Mulet supposé du taureau et de la jument, ou du cheval et de la vache. Les anciens et quelques modernes ont soutenu la possibilité de l'existence de ces mulets; Buffon, Huzard et autres, fondés sur l'énorme différence qui existe entre l'organisation de ces deux espèces d'animaux, l'ont niée : je la nie avec eux. Tous les jumarts qu'on prétend avoir vus sont des bardeaux à tête difforme. *Voyez* aux mots CHEVAL, VACHE et MULET. (B.)

JUMENT. Femelle du CHEVAL. *Voyez* ce mot.

JUSQUIAME, *Hyosciamus.* Plante bisannuelle, à racine pivotante, épaisse, ridée; à tige grosse, cylindrique, velue, souvent rameuse, haute d'un à deux pieds; à feuilles alternes, sessiles, très rapprochées, sinuées, velues, visqueuses et longues de huit à dix pouces; à fleurs presque noires dans leur centre, jaune veiné de pourpre dans la plus grande partie de leur surface, d'un pouce de diamètre, unilatérales, sessiles et réunies plusieurs ensemble, dans les aisselles des feuilles supérieures; qu'on trouve très fréquemment dans toute l'Europe, autour des villages, parmi les décombres, sur les berges des fossés, etc. Son aspect désagréable, son odeur fétide annoncent qu'elle est malfaisante. En effet, c'est un narcotique dangereux, et tous les bestiaux la repoussent. Elle fleurit à la fin de l'été. Valmont de Bomare rapporte que des personnes qui s'étoient endormies, pendant les fortes chaleurs de l'été, dans un endroit abondant en jusquiame, furent à leur réveil attaquées de maux de tête, d'étourdissemens, de vomissemens et de saignemens de nez. Sa saveur est âcre et nauséabonde. Son extrait pris à forte dose cause des anxiétés, des maux de cœur, une espèce d'ivresse, un sommeil inquiet, des vomissemens, des convulsions et la mort. Les vapeurs de ses semences brûlées sont assoupissantes et anodines. Des charlatans les emploient quelquefois en fumigation pour faire passer le mal de dent; mais ce remède est très dangereux.

Malgré les qualités délétères de cette plante, ou mieux à cause de ces qualités mêmes, Storck l'a employée dans sa médecine, et a obtenu des succès dans les tremblemens convulsifs et autres maladies nerveuses. D'autres médecins en ont fait usage contre la folie. Cependant ces essais n'ont pas eu de suite, et aujourd'hui je ne sache pas qu'aucun praticien préconise la jusquiame dans aucun cas. Le seul service qu'on puisse en espérer, c'est d'augmenter la masse des engrais, non en l'employant comme litière, ce qui seroit fort dangereux pour les bestiaux, mais en la portant directement sur le fumier. Je suis conduit à cette observation par l'immense quantité qu'on en trouve dans quelques endroits, et par la nécessité de la diminuer pour faciliter aux bonnes herbes les moyens de pousser. (B.)

KALI. *Voyez* Soude.

KALMIE, *Kalmia*. Genre de plantes de la décandrie monogynie et de la famille des rhodoracées, qui renferme quatre à
cinq arbustes à feuilles alternes, coriaces, toujours vertes, et
à fleurs disposées en corymbes axillaires ou terminaux, qu'on
cultive presque tous en pleine terre dans les jardins de Paris,
qu'ils ornent par l'élégance de leur port et le bel aspect de leurs
fleurs.

La KALMIE A LARGES FEUILLES s'élève à trois ou quatre pieds,
et forme souvent girandole. Ses feuilles sont lancéolées, très
entières, luisantes et d'un vert clair; ses fleurs sont très nombreuses, disposées en têtes terminales, d'un beau rouge, larges
de cinq à six lignes, et se développent au milieu de l'été. Elle
est originaire de l'Amérique septentrionale. Son bois est dur, sa
racine est jaune. C'est réellement, dans nos jardins, un très joli
arbuste; mais dans son pays natal! je manque d'expression pour
peindre l'impression que m'ont faite les premiers pieds couverts
de fleurs que j'ai vus en Caroline. Ici ses têtes sont de quinze à
vingt fleurs au plus, là ils sont de plus de cent; ici leur corolle
est un peu pâle, là elle lance du feu. Peut-être, comme l'observe Dumont Courset dans son estimable ouvrage intitulé
le Botaniste cultivateur, a-t-on tort de les mettre toujours à
l'ombre. Je puis assurer qu'ils prospèrent au plus ardent soleil.

La KALMIE A FEUILLES ÉTROITES s'élève autant que la précédente. Ses rameaux sont plus grêles; ses feuilles sont opposées
trois par trois, ovales, lancéolées, glabres, très entières, d'un
vert terne; ses fleurs, d'un rouge vif, assez petites, sont disposées en corymbes latéraux qui, par leur rapprochement, semblent former des verticiles. Elle croît aussi dans l'Amérique,
fleurit au même temps, mais est moins belle.

La KALMIE GLAUQUE s'élève au plus à un pied; ses feuilles
sont opposées, oblongues, glabres, roulées en dehors, glauques des deux côtés; ses fleurs sont rouges, petites et en corymbes terminaux. Elle a été apportée de la Nouvelle-Hollande, et
est encore fort rare dans nos jardins.

Tous ces arbustes demandent impérieusement la terre de
bruyère, car leurs racines sont si délicates qu'elles ne peuvent
s'introduire dans celle qui est plus consistante. Ils ne craignent
pas les plus fortes gelées; toute exposition leur est bonne;
mais, ainsi que je l'ai dit plus haut, la méridionale seroit préférable, si, par des arrosemens fréquens, on remédioit au dessèchement qui, dans l'été, frappe la terre de bruyère plus
qu'aucune autre, lorsqu'elle est exposée au soleil.

On multiplie les kalmies de graines qu'on tire de leur pays

natal, car elles en produisent rarement de bonnes en Europe
On les multiplie aussi de marcottes, et quelquefois de rejetons.

La graine se sème au printemps dans des terrines sur couche
sourde. Il ne faut point du tout la recouvrir de terre, mais
la tenir constamment fraîche par le moyen de quelque brin de
mousse ; le plant levé continue à rester deux ans dans le même
vase, après quoi il peut être repiqué, soit en pot isolé, soit en
pleine terre, mais toujours dans une terre de bruyère amendée
par du terreau de feuilles.

Les marcottes se font au printemps, et restent quelquefois
deux ans, et plus, avant de s'enraciner ; il faut savoir patienter.
Ordinairement on consacre quelques pieds à cette sorte de reproduction, qui gâte la forme de ceux qu'on destine à porter fleur et à faire décoration. Lorsqu'elles ont suffisamment
de racines, on les sèvre avant l'hiver, c'est-à-dire qu'on les
sépare de leurs mères en les coupant, et on ne les arrache
qu'au printemps pour les mettre directement en place. Si elles
sont trop foibles on attend une année de plus. En général les
kalmies sont dures à la reprise, sur-tout quand elles sont un
peu fortes, et il faut agir en conséquence, c'est à-dire les li-
gaturer, leur faire une incision annulaire, etc.

La première espèce ne donne point ou donne très rarement
des rejetons ; les deux autres en fournissent assez fréquemment. On ne doit pas négliger de favoriser cette disposition.

Etant très recherchées et d'une multiplication lente, les
kalmies sont encore rares. La première espèce, incontestablement la plus belle, est toujours fort chère dans le commerce.
Elles présentent toutes quelques variétés que je n'ai pas indiquées parcequ'elles sont peu saillantes, et tiennent peut-être
uniquement à l'exposition ou à la nature du sol. (B.)

KEIRON. Cubes de terre avec lesquels on construit les maisons des cultivateurs dans le Bas-Médoc.

KERMÈS. Genre d'insectes qui ne diffère des cochenilles
que par les femelles des espèces qui les composent, lesquelles
perdent leurs anneaux aussitôt qu'elles se sont fixées. Ses caractères étant peu saillans, j'ai réuni ces espèces avec les Co-
CHENILLES. *Voyez* ce mot.

KETMIE, *Hibiscus.* Genre de plantes de la monadelphie
polyandrie et de la famille des malvacées, qui renferme plus
de soixante espèces, dont une est cultivée dans nos jardins
d'agrément, et deux autres servent de nourriture dans les
pays intertropicaux. Elle est en conséquence dans le cas d'être
mentionnée ici.

La KETMIE COMBO, *Hibiscus esculentus,* Lin., est une plante
annuelle de cinq à six pieds de haut, dont la tige est épaisse,
peu rameuse, velue ; les feuilles alternes, pétiolées, cordi-

formes, à cinq lobes obtus et dentés; les fleurs jaunâtres, grandes, portées sur des pédoncules axillaires plus courts que les pétioles; les fruits coniques et de trois à quatre pouces de long. Elle est originaire de l'Inde et se cultive actuellement dans tous les pays chauds pour sa capsule, qu'on mange avant sa maturité.

La culture de cette plante, culture que j'ai observée en Caroline, où elle est fort en usage, est extrêmement simple, puisqu'elle ne consiste qu'à semer ses graines, au milieu du printemps, dans une plate-bande de jardin, à éclaircir le plant qui en provient de manière que les pieds soient écartés de quinze à dix-huit pouces, et à donner deux binages dans le cours de l'été. J'ai cru remarquer que les pieds transplantés ne venoient pas aussi beaux que ceux semés en place; cependant on fait cette opération lorsqu'il s'agit de regarnir des lieux vides dans un semis. Les fleurs commencent à se montrer au commencement de l'été et se succèdent sans interruption pendant toute cette saison et la plus grande partie de l'automne. On laisse croître les capsules jusqu'à ce qu'elles soient parvenues presque à leur grosseur naturelle, et on les cueille en les contournant. Jeunes, elles sont sans saveur, vieilles, elles sont trop dures. Coupées par tranches et mises à bouillir dans un potage, dans la sauce d'un ragoût ou même simplement dans l'eau aromatisée, elles les rendent épais, visqueux et leur donnent, dit-on, un goût délicat. J'emploie l'expression dit-on, quoique j'en aie fréquemment mangé, parceque je n'ai jamais pu trouver bons les mets dans lesquels elles entroient, et que cependant tout le monde les louoit à outrance. On les regarde comme rafraîchissantes et adoucissantes à un haut degré, et je n'ai pas de peine à le croire. Les habitants de nos colonies, les femmes sur-tout, en sont très friands et s'invitent à manger un *gombo*, c'est le nom des capsules et principalement du mets qu'on en fait en les faisant simplement bouillir dans l'eau et en y mettant des aromates et du piment. On distingue le grand et le petit gombo, mais je ne connois que le premier.

La KETMIE ACIDE, *Hibiscus sabdarifa*, Lin., est une plante annuelle de quatre à cinq pieds de haut, dont la tige est glabre; les feuilles alternes, pétiolées, entières ou trois lobes obtus et inégalement dentés; les fleurs grandes, solitaires, axillaires, presque sessiles, à calice extérieur de douze dents. Elle est originaire d'Afrique, mais se cultive actuellement dans tous les pays chauds à raison de ses feuilles et de ses calices, dont le goût est acide, et qu'on mange habituellement en guise d'oseille. On l'appelle vulgairement *oseille de Guinée*. Elle varie en rouge et en blanc pour la couleur de sa tige et de

ses feuilles, et en jaune et en rouge pour celle de ses feuilles.
Les mets dans lesquels elle entre sont, à mon goût, beaucoup
meilleurs que ceux au gombo, et l'acidité douce qu'elle leur
donne les rend fort sains. On fait aussi avec les calices seuls
des confitures qui sont rafraîchissantes et ont un goût et une
couleur très agréables. On en apporte quelquefois en France.

La culture de la ketmie acide ne m'a pas paru différer de
celle du gombo, mais elle est bien moins étendue en Caroline.

La KETMIE DES JARDINS, *Hibiscus syriacus*, Lin., est un arbrisseau de huit à dix pieds de haut, dont les rameaux sont
gris et très nombreux ; les feuilles alternes, pétiolées, cunéi-
forme, trilobées et dentées ; les fleurs grandes, solitaires, et
presque sessiles dans les aisselles des feuilles. Elle est originaire
des parties orientales de l'Europe et de l'Asie, et se cultive de
temps immémorial dans les jardins, sous les noms d'*althea* et
de *mauve en arbre*. Il est difficile de dire quelle est la couleur
naturelle de ses fleurs tant elles varient. On en voit de rouges
d'un pourpre violet, à pétales blancs avec la base rouge, de complètement blanches, de panachées dans toutes les nuances. Il
en est de doubles avec les mêmes variations. Elles commencent
à se développer, dans le climat de Paris, dans les premiers
jours d'août, ne durent chacune que quelques heures, c'est-à-
dire depuis dix heures du matin jusqu'à quatre de l'après-midi ;
mais elles se succèdent sans interruption jusqu'aux gelées.
C'est dans les parties méridionales de l'Europe qu'il faut aller
pour jouir de tout l'éclat de ces fleurs ; car dans les septentrionales elles sont et moins nombreuses, et moins grandes,
et moins ouvertes, et moins colorées. D'ailleurs dans ces dernières leurs branches sont sujettes à geler pendant l'hiver, et
comme ces branches ne se reproduisent pas très rapidement, on
est quelquefois plusieurs années sans en voir.

Cependant malgré cet inconvénient on cultive fréquemment
la ketmie en arbre dans le climat de Paris, et on la fait figurer
en buisson dans les plates-bandes des parterres, en palissade
contre les murs des terrasses exposées au midi, en touffes dans
les parties les plus exposées au soleil des jardins paysagers, etc.
Toute terre, pourvu qu'elle ne soit pas trop humide, lui convient, mais elle se plaît incomparablement mieux dans celle
qui est légère et chaude. On la multiplie de graines (qui, à
Paris, mûrissent seulement dans les automnes secs et chauds),
de marcottes, de rejetons et de boutures.

Ses graines, dans les pays froids, se sèment au printemps
dans des terrines sur couche et sous châssis. Elles lèvent la
même année ; mais on laisse ordinairement dans la même terrine, pendant deux ans, le plant qu'elles ont produit, en le
rentrant l'hiver dans l'orangerie et le plaçant l'été dans l'ex-

position la plus chaude possible. Au printemps de la troisième année on le repique en pépinière à un pied de distance, dans une terre douce et bien préparée, et on lui donne deux ou trois binages par an. Il est prudent de le couvrir l'hiver suivant avec de la paille; mais ensuite on peut s'en dispenser, au risque, comme je l'ai déjà dit, de voir ses branches geler, si l'hiver est très rigoureux.

Les marcottes se font pendant l'hiver et reprennent assez généralement la même année si l'été est chaud. On les relève après l'hiver pour les mettre définitivement en place si elles sont assez fortes, ou en pépinière pour y rester un ou deux ans.

On fait les boutures à la fin du printemps dans des terrines sur couche et sous châssis. Elles demandent beaucoup de chaleur et d'humidité pendant les premiers jours; mais dès qu'elles sont reprises, on doit les leur ménager. Ces boutures se repiquent en pleine terre la seconde année.

Les variétés doubles de la ketmie en arbre, sur-tout la variété blanche, sont beaucoup plus délicates que les autres, et ne peuvent guère, malgré les abris et les couvertures, être conservées en pleine terre dans le climat de Paris. Il faut donc les tenir en pot pour pouvoir les rentrer dans l'orangerie pendant l'hiver. Il en est de même de la variété à feuilles panachées.

J'ai vu en Italie des haies faites uniquement avec cet arbrisseau. Elles étoient très agréables à la vue, très denses, et par conséquent très propres à arrêter les bestiaux; mais l'homme, on le pense bien, pouvoit aisément les franchir.

Il y a encore les KETMIES DES MARAIS et MOSCHEUTOS, originaires de la Caroline, qui sont susceptibles de passer les hivers en pleine terre dans les jardins de Paris. Elles sont vivaces; leurs tiges sont nombreuses; leurs feuilles alternes, entières et aiguës; leurs fleurs axillaires, grandes et blanches. Elles peuvent orner le bord des eaux, le pied des rochers des jardins paysagers. On les multiplie de graines venant d'Amérique et par éclat des racines. J'ignore pourquoi elles sont aussi peu communes.

Quant à la KETMIE A TROIS FEUILLES, *Hibiscus trionum*, qui est originaire d'Italie, quoiqu'elle ait les fleurs d'un beau jaune et assez grandes, on la cultive peu, parcequ'elle est annuelle, que ses fleurs durent, épanouies, à peine pendant deux heures, et que chaque pied n'en fournit qu'un petit nombre.

Presque toutes les ketmies ont des fleurs d'une grandeur remarquable, et plusieurs les ont très vivement colorées, mais dans aucune elles ne durent plus d'un jour. Parmi celles d'orangerie et de serre chaude qu'on cultive à Paris, il faut principalement distinguer la KETMIE ROSE DE LA CHINE, qui a les fleurs

7.   3o

d'un rouge éclatant, variant à fleurs doubles et à fleurs blanches ; la KETMIE MUSQUÉE dont les fleurs sont jaune de soufre et les semences odorantes ; et la KETMIE ÉCARLATE à fleurs d'un rouge jaunâtre et d'un demi-pied de large. (B.)

KIOSQUE. Mot emprunté du turc, qui désigne un petit pavillon isolé et ouvert de tous côtés, où l'on va prendre le frais et jouir de quelque vue agréable. Les kiosques des riches de Constantinople sont peints, dorés, pavés de carreaux de porcelaine, et ont vue, pour la plupart, sur le canal de la mer Noire, ou sur la Propontide. On a établi ce genre de décoration pour nos jardins appelés anglais ; mais on a supprimé avec raison ces dorures, qui annoncent plus l'opulence que le bon goût. R.)

KIRSCHEN-WASSER. *Voyez* CERISIER.

KISTE. MÉDECINE VÉTÉRINAIRE. C'est ainsi qu'on appelle une tumeur insensible, contenant un sac membraneux, dans lequel se trouve quelquefois une matière purulente, mais le plus souvent huileuse et jaunâtre.

La différence qu'il y a entre le kiste et le squirre, c'est que celui-ci est dur dans son centre, tandis que l'autre est mou.

Lorsqu'on soupçonne de la matière dans le kiste, on l'incise comme l'abcès ; on fait sortir le pus, et on termine la cure avec le digestif animé ; et dans le cas où l'on doit enlever le kiste comme le squirre en totalité ou en partie, consultez le mot SQUIRRE, où il sera traité de la manière d'y procéder. (P.)

KŒLREUTÈRE, *Kœlreuteria*. Arbre de moyenne grandeur, originaire de la Chine, qu'on cultive dans nos jardins, en pleine terre, depuis quelques années, et qui, par sa forme pittoresque, est très propre à les orner.

Sa tige est droite, couverte d'une écorce grise et gercée. Ses rameaux sont peu nombreux, striés et parsemés de points glanduleux ; ses feuilles sont alternes, pétiolées, ailées avec impaire, très grandes, à folioles opposées, sessiles, coriaces, ovales, inégalement dentées, plus vertes en dessus, au nombre de dix-sept, les supérieures plus grandes et pinnées ; ses fleurs penchées, jaunâtres, presque inodores, disposées sur une vaste panicule terminale, et accompagnées de bractées caduques ; ses fruits sont vésiculeux, triangulaires, et de plus d'un pouce de diamètre.

Cet arbre a été placé par quelques botanistes parmi les savonniers ; mais l'Héritier et autres en font un genre particulier dans l'octandrie monogynie et dans la famille des savonniers.

Le KŒLREUTÈRE PANICULÉ se met en sève de très bonne heure au printemps, et est alors sujet à être frappé par les gelées tardives. Ses feuilles sont d'abord d'un rose tendre, et ne prennent que fort lentement la couleur verte. Il fleurit vers le milieu de l'été. La plupart de ses fruits avortent ordinairement.

Une terre substantielle et fraîche est ce qui lui convient le mieux. On devra le placer, lorsqu'il sera plus commun, à quelque distance des massifs dans les jardins paysagers, en opposition avec des arbres à feuilles entières. On le multiplie de graines, de rejetons, de marcottes et de boutures. Les graines se sèment au printemps dans des terrines sur couche et sous châssis; elles lèvent ordinairement en peu de temps. Le plant est laissé dans les mêmes terrines pendant deux ans, et ensuite se repique dans des pots séparés, où il reste pendant encore deux ans. Pendant ce temps il est nécessaire de le rentrer l'hiver dans l'orangerie, car il est très sensible à la gelée jusqu'à ce que son bois soit consolidé. A quatre ans on peut sans inconvénient le mettre en pleine terre.

Les rejetons se lèvent en hiver pour être mis en pépinière. On peut en favoriser la multiplication en blessant les racines. Il est probable que ces racines coupées donneroient, en les plaçant dans des terrines sur couche et sous châssis, naissance à de nouveaux pieds; mais je n'en ai pas l'expérience.

Lorsqu'on veut faire des marcottes, il faut s'y prendre avant l'hiver, soit qu'on les couche en terre, soit qu'on les insinue dans un pot en l'air. Elles reprennent assez facilement.

Quant aux boutures, elles se pratiquent en février dans des terrines sur couches et sous châssis; elles s'enracinent au bout d'un mois, et on peut les repiquer l'hiver suivant.

Cet arbre, malgré ces nombreux moyens de multiplication, est encore rare. Il varie dans la grandeur et la forme de ses feuilles, selon la position où il se trouve. (B.)

KOETSCH-WASSER. *Voyez* PRUNIER.

L.

LABDANUM. Résine que produisent plusieurs espèces de cistes, et entre autres le CISTE DE CRÈTE. *Voyez* ce mot. (B.)

LABIÉE. Fleur qui constitue la famille de son nom.

LABIÉES. Famille de plantes dont les principaux caractères consistent en un calice tubuleux, persistant, à cinq dents inégales; en une corolle tubuleuse, irrégulière, le plus souvent bilabiée; en quatre étamines insérées sous la lèvre supérieure (quelquefois seulement deux), dont deux sont plus courtes; en un ovaire supérieur à quatre lobes, du centre desquels naît un style unique à stigmate bifide; en quatre semences nues situées au fond du calice, et attachées à un placenta central.

Les plantes de cette famille ont la tige tétragone; les rameaux et les feuilles opposés; les fleurs ordinairement verticillées et munies de bractées. Presque toutes exhalent, de leurs

feuilles, une odeur aromatique plus ou moins agréable. Les
bestiaux ne les mangent point, mais elles sont d'un grand
usage dans la médecine et dans l'art du parfumeur. Les abeilles
trouvent dans leurs fleurs une abondance et une qualité remarquable de miel. On en cultive plusieurs espèces dans les jardins, à raison de leur bonne odeur et de leur emploi dans l'assaisonnement des mets. Ceux de leurs genres qu'il est le plus
utile de connoître sont la Sauge, le Romarin, la Germandrée, la
Sarriette, l'Hysope, la Lavande, la Menthe, la Terrette, le
Lamier, la Bétoine, la Stachide, la Balotte, le Marrube,
la Clinopode, l'Origan, le Thym, la Mélisse, le Basilic et
la Brunelle. *Voyez* ces mots. (B.)

LABOUR, LABOURAGE. Le premier homme qui eut assez
de supériorité d'intelligence pour reconnoître qu'il étoit possible et utile de semer la graine ou de planter un jeune pied
de l'arbre dont les fruits servoient à sa nourriture ne dut pas
tarder à s'apercevoir que cette graine germoit plus promptement, que cet arbre poussoit avec plus de force, lorsqu'il
avoit remué la terre qui l'entouroit, que dans le cas contraire.
Voilà sans doute l'origine du labourage; cette origine date
donc de celle du monde.

Il semble qu'un art si important, pratiqué si généralement
et depuis un si grand nombre de siècles, devroit être arrivé
au dernier point de perfection; qu'il est impossible de varier
sur les principes qui lui servent de base, sur le mode le plus
avantageux de le pratiquer, etc., etc. On peut cependant dire,
à la honte de l'espèce humaine, qu'en général les labours se
font mal, et qu'il n'est pas deux hommes instruits qui soient
d'accord sur leurs principes, deux laboureurs qui les pratiquent
de même.

D'où vient ce résultat? quelle est la raison de cette discor-
dance? De beaucoup de causes qui tiennent et à des obstacles
physiques, et à la complication du sujet, et à l'ignorance des
cultivateurs, etc. Je pourrois fournir des preuves sans nombre
à l'appui de mon opinion à cet égard; mais leur cumulation ne
conduiroit à rien d'utile pour le but que je me propose. J'entre
donc en matière.

Il suffit qu'on divise la terre et qu'on en change les molécules de place pour qu'on laboure; cependant on n'applique
ce nom à cette action que lorsqu'on a pour but de semer ou de
planter. On ne laboure pas quand on creuse un fossé, quand
on construit une chaussée, quand on transporte de la terre
d'un lieu dans un autre, etc.

Tout doit porter le cultivateur à regarder le labourage
comme une des parties les plus importantes de ses travaux, et
à ne pas craindre la dépense pour se procurer les instrumens

les plus propres à l'exécuter le mieux et le plus promptement possible. De lui dépend principalement la beauté ou la bonté de ses récoltes.

Dans l'origine, une branche d'arbre pointue servoit au labour; ensuite on l'aplatit, et voilà la bêche. Bientôt on s'aperçut qu'il étoit quelquefois plus facile d'entamer la terre en frappant qu'en poussant, et d'une branche fourchue on forma le pic et ensuite la houe. Plus tard enfin on reconnut que cette pioche, traînée en appuyant, grattoit la terre aussi profondément qu'il étoit nécessaire dans beaucoup de cas, et accéléroit bien plus rapidement l'ouvrage, et on fit la charrue.

Toutes les sortes de labours peuvent se ranger sous ces trois divisions.

On pratique la première sorte de labour ou avec une BÊCHE pleine, ou avec une FOURCHE à dents aplatie.

Le labour à la bêche est très lent, et par conséquent très coûteux; aussi n'en fait-on usage que dans les jardins ou dans les localités très populeuses. Pour le bien faire il faut ouvrir une jauge plus ou moins large, plus ou moins profonde, et d'autant plus grande qu'il y a plus long-temps que la terre a été remuée. Un ouvrier paresseux ou indifférent sur la bonté de son ouvrage lève sa motte et la retourne, ou au plus la fend par deux ou trois coups de bêche; celui qui veut bien faire la jette au loin et l'éparpille par un mouvement de quart de cercle qu'il donne à son instrument toutes les fois que cela est possible, c'est-à-dire toutes les fois que la terre n'est pas trop tenace ou trop mouillée. Plus la terre est mélangée et divisée, et meilleures sont toutes les espèces de labour.

Lorsque dans le labour à la bêche il se trouve des herbes sur la surface du sol, ou qu'on y a répandu du fumier, il faut opérer de manière que ces herbes soient retournées et placées, ainsi que le fumier, au fond de la jauge : on ne doit voir aucune trace ni des unes ni de l'autre à la surface. Cependant si le fumier étoit très consommé, et que l'objet de la culture fût une plante à courtes racines, il seroit convenable de le peu enterrer pour que cette plante pût en profiter.

Dans les labours à la bêche, plus que dans aucun autre, il est important de s'occuper du soin d'enlever les pierres, parceque ces pierres, quelque peu nombreuses qu'elles soient, nuisent toujours à la perfection de ces labours.

Il faut, lorsqu'on est le maître de choisir, préférer de faire les labours à la bêche, lorsque la terre n'est ni trop imbibée d'eau ni trop sèche. Dans l'un et l'autre de ces cas, les terres argileuses principalement sont souvent très difficiles à travailler.

Les labours à la bêche très peu profonds s'appellent BINAGES (*voyez* ce mot), comme ceux de même nature qui se font avec la houe.

Les labours de la seconde sorte se pratiquent principalement dans les terrains très pierreux, terrains où la bêche peut difficilement pénétrer. Ils sont ou superficiels ou profonds, et dans l'un et l'autre cas exigent des instrumens différens.

Dans le premier cas, la houe dont on se sert, soit qu'elle soit pleine, soit qu'elle soit fourchue, peut être,

1° Fort large et fort inclinée sur le manche qui est très court. L'ouvrier se courbe beaucoup et rejette la terre derrière lui. Cette manière de labourer est très expéditive, mais elle peut difficilement être pratiquée dans les terrains trop argileux, à raison de la fatigue qu'elle cause. Les vignerons se servent beaucoup de cet instrument, c'est pourquoi on voit tant de vieillards voûtés parmi eux.

2° Peu large et peu inclinée sur le manche qui est très long. L'ouvrier se tient droit et ramène la terre à ses pieds, un peu sur le côté. C'est plutôt un grattage qu'un labourage, mais l'effet est le même lorsque l'opération est bien faite. De toutes les houes de cette sorte que je connois, celle qui me paroît la plus commode est la houe américaine; c'est la seule que pouvoit adopter un peuple agriculteur qui connoît sa dignité et qui veut travailler avec le moins de peine possible. *V*. pl. 5, *fig*. 4.

Avec l'une et l'autre de ces houes on forme très facilement des BILL. NS, des DOS-D'ANE, des ADOS (*voyez* ces mots), toutes manières de disposer les terres par les labours, qui ont des avantages particuliers très importans que les cultivateurs ne doivent pas négliger. C'est encore avec elles qu'aux environs de Paris les vignerons forment, à la fin de l'automne, ces petits monticules côniques qu'on remarque non seulement dans leurs vignes, mais encore dans tous les champs qu'ils exploitent. Cette préparation donnée à la terre est si concordante avec les vrais principes des labours, que je fais des vœux pour qu'on la pratique par-tout. En effet, la terre bien ameublie de ces petits tas reçoit plus facilement les influences atmosphériques et laisse la portion du sol qu'elle recouvroit dans le cas d'en jouir également. Au printemps on les détruit par suite du premier labour.

3° Très peu large et faisant un angle droit avec le manche dont la longueur varie. C'est la PIOCHE, le HOYAU, la HOUE commune, la BINETTE, qui diffèrent par leur épaisseur et par la nature des travaux auxquels on les applique. *Voyez* ces mots.

On laboure avec ces sortes d'outils, tantôt comme dans le premier cas, tantôt comme dans le second, mais en se baissant moins que dans l'un et plus que dans l'autre. Pour opérer convenablement, il faut ouvrir une jauge encore plus large

que dans le labour à la bêche, et après qu'on l'a remplie des
débris du terrain à labourer, enlever ces débris avec une pelle
et les jeter, en les éparpillant le plus possible, sur le bord de
la partie déjà labourée. Les ouvriers qui savent travailler jettent leurs terres sur la sommité du talus de celles déjà re-
muées, et de manière que les pierres et les racines tombent
au fond de la jauge, d'où on peut enlever les plus grosses, et
que les terres fines, par suite de leur moindre pesanteur,
restent à la surface du sol. Ce labour bien fait est le meilleur de tous, parceque c'est celui qui divise le plus la terre
et qui en mélange le mieux les molécules; mais il est le plus
coûteux. On doit l'employer toutes les fois qu'il s'agit de Dé-
FONCER (*voyez* ce mot) les terrains destinés à être transformés
en jardin, en pépinière, à être plantés en vigne, en arbres, etc.
Ses effets durent souvent un grand nombre d'années.

Dans cette sorte de labour on n'enlève souvent que les plus
grosses pierres.

4° A fer pointu plus ou moins recourbé, et faisant un angle
droit avec le manche qui est généralement court.

Il y a aussi un grand nombre de variétés de cette sous-divi-
sion, dont la plus commune s'appelle PIC et la plus lourde TOUR-
NÉE aux environs de Paris. Les travaux de labourage qu'on
exécute avec elles ne diffèrent de ceux dont il vient d'être question que parcequ'ils ont lieu sur des terrains ou tuffacés, ou argileux, si durs que d'autres outils peuvent difficilement les entamer, ou dans des localités remplies de grosses pierres, qu'il
est nécessaire de lever ou de briser.

Quelquefois, pour perfectionner le labour ou le défoncement
fait avec la sorte de pioche dont il est question, on passe la terre
au crible ou à la claie, et alors l'opération est aussi parfaite que
possible; mais la grande dépense à laquelle elle entraîne ne
permet de la faire que dans un petit nombre de cas et sur de
petits espaces.

Je dois cependant observer que quoiqu'en principe général
l'objet des labours soit la division, l'ameublissement de la
terre, cependant il est des cas où une trop grande division
devient nuisible, comme je le ferai voir plus bas. Un semis
fait sur un labour trop fin et trop profond manquera si le temps
est sec ou chaud, tandis qu'il réussira sur un beaucoup moins
parfait. Les pépiniéristes ont depuis long-temps reconnu que
les plantations faites sur les défoncemens étoient d'une reprise
plus incertaine que ceux sur un simple labour, et que cela
étoit d'autant plus sensible que la terre étoit plus légère. Il
est donc beaucoup de lieux et de cas où il faut laisser tasser
la terre après les labours, ce que les cultivateurs appellent
plomber.

Avec les deux premières sortes d'instrumens on ameublit la terre aussi parfaitement et aussi profondément qu'on le veut. Il n'en est pas de même avec le troisième. Les avantages propres à cette dernière se rapportent principalement à la promptitude et à l'économie de l'opération ; mais ces avantages sont tels que ce sont eux qui servent de fondement à la grande agriculture. Sans charrue nous n'aurions pas autant de blé , ni du blé à aussi bon marché, et par suite autant de bestiaux de toute sorte. Je dois donc m'étendre d'une manière plus particulière sur les labours auxquels elle donne lieu. *Voyez* CHARRUE.

Avec une araire attelée de deux chevaux ou de deux bœufs, même seulement de deux ânes ou de deux vaches, on laboure suffisamment bien les terres sèches et légères des départemens méridionaux ; mais la charrue de Brie , attelée de quatre à six forts chevaux et même plus, ne suffit souvent pas pour labourer les terres argileuses des départemens septentrionaux.

Une localité qui n'a que quelques pouces d'épaisseur de bonne terre ne peut pas être labourée aussi profondément que celle qui offre plusieurs pieds d'Humus. *Voyez* ce mot.

De ces considérations , il résulte qu'il doit y avoir plusieurs sortes de charrues et plusieurs sortes de labours.

Dans les terres légères , qui s'ameublissent aisément, on peut retourner à chaque raie une épaisseur assez considérable pour faire de larges sillons. Dans celles qui sont fortes, on doit au contraire n'en prendre que fort peu , afin qu'elle se brise et se divise par sa chute.

Les labours ont trois motifs principaux.

1° En divisant la terre ils la rendent plus perméable aux racines des plantes, qui , s'étendant davantage, prennent plus de nourriture , et donnent par conséquent naissance à plus de tiges et à plus de fruit, ou de plus grosses tiges et de plus beaux fruits.

2° Ils ramènent à la surface la terre végétale neuve , c'est-à-dire qui n'est pas encore en état dissoluble , et mélangent ses molécules de manière à les disséminer plus également.

3° En donnant une plus facile entrée à l'air, ils favorisent son action , pour rendre soluble une portion du terreau , et produisent probablement d'autres effets que nous ne connoissons pas encore.

Ils offrent aussi l'avantage de rendre l'infiltration des eaux plus facile ; mais comme ils favorisent aussi leur plus prompte évaporation , ce motif est compensé.

Il n'y a pas de doute , pour qui a observé les résultats de la pratique de l'agriculture , que les labours n'augmentent la fertilité du sol , et par conséquent ne diminuent la nécessité des engrais. Tull et Duhamel , qui ont prétendu qu'on pouvoit par leur moyen, en les multipliant, se passer de fumier , ont été durement critiqués ; cependant ils ne sont coupables que d'avoir posé leur proposition d'une manière trop absolue et trop exagérée. Je me crois en état de prouver que les labours d'hiver et les binages d'été produisent réellement cet effet, toutes les fois qu'ils sont exécutés convenablement et en temps favorable.

On peut labourer à toutes les époques de l'année, pour certains terrains, le temps des grandes gelées et des grandes pluies excepté. Mais convient-il de le faire, ou faut-il attendre tel ou tel moment ?

Cette question est très compliquée et a été discutée contradictoirement par un grand nombre d'écrivains. Arthur-Young est à ma connoissance celui qui dans ces derniers temps a fait le plus d'expériences pour la résoudre.

Dans toutes les exploitations rurales où le système des Asso-LEMENS (*voyez* ce mot) est admis, on laboure la terre aussitôt qu'elle est dépouillée de sa récolte, et on s'en trouve bien, 1° parcequ'on enfouit les restes des tiges de la récolte, et les mauvaises herbes qui ont pu la salir avant leur décomposition spontanée, ce qui augmente l'efficacité de l'engrais qu'elles fournissent. *Voyez* au mot RÉCOLTES ENTERRÉES POUR ENGRAIS. 2° Parceque la terre n'est pas encore assez tassée, assez desséchée pour que le labour n'en soit pas bon et facile. 3° Parcequ'il est bon de ne pas laisser perdre un seul jour d'emploi à la terre, si on veut y multiplier les récoltes. Il n'y a point ou presque point de divergence dans l'opinion des cultivateurs éclairés sur ces différens objets.

Dans les pays où on suit encore le système des jachères, les laboureurs ont adopté des usages différens. Les uns, c'est le plus petit nombre, donnent un premier labour en automne. Ils sont fondés en principe ; car on ne peut nier, ainsi que je l'ai déjà observé plus haut, que la terre qui peut offrir de nombreux interstices au passage de l'air ne soit plus apte à le fixer, à le décomposer, pour parler plus rigoureusement, que celle qui lui offre une croûte imperméable. Les autres, et c'est le plus grand nombre, attendent après l'hiver ; mais c'est uniquement afin de profiter, pour le pâturage, des herbes qui poussent pendant cette saison. Misérable ressource, que tout cultivateur qui n'est pas dans le plus grand dénuement de fourrage, ou de moyens pour en acheter, doit repousser comme contraire à ses véritables intérêts.

Les expériences d'Arthur Young confirment l'utilité des labours d'automne dans le plus grand nombre des cas. Mais on peut reprocher à cet agriculteur de n'avoir pas suffisamment caractérisé la nature des terres sur lesquelles il a opéré. Je fais cette observation, parcequ'il est plus que probable que ces sortes de labours sont plus nécessaires dans les terres fortes que dans celles qui sont légères, puisque les principes de l'atmosphère les pénètrent naturellement avec plus de difficulté.

C'est généralement au printemps qu'on effectue en France le plus grand nombre des labours. Lorsqu'on les fait de bonne heure, en janvier, par exemple, ils produisent à un foible degré les avantages améliorans des labours d'automne. Ils cessent de devenir utiles sous presque tous les rapports dès que la sécheresse se fait sentir.

Quant aux labours d'été, ils ne sont convenables que lorsqu'ils ont lieu sur des terres qui viennent de porter des récoltes et qu'on doit immédiatement semer. Il y a déjà long-temps qu'on a remarqué pour la première fois, dans les pays à jachères, qu'ils rendoient moins fertiles les terres dans lesquelles on les exécutoit. Ce résultat est bien plus sensible dans les pays chauds et dans les années sèches; les pluies ne le changent pas toujours, et ses effets subsistent quelquefois plusieurs années de suite. On appelle *terres gâtées*, dans nos départemens méridionaux, celles qui ont été ainsi rendues infertiles par des labours d'été inconsidérés. Je ne suis pas assez éclairé sur les circonstances qui amènent l'altération de la terre dans ce cas pour entreprendre d'expliquer le fait, mais je soupçonne que c'est la partie soluble du terreau qui change de nature. Quelques expériences suffiroient pour éclairer l'agriculture sur ce point important. Il ne s'agiroit, par exemple, que de répandre de la chaux et d'arroser les terres gâtées.

Les véritables labours d'été, soit qu'ils soient faits à la houe, à la ratissoire ou à la charrue légère, doivent donc être des Binages (*voyez* ce mot), c'est-à-dire extrêmement peu profonds. Ce sont ces sortes de labours qui peuvent, jusqu'à un certain point, tenir lieu d'engrais. La théorie et la pratique se réunissent pour les recommander. Nous ne les connoissons en France que pour un petit nombre de cultures; mais en Angleterre on les applique à presque toutes, au moyen de la disposition par rangées qu'on donne à ces cultures. Je fais des vœux pour leur adoption.

Il est des terres si dures par leur nature qu'on ne peut les labourer qu'après la pluie. Il en est d'autres si susceptibles d'absorber et de conserver l'eau des pluies, qu'on ne peut les labourer qu'après une plus ou moins longue sécheresse. Ces deux cas qui se rencontrent fréquemment doivent donc influer et influent effectivement beaucoup sur l'époque des labours.

Une considération qui agit souvent dans la détermination de l'époque des labours, c'est la convenance. En effet, cette époque est rarement assez rigoureusement fixée par la marche de la nature ou de la série des travaux pour qu'on ne puisse l'avancer ou la retarder; or, des opérations plus pressées peuvent amener la nécessité de l'un ou l'autre de ces cas. Il est beaucoup de laboureurs qui n'emploient leurs chevaux ou leurs bœufs au labour que lorsqu'ils n'ont rien autre chose à faire. Je ne citerai pas ces laboureurs comme devant être imités.

Les terrains secs et légers doivent être labourés les premiers au printemps, et parcequ'ils sont les plus tôt propres à l'être, et parcequ'étant plus précoces il devient important de les semer le plus tôt possible.

Par le motif contraire, ceux qui sont argileux et exposés au nord seront labourés les derniers.

D'après les expériences d'Arthur Young, quelques cultures demandent des labours d'automne plutôt que des labours de printemps. Il cite principalement la fève de marais.

Il y a la plus grande diversité d'opinion, parmi les agriculteurs, sur le nombre des labours qu'il faut donner à la terre qui doit être semée en froment. Les accorder seroit chose impossible, car c'est presque par-tout l'usage qui leur sert de règle, et on sait que l'usage ne raisonne pas, lors même qu'il est fondé en raison, ce qui lui arrive quelquefois. C'est en remontant aux principes qu'on peut espérer de résoudre cette question, et je vais les mettre sous les yeux du lecteur.

Puisque le principal motif des labours est de diviser la terre, plus elle sera tenace et plus il faudra de labours. Par conséquent les terres légères en demandent moins que les terres argileuses.

Puisque les labours d'été sont aussi désavantageux que les labours d'hiver sont utiles, ils doivent être moins fréquens dans les pays méridionaux que dans les septentrionaux.

Dans le climat de Paris, par exemple, on ne doit multiplier les labours que pendant l'hiver, que dans les terres très tenaces, que quand on est dans l'intention de semer des plantes pivotantes ou qui doivent rester plusieurs années sur le sol. Sous ces deux derniers rapports la luzerne en exige plus qu'aucun des autres objets de la grande culture.

Les partisans des jachères regardent généralement trois labours comme le nombre de ceux qui sont nécessaires aux terres destinées à recevoir du blé. Il est des localités où on en donne six et même plus dans ce cas. Quelle excessive dépense ! Comment les cultivateurs peuvent-ils soutenir après cela la concurrence dans les marchés contre ceux qui n'en font que la moitié, que le tiers, que le quart, que le cinquième, même que le sixième ?

Arthur Young établit qu'il faut nécessairement quatre labours sur les jachères, parcequ'sans ce nombre la terre n'est pas assez divisée et les mauvaises herbes ou leurs graines assez détruites. Mais il ne distingue ni les natures des terres, ni les récoltes qui ont précédé, de sorte que son opinion n'est pas assez solidement fondée pour qu'elle puisse faire règle.

Selon Rozier, il faut trois labours de préparation : un avant l'hiver, le second pendant cette saison, le troisième au printemps ; plus, des labours de division peu avant les semailles, labours dont il n'indique pas le nombre, mais qu'il veut qu'on donne coup sur coup. Ses motifs sont appuyés de raisons, cependant il ne fait pas plus que les autres la distinction entre les terres fortes et les terres légères, distinction si importante à mes yeux, quoique quelquefois sans application dans la pratique.

Ceux qui ont adopté le système des assolemens pensent que les labours peuvent être diminués sans inconvénient dans un grand nombre de cas, sans nuire sensiblement au produit des récoltes ; par exemple, dans les terres légères, dans celles qui sont bien chargées d'engrais, lorsqu'on veut semer des plantes qui doivent rester peu de temps en terre, ou dont les racines ne pivotent point, lorsqu'on les fait immédiatement après la récolte, etc. Il est même quelques cultivateurs qui sèment leurs raves, leur sarrasin, leurs vesces et autres graines, dont les produits remplacent ces jachères, sur de simples binages ou même hersages, et qui obtiennent de suffisamment belles récoltes. Que d'économie présente ce genre de culture ! D'ailleurs lorsque la terre est constamment couverte de plantes, l'effet des pluies battantes s'y fait moins fortement sentir, de sorte que les labours y deviennent moins nécessaires.

Il y a, dit M. Mourgues, qui a long-temps pratiqué l'agriculture dans les parties méridionales de la France, plus de dangers à donner trop de façon à un champ que de lui en donner trop peu, (*V.* sa Dissertation sur les Labours, vol. 6 de la Feuille du Cultivateur). Je ne puis être que de son avis, malgré que je reconnoisse combien ils sont avantageux lorsqu'on les multiplie en temps convenable et sur les terrains ou pour les cultures qui les exigent. Qui ne sait d'ailleurs, je le répète, combien il est souvent difficile de trouver le moment de faire les labours, soit à cause de la pluie, soit à cause de la sécheresse, etc., etc. Il n'est pas d'années où il ne reste beaucoup de champs en friche, parcequ'on n'a pas pu les labourer en temps opportun.

Quelquefois on est obligé de répéter coup sur coup les labours du printemps, 1° pour rendre de nouveau meuble une terre labourée qu'une pluie battante aura plombée ; 2° pour diviser davantage une terre trop argileuse ou en friche ; 3° quand un soleil trop ardent ou un vent trop hâlant ont desséché la surface d'un champ destiné à recevoir un semis de graines fines qui ne lèveroient pas assez promptement sans cela. Je ne parle pas des cas extraordinaires , parcequ'ils ne sont soumis à aucune loi. Je crois que ces labours répétés devroient être regardés comme indispensables dans toutes les terres fortes , conformément aux principes déjà plusieurs fois développés.

Plusieurs sortes de plantes demandent à être semées de bonne heure au printemps, et obligent, par conséquent, de diminuer le nombre des labours. Ce qu'on appelle vulgairement les mars, c'est-à-dire l'avoine et l'orge , en exigent rarement plus de deux, et le plus souvent un seul leur suffit. On a même remar-qué que la première de ces graminées venoit mieux dans ce dernier cas, principalement sur les pâturages , les prés, les lu-zernes rompues.

Je conclus donc qu'il faut , de loin en loin, donner à toutes les terres, sur-tout aux terres argileuses, des labours profonds et multipliés, mais qu'il n'est point nécessaire d'en donner beaucoup toutes les années, et que toutes graines semées depuis avril jusqu'à septembre doivent l'être presque toujours sur un seul labour.

La profondeur des labours dépend et de la nature du sol et de l'objet pour lequel on les entreprend. Dans les terres dont la couche végétale est peu épaisse, il faut qu'ils soient superficiels, parcequ'on altèreroit la force végétative de cette couche si on y introduisoit des matières impropres à la cul-ture. Dans celles où on projette de semer de la luzerne, ils doivent être au contraire le plus profond possible, parceque la racine de cette plante est susceptible d'acquérir une lon-gueur de plusieurs pieds. C'est dans ce cas et lorsqu'il s'agit d'amener à la surface la seconde couche d'un dépôt d'hu-mus très épais, toujours si fertile parcequ'elle est vierge, c'est-à-dire qu'elle n'a rien produit depuis plusieurs siècles, qu'il convient de labourer avec l'immense charrue figurée volume 3, pl. 4, n° 3, ou faire passer deux et trois fois la charrue or-dinaire dans le même sillon. Je ne parle pas des DÉFRICHEMENS, parcequ'il en a été suffisamment parlé à leur article.

Si on labouroit aussi profondément les terres d'une autre nature, il faudroit s'attendre à une infertilité plus ou moins complète pendant au moins un an ou deux; car toutes celles qui ne contiennent pas d'humus demandent à être long-temps exposées à l'air pour se saturer des gaz atmosphériques néces-saires à la végétation. La preuve en est journellement sous les yeux des cultivateurs, sur-tout dans les pays de montagnes.

Cependant il est des cas où il est utile de mélanger une por-tion de la couche inférieure avec la supérieure. Les deux plus fréquens de ces cas, c'est lorsque la première est argileuse et la seconde sablonneuse, et lorsque la première est marneuse et la seconde un riche humus. On sent en effet qu'alors le sol trop léger devient plus consistant, et le sol dont les principes de fertilité sont abondans, mais non actifs, le deviennent. *V*. MARNE et CHAUX.

De ces faits, je crois pouvoir conclure que les labours profonds sont tantôt bons, tantôt mauvais, selon les lieux et les objets de la culture. J'ajouterai, d'après les principes développés plus haut, qu'ils ne doivent jamais être exécutés l'été, et que la dépense qu'ils occasionnent doit engager à ne les entreprendre que dans les cas de nécessité reconnue. Six pouces paroissent être le terme moyen le plus convenable pour les céréales dans un terrain de bonne qualité.

Cependant, pour d'autant mieux éclairer cette importante question, il est bon que je rapporte encore ici un passage d'Arthur Young qui y a directement rapport.

« Le labour profond exige de plus copieux engrais que l'autre, et par conséquent il doit être avantageux pour certains cultivateurs et désavantageux pour d'autres.

« Il faut considérer premièrement qu'engraisser un champ n'est autre chose que mêler avec des engrais toute la portion de terre que retourne la charrue. Si vous labourez à quatre pouces de profondeur et que vous mettiez sur chaque acre de votre champ vingt charges de fumier, vous mêlez alors quatre pouces de votre terrain avec cette quantité de fumier; mais si en n'y mettant que vingt charges de fumier vous labourez à huit pouces de profondeur, votre champ ne sera évidemment engraissé qu'à demi. Les récoltes dans l'un et l'autre cas peuvent-elles être les mêmes ? Je ne le crois pas. Toute la terre dans le second cas ne peut être aussi imprégnée de parties propres à la végétation que dans le premier.

« D'après ce raisonnement, je suis porté à croire que la quantité de l'engrais doit être proportionnée à la profondeur du labour.

« Ceux qui prétendent que les couches inférieures ne sont pas moins propres à la végétation que les supérieures, soutiennent un paradoxe que démentent également la raison et l'expérience. Les bons cultivateurs s'accordent à croire qu'on ne doit labourer à une profondeur extraordinaire qu'au commencement d'une jachère, et que la première récolte qui la suit ne doit pas être de froment ni d'orge, mais de plantes plus fortes.

« Il résulte de ce qui vient d'être dit que dans cette question on a raison des deux côtés. Les cultivateurs qui changent la profondeur de leur labour sans changer la quantité de leur engrais disent que le labour profond est nuisible. Ceux qui multiplient leurs engrais et leurs labours à proportion de la profondeur de ces derniers les regardent comme très utiles.

« Dans les pays que j'ai parcourus, la profondeur du lajour est, terme moyen, de quatre pouces et demi. Je suis intimement convaincu que cette profondeur est insuffisante. De six à huit pouces, selon la qualité du sol, doit être la mesure commune. Tout labour extraordinaire qui exige plus de deux chevaux, double les frais de cette opération, demande deux fois plus d'engrais, et cause des pertes si la récolte n'est pas quatre fois plus considérable. »

Il y a peu de chose à objecter à ce passage.

Lorsqu'en labourant on prend peu de largeur de terre, on fait un meilleur ouvrage, mais on va plus lentement. L'usage a une grande influence sur ce point. S'il est quelques pays où on fasse les raies trop étroites il en est d'autres où on les fait trop larges. J'ai souvent été scandalisé, dans mes voyages, de voir des pièces de labour qui ne présentoient que des mottes plus ou moins larges, plus ou moins longues, simplement retournées, qui avoient dû excessivement fatiguer les attelages, et dont les résultats étoient presque nuls, parcequ'il n'y avoit réellement pas division. Ce sont principalement les pays pauvres qui offrent ces soi-disant labours. Les pluies, les sécheresses, les gelées émietteront ces mottes, m'ont quelquefois dit les laboureurs à qui je reprochois leur mauvais travail; d'ailleurs nous n'avons aujourd'hui intention que de casser le terrain, dans un mois nous croiserons ce labour, et il deviendra comme vous le désirez. Cependant dans l'intervalle le labour n'étoit utile à rien, puisque les influences atmosphériques n'agissoient pas, faute à l'air de pouvoir pénétrer dans les interstices de la terre, et combien de milliers de fois ai-je vu que cela ne se faisoit pas?

Ceci me conduit à parler des labours croisés, si en faveur dans certains cantons et inconnus dans d'autres.

Sans doute il est des cas, et celui ci-dessus est du nombre, où les labours croisés sont avantageux. Les défriches s'ameublissent plus promptement par leur moyen ; mais en tout lieu on peut s'en passer, lorsque les labours parallèles sont bien exécutés. Tantôt on les fait à angles droits, tantôt à angles aigus. Le résultat est toujours le même en définitif. Comme leur exécution ne diffère pas, ou presque pas, du labourage simple, je ne m'étendrai pas davantage sur ce qui les concerne.

Pour faire coïncider l'économie avec la bonté des labours, il faut se rappeler que les terres fortes demandent à être plus divisées que les autres, et que certaines plantes exigent une terre plus meuble que certaines autres. Ainsi dans ces deux cas on prendra une moins grande largeur de terre. Le plus souvent cependant, ce que j'ai lieu d'approuver, on adopte un terme moyen, c'est-à-dire qu'on retourne de six à huit pouces de largeur de terre à chaque tour de charrue.

Dans beaucoup de pays on fait passer le rouleau et ensuite la herse sur les terres labourées, afin d'en briser les mottes, même on fait casser ces mottes à coups de maillet. Ces pratiques sont bonnes, puisqu'elles tendent à ameublir davantage la terre, à la rendre plus perméable aux agens atmosphériques ; cependant les terres légères peuvent le plus souvent s'en passer et l'économie défend de les leur appliquer. Il faut observer qu'ici le roulage a lieu avant le hersage et que c'est le contraire après les semis.

Toujours il est de l'intérêt du cultivateur de rendre ses champs les plus unis possible, soit qu'ils se trouvent en plaine, soit qu'ils se trouvent sur le penchant d'une montagne. Le labourage doit donc être dirigé de manière à combler les parties creuses et à diminuer la hauteur des parties saillantes. Le résultat n'est point difficile à obtenir pour celui qui sait habilement manier la charrue.

Une chose à laquelle on ne fait pas par-tout la même attention, c'est de tenir les raies extrêmement droites, et les planches de même largeur. Les laboureurs des environs de Paris se sont rendus avec raison célèbres sous ce rapport. Le coup d'œil suffit pour les guider ; mais on pourroit facilement suppléer à cette habitude dans les cantons où les laboureurs sont moins exercés, en plantant des JALONS. *Voyez* ce mot.

La longueur des raies est parfaitement indifférente ; cependant presque par-tout elle est déterminée par la nécessité de laisser reposer l'attelage ; ainsi elle est moins considérable dans les terres fortes ou caillouteuses que dans les terres légères ou sablonneuses.

La largeur des planches suit la même règle, mais par un autre motif, c'est-à-dire que dans les terres fortes il faut qu'elle soit moindre, afin que les eaux pluviales puissent plu facilement s'écouler. Presque toujours dans ces sortes de terre et encore dans celles qui sont plus constamment humides, o fait les labours en BILLON. *Voyez* ce mot.

Une opération qui est encore commandée dans ce cas, c'es de faire, à la charrue, de larges et profonds sillons irréguliers en coupant les autres dans toutes les directions possibles, les quels sont dirigés hors du champ, dans son côté le plus bas et de manière à faciliter l'écoulement des eaux surabondantes On nomme ces sillons des FOSSERAIES, FAUSSES RAYES, ÉGOUT ou MAITRES. *Voyez* ces mots.

Dans les sols sablonneux, graveleux, crayeux et autres d même nature, on doit labourer à plat par la raison contrair En effet, dans ces sortes de localités ce sont les sécheresses q nuisent le plus au produit des récoltes, et il est important pa conséquent d'y retenir les eaux le plus possible. Il est de ces localités où on laboure toute la pièce sans la diviser en planches. Ces sortes de labours s'appellent des *labours plats*.

La construction des CHARRUES, comme on le verra à ce mot, décide presque toujours de la nature du labour. On ne peut pas faire d'aussi larges raies, approfondir autant avec une araire qu'avec les charrues à grandes oreilles et à avant-train. Il y a déjà long-temps qu'on l'a dit pour la première fois, de la charrue dépend le labourage, et cependant leur construction est très imparfaite sous le rapport de la théorie et de la pratique. Un très léger changement dans la forme du soc, dans celle de l'oreille, dans le point de tirage, peut diminuer de moitié la fatigue de l'attelage ou du conducteur, et augmenter du double la bonté de l'ouvrage, et on ne fait pas ce changement. On veut user sa charrue telle qu'elle est, et celle qu'on fait faire ensuite ne vaut pas mieux, et on la garde encore. *Voyez* CHARRUE.

Les deux charrues, dont la construction influe de la manière la plus marquée sur le mode du labour, sont celles à oreille fixe et à oreille mobile ; mais il n'est pas généralement vrai, comme beaucoup de laboureurs le pensent, que les labours de la première soient supérieurs à ceux de la seconde, lorsque d'ailleurs elles sont semblables dans toutes leurs parties, et sur-tout, ce qui est rare, dans leurs oreilles, celle de la seconde étant presque toujours très petite, et plutôt propre à ouvrir qu'à renverser la terre.

Pour labourer avec la charrue à oreille fixe, il faut, après avoir fait un sillon à droite par exemple, en faire un autre tout près de lui dans le sens contraire, puis revenir pour en faire un troisième à côté du premier, un quatrième à côté du second, et ainsi de suite, de sorte que quand la planche est large, il faut parcourir un certain espace à chaque tour de charrue, ce qui fait perdre du temps.

La bonté du labour dépend beaucoup de l'habileté du laboureur. Quelque facile qu'il paroisse de conduire une charrue, c'est un talent qui ne s'acquiert que par un long exercice. Il faut un coup d'œil juste pour faire les raies droites, et ne pas les hacher. Il doit savoir comment s'y prendre pour faire piquer plus ou moins, et maintenir sa charrue, afin de ne prendre toujours que la même quantité de terre, soit en profondeur, soit en largeur, etc.

Entrer dans tous les détails que demanderoit cette seule partie de la matière que je traite exigeroit un volume, tant ils sont nombreux, et tant il faudroit être minutieux pour les développer de manière à satisfaire le lecteur. Comme ce ne seront pas les laboureurs de profession qui achèteront ce livre pour apprendre à conduire la charrue, et que quelques jours de travail satisferont mieux ceux qui voudroient en avoir quelque idée que ce que je puis en dire, je ne m'étendrai pas plus au long sur ce point.

Comme la terre des localités fort en pente, du penchant des montagnes par exemple, est toujours entraînée par les eaux pluviales, il est bon de labourer ces localités de manière à retarder cet effet, c'est-à-dire d'employer la charrue à tourne oreille, de diriger cette oreille du côté du sommet, et de faire les sillons transversaux. Ce mode, d'une importance si majeure pour la postérité, est cependant rarement usité, par l'insouciance et l'ignorance des habitans des campagnes. *Voyez* Montagne.

Les binages de la vigne devroient être dirigés dans les mêmes principes, c'est-à-dire faits en commençant par le haut, afin de faire remonter la terre; mais je n'ai vu qu'un petit nombre de lieux où cette attention fût en recommandation. Les vignerons de la Côte-d'Or aiment mieux remonter leurs terres à la hotte, tous les deux, trois ou six ans, que de biner ainsi. Il est vrai que ce binage est plus pénible que celui fait en montant, puisqu'il exige une plus grande courbure du corps; mais on peut en adoucir la fatigue en se servant de houe à plus long manche.

Tous les champs sont bornés ou par des clôtures ou par des propriétés étrangères. Lorsqu'on les laboure à la charrue, on ne peut approcher suffisamment l'extrémité des sillons de ces clôtures ou de ces propriétés, et il faut ou changer la direction ou le mode du labour, ou perdre une portion du terrain. Cet objet est par-tout d'une importance majeure, et sur-tout dans les pays où les propriétés sont très divisées.

Pour tirer parti de ces extrémités, il y a plusieurs moyens à employer.

1° On les laboure transversalement à la charrue, et on les sème comme dans le reste du champ. Ce mode est principalement employé dans les grandes pièces.

2° On les laboure à la bêche ou à la pioche, et on y plante des pommes de terre, des haricots, et autres objets du même genre.

3° On les laisse en herbe, qu'on fauche pour donner en vert aux bestiaux.

Quand un champ est entouré d'une haie, il est toujours nécessaire de laisser une bordure tout autour, et de la cultiver à la main ou de la laisser en herbe.

Certaines personnes blâment l'usage de laisser en herbe les bordures des champs, sous prétexte que c'est un foyer de graines qui infecter ont le champ; mais elles ne font pas attention, ces personnes, que d'abord on doit toujours couper cette herbe avant qu'elle donne ses graines; ensuite que les plantes qui nuisent aux champs ne sont pas celles qui forment les prairies.

Mais dans ces bordures, comme autre part, il faut varier les cultures d'après les principes d'un sage assolement.

Il est des cas où il est bon de laisser en friche une petite largeur de ces bordures, et de la creuser de quelques pouces pour en rejeter la terre sur le champ; ce sont ceux où la terre est naturellement humide, ou ne laisse pas facilement infiltrer les eaux des pluies. Cette bordure est alors une sorte d'Écout. *Voy.* ce mot. De plus elle sert de chemin pour visiter le champ.

J'ai vu, dans beaucoup de lieux, laisser en friche pendant l'hiver les bordures des champs qui longent les grandes routes, et dont les productions sont par conséquent exposées à être broutées par les bestiaux qui y passent, pour les planter ou en légumes, dont la fane est peu du goût des bestiaux, ou les semer de graines d'une végétation rapide, comme l'orge ou l'avoine. Cette pratique est très bonne à imiter.

La tenacité des terres variant à l'infini, et se trouvant souvent augmentée par les pierres et les racines qui s'y rencontrent, les forces qu'on emploie pour labourer doivent varier également. Il est des localités qu'un ou deux chevaux attelés à la charrue peuvent labourer, il en est d'autres où douze chevaux ou huit paires de bœufs, ne sont pas de trop. Je ne puis par conséquent donner de règle pour guider les cultivateurs dans ce cas. J'observerai seulement que deux forts chevaux ou deux paires de bœufs sont le nombre le plus généralement employé, par conséquent le terme moyen.

Arthur Young se plaint qu'en Angleterre, et j'ai souvent eu occasion de le remarquer également en France, on emploie plus de force qu'il n'est nécessaire pour labourer. Sans doute il est bon, il est même très bon de ne point surcharger les animaux de travail; mais atteler quatre chevaux à une charrue qui pourroit être conduite avec deux, est un véritable délit, puisqu'on auroit pu utiliser fructueusement d'une autre manière le temps des deux autres. Ce sont les valets de charrue qui, pour aller plus vite, sollicitent ainsi une surabondance de force; mais un labour trop hâté ne vaut pas celui qui est fait avec lenteur, ainsi que je l'ai déjà observé. Il y a cependant un cas où il peut être employé un plus grand nombre d'animaux qu'il est nécessaire, c'est lorsqu'on laboure avec des bœufs, parceque plus on en a et plus on en vend, et que quand ils travaillent trop, ils deviennent plus difficiles à engraisser. *Voyez* Bœuf.

Il y a deux manières d'atteler les chevaux à la charrue, ou à la file, ou accouplés. Dans ce dernier cas, il arrive souvent qu'un des chevaux est plus foible que l'autre ou les autres, qu'il est moins obéissant à la voix, au fouet, etc. Alors il y a toujours infériorité dans le labour.

C'est ici le lieu de discuter la grande question de la supériorité du cheval sur le bœuf, ou du bœuf sur le cheval dans le labourage.

Par sa masse, sa force, l'égalité de ses mouvemens, par le peu de dépense de sa nourriture et de son attelage, le peu de maladies auxquelles il est exposé, par sa grande valeur lorsqu'il est engraissé, le bœuf est certainement préférable au cheval pour le labour; mais la lenteur de sa marche, dans tous les pays où on compte l'emploi du temps pour ce qu'il vaut, contre-balance tous ces avantages. Aussi ne peut-il pas entrer en concurrence avec le cheval dans les pays de grande culture où il faut faire beaucoup de labours en peu de temps, et est-il confiné dans ceux où chaque ferme n'est composée que de la quantité de terre qu'un homme peut cultiver sans autre aide que celle de ses enfans. Le bœuf est aujourd'hui presque généralement relégué dans les montagnes, quoique par sa nature il soit un animal des plaines grasses et humides, des bords des grands fleuves. Si le profit qu'on retire de son engrais détermine quelques localités de plaine à le conserver, on ne l'y emploie au labour ou au charroi que dans le but de lui faire prendre un exercice utile à sa santé, et on l'engraisse comme en Normandie, aussitôt qu'il est parvenu à toute sa croissance. *Voyez* ENGRAIS.

Dans les parties méridionales de l'Europe, on préfère le mulet pour les labours, dans tous les lieux où le bœuf n'est pas employé, parcequ'il supporte plus aisément les fatigues et se nourrit à moins de frais.

Ce n'est que dans les pays les plus pauvres qu'on attelle l'âne ou la vache à la charrue; encore faut-il que le terrain en soit léger.

On a à différentes reprises proposé des machines pour labourer sans le secours des animaux, mais aucune n'a survécu à la première expérience qu'elle a faite. Tant d'élémens entrent dans l'usage d'une charrue, et ces élémens changent si fréquemment dans le cours d'une journée de travail, qu'il sera probablement toujours impossible de les mettre en application. (B.)

J'ai oublié de dire que le plus excellent moyen de rendre meubles les terres fortes, c'est, après les avoir labourées à la charrue, de les labourer de nouveau, avec une HOUE A CHEVAL (*voy*. ce mot), armée d'un grand nombre de socs. Une planche de jardin n'est pas mieux travaillée qu'un champ ainsi traité. Un cultivateur ne devroit jamais manquer à cette opération qui n'est guère plus coûteuse qu'un hersage ou un roulage. (B.)

LABOUREUR. Ce mot se prend dans deux acceptions, tantôt c'est le CULTIVATEUR (*voyez* ce mot) qui travaille par lui-même ; tantôt c'est l'homme, quel qu'il soit, maître ou valet, qui tient le manche de la charrue.

Conduire une charrue paroît une action bien facile, cependant sur vingt laboureurs il s'en trouve à peine un excellent et deux passables ; il faut pour bien labourer et de la force, et de l'intelligence, et de l'habitude, non seulement de sa terre, mais encore de sa charrue. Tel est habile chez lui, et qui cesse de l'être en quittant son canton.

Les laboureurs sont certainement les premiers soutiens de la société ; mais quelle que soit la considération qu'ils méritent, il ne faut pas croire qu'il n'y ait de bonne agriculture que celle qui est faite par eux. Je fais cette remarque parcequ'il est commun d'entendre dire que l'expérience est tout en agriculture, et que celui qui n'a pas manié la charrue, quelque savant qu'il soit en théorie, ne peut être utile aux progrès de l'art. Qu'ils causent donc ces détracteurs de la science avec les laboureurs, et qu'ils se jugent ensuite eux-mêmes. En effet, un homme qui a travaillé toute sa vie depuis le matin jusqu'au soir au même objet peut sans doute acquérir le talent de bien faire cet objet, mais il ne saura presque jamais rendre compte des motifs les plus simples d'après lesquels il agit. Il sera à cet égard fort en arrière d'un esprit accoutumé à réfléchir qui l'aura vu opérer pendant une heure. Pour perfectionner un métier comme pour perfectionner une science il faut savoir méditer ; or, pour méditer il faut du loisir, et le laboureur n'en a pas. D'ailleurs il a toujours vécu avec des personnes de son état ; à peine a-t-il appris à lire et à écrire ; il ne possède aucun livre, et croit fermement que la routine qui lui a été transmise par son père est le dernier degré de la perfection.

C'est donc plutôt des agriculteurs que des laboureurs qu'on peut espérer des observations nouvelles, et des essais utiles sur l'agriculture, et en effet eux seuls et les savans de profession ont écrit sur l'art agricole. Sans doute quelques laboureurs s'élèvent de temps en temps au-dessus des autres ; mais ce qu'ils font pour le progrès de leur art meurt avec eux, ou reste renfermé dans le territoire de leur commune. Je suis plus en état que bien d'autres de leur rendre cette justice, car j'ai toujours cherché à m'instruire dans leur conversation, et bien des articles de cet ouvrage leur devront toute leur importance ; mais il faut savoir les interroger et avoir déjà un grand fonds de connoissances pour tirer parti de leurs réponses.

Combien de fois j'ai désiré voir et plus d'aisance et plus de lumières parmi eux ! (B.)

LABYRINTHE. On donne ce nom à un assemblage d'allées très rapprochées, très tortueuses, même très contournées et tellement disposées, les unes à l'égard des autres, que quand on s'y est engagé, il est fort difficile de retrouver celle qui aboutit au dehors, et qu'on emploie souvent des heures entières pour arriver à une distance de quelques toises.

Nos pères estimoient beaucoup les labyrinthes. Tous les jardins des vieux châteaux en contiennent encore; mais le bon goût les a proscrits des modernes. Aujourd'hui on veut un but raisonnable, au moins en apparence; et perdre du temps à se fatiguer pour tourner autour d'un point, n'en peut être un pour qui sait jouir.

On construisoit généralement les labyrinthes avec des charmilles de cinq à six pieds de hauteur ou moins. On y réservoit de distance en distance des points de repos; on les ornoit quelquefois de berceaux, de pavillons, de jets d'eau, etc., tous objets qui n'en couvroient pas la monotonie. Leur entretien étoit le même que celui des allées et des charmilles du reste du jardin.

Je ne crois pas devoir m'étendre plus au long sur cet objet, puisque ce seroit sans utilité. (B.)

LAC. Grand amas d'eau douce ou salée, existant dans l'intérieur des terres, le plus souvent au milieu des hautes chaînes de montagnes.

Quoique les lacs n'intéressent qu'indirectement les cultivateurs, il convient à la série des bases de cet ouvrage que j'en dise un mot.

Les étangs diffèrent des lacs, parcequ'ils sont le produit de l'industrie humaine; cependant beaucoup de petits lacs portent le nom d'étang.

Il n'y a pas beaucoup de lacs en France, mais ils y étoient aussi communs autrefois qu'ils le sont encore dans le nord de l'Europe. Presque toutes les grandes rivières en ont formé plusieurs. Le sol de Paris en a été un. Lyon est situé au déchargeoir d'un autre. J'ai observé dans les Alpes plus de vingt localités où il y en a eu dans des temps peu reculés. Les lacs actuels de ces dernières montagnes, et sans doute la plupart de ceux du monde, diminuent chaque jour, par suite de l'approfondissement de leur déchargeoir, et par le comblement de lit. Le lac Majeur commençoit jadis à Bellinzona, et en ce leur moment il commence une lieue plus bas.

La plupart des lacs existent depuis la formation des montagnes primitives; l'inspection de ceux des Alpes que j'ai visités me l'a prouvé d'une manière positive. Cependant plusieurs doivent leur naissance à des éboulemens de montagnes, à des irruptions volcaniques qui ont fermé l'ouverture des vallées, et quelques uns tirent leur existence des affaissemens du sol.

Il est des lacs dans lesquels entre et d'où sort une rivière. Il en est d'où sort une rivière sans qu'il en entre; d'autres qui en reçoivent sans qu'il en sorte; d'autres enfin dans lesquels il n'en entre ni n'en sort.

Presque tous les grands lacs renferment des espèces de poissons qui leur sont particuliers. Ainsi les lacs de Genève et de Neufchâtel offrent aux gourmets l'excellent ombre-chevalier, *salmo umbla*, Lin., qu'on ne connoît pas autre part; ainsi j'ai vu pêcher dans les lacs de Garda, de Côme, et dans le lac Majeur, en immense quantité, la sardine des lacs, le *cyprinus agone* de Scopoli, et deux autres espèces de cyprins qu'on ne connoît dans nul autre. Mais les poissons des lacs sont encore à étudier.

La France, comme je l'ai déjà observé, est fort peu abondante en lacs. Il n'y en a point d'une étendue considérable, même dans sa circonscription actuelle, si on en excepte le lac de Genève. Tous ceux qu'on trouve dans les départemens du Mont-Blanc, de la Meurthe et autres ressemblent à de grands étangs, et appartiennent à des particuliers.

L'aspect de la plupart des lacs est extrêmement romantique. Jamais je n'oublierai les impressions qu'ont fait naître en moi ceux des Alpes italiennes et de la Suisse allemande, sur la surface ou sur les bords desquels j'ai voyagé. On a donc dû désirer en introduire l'image dans les jardins paysagers, en y construisant des étangs d'une forme irrégulière, entourés de quelques monticules, de quelques rochers, de quelques groupes d'arbres, etc. Il est donc des lacs de quelques toises de diamètre, même dirai-je de quelques pieds. Ces lacs, quelque ridicules qu'ils soient lorsqu'on les compare à ceux de la Suisse, n'en ont pas moins beaucoup d'agrément, quand la nature du site s'y prête, et quand les objets qui les accompagnent sont disposés avec goût. Je dirai qu'une grande simplicité d'intention et une manière large de dessin est ce qui convient le plus généralement; mais je n'entrerai pas dans le détail de toutes les formes, de tous les accompagnemens dont ces lacs en miniature sont susceptibles, les localités en décidant presque toujours. Des eaux pures sont d'abord ce qui plaît le plus, ensuite des gazons frais. Quelques rochers groupés à l'endroit où les eaux tombent dans le lac font toujours un bon effet. Il est souvent bon, pour l'ensemble, qu'on ne voie pas l'endroit d'où elles sortent. Comme je l'ai dit plus haut, des groupes d'arbres, habilement ménagés, à une plus ou moins grande distance des bords, des saules pleureurs et des buissons d'arbustes immédiatement sur les bords, des touffes de grandes plantes aquatiques dans l'eau même, quelques pieds de nénufar, de méniante placés çà et là, complètent l'imitation. Je n'oublie pas les poissons. Un ou deux couples d'oiseaux nageurs jettent encore plus de vie; mais il faut repousser ceux qui, comme les cygnes et les oies, vivent de graines ou de feuilles, parcequ'ils nuisent à la beauté des gazons. Il m'a toujours paru que ceux de ces oiseaux qui sont d'un naturel sauvage, comme les sarcelles, les plongeons, les foulques, les grebes, les barles, qui se cachent dès que quelqu'un paroît, faisoient plus de plaisir aux promeneurs que ceux qui, comme les canards, restent au milieu de l'eau. Souvent il suffit de ne pas tourmenter une couvée de ces oiseaux pour qu'ils s'établissent à demeure sur un de ces lacs. (B.)

LACHUGUE. Nom de la laitue dans le département de Lot-et-Garonne.

LACRYMALE. *Voyez* Fistule.

LACUNES. Vides qui se remarquent dans l'intérieur du tissu cellulaire des plantes. Les unes paroissent régulières et régulièrement disposées, et alors elles peuvent être regardées comme des cavités du tissu cellulaire plus grandes. Les autres sont irrégulières, et semblent produites par le déchirement accidentel de plusieurs.

Il semble qu'il y ait des circonstances qui rendent ces dernières plus abondantes à certaines époques et dans certaines localités. Souvent dans les plantes qui ont des sucs propres, ces sucs s'y déposent et forment des espèces de nœuds. J'ai vu des pins qui offroient ce phénomène d'une manière indubitable. *Voyez* au mot Tissu cellulaire.

Les lacunes ne sont jamais dans le cas d'être prises en considération par le cultivateur praticien. (B.)

LADRERIE. Maladie des cochons, qui n'est indiquée dans ses commencemens par aucun symptôme extérieur, et qu'on ne reconnoît que lorsqu'elle est arrivée à un certain période, à leur tristesse, au changement de couleur de leurs yeux, à la lenteur de leurs mouvemens, à l'épuisement de leurs forces, et enfin à la chute de leurs soies, dont le bulbe devient sanguinolant. Peu après l'invasion de ce dernier symptôme, l'animal qui en est attaqué meurt.

Cependant on peut reconnoître, dès les premiers temps de la maladie, qu'un cochon est ladre, en examinant le dessous de sa langue, qui, dans ce cas, offre des tubercules blancs plus ou moins nombreux.

Ces tubercules sont les parois extérieures des sacs d'une espèce particulière d'hydatide, observée seulement dans ces derniers temps par Verner, et qu'il a appelée Hydatide du cochon, *Hydatis finna.* (*Voyez* ce mot.) C'est ce singulier animal qui cause seul la ladrerie du cochon, comme je l'ai vérifié, avec Broussonnet à l'école vétérinaire d'Alfort à l'époque où l'ouvrage de Verner fut publié, c'est-à-dire il y a vingt à vingt-cinq ans. Les autres hydatides sont fixées seulement à un viscère particulier, et par conséquent dans des cavités ; mais celle du cochon se trouve, non seulement sur tous les viscères et dans toutes les cavités, mais dans la graisse, le lard, dans l'intervalle des muscles, enfin par tout où il y a une disjonction quelconque, ainsi qu'un des cochons ladres, gardé par Broussonnet jusqu'à sa mort naturelle, nous l'a fait voir. Ces animaux se touchoient presque dans ce cochon aux endroits précités. Dire comment les hydatides se multiplient, et sur-tout pénètrent dans toutes les parties qui offrent du tissu cellulaire dans le corps de ces animaux, est chose impossible dans l'état actuel de la science. Les différens systèmes qui ont été publiés pour l'expliquer ne peuvent satisfaire aux résultats de l'observation. Il faut attendre que le hasard nous fournisse des faits propres à nous mettre sur la voie.

L'objet que les cultivateurs ont le plus intérêt de constater est de savoir si cette maladie est contagieuse. Plusieurs motifs portent à le croire, et, dans l'incertitude, il est prudent d'agir comme s'il étoit prouvé qu'elle le soit : en conséquence, on doit isoler tous les cochons qui, par l'inspection du dessous de leur langue, indiqueront qu'ils en sont affectés.

Lorsque les hydatides sont peu nombreuses dans un cochon, elles n'influent point sur sa santé ; il faut qu'il y en ait déjà beaucoup pour qu'il s'en montre sous la langue. Chaque jour elles augmentent en quantité, absorbent la lymphe, ôtent aux chairs l'aliment qui leur est nécessaire, et déterminent enfin, lorsqu'elles sont devenues excessives, l'espèce de gangrène sèche qui cause la mort de l'individu.

On a indiqué un grand nombre de remèdes contre la ladrerie, mais aucun n'a réussi, ni ne pouvoit réussir, d'après ce que je viens d'observer. La propreté, si à désirer dans toute éducation d'animaux, n'a aucune influence pour l'empêcher de naître, ni pour la guérir, puisque des fœtus en ont montré, et qu'il n'est pas vrai que les sangliers en soient exempts. D'ailleurs, l'analogie vient, dans ce cas, à l'appui de l'expérience, puisqu'on ne peut pas dire que les dauphins, qui parcourent continuellement les mers, soient sales, et je les ai cependant trouvés excessivement pourvus d'une espèce très voisine de celle dont il est ici question, espèce que j'ai le premier décrite et figurée dans la partie des vers du petit Buffon, et dans le nouveau Dictionnaire d'histoire naturelle imprimé chez Déterville.

Le seul moyen à employer pour diminuer les pertes que peut occasionner la ladrerie, c'est de tuer les cochons qui en sont atteints aussitôt qu'on s'aperçoit de leur présence. Leur chair, comme j'ai pu en juger personnellement, est molle et fade, mais son usage ne produit aucun effet nuisible sur ceux qui en

mangent, sur-tout lorsque la maladie n'est pas arrivée à son
dernier degré.

De tout temps la vente des cochons ladres a été défendue par
des règlemens de police. On avoit même créé sous Louis XIV
des charges sous le nom de conseillers du roi, jurés langueyeurs
de porcs, dont les fonctions étoient de s'assurer si les cochons
amenés au marché n'en étoient pas atteints. Ces règlemens sont
sages et doivent être maintenus, non pas à cause du danger de
l'usage de leur chair, mais parceque cette chair étant de qualité inférieure, c'est un délit que de la vendre comme bonne
à ceux qui ne savent pas la connoître.

Il est impossible de manger du lard où il y a des hydatides
sans s'en apercevoir, parceque ces hydatides sont plus dures
que le reste, et croquent sous la dent. (B.)

LAICHE, *Carix*. Genre de plantes de la monœcie triandrie,
et de la famille des cypéroïdes, qui renferme un grand nombre
d'espèces (plus de cent), dont beaucoup, par leur abondance
et par l'influence qu'elles ont sur le foin des prairies naturelles,
intéressent spécialement les cultivateurs.

On trouve des laiches dans toutes les natures de terrain,
mais c'est dans les marais que croissent le plus grand nombre.
Quelques espèces ne parviennent pas à plus d'un pouce de
hauteur, tandis que d'autres s'élèvent à plus de deux pieds.
Toutes sont vivaces, et la plupart forment des touffes remarquables par leur densité. Leurs tiges sont presque toujours
triangulaires ; et leurs feuilles longues, engaînantes, et ordinairement canaliculées, sont bordées de dents imperceptibles
qui les rendent coupantes lorsqu'on les fait glisser dans la main,
d'où le nom d'*herbes coupantes* qu'elles portent vulgairement
dans quelques endroits. Souvent elles produisent le même effet
sur le palais des bestiaux. Les vaches les mangent volontiers, et
en recherchent même quelques espèces ; mais les chevaux n'y
touchent que lorsqu'ils sont pressés par la faim, ou qu'ils y
sont accoutumés, et elles sont nuisibles pour les moutons. En
général, le fourrage qu'elles fournissent est peu nourrissant,
peu savoureux et très dur, sur-tout quand elles ont passé
fleur, et encore plus quand elles sont sèches : aussi, dans les
lieux où elles dominent, dans les marais inondés, ne les coupe-
t-on que pour servir de litière et augmenter la masse des fumiers ; aussi par-tout où les cultivateurs sont éclairés, ne per-
mettent-ils pas qu'elles se multiplient dans leurs prairies basses,
en les arrachant, soit à la pioche, soit à la charrue.

Mais si, sous quelques rapports particuliers, les laiches sont
nuisibles à l'agriculture, elles lui sont souvent utiles sous d'autres. Ainsi leurs racines traçantes, fibreuses et entrelacées,
fixent les sables contre les vents, les terres du bord des riviè-

res contre l'action des eaux. Elles sont un des puissans moyens que la nature emploie pour former la tourbe et pour exhausser le sol des marais, soit par la décomposition de ces mêmes racines, soit par celles des feuilles qui subsistent sèches, surtout dans l'eau, pendant plusieurs années. Qui n'a pas vu, dans les grands marais, ces touffes de laiches d'un pied de diamètre et plus, qui s'élèvent au-dessus de l'eau, et servent au botaniste ou au chasseur pour les parcourir en sautant de l'une à l'autre?

On divise les laiches d'après la disposition des épis.

La première division comprend celles qui ont un seul épi. Il faut y remarquer comme plus commune,

La LAICHE DIOIQUE, qui est dioïque et a les tiges hautes d'un pied. Elle croît abondamment dans les prés tourbeux, et fournit un très mauvais pâturage, que les bestiaux ne mangent qu'au printemps.

La LAICHE PULICAIRE, qui a les fleurs mâles au sommet et les fleurs femelles à la base de l'épi. Elle s'élève autant que la précédente, et croît dans les mêmes lieux.

La seconde division réunit les laiches qui ont plusieurs épis mâles au sommet.

La LAICHE DES SABLES, qui a les épis inférieurs écartés et accompagnés d'une longue feuille bractéiforme. Elle croît dans les sables des bords de la mer, qu'elle fixe au moyen de ses longues racines. Sa hauteur est quelquefois de plus d'un pied. On emploie sa racine en médecine comme sudorifique.

La LAICHE JAUNATRE, *Carex vulpina*, L., qui a de nombreux épis dont les inférieurs sont écartés. Tous sont ovales et mâles au sommet seulement. Sa hauteur est souvent de deux pieds et plus. Elle croît abondamment dans les marais, sur le bord des petites rivières et des fossés. C'est une de celles qui contribuent le plus à élever le sol et à empêcher l'action destructive des eaux courantes. Il peut être souvent utile d'en semer ou planter pour ce dernier usage. Elle a un aspect assez agréable, lorsqu'elle est en fleur et en fruit, pour n'être pas déplacée sur le bord des rivières ou des lacs des jardins paysagers. La base de ses jeunes tiges peut être mangée en salade ; c'est encore une de celles qu'on fauche le plus fréquemment pour faire de la litière. On pourroit employer avantageusement le fumier qui en provient, ainsi que celui de toutes les autres espèces de laiches, dans les terres argileuses et humides, parceque sa lente décomposition le feroit, d'un côté, agir mécaniquement en soulevant la terre, tandis qu'il agiroit comme engrais de l'autre.

La LAICHE OVALE et la LAICHE A DEUX RANGÉES, confondues par les botanistes sous le nom de *Carex leporina*, croissent dans les mêmes lieux et ont les mêmes avantages que la précédente, dont elles diffèrent peu.

La LAICHE PRÉCOCE de Schreber, qui est le *Carex curvula* de Lamarck, a les épis roux et les capsules dentelées sur leurs bords. Elle s'élève à environ un pied, croît dans les bois sablonneux, et fleurit au premier printemps. Les bestiaux la recherchent beaucoup, et elle est pour eux une ressource à une époque où il y a encore peu d'herbes nouvelles.

Parmi les laiches qui ont plusieurs épis unisexuels, se trouvent,

La LAICHE EN GAZON. Elle a les épis droits, ternés, presque sessiles, les mâles terminaux. Elle croît dans les marais tourbeux, et s'élève d'un pied. Les vaches la recherchent de préférence à plusieurs autres, sur-tout quand elle est jeune, et tous les autres bestiaux la mangent aussi.

La LAICHE GLAUQUE a les épis peu nombreux et la capsule cotonneuse. Elle est commune dans les prés humides, et se reconnoît de loin à la couleur blanchâtre de ses feuilles. Sa hauteur est d'un à deux pieds.

La LAICHE HÉRISSÉE a deux épis mâles et trois femelles, ces derniers écartés des autres. Toutes ses parties sont couvertes de poils. Elle est commune dans les lieux humides, et s'y élève à un ou deux pieds. Il ne paroît pas que les bestiaux y touchent volontiers.

La LAICHE JAUNE, *Carex flava*, Lin., a les épis mâles linéaires, et les femelles ovales, réunis en tête et presque sessiles ; ses capsules aiguës et jaunâtres. Elle croît dans les bois humides, sur le bord des fossés, et s'élève à deux ou trois pieds.

La LAICHE LIMONNEUSE a les épis mâles allongés et droits, et les femelles ovales et pendans. Elle croît dans les marais tourbeux, et est une de celles qui contribuent le plus à les changer en prairie par l'élévation de leur sol, ses racines étant traçantes et très nombreuses.

La LAICHE PANIC a les épis mâles droits et écartés, les femelles linéaires, les capsules renflées. Elle croît très abondamment dans les marais, et elle s'élève à plus d'un pied. Les vaches l'aiment beaucoup.

La LAICHE A FEUILLES DE SOUCHET a les épis pendans, géminés, excepté un seul qui est mâle. Ses capsules sont recourbées à leur pointe. Elle s'élève à deux ou trois pieds, et croît dans les bois marécageux, sur le bord des ruisseaux. Les vaches la recherchent extrêmement. Elle est propre à orner les pièces d'eau des jardins paysagers.

La LAICHE DES MARAIS a les épis mâles bruns et les épis femelles sessiles, les capsules ovales et mucronées. Elle croît dans les marais, dont elle concourt à élever le sol par ses racines nombreuses et traçantes. Sa hauteur est de trois ou quatre pieds.

La LAICHE DES RIVES diffère peu de la précédente et se trouve dans les mêmes lieux et sur le bord des fossés et des petites rivières, dont elle empêche l'eau de dégrader les bords. (B.)

LAICHE. On appelle ainsi les LOMBRICS ou *vers de terre* dans certains cantons. *Voyez* le premier de ces mots.

LAINE. *Voyez* MOUTON.

LAIS. Jeune baliveau de l'âge du bois qu'on abat. (*Voyez* FORÊT.) Ce mot n'est pas connu hors de la langue forestière.

LAISSE DE MER. Terrains que les eaux de la mer ont abandonnés, ou mieux, puisque c'est le cas le plus ordinaire en Europe, terrains formés sur les bords de la mer par les attérissemens des rivières ou par les courans.

Le mouvement diurne de la terre d'occident en orient détermine une action des eaux de la mer en sens contraire, de sorte que toutes les côtes ouest de l'Amérique sont abandonnées, et toutes celles de l'Europe et de l'Afrique sont rongées et diminuées par elles. Il suffit d'avoir examiné les côtes de la Normandie, de la Bretagne, de l'Espagne, et de les avoir comparées à celles des Etats Unis de l'Amérique, comme j'ai été dans le cas de le faire, pour en être convaincu. Les côtes ouest de l'Amérique, au rapport de tous les navigateurs, sont si escarpées, qu'on y trouve difficilement des plages, et la mer y est si profonde, qu'on peut le plus souvent y débarquer directement d'un gros vaisseau au moyen d'une planche. Celles de l'Asie au contraire sont plates comme celles de l'Amérique, et les marées en découvrent le fond dans un espace de plusieurs lieues. *Voyez* le Voyage de La Pérouse.

Toute la Basse-Caroline que j'ai visitée, et les contrées analogues, telles que les côtes de la Virginie et de la Géorgie, sont évidemment à mes yeux des laisses de la mer dans une étendue moyenne de douze à quinze lieues de la côte; et probablement les collines de cailloux non roulés, qui sont à la suite, en recouvrent encore autant. Les côtes actuelles sont presque par-tout précédées par des îles basses que les hautes marées recouvrent, et qui sont destinées, dans quelques siècles, à faire partie du continent, excepté à l'embouchure des rivières, où il y a des passes produites par le courant de ces rivières. Ainsi il n'est pas possible aux vaisseaux, quelque petits qu'ils soient, d'aborder sur le continent.

Là donc on peut dire que les laisses de la mer sont de véritables laisses.

En France, comme je l'ai annoncé plus haut, il n'y a pas de laisses de mer de cette sorte; toutes sont ou des attérissemens formés par les courans ou par les dépôts des fleuves. Les plus considérables sont celles qui s'étendent de Flessingue à Dunquerke, de Nantes à Marennes, de Bordeaux à Baïonne, et d'Arles à Narbonne; et il est prouvé qu'elles doivent leur origine au Rhin, à la Loire, à la Garonne et au Rhône. Si la Seine n'en fournit pas de semblables, c'est parceque son cours est fort lent, et probablement parcequ'elle s'étend trop dans ses crues, à raison de ses grandes et nombreuses sinuosités, et dépose dans sa course les terres qu'elle charrioit. Au reste, on en trouve à l'embouchure de presque toutes les rivières, telles petites qu'elles soient; mais elles sont proportionnées à leur grandeur, c'est-à-dire peu étendues.

Par la loi, les laisses de la mer appartiennent au public, et le gouvernement les aliène à des particuliers. Quelquefois cependant les propriétaires riverains s'en emparent à mesure qu'elles se forment. Les unes sont uniquement formées de galets ou de sables, d'autres ou de galets ou de sables et de vase. Toutes peuvent être cultivées avec plus ou moins de facilité, selon les localités; mais cette culture est scabreuse, parceque la mer dans ses grandes marées, sur-tout lorsque le vent souffle dans la même direction, les recouvre quelquefois, et détruit en quelques instans, pour plusieurs années, même pour plus d'un siècle, les résultats des plus grandes dépenses et des plus longs travaux: c'est pourquoi beaucoup sont abandonnées à la pâture.

Les anciennes laisses de mer, qui ne sont composées que de galets et de sables, sans presque de terre, s'appellent dunes. La plupart sont regardées comme incultivables; mais M. Brémontier a prouvé qu'il étoit fructueux de les planter en bois, sur-tout en bois de pin. *Voyez* au mot DUNES.

Les laisses modernes de mer, qui renferment aussi des galets, mais mêlés de quelques portions de vase, peuvent presque toujours être employées à la culture des soudes et autres plantes marines propres à donner de l'alkali minéral par leur incinération. On doit reprocher aux habitans des bords de la mer leur insouciance à cet égard; car cette culture, quelque avantageuse qu'elle soit, est très peu usitée en France. On peut aussi y semer des plantes vivaces et des arbustes propres à la nourriture des bestiaux, sur-tout des moutons, dont la chair s'améliore par l'usage des herbes salées.

Mais quelque genre de culture qu'on adopte, il est deux opérations préliminaires importantes à faire. La première est d'établir une digue susceptible de garantir le terrain des grandes marées. Elle est toujours très coûteuse, et souvent difficile. (*Voyez* au mot DIGUE.) La seconde, c'est de former des abris artificiels ou naturels contre les vents toujours si dangereux de la mer. *Voyez* au mot ABRI.

Les laisses de mer sont quelquefois composées de sable si fin, que, lorsqu'elles ne sont pas mouillées, les vents les changent perpétuellement de place, et déchaussent par conséquent le pied de toutes les plantes qu'on veut y cultiver. Les abris ci-dessus cités sont un bon moyen de les défendre contre cet inconvénient ; mais on ne peut pas toujours l'employer, soit à raison de la dépense, soit parceque eux-mêmes sont entraînés par les vents. Alors on n'a d'autres ressources que de semer des plantes qui par leur nature sont propres à croître dans les sables, et à les fixer par l'entrelacement de leurs nombreuses racines ; telles sont l'ÉLYME DES SABLES, le ROSEAU DES SABLES, le SAULE DES SABLES, etc. *Voyez* au mot DUNE.

Il est des localités où, au lieu de tendre à élever les laisses de la mer pour pouvoir les cultiver, on trouve de l'avantage à les creuser, soit pour les transformer en marais salans, c'est-à-dire propres à faire évaporer l'eau de la mer pour en retirer le sel de cuisine, soit pour en faire des réservoirs destinés à conserver le poisson de mer, ou à nourrir des huîtres, des moules et autres coquillages. (B.)

LAISSÉS, LAYE, LAYÈRES, LÉZIERS, etc. Traces des arpentages des bois, et séparation des ventes en usances. (DePer.)

LAIT. Entre les boissons alimentaires les plus anciennement accréditées, le lait doit, sans contredit, occuper une des premières places, et quoiqu'il semble n'avoir été préparé qu'en faveur des nouveau-nés, ce fluide sert cependant beaucoup aussi aux adultes ; en effet nous voyons l'homme de tous les âges et dans les différentes époques de la vie l'admettre au nombre des objets devenus pour lui de première nécessité, l'employer comme aliment et comme médicament, en faire d'utiles applications à des arts économiques.

Qu'on ne soit donc plus étonné si dans ces derniers temps on a cherché les moyens qui pouvoient concourir à rendre la nature du lait plus parfaite et sa quantité plus considérable, en soignant davantage les femelles qui fabriquent cette liqueur agréable et salutaire, en leur administrant les meilleurs fourrages, et sur-tout en écartant d'elles toutes les causes qui peuvent nuire directement ou indirectement à leur santé, à leur vigueur et accélérer leur dégénérescence.

Quelle que soit la nature du lait et l'espèce de femelle d'où 'l provient, il est toujours composé de quatre parties bien disinctes ; savoir,

Le beurre ;

Le caillé, ou matière caseuse ;

Le sérum, ou petit-lait ;

Le sucre, ou sel essentiel de lait.

Rien de plus variable que l'état et la proportion où se trou'ent ces parties constituantes. Il seroit trop long de réunir ici outes les causes capables d'apporter au lait des modifications ui, sans toucher à ses caractères spécifiques, peuvent augnenter ou affoiblir sa qualité. Il n'est pas aussi commun qu'on

Je pense de trouver, toutes choses égales d'ailleurs, des femelles qui le donnent constamment bon, et dont les principes soient parvenus au même degré d'appropriation.

Commerce du lait. Le lait en nature est d'un débit assez considérable dans une grande commune, sur-tout depuis l'époque où l'usage du café et du chocolat a été introduit en Europe, et que ces préparations sont devenues en France le déjeûné favori des deux sexes de tout âge et de tout état ; mais son prix, dans le commerce, varie à raison de la saison, du prix des fourrages et des denrées coloniales.

L'intérêt des nourrisseurs de vaches, dans les environs de Paris, est de ne point économiser sur la nourriture pendant l'hiver, afin d'obtenir beaucoup de crême et peu de lait, vu que ce dernier est, dans le commerce, d'une valeur beaucoup moindre que le premier.

Le meilleur lait n'est ni trop clair ni trop épais ; il doit être d'un blanc mat, d'une saveur douce et agréable ; sa perfection d'ailleurs n'est décidée que quand la femelle a atteint l'âge convenable ; trop jeune, elle fournit un lait séreux ; trop vieille, il est sec et se ressent de la décrépitude de l'animal. Celui qui provient d'une vache en chaleur ou qui a mis bas depuis peu de temps est inférieur en qualité. On a encore remarqué qu'il falloit qu'elle ait eu trois portées pour que l'organe mammaire soit en état de préparer le plus excellent lait et continue de le fournir tel jusqu'au moment où la femelle, passant à la graisse, la lactation diminue et cesse entièrement. Cependant ces règles ne sont pas tellement générales qu'elles ne soient soumises à quelques exceptions ; on est à peu près certain que le lait du quatrième jour qui suit le part peut entrer dans le commerce, mais qu'il n'est véritablement riche en crême que le troisième mois ; qu'en été le lait est savoureux et abondant ; qu'en hiver, il est plus crêmeux et plus riche par conséquent en beurre. L'animalisation fabrique donc plus de sucre ou sel essentiel de lait au printemps, et davantage de beurre en automne ; aussi est-ce à cette époque que le beurre de la Prévalaie a le plus de qualité.

Il y a tout lieu de croire qu'on a beaucoup exagéré le nombre des fraudes qu'on met en usage dans le commerce du lait, car la plupart sont impraticables. Le consommateur peut, à la faveur de certaines épreuves, juger sur-le-champ si le lait qu'on lui fournit possède véritablement les conditions requise ou s'il a été sophistiqué, en distinguant cependant les infidélités, le goût de fourrage dû à la transition de nourriture la faculté qu'il a de tourner et de se coaguler, faculté qu'i doit au temps orageux.

Comme le lait pur ne forme aucun dépôt au fond du vas

qui le contient, on peut soupçonner qu'il est mélangé quand il a ce défaut. Pour s'en assurer il ne s'agit que de soumettre le dépôt à quelques expériences ; si c'est de la farine elle présentera, au moyen de la cuisson, une bouillie visqueuse ayant l'odeur de colle, tandis qu'on aura une gelée si c'est de la fécule ou amidon. Beaucoup d'autres inculpations n'ont pas plus de fondement ; la plupart prennent leur source dans l'imagination, et nous croyons inutile de s'y arrêter.

Quelques auteurs ont prétendu qu'il étoit possible de retarder la coagulation, au moyen de la lessive de potasse et de l'eau de savon ; mais quelle que soit la dose qu'on emploie, ces moyens sont insuffisans et ne peuvent concourir qu'à détériorer le lait. On ne connoît aucune matière qui, étant mêlée en petite quantité au lait, puisse, sans nuire à sa saveur agréable et à ses effets, suspendre un certain temps sa tendance naturelle à une prompte altération. On sait seulement que le chocolat, le thé et le café, dont le lait est le véhicule, retardent sa coagulation ; qu'on peut le conserver à la cave vingt-quatre heures, plonger le vase qui le contient dans un bain d'eau fraîche, couvrir ce vase d'un linge mouillé, ou imiter les laitières qui le font bouillir préalablement à la vente.

Des différentes espèces de lait dont l'usage est le plus généralement adopté. Si quelques auteurs ont exagéré les propriétés médicinales particulières appartenant à chaque espèce de lait, d'autres ont donné dans un excès contraire en voulant que toutes produisent les mêmes effets, à cause de l'identité de leurs parties constituantes : d'abord ces parties ne s'y trouvent pas dans des proportions semblables ; de plus, elles sont modifiées, combinées et arrangées d'une manière différentes ; enfin elles ont une contexture qui imprime sur les organes des sensations particulières, et elles offrent dans la butirisation, la coagulation et la clarification des phénomènes propres à les caractériser, ce qui est consacré par un ancien proverbe : *Beurre de vache, caillé de chèvre, fromage de brebis.*

Mais n'en seroit-il pas de ces propriétés comme de celles des alimens qui forment la base de la nourriture et à chacun desquels ou a donné des vertus particulières, sans présenter un seul fait capable de garantir qu'elles existent réellement. Sans doute on conçoit que l'usage d'un nouveau régime doit opérer dans l'économie animale des changemens notables ; mais lorsqu'on le continue ces changemens disparoissent. C'est ainsi que le pain de froment ou seigle ou de métcil ne conserve, au bout d'un certain temps, que l'effet alimentaire, de même que le lait, la vertu adoucissante et nutritive, le vin, l'effet restaurant et tonique.

7. 32

On peut réduire toutes les espèces de lait les plus connues parmi nous à deux classes distinctes ; savoir, le lait des animaux ruminans, et le lait des animaux non ruminans. Le premier sert spécialement aux usages économiques, et le second est plus généralement employé en médecine.

Lait de vache. C'est celui qu'on peut le plus facilement se procurer ; il fournit toutes les laiteries, et réunit tant de qualités, que je ne doute pas qu'ayant à sa disposition les autres espèces de lait dans les mêmes circonstances, ce ne fût au lait de vache qu'on donnât la préférence, puisque, suivant l'expression de Venel, il est plus lait que tous les autres laits connus, et manifestement meilleur que celui de la femelle du chameau et du buffle, quoique dans l'Inde ce dernier soit préféré : c'est aussi avec le lait de vache qu'on prépare les beurres et les fromages les plus renommés de l'Europe.

Mais si le lait de vache possède en plus grand nombre les qualités génériques du lait, ces qualités dépendent de l'organisation de cette femelle, qui diffère, à quelques égards, de celle de plusieurs autres animaux de ce genre. Indépendamment du volume de ses mamelles et de la dimension de ses trayons, elle fournit son lait à la première compression de la main, tandis que la plupart des autres animaux non ruminans ne le donnent qu'à leurs petits ou à ceux qui trompent leur instinct maternel.

Lait de brebis. Il est facile à la simple inspection de saisir la différence qui existe entre le lait de brebis et celui de vache. Son toucher gras, et la manière dont il affecte l'organe du goût, ne permettent pas de les confondre.

Le beurre qu'on obtient du lait de brebis, quoiqu'abondant, n'a jamais une consistance bien solide. Sa couleur est en été d'un jaune pâle ; il se fond aisément dans la bouche et y laisse l'impression des huiles ; il se rancit aisément si on n'a pas la précaution de le laver à plusieurs reprises. Le caillé conserve un état gras et visqueux, n'est ni tremblant, ni gélatineux, comme celui de vache. La quantité de lait que donne la brebis, quoique variable selon les années et les saisons, est estimée à trois quarts de livre par jour pour les deux traites ; quelque temps après le part, et depuis juin jusqu'en août, après la tonte, elle éprouve une diminution sensible.

On a trois spéculations en vue dans l'éducation des bêtes à laine : la propagation de l'espèce perfectionnée, ensuite la hauteur de la taille pour l'engrais, sans considérer l'abondance et la finesse de la laine ; enfin, sacrifiant tout ce qui précède, on calcule sur le profit du lait, et on ne donne le bélier que pour objet principal dans les cantons où, dénués de vache, il sert à faire du beurre et des fromages de différentes formes et compositions ; celui de Roquefort, en Rouergue, est un des plus estimés. Sa supériorité d'ailleurs est bien connue.

Lait de chèvre. Sa densité est plus considérable que celui de vache ; à la vérité il est moins gras que le lait de brebis ; son odeur et sa saveur ne sont pas toujours agréables dans les premiers jours de son usage ; mais on finit par le trouver excellent. Quand la femelle entre en chaleur, et que le bouc s'en approche, cette odeur et cette saveur sont plus marquées sur-tout chez l'espèce qui porte des cornes.

La crème du lait de chèvre est d'un blanc mat ; la petite quantité de beurre qu'on en obtient est ferme, d'une saveur douce et agréable, et se conserve plus long-temps frais que celui de brebis ; mais le caillé est extrêmement abondant et d'une bonne consistance, aussi devient-il la base d'un objet de commerce assez intéressant. On connoît la bonté des fromages du Mont-d'Or, et combien leur goût délicat les fait rechercher à Lyon, d'où on les envoie à Paris en boîtes de sapin rondes et plates.

Les fromages cylindriques, appelés *cabrillaux* dans le département du Cantal, sont aussi fabriqués avec du lait de chèvre, et le caillé en est si délicat qu'il peut, par son association avec celui des autres animaux ruminans, en améliorer la qualité ; c'est pour cela qu'on le fait entrer dans la composition des fromages de Sassenage.

Lait d'ânesse. Son usage en médecine s'est conservé depuis les Grecs jusqu'à nous. L'analogie qu'il a avec celui des femmes le rend infiniment recommandable dans une foule de circonstances où l'art de guérir n'a pas un meilleur agent. Il faut que l'ânesse soit bien entretenue et nourrie d'herbes succulentes, alors son lait est fort sucré : mais autant le lait des ruminans abonde en beurre et en fromage, autant le lait d'ânesse en donne peu. Ce n'est pas même sans difficulté qu'on parvient à obtenir ces deux produits. Le premier est toujours mou, fade, blanc, se rancit et se liquéfie aisément, et ressemble beaucoup en hiver à une huile figée. Le second présente un coagulum ion, sans consistance, et se précipite sous la forme d'un magma ; en revanche il est très abondant en sérum.

Du lait de jument. Chez les Tartares russes les cavales remplacent complètement les vaches laitières d'Europe ; elles sont traites une, deux et trois fois par jour. Leur lait chaud sert de médicament ; on en fait du beurre, des fromages, et sur-tout une liqueur enivrante, tellement du goût de ces peuples, qu'ils ont consister leur bonheur à en avoir toujours une grande quantité. C'étoit une pratique très ancienne parmi eux, puisqu'au rapport de Marc Pauli, Vénitien, ils en préparoient dès le treizième siècle une boisson analogue au vin blanc.

La jument est dans la classe des femelles qui ne donnent leur lait qu'à la vue de leur nourrisson; mais ce lait, quoique moins séreux que celui d'ânesse, n'est cependant pas aussi riche en principes que celui des ruminans, et c'est peut-être pour cette raison qu'il est le premier qu'on se soit avisé de soumettre à la fermentation vineuse pour en retirer par la distillation de l'alcohol, et par l'acétification du vinaigre. Ces procédés, communiqués par les voyageurs ont été perfectionnés en Europe et appliqués depuis à toutes les autres espèces de lait.

Un autre objet de nos recherches dans le travail que nous avons entrepris, mon collègue Deyeux et moi, sur le lait de la classe des mammifères les plus connus, étoit de déterminer, par l'analyse, la quantité et la proportion de ses parties constituantes; mais ce fluide étant exposé à une multitude innombrable de variations, d'autant plus difficiles à saisir et à calculer, que, comme l'urine, le sang, la bile, il change d'état à chaque instant de la journée, qu'il varie dans les divers animaux de la même espèce, dans le même animal, enfin dans la même traite, nous avons été convaincus de l'impossibilité d'établir avec une exactitude rigoureuse la qualité des principes qui constituent le lait. A ce défaut nous avons offert sous un point de vue les différentes espèces de lait dans l'ordre où nous pensons qu'elles doivent être rangées relativement aux produits les plus essentiels qu'elles fournissent plus abondamment les unes que les autres, toutes choses égales d'ailleurs.

BEURRE.	FROMAGE.	SEL ESSENTIEL.	SÉRUM.
La Brebis.	La Chèvre.	L'Anesse.	L'Anesse.
La Vache.	La Brebis.	La Jument.	La Jument.
La Chèvre.	La Vache.	La Vache.	La Vache.
L'Anesse.	L'Anesse.	La Chèvre.	La Chèvre.
La Jument.	La Jument.	La Brebis.	La Brebis.

Il est possible, d'après les données fournies par ces cinq espèces de lait les plus usitées, d'établir deux grandes divisions o classes, l'une qui, riche en matière caseuse et butireuse, comprendroit les laits de vache, de chèvre et de brebis, tandis qu dans l'autre on rangeroit les laits d'ânesse et de jument, comme plus abondans en sel essentiel et en sérosité.

Mais l'emploi du lait en nature ne se borne pas seulement aux usages économiques, on est parvenu à en faire quelques applications heureuses aux arts. Nous citerons entre autres la clarification des liqueurs vineuses et spiritueuses au moyen de la crème, la conservation des viandes par le lait caillé, la peinture au lait, etc.

Lait de beurre. La crème nouvelle, après avoir donné le beurre qui en formoit une des parties constituantes, ne présente plus qu'un fluide blanchâtre d'une saveur, d'une consistance à peu-près égales à celles du lait pur. Ce fluide est connu dans les ouvrages sous le nom de *lait de beurre*, dénomination fort impropre, puisqu'il ne contient pas un atome de beurre.

On l'appelle encore dans les campagnes lait aigre ; mais ce nom ne lui convient pas davantage, car il n'a de saveur acide qu'autant qu'il a été séparé d'une crème ancienne. Ce n'est donc à proprement parler qu'un lait parfaitement écrémé, mais contenant tous les autres principes du lait.

Le premier devient souvent le salaire de la fille qui a battu le beurre ; le second est employé à la soupe des gens, ou bien on en humecte le son dont on nourrit les animaux de basse-cour, ou bien enfin il sert d'aliment aux veaux, quand on ne les livre pas aux bouchers quelques jours après leur naissance ; il seroit même possible d'en préparer les fromages communs, car encore une fois ce fluide n'est absolument autre chose que du lait moins la crème.

J'observerai que même dans cet état il peut mériter la préférence sur le lait ordinaire, lorsqu'on veut l'administrer comme médicament à certains malades qui ne peuvent pas digérer la crème, ou du moins le lait qui en contient.

Lait maigre. C'est ainsi qu'on appelle dans les campagnes le *sérum* ou la sérosité du lait, qui reste après la séparation du caillé ou de la matière caseuse.

Les habitans de la Grèce n'avoient pas d'autres boissons pour tempérer l'ardeur de la soif, que la chaleur de leur climat occasionnoit ; c'est quand il a une saveur un peu acide qu'il est bon de l'administrer dans les maladies inflammatoires, qu'il devient l'excipient de beaucoup de remèdes.

Quoiqu'en apparence le lait maigre ne soit pas riche en principes, il n'en est pas moins un fluide très composé, et il acquiert, par la clarification qu'on lui fait subir, une transparence parfaite ; sa saveur est absolument différente de celle du lait d'où il provient ; sa couleur, lorsqu'il est bien filtré, est quelquefois un peu jaune, quelquefois aussi elle tire sur le vert d'eau.

Abandonnée à elle-même pendant l'été, la sérosité du lait ne tarde pas à s'altérer ; elle se trouble encore plus, et contracte une saveur acide assez marquée. Dans cet état elle a des propriétés caractéristiques, qu'il est impossible de confondre avec celles des autres acides connus. On s'en sert spécialement pour opérer le blanchiment des toiles, etc.

Lait végétal. Les anciens, qui croyoient beaucoup aux analogies, se persuadèrent que toutes les plantes qui fournissent un suc laiteux, quand on blesse leur parenchyme, possédoient une vertu comparable à celle du lait des animaux. Dans cette opinion, ils prescrivoient l'usage de la laitue et de tous les individus de cette famille aux femmes qui avoient peu de lait ; mais on conçoit que ce prétendu lait n'est autre chose qu'une matière résineuse semblable pour les qualités physiques à celui que donnent l'ésule, les feuilles de figuier et les autres plantes de ce genre.

Loin donc de reconnoître à ces plantes, ainsi qu'au salsifis, à l'aneth, au fenouil, au sureau, au polygala, et à beaucoup d'autres végétaux, la faculté d'augmenter le lait ; loin de croire pareillement que la bourrache et le persil possèdent une vertu diamétralement opposée, nous ne considèrerons que les remèdes propres à faire venir le lait : ce sont les matières alimentaires d'où les forces digestives peuvent tirer le parti le plus avantageux, afin de fournir à l'organe mammaire tous les élémens nécessaires à la lactation.

Sans nous arrêter à la structure des organes qui opèrent la secrétion du lait, sans considérer si les auteurs sont fondés dans l'opinion que le chyle est du lait commencé, qui n'attend pour prendre tous les caractères du véritable que le travail des mamelles, nous nous bornerons à faire remarquer, d'après les connoissances qu'on s'est procurées sur la composition du chyle, que, s'il possède quelques unes des propriétés de l'émulsion, on ne sauroit confondre ni l'un ni l'autre de ces deux fluides avec le lait, puisqu'en les exposant au feu on n'en obtient aucune pellicule semblable à la matière caseuse, qu'ils ne forment point de *coagulum* par la fermentation et la présure, et par l'évaporation insensible de matière saline analogue à ce qu'on nomme *sucre de lait*. En un mot, il n'est pas possible, en leur imprimant le mouvement de la baratte, d'en obtenir du beurre. (PAR.)

LAIT DES PLANTES. On a donné ce nom aux sucs propres des plantes qui sont liquides et blancs, et dont l'aspect onctueux est en effet le même que celui du lait. Le FIGUIER, le PAVOT, les CHICORACÉES telles que la LAITUE, la CHICORÉE, le PISSENLIT, le SALSIFIS, le SCORSONÈRE, etc., etc., en offrent des exemples. *Voyez* ces mots et SUCS PROPRES.

LAITERIE. Économie domestique. Après le pain, l'article le plus essentiel d'une métairie est le lait, dont les produits forment, dans tous les cantons, une branche de commerce plus ou moins considérable; plusieurs sont même renommés par la qualité des beurres et des fromages qu'ils fabriquent, qualité qu'ils ne doivent pas seulement aux alimens dont on nourrit les animaux, mais encore à la manière dont on gouverne les laitages, ainsi qu'aux manipulations qu'on y emploie; car ici, comme en une infinité d'autres choses, c'est la façon d'opérer qui fait tout.

Dans les départemens où le beurre et les fromages jouissent d'une certaine célébrité, il n'y a pas de local particulier dans lequel le lait au sortir de la vacherie séjourne jusqu'au moment où il s'agit de lui donner une destination; on se contente d'un bas d'armoire ou d'un coffre nommé *huche*; voilà toute la laiterie.

Cette huche est ordinairement placée dans le lieu où se tient habituellement la famille, où se fait la cuisine, et où l'on couche; ailleurs elle occupe le centre du logement, et sert aux métayers de table à manger. Comme ce meuble est mobile, on a coutume de le transporter en été dans l'endroit le plus frais de l'habitation, et dans le plus chaud pendant l'hiver. On peut même établir, dans son intérieur, une température égale dans tous les temps, au moyen d'un réchaud de braise allumée, ou d'un peu de sel marin répandu sur le plancher de la huche ou du coffre.

Dans la fameuse vallée d'Auge, département du Calvados, les grandes fermes, de huit à quinze mille francs de revenu, ont pour laiterie une salle située communément sous un hangar, à proximité du centre du ménage et à l'abri des vents froids: cette pièce est ouverte, sur ses quatre façades, d'une petite porte et de trois croisées d'environ quatre pieds et demi. Ces croisées sont closes au moyen de lattes disposées de manière à intercepter les rayons du soleil, sans nuire au renouvellement continuel de l'air intérieur. En hiver ces sortes de jalousies sont remplacées par un châssis vitré: un fourneau ou des réchauds que l'on entretient allumés, et dont le premier but est de maintenir l'air de la salle à une température élevée, servent alors à renouveler l'air, ce qu'on facilite encore de temps à autre en ouvrant une des croisées. Les murs et le plafond sont recouverts d'une couche de mortier fait avec la chaux et le sable ou le ciment; le plafond n'a guère que cinq pieds d'élévation, et la grandeur de la salle est toujours calculée sur la force de la vacherie. Des rayons supportés par des échelons, et disposés tout autour de la salle, à des distances convenables, servent à recevoir les vases qui contiennent le lait, la crème, etc., ainsi que les pots vides et les ustensiles affectés à ce service.

Les voyageurs qui savent observer conviennent que cette partie des bâtimens qui constitue la ferme, et qui forme les laiteries, est en Angleterre une des plus intéressantes, et qu'il s'en faut qu'elle soit aussi bien soignée en France. Cependant on a vu parmi nous de riches propriétaires en établir à grands frais, dans l'intérieur desquelles il régnoit un luxe extrême; mais il y manquoit précisément les conditions principales pour remplir efficacement le but qu'on se propose, nous voulons dire la forme et l'exposition, dont l'influence directe sur le lait et sur ses produits est hors de doute.

La fraîcheur et la propreté du local destiné à cet objet étant les deux grands moyens de conservation du lait, il seroit utile d'en rappeler souvent la nécessité, par forme d'adages, dans les endroits les plus fréquentés de l'habitation, et d'inscrire même ces adages en gros caractères sur la porte de chaque laiterie.

Emplacement d'une laiterie. Pour rendre une laiterie profitable, il faut, autant qu'on le peut, la placer au nord, et la disposer de manière qu'elle soit assez fraîche en été pour que la totalité de la crème ait le temps de monter à la surface du lait avant qu'il ne s'aigrisse, et suffisamment chaude en hiver pour opérer un semblable effet, à peu près dans le même intervalle de temps. Il sera toujours possible, quelle que soit la demeure ordinaire du fermier, de construire une laiterie d'après ces principes.

Dans beaucoup de nos départemens, les laiteries sont des caves voûtées et fraîches comme il convient qu'elles soient pour y conserver le vin : leur température, dans toutes les saisons, doit être de huit à dix degrés environ du thermomètre de Réaumur. On conçoit que ces souterrains seroient encore plus utiles dans les départemens méridionaux.

Souvent il est plus facile de construire une laiterie séparée du corps de la ferme; mais alors il faut, autant qu'on le peut, la placer dans le voisinage d'un ruisseau d'eau courante, et la composer de petites pièces disposées les unes à côté des autres, de manière que la laiterie proprement dite se trouve située au centre.

Tout ce qui peut apporter la plus légère odeur et la moindre chaleur à la laiterie doit en être sévèrement proscrit : il faut que les murs aient deux pieds d'épaisseur, et que la couverture soit au moins de trois pieds, en chaume ou en roseaux, qu'elle déborde de chaque côté sur le mur : il faut de plus ménager au dedans un tuyau de bois qui s'élève d'un ou de deux pieds au-dessus de la couverture, pour, dans certaines circonstances, opérer l'effet du ventilateur.

On doit pratiquer à chacune des portes des ouvertures qui puissent se fermer au moyen d'un petit volet ; on y adapte un morceau de canevas et un grillage de fil de fer très léger, à mailles serrées, pour en interdire l'accès aux chats, aux rats, aux souris et même aux mouches ; enfin ces ouvertures doivent être disposées de manière à pouvoir établir, lorsque le vent souffle, un courant d'air dans toute la laiterie, pour y conserver, autant qu'il est possible, une température uniforme dans toutes les saisons.

Autour de cette pièce, destinée à la laiterie, doivent être placées des banquettes en maçonnerie, recouvertes par des dalles de pierres bien jointes, pour éviter les cavités et favoriser leur parfait nettoiement ; le pavé sera élevé au-dessus du niveau du sol, avec de petites rigoles en pente pour faciliter l'écoulement au dehors de l'eau des lavages, ou du lait répandu accidentellement.

Les pièces accessoires à la laiterie servent, les unes à recevoir une chaudière assez grande, destinée à laver les vaisseaux et ustensiles employés, les autres à tenir en magasin le beurre et les autres produits du lait, et à serrer les outils inutiles pour le moment. L'intérieur des murs de ces pièces doit être enduit de chaux, ainsi que le plafond, quand elles ne sont pas voûtées.

Ustensiles de la laiterie. Après avoir fait choix d'un emplacement pour la laiterie, l'objet qui mérite le plus d'attention concerne les ustensiles : si leur propreté et leur forme sont extrêmement essentielles, leur nature ne l'est pas moins. Une fermière attentive peut bien tolérer l'usage des vases de métal pour recevoir le lait à la vacherie et pour son transport à la laiterie ; mais elle ne doit jamais permettre que le lait y séjourne, sur-tout quand ils sont de cuivre ou de plomb, parceque ce fluide les attaque comme corps gras et fermentescible, et forme avec eux des combinaisons salines, lesquelles agissent ensuite à la manière des poisons.

Pour remédier à des inconvéniens de cette importance, les chimistes étoient parvenus à déterminer l'ancienne administration à proscrire les vaisseaux de cuivre pour la conservation et le transport du lait à Paris ; mais les règlemens faits à ce sujet ont été éludés. Aujourd'hui l'intérêt général réclame pour qu'ils soient remis en vigueur : on attend avec grande impatience qu'une loi en ordonne l'exécution, et mette fin à des abus qui subsistent depuis trop long-temps. Sans doute aussi que l'Institut national de France, occupé dans ce moment de diriger l'industrie vers les moyens de perfectionner nos poteries communes, viendra à bout de substituer au verre tendre et dissoluble qui les recouvre, une autre matière qui, n'ayant pas le plomb pour base, n'exposera plus à ces accidens dont les suites sont effrayantes.

On peut diviser en cinq classes les ustensiles nécessaires à une laiterie bien conditionnée; savoir, ceux servant,

1° A traire les vaches;

2° A couler, à contenir et à transporter le lait;

3° A battre la crème et à délaiter le beurre;

4° A saler et à fondre le beurre;

5° A cailler le lait, et à faire les fromages.

Une description, même la plus succincte de tous ces instrumens, deviendroit ici assez inutile, parcequ'ils varient par leur nature, par leur forme et par leur nombre, à raison des habitudes et des ressources locales. Disons seulement un mot des principaux.

Les expériences que nous avons faites pour savoir jusqu'à quel point la forme et la nature des vases qui servent à contenir le lait pouvoient influer sur la promptitude avec laquelle la crème monte à la surface, et prend une consistance propre à être recueillie en totalité, nous ont appris que ceux de ces vases qui remplissent le plus complètement ce double objet doivent être étroits dans leur fond et très évasés à leur partie supérieure; il faut qu'ils aient environ quinze pouces par le haut, six pouces par le bas et autant de profondeur.

Moyennant cette forme et ces proportions, peu importe qu'ils soient de faïence, de porcelaine, de bois ou de fer-blanc, vernissé ou non; le lait s'y refroidit promptement, la crème s'y rassemble en totalité à la surface, et acquiert la consistance nécessaire à sa séparation.

C'est donc un préjugé de croire que les vases de porcelaine, de faïence, ou ceux de nos poteries communes vernissées ne soient pas propres à favoriser la séparation de la crème; ils conviendroient même infiniment mieux, à cause de la facilité de leur nettoiement; mais il faut éviter de se servir de ces derniers tant que l'art n'aura pas trouvé une couverte peu soluble, ou dont la solubilité ne communiquera point au lait un principe qui dénature sa saveur et ses propriétés. Jusque-là nous ne saurions trop recommander la préférence que méritent les terrines non vernissées, lorsqu'il s'agit de poteries communes.

Ces terrines, dont le nombre est proportionné aux besoins du service journalier de la laiterie, doivent toujours être distribuées en ordre sur des banquettes de pierre, et non de bois, dans la crainte que, recevant quelques gouttes de lait, elles ne pourrissent à la longue, et ne deviennent la source d'une odeur désagréable, qu'il est nécessaire d'éviter.

Après les terrines, les ustensiles qui méritent quelques observations sont ceux qu'on emploie à battre le beurre; ils doivent être en terre ou en bois, de capacité et de forme différentes: le plus usité est la baratte, vaisseau large par le bas, étroit par le haut, ayant la figure d'un pain de sucre dont on a fait sauter la tête. Le second est la sérenne, ou moulin à beurre employé dans les grandes fabriques; il ressemble à une futaille.

La description de ces deux instrumens et leur figure se trouvent dans le Cours complet d'agriculture, à l'article BARATTE. Nous parlerons dans la suite de l'influence qu'ils peuvent avoir sur la préparation du beurre.

Au milieu de la laiterie doit être placée une table de pierre, s'il est possible, avec quelques rigoles qui permettent l'écoulement de l'eau employée à la laver et à rafraîchir le local.

Soins d'une laiterie. Nous ne saurions trop insister sur la nécessité d'entretenir la propreté la plus scrupuleuse dans une laiterie. Une fermière attentive ne doit pas permettre aux filles de basse-cour d'y entrer, qu'au préalable elles ne quittent leur chaussure, et ne prennent des sabots de rechange ou des souliers à semelles de bois, placés exprès à la porte pour cet usage.

Quand la laiterie est placée dans un souterrain, et qu'on craint que la chaleur n'y pénètre, on ferme les soupiraux avec des bouchons de paille pendant la chaleur du jour; en hiver on empêche par le même moyen le froid d'y avoir accès.

Tous les ustensiles de la laiterie doivent être passés à l'eau bouillante de lessive, ensuite à l'eau fraîche, et frottés avec une brosse ou d'autres instrumens, puis séchés au feu ou au soleil chaque fois qu'on s'en est servi, parcequ'une molécule de lait ancien qui y adhèreroit deviendroit, en se décomposant, un principe invisible de fermentation, un véritable levain qui pourroit influer désavantageusement sur la qualité du beurre et du fromage.

Comme tout l'appareil d'une laiterie consiste principalement à empêcher que le lait ne se caille et ne s'aigrisse en été avant qu'on en ait enlevé la crème, et, en hiver, que le froid ne soit si considérable, que la préparation du beurre ne devienne très difficile, il faut faire en sorte d'y entretenir toujours une température à peu près égale, en fermant ou en ouvrant toutes les issues, selon la saison; en éparpillant sur le carreau de l'eau fraîche à diverses reprises, ou l'échauffant par un poêle, et non par des terrines de feu qui exposent à des incendies.

On dit communément que les temps orageux diminuent la quantité de la crème, mais cette assertion n'est pas fondée; une trop vive chaleur change bien en un instant la consistance

et la manière d'être du lait; alors la crème qui s'y trouve
disséminée n'ayant pu se rassembler à la surface, une partie
reste confondue dans le caillé, auquel elle est adhérente;
mais la même quantité s'y trouve toujours; elle n'est perdue
que pour la fermière qui, ne connoissant pas de moyen pour
la faire séparer complètement, doit dans ce cas obtenir moins
de beurre.

Produits des traites. La plus grande quantité de lait qu'une
vache puisse fournir en été, pendant vingt-quatre heures, est
évaluée, d'après une suite d'expériences, à vingt-quatre pintes
ou quarante-huit livres environ; mais le produit commun est
de douze pintes; et quoique plus savoureux et en plus grande
abondance en été qu'en hiver, le lait qu'elle donne dans cette
dernière saison est plus riche en principes pendant quelque
temps.

Quoique réunissant toutes ses qualités quatre à cinq jours
après le part, le lait conserve un caractère plus ou moins séreux, sur-tout lorsqu'on rapproche les traites; dans plusieurs
des cantons de l'ouest de la France, par exemple, on trait les
vaches trois fois par jour, depuis l'instant qu'elles mettent bas
jusqu'à l'époque où on les conduit au taureau; tout le reste de
l'année on ne les trait que deux fois.

Le nombre des traites influe en effet sur la quantité de lait;
mais cette influence s'exerce aussi puissamment, pour le moins,
sur la quantité des produits. Dans la vue de découvrir jusqu'à
quel point ce fluide se modifie pendant son séjour dans les
mamelles, nous avons acquis la certitude, mon collègue
Deyeux et moi, que plus on rapproche les traites dans le cercle
de vingt-quatre heures, plus le lait est abondant, et moins aussi
il est riche en principes, *et vice versâ;* qu'il faut un intervalle
de douze heures pour que le lait puisse s'élaborer et se perfectionner dans l'organe qui le fabrique; que le lait du matin a
constamment plus de qualité que celui du soir, parceque,
vraisemblablement, le sommeil donne à l'animal ce calme si
nécessaire au perfectionnement de toutes les sécrétions; que
la succion du lait, par le bout du pis, en facilite beaucoup
l'émission; que plus souvent le nouveau-né tette, moins le lait
qu'il prend est substantiel et gras; observations importantes
qu'il ne faut jamais perdre de vue, quel que soit l'usage auquel on consacre ce fluide animal.

Les fermiers qui désireroient retirer de leurs laiteries le plus
grand bénéfice pourroient donc calculer jusqu'à quel point il
seroit intéressant pour eux de mettre à part le lait le premier
tiré, et d'éviter de le mêler avec celui qui vient le dernier;
l'un serviroit à faire le beurre commun et l'autre le beurre de
choix, la qualité de ce produit étant toujours à raison de la

moindre quantité de lait qu'on réserve de la dernière portion de la traite. Peut-être , sans avoir eu l'intention d'améliorer le beurre ou d'en obtenir une plus grande quantité, quelques fabriques doivent-elles la réputation dont elles jouissent à la manière dont la traite est pratiquée plutôt qu'aux pâturages, à la nature desquels cependant on n'hésite pas de l'attribuer exclusivement. Ce qui porte à penser ainsi, c'est ce qui a lieu dans les montagnes d'Écosse : les habitans de cette contrée suivent un procédé fort simple et très économique pour tirer parti de leur lait. Attachés sur-tout à faire des élèves, ils séparent des mères tous les veaux et les gardent ensemble dans des pâturages clos; chacun , à des heures régulières , sort et court, sans se tromper , vers sa mère pour la téter , jusqu'à ce que la vachère juge qu'il a pris assez de lait ; alors elle fait écarter le veau , trait la vache et en tire ce qui reste pour le porter à la laiterie; et c'est cette dernière portion de la traite qui sert à la fabrique du beurre.

Attention de la trayeuse. L'opération de traire exige des soins particuliers; l'animal étant brusqué devient indocile, revêche et donne moins de lait ; la compression trop forte du pis est souvent la cause qu'une vache finit par se dessécher, quelquefois même par être exposée à perdre un ou deux mamelons, l'abondance et la qualité du lait dépendant en un mot autant de l'attention que nous recommandons que de la douceur de caractère de la trayeuse.

Une fermière , instruite des précautions employées pour la traite des vaches, doit se charger de donner à cet égard les premières leçons à la fille à laquelle elle confie ce soin ; elle doit exiger d'elle, avant de procéder à la traite, de se laver les mains, d'éponger le pis et les trayons avec de l'eau froide pour les raffermir , et non avec de l'eau chaude comme on l'a recommandé; d'être sur elle d'une grande propreté; de conduire doucement la main depuis le haut du pis jusqu'au bas , sans interruption ; de tirer alternativement les deux mamelons du même côté et les deux du côté opposé , de changer d'instant à autre et d'obtenir exactement jusqu'à la dernière goutte de lait. (Par.)

LAITERIES. Architecture rurale. Lieu destiné à déposer et à faire crémer le lait pour en fabriquer ensuite du beurre ou des fromages.

Les douceurs qu'une laiterie procure à un ménage de campagne la rendent ordinairement l'objet particulier des soins de la mère de famille; et dans les grandes exploitations de l'agriculture, les bénéfices qu'on en retire sont souvent assez considérables pour être mis au premier rang dans les profits de la basse-cour. Aussi toutes les habitations rurales contiennent-elles une laiterie plus ou moins grande, plus ou moins complète, suivant le nombre de bêtes à cornes que l'on peut y nourrir, et l'emploi que l'on y fait du laitage.

Pour retirer de cette industrie agricole tout le profit qu'elle doit procurer, il faut d'abord que la laiterie soit convenablement construite, et ensuite qu'elle soit gouvernée avec l'intelligence et la propreté qu'exigent la conservation du laitage et sa conversion en fromage ou en beurre.

Le laitage est la substance la plus susceptible d'être altérée par les variations de la température de l'atmosphère, et par le contact de vases ou d'instrumens qui seroient imprégnés de mauvaises odeurs.

Avec une grande propreté dans la tenue d'une laiterie et dans l'entretien de ses ustensiles, on parvient aisément à prévenir le dernier inconvénient ; mais il est impossible d'obvier au premier autrement qu'en procurant à l'air intérieur de la laiterie une température toujours égale et convenable à la conservation du laitage.

On a essayé différens moyens pour remplir ce but particulier, et l'on a reconnu que le plus efficace étoit de voûter les laiteries, et de les enfoncer à une certaine profondeur, ou plutôt, que les meilleurs caves étoient en même temps les meilleures laiteries. C'est donc cette position et cette forme qu'il faut leur donner, lorsque les circonstances locales le permettent ; mais si elles s'y opposent, on peut encore obtenir des laiteries assez bonnes, en les construisant avec les mêmes soins et les mêmes précautions qu'une GLACIÈRE. *Voyez* ce mot.

Les laiteries n'ont pas toutes la même destination, c'est-à-dire que dans toutes les localités on n'y fait pas un même emploi du laitage.

Dans les environs des grandes villes, un fermier n'auroit aucun avantage à convertir son lait en beurre ou en fromage ; il trouve un plus grand profit à le vendre *tout chaud*. Des laitières viennent l'enlever tous les jours, et il n'en conserve que la quantité nécessaire à la consommation de son ménage. Mais les fermiers éloignés de ces lieux de grande consommation ne trouveroient point dans leurs localités respectives le débit journalier d'une grande quantité de lait ; alors, et suivant leur intérêt local, ils en fabriquent des fromages, comme dans la Brie, à Neufchâtel, à Marolles, etc., ou bien ils en font du beurre, comme en Bretagne, à Isigni, à Gournay, etc.

Ces différences dans l'emploi du laitage en exigent nécessairement dans la construction des laiteries, et l'on en distingue de trois espèces ; savoir, 1° *les laiteries à lait*, celles dont le produit consiste dans la vente journalière du lait ; 2° *celles*

destinées à une fabrication de fromages; 3° et *les laiteries
disposées pour la fabrication du beurre.*

SECTION PREMIÈRE. *Des laiteries à lait.* Une laiterie à lait ne
demande pas autant de soins dans sa construction que les autres espèces; le plus souvent ce n'est qu'une pièce placée ou
à côté des étables ou dans le corps de logis, exposée au nord,
et quelquefois précédée par un petit vestibule destiné au lavage et au sèchement de ses ustensiles.

Il est assez rare qu'on fasse la dépense de voûter ces laiteries,
parceque, pour peu qu'elles soient fraîches en été, elles se
trouvent assez bonnes pour conserver le lait que l'on vient de
traire jusqu'au moment de son enlèvement par les laitières.
D'ailleurs, pendant les plus grandes chaleurs de l'été, on descend le lait dans les caves de l'habitation.

Une laiterie à lait est intérieurement garnie de tables ados-
sées aux murs, pour déposer dessus les vases remplis de lait.
On lui donne ordinairement de trois mètres à trois mètres un
tiers de largeur dans œuvre, afin qu'il reste entre les tables
latérales un emplacement suffisant pour la commodité du service; sa longueur est ensuite subordonnée aux besoins de
l'exploitation.

SECTION SECONDE. *Des laiteries à fromages.* Cette espèce de
laiterie est composée, 1° de la laiterie proprement dite, c'est-
à-dire d'une pièce voûtée, dans laquelle on dépose le lait que
l'on vient de traire pour le faire crémer, et où l'on fabrique
les fromages; 2° d'un vestibule qui communique d'un côté à la
laiterie voûtée, et de l'autre à la pièce ci-après; 3° d'une
chambre aux fromages, nécessaire pour resserrer ceux que
l'on retire de la laiterie lorsqu'ils y ont acquis une certaine
consistance, et pour compléter leur dessiccation.

Les opinions sont partagées sur le meilleur emplacement
d'une laiterie à fromages dans un grand établissement rural.
Les uns, pour économiser le temps dans le transport du laitage, veulent que la laiterie soit placée immédiatement à côté
des étables; et les autres pensent qu'il est préférable de la
mettre dans le corps de logis, afin d'y être plus à la portée de
la surveillance immédiate de la fermière. Nous partageons
cette dernière opinion, et en voici les motifs.

Dans une grande fabrique de fromages, la fermière ne confie
à personne les soins qu'il faut donner à la laiterie, et ces soins
absorbent presque tout son temps.

Si donc la laiterie étoit placée près des étables, et conséquemment hors de l'habitation, elle ne pourroit plus surveiller
ce qui se passe dans sa cuisine et ailleurs; et l'on sait combien
sa présence est nécessaire par-tout. Mais lorsqu'elle est placée
dans le corps de logis même, ainsi que nous l'avons fait dans

notre plan de ferme de grande culture, la fermière peut quitter de temps en temps sa laiterie pour inspecter les autres objets de sa surveillance, et sans craindre que la servante qui l'aide dans ses travaux intérieurs n'exécute pas les ordres qu'elle lui a donnés : sa maîtresse est là qui l'entend.

Il en résulte que cette facilité de surveillance, que nous regardons comme indispensable en agriculture, ne pourroit pas exister ici dans toute autre position de la laiterie, et qu'on ne doit jamais sacrifier cet avantage à l'espérance d'une petite économie de temps dans le transport du lait.

§. I ᵉʳ. *De la laiterie.* Cette pièce doit être voûtée, et enfoncée en terre le plus qu'il est possible, ainsi que nous l'avons déjà dit. Sa largeur est à peu près constante, la même que celle des laiteries à lait, et pour les mêmes raisons. La longueur seule en est variable et proportionnée aux besoins de l'exploitation. La courbure de sa voûte est le plus ordinairement celle en plein cintre, et sa naissance commence à un mètre un tiers au-dessus du carrelage ; en sorte que sa hauteur sous clef est d'environ deux mètres deux tiers à trois mètres. (*Voyez* le mot CAVE pour les épaisseurs de maçonnerie.) Les côtés en sont garnis de tables élevées d'environ huit décimètres au-dessus du carrelage, et placées sur des supports en fer ou en maçonnerie, ou mieux encore sur des piliers de pierre de taille dure, parcequ'ils sont plus faciles à laver et à nettoyer.

Ces tables sont ordinairement des madriers de chêne d'environ un décimètre (quatre pouces d'épaisseur. Leur surface supérieure présente la forme d'une crémaillière posée horizontalement, à cause des rainures longitudinales et parallèles dont elles sont couvertes, et le tout est disposé en pente douce, afin que le petit-lait des fromages que l'on fait égoutter dessus, ou l'eau des lavages, puisse s'écouler promptement et aisément, et être reçu dans des baquets placés à cet effet sous les égouts des tables.

Ces tables se font quelquefois en pierres de taille dures, et dans les laitières de luxe elles sont en marbre.

Quelle que soit d'ailleurs la substance que l'on y emploie, il faut les laver tous les jours à grande eau, afin d'empêcher le petit-lait de séjourner dessus ; car indépendamment de la mauvaise odeur que le défaut de propreté feroit contracter aux tables, et par suite au laitage, le petit-lait est un puissant corrosif, le marbre même en seroit altéré. *Voyez* ACIDE. Au-dessus des tables, on établit un ou deux rangs de tablettes, suivant le besoin, pour recevoir les vases de la laiterie. ou pour y placer les fromages égouttés.

Les laiteries doivent être pavées le plus solidement qu'il sera possible, en dalles de pierres dures posées sur ciment. et jointoyées en mastics, ou au moins en briques doubles sur le même mortier, afin que les lavages journaliers n'en dégradent pas les joints.

L'écoulement des eaux de propreté doit y être facile et prompt ; en conséquence, les pentes du pavé doivent être soigneusement ménagées et disposées pour remplir le but essentiel. Le conduit de ces eaux doit être fermé extérieurement avec un grillage à mailles assez fines pour que les souris et les rats ne puissent pas s'introduire par-là dans l'intérieur de la laiterie. Le fil de fer employé à cet usage doit d'ailleurs être assez fin pour ne pas empêcher les eaux intérieures de s'écouler entièrement au dehors.

Il faut aussi avoir l'attention de se procurer à l'extérieur un magasin d'eau assez grand pour contenir toute celle nécessaire aux besoins journaliers de la laiterie. On le rempliroit tous les matins par le moyen localement le plus économique, et on le disposeroit à l'un de ses côtés, de manière qu'à l'aide d'un ou de plusieurs robinets intérieurs, l'eau puisse y arriver en quantité suffisante, et y être distribuée par-tout où la ménagère le trouve convenable. C'est le moyen d'obtenir une grande économie de temps dans les soins de la laiterie.

§. 2. *Du vestibule.* A cause de l'exposition au nord qu'il faut donner à la laiterie, celle du vestibule est nécessairement au midi, et cette position la garantit encore pendant l'été des influences de la température.

Le vestibule d'une laiterie, lorsqu'il ne tient pas au fournil, doit être assez grand pour contenir un fourneau économique destiné à échauffer l'eau dont on a besoin pour échauder et laver ses ustensiles, sans que son établissement puisse gêner les communications que le vestibule doit avoir, et avec l'intérieur du corps de logis, et avec la laiterie, et avec la chambre aux fromages. On garnit son pourtour de tablettes et de crochets pour placer les ustensiles et les faire sécher après qu'ils ont été lavés.

§. 3. *De la chambre aux fromages.* Cette troisième pièce doit être placée au midi, parceque c'est dans l'hiver qu'elle contient le plus grand nombre de fromages, et qu'une température trop froide nuiroit à leur bonne conservation. Son sol doit aussi être très sec, car une température trop humide altère également ment la qualité des fromages. Pour remédier à l'un et à l'autre de ces inconvéniens, on place ordinairement un poêle dans les chambres à fromages, et on l'allume lorsque la température est trop froide ou trop humide.

Ces chambres sont garnies, dans leur pourtour, et quelquefois dans leur milieu, de plusieurs rangs de tablettes sur lesquelles on pose les fromages à mesure qu'on les retire de la laiterie. Ces rangs de tablettes sont disposés et espacés entre eux pour la plus grande commodité du service.

D'ailleurs, les dimensions des chambres à fromages se calculent d'après les besoins de l'exploitation.

Le service d'une laiterie de cette espèce est, ainsi que nous l'avons dit, l'occupation presque exclusive d'une fermière de la Brie, particulièrement pendant la fabrication des *fromages dits de saison*. Les tables sont alors lavées deux fois par jour ; les fromages sont retournés aussi souvent, et les vases et ustensiles sont échaudés et lavés à chaque rechange.

SECTION III. *Laiteries à beurre.* Cette espèce de laiterie est aussi composée de trois pièces, 1° d'une laiterie voûtée dans laquelle on fait crémer le lait, et où l'on conserve le beurre après sa fabrication ; 2° d'une autre pièce où est placée la machine à battre le beurre ; 3° d'un vestibule ou troisième pièce qui doit contenir un fourneau économique, des tablettes et des crochets pour échauder, laver et faire sécher les vases et ustensiles qui dépendent de cette espèce de laiterie.

Les détails dans lesquels nous sommes entrés sur les laiteries à fromages nous dispensent d'en dire davantage sur celles-ci. (DE PER.)

LAITRON, *Sonchus.* Genre de plantes de la syngénésie égale et de la famille des chicoracées, qui renferme une quarantaine d'espèces, dont une est très recherchée, comme nourriture, par les bestiaux, et plusieurs des autres remarquables par quelque raison.

Le LAITRON COMMUN, *Sonchus oleraceus*, Linn., a la racine annuelle et pivotante ; la tige cylindrique, creuse, cannelée, rameuse, haute d'un à deux pieds ; les feuilles alternes, amplexicaules, sagittées, lancéolées, rongées, sinuées, dentées, quelquefois épineuses ; les fleurs jaunes, larges d'un pouce, réunies en petit nombre dans les aisselles des feuilles supérieures, et portées sur des pédoncules velus. Il croît abondamment dans les jardins, les champs cultivés, principalement dans ceux qui sont gras et humides, sur le rebord des fossés, le long des haies, etc. Il fleurit pendant tout l'été et fournit un grand nombre de variétés.

Cette plante répand, lorsqu'on la blesse, un suc laiteux, et a un goût légèrement amer. Elle passe en médecine pour adoucissante, rafraîchissante et apéritive. Ses propriétés sont en général les mêmes que celles de la laitue. On la mange dans quelques endroits, soit crue en salade, soit cuite en manière d'épinards. Tous les bestiaux l'aiment avec passion, et c'est une excellente nourriture pour eux. Quelques personnes ont proposé de la semer en grand pour leur usage pendant l'hiver et les premiers jours du printemps, car elle vé-

gète aussi dans cette saison ; mais la difficulté de récolter ses
graines, de les répandre également, et la nécessité de la donner
fraîche aux bestiaux, parcequ'elle se pourrit très rapidement
dès qu'elle est coupée, n'ont pas permis de suivre leur avis.
Lorsqu'on la coupe avant que ses dernières fleurs soient épanouies, elle repousse du pied, et on peut ainsi la rendre vivace
pendant plusieurs années. En général, on l'arrache, parcequ'elle passe par-tout pour une mauvaise herbe, et qu'en effet
elle nuit souvent aux récoltes, sur-tout dans les jardins en sol
humide, par son abondance et la largeur de ses feuilles. Les
ménagères de campagne la réservent ordinairement pour leurs
vaches, à qui on dit qu'elle donne plus de lait et d'une meilleure qualité, et pour leurs lapins, qu'elle rafraîchit d'une manière utile à leur santé. Je crois qu'il seroit bon d'en donner
aussi aux cochons par le même motif, mais il est peu de
cantons où on le fasse.

Le LAITRON DES CHAMPS est vivace, a les tiges hautes de trois
ou quatre pieds ; les feuilles amplexicaules, lancéolées, cordiformes à leur base, rongées et dentées d'une manière fort
irrégulière ; les fleurs jaunes disposées en corymbe terminal,
avec les pédoncules et les calices hérissés de poils glanduleux.
Il croît dans les champs argileux et humides, et nuit souvent
par son abondance aux récoltes. Son extirpation est très difficile, en ce que la plus petite portion de ses racines suffit pour
le reproduire, et que lorsqu'on arrache un pied à la pioche,
ou qu'on le déchire en labourant, il en naît beaucoup d'autres
l'année suivante. J'ai vu des champs dont la culture étoit abandonnée par suite de l'impossibilité de le détruire. Ce n'est que
par un système d'assolement bien entendu qu'on peut arriver
à ce but ; c'est-à-dire en substituant au blé des pommes de
terre, des fèves et autres plantes qui demandent plusieurs binages, et à ces plantes des prairies artificielles. J'ai l'expérience
que si on ne faisoit pas précéder le semis des prairies de deux
années au moins des cultures ci-dessus, le laitron se conserveroit dans la prairie.

Au reste, tous les bestiaux, et sur-tout les chevaux, aiment
cette plante et trouvent en elle un bon pâturage. Il semble
qu'on pourroit en obtenir de plus grands avantages que ceux
qu'on en tire aujourd'hui.

Le LAITRON DES MARAIS est vivace, a les tiges hautes de trois
quatre pieds ; les feuilles amplexicaules, hastées à leur base,
rongées et dentées en leurs bords ; les fleurs jaunes, disposées
n ombelles terminales et portées sur des pédoncules et des
alices hérissés. Il croît dans les prés marécageux et a un as-
ect fort différent du précédent, quelque voisin qu'il en soit

par ses caractères. Il est probable que les bestiaux le mangent également.

Le LAITRON DE PLUMIER, qui croît dans les Alpes; le LAITRON DE FLORIDE, qui est originaire de l'Amérique septentrionale; et le LAITRON DE SIBÉRIE, qui nous vient du nord de l'Asie, sont trois plantes vivaces de trois à quatre pieds de haut, dont les feuilles (les radicales sur-tout) sont très grandes; les fleurs de couleur bleue et disposées en vaste panicule. On les cultive dans quelques jardins paysagers, où elles produisent d'agréables effets, soit isolées au milieu des gazons, soit placées entre les buissons des derniers rangs. On les multiplie de semence et plus communément par déchirement des vieux pieds. (B.)

LAITUE, *Lactuca.* Genre de plantes de la sygénésie égale et de la famille des chicoracées, qui renferme une vingtaine d'espèces toutes remarquables par leurs propriétés narcotiques, et cependant salutaires, ainsi que par le grand usage qu'on fait de l'une d'elles, et de ses variétés, comme aliment.

La LAITUE VIVACE, *Lactuca perennis*, Lin., a la racine vivace; la tige haute de deux à trois pieds; les feuilles toutes pinnatifides, à découpures linéaires et dentées; les fleurs bleues et disposées en vaste corymbe. Elle se trouve dans les champs humides et pierreux, sur-tout dans les expositions chaudes. C'est la peste du cultivateur dans quelques endroits, par l'impossibilité de la détruire au moyen des labours ordinaires: souvent on n'y peut parvenir que par un défoncement de deux à trois pieds.

La LAITUE SAUVAGE, *Lactuca sylvestris*, Lin., est annuelle, haute de deux à trois pieds; a les feuilles verticales, engainantes, sagittées, pinnatifides, aiguës, pourvues de quelques épines sur leur principale nervure; les fleurs jaunes et nombreuses. Elle se trouve dans les terrains argileux et humides, sur le bord des chemins, dans les vignes, etc. Sa présence est toujours l'annonce d'un bon fond. On a souvent beaucoup de peine à en débarrasser les champs.

La LAITUE VIRREUSE, *Lactuca virrosa*, L., ne diffère presque de la précédente que parceque ses feuilles sont horizontales et obtuses à leur extrémité, et qu'il n'y a que les inférieures qui soient pinnatifides. On la rencontre dans les mêmes lieux. Les bestiaux n'y touchent pas.

La LAITUE A FEUILLES DE SAULE, *Lactuca saligna*, Lin., est dans le même cas; seulement ses feuilles sont plus étroites et sa tige plus basse.

Ces trois plantes sont laiteuses, amères, apéritives et narcotiques. On les a regardées comme le type des laitues cultivées, mais c'est à tort. La scariole même, qui a plus de rapport avec elles que les autres, doit appartenir à une espèce distincte, mais qu'on ne connoît pas.

La LAITUE CULTIVÉE est annuelle et paroît originaire de la Haute-Asie. On la cultive de temps immémorial en Europe pour l'usage de la table. Elle a fourni une immense quantité de variétés qui chaque jour se perdent d'un côté, s'augmentent de l'autre, se confondent les unes avec les autres, etc., de manière qu'il est impossible de leur assigner des caractères communs fixes. On distingue cependant facilement trois races parmi elles, races que quelques botanistes regardent comme devant appartenir primordialement à autant d'espèces, mais que d'autres soutiennent n'être que des dégénérations de la même. Comme il est fort difficile, pour ne pas dire impossible, d'éclairer cette matière dans l'état actuel de nos connoissances, et que cela importe fort peu aux cultivateurs, je vais passer de suite à la description des caractères de ces races, et à l'énumération de celles de leurs principales variétés qu'on cultive dans les environs de Paris.

1° Les LAITUES NON POMMÉES. Leurs feuilles sont longues, étalées, faisant la rosette; elles repoussent plusieurs fois après avoir été enlevées. On ne les cultive pas autant qu'elles méritent de l'être. Les trois plus connues sont,

La *laitue à couper*, dont les feuilles sont brunes et presque entières. Graines noires.

La *laitue chicorée*. Ses feuilles sont vertes, très crêpues et très tendres. Graines noires.

La *laitue épinard* a les feuilles lâches et arrondies; elle pousse des bourgeons. On la cultive beaucoup dans le midi, parcequ'elle fournit des feuilles tout l'hiver. Il y en a à graines noires et à graines blanches. C'est probablement à elle qu'il faut appliquer le nom de *laitue à feuilles de chêne* qu'on trouve indiquée dans quelques auteurs.

2° Les LAITUES POMMÉES. Elles ont les feuilles presque rondes, ondulées, bullées, qui se recouvrent les unes par les autres à une certaine époque de leur végétation, de manière à former une boule plus ou moins serrée.

On subdivise ces laitues, relativement à leurs couleurs, en *laitues vertes*, *blondes ou mouchetées de jaune*, en *flagellées ou tachées de rouge*. Ces divisions ne sont pas rigoureuses et ne peuvent l'être; mais elles suffisent dans la pratique.

Laitues pommées vertes.

La *laitue impériale* ou *laitue d'Autriche*, ou *grosse allemande*. C'est une des plus excellentes et des plus grosses. Sa couleur est d'un vert jaunâtre. Sa graine est blanche. On la sème sur couche ou en pleine terre. On la replante à quatorze ou quinze pouces en tout sens. Elle craint moins la sécheresse que les autres, et monte plus difficilement ; aussi convient-elle mieux dans les départemens méridionaux. Quelquefois elle pousse des bourgeons entre ses feuilles. De trop copieux arrosemens la font souvent pourrir.

La *laitue cocasse*. Ses feuilles sont d'un vert foncé et très cloquées ou bullées, un peu amères et médiocrement tendres. On la préfère à toute autre pour l'été, parcequ'elle monte difficilement. Elle aime un terrain léger et de nombreux arrosemens. Lorsqu'on la sème en août, elle passe fort bien l'hiver en pleine terre, sur-tout dans les départemens du midi. Dans le nord, si on veut avoir de la graine, il faut l'élever sur couche. Cette graine est blanche.

La *laitue de Versailles* a les feuilles d'un vert clair, peu nombreuses, formant une tête aplatie, et n'offrant qu'une légère amertume. Du reste, elle a les mêmes qualités et demande la même culture. On la sème presque toute l'année. Sa graine est blanche.

Ces deux variétés sont celles qu'on cultive le plus habituellement dans les jardins des maraîchers des environs de Paris.

La *laitue Gênes verte* a les feuilles frisées, la pomme dure et jaune. Elle demande peu d'eau et à être souvent serfouie. Elle diffère peu par les qualités des laitues Gênes rousses et Gênes blondes. Peu connue à Paris, mais beaucoup dans le midi de la France. Graine blanche.

La *laitue d'Aubervillers* a les feuilles lisses, la pomme très petite, jaune et fort tendre. Elle réussit fort bien dans le nord pendant le printemps et l'été. Elle monte difficilement.

La *laitue gotte* est petite, blanche, tendre, facile à monter. Elle offre une sous-variété qu'on sème sous châssis pour être mangée lorsqu'elle n'a que cinq à six feuilles. On en consomme beaucoup à Paris.

La *laitue dauphine* ou *laitue printanière* a la pomme serrée et aplatie, pousse des bourgeons de l'aisselle de ses feuilles, demande beaucoup d'eau, et n'est pas délicate sur la nature du terrain où on la place. Sa bonté et sa précocité la mettent dans le cas d'être plus répandue qu'elle ne l'est dans les départemens, sur tout dans ceux du midi. Sa graine est noire.

La *laitue Perpignan verte* ou *laitue verte à grosses côtes*. Feuilles unies, lisses, à grosses côtes ; pomme grosse, jaune et douce ; craint l'humidité, résiste à la chaleur. Graine blanche. Elle a une sous-variété décrite plus bas. Il faut la semer sur couche pour l'avancer, si on veut que ses graines mûrissent dans le nord.

La *laitue de Batavia* ou *de Silésie*, dont les feuilles sont légèrement frisées et tendres, est très grosse et fort recherchée.

Elle est fort difficile sur le choix du terrain, et demande des arrosemens abondans. Les froids lui sont très contraires. Elle pomme rarement avant le mois d'août. Quelquefois ses feuilles sont bordées de rouge. Sa graine est blanche. Il ne faut pas la confondre avec la Silésie des départemens méridionaux, qui est la sanguine, ni avec la laitue Batavia brune, dont il sera question plus bas.

La *laitue coquille*. Dure et amère, mais résistant fort bien aux rigueurs de l'hiver. Feuilles concaves peu frisées, jaunâtres; pomme petite. Graine noire. Se sème ordinairement en automne dans les parties méridionales de la France, et sur couche en février dans le climat de Paris.

Laitues pommées blondes ou *mouchetées de jaune ou de brun.*

La *laitue grosse blonde* a la feuille grande et très cloquée. Sa tête se forme promptement et est assez serrée. Elle ne diffère de la laitue de Versailles que par sa couleur; cependant sa durée est moindre et sa saveur plus délicate. Sa graine est blanche.

La *laitue Georges blonde*. Ses feuilles sont grandes, un peu frisées, d'un vert blond, cassantes; sa pomme un peu aplatie, grosse, serrée. Elle monte promptement en graine. Il est préférable de la semer pour l'hiver, sur-tout dans le midi. Une terre forte et substantielle est celle qui lui convient le mieux. Elle offre une sous-variété encore plus grosse. L'une et l'autre ont la graine blanche.

La *laitue Bapaume* a la pomme grosse, un peu vide au sommet. Réussit dans toutes les saisons, mais est de médiocre qualité. Sa graine est noire.

La *laitue Gênes blonde*. Ses feuilles sont lisses, blondes; sa pomme jaune, pointue, de médiocre grosseur. Elle monte facilement.

La *laitue Gênes rousse* a les feuilles frisées, rousses, tachées de brun, la pomme jaune, tendre et bien remplie. Passe fort bien l'hiver dans le midi; craint les étés chauds dans le nord. Semence noire.

La *laitue de Hollande* ou *laitue brune*. Ses feuilles sont lisses, d'un vert brun et mat; sa pomme est très ferme, bien pleine et jaune. Monte tard; est un peu dure; soutient bien les chaleurs. Semence noire.

Laitue Batavia brune. Est légèrement frisée, très voisine par ses qualités de la laitue Batavia ordinaire; mais elle est d'un blond foncé, même brune : sa pomme est peu serrée et très grosse. C'est une des variétés que, sous le nom de *laitues choux*, on fait le plus fréquemment cuire.

La *laitue paresseuse*. Feuilles unies sur les bords, très crispées au milieu, les extérieures d'un gros vert; pomme grosse, pleine, un peu amère et dure. Monte tard et résiste très bien aux chaleurs et à la sécheresse. Dans le nord il faut la semer sur couche pour avoir de la graine, qui est blanche.

La *laitue passion*. Feuilles très bullées, très vertes, tachetées de brun. Résiste très bien aux froids, et se cultive en conséquence fréquemment aux environs de Paris. Ses défauts sont les mêmes que ceux de la précédente. Graines blanches.

La *laitue royale*. Feuilles extérieures d'un beau vert, un peu cloquées et luisantes; pomme bien formée, tendre, douce. Dure long-temps, demande beaucoup d'eau. C'est une des meilleures. Semence blanche.

La *laitue d'Italie*. Feuilles fines, unies sur les bords, d'un vert rougeâtre foible; pomme serrée, de médiocre grosseur, jaune, tendre, d'un excellent goût. Exige peu d'eau, est peu difficile sur le terrain, monte tard. Préférable sous quelques rapports à la précédente. Graine noire.

La *laitue Perpignan mouchetée de jaune* ou *laitue à grosses côtes* diffère peu de la laitue Perpignan verte. Ses côtes sont moins grosses et ses feuilles mouchetées de jaune. Elle n'est pas commune aux environs de Paris.

La *laitue petite crépe* ou *petite noire*. Ses feuilles sont d'un vert noirâtre, frisées, dentelées et arrondies; sa pomme est petite; ses graines noires. Cette variété passe fort bien l'hiver, mais monte facilement. Il ne faut compter sur elle qu'au printemps. On la sème fréquemment sur couche pour la couper lorsqu'elle n'a encore que cinq à six feuilles, et la manger sous le nom de *salade de carême*. Elle a peu de goût. Il en existe une sous-variété plus grosse, appelée la *grosse crépue*, la *ronde*, la *crépe blanche* ou *printanière*, qu'on doit préférer.

La *laitue pomme de Berlin*. C'est la plus volumineuse quand elle se trouve plantée dans le sol qui lui convient. Sa pomme n'est jamais très serrée, mais elle blanchit très bien et est douce, tendre et cassante; ses feuilles, d'un vert tendre, ont leurs bords légèrement teints de rouge. On doit la semer de bonne heure, parcequ'elle monte facilement. Sa graine est noire, ou mieux, brun foncé.

La *laitue grosse rouge*. Se plaît dans les terrains gras et fertiles, y pomme très bien et y dure long-temps. Ses feuilles y sont grandes, d'un vert foncé, peu frisées, et d'un vert rembruni par un gros rouge. Sa pomme est grosse et très tendre. Elle demanderoit à être plus multipliée. Ses semences sont noires.

La *laitue petite rouge*. Ses feuilles extérieures sont d'un vert tendre fouetté de rouge et presque unies. Son cœur est jaune et tendre. Elle pomme lentement, mais monte difficilement. Rare aux environs de Paris. Graine noire.

La *laitue Bergopzom* a les feuilles rondes unies par les bords, d'un vert brun, fortement lavées de rouge brun sur tous les endroits frappés par le soleil. Pomme petite, ferme, bien arrondie. Semences noires. Elle vient vite, monte difficilement, et ne craint pas l'hiver.

La *laitue palatine* diffère de la précédente par ses teintes rouges moins fortes et par sa pomme un tiers plus grosse. Ses semences sont noires. Elle est très cultivée à Paris et y passe pour une des meilleures.

La *laitue sans pareille* a les feuilles d'un vert très clair tirant sur le blond, finement dentelées, lavées de rouge sur les bords. Grosseur moyenne. Semences blanches.

La *laitue mousseronne* a les feuilles très frisées, dentelées, d'un vert clair, fortement teintes de rouge sur les bords. Sa pomme est petite et tendre. Ses semences blanches.

La *laitue sanguine* ou *la flagellée* a les feuilles unies, d'un gros vert, marbrées de veines rouges et quelquefois entièrement rouges. Le cœur est blond veiné d'un beau rouge. Sa pomme est médiocre et monte dès qu'elle sent les fortes chaleurs, aussi ne réussit-elle qu'au printemps. Elle demande une terre douce et de fréquens arrosemens. Sa semence est noire.

Il y en a une sous-variété dont la semence est blanche et dont les couleurs sont plus claires.

Ces variétés si agréables à la vue, ne sont pas aussi bonnes que plusieurs autres.

3° Les LAITUES ROMAINES ou CHICONS. Elles ont les feuilles longues, concaves, droites, nullement bullées ou cloquées, constamment douces et cassantes.

La *laitue romaine hâtive*. Ses feuilles sont pointues, d'un vert pâle. Ses semences blanches. Elle s'élève et se forme bien sous cloche. On la sème sur couche en octobre dans le climat de Paris, et dans le midi en pleine terre en janvier.

La *laitue romaine verte* a les feuilles très allongées, arrondies, un peu froncées, d'un vert obscur. Sa semence est blanche. C'est la moins tendre, mais la plus grosse. On la sème avant l'hiver pour la repiquer pendant cette saison. Tous terrains lui conviennent.

La *laitue romaine grise* est moins verte que la précédente et bien plus difficile sur le choix du terrain, mais elle est plus douce et plus hâtive. Sa semence est blanche ; c'est celle qu'on cultive le plus en automne.

La *laitue romaine blonde*. Ses feuilles sont minces, unies, un peu pointues, d'un vert jaunâtre. Ses semences sont blanches. Elle est délicate, monte et fond facilement, n'aime pas l'humidité.

La *laitue romaine alphange*. Feuilles lisses, tendres, délicates, très pointues, avec quelques taches rouges au sommet. Semences blanches. Très grosse et délicate variété.

La *laitue romaine panachée*. Toutes ses feuilles sont tachées de rouge. Ses semences sont noires. Les grandes chaleurs la font monter très vite. Il y en a une sous-variété appelée d'*Angleterre*, dont les semences sont blanches, dont le cœur est plus rouge, et qui n'a pas besoin d'être liée pour blanchir.

La *laitue romaine rouge*. Ses feuilles extérieures seulement sont tachées de rouge ; les intérieures offrent un beau jaune Elle aime une terre forte et cependant craint l'humidité et blanchit sans être liée. On la sème de bonne heure en automne.

Les variétés de laitues dont je viens de présenter la liste sont celles qui sont le plus souvent cultivées dans les environs de Paris. J'aurois pu aisément en quadrupler le nombre si j'eusse voulu fouiller dans les ouvrages qui ont traité du jardinage, et consulter les jardiniers des grandes villes des départemens et des autres capitales des états de l'Europe. Je crois qu'à leur égard, comme à celui de toutes les plantes très anciennement soumises à la culture, il faut plutôt chercher à conserver les bonnes variétés qu'à multiplier les mauvaises. Or les laitues qui se cultivent ordinairement les unes à côté des autres, se confondent bientôt par le mélange de leurs poussières fécondantes, de sorte que quand on veut conserver une espèce pure, il faut isoler autant que possible les pieds réservés pour la graine. (B.)

Départemens du midi. On a dû remarquer, en suivant l'énumération des espèces, l'époque à laquelle on doit les semer : on choisit, à cet effet, un lieu bien abrité ou par des murs, ou par des claies faites exprès ; la terre doit être fine, bien terreautée et travaillée. Ainsi préparée, elle est prête à recevoir les semences des laitues à manger au printemps. S'il étoit possible de se procurer dans les provinces des couches et des cloches, il conviendroit alors de semer en décembre et même en novembre ; dans ce cas, on auroit des plantes à lever et à mettre en pleine terre dès le mois de janvier et février. On courroit alors les risques d'en perdre beaucoup, moins par la rigueur du froid, que par l'impétuosité des vents, qui occasionnent une forte évaporation dans la plante, et produisent sur elle le même effet que les fortes gelées. Il y a, ainsi qu'on l'a vu, des espèces qui résistent mieux les unes que les autres, et qui, par cette raison, ont été nommées laitues d'hiver ; ces espèces doivent être semées à la fin d'août, en septembre et au commencement du mois d'octobre : peu à peu elles s'accoutument aux matinées fraîches, et sont déjà endurcies contre la rigueur de la saison lorsqu'on les replante à demeure pour passer l'hiver. Les autres, au contraire, ont été élevées délicatement, et la transition d'un lieu à un autre est plus ou moins funeste, à raison de la diversité de température ; cependant à force de soins et avec de la paille longue on garantit ces laitues d'été des intempéries de l'air, et on en jouit beaucoup plus tôt. Les cultivateurs ordinaires ne prendront pas ces peines trop minutieuses, car la vente de leurs primeurs ne les dédommageroient pas du temps qu'ils auroient perdu ; il vaut mieux attendre d'avoir chaque chose dans sa saison ; la saveur de la plante est délicate et à son point, et la dépense est alors moins considérable. Les amateurs et les gens riches peuvent satisfaire leur fantaisie. Si la saison devient âpre, de la paille longue jetée sur les semis les préserve du froid. Quelques jardiniers, afin de conserver la fraîcheur et d'empêcher l'évaporation de la terre, couvrent le sol, dès qu'il est semé, avec des feuilles d'artichaut, de choux, et la graine germe plus vite, et n'est pas enlevée par les chardonnerets, les pinçons et autres oiseaux qui en sont très friands. Cette précaution est plus utile dans les semailles d'automne que dans celles d'hiver, parceque dans le premier cas cette saison a encore des jours fort chauds, et sur-tout parcequ'il seroit dangereux d'arroser trop tôt par irrigation ; alors l'eau arrose trop la terre du sillon, quoiqu'elle ne le surmonte pas.

Les semailles d'hiver peuvent être faites en tables, en planches, attendu que dans cette saison la terre a très rarement besoin d'être arrosée ; on sème à la volée en recouvrant le tout d'un peu de terre. Les semailles d'automne, au contraire, exigent que la terre soit déjà disposée en sillon *tronqué*, c'est-à-dire que sa partie supérieure ne soit pas entièrement terminée par la terre tirée du fossé. Sur ce sillon plat, sur la partie où monte l'eau de l'irrigation, on sème à la volée, et avec la terre qu'on enlève du fossé on recouvre la graine et on achève d'élever le sillon ; alors le fossé se trouve net et assez profond pour recevoir l'eau lorsque le besoin le demande. Quelques jardiniers, le sillon une fois tout formé, se contentent, de chaque côté et à la hauteur où montera l'eau, de tracer avec le manche du râteau, ou tel autre morceau de bois, une ligne d'un pouce de profondeur, d'y semer la graine et de la recouvrir. Cette méthode est défectueuse, en ce que les graines sont alors trop accumulées et se nuisent ; d'ailleurs si deux sillons semés à la volée suffisent, il en faudroit près de six afin d'avoir le même nombre et la même quantité de bonnes laitues.

La graine de laitue germe assez facilement ; celle de deux ans moins vite que celle de la première année ; il en est ainsi de la graine de trois ans ; c'est à peu près le dernier terme jusqu'auquel on puisse la conserver. Plusieurs auteurs proposent différentes infusions pour la faire germer plus vite ; ces infusions sont inutiles. Ayez un terrain bien préparé, semez dans un temps convenable, voilà la meilleure recette.

La disposition des jardins par sillons feroit perdre beaucoup de terrain si on ne profitoit des deux côtés de l'ados du sillon; le jardinier attentif plante d'un côté des laitues, tandis que de l'autre il a semé ou planté un autre herbage qui ne parviendra à son point de grosseur ou de maturité que lorsque les laitues seront coupées. C'est ainsi que sont disposés les sillons entre les rangées de pois, dans les planches de cardons, d'oignons, de choux, de céleris, etc.

Si on le pouvoit, il vaudroit beaucoup mieux semer à demeure qu'en pépinière; la transplantation retarde les progrès de la plante, qui en est moins belle. De toutes les erreurs, la plus absurde est le retranchement des racines; je dis au contraire, levez avec le plus grand nombre de racines possible, et même avec la terre si elle est un peu mouillée, et plantez sans la déranger. Si vous avez beaucoup de laitues à transporter, si elles sont trop serrées dans les pépinières, et si la terre s'en détache, ayez un plat, un vase peu profond plein d'eau, et rangez dans ce vase les laitues près les unes des autres, afin que les racines y trempent, et que la plante conserve sa fraîcheur; replantez après le soleil couché; faites venir l'eau, et le lendemain, avant le soleil levé, couvrez chaque laitue avec une feuille qui sera enlevée le soir à la fraîcheur, et une autre sera également remise et enlevée le lendemain. Ces précautions paroîtront minutieuses aux jardiniers qui massacrent l'ouvrage; mais en suivant leur méthode ordinaire, en plantant au gros soleil un plant déjà fané, en ne le couvrant pas les jours suivans, les feuilles languissent, sèchent et les racines n'ont effectivement repris qu'après six ou huit jours, tandis que par la manipulation que je propose, à peine se ressent-elle de la transplantation; j'en réponds d'après mon expérience.

Dans les provinces du midi, les laitues exigent d'être plus souvent serfouies que dans celles du nord, parceque l'irrigation affaisse trop promptement la terre et la durcit. Un petit travail donné tous les quinze jours leur fait un grand bien, et encore plus si on remue toute la terre du sillon, comme il a été dit au mot IRRIGATION; mais il faut pour lors que le sillon soit des deux côtés planté en laitues, car ce bouleversement de terre dérangeroit la plante voisine. Le meilleur arrosement dans l'été est au soleil couchant.

Comme toutes les espèces de laitues ne donnent pas autant de graines les unes que les autres, et que plusieurs en donnent fort peu, le jardinier prévoyant destine un plus grand nombre de pieds à graines; dans chaque espèce il choisit et conserve les plus beaux pieds : c'est le seul moyen de n'avoir pas des semences dégénérées. Les espèces qui donnent le moins de graine sont la bapaume, l'italie, les crêpes, l'aubervilliers, la bagnolet.

Si on désire ne pas voir confondre ces espèces, ou les laisser devenir HYBRIDES (*v.* ce mot), il faut avoir l'attention la plus scrupuleuse de tenir éloignés, autant qu'il sera possible, les pieds des espèces destinées pour la graine. C'est par le mélange de la poussière des étamines d'une plante portée sur une autre que chaque année on voit naître cette multitude de variétés, presque aussi nombreuses qu'il existe de jardins.

Départemens du nord. Pour avoir de bonne heure des laitues au printemps, du 1er au 15 mai, il faut, dit M. Nollin, dès le milieu du mois d'août, semer en bonne exposition les variétés qui passent l'hiver, telles que crêpes, l'italie, la cocasse, la coquille, la passion, la romaine hâtive; et, à la fin d'octobre ou au commencement de novembre, on doit repiquer les plants sur les plates-bandes des espaliers au midi et au levant, dans les fortes gelées les couvrir de litière, paillassons et autres matières propres à les défendre, et qu'on retire dès que le temps s'adoucit. On laisse en pépinière le plant le plus foible; s'il résiste à l'hiver, il fournit une autre plantation en mars.

En septembre et en octobre, on peut semer ces mêmes variétés sous cloches, sur des ados de terreau ou de terre meuble mêlée avec du crottin; trois semaines après, on repique le plant, plus à l'aise, sur d'autres ados, pour y passer l'hiver en pépinière; on couvre les cloches de litière dans les fortes gelées, et on les découvre dans le milieu du jour, et même on leur donne un peu d'air, à moins que le temps ne soit excessivement rude. Au commencement de février, on leur donne chaque jour plus d'air, on ôte entièrement les cloches pendant le jour et même pendant la nuit, si les gelées ne sont pas trop fortes, afin d'endurcir le plant. Lorsqu'il aura passé huit à dix jours sans cloches, et qu'il sera accoutumé au plein air, on le repiquera de nouveau en bonne exposition, entre le 15 février et le 1er mars, si la température de la saison le permet.

Depuis la fin de septembre jusqu'au temps des premières laitues pommées, on sème tous les 15 jours de la graine de laitues crêpe de Versailles, de george-blonde, etc., afin d'avoir pendant toute la saison rigoureuse de la petite laitue ou laitue à couper. Sur des couches de chaleur tempérée et couvertes de quatre à cinq pouces de terreau, on sème la graine assez clair et en petits rayons ou à la volée; on la couvre de très peu de terreau, et on la presse fortement avec la main sur le terreau,

sans l'enterrer ; on couvre de cloches. Environ quinze jours
après, lorsque le plant a deux bonnes feuilles entre ses cotylédons, on coupe la plante.

Pour avoir des laitues pommées pendant l'hiver, il faut, à la
fin d'août, semer sur un ados de terreau bien exposé de la
graine de petite crêpe, de crêpe ronde, ou autre variété, qui
résiste au froid et pomme sous cloches. Lorsque le plant est assez
fort, on le repique en place sur des couches qui n'ont pas
besoin d'être fort hautes ; il y pomme sous cloche en décembre.

A la fin ou au commencement de novembre on fait un autre
semis sur couche. Lorsque le plant fait sa première feuille, on
le repique plus à l'aise, et lorsqu'il est assez fort on le repique
en place sur une couche neuve, pour qu'il pomme en janvier
sous cloches ou sous châssis. Ce second semis et les suivans
ne sont ordinairement que des laitues-crêpes.

En décembre, janvier et février, on fait de nouveaux semis
des mêmes laitues ; mais la rigueur de cette saison exige plus
de soin. Il faut semer la graine fort clair sur une couche de
chaleur tempérée, chargée de quatre pouces seulement de
terreau. Dès que le plant commence sa première feuille, on
doit le repiquer à un pouce de distance l'un de l'autre, sur
une nouvelle couche, ou sur la même si elle conserve assez
de chaleur. Lorsque sa quatrième ou cinquième couche est
formée, il faut le transplanter sur une couche neuve chargée
de six bons pouces de terreau, ou mieux, de terre meuble et
mêlée de terreau. Si c'est sous un châssis, on pique les pieds
à cinq à six pouces de distance en tout sens. Si c'est sous cloche, on peut en mettre sous chacune jusqu'à quinze pieds, et
lorsqu'ils se serreront, on n'en laissera que quatre ou cinq, et
le surplus sera repiqué sous d'autres cloches. Il est reconnu
que les cloches neuves font périr le plant. Depuis que les
graines sont semées jusqu'à ce que les laitues soient pommées,
on ne peut être trop attentif à couvrir les cloches de grande
litière, à les borner pendant la nuit, à augmenter les couvertures dans les grands froids, à ajouter des paillassons par-dessus
pendant les neiges et les grandes pluies, à donner de l'air aux
cloches et aux châssis le plus souvent qu'il est possible, et
toujours du côté opposé au vent ; à soutenir dans les couches,
que l'on fait fort étroites dans cette saison (voyez le mot Couche), une chaleur modérée, et non un grand feu qui seroit
fondre le plant. Lorsque les laitues commencent à *tourner*,
c'est-à-dire à pommer, on doit retrancher les feuilles basses
qui sont jaunes, et plomber, c'est-à-dire approcher et presser
le terreau contre le pied.

Dans les plants de laitue faits dans l'hiver et dans le printemps, il faut choisir les pieds les plus gros et les plus pommés

pour grainer; il est nécessaire de ficher au pied de chacun un échalas pour le marquer, et dans la suite pour soutenir la tige contre les vents; on doit dégager le pied, sur-tout des grosses variétés, des feuilles jaunes, fanées, pourries, ou même trop nombreuses. Lorsque les aigrettes des graines commencent à paroître à l'extrémité des rameaux, il faut couper ou arracher les tiges, les exposer pendant quelques jours au soleil, sur des draps ou dans un van, ensuite les secouer ou les battre légèrement, ramasser la graine qui s'est détachée, remettre les tiges au soleil pendant quelques jours, et les battre. La graine qui s'en détache est bien inférieure à la première, et ne doit être employée que pour faire de la laitue à couper. La graine de laitue peut se conserver quatre ans; mais elle n'est bonne que la seconde année; semée la première année, le plant monte facilement; la troisième année une partie ne lève point, et la quatrième il ne lève que les graines parfaitement aoûtées, pourvu encore que la graine ait été tenue bien renfermée. (R.)

La consommation qui se fait de laitues en France est immense. Quoique très peu nourrissantes par elles-mêmes, elles sont recherchées par toutes les classes de la société. Les Romains en faisoient un grand usage. Elles rafraîchissent l'acrimonie des humeurs, et sont légèrement narcotiques. Les habitans des pays chauds doivent en conséquence en user encore plus fréquemment que ceux des pays froids. Les cultivateurs qui en donneront à leurs ouvriers pendant les chaleurs de la canicule seront donc très louables. Les soins qu'elles demandent dans leur culture ne peuvent pas faire supposer qu'il soit possible d'en tirer parti pour la nourriture en grand des bestiaux, quoique tous les aiment avec passion; mais il ne faut jamais laisser perdre celles qui montent, ni les feuilles inférieures de celles qu'on épluche. Toutes les volailles trouvent dans ces feuilles un mets qu'elles recherchent avec avidité et qui leur est très salutaire. Il en est de même des lapins et des cochons. Les tiges de celles qui sont montées se mangent, dans beaucoup de lieux, soit crues, soit cuites, après les avoir dépouillées de leur peau.

La semence de laitue fournit, par expression, une fort bonne huile; mais nulle part, que je sache, elle n'est mise dans le commerce. (B.)

LAMBOURDE. M. Roger de Schabol la définit ainsi : Les lambourdes sont de petites branches maigres, longuettes, communes aux arbres à pepins et à ceux à noyaux, ayant des yeux plus gros et plus près que sur les branches à bois, et qui jamais dans les arbres de fruits à pepins, ne s'élèvent verticalement comme elles, mais qui naissent d'ordinaire sur les côtés, et sont placées comme en dardant.

Celles des fruits à noyaux donnent du fruit dans la même année. Les lambourdes des arbres fruitiers à pepin sont trois ans à se préparer à donner du fruit. Elles sont plus courtes sur le pêcher que sur les autres arbres. Outre les caractères assignés plus haut, en voici encore quelques uns propres à les faire reconnoître. Elles naissent vers le bas, à travers l'écorce du vieux bois, et même des yeux des branches de l'année précédente. Leurs yeux sont de couleur noirâtre; leur écorce est d'un vert luisant, et l'extrémité supérieure de la lambourde est terminée par un groupe de boutons, dont un seul à bois. Telles sont particulièrement celles du pêcher; elles ne durent qu'un an; on les retranche à la taille de l'année suivante. On distingue encore la lambourde de la BRINDILLE (*voyez* ce mot) sur les arbres à fruits à pepins, en ce que celle-là est lisse, tandis que celle-ci est plus courte et chargée de rides circulaires.

Bien conduites et bien ménagées, les lambourdes assurent l'abondance des fruits pour les années suivantes. On ne doit jamais les abattre; si elles sont trop longues, on les raccourcit en les cassant; si elles poussent dans un endroit dégarni de branches à bois, en les taillant pendant deux à trois ans consécutifs à un seul œil, elles se changent en branches à bois, et dès-lors elles sont traitées comme les autres. (R.)

LAMBROTTE. On donne ce nom dans le département des Deux-Sèvres à une grappe de raisin peu garnie.

LAMBRUCHE ou LAMBRUSQUE. On donne ce nom à la vigne abandonnée à elle-même dans les haies ou dans les bois, c'est-à-dire sauvage. *Voyez* VIGNE.

LAME. BOTANIQUE. C'est la partie des pétales des caryophillées qui est hors du calice.

On donne aussi ce nom aux cloisons de certains fruits, comme du pavot.

LAMIER, *Lamium*. Genre de plantes de la didynamie gymnospermie, et de la famille des labiées, qui renferme une douzaine d'espèces, dont trois sont très communes, et une quatrième remarquable par sa beauté. Il est donc dans le cas d'être mentionné ici.

Le LAMIER BLANC, plus connu sous le nom d'*ortie blanche*, d'*ortie morte*, est une plante vivace à racine traçante; à tige droite, quadrangulaire, velue, quelquefois rameuse; à feuilles opposées, légèrement pétiolées, en cœur aigu, dentées, velues; à fleurs blanches disposées en verticilles, environ au nombre de vingt, dans les aisselles des feuilles supérieures; elle croît autour des villages, dans les jardins, les buissons, les haies et autres lieux ombragés, s'élève à environ un pied, et fleurit pendant presque toute l'année. Ses fleurs exhalent une légère odeur balsamique, et ses feuilles sont âcres et amères. On emploie les unes et les autres comme vulnéraires, détersives et astringentes. Tous les bestiaux la mangent sans la rechercher. Les abeilles font sur elle une abondante récolte de miel à une époque où les fleurs monopétales sont encore rares. Il est des endroits où elle est si abondante, qu'il est avantageux de la couper ou de l'arracher pour faire de la litière, pour chauffer le four ou fabriquer de la potasse. Elle est toujours l'indice d'une terre légère et de première qualité.

Le LAMIER POURPRE est annuel, a la tige quadrangulaire; les feuilles opposées, pétiolées, en cœur obtus et denté; les fleurs rouges et disposées en verticille dans les aisselles des feuilles supérieures. On le trouve très abondamment dans les jardins, les champs voisins des villages, le long des haies, etc. Il fleurit pendant tout l'été. Toutes ses parties exhalent, lorsqu'on les froisse, une odeur forte peu agréable qui n'empêche pas les bestiaux de le manger. Sa hauteur atteint rarement un pied.

Le LAMIER AMPLEXICAULE est annuel, a les tiges quadrangulaires; les feuilles opposées, presque rondes et lobées, les inférieures pétiolées, et les supérieures amplexicaules. Ses fleurs sont rouges et verticillées dans les aisselles des feuilles supérieures. Il croît dans les mêmes lieux que le précédent, et fleurit même pendant l'hiver. Les bestiaux le mangent également. Son abondance est quelquefois telle, dans les jachères, qu'il seroit avantageux de le faucher pour faire de la litière, quoique sa hauteur atteigne rarement un pied.

Le LAMIER ORVAL est vivace, a la tige quadrangulaire; les feuilles opposées, en cœur aigu, dentées en scie, ridées et larges comme la main. Ses fleurs sont grandes, rougeâtres, disposées en verticille dans les aisselles des feuilles, et leur calice est coloré. Il croît naturellement dans les parties méridionales de l'Europe, fleurit au printemps, et se cultive pour l'ornement dans quelques jardins. Sa hauteur surpasse quelquefois deux pieds. On le place dans les jardins paysagers entre les buissons des derniers rangs. Il lui faut une terre légère et de l'ombre. Sa multiplicaton a ordinairement lieu par le déchirement de ses racines, qui tracent beaucoup, et qui ont besoin d'être contenues; mais on pourroit tout aussi facilement l'exécuter, quoique plus longuement, par ses graines, qui mûrissent bien dans le climat de Paris (B.)

LAMPAS. MÉDECINE VÉTÉRINAIRE. Si le tissu dont sont formées les gencives dans la mâchoire antérieure du cheval accroît considérablement en consistance, s'il se prolonge contre nature et de manière à anticiper sur les dents incisives ou les pinces, alors nous disons que l'animal a la fève ou le lampas. Cet accident est assez fréquent dans les jeunes chevaux, ou, pour mieux dire, dans les poulains, et très rare dans les vieux chevaux.

Nous voyons journellement, à la campagne, que, pour ôter cette prétendue fève ou lampas, on a coutume de brûler cette partie avec un fer rouge. Cette opération n'ôte certainement pas à l'animal le dégoût qu'on lui suppose, mais elle lui cause un mal réel. Ne vaudroit-il pas mieux, au contraire, pour guérir cette prétendue maladie, laver souvent cette partie avec une infusion résolutive ou avec de l'ail pilé et du sel jeté dans du vinaigre, ou bien avec de l'oxymel simple ? (R.)

LAMPOURDE, *Xanthium*. Plante annuelle, à tige cylindrique, rameuse, haute d'un pied et plus; à feuilles alternes, pétiolées, en cœur, lobées et dentées régulièrement; à fleurs petites et réunies en paquets axillaires; qui croît souvent en grande abondance le long des chemins, autour des fermes, sur les berges des fossés, etc., et qui se fait remarquer par ses fruits pourvus de crochets propres à les attacher aux habits des passans et aux poils des animaux.

Cette plante, qu'on appelle le *petit glouteron*, forme, avec sept à huit autres, un genre dans la monœcie pentandrie et dans la famille des urticées.

Les feuilles de la LAMPOURDE COMMUNE sont amères et passent pour astringentes et résolutives. Sa semence est diurétique. Les bestiaux la mangent quelquefois lorsqu'elle est jeune. C'est une plante que tout possesseur de moutons doit détruire avec le plus grand soin possible, car ses semences, introduites dans une toison, ne peuvent en être ôtées qu'avec une grande perte de laine. J'ai même vu des moutons qu'on a été obligé de tondre pour les en débarrasser, et un cheval auquel on fut forcé de couper les crins de la queue et du cou pour la même cause. On peut facilement parvenir à ce but en l'arrachant avant sa floraison, et alors elle peut servir à faire de la litière et à augmenter ainsi la masse des fumiers. On peut aussi en tirer un parti très avantageux en en fabriquant de la potasse. Cependant, comme ses semences se conservent plusieurs années sans germer lorsqu'elles sont enterrées trop profondément, il arrive souvent que le labour d'un champ en fait naître des pieds là où on ne soupçonnoit pas qu'il en dût paroître.

La LAMPOURDE ÉPINEUSE a les tiges garnies d'épines ternées, les feuilles trifides et blanches en dessous. Elle est annuelle et croît dans les parties méridionales de l'Europe. (B.)

LAMPSANE, *Lampsana*. Plante annuelle de la syngénésie égale et de la famille des chicoracées ; à tige creuse, cannelée, velue, rameuse ; à feuilles alternes ; les radicales pétiolées, souvent pinnatifides ; les caulinaires sessiles, et d'autant plus entières qu'elles sont plus élevées ; à fleurs jaunes, portées sur des pédoncules bifides à l'extrémité des tiges et des rameaux ; qui croît naturellement, et souvent très abondamment, dans les jardins, les bois, les haies, sur les décombres, les vieux murs et autres endroits ombragés, où elle s'élève à deux ou trois pieds, et fleurit en été.

Cette plante passe pour rafraîchissante, émolliente et détersive. On en fait assez fréquemment usage en médecine. Les bestiaux la mangent sans la rechercher. Le meilleur usage qu'on en puisse faire dans les lieux où elle est abondante, et ces lieux sont fréquens, c'est de l'arracher pour faire de la litière, et augmenter ainsi les engrais. On peut aussi en chauffer le four. (B.)

LANDES. L'acception de ce mot varie un peu dans les différentes parties de la France. En général, c'est une étendue de pays où la terre est dénuée d'arbres, et ne peut être cultivée avec profit en blé et autres céréales ; mais on l'applique plus particulièrement à un sol, en plaine, formé d'argile, recouverte par une petite épaisseur de sable, et donnant presque exclusivement naissance à des bruyères, des ajoncs, des genêts et des bugranes parmi les arbustes, et à des méliques bleues, des tormentilles, des joncs, des laiches, etc. ; parmi les plantes vivaces, telles sont les landes de Bordeaux, de la Sologne, de la Bretagne, de la Westphalie, etc.

Depuis long-temps on désire transformer les landes, qui ne donnent à l'agriculture qu'un pâturage maigre et des broussailles à peine suffisantes pour l'usage de leurs peu nombreux habitans, en champs fertiles ou en forêts productives. Tous les essais particuliers qu'on a faits et soutenus avec constance ont réussi, et cependant les landes précitées ont encore la même étendue et la même infertilité qu'autrefois. D'où vient cela ? De l'ignorance et de la misère. En effet, les habitans des landes même s'opposent à leur amélioration. L'habitude où ils sont d'en tirer quelque parti au moyen de leurs troupeaux leur fait croire qu'ils seroient ruinés, si ces troupeaux perdoient la plus petite étendue des pâturages qu'ils parcourent. Ils ne veulent pas reconnoître qu'un arpent en bonne culture fournit plus de fourrage en plantes herbacées ou en feuilles d'arbres, que dix dans l'état naturel. Cependant leurs troupeaux manquent souvent de nourriture au printemps, c'est-à-dire à l'époque qui précède la nouvelle pousse, manquent de nourriture en été, lorsque la sécheresse a brûlé les herbes. Aussi, quels moutons voit-on dans les landes, dans celles de la Sologne, par exemple ? Les cultivateurs sont rarement aisés dans les pays de landes, et pour faire des améliorations en agriculture il faut des avances, il faut pouvoir attendre les rentrées, etc. C'est donc en éclairant ces cultivateurs, en leur fournissant des fonds, qu'on peut espérer de voir les landes donner un jour des produits en rapport avec leur étendue. Il faut que les propriétaires, ou le gouvernement, suivent en France l'exemple qui a été si avantageusement offert par ceux de Westphalie. Quelques fermes montées dans les bons principes, et répandues çà et là dans les landes, suffiroient sans doute pour déterminer la formation de beaucoup d'autres, et avec du temps elles se trouveroient complètement cultivées.

J'ai donné, au mot BRUYÈRE, les détails de ce qu'il convient de faire pour rendre les landes fertiles. J'y renvoie le lecteur. Je l'invite aussi à lire les articles COMMUNAUX, SABLES, GRAVIER, GALET, ARGILE et PLAINE. (B.)

LANGEOLE. Nom qu'on donne dans le département des Deux-Sèvres à cufraise.

LANGIT. *Voyez* AYLANTHE.

LANGUE. MÉDECINE VÉTÉRINAIRE. La *langue* est logée dans l'espace que laissent intérieurement entre elles les deux branches de l'os de la mâchoire postérieure. On appelle aussi cet espace le canal.

Dans le cheval le trop d'épaisseur de la langue doit nécessairement rendre la bouche dure, les BARRES (*voyez* ce mot) étant alors à l'abri de l'effet de l'embouchure; il en est de même si le canal n'a ni assez de largeur, ni assez de profondeur.

Il est encore des langues qu'on appelle langues pendantes, langues serpentines. Une langue pendante est très désagréable à la vue; une langue serpentine remue sans cesse; elle rentre et sort à tout moment, elle s'arrête fort peu dedans et dehors, et elle est fort incommode. Nous voyons encore des chevaux qui, étant embouchés, replient leur langue et la doublent; d'autres la passent par dessus le mors; ces sortes de chevaux tiennent toujours la bouche ouverte. Il est possible de remédier à ces imperfections par la tournure et le choix des embouchures.

La langue est quelquefois ébréchée par une trop forte compression du mors, et coupée par celle du filet, ou le plus souvent par les cordes ou par les longes du licol, que de très mauvais valets ou palefreniers auront passé indiscrètement dans la bouche pour retenir le cheval. La langue peut aussi être attaquée d'une tumeur chancreuse, qui la rongeant en très peu de temps, sans qu'on s'en aperçoive, en cause quelquefois la chute. *Voyez* Chancre a la langue. C'c t cette même tumeur qui arrive dans les maladies épizootiques, non seulement aux chevaux, mais aux bêtes à cornes, dont nous avons déjà traité à l'article Charbon a la langue. *Voyez* ce mot. Quant aux excroissances et aux allongemens en forme de nageoires de poisson, que l'on remarque sous la langue, connus sous le nom de Barbes ou de Barbillons, le lecteur peut consulter cet article. (R.)

LANGUE DE CERF. C'est la doradille scolopendre.

LANGUE DE CHIEN. Appellation vulgaire de la cyno-glosse.

LANGUE DE SERPENT. *Voyez* Ophioglosse vulgaire.

LAPI. Nom du céleri dans le département de Lot-et-Garonne.

LAPIN. Le tort que les lapins font à l'agriculture, lorsqu'ils sont réunis en grand nombre dans les pays cultivés, a excité contre eux l'animadversion des cultivateurs. Plusieurs agronomes n'ont parlé du lapin que pour faire apprécier les avantages qu'il y auroit à anéantir cet animal destructeur de nos récoltes. Rozier a partagé cette opinion, et les articles Lapin, Garenne et Garde-chasse ne traitent que des dégâts causés par les lapins, et n'offrent point les moyens de conserver ces animaux sans inconvénient pour l'agriculture.

Cependant les lapins, par leur poil, leur peau et leur chair, peuvent occuper une place assez remarquable parmi les animaux dont l'homme a su s'assurer la possession, et la destruction qui en a été faite assez généralement en France pendant quelques unes des dernières années a fait éprouver à notre commerce et à nos manufactures un déficit notable. En effet, si l'on considère que le poil des lapins est nécessaire à la chapellerie, puisqu'il contribue essentiellement à faire feutrer l'étoffe, à lui donner de la fermeté, et qu'il entre dans les chapeaux, suivant le degré de leur finesse, dans le terme moyen d'un quart du poids total; si l'on considère aussi que l'emploi de cette substance s'est accru considérablement depuis la perte du Canada, qui a triplé le prix du poil de castor, on se refusera difficilement à porter avec plusieurs écrivains à quinze millions le prix annuel de la consommation des peaux de lapin dans nos chapelleries; il faut encore ajouter à ce calcul la quantité que la bonnetterie emploie pour les gants et les bas qui sont fabriqués avec ce poil, et ce qui en entre dans la fabrication de plusieurs draps.

En ce moment nos manufacturiers sont obligés de faire venir de l'étranger une partie de leurs peaux de lapin, tandis que, loin de devoir à cet égard être tributaires, notre climat, favorable à la production de cet animal, pourroit nous permettre d'en exporter abondamment, si son éducation particulière et la perfection de ses races étoient convenablement dirigées. Indépendamment de l'emploi de son poil, la peau du lapin fait une fort bonne colle; la chair de cet animal est une nourriture saine, que les habitans de la campagne pourroient facilement se procurer, tandis que la rareté de la viande de boucherie les réduit souvent à ne manger qu'un peu de porc, et à vivre presque toujours de végétaux. Enfin le fumier de lapin est un très bon engrais, sur-tout dans les terres glaiseuses.

Quelques obstacles se sont opposés à la multiplication des lapins élevés à l'état domestique; on a prétendu que le rassemblement de ces animaux vicioit l'air et causoit des maladies. Des remontrances à ce sujet ont été adressées à l'administration; mais il a été reconnu que dans le cas où ces animaux réunis en grand nombre dans une maison, et mal soignés, y répandroient une odeur fétide, les habitans ne manqueroient pas de s'en apercevoir avant que l'air pût avoir contracté une qualité malfaisante. Dans les campagnes, la mortalité complète des lapins précèdera toujours de beaucoup l'époque à laquelle, par la négligence des propriétaires, l'air pourroit devenir dangereux à respirer.

La différence de saveur de la chair des lapins sauvages, comparée à celle des lapins domestiques, et le mépris que font de ces derniers les hommes qui se piquent de délicatesse, a mis aussi des bornes à cette espèce d'industrie. La chair des lapins sauvages est en effet plus succulente et un peu plus ferme; mais la nourriture choisie et les préparations qu'on peut donner à ces animaux après leur mort font disparoître presque entièrement ces différences; et la grosseur des lapins domestiques, dont M. Lormoy notamment propage une race qui pèse jusqu'à dix à douze livres, dédommage bien d'une différence de goût presque insensible.

Une des principales causes qui a empêché la multiplication des lapins domestiques est la mortalité, qui enlève souvent des portées entières et décourage le cultivateur qui voit perdre ainsi le fruit de son labeur. Quelquefois l'humidité seule ou le manque de soins causent cette mortalité. Le succès des premiers momens, pendant lesquels les lapins sont restés à l'abandon, a quelquefois fait croire à l'inutilité des soins multipliés pour eux; mais on s'aperçoit bientôt que l'humidité ou la malpropreté seules occasionnent des maladies que nous aurons occasion de faire connoître par la suite, et qui, quelquefois par leur contagion, occasionnent la destruction complète des garennes; alors le propriétaire, qui ne connoît pas la cause de ce désastre, se dégoute bientôt d'une occupation qui, loin de lui être profitable, lui devient onéreuse.

Nous croyons donc utile d'indiquer ici des moyens simples d'élever abondamment des lapins, sans nuire à la multiplication et à la récolte des autres produits de l'agriculture.

Suivant les circonstances et les localités, on peut donner trois sortes d'habitations différentes aux lapins, des garennes libres, des garennes forcées et des garennes domestiques. Les premières, trop nuisibles aux autres productions agricoles dans les pays cultivés, ont le plus grand succès dans les montagnes sablonneuses et incultes, où ces animaux se plaisent et multiplient abondamment. En Irlande, en Danemarck et dans plusieurs autres pays, les dunes sont couvertes de lapins sauvages qui s'y sont naturalisés, et les propriétaires retirent un grand produit de leur dépouille, qui est seule comptée dans une grande exploitation de ce genre. L'évêque de Derry obtient d'une grande garenne située sur le bord de la mer, et qu'il possède en Irlande, douze mille peaux de lapin par année. Ces animaux, originaires des pays chauds, et qu'on ne peut élever qu'avec beaucoup de difficulté dans l'intérieur du Danemarck, se multiplient abondamment dans les dunes qui bordent ce pays; mais nous devons nous borner à indiquer ici sommairement les avantages des garennes libres, dont l'état de notre culture ne nous permet pas de faire un fréquent usage.

Les garennes forcées diffèrent des premières en ce qu'elles sont entourées de tous côtés par des fossés, des murs ou des haies, qui empêchent les animaux de s'écarter de l'habitation. Il n'y a pas de mesure fixe pour leur grandeur, qui doit être la plus étendue possible. C'est en général à leur petitesse qu'on doit attribuer le peu de succès de quelques uns de ces établissemens en France; tandis que dans plusieurs cantons de l'Angleterre, et notamment dans les provinces d'Yorkshire, de Lincolnshire et de Norfolck, où les garennes forcées sont très multipliées, quelques unes contiennent plusieurs centaines d'acres. Il y a des garennes forcées dans le Yorkshire, dans lesquelles on assomme dans une seule nuit cinq à six cents paires de ces animaux.

Ces garennes sont fermées de murs de terre, recouverts de jonc ou de chaume, ou bien elles sont entourées d'une clôture de pieux; dans leur intérieur, on forme plusieurs champs clos de murs et semés en prairies artificielles, sur-tout en turneps, qui servent de nourriture pendant l'hiver. Dans les lieux où la terre ne fournit pas ces productions, on élève des meules de foin, que les lapins consomment pendant la saison morte; des hangars sont adossés aux murs de clôture, afin que ces animaux puissent trouver une nourriture sèche pendant la saison pluvieuse, et l'on a soin de pratiquer dans la garenne plusieurs terriers artificiels, pour inviter les lapins à continuer ce premier travail.

Olivier de Serres est l'auteur français qui a le mieux détaillé les soins à prendre pour réussir dans l'éducation des lapins ; il a porté dans cette partie comme dans toutes les autres cet esprit d'observation et cette sagacité qui l'ont fait regarder à juste titre comme le premier de nos agronomes, et qui rendent son ouvrage précieux, et neuf encore à quelques égards, même après deux cents ans d'existence. Il recommande d'établir la garenne sur un coteau exposé au levant ou au midi, dans une terre légère mêlée d'argile, et de sable, qu'il faut parsemer de taillis épais, et planter d'arbres qui puissent fournir de l'ombre aux lapins, et qui résistent à leurs dents, tels sont en général les arbres verts. Il faut en ajouter d'autres qui poussent avec rapidité, et dont la coupe puisse devenir une nourriture utile, que les lapins trouvent sur place, tels que tous les arbres fruitiers, les chênes, les ormes, les génevriers, les acacias, etc. On doit avoir soin d'environner ces arbres dans leur jeunesse, afin de les défendre de l'approche des lapins. Toutes les plantes odoriférentes, tels que le thym, le serpollet, la lavande, doivent être répandues dans la garenne ; enfin on doit y mettre des graminées, des plantes légumineuses et des racines, lorsque son étendue ne fournit pas une nourriture naturelle assez abondante. Cette étendue, suivant Olivier de Serres, doit être au moins de sept à huit arpens, et il assure qu'une garenne forcée de cette grandeur rapportera deux cents douzaines de lapins par année si elle est convenablement entretenue. Il veut que la garenne soit voisine de la maison, afin qu'elle puisse être fréquemment visitée et mieux gardée, qu'elle soit enfermée par des murailles de pierres ou de pisé hautes de neuf à dix pieds, dont les fondations soient assez profondes pour empêcher les lapins de passer sous la construction. Ces murailles doivent être garnies au-dessous du chaperon d'une tablette saillante qui rompe le saut des renards. Il faut aussi griller d'une manière serrée les trous nécessaires à l'écoulement des eaux. Les fossés pleins d'eau sont regardés par Olivier comme d'excellentes clôtures, lorsque la localité le permet ; il y trouve l'avantage de former un canal environnant qui peut être empoissonné ; on doit donner à ces fossés six à sept mètres de large sur deux mètres et plus de profondeur ; il faut relever d'environ un mètre et à pic leur rive extérieure, en empêchant les éboulemens et les brèches par un bâtis en maçonnerie, ou par une plantation d'osiers très rapprochés ; la rive intérieure doit être en pente douce, afin que les lapins qui auroient traversé le fossé à la nage pour s'en aller, ne pouvant gravir à l'autre bord, puissent revenir sur leurs pas et retourner sans danger à leur gîte.

Cette opération, de pratiquer des fossés remplis d'eau autour de la garenne, produit encore l'avantage de pouvoir former dans l'intérieur quelques monticules favorables aux lapins avec la terre meuble qui est extraite des fossés, et de fournir à boire à ces animaux lorsqu'ils en ont besoin.

Lorsqu'on veut prendre des lapins de la garenne, on se sert de pièges, de filets ou d'espèces de trappes ; les filets doivent être tendus vers le milieu de la nuit, entre les terriers et les lieux où les lapins vont pâturer ; on les chasse avec des chiens et on les laisse renfermés dans les filets jusqu'au jour ; ceux à ressort doivent être placés aux environs des meules de foin où les lapins se rendent en grand nombre ; on pratique aussi de grandes fosses recouvertes d'un plancher au milieu duquel il y a une porte avec une petite trappe ; ces fosses sont creusées aux environs des meules de foin, ou bien dans les champs semés en turneps ou cultivés pour la nourriture d'hiver. La trappe reste fermée pendant quelques nuits, pour ne pas épouvanter les animaux ; on l'ouvre ensuite pour les prendre. En vidant la fosse dans laquelle ils sont tombés, on doit séparer ceux qui sont en bon état, et on les assomme ; on doit lâcher au contraire tous ceux qui sont maigres ; vers la fin de la belle saison il est utile de rendre cette opération plus générale pour diminuer le nombre des mâles, en n'en laissant qu'un pour six à sept femelles ; moins on a de mâles surabondans, plus on sauve de petits, parcequ'ils les détruisent fréquemment ; on peut aussi châtrer les mâles à mesure qu'ils tombent sous la main, et les lâcher ensuite dans la garenne ; par cette opération ils deviennent plus gros, d'un manger plus délicat ; ils ne sont plus dangereux pour les femelles, pour leurs portées ni pour les autres mâles, tandis qu'ils se livrent entre eux des combats cruels lorsqu'ils n'ont pas été coupés.

Quant on se sert de ce moyen pour prendre les lapins, il faut avoir grand soin de ne pas laisser trop remplir les fosses, car s'il y tombe un trop grand nombre de lapins, et qu'ils y restent pendant quelques heures, ils y sont étouffés, et l'on ne peut plus tirer parti que de leurs peaux.

Il ne faut employer ni le furet, ni le fusil pour chasser dans les garennes forcées ; l'un et l'autre effraient les lapins et les dégoûtent de leur habitation. On peut se servir de plusieurs autres moyens qui n'ont pas cet inconvénient ; quelques propriétaires ferment une grande quantité de trous des terriers tandis que les lapins sont au gagnage; ils les effraient ensuite pour leur faire chercher une retraite dans d'autres trous pratiqués exprès, et qui traversent les monticules. A l'un des bouts de ces passages ils ont tendu un filet, et par l'autre ils forcent les lapins, à l'aide d'une longue perche, à se sauver et à se prendre dans les filets. D'autres propriétaires suspendent à un arbre un large panier d'osier sur l'endroit où les lapins prennent ordinairement leur nourriture, ou bien sur la place où elle a été accumulée à dessein, et, par le moyen d'une corde qui passe sur une poulie et vient aboutir à un cabinet dans lequel le chasseur est caché, il laisse tomber le panier doucement sur eux, lorsqu'ils ont été rassemblés à l'aide du sifflet ou de la voix; ensuite on les tire un à un par une porte pratiquée latéralement sur le panier, et l'on choisit ceux qu'on veut ôter à la garenne; il faut qu'il y ait plusieurs endroits garnis de ces paniers, ou bien qu'ils soient changés fréquemment de place, afin de ne pas effaroucher les lapins. On peut se servir encore d'une grande cage faite en osier ou autre bois, garnie d'ouvertures posées au niveau de la terre, et qui, par leur forme évasée extérieurement, facilitent l'entrée aux lapins, et les empêchent de sortir par les pointes qu'elles présentent intérieurement; on y met une nourriture qui leur soit agréable, et lorsqu'il en est entré suffisamment, on les retire par une porte pratiquée dans le couvercle plein qui les recouvre. Il y a plusieurs autres moyens simples que les circonstances et l'industrie du propriétaire pourront lui fournir, et dont il est inutile de faire mention ici; mais nous croyons devoir indiquer encore une disposition de garenne dont les longs succès ont garanti l'avantage; cette garenne est formée de trois enclos entourés de murs, excepté dans les points par lesquels ils communiquent ensemble. Les lapins en sortant du premier, qui est très étendu, et dans lequel ils terrent et se tiennent habituellement pour aller dans le troisième, où la nourriture sèche ou fraîche leur est abondamment fournie, passent dans l'enclos intermédiaire dont les murs sont garnis inférieurement, et à fleur de terre, de pots de grès qui représentent de faux terriers; lorsque les animaux sont au gagnage, on ferme la porte de communication avec l'enclos des terriers; ensuite on les effraie; ils vont tous se réfugier dans l'enclos intermédiaire, et se blottissent dans les pots de grès qui leur offrent une retraite apparente; là on les prend sans peine et l'on choisit ceux qui sont dans le meilleur état, en remettant dans l'enclos des terriers les mères et ceux des mâles ou des jeunes qui n'ont pas encore un embonpoint suffisant.

Les clapiers ou garennes domestiques sont nécessaires pour

le repeuplement et pour l'entretien des grandes garennes; la
bonne tenue de ces petits établissemens mérite d'autant plus
de nous occuper, qu'ils sont à la portée des plus pauvres cultivateurs.

La forme des clapiers peut varier autant que les localités qui
leur sont destinées, lorsque les lapins sont tenus sèchement,
qu'ils sont séparés les uns des autres, et qu'ils sont convenablement nourris; ils sont toujours disposés à pulluler, et les
mêmes soins peuvent leur être administrés.

La meilleure exposition du clapier est le levant ou le midi;
il est utile qu'il soit entouré de murs et couvert d'un toit qui
le garantisse des injures de l'air et des attaques des fouines,
des chats et des renards, qui sont des ennemis dangereux
pour les lapins; lorsque le clapier n'est pas couvert d'un toit,
il faut en couronner le pourtour avec des ardoises saillantes à
angle aigu, et très avancées en dehors. La fondation des murs
environnans doit s'enfoncer à un mètre et demi, ou deux mètres, et le clapier être pavé ou ferré à cette profondeur, afin
que les jeunes lapins puissent fouiller la terre et soient arrê-
tés par cette barrière insurmontable, l'expérience ayant prouvé, contre l'assertion de plusieurs auteurs accrédités, qu'ils
fouillent à l'état d'esclavage comme dans celui de liberté. Ce
sol pierreux recouvert de terre, il faut y placer des cabanes
pour les mères; ces cabanes doivent être élevées à dix-huit
ou vingt centimètres de terre, et être construites en lattes serrées ou en planches fortes qui résistent à la dent des lapins,
et laissent entre elles un libre passage à l'air; leur grandeur
doit être de soixante-quinze centimètres à un mètre en tout
sens; le fond doit être plein, soit en plâtre, soit en planches; il faut lui ménager une inclinaison douce d'avant en arrière, et quelques trous de distance en distance pour faciliter l'écoulement de l'urine; leur porte latérale doit s'ouvrir
facilement et donner un libre passage à la litière qu'il faut
renouveler de temps en temps; chacune des cabanes doit être
garnie d'un petit râtelier de la forme de ceux qui sont en
usage dans les bergeries: il sert à recevoir les fourrages verts
ou secs qui sont destinés aux lapins, et à les empêcher de les
fouler et de les perdre; il faut aussi que la cabane soit garnie
d'une sibile pour le son et la graine qu'on doit donner particulièrement aux mères nourrices. Les cabanes doivent être
assez bien fermées pour que les jeunes lapereaux ne puissent
pas sortir à travers les barreaux; souvent ils s'y étranglent et
périssent en voulant passer dans le commun général.

Un clapier de douze à quinze mètres de long et de quatre
à cinq de large peut contenir vingt à vingt-quatre loges dont
deux seront destinées pour les mâles, et deux autres, qui de-

vront être le double des premières, serviront de commun aux jeunes lapins de cinq à six semaines, lorsque leurs forces ne leur permettent pas encore de courir en liberté dans le clapier. Ce nombre de loges peut être considérablement augmenté, suivant la méthode pratiquée par quelques propriétaires, si on en met plusieurs rangs placés les uns au-dessus des autres, en observant d'éloigner les inférieures toujours davantage du mur de clôture, afin que les animaux ne soient pas incommodés par l'urine qui coule des cabanes supérieures; mais, dans le commencement de l'établissement sur-tout, il ne faut pas trop multiplier les mères, parcequ'alors cette occupation qu'on s'obstine à regarder comme secondaire, et qui par son produit pourroit tenir une place distinguée dans l'éducation des animaux domestiques, deviendroit trop étendue, et que la négligence qui suivroit entraîneroit le découragement du propriétaire et la ruine du clapier.

On doit conserver dans la garenne un courant d'air continu, au moyen de croisées grillées à claire-voie; cette manière de renouveler l'air, très nécessaire sur-tout pendant l'été, est préférable aux fumigations de vinaigre et des plantes aromatiques qui ont été recommandées, et dont l'usage est au moins inutile avec cette précaution. Il est bon d'ajouter au bâtiment qui renferme les cabanes une galerie extérieure et ouverte, dans laquelle les lapins puissent aller prendre l'air et s'exposer au soleil; ils rentrent ensuite dans le grand commun intérieur, en passant par des trous qui sont ménagés exprès pour servir de communication.

La nourriture doit être portée aux lapins tous les jours deux fois, une le matin, et l'autre le soir. Si elle est verte il faut la bien ressuyer avant de la mettre dans les râteliers ou sur le sol du clapier; cette nourriture doit être principalement composée des débris de tous les légumes du jardin, en observant de donner peu de choux, de salades, et généralement de toutes les plantes aqueuses et froides : l'herbe mouillée leur est funeste. Les feuilles et racines de carottes, toutes les plantes légumineuses, les feuilles et branches d'arbres de toute espèce, la chicorée sauvage, le persil, la pimprenelle, etc., peuvent former la nourriture des lapins pendant l'été; on garde pour l'hiver les regains, les pommes de terre, les topinambours, les turneps, les betteraves champêtres, le fourrage du blé de Turquie, etc. L'usage du sel leur est aussi avantageux qu'à tous les autres animaux domestiques; il leur donne de l'appétit, et semble contribuer à entretenir leur bonne santé. Le son, les grains de toute espèce et l'avoine, lorsqu'il est facile de s'en procurer, doivent faire aussi partie de leurs repas; ils en mangent avec plaisir, et cette nourriture est utile, sur-tout aux mères lorsqu'elles allaitent leurs petits. Il est très bon de varier fréquemment la nourriture des lapins lorsqu'ils sont en état de captivité.

On accuse mal à propos ces animaux de consommer une énorme quantité de fourrages ; quelques auteurs ont avancé que dix lapins mangeoient autant qu'une vache ; mais il paroit prouvé qu'il en faudroit au moins cinquante à soixante pour faire une semblable consommation ; probablement les observateurs qui ont avancé ce fait ont compté la surabondance d'herbes qu'ils avoient données, et que les animaux avoient réduites en mauvaise litière.

C'est aussi une erreur de croire qu'il faut leur donner une nourriture plus substantielle à midi ; la nature et l'observation indiquent au contraire qu'on doit les laisser reposer à cette heure à laquelle ils sont presque toujours endormis ; il faut leur donner leur nourriture de très grand matin et le soir vers le coucher du soleil ; c'est ordinairement la nuit qu'ils mangent le plus avidement.

La qualité de la litière qu'on donne aux lapins domestiques est une des considérations les plus essentielles de leur éducation ; le mauvais état de leur litière occasionne la plupart des maladies dont ils peuvent être atteints. La paille qu'on leur donne à cet effet doit être sèche et souvent renouvelée. L'époque du changement total de la litière doit avoir lieu toutes les trois semaines, et notamment environ huit jours avant l'époque à laquelle les mères mettent bas, et quinze jours après la naissance des petits. Il est bon, dans l'intervalle des changemens, de recouvrir d'un lit de paille fraîche l'ancienne litière. Dès les premiers jours de la naissance des lapereaux, on doit rechercher avec soin si la mère ne les a pas déposés dans l'humidité, ce qui les feroit infailliblement périr ; dans ce cas, on les enlève avec précaution, et on les dépose dans l'endroit le plus sec de la cabane.

L'expérience a prouvé que cette opération faite convenablement ne nuisoit en aucune manière aux petits, et n'en dégoûtoit pas la mère ; mais il faut user modérément de cette ressource, et tâcher d'éviter l'inconvénient qui oblige d'y avoir recours, en nettoyant les cabanes à des époques fixes et se mettant en état de ne point les déranger dans les premiers moments ; pour cela, il est très nécessaire de remarquer avec soin les époques auxquelles les mères ont été mises au mâle, afin de pouvoir les changer à temps, et leur enlever à propos la première portée, qui les détourneroit lorsqu'elles voudroient mettre bas la seconde.

Chaque lapine peut donner six à sept portées par année ; trois semaines après qu'elles ont mis bas, on doit remettre les mères aux mâles ; il faut les y laisser passer une nuit, et lorsque l'un et l'autre sont en bon état, que le mâle n'a pas plus de cinq à six ans, et la femelle de quatre à cinq, il est rare que la lapine ne soit pas remplie. Elle revient ensuite à ses petits, et peut sans inconvénient continuer à les nourrir encore une huitaine de jours. Quelques mères font périr les jeunes lapereaux ; on peut les corriger de ce défaut (qui provient souvent de la faute de la ménagère), en leur donnant abondamment à manger la nourriture qui leur est la plus agréable, en les dérangeant le moins possible, et en ne les mettant jamais au mâle que le soir; lorsqu'elles en sortent le matin, elles mangent et dorment, et elles ne maltraitent pas les petits, comme lorsqu'on les fait rentrer le soir dans leurs cabanes.

Il ne faut faire couvrir les femelles qu'à l'âge de six mois; elles portent trente ou trente-un jours, et leurs portées sont depuis deux ou trois jusqu'à huit et dix petits; il est plus avantageux qu'elles ne soient que de cinq à six : les lapereaux sont plus forts et mieux nourris; aussi quelques cultivateurs enlèvent-ils l'excédant de ce nombre dans les portées trop considérables, et ce procédé est convenable lorsque les mères sont foibles et sur-tout lorsqu'elles ont déjà perdu ou détruit leurs portées antérieures.

A l'âge d'un mois les lapereaux mangent seuls, et leur mère partage avec eux sa nourriture ; à six semaines ils peuvent se passer de mère et entrer dans la grande cabane qui sert de premier commun ; à deux mois et demi on les lâche dans le clapier avec ceux qui sont destinés à la table. Il faut avant de les y laisser en liberté châtrer les mâles, afin qu'ils ne fatiguent pas les femelles, qu'ils ne se battent pas entre eux, et qu'ils deviennent plus gros et plus tendres à manger.

L'opération de la castration pour les lapins est très simple ; elle se pratique en saisissant avec le pouce et les deux premiers doigts de la main gauche l'un des testicules que le lapin cherche à rentrer intérieurement. Lorsque l'opérateur est parvenu à le saisir, il fend la peau longitudinalement avec un instrument très tranchant; il fait sortir ensuite le corps ovale qu'il a saisi, il l'enlève et le jette; après en avoir fait autant de l'autre côté, il frotte avec un peu de saindoux la partie amputée, ou bien il fait une ligature avec une aiguillée de fil, ou même encore il laisse agir la nature qui guérit toujours cette plaie lorsqu'elle a été faite avec quelque adresse. Cette opération les dispose à grossir considérablement et donne du prix à leur peau.

Il faut éviter de donner trop d'herbe verte et succulente aux lapins ; un grand nombre meurt d'indigestion, d'autres sont attaqués d'une maladie qui est trop commune chez eux, et qui est occasionnée par un amas d'eau assez considérable qui séjourne dans leur vessie, et qui les fait périr; cette maladie est appelée communément dase, gros ventre, etc.; dans ce cas il faut les mettre à la nourriture sèche, leur donner du regain, de l'orge grillée, des plantes aromatiques, telles que le thym, la sauge, le serpollet, etc., et leur fournir de l'eau à discrétion; il faut séparer les malades de ceux qui se portent bien; c'est aussi ce qu'il faut pratiquer soigneusement lorsqu'ils sont attaqués d'une espèce d'étisie dans laquelle ils deviennent d'une maigreur extrême, et se couvrent d'une gale contagieuse dont il est très difficile de les guérir; cette maladie, qui les attaque dans leur jeunesse, arrête leur croissance, les attriste, leur ôte l'appétit; elle les fait enfin mourir dans de fortes convulsions, et si elle n'est pas arrêtée à temps, elle peut gagner tout le clapier. On l'attribue généralement à l'humidité qui semble être le plus mortel ennemi des lapins; on croit que la nourriture mouillée occasionne les pustules purulentes dont leur foie est quelquefois entièrement couvert : les remèdes sont à peu près les mêmes pour ces différentes maladies qu'on ne peut guère reconnoître qu'à un période très avancé. Il faut se hâter d'empêcher la propagation de la dernière en faisant périr les animaux qui en sont attaqués.

Les petis sont aussi sujets à une maladie d'yeux qui les fait périr en peu de temps, et qui les attaque vers la fin de leur allaitement. Cette maladie paroît être occasionnée par les exhalaisons putrides de la loge mal soignée; lorsqu'on s'en aperçoit à temps on peut les sauver en les transportant dans une cabane propre avec de la paille fraîche; cette maladie est inconnue dans les clapiers bien soignés.

Le but de l'éducation des lapins est la vente et la consommation de ces animaux; leur chair, qui est comptée presque pour rien dans les grands établissemens, doit faire pour les petits l'objet d'une utile spéculation. Nos cultivateurs peu fortunés, réduits, la plus grande partie de l'année, à ne se nourrir que de pain et de légumes, mangent rarement un morceau de porc salé qui seul garnit leur garde-manger; la viande fraîche, si utile à l'homme laborieux, ne contribue jamais à réparer leurs forces affoiblies, et les malades sont privés du bouillon qui souvent leur seroit si nécessaire. L'expérience nous a prouvé que la chair du lapin seule fournissoit un bouillon presqu'aussi succulent et aussi considérable qu'une égale quantité de bœuf ou de mouton; et cette viande, après avoir fourni au bouillon une partie de son suc, est encore tendre et savoureuse, et peut être accommodée de toutes les manières usitées.

Peu de temps avant de prendre les lapins domestiques,

il faut leur faire manger quelques plantes aromatiques pour leur donner du fumet; on peut aussi mettre dans leur corps, après les avoir vidés, ou dans leur assaisonnement, quelques feuilles de bois de Ste.-Lucie, ou bien frotter l'intérieur de leur ventre et leurs cuisses avec la grosseur d'une noisette environ de feuilles de bois de Ste.-Lucie, de fleurs de mélilot, de thym et de serpolet réduits en poudre et mêlés avec une égale quantité de beurre frais et de lard; ces préparations donnent aux lapins de clapier une saveur qui approche tellement de celle des lapins sauvages, que les connoisseurs les plus exercés y sont trompés.

Les peaux de lapin sont d'une défaite avantageuse et facile, l'hiver sur-tout; elles sont vendues cinquante à soixante fr. le cent; on n'en tire qu'environ la moitié de ce prix pendant l'été, à cause de la mue de l'animal; aussi ceux qui se livrent en grand à ce genre de commerce doivent-ils avoir soin de faire tous leurs élèves l'été, afin de pouvoir les vendre six à huit mois après, vers janvier ou février.

On peut, dans l'éducation des lapins comme dans celle de toutes les autres espèces d'animaux domestiques, augmenter la valeur des produits en se livrant à l'élève des races les plus précieuses, ou bien en perfectionnant la race commune. Relativement au premier objet, quelques cultivateurs se sont occupés à élever la variété de lapin connue vulgairement sous le nom de *riche*, *Cuniculus argenteus*, Lin. Son poil, en partie d'un gris argenté, et en partie de couleur d'ardoise plus ou moins foncé, est plus long, plus doux et plus soyeux que celui du lapin gris ordinaire; sa peau est employée comme fourrure dans plusieurs pays du nord de l'Europe, sur-tout en Suède; elle se vend ordinairement le double des peaux de lapins communs; en Angleterre, où l'on élève aussi des lapins riches, les peaux se vendent ordinairement une guinée la douzaine; il seroit sans doute avantageux de multiplier en France cet animal, qui y réussit bien à l'état de domesticité.

L'élève de la race d'Angora, *Cuniculus Angorensis*, Lin., est plus commun; un assez grand nombre de propriétaires propagent avec succès ces animaux dans leurs clapiers; le poil long, soyeux et touffu du lapin angora est d'un excellent usage dans la bonneterie, et la mue seule de l'animal est un produit assez remarquable. On se procure son poil, soit en le peignant souvent, soit en l'arrachant presqu'entièrement deux ou trois fois pendant l'été, particulièrement le long du dos, du cou, des côtes et des cuisses; il faut avoir soin de laisser aux mères le poil du ventre, parcequ'elles s'en servent pour faire leurs nids; ce poil est aussi de qualité inférieure.

Les lapins vivent six à huit ans dans les garennes domestiques ; les mâles perdent une partie de leur vigueur vers l'âge de cinq à six ans ; ils peuvent alors être engraissés et servir pour la nourriture ; il faut en faire autant des femelles avant l'âge de cinq ans.

La manière la plus ordinaire de tuer les lapins de clapier est vicieuse ; on leur donne un coup derrière les oreilles et le sang se fige en abondance dans le cou ; il faudroit les tuer comme les volailles, et les suspendre ensuite par les pattes de derrière, alors tout le sang coule et la chair est très nette.

Lorsqu'on veut garder des lapins pour faire race, on doit unir constamment les plus beaux individus, sans souffrir de mésalliance, et sans permettre qu'ils s'accouplent avant leur accroissement parfait, c'est-à-dire vers six ou huit mois. Pour renouveler les mères, il convient de préférer les femelles qui sont nées vers le mois de mars ; elles sont alors disposées à prendre le mâle vers le commencement de novembre, et l'on est à même de vendre leur première portée dans le courant de l'hiver ; on peut compter sur un produit annuel de deux cents lapereaux dans un clapier composé seulement de huit mères bien entretenues ; alors, la dépense d'entretien et de nourriture en son, avoine et menus grains, peut être évaluée à quatre-vingts francs. Ce résultat est relevé dans un établissement de ce genre dans lequel le propriétaire a écrit avec le plus grand soin les recettes, dépenses et pertes de toute espèce, attention bien rare chez la plupart de ceux qui s'occupent de cet objet ; il peut contribuer à déterminer chaque propriétaire peu fortuné à élever une petite quantité de lapins ; cette éducation partielle ne présente ni inconvénient ni difficulté, elle procurera ainsi une nourriture saine et un revenu certain ; et toutes ces petites entreprises réunies offriront une masse suffisante pour l'approvisionnement de nos manufactures, et pourront même fournir au commerce extérieur. (Sil.)

LARD. Graisse de nature particulière, qui se dépose dans le tissu cellulaire de la peau du cochon, où elle acquiert quelquefois une épaisseur de plus de trois à quatre pouces. C'est la partie la plus importante de la dépouille de cet animal.

Quoique fort indigeste, le lard est recherché, soit comme nourriture, soit comme assaisonnement, et il est l'objet d'un commerce fort étendu. On le mange frais, et on le sale pour pouvoir le garantir de la RANCIDITÉ pendant plus long-temps. C'est dans beaucoup de cantons la base de la nourriture animale des cultivateurs. *Voyez* au mot COCHON. (B.)

LARD ROUTIER. C'est le lard fourni par les cochons qui sont engraissés en liberté, ou qui voyagent de foire en foire. Il est plus solide et plus savoureux que l'autre.

LARIX. Nom latin du mélèze.

LARME DE JOB. *Voyez* Larmille.

LARMILLE, *Coix*. Plante originaire des Indes, où elle est vivace. On la cultive dans les parties méridionales de l'Europe, où elle est annuelle. Sa graine est farineuse et peut servir à faire du pain après qu'elle a été moulue.

Cette plante, de la monœcie triandrie et de la famille des graminées, a une tige articulée, solide, rameuse, haute d'un à deux pieds; des feuilles engaînantes, striées, très longues; des fleurs disposées en panicules lâches et pendantes à l'extrémité des tiges et des rameaux.

On est fort peu instruit sur l'usage de cette plante dans les Indes. Il paroît qu'on la cultive quelquefois en Espagne pour faire des chapelets avec sa graine et s'en nourrir comme je l'ai annoncé plus haut. En France on la conserve seulement par curiosité dans quelques jardins. Dans le climat de Paris on la sème sur couche lorsque les gelées du printemps ne sont plus à craindre, et on en repique le plant, aussitôt qu'il a quelques feuilles, dans une terre bien préparée et à une exposition très chaude. Ses premières graines sont mûres en septembre et la plante périt lorsque les gelées surpassent deux ou trois degrés au-dessous de zéro. (B.)

LARMOIEMENT. Médecine vétérinaire. C'est une maladie dans laquelle l'humeur lacrymale coule continuellement et involontairement des yeux des animaux. Cet écoulement a lieu ordinairement dans les grandes inflammations de l'œil, comme à la suite d'un coup de pierre, de fouet, etc. Il reconnoît aussi pour cause une tumeur ou excroissance, qui comprime les points lacrymaux.

Pour remédier au larmoiement, il faut combattre la cause qui l'occasionne. L'écoulement étant donc le produit de l'inflammation, on doit commencer par des remèdes analogues. *Voy.* Inflammation. L'inflammation dissipée, on peut mettre de temps en temps quelques gouttes du collyre suivant dans le grand angle de l'œil.

Prenez du vitriol blanc un scrupule, de sucre-candi un demi-gros, eau de rivière quatre onces; faites dissoudre le vitriol et le sucre dans l'eau, et injectez dans l'œil. Ce topique nous a réussi à merveille sur une mule, pour arrêter l'écoulement des larmes à la suite d'un violent coup de fouet. (R.)

LARVE. C'est ainsi qu'on appelle l'état par lequel passent presque tous les insectes au sortir de l'œuf, celui sous lequel ils font le plus de dégâts. *Voyez* au mot Insecte.

Les larves des lépidoptères s'appellent communément chenilles. Celles de la plupart des autres classes d'insectes se nomment improprement vers. Ainsi la larve du hanneton, celle de la mouche de la viande, etc., sont généralement connues sous ce dernier nom. *Voyez* CHENILLE et VER.

La plupart des insectes vivent beaucoup plus long-temps sous la forme de larve que sous celle d'insectes parfaits. Il semble que ce dernier état n'existe que pour la propagation de l'espèce. Telle éphémère reste trois ans larve et seulement quelques heures insecte ailé. Il en est de même du hanneton, etc.

Les larves varient prodigieusement de forme et de manière de vivre. Quelques unes ont des pattes, d'autres en sont privées. Leur habitation est la terre, l'eau, les animaux vivans ou morts, l'intérieur ou l'extérieur des végétaux. Elles sont un nouveau monde caché plus nombreux que celui qui est en évidence. La moitié au plus de celles qui naissent, et, dans quelques espèces, à peine un dixième, sont destinées à parcourir le cercle des transformations auxquelles les a soumises la nature, parcequ'elles ont prodigieusement d'ennemis et que les circonstances atmosphériques agissent constamment sur elles. C'est leur plus ou moins de grosseur, produite par l'abondance ou la privation de nourriture, qui détermine celle de l'insecte parfait, et c'est pour cela qu'elles changent plusieurs fois de peau (jusqu'à huit fois), et que chaque fois elles acquièrent une augmentation notable de diamètre. L'insecte parfait ne croît plus.

Il est quelques larves, telle que celle de la mouche de la viande qui servent d'amorce pour la pêche à la ligne. Les oiseaux de basse cour en mangent beaucoup de sortes. Les hommes même se nourrissent de quelques unes dans l'Inde et en Amérique. (B.)

LATANIER. *Voyez* PALMIER.

LATRINE *Voyez* AISANCE (FOSSE d').

LATTES. Grandes perches attachées aux carassons servant à palissader les vignes dans le Médoc.

LAUREOLE, *Daphne*. Genre de plantes de l'octandrie monogynie et de la famille des daphnoïdes, qui renferme une trentaine d'arbustes dont plusieurs sont remarquables par l'excellente odeur de leurs fleurs, et par l'âcreté de leur écorce, ce qui fait qu'on les cultive pour l'agrément, et qu'on les recherche pour l'usage de la médecine.

Toutes les lauréoles ont les feuilles alternes et simples; leurs fleurs sont ou réunies en petits bouquets axillaires ou disposées en têtes terminales. Leurs espèces les plus communes sont,

La LAURÉOLE COMMUNE, *Daphne laureola*, Lin., improprement appelée *lauréole mâle*, s'élève à plus de deux pieds. Ses feuilles, sessiles, lancéolées, épaisses, coriaces, lisses et luisantes sont ramassées au sommet des tiges et des rameaux. Ses fleurs sont jaunâtres, inodores, disposées en grappes

courtes et axillaires, et ses fruits noirs dans la maturité. Et'e
croît très abondamment dans les bois montagneux, fleurit à
la fin de l'hiver, et reste toujours verte. C'est un charmant
arbrisseau, très propre à orner les jardins paysagers; aussi l'y
voit-on fréquemment entre les buissons des derniers rangs,
à l'exposition du nord, derrière les fabriques et les rochers,
sous les massifs même où il réussit fort bien, pourvu que ces
massifs ne soient pas trop épais. Là il ne demande aucune culture, et ne doit jamais être tourmenté par la serpette. Toutes
ses parties sont très âcres et très caustiques. On les regarde
comme détersives et purgatives, mais leur emploi est dangereux à l'intérieur. C'est seulement comme vésicatoire dans la
gale, les dartres et les humeurs des enfans qu'on en fait usage.

Les tiges de cet arbrisseau, divisées en lanières très minces,
au moyen d'un instrument bien tranchant, servent à fabriquer en Suisse et dans quelques parties de l'Allemagne ces
chapeaux d'un blanc si éclatant, que portent nos femmes sous
le nom de chapeaux de paille blanche.

On multiplie la lauréole de ses graines, qu'il faut semer dans
une terre légère et bien préparée, à l'aspect du nord, dès
qu'elles sont récoltées. Si on attendoit au printemps suivant,
elles ne lèveroient que la seconde année. Le plant qui en
provient se repique au premier ou second automne, à six ou
huit pouces de distance dans un sol semblable, et peut y rester
jusqu'à sa transplantation définitive, qui ne doit pas être trop
retardée, si on veut qu'elle réussisse.

Cette espèce sert à greffer quelques espèces étrangères recherchées à raison de l'odeur de leursfleurs, telles que la *lauréole indienne*, la *lauréole de la Chine*, etc.

La LAURÉOLE GENTILLE, *Daphne mezereum*, Lin., improprement appelée *lauréole femelle*, et plus connue sous les noms de
mézereon et de *bois gentil*, a les feuilles éparses, sessiles, lancéolées, entières; les fleurs rouges, sessiles et disposées en
petits paquets le long des rameaux. Ses fruits sont rouges. Elle
croît très abondamment dans les bois des montagnes, à l'exposition du midi, et s'élève à deux ou trois pieds. Ses feuilles
tombent en automne. C'est un charmant arbrisseau, qu'on cultive fréquemment dans les jardins, et qui le mérite principalement par l'odeur agréable et le développement précoce de
ses fleurs, développement qui a lieu à la fin de l'hiver, avant
la pousse des feuilles. Ses rameaux en sont quelquefois couverts dans toute leur longueur.

Une terre trop substantielle ne convient point à cet arbuste;
il n'y subsiste que deux ou trois ans. Celle qu'il faut lui donner
doit être légère et sèche. Il demande une exposition chaude
au printemps et de l'ombre en été. Les pieds qui restent tou-

jours exposés au soleil, dans une plate-bande, ne présentent jamais l'aspect de la vigueur. C'est dans les jardins paysagers, entre les buissons des derniers rangs des massifs exposés au midi, au milieu même de ces massifs, s'ils ne sont pas trop épais, qu'il aime principalement être planté. Là on ne sauroit trop en mettre pour l'agrément des promeneurs. Une fois placé il ne demande aucune culture, et ne doit plus être tourmenté par la serpette. Il se multiplie et se conduit dans sa jeunesse positivement comme le précédent. Son bois sert aussi en Suisse à faire des chapeaux tressés qui même sont plus blancs que ceux fabriqués avec le bois du précédent.

Toutes les parties de la lauréole gentille sont aussi âcres et caustiques que celles de la lauréole commune. On peut les employer aussi comme fondant, purgatif et vésicatoire. Il faut bien se garder de porter à la bouche les rameaux fleuris qu'on coupe pour jouir de leur odeur, car ils pourroient y causer des excoriations.

La LAURÉOLE GAROU, ou *Trintanelle*, *Daphne Gnidium*, L., a la tige et les rameaux droits, couverts de feuilles linéaires et accuminées; les fleurs rougeâtres en dedans, odorantes et disposées en panicule terminale. Ses fruits sont rouges. Elle s'élève à deux ou trois pieds, et croît abondamment sur les montagnes sèches des parties méridionales de l'Europe. Quoiqu'agréable par ses touffes, ordinairement bien arrondies, on la voit rarement dans les jardins, parcequ'elle se prête difficilement à la culture, et qu'elle gèle dans le climat de Paris. Elle a les propriétés purgatives et vésicatoires au plus haut degré, et est dangereuse à l'intérieur à la plus petite dose. C'est son écorce que, sous le nom de *sain bois*, on emploie si fréquemment en vésicatoire. Elle est, pour cet usage, l'objet d'un commerce de quelque importance. Pour l'employer, on trempe ordinairement de petites portions de cette écorce dans le vinaigre, et on les applique sur la peau, avec une compresse de feuilles de lierre ou de poirée pour entretenir l'humidité nécessaire à son action.

Dans les cantons où cet arbuste est commun, on l'emploie à brûler. Il peut, comme les autres espèces de son genre, donner une couleur jaune assez vive; mais on n'en fait pas usage sous ce rapport.

La LAURÉOLE BLANCHE, *Daphne tartonraira*, Lin., est cotonneuse ou argentée dans toutes ses parties; ses feuilles sont ovales et nombreuses; ses fleurs jaunâtres et sessiles dans les aisselles des feuilles supérieures. Elle s'élève à un ou deux pieds, et croît dans les parties méridionales de l'Europe, aux lieux les plus arides. Sa couleur et son port la rendroient précieuse pour l'ornement des jardins paysagers, si elle n'étoit pas encore plus rebelle à la culture et plus sensible à la gelée que la précédente. On ne la cultive, en conséquence, que dans les orangeries dans le climat de Paris.

La LAURÉOLE DES ALPES est très rameuse, et s'élève à deux ou trois pieds. Ses feuilles sont sessiles, lancéolées, rapprochées au sommet des rameaux. Ses fleurs sont blanchâtres, réunies en grappes courtes et très odorantes. Ses baies sont noires. Elle croît dans les Alpes et autres montagnes élevées, et conserve ses feuilles toute l'année. Rarement elle subsiste long-temps dans les jardins, et c'est dommage, car elle forme des touffes très agréables par leur odeur lorsqu'elles sont en fleur, c'est-à-dire au milieu du printemps. On la multiplie comme la première.

La LAURÉOLE ODORANTE, *Daphne Cneorum*, Lin., a les tiges menues, couchées, simples; les feuilles linéaires; les fleurs roses, disposées en têtes terminales et odorantes. Elle est originaire des Alpes, conserve ses feuilles pendant l'hiver, et fleurit pendant presque tout l'été. Quoique ne s'élevant pas à plus d'un demi-pied, elle est fort agréable par ses larges touffes et sa bonne odeur. On la cultive assez souvent dans les jardins; mais elle est fort difficile sur le choix du terrain. Il faut qu'il soit en même temps léger et frais. C'est dans la terre de bruyère, à l'ombre, qu'il convient donc de la placer. On la perd souvent, malgré tous les soins possibles, au moment où on s'y attend le moins. Rarement elle donne des semences hors de son climat natal; mais on la multiplie avec assez de facilité par marcottes; une poignée de terre sur la base de ses tiges suffit pour leur faire prendre racine. (B.)

LAURIER, *Laurus*. Genre de plantes qui renferme une quarantaine d'espèces, qui sont presque toutes des arbres de moyenne grandeur, dont les feuilles et le bois exhalent une odeur agréable, et parmi lesquelles il s'en trouve quelques unes d'une grande utilité pour l'homme sous les rapports médicaux, alimentaires, etc.

Une seule de ces espèces croît en Europe, et encore seulement dans ses parties méridionales; c'est le LAURIER COMMUN, ou le *laurier franc*, *Laurus nobilis*, Lin., si célébré par l'antiquité parcequ'il y étoit regardé comme le symbole de la victoire, qu'on en couronnoit ceux qui avoient fait de grandes actions, qui avoient remporté le prix dans les jeux publics, dans les concours de poésie, de musique, de peinture, etc. Il étoit consacré à Apollon, et on croyoit que la foudre ne le frappoit jamais.

Ce laurier s'élève de vingt à trente pieds, et est pourvu de nombreux rameaux qui se rapprochent constamment du tronc, de sorte qu'il forme naturellement pyramide comme le cyprès. Ses feuilles sont alternes, pétiolées, lancéolées, plus ou moins ondulées sur leurs bords, coriaces et glabres ; elles se conservent toujours vertes. Ses fleurs, petites, d'un blanc jaunâtre, sont disposées en petits paquets dans les aisselles des feuilles. Ses fruits sont d'un noir bleuàtre. Il fleurit au commencement du printemps. Toutes ses parties sont très odorantes et ont une saveur âcre un peu amère : elles fournissent une huile essentielle légère, et une huile essentielle pesante, toutes deux très fortement aromatiques, et qu'on emploie, ainsi que les feuilles, ainsi que les fruits, comme céphaliques, nervines, stomachiques, carminatives et fortifiantes. On met souvent ses feuilles et ses fruits dans les ragoûts pour les aromatiser.

Dans les pays où il croît naturellement, le laurier sert à faire des palissades, des haies, des allées d'un aspect fort agréable. Son bois est dur et très élastique; on le travaille en petits meubles qui conservent long-temps leur odeur. Dans le climat de Paris, on le cultive à cause de sa célébrité, et pour l'usage de la cuisine plutôt que pour l'ornement ; car il y subsiste difficilement en pleine terre, et n'y prend jamais un beau port.

Beaucoup de personnes croient qu'il faut l'y planter à l'exposition la plus chaude pour le garantir des gelées ; mais l'expérience prouve qu'il y perd ses tiges, malgré qu'on le couvre pendant l'hiver, bien plus fréquemment que lorsqu'il est placé au nord. Dans les climats plus froids, il demande impérieusement l'orangerie.

Un sol léger et sec est celui qui convient le mieux au laurier. J'ai remarqué, dans le climat de Lyon, qu'il geloit bien plus souvent dans un sol gras que dans celui ci-dessus ; mais lorsqu'on le tient en caisse il en demande un substantiel, parcequ'il consomme beaucoup à raison de ses nombreuses racines.

On multiplie le laurier par ses graines, qu'il faut semer aussitôt qu'elles sont mûres, car elles rancissent facilement dans des terrines qu'on place sur couche et sous châssis au printemps suivant. Le plant levé se repique dans des pots l'année d'après, et se rentre dans l'orangerie pendant les trois ou quatre premières années, après quoi on peut le mettre en pleine terre avec les précautions indiquées ci-devant. Plus au midi que Paris, on peut le semer en pleine terre dans une plate-bande bien abritée et bien préparée ; mais il faut toujours couvrir ce plant pendant l'hiver avec de la fougère ou de la litière, jusqu'à ce qu'il ait assez de force pour résister aux gelées, c'est-à-dire les trois ou quatre premières années.

On multiplie encore cet arbre de rejetons qu'il donne abondamment, sur-tout quand on a blessé ses racines, et de marcottes qu'on fait au printemps, et qui s'enracinent ordinairement dans l'année.

Il y a plusieurs variétés de laurier, telles que celles à *feuilles étroites*, à *feuilles planes*, à *feuilles panachées*, etc.

Le LAURIER ROUGE, *Laurus borbonia*, Lin., et le LAURIER DE CAROLINE, ont été long-temps confondus. Ce sont de beaux arbres, toujours verts, dont les feuilles sont lancéolées. Le premier, qui vient des Antilles, les a glabres et inodores; le second, originaire des parties méridionales de l'Amérique septentrionale, les a plus ou moins velues et odorantes. On ne peut les cultiver que dans l'orangerie dans le climat de Paris; mais ils sont susceptibles de l'être, sur-tout le dernier, en pleine terre, dans les parties méridionales de la France. L'un et l'autre fournissent un très beau et très bon bois pour la menuiserie et l'ébénisterie.

Il en est de même du LAURIER ROYAL, *Laurus indica*, Lin., qui vient des Indes, mais qui est, dit-on, naturalisé en Portugal et à Madère. C'est un très bel arbre, toujours vert, qui s'élève à trente ou quarante pieds, et dont toutes les parties sont odorantes.

Le LAURIER AVOCAT, *Laurus persea*, Lin., plus connu sous le nom de *poirier avocat*, ou d'*avocatier*, a les feuilles ovales, coriaces, glabres, plus pâles en dessous; les fleurs petites, blanches, disposées en corymbes terminaux; les fruits verdâtres ou violets, de la forme et de la grosseur d'une poire. Il croît dans toute l'Amérique intertropicale, s'élève à quarante pieds, et conserve ses feuilles toute l'année. C'est un superbe arbre propre à orner un paysage de quelque manière qu'on le place. Il aime un bon terrain et le voisinage des eaux. On le cultive beaucoup à Saint-Domingue et dans les autres colonies françaises pour son fruit qu'on y recherche à raison de sa bonté. Il croît avec rapidité et se reproduit par ses graines, qui ne sont pas bonnes à manger, et qu'on met en terre aussitôt après leur maturité. On ne lui donne, au reste, que peu ou point de culture, c'est-à-dire qu'on le traite comme les arbres de nos vergers.

La chair du fruit de l'avocatier est d'un vert plus ou moins foncé. Elle n'a presque point d'odeur. Sa consistance est celle du beurre. Sa saveur peut être comparée à celle de la noisette, ou d'une tourte à la moelle de bœuf. Elle ne plaît pas aux personnes qui en goûtent pour la première fois; mais on s'y accoutume promptement, et on finit par la rechercher avec passion. On la sert sur toutes les tables pour la manger comme le melon.

Cet arbre est rare dans les jardins d'Europe, et y demande la serre chaude pendant toute l'année.

Le LAURIER CANNELIER, *Laurus cinnamomum*, Lin., a les feuilles trinervées, ovales ; les fleurs blanchâtres, dioïques et disposées en corymbes terminaux ; les fruits bleuâtres, de la grosseur et de la forme d'une olive. C'est un arbre de plus de vingt pieds de haut, d'un port agréable, et dont toutes les parties exhalent une odeur des plus suave. C'est son écorce qui fait la cannelle du commerce dont l'usage est si étendu en Europe pour l'assaisonnement des mets, la fabrication des liqueurs, la composition des parfums, l'usage de la médecine, etc. Long-temps les Hollandais ont été les seuls possesseurs de la cannelle par la conquête de Ceylan, où la véritable croît, dit-on, exclusivement. Aujourd'hui on cultive le cannelier dans plusieurs parties des Indes, à l'île de France et dans toutes les colonies françaises et anglaises de l'Amérique méridionale.

A Ceylan on récolte la cannelle deux fois par an et de deux manières différentes. On en coupe les branches pour les apporter à la maison et les y préparer, et on en enlève l'écorce sur place ; cette écorce est raclée pour en enlever l'épiderme, et exposée au soleil, où elle se sèche et se roule sur elle-même. Au bout de trois ans les branches mises à nu se trouvent recouvertes d'une nouvelle écorce qu'on enlève de nouveau.

Les diverses parties des arbres, leur âge, l'exposition des pieds, le plus ou moins de culture qu'on leur donne, produisent diverses variétés, ou sortes de cannelles plus estimées les unes que les autres. La meilleure est celle des rameaux de trois ans.

A Cayenne, où on cultive avec soin cet arbre précieux, et où il donne déjà des produits importans, on coupe généralement les rameaux à cet âge, de sorte que les canneliers y ressemblent à des saules étêtés. Les vieux pieds coupés rez terre poussent dans cette colonie, lorsque sur-tout le terrain est humide, des rejetons d'une telle vigueur, qu'on peut en enlever l'écorce au bout d'un an. Là on les plante à deux ou trois pieds de distance seulement, afin qu'ils se servent mutuellement d'abri contre les ardeurs du soleil ; mais quand ils sont devenus trop forts, c'est-à-dire quatre ou cinq ans après, on enlève un pied entre deux. On y recueille l'écorce toute l'année, ce qui est un vice, puisqu'il est des saisons où elle doit être moins aromatique.

La racine du cannelier donne du camphre qui est très estimé dans les Indes.

On multiplie le cannelier de rejetons, de marcottes et de boutures. Rarement on emploie les graines, soit parceque ce moyen est le plus long, quoique le meilleur, soit parceque, coupant fréquemment les branches des vieux pieds, ils en fournissent peu souvent. Sa culture consiste à le biner une ou deux fois tous les ans au pied.

De l'écorce des vieux pieds de cannelier on obtient, par la distillation, une huile essentielle, épaisse, pesante, noire, qu'on appelle *essence de cannelle*, et dont on fait beaucoup usage en médecine et dans les parfums. Elle est toujours très chère. De celle de sa racine on retire, par les mêmes procédés, une autre espèce d'huile jaunâtre, qui tient le milieu pour l'odeur entre le camphre et la cannelle. On emploie l'une et l'autre extérieurement contre les paralysies, les rhumatismes, et intérieurement pour fortifier l'estomac, chasser les vents, provoquer les urines et les sueurs, etc.

Les feuilles fournissent encore une huile essentielle, analogue aux précédentes, mais d'odeur et de vertus moins intenses.

Celle de ses fleurs est plus douce et plus agréable qu'aucune des autres. On la préfère, lorsqu'on peut s'en procurer, de préférence pour la médecine et pour l'usage de la cuisine. On en fait des liqueurs, des conserves parfaites. Un seul bouquet embaume le plus vaste appartement.

On se procure deux espèces d'huile avec les fruits. Par la distillation, une huile essentielle, pesante, fort rapprochée de la première, mais dont l'odeur est un peu différente. Par la décoction, une huile grasse, concrète, qu'on met en pain comme le suif, et dont on fait des bougies odorantes. On l'appelle *cire de cannelle*. On l'emploie comme liniment et dans les emplâtres résolutifs.

Le LAURIER CASSE a les feuilles trinervées et lancéolées. C'est un arbre toujours vert, de vingt-cinq à trente pieds, qui croît dans les Indes et îles qui en dépendent. Son écorce ressemble beaucoup à la cannelle, mais elle est moins odorante. On l'emploie aux mêmes usages domestiques et médicinaux. Ses feuilles sont également employées en médecine comme alexitères et stomachiques.

Le LAURIER CAMPHRIER, *Laurus camphora*, Lin., a les feuilles ovales, lancéolées, a trois nervures très luisantes. Ses fleurs sont petites, blanchâtres et en panicules axillaires. Il croît au Japon, s'élève à vingt ou trente pieds, et reste toujours vert. C'est de lui qu'on retire le camphre qui se trouve dans le commerce, et toutes ses parties en exhalent l'odeur lorsqu'on les froisse.

Le camphre est une espèce de résine blanche très odorante, très volatile, d'une saveur âcre, laissant un sentiment de fraîcheur dans la bouche, qui diffère de toutes les autres par des propriétés particulières. On en fait un grand usage en médecine et dans les arts. Il est calmant, antispasmodique, antiputride, alexitère, diaphorétique et résolutif. On le fait entrer dans la composition des feux d'artifice, dans la fabrication de quelques vernis; on le mélange avec la cire pour donner son odeur aux bougies. Il s'évapore complètement par sa seule exposition à l'air libre, et ne laisse point de résidu par sa combustion.

On retire le camphre du laurier camphrier, en faisant bouillir toutes ses parties coupées par petits morceaux, et surtout ses racines dans des vases faits exprès. Dans quelques endroits ces vases sont couverts d'un chapiteau où il se sublime, après être monté à la surface de l'eau; dans d'autres on se contente de le recueillir à mesure qu'il monte, en promenant dans l'eau des petits bâtons qu'on renouvelle souvent pour qu'ils soient toujours le plus froids possible. Cette seconde manière doit occasionner une grande perte de camphre.

J'ai dit plus haut que les racines du cannelier donnoient un camphre par les mêmes procédés; plusieurs autres lauriers en donnent également, mais sur-tout un qui se trouve à Java, et qui n'est pas encore, à ce qu'il paroît, connu des botanistes. Marsden le mentionne dans son histoire de Sumatra, et rapporte que c'est en fendant l'arbre qu'on en retire le camphre, qui est réuni en petites masses dans son intérieur. Ce camphre est le plus estimé de tous par les Chinois, qui le payent au poids de l'or. Il paroît qu'il en vient peu en Europe.

Beaucoup de labiées, entr'autres le romarin, la sauge, le thym, donnent aussi du camphre, comme Proust l'a fait voir.

On purifie le camphre en le sublimant lentement dans des vaisseaux fermés. Les Hollandais ont fait long-temps un secret de cette opération, qu'on exécute aujourd'hui en France aussi bien qu'eux.

Il paroît qu'on ne cultive pas le camphrier au Japon, qu'on se contente de celui qui croît naturellement dans les forêts; mais il a été apporté depuis long-temps dans nos jardins où on le multiplie par marcottes et par boutures. Il ne craint que les très fortes gelées; aussi Miller étoit-il persuadé qu'il pourroit passer l'hiver en pleine terre dans les parties méridionales de l'Europe. Je ne l'y ai cependant vu nulle part, et cela est fâcheux; car le camphre est l'objet d'un commerce qui n'est pas à mépriser. Dans le climat de Paris on le tient en caisse pour pouvoir le rentrer l'hiver dans l'orangerie. La terre qu'on lui donne doit être consistante. Des arrosemens rares en hiver et fréquens en été sont ce qu'il demande. La serpette ne doit jamais, ou du moins très rarement le toucher. Ses marcottes s'enracinent avec lenteur, c'est-à-dire qu'il faut communément les attendre trois ans. Les boutures sont difficiles à faire reprendre ; mais quand elles réussissent on peut les transplanter dès le printemps suivant.

Le LAURIER SASSAFRAS a les feuilles coriaces, glabres et d'un vert foncé en dessus, tantôt ovales, lancéolées, tantôt trilobées. Ses fleurs sont petites, verdâtres, disposées en panicules terminaux, et paroissent avant les feuilles. Ses fruits sont d'un bleu noir et de la grosseur d'un pois. Il croît en très grande abondance dans toute l'Amérique septentrionale, et se cultive en pleine terre dans quelques jardins des environs de Paris. Il y en a en Caroline de plus de trente pieds de haut. Toutes ses parties froissées exhalent une odeur aromatique, et mâchées ont une saveur piquante assez agréable. On les regarde comme sudorifiques à un haut degré, et on les emploie comme telles, sur-tout les racines, assez fréquemment en médecine. Elles sont encore estimées comme sudorifiques. Leur décoction, à laquelle on ajoute un peu de mélasse, forme une boisson, une espèce de bière, et qui est fort en usage en Amérique dans les cantons éloignés de la mer. Elle passe pour fort saine.

Dans son pays natal, le sassafras se multiplie de graines et de rejetons qu'il pousse en abondance. Comme il est dioïque, ou mieux, polygame, et qu'il fleurit de très bonne heure, c'est-à-dire avant la fin des gelées, peu de ses pieds donnent des graines. Ces graines, semées sur-le-champ, ne lèvent presque toutes que la seconde année, et lorsqu'elles ne sont mises en terre qu'au printemps suivant, elles sont trois, quatre et même cinq ans avant de germer. (J'en ai en ce moment un exemple sous les yeux.) Ainsi quand on en envoie d'Amérique il faut les stratifier avec de la terre ou du bois pourri.

En France on multiplie le sassafras par ses marcottes et par la mise en boutures de ses racines. Les premières réussissent rarement, lorsque sur-tout elles ne sont pas faites avec des branches de l'année précédente. Les secondes ont besoin de la chaleur d'une couche à châssis. Pour les faire on enlève au printemps une racine de la grosseur d'une plume à un vieux pied, et on la coupe en tronçons de quatre à cinq pouces, qu'on place dans une terrine remplie de terre de bruyère mélangée de terreau. On arrose peu, mais souvent. Au bout d'un à deux mois ces racines poussent des tiges. On rentre ce plant à l'orangerie pendant l'hiver, et on peut le mettre en pots isolés après l'hiver, si mieux on ne préfère attendre encore un an. Souvent le même tronçon donne plusieurs tiges qu'on peut séparer pour en former autant de pieds. Lorsque ce moyen de multiplication sera mieux connu, le sassafras deviendra plus commun en France, et pourra être cultivé en grand dans les parties méridionales de l'Europe. Dans le climat de Paris, quoique beaucoup moins froid que le Canada, il gèle souvent; on est par conséquent obligé de ne le mettre en pleine terre que lorsqu'il a trois à quatre ans, et encore de l'empailler dans le fort de l'hiver.

Cet arbre, si célèbre sous les rapports médicinaux, est propre par la beauté de son feuillage à orner les jardins paysagers. Il donne peu d'ombre, mais conserve ses feuilles jusque bien avant dans l'hiver.

Le LAURIER BENJOIN a les feuilles ovales, aiguës; les fleurs jaunes, petites, sessilles le long des rameaux; et les fruits rouges de la grosseur d'un pois. Il est originaire de l'Amérique septentrionale, où il s'élève à dix ou quinze pieds et fleurit à la fin de l'hiver avant la pousse des nouvelles feuilles. Il passe l'hiver en pleine terre dans le climat de Paris. Toutes ses parties, et sur-tout son écorce, froissées, exhalent une odeur agréable, approchant de celle du benjoin, et ont un goût piquant et aromatique. On les emploie en Amérique dans les assaisonnemens, dans les coliques venteuses et contre la morsure des serpens. En France on le cultive dans les jardins paysagers, où il produit un bon effet, soit par ses fleurs, soit par ses feuilles, dont le vert noir contraste avec celui de la plupart des autres arbres. Il n'y forme guère que des buissons, mais des buissons bien élancés et bien garnis.

On le multiplie de graines qu'il donne assez fréquemment dans nos jardins et qu'on doit semer, aussitôt qu'elles sont mûres, dans des terrines sur couche et sous châssis. En pleine terre elles ne lèvent souvent qu'au bout de deux ou trois ans. Comme il est dioïque, ainsi que le précédent, il faut avoir des pieds mâles et femelles les uns auprès des autres. On le multiplie aussi par marcottes; mais elles prennent difficilement racine, sur-tout si on n'emploie pas les pousses de l'année précédente pour les faire.

Le LAURIER DIOSPYROIDE de Michaux ressemble beaucoup au précédent, mais s'élève moins, a les feuilles plus grandes et velues. Il est très rare dans nos jardins.

Le LAURIER GÉNICULÉ du même auteur est un arbrisseau des plus élégans, soit qu'il soit en fleur, soit qu'il soit en feuilles et en fruit. Il feroit un des plus pittoresques ornemens des parties humides de nos jardins paysagers, si on pouvoit l'y introduire. Il demande un grand degré de chaleur en été, craint beaucoup les froids de l'hiver, et n'a pu encore être multiplié que par graines venues de Caroline, graines qui lèvent très difficilement; aussi est-il fort rare en Europe. (TH.)

LAURIER ALEXANDRIN. *Voyez* au mot FRAGON.

LAURIER CERISE. *Voyez* CERISIER.

LAURIER DE PORTUGAL. C'est encore un CERISIER.

LAURIER ROSE. *Voyez* LAUROSE.

LAURIER THIM. Espèce de VIORNE.

LAURIER TULIPIER. C'est le TULIPIER.

LAUROSE, ou LAURIER ROSE, *Nerium*. Arbrisseau toujours vert, qui croît naturellement dans les parties méridionales de l'Europe, et qu'on cultive dans les orangeries des parties septentrionales à raison de la beauté de ses fleurs. Il tire son nom de la forme de ses feuilles semblables à celles du laurier, et de la couleur de ses fleurs analogues à celles de la rose; ses rameaux sont nombreux et de couleur brune; ses feuilles presque sessiles, lancéolées, entières, coriaces, verticillées trois par trois; ses fleurs d'un rouge vif, larges de plus d'un pouce, sont disposées en petits corymbes terminaux. Il forme un genre, avec trois ou quatre autres, dans la pentandrie monogynie.

C'est sur le bord des ruisseaux, dans les vallées chaudes, que se trouve le laurose. Il y forme toujours de vastes buissons qui s'élèvent à douze ou quinze pieds et fleurissent au milieu de l'été. Les effets qu'il produit sont très agréables en tout temps, mais principalement pendant les deux mois qu'il reste couvert de fleurs. Quoiqu'il ne puisse pas supporter les hivers du climat de Paris, on l'y cultive beaucoup. Il s'accommode fort aisément d'être renfermé dans un pot ou dans une caisse; mais alors sa terre doit être substantielle et consistante. Cependant quand on lui en donne trop ou de la trop bonne, il pousse principalement en bois et offre moins de fleurs. Une trop grande humidité lui est très contraire en hiver, et il demande de forts arrosemens dans les grandes chaleurs de l'été. On doit, autant que possible, l'endurcir contre les froids en le rentrant tard dans l'orangerie, et en donnant de l'air à cette orangerie toutes les fois qu'il ne gèle pas à glace. Pendant l'été il faut le placer à l'exposition la plus chaude, sans quoi il fleuriroit moins. En général on le laisse en buisson qui, comme je l'ai dit plus haut, est sa forme naturelle; mais quelquefois on l'oblige à monter en tige et à prendre une tête, chose assez difficile, par la grande propension qu'il a de pousser des rejetons de son pied. Lorsqu'il devient trop vieux sa base se dégarnit de branches et de feuilles, ce qui diminue ses agrémens et doit engager à le recéper, afin de lui faire pousser de nouvelles tiges qui fleurissent dès la seconde année. Il ne craint point la serpette, mais il faut cependant la lui ménager.

On multiplie le laurose par division des vieux pieds, par les drageons qu'il pousse abondamment, et par marcottes. Rarement il donne de bonnes graines dans le climat de Paris. Les marcottes se font avec le plus jeune bois, qui doit être fendu avant d'être mis en terre. Elles prennent racine dans l'année. C'est en automne, après la floraison, qu'on doit faire toutes les opérations de jardinage qui le concernent, c'est-à-dire renouveler la terre en tout ou en partie, diviser les pieds, lever les rejetons, faire ou lever les marcottes. Le jeune plant est mis de suite dans des pots proportionnés à sa grandeur et traité en tout comme les mères. Il donne des fleurs la seconde ou troisième année; mais comme c'est principalement la quantité qu'on désire, il ne devient propre à la représentation qu'à la cinquième ou sixième. Il vit très long-temps. Il y a des pieds dans l'orangerie de Versailles qui y existent depuis Louis XIV.

Le suc de cet arbrisseau est âcre et caustique. C'est un véritable poison pour l'homme et les animaux. On emploie cependant ses feuilles sèches et réduites en poudre comme sternutatoires. Son bois sert à brûler; et comme le charbon qu'il donne est très léger, on l'emploie, sur les côtes de Barbarie, à la fabrication de la poudre à canon.

Il y a une variété de laurier rose à fleurs blanches, mais elle produit bien moins d'effet que l'espèce.

On a regardé long-temps comme une autre de ses variétés une espèce qui vient de l'Inde et dont les fleurs sont odorantes. Cette espèce est plus délicate, plus sensible au froid, mais se cultive de même. Elle fournit également une variété à fleurs blanches, et de plus une variété à fleurs doubles roses et à fleurs doubles blanches. Cette dernière est encore fort rare et ne se trouve que chez Cels. (B.)

LAVANDE, *Lavendula*. Genre de plantes de la didynamie gymnospermie, et de la famille des labiées, qui renferme huit à dix espèces, dont quatre sont originaires des parties méridionales de l'Europe, mais dont une seule est assez rustique pour passer les hivers en pleine terre dans le climat de Paris. Toutes ont les feuilles opposées, les fleurs disposées en épis à l'extrémité des tiges ou des rameaux, et exhalent dans la chaleur, ou lorsqu'on les froisse, une odeur aromatique plus ou moins forte.

La LAVANDE COMMUNE est un petit arbrisseau d'un ou deux pieds de haut, dont les rameaux sont quadrangulaires; les feuilles sessiles, linéaires, obtuses, blanchâtres; les fleurs bleuâtres, presque verticillées et accompagnées de petites bractées. Il conserve ses feuilles toute l'année, et fleurit pendant une partie de l'été. On le trouve abondamment sur les collines sèches, dans les terrains incultes des parties méridionales de la France, et on le cultive fréquemment dans les jardins du climat de Paris et autres encore plus au nord. Ses sommités fleuries servent, en les faisant infuser dans de l'eau-de-vie et en les distillant, à faire cette liqueur d'une odeur suave qu'on appelle *eau-de-*

vie de lavande, et dont on fait un si grand usage dans les toilettes. Ces mêmes sommités passent en médecine pour cordiales, céphaliques, emménagogues, masticatoires, sternutatoires et carminatives.

Cette plante varie à fleurs blanches et à larges feuilles. Cette dernière variété est appelée *aspic*, *nard* ou *lavande* mâle. On en tire, par la distillation à feu nu, une huile essentielle qu'on appelle *huile d'aspic*, dont on fait assez fréquemment usage en médecine, dans les arts, et pour augmenter la puissance des appâts destinés à prendre les animaux carnassiers et les poissons d'eau douce. Le principe de son odeur n'est point fugace, car la plante desséchée la conserve long-temps ; aussi en place-t-on des rameaux dans les armoires, dans les garderobes, en fait-on des sachets odorans, etc. Enfin, elle peut être regardée comme éminemment utile et agréable sous plusieurs rapports.

Dans le midi, on se sert de la lavande, comme des autres arbustes, pour brûler. Dans le nord, on en fait des bordures, des palissades, des touffes assez agréables lorsqu'elle est en fleur et que la chaleur exalte son odeur. Elle souffre la tonte comme le buis, et on profite de cette faculté pour lui faire porter des fleurs plus long-temps en la rabaissant très court, avant que les premières soient entièrement passées. Il est dommage que sa couleur blanchâtre ne produise pas un bon effet ; car, sans cet inconvénient, elle seroit une plante d'ornement très précieuse. On la place aussi dans les jardins paysagers, en grosses touffes contre les fabriques, sur les rochers, dans l'intervalle des buissons exposés au midi, pour donner aux promeneurs le plaisir de froisser ses calices ou ses feuilles dans leurs mains, et de jouir de la bonne odeur qui en résulte.

Toute terre et toute exposition sont bonnes à la lavande. Elle est plus odorante dans celles qui sont sèches et chaudes, et d'une plus belle végétation dans celles qui sont grasses et fraîches. Elle vit peu dans ces dernières. En général, il est avantageux de la renouveler tous les trois ou quatre ans, afin d'avoir des touffes bien garnies et d'une végétation vigoureuse. On peut la multiplier de graines, mais comme ce moyen est long on l'emploie rarement : on préfère la voie des plants enracinés et des boutures, qui fournissent autant qu'on le désire. En effet, un vieux pied qui n'a pas une souche unique, et on doit éviter ce cas en plantant profondément, en donne autant de nouveaux qu'il avoit de branches enracinées, et chaque branche de deux ans qu'on met en terre au printemps, dans une plate-bande bien labourée et bien abritée, donnera l'année suivante un pied propre à être mis en place. On peut aussi la marcotter en automne, ou butter les vieux pieds de manière que la base de la plupart de leurs rameaux soit en terre.

Les trois autres espèces européennes de ce genre sont,

La LAVANDE STOÉCHADE, qui ressemble beaucoup à la première par ses tiges et par ses feuilles, mais dont les épis sont courts, carrés, imbriqués de larges bractées, ovales, aiguës, et terminés par un paquet de feuilles florales d'un pourpre bleuâtre.

La LAVANDE DENTÉE, qui a les feuilles linéaires, profondément crénelées; les fleurs d'un bleu rougeâtre, disposées en épis lâches, et terminées par un bouquet de feuilles florales.

La LAVANDE MULTIFIDE qui a les feuilles bipinnées, les fleurs bleuâtres et disposées en épis tétragones.

Ces trois espèces demandent l'orangerie dans le climat de Paris (B.)

LAVANDIÈRE. Nom vulgaire d'une espèce de bergeronnette qui aime à vivre sur le bord des eaux fréquentées par les hommes, qui semble accourir au bruit que font les blanchisseuses lorsqu'elles frappent le linge avec leur battoir. *Voy.* au mot BERGERONNETTE.

LAVATÈRE, *Lavatera*. Genre de plantes de la monadelphie polyandrie, et de la famille des malvacées, qui renferme une douzaine d'espèces, la plupart propres aux parties méridionales de l'Europe, et qu'on peut employer à la décoration des jardins.

La LAVATÈRE A FEUILLES POINTUES, *Lavatera olbia*, Lin., a une tige de quatre à cinq pieds, des feuilles alternes, pétiolées, anguleuses, velues, à trois ou cinq lobes, dont celui du milieu est pointu; des fleurs d'un pouce de diamètre, de couleur pourpre, et sessiles dans les aisselles des feuilles supérieures. Elle est vivace, croît naturellement sur les bords de la Méditerranée, reste verte toute l'année, et fleurit en automne. On la cultive dans quelques jardins de Paris, mais elle y passe très rarement l'hiver en pleine terre; c'est donc pour ce climat une plante d'orangerie. On la multiplie de graines, et plus communément de boutures, qui prennent racine en peu de temps.

La LAVATÈRE ARBORÉE n'en diffère pas beaucoup, et tout ce qui vient d'être dit lui convient.

La LAVATÈRE A GRANDES FLEURS, *Lavatera trimestris*, Lin., a des tiges hautes de deux à trois pieds; des feuilles pétiolées, cordiformes, dentées, lobées et glabres; des fleurs de près de deux pouces de diamètre, d'un rouge de diverses nuances, ou blanches ou panachées. Elle croît dans les mêmes pays que les précédentes, mais est annuelle, et ne craint pas par conséquent les hivers du climat de Paris; aussi l'y cultive-t-on fréquemment dans les parterres, où ses touffes font un très joli effet, sur-tout lorsqu'on a pu mélanger les couleurs de manière à les faire contraster. On sème ordinairement ses graines sur couches, et on en met le plant en place lorsqu'il a cinq à six pouces d'élévation. Elle demande une terre un peu substantielle. (B.)

LAVEMENT. Substance fluide qu'on injecte dans les intestins par le fondement, au moyen d'une seringue. Les lavemens sont simples ou composés, et leur dose doit être d'une pinte et demie ou deux pintes pour un bœuf ou un cheval. On compose ce remède suivant l'indication de la maladie, soit afin de tenir simplement le ventre libre, soit pour donner du ton aux intestins, soit pour calmer leur trop grande rigidité, causée par l'inflammation intérieure, etc. Les lavemens les plus simples sont toujours les plus efficaces, et l'on juge beaucoup mieux de leur manière d'agir.

Avant de donner un lavement aux bœufs et aux chevaux, il faut que le valet d'écurie frotte sa main et son bras avec de l'huile, qu'il insinue sa main dans le fondement de l'animal, qu'il en retire les excrémens qui y sont endurcis, qu'il recommence cette opération en enfonçant le bras aussi avant qu'il le pourra. Sans cette précaution préliminaire et indispensable, le remède ne produira aucun effet. Dès que l'animal aura reçu le lavement, on le fera trotter afin qu'il le garde plus long-temps, autrement il le rendroit tout de suite. Si l'animal est trop malade pour courir, on donnera deux lavemens de suite; le second, dès que le premier sera rendu, et même un troisième s'il ne garde pas assez long-temps le second.

Comme souvent dans les campagnes il n'est pas facile de se procurer une seringue proportionnée au volume de l'animal, voici le moyen d'en fabriquer une promptement et à peu de frais. Prenez un morceau de Roseau des jardins (voyez ce mot), ou un morceau de sureau dont vous ôterez la moelle, long de six à huit pouces; adaptez à une de ses extrémités une vessie, et fixez-la par plusieurs tours de corde. Elle formera une vaste poche dans les bas du tuyau. A l'extrémité supérieure du sureau, placez tout autour de la filasse ou bien du chanvre peigné, ou du coton, ou bien encore un morceau d'étoffe que vous assujettirez avec un fil, afin de former dans cet endroit une espèce de bourrelet qui empêchera que l'intestin ne soit blessé par l'introduction et le frottement du bois qui sert de canule. Le tout ainsi préparé, videz par le haut du tuyau la matière du lavement qui se précipitera dans la vessie; introduisez cette espèce de canule dans le fondement de l'animal; de la main gauche soutenez la vessie, et de la

droite pressez fortement de bas en haut cette vessie. La pression forcera l'eau à pénétrer dans l'intestin de l'animal.

Le lavement le plus commun est celui qui est fait avec l'eau
simple. Il suffit dans les constipations et les inflammations
légères. On peut suppléer à l'eau simple par la décoction de
mauve ou de pariétaire, ou de mercuriale, etc. Si la saison
empêche de cueillir ces plantes, ou si on ne les connoît pas,
on fera dissoudre dans l'eau un peu de gomme arabique
ou de cerisier, d'abricotier, de pêcher, etc., ou on fera
bouillir de la graine de lin. C'est en raison de leur mucilage
que ces substances agissent et rendent l'expulsion des excrémens plus facile. L'eau relâche l'intestin, et le mucilage
le tapisse. Prenez une once de graine de lin, ou demi-once de
gomme, ou une poignée des plantes indiquées, faites-les dissoudre dans l'eau chaude, ou faites-en une décoction, et vous
aurez un lavement adoucissant.

Si on désire qu'il calme davantage l'irritation des intestins,
il suffit d'ajouter un peu de vinaigre, jusqu'à ce que l'eau ac-
quière une agréable acidité. On ne peut trop recommander
ce remède, soit pour les hommes, soit pour les animaux, dans
toutes les maladies putrides et inflammatoires, et il peut suppléer tous les autres de ce genre.

L'eau de son en lavement est très rafraîchissante.

Les lavemens, même simplement composés d'eau, produisent de très bons effets dans les ardeurs et les rétentions d'u-
rine; leur action est encore plus marquée, si on y ajoute un
peu de vinaigre. On le répète, le vinaigre seul et uni à l'eau
d'une décoction mucilagineuse est de tous les remèdes de ce
genre celui que l'on doit préférer, soit pour rafraîchir,
soit pour s'opposer aux effets de la putridité et de l'inflammation.

Les maladies épizootiques qui se manifestent pendant l'été
sont toutes putrides ou inflammatoires, et souvent l'un est
l'effet de l'autre. Dans ces cas, donnez ces lavemens au nombre de cinq ou six par jour; continuez et ne diminuez ensuite
leur nombre qu'en raison de la diminution des symptômes
de la maladie; mais n'employez jamais les huileux; mettez à
leur place les décoctions des plantes mucilagineuses ou les
substances gommeuses. Dans plusieurs épizooties j'ai souvent
dû presque aux seuls lavemens la guérison des animaux.
On peut ajouter le miel en décoction, et supprimer les plantes mucilagineuses... Les graines de concombres, de courges,
de melons, les amandes pilées, en un mot leur émulsion
servent aux lavemens rafraîchissans et antiputrides. Mais
pourquoi recourir à toutes préparations longues, lorsque l'eau,
le vinaigre et le miel suffisent ? C'est qu'on croit augmenter

l'efficacité du remède par la multiplication et la préparation des drogues.

Toutes les plantes odoriférantes, comme le thym, le romarin, le serpolet, la lavande, la camomille romaine, etc., peuvent servir à la décoction du lavement. Si on veut le rendre purgatif, on y ajoutera du sucre rosat, ou une décoction de séné ou des sels neutres, ou même du sel de cuisine.

On appelle lavement *carminatif*, ou propre à expulser les vents, celui que l'on compose avec la décoction de camomille, de mélilot, de coriandre, d'anis, de baies de genièvres, etc., avec le miel commun. Ce lavement est tonique, et il fait rendre beaucoup de vents ; mais n'est-ce pas en augmentant encore leur nombre ? J'ai toujours vu que des lavemens émolliens diminuoient beaucoup l'irritation des intestins, et que l'air y étant moins raréfié par la chaleur, les vents sortoient sans peine. Il est très prudent de faire rarement usage de ces remèdes incendiaires. Il est des cas cependant où les lavemens actifs sont d'un grand secours. Par exemple, dans l'apoplexie d'humeur, alors prenez séné, coloquinte, de chacun une once ; ajoutez à la colature deux onces vin émétique trouble. Comme il est possible qu'on n'ait pas sous la main, et dans une circonstance où les momens sont précieux, les substances dont on vient de parler, on peut les suppléer par une décoction de deux onces de tabac, soit en feuilles sèches, soit en corde, soit en poudre, et encore mieux par un lavement de fumée de tabac.

Dans les fièvres, on donne des lavemens avec la décoction du quinquina. (R.)

LAVOIR. Architecture rurale. Espèce de bassin disposé sur un cours d'eau pour y placer commodément des laveuses de lessive.

Cet établissement, de peu d'apparence, est cependant très utile à la campagne, car le blanchissage du linge est l'une des occupations favorites de la mère de famille, et les lavoirs devroient y être beaucoup plus multipliés.

La construction d'un lavoir n'est ni coûteuse, ni compliquée, et il seroit à désirer que toutes les communes en eussent de publics. Il est vrai que, pour se procurer un lavoir, il faut un cours d'eau à sa disposition ; mais, au défaut d'eaux courantes, on pourroit souvent rencontrer des sources cachées que des *puits forés* (*voyez* le mot Puits) mettroient à découvert, et dont les eaux, alors jaillissantes, alimenteroient les lavoirs et fourniroient aux habitans une boisson aussi saine qu'agréable.

Nous distinguons deux espèces de lavoirs ; savoir, les lavoirs intérieurs ou *domestiques*, et les lavoirs extérieurs ou *publics;* mais cette distinction n'est due qu'à la différence des soins plus ou moins grands que l'on donne ordinairement à la construction de l'une ou de l'autre espèce.

§. 1. *Des lavoirs domestiques.* Dans une grande habitation rurale, le lavoir devroit être placé attenant à la BUANDERIE. *Voyez* ce mot. La surveillance des femmes de lessive y seroit plus directe, et le transport du linge plus commode ; mais cette position la plus avantageuse est absolument subordonnée à celle du cours d'eau disponible.

Lorsque les facultés du propriétaire le permettent, un lavoir de cette espèce est ordinairement composé, 1° d'un bassin de la forme la plus commode pour sa destination, et d'un diamètre ou développement suffisant pour y placer un nombre de laveuses déterminé par les besoins du ménage ; 2° d'une enceinte couverte, afin que les laveuses en place y soient à l'abri de la pluie ou de la grande ardeur du soleil ; 3° d'une petite vanne avec empellement destinée à maintenir l'eau dans le bassin à la hauteur convenable, lorsque la pelle est baissée, et lorsqu'elle est levée, à pouvoir tarir entièrement ce bassin, soit pour le curer, soit pour chercher les pièces de linge qui auroient pu s'y enfoncer ; 4° d'une longueur suffisante de chevalets, placés dans le pourtour de l'enceinte, sur lesquels on dépose le linge à mesure qu'il est lavé.

Pour assurer le jeu des eaux, il vaut mieux placer le bassin sur un canal de dérivation du cours d'eau que sur le cours d'eau même, parcequ'alors on peut, à volonté, en accepter ou en refuser les eaux, au moyen d'une vanne avec empellement établie à la naissance du canal de dérivation.

Ce bassin doit être entièrement revêtu en maçonnerie de chaux et ciment, ou construit en béton, si l'on craint des filtrations et des pertes d'eau à travers les terres environnantes. Dans le cas contraire, on peut se contenter d'une maçonnerie en pierres sèches, et de ne faire en bonne maçonnerie que la partie où la vanne se trouve placée.

Le couronnement de la maçonnerie du bassin doit être en pierres de taille dures, posées ou taillées dans l'inclinaison requise pour la facilité du lavage du linge ; au défaut de cette espèce de pierre de taille, on se sert de fort madriers de chêne solidement contenus dans la maçonnerie inférieure, et posés dans la même inclinaison.

L'enceinte du lavoir est close à l'extérieur, mais elle est à jour tout le long du bassin. La charpente de sa couverture est supportée d'un côté par la clôture extérieure, et de l'autre par des poteaux solidement encastrés dans la maçonnerie du bassin qui leur sert de supports, et contenus dans leur écartement par des entraits et des chapeaux formant en même temps *sablières*.

Le fond du bassin doit toujours être pavé, afin de pouvoir le nettoyer plus aisément et sans l'approfondir. Une profondeur d'eau d'un mètre est plus que suffisante dans le bassin pour l'usage du lavoir.

§. 2. *Des lavoirs publics.* Ces lavoirs se construisent de la même manière et avec les mêmes soins que les lavoirs domestiques; seulement leurs dimensions doivent être plus grandes, et proportionnées à la population des communes auxquelles ils sont destinés.

Ceux des villes peuvent également être entourés d'une enceinte fermée et couverte, et même être garnis intérieurement de chevalets, parceque généralement elles seront en état de faire cette dépense; mais les lavoirs des communes rurales doivent être bornés à la construction du bassin. Dans ces dernières communes, il sera très utile de faire précéder le lavoir public par un abreuvoir. (De Per.)

LEBAN. C'est le levain dans le département de Lot-et-Garonne.

LEBRETON. Nom d'une sorte de forme qu'on donne aux arbres fruitiers en Espalier ou en Contr'espaliers. *Voyez* ces mots. C'est la même chose que batardeau.

LÈDE, *Ledum.* Genre de plantes de la décandrie monogynie et de la famille des rhodoracées, qui renferme trois espèces qu'on cultive fréquemment dans les jardins à raison de leur agréable aspect quand elles sont en fleur. Ce sont des arbustes de deux ou trois pieds au plus, dont les feuilles sont alternes, persistantes; les fleurs disposées en corymbes terminaux, et qui demandent une terre légère et fraîche pour prospérer.

Le lède a feuilles étroites, *Ledum palustre*, Lin., a les feuilles linéaires, roulées en dehors sur leurs côtés et couvertes d'un duvet roux en dessous. Il croît dans les marais du nord de l'Europe. On emploie ses feuilles, qui exhalent, lorsqu'on les froisse, une odeur agréable assez forte pour remplacer le houblon dans la fabrication de la bière. Il se conserve fort difficilement dans nos jardins.

Le lède a feuilles larges a les feuilles semblables à celles du précédent, mais trois fois plus larges, et ses fleurs sont pentandres. Il est originaire du nord de l'Amérique, où on fait usage, sous le nom de *thé de labrador*, de l'infusion de ses feuilles qui passent pour stomachiques et pectorales, et qui ont une odeur aromatique fort agréable. J'ai fait usage à différentes reprises de cette infusion, et les suites ont toujours été une faim dévorante. On le cultive fréquemment dans les jardins, où il se conserve très bien, et se multiplie très facilement de rejetons et de marcottes qu'on fait au printemps, et qui peuvent être levées à la même époque l'année suivante. C'est le soleil et les sécheresses trop prolongées qui sont ses plus dangereux ennemis. Il faut en conséquence le placer toujours au nord et entre des arbustes plus élevés. Son aspect, lorsqu'il est en fleur, est beaucoup plus beau que celui du précédent.

Le LÈDE A FEUILLES DE THYM a les feuilles petites, ovales, planes, vertes et glabres. Il est originaire de la Caroline et ne se voit pas encore fréquemment dans les jardins d'Europe. Il diffère sensiblement des précédens et est moins agréable qu'eux lorsqu'il est en fleur. Les fortes gelées l'atteignent quelquefois. (B.)

LÉE. *Voyez* LIN.

LÉGÈRE (TERRE). C'est celle qui n'est pas liée, dont les parties se divisent facilement par les labours, et dans laquelle l'eau ne peut séjourner. Les terres légères sont généralement précoces et favorables à beaucoup de cultures, mais dans les années sèches elles sont de peu de produit.

Il est des terres qui sont légères parcequ'elles contiennent beaucoup d'HUMUS, d'autres parceque le SABLE, le GRAVIER, la CRAIE y surabondent. *Voyez* ces mots.

Une des terres les plus légères est celle qu'on appelle *terre de bruyère* et qui n'est composée que d'humus et de sable. C'est par cela seul qu'elle est la plus propre au semis des graines fines, et à la culture des arbres délicats, et ce, parceque la radicule de ces graines, les racines de ces arbres y pénètrent avec la plus grande facilité; mais elle a besoin d'arrosemens fréquens. *Voyez* BRUYÈRE. (B.)

LÉGUME. Le légume proprement dit est la graine des fleurs en papillon; tels sont les pois, les fèves, les haricots; d'où est venue la dénomination de *plantes légumineuses.* Ces graines sont renfermées entre deux battans ou cloisons, qui forment la gousse à laquelle les graines tiennent par un cordon ombilical. A Paris, et dans ses environs, on a généralisé l'idée attachée à ce mot *légume*, et on lui donne une extension sur toutes les plantes d'un potager; de sorte qu'un melon, un chou, un potiron, une asperge, sont appelés mal à propos *légumes;* ce qui fait une confusion dans les idées. Ce nom ne devroit être consacré qu'aux plantes LÉGUMINEUSES. *Voyez* ce mot. Il est inutile d'entrer ici dans de plus grands détails, parcequ'en parlant de chacune de ces plantes séparément on traite de leur culture et de la manière de les conserver. (B.)

LEGUMINEUSES. Famille de plantes d'un intérêt majeur pour l'agriculture, et dont le caractère consiste en un calice monophylle, une corolle polypétale, le plus souvent papilionacée, des étamines presque toujours au nombre de dix et diadelphe, un fruit (légume) tantôt uniloculaire, tantôt divisé transversalement en plusieurs loges.

Les plantes de cette famille sont arborescentes ou herbacées, souvent volubles. Leurs feuilles sont presque toujours alternes, tantôt simples, tantôt ternées, tantôt ailées avec ou sans impaire, et quelquefois pourvues de vrilles. Leurs espèces sont extrèmement nombreuses.

Parmi les genres qui la composent, les agriculteurs français sont plus particulièrement dans le cas de remarquer l'ACACIE (mimosa), le FÉVIER, le CHICOT, le CAROUBIER, le TAMARINIER, la CASSE, le CAMPÊCHE, le BRESILLET, le COURBARIL, l'AJONC, le SPARTION, le GENÊT, le CYTISE, le LUPIN, la BUGRANE, l'ARACHIDE, le TRÈFLE, le MÉLILOT, la LUZERNE, le FENUGREC, le LOTIER, le DOLIQUE, le HARICOT, l'AMORPHA, le ROBINIER, le CARAGAN, l'ASTRAGALE, le BAGNAUDIER, la RÉGLISSE, l'INDIGOTIER, la GESSE, le POIS, la VESCE, la FÈVE, la LENTILLE, le CHICHE, la CORONILLE et le SAINFOIN. *Voyez* tous ces mots.

C'est principalement par leurs graines et par leurs feuilles que les légumineuses sont si utiles à l'agriculture. Les premières fournissent une nourriture saine aux hommes et aux animaux, et les secondes le fourrage le plus abondant pour ces derniers. Aussi plus on en cultive et plus on a droit d'espérer des bénéfices assurés dans quelque nature de terrain que soit placée l'exploitation. (B.)

LENTICULE, *Lemna*. Genre de plantes qui renferme cinq à six espèces qui naissent et végètent sur la surface des eaux stagnantes, et qui sont connues sous le nom vulgaire de LENTILLE D'EAU. Elles sont composées ordinairement de deux ou trois feuilles, de la forme des lentilles, de consistance peu solide, de la jonction desquelles sort, en dessus, les parties de la fructification, et en dessous un faisceau de racines qui pendent dans l'eau.

La nature a destiné ces singulières plantes à purifier l'air des marais pour les rendre habitables aux animaux. Elles absorbent pendant le jour les principes délétères de cet air, et exhalent pendant la nuit des flots de gaz oxygène, le seul, comme on sait, propre à la respiration.

Il ne faut donc pas les enlever, pendant l'été et l'automne, de la surface de ces eaux; mais on le peut, sans inconvénient, au commencement de l'hiver, pour les apporter sur le fumier, dont elles augmentent la masse. Cependant, il faut l'avouer, la dépense de leur extraction est toujours plus considérable que le bénéfice qu'elles procurent, car elles fournissent bien peu de terre végétale par suite de leur décomposition.

On prétend, employées à l'extérieur, qu'elles dissolvent le sang caillé des contusions, adoucissent les douleurs des érysipèles, des hémorroïdes, des hernies, etc. Les canards et les carpes les mangent. (R.)

LENTILLE. Plante de la diadelphie décandrie et de la famille des légumineuses que Linnæus avoit placée parmi les ERS, *ervum*, que Wildenow et autres ont réunie au CHICHE, *cicer*, et qui est l'objet d'une importante culture, soit pour son fruit qui fait une excellente nourriture pour l'homme, soit pour sa fane que les animaux domestiques recherchent.

La vraie patrie de la lentille paroît être du quarantième au cinquantième degré de latitude, car elle craint également et les feux du midi et les glaces du nord. On la trouve en effet sauvage dans les champs et les vignes vers le quarante-cinquième degré. On en cultive fort peu en Angleterre et dans les plaines de la Flandre, mais beaucoup aux environs de Paris et dans le milieu de la France. Il n'est point avantageux, hors les environs des grandes villes et les lieux qui sont réputés pour en fournir de qualité supérieure, de leur consacrer des champs entiers; aussi est-ce principalement dans les vignes, au milieu des autres cultures qu'on en voit le plus. Souvent cependant on la sème sur les jachères pour doubler les produits du sol, ou pour remplacer les productions qui ont péri par l'effet des gelées de l'hiver, parceque parcourant avec rapidité les phases de sa végétation, il est toujours possible de faire les premiers labours après sa récolte, ou de lui substituer des raves, des navettes et autres cultures d'automne.

Une terre légère et sèche et une exposition chaude sont indispensables pour avoir des lentilles en abondance et de bonne nature. Dans les sols gras et humides la plante pousse en herbe et donne des graines pâteuses et sans goût. Là on ne doit en semer que pour fourrage; mais il y a rarement du bénéfice à le faire, parceque plusieurs autres plantes de la même famille tels que la vesce, les pois gris, la gesse, etc., en fournissent de beaucoup plus élevé et d'aussi bonne qualité. Dans quelques lieux on les sème avec le seigle en automne, ou l'avoine au printemps, pour les faucher en vert; et cette méthode n'est pas aussi à dédaigner qu'on s'est plu à le dire, parceque ces deux plantes mûrissent en même temps et se favorisent mutuellement lorsque la première ne fait en nombre de pieds que le quart de l'autre. Les avantages de ce mélange sont bien connus dans quelques parties de la ci-devant Picardie. *Voyez* MÉLANGE.

C'est donc dans les terres sablonneuses et de médiocre qualité qu'il convient de semer les lentilles aussitôt que les gelées ne sont plus à craindre, c'est-à-dire au commencement d'avril dans le climat de Paris. Un bon labour à la charrue, ou mieux, à la bêche ou à la houe, suffit, pourvu que les mottes soient exactement brisées. On les répand à la volée dans plusieurs endroits ; dans d'autres ou on en forme des trochées, ou on les place en rangées continues. Ces deux dernières méthodes sont de beaucoup préférables et s'emploient selon les localités. Ainsi dans une vieille vigne on les mettra en trochées pour garnir les espaces vides ; en plein champ on les mettra en rangées afin de ne pas perdre de terrain. Ces rangées seront écartées de douze à quinze pouces et même plus, pour donner plus d'air, faciliter les binages et par suite augmenter les produits. Dix-huit à vingt livres de graines suffisent pour ensemencer un arpent. Le premier binage se donne quand les pieds ont quatre à cinq pouces de haut, et le second quand ils sont entrés en fleurs. Souvent on se dispense de ce dernier. Il faut autant que possible choisir un temps un peu humide pour faire ces binages.

Dans beaucoup d'endroits on sème les lentilles sur des ados existans, comme ceux qui sont la suite d'une plantation de vigne, d'asperge, etc. Dans d'autres on fait des ados exprès, principalement dans les jardins en fond un peu humide. C'est une très bonne méthode, mais trop coûteuse pour être conseillée par-tout où on peut s'en dispenser.

Un printemps trop sec et trop chaud nuit beaucoup à la production des lentilles ; aussi souvent manquent-elles totalement, c'est-à-dire que leur récolte rend à peine la semence qu'on avoit employée. Des arrosemens peuvent seuls empêcher cet inconvénient. Mais rarement hors les jardins on peut les entreprendre sans craindre que leur dépense n'absorbe les profits qu'on attendoit de la récolte.

Il faut veiller à l'époque de la maturité des lentilles, car lorsqu'on les récolte trop tard on risque d'en perdre beaucoup par l'effet de l'élasticité des gousses et par suite des ravages des mulots, des pigeons et autres animaux qui sont très friands de leurs graines. On reconnoît cette époque, qui arrive ordinairement dans le climat de Paris à la fin de juillet, à la couleur grise ou roussâtre que prennent les gousses et à la chute des feuilles inférieures. Alors on arrache les pieds et on les étend, réunis en petites bottes pendant deux ou trois jours la tête en bas contre des murs, sur des haies, des échalas, etc., pour qu'ils complètent leur maturité et s'y dessèchent. Lorsqu'on les laisse sur terre, les graines prennent une teinte verdâtre et se rident par l'effet de l'humidité. Il est mieux de les apporter immédiatement à la maison pour les étendre et les vanner, que de les laisser dans les champs. Une dessiccation lente est toujours plus favorable à leur bonté et à leur beauté qu'une trop rapide.

J'ai eu occasion de voir une récolte importante ainsi abandonnée, être entièrement mangée par les pigeons, venus par milliers des cantons voisins.

Il est utile de ne battre les lentilles qu'à mesure du besoin ou de la vente, parcequ'elles se conservent mieux dans la gousse que séparées. Elles se battent avec le fléau. Leurs tiges se donnent aux vaches avec du foin, ou s'emploient en litière, ou servent à chauffer le four.

On distingue deux variétés principales de lentilles ; l'une, qui est large de trois lignes, s'appelle *grosse lentille*, *lentille blonde*. Les meilleures qu'on connoisse à Paris viennent de Gaillardon, près Rambouillet, dans des sables quartzeux, et aux environs du Puy dans des sables volcaniques. La plupart des communes sont apportées des environs de Soissons et proviennent de terres calcaires très légères. Elles offrent une sous-variété plus petite et un peu moins blonde. L'autre est la *lentille à la reine*, la *lentille rouge*, plus petite de moitié, plus bombée et plus colorée. On la regarde comme bien plus délicate.

Les lentilles présentent une ressource précieuse dans les pays qui leur conviennent. La nourriture qu'elles fournissent est substantielle, de facile digestion et d'une saveur agréable. On les mange en grain ou en purée, mais jamais en vert. On peut les faire entrer dans la composition du pain. Elles se conservent aussi long-temps qu'on veut, sinon aussi bonnes, au moins aussi nourrissantes, lorsqu'on les a fait passer au four ou à l'étuve, pour enlever la surabondance d'eau qu'elles contiennent et tuer les larves des bruches (*bruchus pisi*, Fab.) ou *mylabres à croix blanche*, Geoff. qui les dévorent. Aussi les fait-on généralement entrer dans les approvisionnemens des places de guerre et des vaisseaux.

Les Anglais, pour rendre la cuisson des lentilles plus facile, les privent de leur enveloppe coriace par une espèce de demi-mouture dans des moulins appropriés. Il seroit à désirer que cette méthode fût généralement adoptée en France, non seulement pour les lentilles, mais encore pour les pois, les haricots, les fèves, etc.

La culture de la lentille, quoique plus étendue en France que dans aucun autre pays, n'y est cependant pas assez générale. Il est des cantons qui y sont très propres et qui ne la connoissent pas. Je voudrois qu'elle y fût encouragée.

Il est trois autres espèces de lentilles, la LENTILLE ERVILLIÈRE, *vicia ervilia*, Wildenow ; la LENTILLE A QUATRE SEMENCES, *ervum tetraspermum*, Lin. ; et la LENTILLE HÉRISÉE, *ervum hirsutum*, Lin., qu'on voit fréquemment dans les champs cultivés, au milieu des moissons. Elles fournissent toutes trois une excellente nourriture pour les bestiaux et principalement pour les moutons. Quelques personnes ont proposé de la semer pour fourrage ; mais il est évident qu'il y auroit du désavantage à les préférer à la lentille ordinaire, puisqu'elles sont plus petites dans toutes leurs parties et que leurs graines sont inférieures pour le goût.

La lentille du Canada est la VESCE BLANCHE, *Viscia pisiformis*, Lin. Celle d'Espagne est la GESSE CULTIVÉE, *Lathyrus sativus*, Lin. *Voyez* ces deux mots. (B.)

LENTISQUE. Espèce de PISTACHIER. *Voyez* ce mot.

LEONURUS. *Voyez* PHLOMIDE.

LÈPRE. On a donné ce nom, dans le jardinage, à des croûtes blanches qui naissent sur les feuilles et les bourgeons des arbres fruitiers, sur-tout des pruniers, des abricotiers et des pêchers. Elles font tomber les feuilles avant le temps et nuisent par conséquent à la production du bois et du fruit pour l'année suivante. Quelques auteurs confondent la lèpre avec le BLANC, d'autres l'en distinguent. Il y a tout lieu de croire que cette maladie est produite, ainsi que le BLANC, par un champignon parasite des genres UREDO, ÉRYSIPHÉ ou autres voisins. *Voyez* ces trois mots. Je conseille donc, en conséquence, la soustraction des parties affectées, comme le seul moyen de se mettre pour l'avenir à l'abri des ravages de la lèpre.

C'est au milieu et à la fin de l'été que la lèpre se montre suivant M. de Villehervé, qui l'a suivie, mais qui manquoit de connoissances sur la nature de ces champignons ; connoissances que nous devons à Buliard, à Persoon et autres botanistes qui ont écrit après sa mort. (B.)

LEROT, *Myoxus nitela*. Quadrupède de la famille des loirs et de l'ordre des rongeurs que l'on confond avec le véritable loir, ou mieux, qu'on appelle généralement loir, quoique ce nom appartienne à une autre espèce. C'est lui, et presque exclusivement lui, qui dans les environs de Paris, par exemple, mange les fruits et cause par-là de si grands dommages dans les jardins. Il se retire, pendant le jour, dans les trous de mur, dans les arbres creux, sous des tas de pierres, et y transporte les noix, les noisettes, les pois et autres petits fruits. On le voit souvent le soir et le matin courir sur les branches des espaliers, grimper sur les arbres en plein vent, entamer tous les fruits à moitié mûrs qui se trouvent sur son passage, et ne se sauver dans son trou que lorsqu'il craint un danger éminent. Il se bat contre les chats et les chiens lorsqu'il est surpris par eux, et les oblige souvent de lâcher prise, par la douleur que leur causent ses morsures. C'est principalement aux pêches qu'il s'attache de préférence, et un seul de ces animaux suffit pour anéantir la récolte de l'espalier qui en est le mieux garni. Il faut donc ne négliger aucun moyen pour s'en débarrasser, c'est-à-dire tendre des pièges de toutes espèces amorcés avec de la viande, car il l'aime, et avec des fruits huileux, tels que des noix, noisettes, chenevis, etc., mettre dans les trous des alimens du même genre imprégnés de noix vomique ou d'arsenic, boucher leurs trous avec des pierres bien scellées, etc.

On peut reconnoître l'habitation d'un lérot à la mauvaise odeur qui en sort (odeur qui lui est propre et qui empêche les chats de le manger), et aux excrémens qui sont à l'entrée.

Cet animal s'accouple au printemps, met bas cinq à six petits à la fin de l'été, et passe l'hiver engourdi comme le loir. J'en ai plusieurs fois trouvé un grand nombre dans des greniers à foin, qu'on dégarnissoit pendant l'hiver, et dans des trous d'arbres qu'on avoit abattus. C'est à leur sortie de cet état de léthargie qu'il est bon de leur tendre des pièges, parceque la faim les tourmente. Une fois, à cette époque, j'en pris plus d'une douzaine en un jour, avec une souricière à bascule, à leur sortie d'un trou de mur où je savois qu'il y en avoit une bande.

Le lérot est d'un gris rougeâtre en dessus et blanchâtre en dessous. Une large bande noire passe au-dessus et au-dessous de ses yeux et se termine derrière l'oreille. Sa queue n'a de longs poils qu'à son extrémité. Ses pattes ont des poils blancs. Sa longueur est de quatre à cinq pouces dans son état de repos habituel, mais il peut s'étendre et se raccourcir à volonté. (B.)

LESQUE. Dans le Médoc ce sont des terres abandonnées ou sans culture.

LESSIVE. On appelle LESSIVE l'opération par laquelle on blanchit le linge de ménage, et BUANDERIE le lieu dans lequel s'exécutent les principales opérations de la lessive.

Dans les campagnes chaque ménage fait sa lessive.

Dans les villes cette opération forme un métier ou une profession qu'exercent des gens de la campagne placés sur un cours d'eau.

Le but qu'on se propose dans la lessive ou blanchissage du linge, c'est de le nettoyer de toutes les matières qui le salissent; ces matières sont celles qui s'exhalent du corps par la transpiration et la sueur; celles qui coulent du nez et autres voies excrétoires; celles qui se déposent sur les vêtemens par les boues, la poussière, etc.; celles qui, dans nos repas ou dans nos cuisines, s'attachent au linge qu'on y emploie, telles

que le suif, la graisse, l'huile, la cire, etc. ; celles qui sont
fournies par les sucs des végétaux, le vin, l'encre, le café et
les métaux, sur-tout le fer.

Plusieurs de ces substances n'exigent qu'un simple lavage
pour abandonner le linge qu'elles salissent ; de ce nombre
sont la plupart des humeurs qui découlent du corps humain,
et la boue, lorsqu'elle n'est pas ferrugineuse. D'autres exigent l'action des alkalis avec lesquels elles forment un savon
que l'eau peut dissoudre et entraîner ; telles sont les graisses,
les huiles, la cire.

D'autres enfin, inattaquables par l'eau et les alkalis, demandent l'emploi de quelques autres agens chimiques que
nous ferons connoître par la suite.

L'eau et les alkalis sont les substances qu'on emploie
généralement. On se sert aussi du savon, parceque ce composé d'huile et d'alkali peut dissoudre et entraîner les matières huileuses et graisseuses, et que d'ailleurs il est moins
caustique que l'alkali pur.

C'est l'emploi de l'alkali pur, ou celui des cendres, qui a
fait donner le nom de lessive à l'opération du blanchissage.

Mais toutes les étoffes ne peuvent pas supporter l'action des
alkalis ; ils dissoudroient celles de laine et de soie ; ils ne
peuvent servir que pour les tissus de lin, de chanvre et de
coton.

On ne peut pas non plus traiter par la lessive les étoffes
teintes en faux teint ; les alkalis et le savon détruisent la plupart de ces couleurs, et il n'y a que les couleurs fixes qui y
résistent, telles que celles qui sont portées sur les tissus de lin
ou de coton, le bleu, le rouge et ses nuances.

Avant de faire connoître le procédé par lequel on fait la
lessive, je crois convenable de dire un mot sur la manière
préjudiciable dont on soigne le linge à mesure qu'il est sali.

Lorsque le linge a servi pendant quelque temps dans nos
cuisines et sur nos tables, ou qu'il a été sali sur le corps, on
le destine à la lessive et on le met à part. Ce linge est imprégné d'eau, de graisse, d'huile et de sueur ; il est mou et humide, et on le dépose en tas, le plus souvent sur des pavés, dans
des lieux peu aérés, souvent chauds et humides ; il n'en faut
pas davantage pour déterminer un commencement de fermentation qui en relâche le tissu et le dispose à se pourrir.
Cette négligence dans la conservation du linge lui porte plus
de préjudice que le service de plusieurs années. On peut remédier à cet inconvénient en tenant le linge sale dans un endroit
bien sec et très aéré. On remplira ce but en pratiquant dans
chaque maison, et dans la partie la plus élevée, un lieu de
dépôt pour le linge sale. C'est là qu'on le portera à mesure

qu'il aura servi; on l'étendra sur des cordes ou sur des perches jusqu'à ce qu'il y en ait une quantité suffisante pour faire une lessive; on exposera même dans une étuve ou au soleil toutes les pièces qui pourront être imprégnées d'une trop grande humidité pour qu'on puisse espérer de les sécher promptement à l'étendage commun. Je suis persuadé que si on adoptoit cette méthode on économiseroit l'achat d'une très grande quantité de linge, en prolongeant la durée de celui qui existe dans une maison. Je ne saurois trop insister sur cet objet, attendu que le renouvellement du linge est une des dépenses les plus considérables d'un ménage.

Nous allons décrire à présent la manière dont on procède au blanchissage dans les buanderies; nous nous occuperons des moyens de perfectionner le procédé, et nous terminerons cet article par proposer des méthodes économiques pour la lessive des ménages.

On peut réduire à quatre opérations principales tout ce qui se pratique dans un atelier de buanderie.

L'échangeage,

Le coulage,

Le retirage,

Et le savonnage.

Dès que le linge est transporté à la buanderie on l'échange à l'eau, c'est-à-dire qu'on le met dans de grands cuviers remplis d'eau, où on l'agite et le frotte avec soin pour l'imprégner exactement de ce liquide, et en détacher tout ce que l'eau peut en extraire. L'échange se fait souvent, sur-tout pendant l'été, dans les lieux voisins d'une eau courante, dans la rivière ou à la fontaine.

Il arrive souvent que le linge a des taches que l'eau ne peut pas enlever; dans ce cas, on échange au savon. On soumet encore à cette opération les parties de linge qui sont plus sales que les autres, tels que les cols et poignets des chemises. L'échangeage au savon exige une eau douce, celle des puits est rarement propre à cet usage; il faut une eau qui dissolve le savon sans grumeaux, sans cela l'opération est de nul effet. On emploie ordinairement cinq à six livres de savon pour une lessive du poids de cinq cents livres.

Lorsque le linge a été bien travaillé à la main dans cette première opération, on le retire de l'eau pièce à pièce, on le rince avec soin, on l'exprime, on le tord et on le porte dans le cuvier où se fait le *coulage*.

L'arrangement du linge dans le cuvier du coulage demande du temps et des soins: on développe les diverses pièces de linge pour les arranger par couches et une à une dans le cuvier; on place le linge fin au fond et le gros au-dessus; on recouvre le tout d'une grosse toile, sur laquelle on fait une couche de cendres provenant de bois neuf ou non flotté, après les avoir tamisées pour en extraire les charbons, le bois mal brûlé et autres corps étrangers, qui non seulement ne donneroient aucune vertu à la lessive, mais qui pourroient fournir des principes colorans qui s'attacheroient au linge. On emploie de dix à vingt-cinq boisseaux de cendres sur cinq cents livres pesant de linge, selon leur bonté, leur qualité, ou la quantité d'alkali qu'elles contiennent.

Cela fait, on coule quelquefois à froid, c'est-à-dire qu'on arrose les cendres avec de l'eau froide; la lessive pénètre peu à peu le linge dans toute l'épaisseur de la couche, et s'échappe ensuite du cuvier par la bonde placée au fond sur le côté. Cette lessive est reportée avec soin et sans interruption sur la couche de cendres : on continue cette manœuvre pendant un jour; puis on lessive à chaud pendant quinze à dix-huit heures.

Mais le plus souvent on coule la lessive à chaud ; et, à cet effet, on commence par faire chauffer l'eau dans la chaudière avant de la verser sur les cendres ; et, à mesure qu'elle s'écoule par le bas, elle se rend dans la chaudière sous laquelle on entretient toujours du feu; on la reporte sans interruption sur la cendre, et on procède sans interruption pendant vingt-quatre heures. Mais comme la cendre seule ne remplit qu'une partie du but qu'on se propose d'atteindre, qui est de nettoyer complètement le linge, on y supplée par une quantité plus ou moins considérable de soude ou de potasse, selon l'*alkalinité* ou le degré de force des cendres. On fait dissoudre ces sels dans la chaudière pour en porter la dissolution sur le cuvier, où on les mêle avec la cendre après les avoir convenablement broyés. On les emploie dans la proportion d'une à deux livres par cent pesant de linge. Il y a des personnes qui, pour rendre leur lessive plus caustique et obtenir plus de force d'une quantité déterminée de soude, de potasse ou de cendres, y mêlent de la chaux vive : cette méthode est condamnable, en ce qu'elle tend à détruire le linge. La chaux vive doit être sévèrement proscrite.

Comme le savon et la soude sont des objets très chers, on a cherché à les remplacer par d'autres substances : les argiles blanches et savonneuses ont été employées à cet effet. On se sert presque généralement en Angleterre de la fiente de cochon qui est imprégnée d'un vrai savon de soude provenant du foie de l'animal : mais le linge qu'on savonne avec cette matière conserve une légère odeur de graisse dont il est difficile de le priver.

Après le coulage, on procède au *retirage*, c'est-à-dire qu'on enlève le linge du cuvier pour le porter à la rivière. Le retirage doit se faire peu à peu et à fur et mesure des besoins qu'en a la buandière ; le linge se maintient chaud dans le cuvier ; et lorsque le temps ou le manque de bras ne permettent pas de le laver avant qu'il soit refroidi, on a l'attention d'y entretenir la chaleur en y versant dessus de l'eau chaude.

A mesure qu'on retire le linge du cuvier, on le travaille avec soin dans une eau propre et courante ; on le dépouille de toute sa lessive, et par conséquent de toutes les impuretés qu'elle a dissoutes : alors le linge a acquis ce qu'on appelle *le blanc de lessive*. Il ne s'agit plus que de le bien exprimer et de le faire sécher.

Mais trop souvent la lessive n'a pas enlevé toutes les taches, et la partie de linge qui en reste salie a besoin d'une autre opération, qu'on appelle *savonnage*. A cet effet, on couvre la tache d'un peu de savon, on la trempe dans l'eau, on frotte avec les deux mains et on manœuvre jusqu'à ce que la tache ait disparu.

Dans ces diverses opérations, on a recours fort souvent, et constamment dans certains lieux, à l'usage des battoirs et des brosses : nul doute qu'on accélère l'opération, mais c'est toujours au détriment du linge ; ces instrumens devroient être bannis de toutes les buanderies.

Le linge ainsi blanchi n'a besoin que d'être séché. Mais comme il importe que cette opération soit prompte, pour que l'humidité ne le détériore pas, et comme d'ailleurs on ne peut pas répondre d'un temps long-temps favorable, on doit l'exprimer avec soin, afin d'enlever, par cet effort mécanique, le plus d'eau possible et de laisser le moins à faire à l'air. C'est dans ces vues qu'on a introduit dans quelques établissemens l'usage des presses et celui des étuves ; il faut convenir que dans les grandes buanderies il y a de l'avantage à réunir ces deux moyens.

Un point bien important et qu'on néglige trop dans les buanderies, c'est de sécher le linge aussi parfaitement qu'il est possible : car, lorsqu'on le rend humide du blanchissage, ce qui n'arrive que trop souvent, il porte avec lui un germe de destruction dont il est difficile d'apprécier tous les progrès. Si, dans cet état d'humidité, on l'enferme, selon l'usage, dans des armoires souvent humides, et où l'air ne se renouvelle jamais, il ne tarde pas à fermenter et à exhaler une odeur de *pourri* qui annonce sa destruction. Une ménagère sage et prévoyante qui reçoit du linge dans cet état doit le déplier, l'exposer au grand air et ne l'enfermer que lorsque le toucher lui prouve qu'il n'y reste plus aucune trace d'humidité.

J'avois toujours pensé qu'il étoit possible de rendre l'opération du blanchissage du linge de ménage plus simple et plus économique que celle qu'on pratique généralement partout : j'ai cru qu'on pouvoit parvenir à diminuer d'abord la quantité de sel alkali en l'appliquant plus convenablement dans l'opération de la lessive du linge, et que, par suite, cette partie importante du blanchissage exigeroit moins de temps et seroit moins pénible que le coulage ordinaire tel qu'on le pratique : mon opinion à cet égard étoit établie, 1° sur ce que l'alkali des cendres ou de la soude n'agit et ne se combine bien efficacement avec les graisses, les huiles, etc., qu'autant que son action est favorisée par la chaleur et par un contact prolongé entre les deux substances ; 2° sur ce que cet alkali, quoique versé pendant vingt-quatre heures sur le linge à travers lequel il ne fait que passer, ne se sature pas sensiblement, et que par conséquent la totalité n'est pas mise à profit.

En conséquence, j'ai imprégné des linges sales d'une foible lessive d'alkali, je les ai arrangés dans une petite cuve de bois percée à son fond d'une foule de petits trous, garnie sur les côtés et dans le fond d'un grillage en bois à mailles étroites, de manière qu'il y eût un léger intervalle entre les parois et le grillage. La cuve s'enchâssoit par les bords inférieurs dans une chaudière d'alambic, de manière qu'elle en recouvroit bien exactement tout l'orifice : la cuve étoit fermée d'un couvercle à sa partie supérieure ; le couvercle étoit percé lui-même d'une petite ouverture pour donner une foible issue aux vapeurs. Trois tuyaux, plantés perpendiculairement dans la cuve, établissoient encore une communication entre la chaudière et la partie supérieure de la cuve, en même temps qu'ils distribuoient la chaleur dans la masse du linge.

L'appareil ainsi disposé, on a versé de la lessive un peu plus forte dans la chaudière, par une douille pratiquée au renflement supérieur ; après quoi on a mis le feu au fourneau sur lequel la chaudière étoit montée. La chaleur ne tarda pas à se communiquer à toute la masse du linge ; elle fut portée jusqu'à quatre-vingts degrés du thermomètre de Réaumur ; et, après six heures de chaleur, je démontai l'appareil, fis laver soigneusement le linge qui se trouva très blanc, et conserva une odeur de lessive fort agréable. (*Voyez*, pour l'appareil, *pl.* 2°, *fig.* 1.)

D'après ce résultat, obtenu plusieurs fois de suite, je me décidai à tenter l'expérience en grand. M. Bawens m'offrit un local dans sa belle fabrique des *Bons-Hommes*, où il construisit un appareil solide dans lequel nous fîmes l'essai sur deux cents paires de draps pris à l'Hôtel-Dieu de Paris parmi les plus sales. La cuve fut construite en pierres de taille, et séparée de la chaudière à l'aide d'une grille de bois qui reposoit sur les

Pl. 2. Tome 7. Page 578.

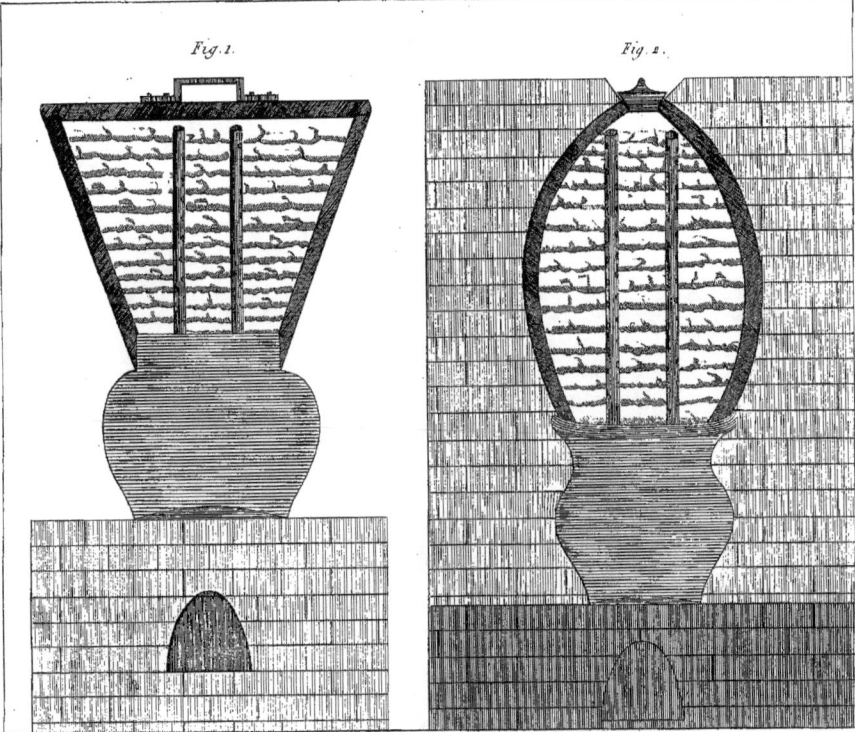

Fig. 1.

Fig. 2.

Lessive.

parois de cette dernière. Elle étoit ovale ; l'ouverture supérieure avoit douze pouces de diamètre, et étoit fermée, pendant l'opération, avec une pierre qui s'y adaptoit assez exactement pour ne laisser sortir qu'une partie des vapeurs. (*Voyez* pl. 2ᵉ, *fig.* 2.)

Le 27 pluviôse an 9 (1801) nous fîmes trois lessives dans cet appareil.

1° Nous imprégnâmes cent trente draps d'une lessive alkaline contenant deux centièmes de soude ; on les porta humides dans la machine à vapeur, où on les chauffa pendant six heures. On les arrosa d'une nouvelle quantité de lessive bouillante, sans les déplacer, après quoi on leur donna encore six heures de vapeurs. On les a traités de la même manière une troisième fois. Cela fait, on les a lavés avec soin à la rivière, en employant au savonnage une très petite quantité de savon.

Tout le monde est convenu que par les procédés ordinaires on ne parvenoit jamais à donner un aussi beau blanc ni une odeur aussi agréable de lessive.

Le tissu n'a pas été du tout altéré.

2° On a traité de la même manière un nombre égal de draps, en formant la lessive avec six livres de soude et cinq livres de savon. Les résultats ont paru plus avantageux, et le lavage plus facile.

3° On a ajouté à la seconde lessive un peu de lessive neuve et plus forte : cent quarante draps y ont été traités comme les précédens. Le résultat a été le même.

M. Bawens a comparé la dépense occasionnée par ce procédé avec celle qu'on fait par la méthode ordinaire, et il a été prouvé qu'elle étoit à cette dernière dans le rapport de sept à dix. Il y a donc économie d'environ un tiers.

L'opération se termine aisément en deux jours, tandis que par la méthode ordinaire il en faut au moins quatre.

La lessive pénètre infiniment mieux dans tout le corps du tissu ; elle y détruit tous les miasmes dont le linge, sur-tout celui d'hôpital, reste imprégné lorsqu'elle ne fait qu'effleurer la surface, comme dans le coulage.

Les médecins, les sœurs hospitalières et les infirmiers de l'Hôtel-Dieu ont unanimement déclaré qu'ils n'avoient jamais obtenu un lavage aussi parfait, et qu'aucun des draps n'avoit souffert dans l'opération.

Je me suis borné à consigner tous ces résultats dans le trente-huitième volume des Annales de Chimie, pag. 291.

Peu de temps après, M. Widmer fit l'application de cette méthode au lessivage des toiles destinées à l'impression ; il y ajouta les perfectionnemens qu'on devoit attendre d'un homme aussi éclairé dans les arts (1). Il plaça dans le centre même de l'appareil un petit corps de pompe qui, sans communiquer avec l'air extérieur, élevoit la lessive bouillante jusqu'au sommet, et, par un mécanisme ingénieux, la versoit successivement sur chaque partie de la surface que présente le tas de toiles amoncelées dans la cuve à vapeurs, de sorte que toute la masse en étoit également imprégnée. Par ce moyen la lessive bouillante filtroit continuellement à travers la couche de toiles; et à mesure qu'elle couloit dans la chaudière, elle y étoit reprise par la pompe et reportée à la surface.

On sent combien cette méthode de lessivage est supérieure à tout ce qui a été pratiqué jusqu'à ce jour, et avec quel avantage on peut l'introduire dans les grandes buanderies.

Quelques années après j'invitai M. Cadet-de-Vaux, dont le zèle se dirige si constamment vers les objets utiles, à s'occuper de cet objet et à en faire une opération de ménage. Il s'y livra avec ardeur, se réunit à M. Curaudau, et ce concours de travaux et de lumières fut couronné des plus heureux succès. M. Cadet-de-Vaux ne tarda pas à les publier. Dans son ouvrage, imprimé en 1805 sous le titre d'Instruction populaire sur le blanchissage domestique à la vapeur, il compare l'ancienne et la nouvelle méthode, et prouve que, sur une lessive de cinq cents livres de poids, il y a près des deux tiers de bénéfice, indépendamment de l'économie du temps, de la facilité de l'opération, et de la supériorité du blanchissage.

On croiroit sans doute que des expériences aussi authentiques ne pouvoient que déterminer l'adoption de la nouvelle méthode de blanchissage; mais la résistance de l'habitude est telle, qu'elle rend aveugle sur ses propres intérêts; et c'est le cas de dire:

Video meliora, proboque, et deteriora sequor.

M. Curaudau a cru devoir employer un autre moyen pour vaincre les préjugés : il a fait construire chez lui un appareil de blanchissage à la vapeur, et il y a appelé toutes les personnes qui vouloient voir par elles-mêmes. Ce moyen de conviction a produit plus d'effet que les précédens : on a vu bientôt se former dans quelques hospices des établissemens du nouveau genre, dans lesquels on a obtenu des résultats aussi heureux que ceux qu'on avoit annoncés.

Il n'y a pas de doute que le blanchissage à la vapeur s'établira généralement; mais il faut du temps et de la patience, parcequ'il est très difficile de détruire une erreur accréditée.

_____

(1) M. Widmer, neveu du célèbre M. Oberkamp, dirige avec un grand succès, depuis plusieurs années, la fameuse manufacture des toiles peintes de Jouy, dans laquelle il est associé à son oncle.

Pour accélérer la jouissance du bienfait que promet l'adoption du blanchissage à la vapeur, nous donnerons quelques détails sur les principales opérations qu'il exige.

1° On échange le linge à l'eau ordinaire ; on le laisse bien tremper ; on le frotte à la main, sur-tout les pièces et les parties qui sont les plus sales ; on le laisse macérer dans l'eau pendant quelques heures, après quoi on le rince dans une nouvelle eau, et de préférence dans une eau courante, pour enlever et entraîner de suite tout ce que l'eau et le frottement ont pu dissoudre et détacher. Dès que le linge est bien lavé, on l'exprime avec soin.

2° Le linge exprimé et bien égoutté est placé dans un cuvier où on l'étend pièce à pièce : là on l'imprègne à mesure d'une eau de lessive dont nous allons donner la composition ; on frotte à la main avec cette lessive les parties les plus sales.

On forme la lessive de douze livres sel de soude, d'une livre savon et de cinquante pintes eau douce (en supposant qu'on opère sur cinq cents pesant de linge). Pour éviter que la dissolution de savon et de soude ne se caillebotte, on dissout le savon dans cinq pintes d'eau tiède ; on y ajoute, peu à peu et en agitant, dix pintes de la dissolution de sel de soude ; on y verse ensuite le reste.

La dissolution marque 10 degrés à l'aréomètre des sels ; et lorsqu'on l'a mêlée avec l'eau qui reste dans le linge qu'on en imprègne, le mélange ne marque plus que 2 degrés.

On peut remplacer la soude par la potasse ou par une lessive de cendres : dans ce dernier cas, on met de la cendre dans un cuvier dont on a garni le fond d'une couche de paille ; on verse de l'eau sur les cendres jusqu'à ce que le liquide recouvre les cendres ; on laisse reposer pendant cinq à six heures, après quoi on ouvre la douille adaptée au bas du cuvier pour faire couler la lessive : si elle marque dix degrés ou plus, on la conserve pour l'usage ; si elle marque moins, on la fait tiédir et on la reverse sur la cendre jusqu'à ce qu'elle ait acquis le degré convenable ; lorsque la lessive est trop forte, on la ramène à dix degrés en y mêlant de l'eau ou de la lessive foible. On coule de la lessive foible et chaude à travers les cendres jusqu'à ce qu'elles soient épuisées de tout le sel qu'elles contiennent.

3° Lorsque le linge est bien imbibé de lessive, on le laisse reposer dans le cuvier pendant toute la nuit.

4° On porte alors le linge imprégné de lessive dans la cuve à vapeur ; on place le linge gros par dessous et le fin par dessus ; on ferme le couvercle et on allume le feu sous la chaudière dans laquelle un tiers, à peu près, de la lessive a coulé ; cette lessive ne tarde pas à bouillir, les vapeurs s'élèvent dans la cuve, la masse de linge s'échauffe peu à peu ; et, au bout de

37.

quatre à six heures, selon la quantité et la nature du linge, on arrête le feu.

5° On porte le linge à la rivière ; on le lave avec soin en le frottant et l'exprimant entre les mains ; on le rince ensuite à grande eau ; on l'exprime, on l'égoutte et on le fait sécher.

Il est rare qu'on soit forcé de recourir au savon pour enlever des taches qui aient résisté à la lessive.

Il y a seize ans que, sur l'invitation du comité de salut public, dans ces temps malheureux où le savon étoit devenu aussi rare que cher, je fis quelques recherches sur les moyens de suppléer à ce produit de nos fabriques du midi. Je proposai alors de faire dans chaque ménage une lessive savonneuse aussi facile qu'économique. Le procédé consiste à mêler un peu de chaux vive avec la cendre de nos foyers (une livre chaux sur cinquante cendres) ; à lessiver ce mélange par les procédés ordinaires, et à combiner avec cette dissolution un peu d'huile d'olive de la seconde qualité, connue dans le commerce sous le nom d'*huile de fabrique* : on prend à cet effet de la lessive à deux degrés ; on y mêle l'huile dans la proportion d'un vingt-cinquième du volume ; il en résulte une eau blanche et savonneuse qu'on agite pendant quelque temps ; c'est cette eau dont on se sert pour savonner le linge ; elle produit les meilleurs effets ; et, en l'employant pour des lessives de ménage, on obtiendra une grande économie comparativement au savon et à la soude.

On peut former ce savon avec la soude ordinaire, si l'on veut éviter le lessivage des cendres.

Mais, indépendamment des taches que la lessive peut enlever, il en est d'autres sur lesquelles elle n'a aucune action ; telles sont celles de rouille, d'encre, de boue de ruisseau, de fruits, de cambouis, etc.

Il faut néanmoins que le buandier connoisse les moyens de les faire disparoître ; il faut même qu'il recherche et enlève ces taches avant de lessiver le linge ; car l'alkali, l'eau et le savon rendroient cette opération bien plus difficile après le lessivage qu'elle ne l'est lorsque le linge n'a pas été encore mouillé.

Pour donner une instruction sur ce sujet aussi simple que sûre, nous distinguerons les taches du linge en trois classes : la première comprendra les taches de rouille ou de fer ; la seconde celles de fruits ; la troisième celles de quelques corps gras, tels que les résines et préparations de peinture.

Le fer porté sur le linge peut s'y trouver à divers degrés d'oxidation : il peut former des taches noires, jaunes ou rougeâtres. Chacun de ces états exige des procédés particuliers.

Lorsque le fer forme des taches noires, on peut les enlever avec un acide quelconque foible ; mais dans ce cas je préfère l'acide sulfureux ou la crème de tartre, comme les moins coûteux et les moins dangereux. Si l'on emploie l'acide sulfureux, on humecte la tache avec l'eau, et on l'expose à la vapeur du soufre en combustion. Si l'on veut employer la crème de tartre, on la réduit en poudre pour en recouvrir la tache, on l'humecte avec l'eau, on la laisse agir quelque temps, après quoi on frotte avec le plus grand soin. On peut aussi se servir avec avantage du sel d'oseille qu'on traite comme la crème de tartre. On emploie encore à cet usage le jus de citron. Les taches d'encre peuvent être enlevées par tous ces agents.

Lorsque le fer est plus oxidé et qu'il forme des taches jaunes, le plus sûr, le plus actif de tous les agens est l'acide oxalique qu'on emploie comme la crème de tartre ou le sel d'oseille.

M. Giobert, de Turin, a proposé de faire rétrograder l'oxidation du fer dans les taches jaunes ou rouges, en les recouvrant d'un peu de graisse fondue qu'on tient pendant quelque temps à l'état liquide à l'aide d'une légère chaleur ; il observe qu'après cette opération on peut enlever ces taches avec un acide très affoibli.

Mais si l'on a à combattre des taches de fruits, il faut recourir à d'autres moyens.

Lorsqu'elles sont récentes, il suffit du lavage de l'eau pour les faire disparoître.

Mais lorsqu'elles ont vieilli sur le linge, on a recours à d'autres procédés, et l'on emploie ou l'acide sulfureux, d'après la méthode que nous venons de décrire, ou l'acide muriatique oxygéné ; ce dernier est plus puissant que le premier, mais il est difficile de le conserver sans qu'il perde de sa force ; il exhale en outre une odeur insupportable ; c'est pour obvier à ces deux inconvéniens qu'on le combine avec un peu de potasse, et, dans cet état, il est connu à Paris sous le nom de *lessive de javelle*, ou *eau de javelle*. Cet acide a la propriété d'enlever toutes les taches de fruits et de faire disparoître aussi celles d'encre.

Lorsque les taches sont formées par des résines ou des vernis, on se sert avec avantage de l'esprit-de-vin, de l'eau de la reine de Hongrie, de l'eau de lavande ou de quelques essences dont l'huile essentielle de térébenthine fait la base.

Souvent on est obligé de ramollir la tache avec un fer chaud pour faciliter l'action de ces dissolvans. On emploie même alternativement, pour plus de succès, les essences et l'esprit-de-vin. (Chap.)

Presque par-tout on jette devant la porte les eaux de lessive et les eaux de lavage, et cependant elles contiennent un véritable savon; elles sont en même temps et un des plus puissans ENGRAIS, et un des plus actifs AMENDEMENS pour les terres abondantes en HUMUS. Leur seul inconvénient est leur trop d'énergie qui oblige d'en mettre très peu à la fois ou de l'étendre dans une grande quantité d'eau, sans quoi elles brûleroient les plantes sur lesquelles on les répandroit, rendroient infertiles pendant plus ou moins long-temps la terre qu'on en imbiberoit. Elles agissent comme engrais à raison de l'huile ou de la graisse qu'elles tiennent en dissolution, et comme amendement à raison de la soude ou de la potasse qui opère cette dissolution. On peut les comparer aux eaux de fumier jointes à la chaux; mais ces dernières, reconnues si fécondantes, ne les valent pas à beaucoup près. Je voudrois donc que les cultivateurs ne perdent pas une goutte de leurs eaux de lessive et de leurs eaux de lavage, qu'ils les répandent en hiver, aussitôt qu'elles ne peuvent plus servir, sur des portions de terres non ensemencées en les dispersant le plus possible, et qu'ils les réunissent à leurs eaux de fumier lorsqu'ils n'auront pas de terres libres à leur proximité.

C'est principalement aux environs de Paris que la perte des eaux de lessive et de lavage paroît plus regrettable, parceque là elles se trouvent en masse, que même dans certains villages, comme Boulogne, Neuilly, Grenelle, etc.; elles infectent l'air faute d'écoulement et causent annuellement des maladies graves. Il est remarquable qu'il ne se soit pas encore présenté de cultivateurs pour enlever ces eaux à mesure de leur formation. Je fais des vœux pour qu'ils ouvrent les yeux sur cet objet. Si on craignoit l'embarras du transport dans des tonneaux, il ne s'agiroit que de jeter quelques brouettées de terre dans les trous où on les rassemble aujourd'hui, chaque fois qu'on y feroit couler de la nouvelle eau. Un tombereau de cette terre équivaudroit à deux ou trois voitures de fumier pour certaines natures de terre, celles des environs de Versailles, par exemple; les terres des communes que je viens de citer sont trop sèches et trop peu abondantes en humus pour que ces eaux puissent y être employées avec avantage. Ce sont des fumiers très gras, des fumiers de vache principalement qu'il leur faut. (B.)

LESSIVE POUR LES ARBRES. On a donné ce nom à de la véritable lessive, ou, ce qui est la même chose, à une dissolution de soude ou de potasse, ou de savon, dans l'eau, toutes choses qu'on peut employer avec succès, soit seringuées en forme de pluie, soit appliquées avec un linge qui en est imprégné, sur les branches des espaliers et autres arbres fruitiers infectés de PUCERONS, de COCHENILLES, d'ACANTHIES, de

CHENILLES et autres insectes, pour les faire mourir. *Voyez* les articles des insectes ci-dessus.

Par suite on a aussi donné le même nom aux décoctions de feuilles de tabac, de sureau, de noyer et autres plantes à sucs âcres, dont on fait usage dans le même but, mais qui agissent d'une manière moins sûre.

Certainement si on répandoit sur les arbres les premières de ces lessives à l'état caustique, elles produiroient sur eux des effets nuisibles; mais lors même qu'elles seroient du double plus fortes que celles qui sortent du cuvier, et il est bon qu'elles en approchent, elles ne feroient aucun mal à ces arbres.

Le savon, dissous dans ces lessives, augmente encore d'efficacité en ce que non seulement il cautérise la peau des insectes, mais il bouche leurs stigmates d'une manière permanente; et tout insecte qui est quelques minutes sans respirer cesse immanquablement de vivre.

Si la première seringuée de lessive pouvoit atteindre tous les insectes d'un arbre, on seroit dispensé d'en donner une seconde; mais comme cela doit être rare, il faut y revenir à plusieurs reprises.

Le prix auquel revient toute autre lessive que celle qui sort du cuvier, et qui, je le répète, est ordinairement trop foible pour agir efficacement, sur-tout sur les cochenilles lorsqu'elles sont d'un âge avancé, ne permet de l'employer que sur les espaliers les plus chéris, sur les arbres étrangers les plus précieux. *Voyez* SERINGUE. (B.)

LESSIVE DES GRAINS. Il y a déjà quelques années qu'on proposa de lessiver les blés pour les préserver de la carie. Les expériences qui furent faites par M. Tillet, d'après les ordres du ministre, donnèrent les résultats les plus satisfaisans, mais aucun cultivateur n'a fait ni dû faire lessiver ses blés, à raison du haut prix de la potasse et de la soude. La chaux, qui est plus caustique que ces sels, tels qu'ils se trouvent dans le commerce, et qui ne coûte presque rien, est aujourd'hui généralement en possession de préserver les grains de la CARIE. *Voyez* ce mot et le mot CHAULER. (B.)

LETHARGIE. MÉDECINE VÉTÉRINAIRE. On a observé que le bœuf et le cochon sont plus sujets à cette affection comateuse que le mouton et le cheval. L'animal qui en est atteint est comme plongé dans un profond sommeil, la respiration est grande, ordinairement accompagnée de ronflement ou de râlement ou de soupirs. Le mouvement du cœur est fort et fréquent; en irritant l'animal avec l'aiguillon ou avec le fouet, il est insensible, quelquefois il se remue et se lève; mais un instant après il se couche et retombe dans son premier état ; souvent il marche en chancelant, et il ne tarde pas à tomber à terre comme une masse.

Cette maladie répondant à peu près à l'assoupissement, nous croyons devoir renvoyer le lecteur à cet article quant aux causes et au traitement. *Voyez* Assoupissement. (R.)

LEUGÉ. C'est le liège dans le département de Lot-et-Garonne.

LEVAIN. Pâte en état de fermentation panaire dont on met une quantité plus ou moins grande dans la pâte disposée à être pétrie, afin de la disposer à lever, c'est-à-dire fermenter plus promptement. *V.* Fermentation et Pain. (B.)

LEVEL, LEVURE. Dans le département des Deux-Sèvres c'est le premier labour donné aux champs ou aux vignes.

LEVER. On dit qu'une graine a levé lorsque sa plantule est sortie de terre. *Voyez* Germination et Plant.

Ce mot s'applique encore dans une autre acception en agriculture, comme quand on dit j'ai levé mes récoltes. Il est alors synonyme d'enlever. (B.)

LEVER EN MANNEQUIN. C'est mettre dans un panier à claire-voie, qu'on appelle mannequin à Paris, les plantes dont on désire que les racines n'éprouvent pas le contact de l'air. Les arbres résineux, si délicats à la transplantation, sont ceux qu'on met le plus souvent en mannequin. *Voyez* Pin et Sapin. (B.)

LEVER DE TERRE. Se dit des plantes annuelles ou vivaces, et des plants d'arbres ou d'arbustes qu'on arrache pour les transplanter ailleurs *Voyez* aux mots Arracher, Planter et Transplanter. (B.)

LÈVRE. Botanique. Nom que les botanistes ont donné au limbe de certaines corolles, qui sont recourbées de l'intérieur à l'extérieur, et qui imitent en quelque sorte les lèvres des animaux. Dans les fleurs Personnées et Labiées, les pétales ont la forme et portent le nom de lèvres. *Voyez* le mot Fleur et ceux ci-dessus. (R.)

LEVURE. *Voyez* au mot Brère et au mot Pain.

LIBER. Je donne ce nom, avec Malpighi et Sennebier, à un réseau rempli d'abord d'un mucilage parenchymateux (*voyez* Cambium), et ensuite de parenchyme, qui existe entre l'écorce et l'aubier dans toutes les plantes de la classe des dicotylédons, et qui, dans l'opinion la plus probable, sert à créer, chaque année, et une couche nouvelle d'aubier et une couche corticale. *Voyez* aux mots Ecorce et Aubier.

On voit facilement le liber dans la plupart des arbres. En enlevant l'écorce avec quelques précautions relatives à l'espèce, à la saison ou à la manière dont on a opéré, son étude est d'une grande importance, relativement à l'accroissement des arbres, à la formation de quelques uns de leurs sucs propres à la guérison de leurs plaies, à la réussite des greffes, des boutures, des marcottes, etc., etc.

Il y a tout lieu de croire que la sève, en s'organisant, devient d'abord cambium, que ce cambium se solidifie, devient un parenchyme rempli d'une matière amilacée, et que c'est dans ce parenchyme naissant que se passe l'acte le plus important de l'accroissement végétal. Le liber d'un côté et l'aubier de l'autre en sont le résultat; mais le premier n'étant plus qu'un organe inutile après que l'assimilation est opérée, il est rejeté vers l'écorce, dont il devient partie constituante lorsqu'un nouveau cambium vient le forcer d'élargir ses mailles pour lui faire place.

C'est parceque je crois que les fonctions premières du liber sont fort différentes de ce qu'elles seront par la suite que je me suis appuyé de l'autorité de Malpighi et de Sennebier au commencement de cet article, Duhamel, ainsi que beaucoup d'autres physiologistes, ne distinguant pas le liber de la dernière COUCHE CORTICALE. *Voyez* ce mot.

D'après cela la partie du tilleul dont on fait des cordes n'est pas véritablement le liber, mais les dernières couches corticales.

Pour ne pas trop m'écarter de l'usage, je ne considèrerai le liber sous le point de vue ci-dessus que dans les articles de physiologie qui y ont rapport.

On peut regarder ce liber comme un tissu cellulaire, ou un parenchyme, dont les mailles, au lieu d'être anastomosées dans tous les sens, ainsi que dans les feuilles, les fruits, etc., ne le sont que dans le sens de la hauteur et de la largeur; de là vient qu'il est composé de couches concentriques dont la quantité n'a pas encore pu être comptée, tant elles sont minces et difficiles à séparer, même lorsqu'elles sont devenues couches corticales, et qui, sans doute, varient en nombre comme en épaisseur et en consistance dans chaque espèce de plantes.

Il a été observé que le liber étoit plus épais dans les arbres qui croissent dans un bon terrain que dans ceux de même espèce qui se trouvent dans un mauvais, qu'il est encore dans le même arbre plus épais du côté où les racines sont plus nombreuses ou plus fortes : ce qui explique fort naturellement l'accroissement plus prompt de ces arbres ou portion d'arbre.

Lorsqu'on enlève les couches corticales d'un arbre, l'arbre ne souffre pas ou peu, et il s'en reproduit successivement de nouvelles; mais quand on enlève le véritable liber dans une certaine étendue annulaire, l'arbre meurt immanquablement après avoir fait des efforts pour en reproduire, c'est-à-dire pour opérer la réunion des deux parties de la plaie. *Voyez* aux mots INCISION ANNULAIRE et BOURRELET. Ce qui est une preuve bien positive de la différence de sa nature aux diverses époques de son existence.

On ne peut séparer les couches du liber, tel que je l'entends, que lorsqu'il a commencé à se dessécher, lorsque la matière destinée à former l'aubier s'en est séparée, c'est-à-dire pendant l'hiver. On y parvient au moyen d'une macération plus ou moins prolongée dans l'eau.

Je pourrois beaucoup étendre cet article ; mais comme il faudroit alors entrer dans des discusions fort longues et que la physiologie n'est ici qu'un objet secondaire, je m'en tiendrai aux bases ci-dessus. (B.)

FIN DU TOME SEPTIÈME.

www.ingramcontent.com/pod-product-compliance
Lightning Source LLC
Chambersburg PA
CBHW031724210326
41599CB00018B/2502